C語言詳論
Problem Solving and Program Design in C, 6/e

JERI R. HANLY, ELLIOT B. KOFFMAN 著

潘育群 譯

國家圖書館出版品預行編目資料

```
C語言詳論 / Jeri R. Hanly, Elliot B. Koffman
  著；潘育群譯. -- 初版. -- 臺北市：臺灣培
  生教育，臺灣東華，2010.01
      面；公分
  譯自：Problem solving and program
design in C, 6th ed.
      ISBN 978-986-154-951-4(平裝)

  1. C(電腦程式語言)

312.32C                            98024080
```

C 語言詳論
Problem Solving and Program Design in C, 6/E

原　　著	JERI R. HANLY, ELLIOT B. KOFFMAN
譯　　者	潘育群
出 版 者	台灣培生教育出版股份有限公司
	地址／台北市重慶南路一段 147 號 5 樓
	電話／ 02-2370-8168
	傳真／ 02-2370-8169
	網址／ www.Pearson.com.tw
	E-mail ／ Hed.srv.TW@Pearson.com
	台灣東華書局股份有限公司
	地址／台北市重慶南路一段 147 號 3 樓
	電話／ 02-2311-4027
	傳真／ 02-2311-6615
	網址／ www.tunghua.com.tw
	E-mail ／ service@tunghua.com.tw
總 經 銷	台灣東華書局股份有限公司
出版日期	2010 年 4 月初版一刷
I S B N	978-986-154-951-4

版權所有‧翻印必究

Authorized Translation from the English language edition, entitled PROBLEM SOLVING AND PROGRAM DESIGN IN C, 6th Edition, 9780321535429 by HANLY, JERI R.; KOFFMAN, ELLIOT B., published by Pearson Education, Inc, publishing as Addison-Wesley, Copyright © 2010, 2007, 2004, 2002, 1999 by Pearson Education, Inc.

All rights reserved. No part of this book may be reproduced or transmitted in any form or by any means, electronic or mechanical, including photocopying, recording or by any information storage retrieval system, without permission from Pearson Education, Inc.

CHINESE TRADITIONAL language edition published by PEARSON EDUCATION TAIWAN and TUNG HUA BOOK COMPANY LTD, Copyright © 2010.

前 言

本書採取一種有條理的方式來解決問題,並且應用已被廣為接受的軟體工程方法,將程式設計為具備一致性、可讀性、並可重複使用的模組。我們以 ANSI C 作為這些模組的實作工具,這是一種以其能力及可攜性著稱,並具備標準化與產業水準的程式語言。本書可用於程式設計方法的入門課程,因為書中內容並不要求讀者具備先修的電腦或程式設計背景。書中提出多樣性的案例研究以及練習,讓教師能夠針對電腦主修或其他領域的學生,授予入門性 C 程式設計課程。

本版新增內容

在第六版我們新增了第 0 章。這一章的目的是設計來說明計算機這個領域的架構與機會。我們希望這章可以鼓勵主修計算機的學生想像自己在世界中扮演的角色。另外,在第一章中,我們主要更新了硬體部分的資料,以符合最新硬體的發展。在每一章最後,我們重新設計與加強了許多個案研究。

利用 C 講授程式發展

我們的兩個目標——教導程式設計和講授 C —— 對某些人而言可能有點互相矛盾。C 被廣泛認定為一種程式語言,在透過其他較容易上手的語言學習程式撰寫基礎之後再接觸會比較適合。一般認為 C 是一種極困難語言的看法是來自於其歷史。由於 C 是用來設計 UNIX 作業系統的實作工具,所以其最早的程式設計客戶群非常了解作業系統及底層機器的複雜性,而且這些使用者在程式中盡情發揮其專業知識。因此,很自然地,許多主要目的為教授 C 語言的教科書中,介紹許多對硬體概念必須具備背景知識的程式範例,但是這些內容並不屬於標準入門程式設計課程的內容大綱。

本書中將講授程式發展的合理方式以及對 ANSI C 的介紹。因為我們將前者作為主要目標,有人可能會擔心此種走向會導致對 ANSI C 的介紹不夠詳盡。但是,我們發現此種混合程式設計概念以及用 C 語言實作這些概念的呈現方式，反而能夠捕捉到 ANSI C 作為高階程式設計語言的能力，這是大部分把重點放在完整涵蓋 ANSI C 的書籍所欠缺的。即使將程式設計概念的優先性放在討論 C 語言功能之前，本書對於基本 C 語言建構的介紹也已相當完整。

指標以及本書的組織方式

本書中 C 語言各主題呈現的順序是根據程式設計初學者的需要而決定的，並非由 C 程式語言的結構所主導。讀者可能會很驚訝地發現沒有任何一章的標題是「指標」。此種編排方式是因為我們將 C 視為一種高階語言，而非因為我們缺乏對於指標在 C 語言中扮演重要角色的認知。

雖然其他高階語言對於輸出參數及陣列採取分別的語言建構，C 卻公然地將這些想法混入其對於指標的概念，因而大幅地增加學習這種語言的複雜度。我們藉由從個別觀點討論指標而將此學習過程予以簡化，讓學生能夠漸次地吸收指標用法的複雜性。本書採取的方式能夠利用傳統的高階語言專有名詞呈現基本概念，例如輸出參數、陣列、陣列下標、字串等專有名詞，讓不具備組合語言背景的學生也能夠熟悉各種面向的指標用法。

因此，本書共有四章討論指標，而非只有一章。第六章介紹指標作為簡單輸出及輸入／輸出參數的使用方式，第八章探討陣列，第九章解說字串和指標陣列，以及第十四章在回顧前面介紹過的指標用法之後描述動態記憶體配置方式。除此之外，第二章和第十二章也探討檔案指標。

軟體工程概念

本書呈現軟體工程的許多面向。其中有些主題被提出來討論，而其他則經由範例講解。早在第一章中討論解決問題的技巧與理論時，便已提及良好的問題解決與有效的軟體發展兩者間之關聯。第一章提出軟體發展方法的五個階段，被用來解決第一個案例研究，而且全面地應用於書中的所有案例研究。主要的程式風格議題皆以特殊的呈現方式強調，而且範例中採取的程式撰寫風格是根據 C 軟體產業領域中所遵循的原則。在數個章節中都討論到演算法追蹤、程式除錯以及測試。

第三章透過一些 C 函式庫函式、無參數 void 函式，以及帶有傳入參數與傳回值之函式等介紹程序化抽象(procedural abstraction)。第四章和第五章涵蓋額外的函式範例,而第六章則完整地探討了帶有簡單參數的函式。這一章討論使用指標代表輸出及輸入/輸出參數,並在第七章介紹將函式當作參數的用法。

在第六、八和十一章中的案例研究和範例程式,經由範例介紹資料抽象以及資料型態與運算子的封裝。第十三章探討 C 語言在個人化函式庫中用來形式化程序與資料抽象的功能,並以個別的標頭與實作檔案定義這些函式庫。第十六章介紹以 C++ 實作的物件導向設計概念。

有關可見函式介面(visible function interface)的使用在整本書中不斷地被強調。一直到第十三章之前皆未提及使用全域變數的可能性,之後才仔細地描述使用全域變數的危險性及價值所在。

教學特色

我們採取下列教學特色以提高本書作為教學工具的可用度:

各節練習 本書各節結束時大都列舉一些自我檢驗練習。這些內容包含一些需要分析的程式片段以及簡短程式撰寫的練習。其中一些自我檢驗練習的答案可在 http://www.aw.com/cssupport 的 Hanly 目錄下找到。

範例及案例研究 本書包含非常多樣化的程式撰寫範例。這些範例都盡可能地包括完整的程式或函式,而非不完整的程式片段。每章都包含一或多個遵循軟體發展方法解決的實際案例研究。許多案例研究都提供了在電腦運算方面的重要應用,包括資料庫搜尋、帳單及銷售分析等商業應用、文字處理,以及放射性等級監控與水資源保護等環境應用。

語法展示方格 語法展示中描述新的 C 語言功能之語法及語意,並提供範例。

程式風格展示 程式風格展示中介紹有關良好程式撰寫風格的重要議題。

錯誤討論及章節回顧 每一章結尾處都以一節討論常見的程式設計錯誤。本章回顧也會列出一個包含新的 C 建構表格。

本章練習 本章回顧之後會列舉一組快速檢驗練習及答案。另外在每一章中也有回顧練習。

本章專案 每章結尾處會列出一些程式撰寫專案。專案可以讓學生有機會去練習在每一章中所學到的內容。

附 錄

本書最後列出有關 ANSI C 建構的參考表格，附錄 A 中是唯一介紹指標運算的內容。由於本書內容僅包含部分 ANSI C，其餘附錄便負責充實本書使其成為名副其實的參考書籍。附錄 B 是根據字母順序排列的 ANCI C 標準函式庫表格。附錄 C 中的表格列出所有 ANSI C 運算子的優先順序和結合性；先前未定義的運算子在此附錄中解釋。在整本書中，陣列參考皆採取下標表示法。附錄 D 包含字元組表格，附錄 E 列出所有 ANSI C 的保留字。

補充教材

以下的補充教材提供給本書的使用者，可以在 www.aw.com/cssupport 取得：

- 程式原始碼
- 勘誤表
- 奇數題的答案

下列教師補充材料只提供給合格的授課者。有關如何取得這些內容，請聯絡你當地的 Addison-Wesley 教材資源中心。瀏覽 www.pearsonhighered.com/irc 網站或寫 e-mail 給 computing@aw.com，可以得到如何取得這些資料的資訊：

- 教師手冊及解答
- 測驗題庫
- 所有圖表以及授課重點的 PowerPoint 投影片

致 謝

許多工作者參與此書的寫作。我們要謝謝 South Plains 學院的 Charlotte Young 協助撰寫第 0 章。LLC, WaveRules 的 Jeff Warsaw，他貢獻了第十五章。加州技術學院(CIT) Jet Propulsion 實驗室的 Joan C. Horvath 貢獻了許多的練習程式，與 University of California 的 Nelson Max 改善了文章中許多的內容，Jeri 要特別感謝 Maryland Loyola College 的同事 James R. Glenn、Dawn J. Lawrie 與 Roberta E. Sabin 貢獻的許多程式專案。我們也謝謝 Temple University、University of Wyoming 與 Howard University 的學生多年來的幫助，確認每一個程式範例，並提供作業的解答。他們分別是 Mark Thoney、Lynne Doherty、Andrew Wrobel、Steve Babiak、Donna Chrupcala、Masound Kermani、Thyane Routh 與 Paul Onakoya。

　　本書很榮幸與 Addison-Wesley 團隊合作並且一起努力。在每一個版本的製作中，提供協助的編輯如 Michael Hirsch 與編輯助理 Lindsey Triebel 皆對本書提供了方向與鼓勵。Michelle Brown 與 Dana Lopreato 針對此書進行市場開發，並由 Marilyn Lloyd 監督此書的製作。

J. R. H.
E. B. K.

目 錄

0. 以資訊科學作為生涯發展的路徑　1

0.1　為什麼資訊科學對你來說是一個正確的發展領域　2
0.2　學術的經驗：電腦設計訓練與主修選擇　4
0.3　生涯發展機會　9

1. 電腦和程式語言概論　13

1.1　電腦的演進　14
1.2　電腦硬體　17
1.3　電腦軟體　24
1.4　軟體發展方法　31
1.5　軟體發展方法的應用　34
　　　案例研究：哩和公里的轉換　34
　　　本章回顧　37

2. 綜觀 C 語言　41

2.1　C 的語言元素　42
2.2　變數宣告和資料型態　48
2.3　可執行的敘述　51
2.4　C 程式的一般結構　60
2.5　算術運算式　64
　　　案例研究：超市硬幣的處理程序　71
2.6　在程式輸出格式化數字　77
2.7　交談模式、批次模式與資料檔案　79
2.8　程式撰寫常見的錯誤　83
　　　本章回顧　88

3. 函式的設計　97

3.1　從現有的資訊建構程式　98
　　　案例研究：計算圓面積和周長　99

案例研究：計算一批圓形墊圈的重量　101
3.2　函式庫函式　107
3.3　由上而下的設計及結構圖　112
　　　案例研究：簡單繪圖　113
3.4　無引數的函式　114
3.5　有輸入引數的函式　123
3.6　程式撰寫常見的錯誤　132
　　　本章回顧　133

4.　選取結構：if 與 switch 敘述　　141

4.1　控制結構　142
4.2　條　件　142
4.3　if 敘述　152
4.4　有複合敘述的 if 敘述　157
4.5　演算法中的決策步驟　160
　　　案例研究：水費問題　161
4.6　再談解題方法　169
　　　案例研究：含用水限制的水費帳單　170
4.7　巢狀 if 敘述與多重選擇的決策　172
4.8　switch 敘述　182
4.9　程式撰寫常見的錯誤　187
　　　本章回顧　188

5.　迴圈敘述　　199

5.1　程式中的重複敘述　200
5.2　計數迴圈與 while 敘述　201
5.3　利用迴圈計算和或積　205
5.4　for 敘述　210
5.5　條件迴圈　218
5.6　迴圈設計　223
5.7　巢狀迴圈　229
5.8　do-while 敘述與旗標控制迴圈　233
5.9　解題說明　237
　　　案例研究：太陽能房屋集熱區　237

5.10	如何除錯及測試程式 243	
5.11	程式撰寫常見的錯誤 246	
	本章回顧 249	

6. 模組化的程式設計   261

6.1	具簡單輸出參數的函式 262	
6.2	多次呼叫有輸入／輸出參數的函式 269	
6.3	名稱範疇 274	
6.4	形式輸出參數和實際引數 276	
6.5	有多重函式的程式 279	
	案例研究：分數的數學運算 279	
6.6	程式系統的除錯及測試 287	
6.7	程式撰寫常見的錯誤 290	
	本章回顧 290	

7. 簡單資料型態   303

7.1	數值型態的表示及轉換 304	
7.2	型態 char 的表示及轉換 310	
7.3	列舉型態 313	
7.4	疊代近似法 318	
	案例研究：應用二分法找出根值 320	
7.5	程式撰寫常見的錯誤 327	
	本章回顧 328	

8. 陣列   339

8.1	陣列的宣告及參考 340	
8.2	陣列足標 344	
8.3	使用 for 迴圈循序存取 346	
8.4	使用陣列元素作為函式參數 351	
8.5	陣列參數 353	
8.6	陣列的搜尋以及排序 365	
8.7	多維陣列 370	
8.8	陣列處理說明 375	
	案例研究：醫院利潤的總和 375	

8.9 程式撰寫常見的錯誤　383
本章回顧　384

9. 字　串　397

9.1 字串基礎　398
9.2 字串函式庫函式：設定與子字串　404
9.3 較長的字串：連結與整行輸入　412
9.4 字串比較　417
9.5 指標陣列　420
9.6 字元運算　425
9.7 字串轉數字與數字轉字串　430
9.8 字串處理之範例　436
案例研究：文字編輯器　436
9.9 程式撰寫常見的錯誤　444
本章回顧　446

10. 遞　迴　457

10.1 遞迴的本質　458
10.2 追蹤遞迴函式　462
10.3 遞迴的數學函式　469
10.4 含有陣列以及字串參數的遞迴函式　475
案例研究：找出字串內大寫的字母　475
案例研究：遞迴選擇排序　478
10.5 使用遞迴解決問題　481
案例研究：集合運算　481
10.6 使用遞迴之古典案例研究：河內之塔　488
10.7 程式撰寫常見的錯誤　494
本章回顧　495

11. 結構與聯合型態　503

11.1 使用者自定結構型態　504
11.2 以結構型態資料作為輸出入參數　509
11.3 以結構為函式結果　513
11.4 以結構型態解決問題　517

　　　　案例研究：以自定型態處理複數　518
11.5　平行陣列與陣列結構　525
　　　　案例研究：通用的測量單位轉換　527
11.6　聯合型態　535
11.7　程式撰寫常見的錯誤　540
　　　　本章回顧　541

12.　文字檔與二進位檔案　553

12.1　輸入／輸出檔案：回顧與進一步研究　554
12.2　二進位檔案　563
12.3　搜尋資料庫　569
　　　　案例研究：資料庫查詢　570
12.4　程式撰寫常見的錯誤　579
　　　　本章回顧　580

13.　撰寫較大的程式　587

13.1　以抽象化管理問題複雜度　588
13.2　個人的函式庫：標題檔　590
13.3　個人的函式庫：實作檔案　595
13.4　儲存類別　598
13.5　修改函式引入函式庫　602
13.6　條件編譯　604
13.7　函式 main 的引數　608
13.8　定義具參數的巨集　611
13.9　程式撰寫常見的錯誤　615
　　　　本章回顧　615

14.　動態資料結構　623

14.1　指　標　624
14.2　動態配置記憶體　627
14.3　鏈結串列　633
14.4　鏈結串列的運算子　638
14.5　以鏈結串列表示堆疊　643
14.6　以鏈結串列表示佇列　646

14.7 有序串列 651
　　案例研究：維護一個整數的有序串列 652
14.8 二元樹 663
14.9 程式撰寫常見的錯誤 671
　　本章回顧 673

15. 使用程序與多緒處理多工程序　　681

15.1 多　工 682
15.2 程　序 687
15.3 程序內部的通訊與管道 693
15.4 多　緒 700
15.5 多緒的實例說明 710
　　案例研究：生產者／消費者模式 711
15.6 程式撰寫常見的錯誤 722
　　本章回顧 723

16. 關於 C++　　729

16.1 C++ 控制結構、輸入／輸出和函式 730
16.2 C++ 和物件導向程式設計 737
　　本章回顧 750

附　錄

A　更多指標相關資訊　　755
B　ANSI C 標準函式庫　　761
C　C 運算子　　775
D　字元集　　781
E　ANSI C 保留字　　783

以資訊科學作為
生涯發展的路徑

CHAPTER 0

0.1　為什麼資訊科學對你來說是一個正確的發展領域

0.2　學術的經驗：電腦設計訓練與主修選擇

0.3　生涯發展機會

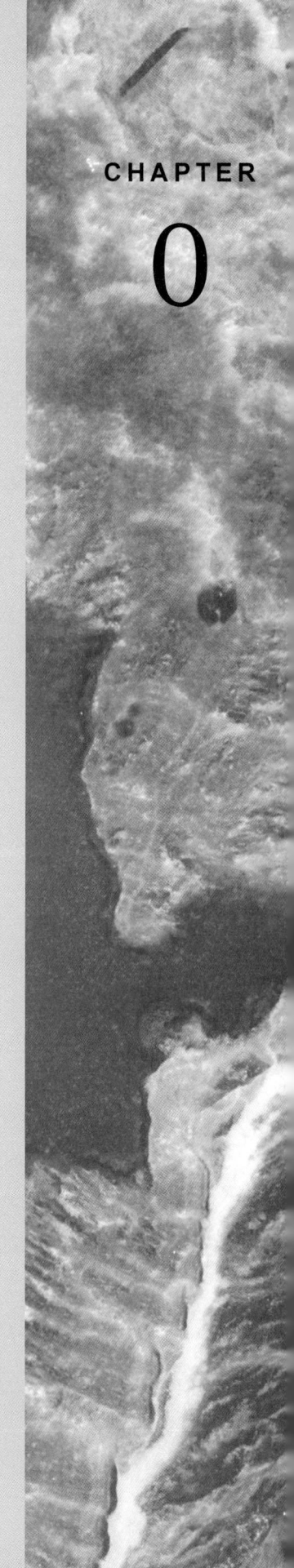

為了修課的選擇與決定未來生涯發展的途徑，我們會有許多重要的問題要問。為什麼我們要選擇這個領域？這是一個好的領域嗎？在畢業之後找得到工作嗎？是我喜歡的工作嗎？對那些在資訊領域與相關領域且即將畢業的人，對於以上的問題，本章將會傳遞一些正面的訊息。

0.1 為什麼資訊科學對你來說是一個正確的發展領域

主修資訊科學的原因

幾乎任何我們所做的事都會受到計算機的影響。這一代的大學生對於**千禧人類**(Millennial)這個名稱，一點也不會陌生驚訝。他們跟著電腦一起成長，網際網路、即時訊息與電子娛樂。他們擁抱新科技而且期待做新奇的事。

千禧人類：指 1982 年之後出生，有自信、社會化，可以團隊合作，以成就為榮，以分析結果作為決策判斷，尋求安全、穩定與平衡的一群人。

但是，前一個世代的人並不熟悉使用科技來解決問題，科技永遠不是他們的第一選擇。許多人在工作中抗拒對科技需求的改變。他們通常將這類需要使用新技術選擇的工作交給年輕的員工而且對結果影響重大。

對於主修資訊科技與相關領域的學生，這些不同的世代之間創造了一個很大且光明的發展空間。資訊工業是目前經濟發展上成長最快的一個產業，而且在未來肯定會持續成長。為了保持競爭性，企業會不斷地僱用受過良好訓練的專業人士，並不只是現在可以有極佳的專案產出，在未來也可以產生科學與工程上更進一步的可能。

學習資訊工程的人可以在非常多樣的領域中，去選擇需要解決的有趣且有挑戰的問題。更進一步地優先面對所有商務與通訊的工作機會；對擁有資訊領域學位的人將會在生涯中面對多樣的問題，需要很快地檢視技術並舉出題目，例如發展電子投票機制與國家選舉系統，使用無線網路訊號去更新行車與行人的行程，對交通訊號或者施工地區的管理可以做出更好的決定，可以使用超級電腦對「虛擬地震」使用真實地理 3-D 系統與災害情境去了解早期示警的好處。

一些在醫療上的問題現在都可以使用電腦獲得解決，包含了模擬人類大腦如何運作，特別針對人類自閉症與精神分裂症的混亂；對身體受傷的人，針對需求設計許多有用的裝置；從可程式化的機器義肢來產生數位「視覺」；從植入的心臟調節器收集資訊，可以在危急的時候產生即時的決定；發展一個資訊系統協助辨認人類的精神狀態，可以即時分析臉部表情；發展人機介面可以讓電腦以人類的姿勢加以控制，藉此可以操作一些虛擬的物件。

在安全與法律領域，對資訊專業來說顯示了許多方面的挑戰，包含下列數種：美國政府已經開始著手研究網路世界上一些普遍的行為，希望可以發展技術從線上找出恐怖分子的活動。藉由生物語音技術上的進步，電腦軟體可以加以分析辨識出屬於特定的個人，是否說了實話與其情緒狀態。電子保護可以反制惡意軟體對國家經濟與安全上的顧慮。

一些世界上具有挑戰的問題將會由專家使用各種法則來處理。很明顯地，這些團隊一定包含了資訊專家，具有開創性與充足的知識來使用資訊技術。在可見的未來，我們可以看到在人類基因領域的創新計畫，使用超級電腦來模擬地球結構與功能以預測自然災害。一種可以對世界提供多樣貢獻的方法就是開始學習資訊科學。

資訊科學家的特徵

一些個人特徵會影響到他／她所學習的領域是否成功。一些主修領域的需求需要一些特定的能力。對於成功的資訊科學學生有一些共同的特徵是相當合理的推測。對於以下的描述仔細閱讀，並想想你是不是這樣的人。

首先，你必須熱愛挑戰與解決問題。資訊科學就是針對問題找出解答，這比電腦硬體與程式語言還重要。解決問題需要創意且需要「體制外的思考」。你必須在目前「已被接受」的解決方案之外去做不同的嘗試。

享受使用技術解決問題且終身都在學習。享受解謎題的過程且堅持找到答案。在解決問題的時候，你不會注意到時間的消逝。不論在真實的世界中或「虛擬的世界中」，你樂於創造新事物。你可以了解如何客製化一件特別的主題，並且可以在指定的環境中運作。你可以處理且完成一個大型的計畫。你喜歡去創造對人類有用的事物，而且對他們的生活有正面的助益。

要在工作中可以成功，你也必須是一個好的溝通者。你必須能對技

圖 0.1

IBM 在 1964 年發表的 360 系列電腦(圖片由 IBM 公司提供，非經允許不得使用)。

IBM 360 系統是在 1964 年所發表的大型主機系列之一。它是電腦中第一個明確有架構與實作特性的電腦，讓 IBM 後續發表一系列不同價錢的電腦。其設計是歷史上眾多成功設計之一，並影響電腦設計直至今天。

術人員與非技術人員解釋你的計畫與解決方案。在技術的環境中，你要可以清楚且精確地寫出文章。因為大部分的計畫包含了許多人，要如何在群組中合作是非常重要的。如果你計畫擔任一位管理者或者自己經營公司，可以跟不同特質的人工作是非常重要的。

　　Frederick P. Brooks，是非常著名的團隊領導者，開發了 IBM 360 系統，在 1970 寫了一本書名為虛擬人月——軟體工程的散文。即使該書寫作的時間距離現在的電腦環境已經改變許多，在今天他的論點仍然非常適切。他列出的「愉悅的工藝」如下：第一是對自己創作事物所帶來的純粹喜樂。第二是可以讓事物變得有用且受其他人的尊重。第三是改變複雜的問題，讓系統中可以運作正常。第四是因為工作本質不會重複，所以永遠保有學習的樂趣。最後，享受工作中可以輕鬆使用的媒介。程式設計師可以使用想像力創造與製作一個產品，這個產品可以被試驗、容易改變且可以再重來一遍。很難想像雕刻家或者土木工程師會不愛這種特性！

0.2　學術的經驗：電腦設計訓練與主修選擇

　　大多數的資訊專家至少大學畢業，並主修數學、資訊科學或者相關領域，許多專家透過研究或者教學獲得更高的學位。

　　電腦計算是一種廣泛的訓練，包括許多其他的領域，例如數學、科學、工程與商學。因為有如此廣泛的選擇，不可能同時成為上述這些學門的專家。這些專業生涯都包含電腦計算，因此需要給予個別的專注努力直到畢業。

在高階教育的研究所中，可能有許多與電腦計算相關的學位。這些學位雖然屬於同一機構，但可能分屬不同的科系。雖然這些學位有一些共同科目，但內容可能大相逕庭。要從中選擇可能會令人相當困惑。

這些困惑已經獲得解決。三個最大的國際專業協會：計算協會(ACM)、資訊系統協會(AIS)與電子電機工程師電腦協會(IEEE-CS)合作提出一篇報告，名為「計算學程 2005」，其中指定且說明了五個領域與建議的學院課程：電腦科學、電腦工程、資訊系統、資訊技術與軟體工程。

許多學院與大學的課程皆遵守此原則。此報告是以此開始的：「這是非常重要的：電腦計算的原則從廣泛的領域吸引優秀的學生，讓他們可以成為有能力且負責的專家、科學家與工程師。」有許多數不清的機會提供給好奇且決定努力學習得到學位的人。這些少數的學生將會發現完整的視野。

資訊科學

資訊科學包含了來自於最尖端的理論與演算法基礎的廣泛議題。資訊科學家將在以下三個領域發展：

- 設計與實作有用的軟體。
- 發展新的方法使用電腦。
- 發展有效率的方法來解決計算的問題。

要獲取資訊科學學位，必須修畢許多課程例如計算機理論、程式設計與數學。這些課程開發邏輯與合理的技術，以培育出一位資訊科學家。在

圖 0.2
計算機學位與大學各學院之間的關係。此表可能因校而異。

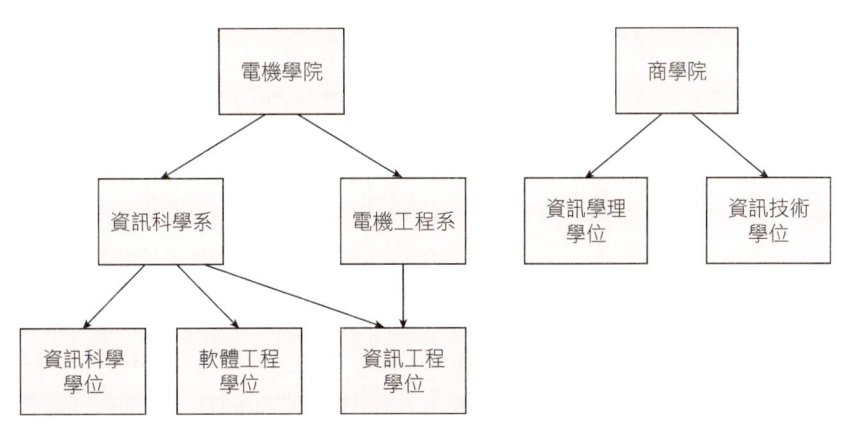

數學方面，包含了微積分 I、II (有些時候還包含了微積分 III)與離散數學。一些學生需要學習線性代數、機率與統計。資訊科學學位包含了完整的基礎訓練，讓學生了解且使用新的技術與創意。資訊科學通常屬於(理)科學、工程學或者數學的一部分。

資訊科學的人接受挑戰處理程式撰寫的工作、管理其他程式師，並且提供更好的建議給予其他的程式設計者。資訊科學的研究者與其他領域的科學家一起工作，例如使用資料庫技術去建構與組織新的知識，讓機器人可以更真實且具有智慧，使用資訊技術去解開人類 DNA 的祕密。他們的理論基礎讓他們可以在新的技術上有更好的效率產出，開發新的方法來協助解決新(舊)的問題。

資訊工程

學生的興趣在於了解與設計真實的電腦設備，資訊工程的機會來自於他們專注於電腦架構與電腦系統的設計。資訊工程的學位包含了硬體設計、軟體、通訊，與這些裝置之間的互動。資訊工程也可以視為電機工程中的資訊科學學位。

資訊工程系的課程包含了理論、原理與傳統的電機工程與數學裡的微積分系列課程。這些學得的知識會應用在處理電腦設計與電腦相關的裝置上。更進一步地，程式設計的課程也是必須的，所以資訊工程師可以針對數位裝置與其介面開發相關的軟體。

目前，資訊工程的重要領域包含了遷入式系統。讓軟、硬體整合設計在一起，例如手機、數位音樂播放器、警示系統、醫療診斷裝置、雷射手術工具等。對於這些裝置，資訊工程師必須能夠無限制地應用所學到的知識整合這些軟、硬體系統。

資訊系統

資訊系統(IS)領域著重在資訊技術與商務的整合、企業如何有效率且安全地管理資訊。在這方面，技術被視為工具，用來產生、處理與傳遞資訊。因此這個領域重視的是商業與組織的規則。

大多數的資訊系統學程設於大學中的商學院，資訊系統的學程包含了商務與計算機課程，數學則是著重在商務應用。這些學程也包含於電腦資訊系統(CIS)或者管理資訊系統(MIS)中。學程與學位名稱可能不一致，但都是重視在商務原則與應用科技面，對於資訊科學理論或者資訊工程的數位設計則涉獵較少。

　　資訊系統專家必須同時了解影響技術與組織的因素，必須要能夠幫助組織了解如何結合資訊與技術以提供競爭力。這些專家在組織之間扮演技術團隊與管理團隊之間的橋樑。他們知道如何以最佳的方式使用技術與組織資訊之間做有效的溝通。

資訊技術

　　資訊技術(IT)學程是為了讓學生處理對商務、政府、醫療照護、學校與其他單位對電腦技術的需求。資訊技術強調在技術本身多過於資訊的處理，也不必理解背後使用何種理論，或者如何設計軟體、硬體。

　　資訊技術專家需要確保電腦系統正常的工作，包括安全、升級與維護，且適時更換。

　　因為電腦技術將組織中各種層次的員工都整合在工作環境之中，因此許多企業必須設有一個資訊技術的部門。每一種型態的組織每天都依賴資訊技術來衡量工作的績效。

　　資訊技術的學位一般都在商學或者資訊管理學系，或者是資訊科學系中的另一個可供選擇的學門。課程著重在應用程式的需求、網路與系統的整合以及資源規劃。並不強調程式的撰寫，而是如何利用程式帶來的好處。

　　資訊技術的專家針對組織，選擇適當的硬體與軟體將以整合入既有之基礎建設。他們建置、客製化與維護軟體。其他的工作包含網路管理與安全、設計與維護網頁、製作多媒體資料、管理電子郵件系統與安裝通訊裝置。支援使用者或者教育訓練通常也是資訊技術專家的工作。

軟體工程

　　軟體工程師(SE)的工作是開發與維護大型軟體系統。這些系統必須可靠且有效率，而且是客戶可以負擔的，滿足當初定義的所有需求。軟體工程整合了資訊科學理論與數學與實際的工程原則，開發出實體物件。

　　軟體工程的學程近似於資訊科學學程，通常都在相同的學院系所當中。事實上，大多數的資訊科學課程需要修一門或多門軟體工程的課。軟體工程的學位可被視為資訊科學中的一個領域。

　　軟體工程的學生需要學習大型軟體的可靠度與維護，專注於軟體的維護與開發技術，工程如何修正。大多數的學習計畫中，會讓軟體工程的學生參與群體開發軟體的專題，與他人密切合作。學生了解客戶的需求、開發有用的軟體、完整地測試產品，並分析其可用度。

獲得軟體工程學位的專家，被期待在不同的組織中參與創造與維護大型軟體系統。著重在設計的準則，此系統可以被多人且長時間使用。

雖然軟體工程的工程師學位已經被認可，軟體工程工程師這個名詞在職場上通常只是一個職位名稱。在工作名稱上，對這個名詞沒有標準的定義，這也表示對職員來說工作範圍是相當廣泛的。一個職員可以是一個程式師或者資訊技術(IT)的專家，皆可從事軟體工程師的工作。

系統性混合主修的準則

技術是一個開放的領域，可以結合不同的科學或者工程領域來學習。更進一步的學習規劃，可以提供多領域的整合課程或者學程計畫。一些例子如下：

- **生物資訊**使用資訊技術去維護、分析且儲存生物資料，來協助解決生物問題，通常處理到分子程度。生物上的問題包含了蛋白質的摺疊、蛋白質功能的預測與物種進化(生物的歷史、原型與演化)。生物資訊的核心處理準則，使用資訊技術協助解決資料量太大的問題。
- **人工智慧**(AI)人工智慧為製作與研究的系統，可以表現出自動化的智慧與行為。人工智慧的研究者需要不同領域的介入，包含了資訊科學、心理學、哲學、語言學、神經學、邏輯學與經濟學。應用包含了機器人、控制系統、排程、倉儲、語音辨認、手寫辨識，自然語言解析，提供數學的理論、資料探勘與臉部辨識。
- **電腦鑑識**是鑑識科學的分支，在電腦與數位裝置中，找出合法的證據。證據的收集必須依據法律允許的規範。電腦鑑識包含了法律領域、法律的執行與商務。
- **密碼學**如何隱藏資訊的工作，包含了數學、資訊科學與工程學。電子商務資料安全、個人資訊使用，對軍方來說更是重要。
- **電子機械**是電子電機、機械與軟體工程的整合，所設計出的混合系統。電子機械的範例包含了製造系統、太空漫遊設備、汽車設備(自動防鎖死系統)與自動對焦相機。

圖 0.3

不同主修領域重疊課程的圖示

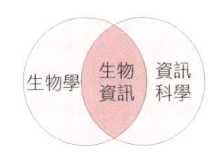
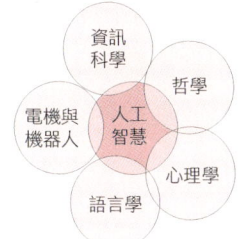
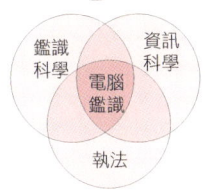
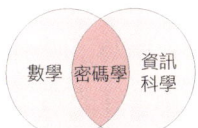
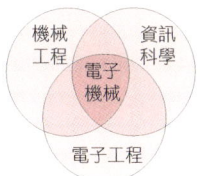

即使本章對這些使用資訊技術的領域給予定義與描述，我們仍可輕易地看出其中有很多重疊的部分。事實上，許多具有資訊科學學位的人，在很接近資訊系統領域的範圍中工作，反之亦然。我們鼓勵學生選擇接近且符合個人目標的資訊領域。要謹記於心，電腦科學可能是進入多樣性的計算專業領域中，一個最開放的入口。

0.3　生涯發展機會

美國勞工局為找出美國勞工有關經濟面與統計資料相關議題的單位。他們發表的「職業展望手冊」為國家所認可的求職資訊，設計的目的是提供有用的協助，給予個人對未來工作的選擇。

在 2008 年，使用資訊科學當作關鍵字搜尋職業，會發現有超過 40 個符合的項目。這表示資訊科學被列在工作需求要求中，或者為工作建議需要的專長之一。符合的例子為資訊軟體工程師、資訊系統分析師、數學家、電腦程式設計師、統計學家、醫療紀錄與健康資訊技師、大氣科學家、市場調查分析師、經濟學家、輻射治療師、城鄉規劃師、調查鑑定技師、溝通專家與林務管理者、旅遊代理人、徵信社、地理科學家、心理學家與翻譯工作者。

> 美國勞工局的職業展望手冊網址為 http://www.bls.gov/oco/home.htm

美國與世界的需求

根據美國勞工局的職業展望手冊，資訊軟體工程師、電腦科學家與資料庫管理者為成長最快的工作，且在 2006 至 2016 年間增加最多新的工作機會。強烈的工作機會需求成長，但是卻只有有限符合工作要求的工作者，這表示合格者擁有良好的工作前景。這些實際的經驗，讓有資訊工程或者資訊科學的大學畢業生有絕佳的工作機會。雇主會不斷地尋求具有電腦專長、程式系統分析、人際互動與商務技術的人。

聯邦政府是國內最大的雇主，超過一百八十萬名員工。資訊專長——即資訊軟體工程師、資訊系統分析師與網路管理師——遍及聯邦政府。所有的「專業相關職業」列表中，只有溝通專家與電腦專長在 2006 至 2016 年間是有計畫性的增加。

資訊專長的成長來自於嬰兒潮世代的退休，導致於在 2006 至 2016 年間對於資訊科學／資訊科技的工作成長了 25%，這超越過去數量的兩倍。

今天學生不需要擔心資訊工作委外到其他國家的問題，應該都有能力找到工作。事實上，很多公司嘗試將整個計畫外包，但發現並未得到良好的成效。一些簡單的程式可以外包，但是一些有創意的工作還是要在內部完成。舉例來說，經過設計與開發的新系統，需要與不同領域的專家互動、與不同的團隊溝通，而且潛在的使用者也相當重要。距離的限制將造成這些工作活動無法有效運作。許多公司已經放棄委外，而將更多系統開發的工作留在公司中。

資訊領域畢業生的數量無法滿足在可見未來的市場需求。預期顯示將會有大量的工作提供給合格的資訊專長人員，而且薪資水準高於美國其他的全職工作者。

少數族群的需求

資訊相關工作對婦女與少數民族的需求比以往都來得高。資訊相關領域傳統上只有少數的婦女與少數民族的人從事。許多大學為了吸引這些族群進入資訊科學與資訊系統學系就讀，提供了條件相當好的獎學金與就讀機會。

根據最近國家婦女與資訊科技中心的研究，成功的 IT 團隊組成通常是多樣性的。這個研究顯示想法的多樣性可以帶來創新，所以公司的組

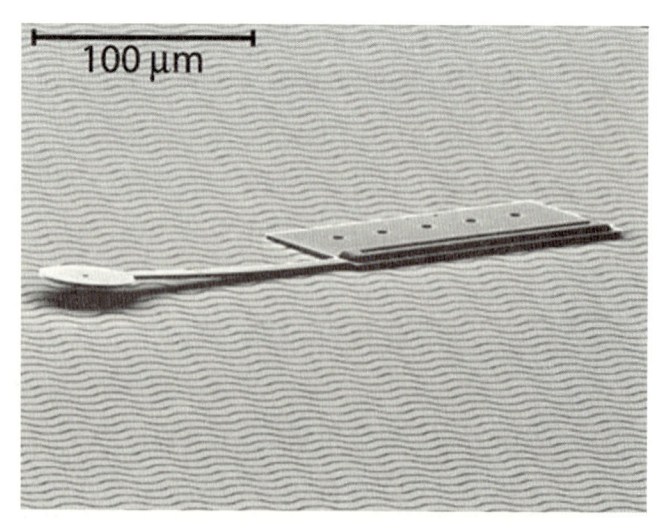

圖 0.4

不連結且為靜電的總體控制 MEMS 微型機器人。
(©2008 IEEE/Journal of Microelectromechanical Systems [2006])

成要多樣性。我們希望學生不會變成典型的「電腦怪咖」，整天坐在電腦前面，但是要了解所有的機會都在此多變且快速成長的領域。利用資訊專長開發應用程式，讓電腦解決世界上的問題。

穩定的全新生涯發展

非常清楚地，在今天資訊專長的生涯發展是非常健康的。對學生來說，開始計畫生涯而且確定未來的機會很多，且無法想像。發展的可能性驚人且報酬豐富。

對於未來，可以藉由觀察 Bruce Donald 的工作當作窗口，他是杜克大學的生物化學與資訊科學教授。在他的研究中，Donald 教授開發了微型機器人，可以被個別或者是群組控制。這些機器人以微米(百萬分之一)度量，與先前的其他類型機器人相比，只有百分之一的大小，「我們的工作就是第一個產出了分解──多重微米機器人系統」。每一個機器人對相同的「總體控制訊號」會有不同的回應，這些訊號是元件的電壓充電或放電。一些新進的資訊科學家應該要多看許多這種了不起的裝置設備應用。

學生選擇主修電腦科學或者相關的領域，可以預期許多具有挑戰性與有趣的課程。工作市場是相當廣泛的，取得學位保證是具有市場性的。在這個不斷改變的世界，新進的工作人員或者研究員將是創新科技的前驅者。這些將只受限於你自己的想像力。

> 在過去十年間，美國的公司將創新轉變成成功的商務模式，這是成長的基礎。一些技術像是微處理器、網際網路、光纖技術，都是由受美國大學訓練的科學家與工程師所開發，打下創新產業的基礎而且產生數百萬個高薪的工作。
>
> 但是如果美國的年輕人學習資訊科學的人數持續遞減，創新的中心將會轉換到許多國家，那邊大量的學生到大學追求技術領域的學位，將開創明天技術上的突破。
>
> 由微軟的研究總部即可明白資訊專長人員短缺的狀況。雖然主要的研究者都在美國，而且設備皆不斷地成長，但是我們需要將研究設備延伸到全世界。我們也明白要持續發現且雇用世界上頂尖的資訊科學家。對微軟來說，逐漸增加的困難之處是需要受過高深的訓練與技術的資訊科學家與工程師來填滿這些職位。
>
> ─ Rick Rashid，微軟資深副總經理，發表於 Image Crisis: Inspiring a New Generation of Computer Scientists，ACM 通訊期刊，51 卷，第七期(2008) p33。

電腦和程式語言概論

CHAPTER 1

1.1 電腦的演進

1.2 電腦硬體

1.3 電腦軟體

1.4 軟體發展方法

1.5 軟體發展方法的應用

案例研究：哩和公里的轉換

本章回顧

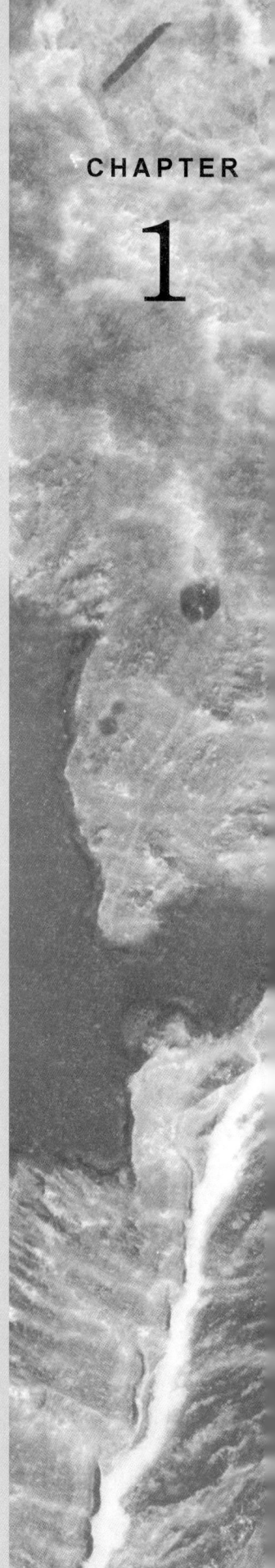

電腦：可接收、儲存、轉換和輸出各種資料的機器。

在已開發的國家中，二十一世紀末的生活受到各種電腦的操控。諸如早上會自動啟動替你煮一杯咖啡的咖啡壺、烹煮早餐的微波爐、你去工作所駕駛的汽車、提領現金的自動提款機，實際上你的生活事事都需倚賴**電腦**(computer)。這些接收、儲存、處理和輸出資訊的機器可處理各種資料，如數字、文字、影像、圖形和聲音等。

在此技術中，電腦程式的角色是重要的，沒有可遵循的指令，電腦實際上是無用的。程式語言可使我們寫出這些程式，而且和電腦溝通。

本書將要研讀今日計算機科學中最多用途的程式語言：C 語言。本章介紹電腦及其元件，以及程式語言的主要分類，而且會討論電腦如何處理 C 程式，亦描述解決程式設計問題的系統方法，並告訴你如何應用。

1.1 電腦的演進

現在電腦已經進入我們的日常生活中，有時用於文書處理，有時用於程式開發。在不久前，大部分人認為電腦是神奇的裝置，只有電腦天才才能夠了解它的祕密。

第一部電腦由 Dr. John Atanasoff 和 Clifford Berry 於 1930 年在愛荷華州立大學建造，目的是要幫助研究生做原子物理的數學運算。

第一部大型、一般用途的電子數位電腦為 ENIAC，於 1946 年在賓州大學由美國陸軍投資建造完成。ENIAC 重 30 噸，佔 30×50 呎的空間，用於預測天氣和原子能的計算。

這些早期的電腦用真空管作為基本元件。由於電子元件的設計及製造技術不斷演進，所以新一代電腦總是更小、更快、更便宜。

今日的技術使電腦處理器的整個電路可以放入單一的電子元件中，稱為**電腦晶片**(computer chip)或**微處理機晶片**(microprocessor chip)(圖 1.1)，大概只有郵票的 1/4 大小。故這些小體積的晶片可以用於手錶、口袋型計算機(PDA)、衛星定位系統(GPS)、照相機、家電用品、汽車及電腦中。

電腦晶片(微處理機晶片)：包含電腦處理器電路的矽晶片。

現在辦公室和家庭中最常看到的是個人電腦，其價格低於 500 美元，能置於桌上，計算能力比 40 年前造價 100,000 美元以上、大小為 9×12 呎的計算機更強。尚有更小的電腦可置於公事包(圖 1.2(a))或手上 (圖 1.2(b))。

圖 1.1

Intel Atom 晶片將所有中央處理單元(CPU)的完整電路整合於單一線路中。此種處理器的低電壓特性特別適合用在網際網路行動裝置上。(取自 Intel 發表之圖片集)

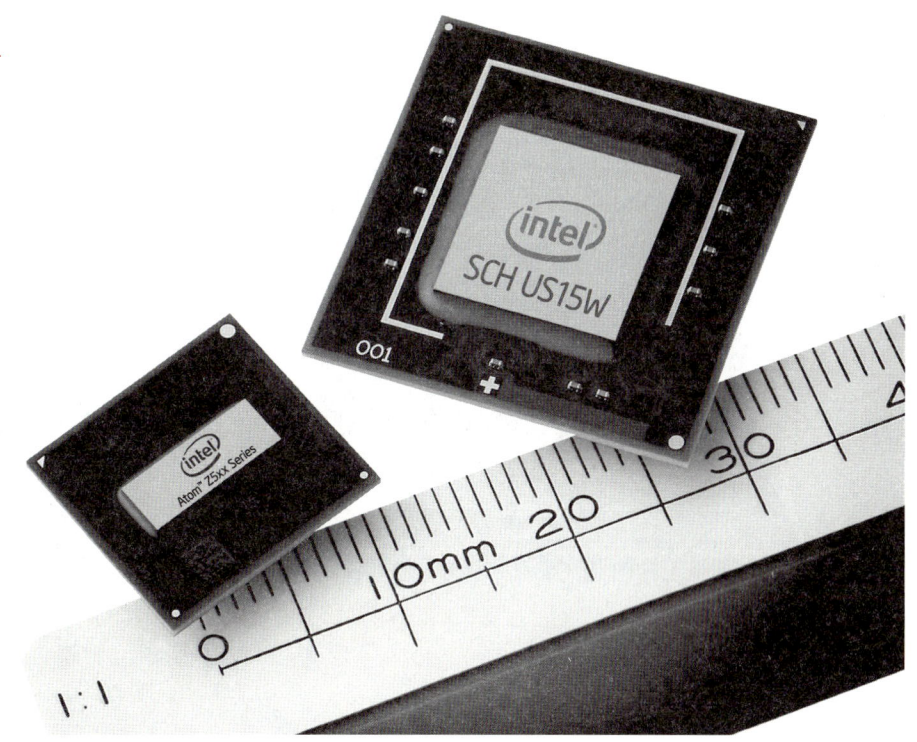

現代電腦可根據其大小和效率予以分類。個人電腦，如圖 1.2 所示，一次由一個人使用。**大型主機**適用於大型即時交易處理系統，如 ATM 自動提款機及其他銀行網路，及飯店、航空與租車所使用的商業訂位系統，屬於效能強大且可靠的電腦。功能最強大且速度最快的大型主機稱為**超級電腦**，通常是研究實驗室中使用，特別是需要密集運算的應用，如氣象預測等。

電腦系統的構成要件主要分為兩類：**硬體**(hardware)和**軟體**(software)。硬體是執行必要計算的設備，包括中央處理單元(CPU)、螢幕、鍵盤、滑鼠、印表機以及喇叭。軟體由**程式**(program)所組成，提供電腦指令，幫我們解決問題。

電腦上的程式設計在過去幾年有重大的改革。早期這份工作非常困難，需由程式設計師撰寫**二進位數字**(binary number)(0 和 1 的序列)。現在有高階程式語言，如 C 語言，使得程式設計變簡單了。

硬體：電腦設備。

軟體：和電腦合作的程式。

程式：能使電腦執行特殊任務的一串指令。

二進位數字：各位元為 0 和 1 的數字。

圖 1.2 (a)筆記型電腦(HP Pavilion dv5，HP 提供)；(b)掌上型電腦(iPhone 3G，Apple 提供)；(c)桌上型電腦(iMac，Apple 提供)。

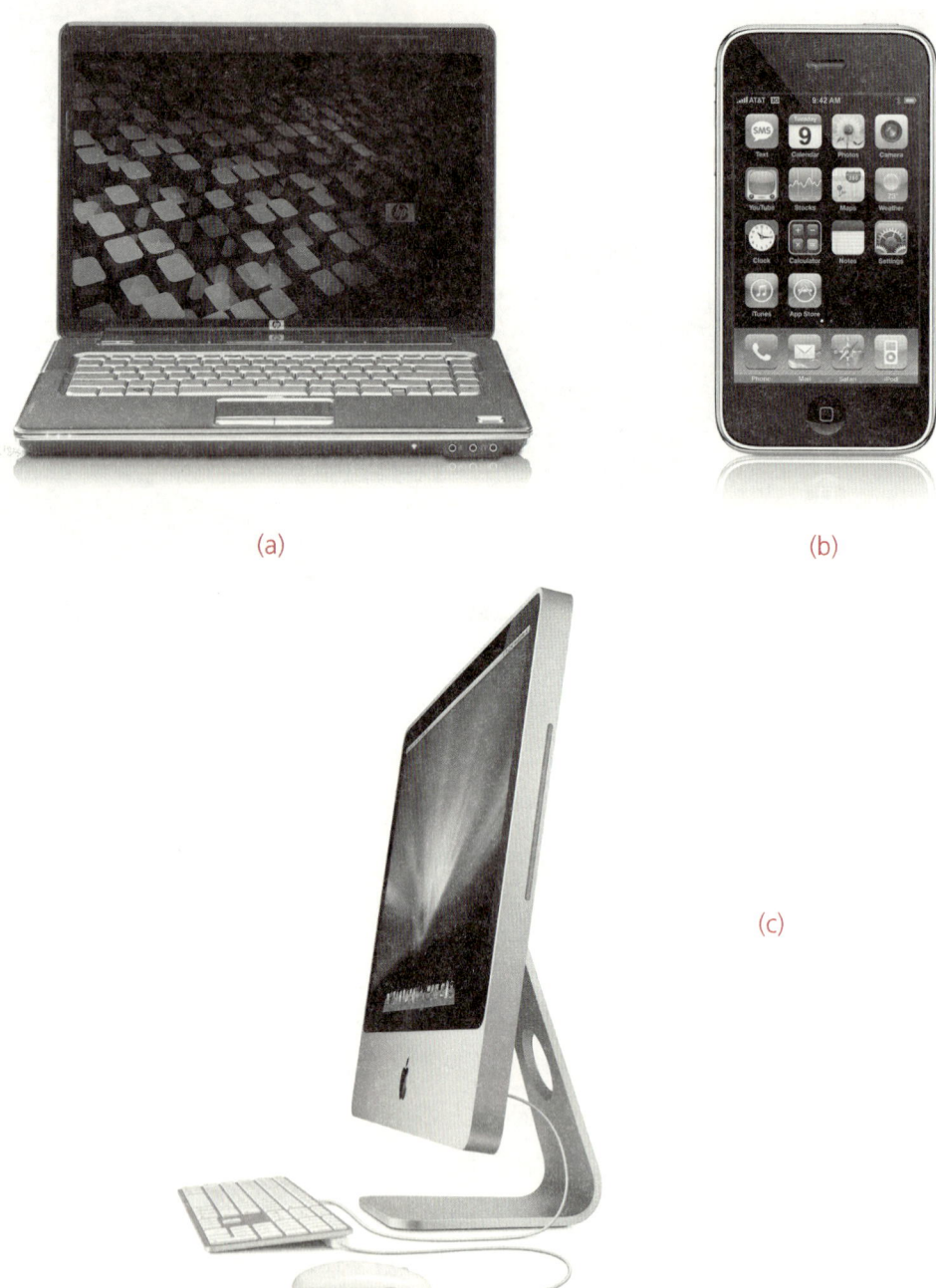

練習 1.1

自我檢驗

1. 電腦程式屬於硬體還是軟體？
2. 何種應用會使用大型主機？

1.2 電腦硬體

儘管價格、大小和功能或有不同，電腦基本上皆包含下列元件：

- 主記憶體。
- 輔助記憶體，包括如硬碟、CD 及 DVD、快閃磁碟機等儲存裝置。
- 中央處理單元。
- 輸入裝置，如鍵盤、滑鼠、觸控盤及掃描器等。
- 輸出裝置，如螢幕、印表機及喇叭等。

圖 1.3 顯示這些元件在電腦中的相互關係，箭頭表示資訊的流動方向。程式在執行前，必須先從**輔助記憶體**載到**主記憶體**中。而所處理的資料由程式使用者提供，經**輸入裝置**輸入，並存在**中央處理單元**可存取及處理的**主記憶體**中，處理後的結果再存回**主記憶體**。最後，在主記憶體內的資訊可由**輸出裝置**顯示。接下來本節會仔細描述各元件。

記憶體

記憶體是所有電腦的基本元件。下列逐一討論其組成及運作方式。

> **記憶格**：記憶體中單一的儲存位置。
>
> **記憶格位址**：記憶格在電腦的主記憶體中的相對位置。
>
> **記憶格內容**：存於記憶格內的資訊，為程式指令或資料。
>
> **程式儲存觀念**：程式指令在執行前會存至主記憶體中。

記憶體的結構 可將電腦的記憶體視為一塊有序的儲存位置，稱為**記憶格**(memory cell)(參考圖 1.4)。為了存取資料，電腦必須能辨識單一的記憶格，因此每個記憶格都有唯一的**位址**(address)，表示在記憶體中的相對位置。圖 1.4 是含有 1000 個記憶格的記憶體，位址從 0 至 999。大部分的電腦都具有百萬個記憶單元，且皆有自己的位址。

存於記憶格內的資料稱為該記憶格的**內容**(content)。每一個記憶格都有內容，只是我們可能不了解其意義為何。圖 1.4 中，記憶格 3 的內容是 −26，記憶格 4 的內容是字母 H。

記憶格的內容亦可為程式指令。將程式視同資料來儲存的**程式儲存觀念**(stored program concept)是：程式指令在執行前須存於主記憶體中。

圖 1.3　電腦的組成元件

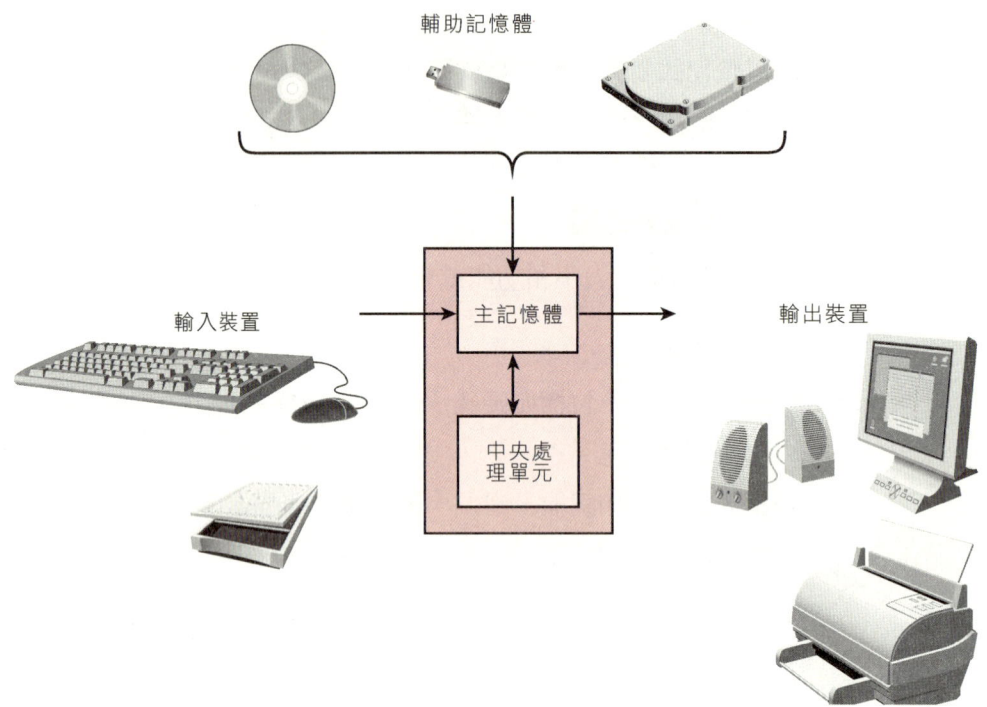

圖 1.4

主記憶體內的 1000 個記憶格

記憶體儲存不同的程式就能改變電腦的功能。

位元組：儲存一個字元所需的空間。

位元組和位元　記憶格實際上是一群較小的單位，這個單位稱為位元組。一個**位元組**(byte)是儲存一個字元所需的空間，如圖 1.4 中記憶格 4 的字

圖 1.5

位元組和位元的關係

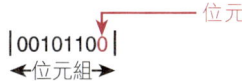

母 H。一個記憶格的位元組數目因電腦而異。位元組是由更小的儲存單位所組成，稱為位元(參考圖 1.5)。**位元**(bit)名稱得自二進位數字(**binary digit**)，是電腦能處理的最小元素。二進位是以 0 和 1 為基礎的數字系統，所以位元值為 0 或 1。一般而言，8 個位元組成一個位元組。

記憶體內資訊的存取　在記憶體內，每一個值都是一種由 0 和 1 組成的樣式，電腦可儲存或讀取此值。**儲存**(store)時，電腦將某一塊記憶體的位元設為 0 或 1，在此過程中會損毀此記憶體的原有內容。而**讀取**(retrieve)記憶單元之值時，是將此單元所存的 0、1 組合樣式複製到另一塊處理資料的位置，複製的過程不會破壞讀取的內容。不管是哪一種資訊——字元、數字或是程式指令——被儲存或被讀取，此程序都是相同的。

主記憶體　主記憶體可儲存程式、資料和運算結果。大部分電腦有兩種主記憶體：**隨機存取記憶體**(random access memory, RAM)，是程式和資料的暫存空間；以及**唯讀記憶體**(read-only memory, ROM)，儲存永久性的程式和資料。當程式執行時，即暫存在 RAM 中，同時暫存程式所處理的資料，如數字、名稱和圖片。RAM 通常是**變動性記憶體**(volatile memory)，當電腦關機，儲存在 RAM 中的所有內容就會消失不見。

ROM 卻是將資料永久地存在電腦內。電腦只能讀取，但不能儲存資訊至 ROM，所以稱其唯讀。當電腦關機，存於 ROM 中的資料不會消失。因啟動程式和其他重要指令都已在工廠中燒製在 ROM 晶片上了。以後所提到的記憶體，均指 RAM，因為那才是程式設計師可存取的部分。

輔助儲存裝置　電腦系統除了主記憶體之外還提供其他儲存空間的理由有二。首先，電腦需要永久性或半永久性的儲存空間，以便發生電力中斷或電腦關機時能夠保留住資訊。第二，僅靠記憶體空間通常不足以存放系統所需之資訊。

圖 1.6 列出一些經常看到的**輔助儲存裝置**(secondary storage)及儲存媒體。大部分個人電腦使用兩種型態的磁碟機作為輔助儲存裝置——硬

位元：一個二進位數：0 或 1。

資料儲存：將記憶格的各位元設為 0 或 1，此動作會破壞原先的資料。

資料讀取：將某一特殊記憶格的內容複製到另一個儲存空間。

隨機存取記憶體(RAM)：主記憶體的一部分，暫時儲存程式、資料和結果。

唯讀記憶體(ROM)：主記憶體的一部分，可永久性地儲存程式和資料。

變動性記憶體：當電腦關機，其內容會隨之消失的記憶體。

輔助儲存裝置：例如磁碟或磁帶等設備，即使供給磁碟或磁帶機的電力中斷時仍能保留資訊。

圖 1.6

輔助儲存媒體

CD 光碟片　　　快閃磁碟機　　　硬碟

硬碟：金屬或塑膠製的圓形薄盤，資料以排列成磁軌的磁化點表示。

碟與光碟：**硬碟**(hard disk)通常是裝設在其磁碟機中，本身是一種很薄的金屬或塑膠圓盤，外覆磁性物質。每個資料位元都是磁碟上的一個磁化點，而且這些點以同心圓的方式排列，形成磁軌。磁碟讀寫頭是藉由在旋轉的磁碟上移動到正確的磁軌，然後隨著移動感測這些磁化點。個人電腦中的硬碟通常有數百 GB(gigabytes)的資料儲存量，但是將硬碟群組起來在網路上可以提供到 TB(terabyte)的儲存量(參考表 1.1)。

光碟機：利用雷射讀取或儲存資料到 CD 或者 DVD。

目前大部分個人電腦配備都包含**光碟機**(optical drives)或者 DVD **磁碟機**(CD drives)，用來讀取儲存在光碟片(CD)上的資料。其中有些磁碟機也可把資料寫入光碟片。所謂 CD 光碟片是一種銀色的塑膠圓盤，在一面磁碟上透過雷射將資料記錄為一連串排列成螺旋狀磁軌的小磁點。一片 CD 光碟片可儲存 680 MB 的資料量。另一種使用類似技術且逐漸普及的輔助儲存裝置是**數位視訊影碟**(Digital Video Disk, DVD)機。藉由以更緊密螺旋狀排列較小磁點的方式，一片 DVD 在一層上可儲存 4.7 GB 的資料量。有些 DVD 可存放四層資料，亦即每一面各兩層，使得總容量可達到 17 GB，足夠儲存長達 9 小時的電影品質視訊以及多聲道音訊。

快閃磁碟機：一種可以插入 USB 埠中可而且可以儲存電子資料。

快閃磁碟機(flash drives)如同圖 1.6 中所示，將快閃記憶體封在一個塑膠殼中，長度約三寸，可以使用於任何電腦的 USB 埠中。與硬碟和光碟機不同，不需要旋轉碟片來取得資料，快閃磁碟不需要移動任何單元，只需要使用電子訊號傳遞資料。在快閃記憶體中，位元由半導體中微小空間內之特定電子訊號所表示。

表 1.1　用來量化儲存容量的專有名詞

名　詞	縮　寫	相當於	和 10 的次方比較
Byte(位元組)	B	8 位元	
Kilobyte	KB	1,024 (2^{10})位元組	$>10^3$
Megabyte	MB	1,048,576 (2^{20})位元組	$>10^6$
Gigabyte	GB	1,073,741,824 (2^{30})位元組	$>10^9$
Terabyte	TB	1,099,511,627,776 (2^{40})位元組	$>10^{12}$

> **檔案**：儲存在磁碟上之資料集合，並可予以命名。
>
> **目錄**：儲存在磁碟上一連串的檔案名稱。
>
> **子目錄**：一連串與某一特定主題有關的檔案名稱。

儲存在磁碟上的資訊以個別集合的方式組織起來，這些集合單位稱為**檔案**(file)。一個檔案可能包含一個 C 程式。另一個檔案可能包含將交由該程式處理的資料(資料檔案)。另一種檔案則可能包含一個程式產生的結果(輸出檔案)。儲存在一個磁碟上的所有檔案名稱列在該磁碟的**目錄**(directory)中。這個目錄可以被切分成一或多層子目錄，其中每個**子目錄**(subdirectory)則儲存類似主題的檔案。舉例來說，使用者可能會有多個存放檔案的子目錄，分別包含本學期所修每一門課的作業及程式。至於檔案在目錄中如何命名及分類的細節，隨著每個電腦系統而異。請遵循所使用之系統的命名規訂。

中央處理單元

> **中央處理單元(CPU)**：協調所有的電腦動作並執行資料的數學與邏輯運算。

中央處理單元(central processing unit, CPU) 扮演兩種角色：協調所有的電腦動作，並執行資料的數學與邏輯運算。CPU 按照程式的指令來決定要執行哪些動作及其順序，接著將相關的控制訊號傳送到其他電腦元件。例如，若是掃描資料的指令，CPU 便送出相關的控制訊號至輸入裝置。

> **取出指令**：從主記憶體內取出一個指令。

CPU 處理存於主記憶體內的程式，循序**取出指令**(fetching an instruction)、解釋指令該做什麼，並讀出指令執行所需的資料。接著，CPU 執行真正的處理，並將結果存於主記憶體中。

CPU 能執行數學運算，例如加、減、乘、除，亦能比較兩個記憶體的內容(例如，何者較大？)，且根據比較的結果做出決定。

現代 CPU 的電路都包含在單一的積體電路或是晶片上，數百萬的小電路都生產於銀色的矽片上。整合的中央處理單元的積體電路(IC) 稱為微處理器。CPU 目前處理的指令和資料值會暫時儲存在 CPU 中特殊的高速記憶體位置中，這個位置稱為**暫存器**(registers)。

> **暫存器**：CPU 中高速的記憶體位置。

輸入／輸出裝置

我們利用輸入／輸出(I/O)裝置和電腦溝通，尤其是可輸入資料作運算，並可看到運算的結果。

可用**鍵盤**作為輸入裝置，而**螢幕**作為輸出裝置。在鍵盤上按下字母或數字鍵，此字元會送至主記憶體中，並顯示在螢幕上**游標**(cursor)所在的位置，即一個移動標示區(通常是一條亮線或是長方區塊)。電腦鍵盤

> **游標**：出現在螢幕上會移動的位置記號。

功能鍵：鍵盤上用於選擇特殊運算的特殊鍵，而選擇的運算視所用的程式而定。

有字母輸入鍵、數字輸入鍵與特定的標點符號，也有一些額外特殊功能的鍵。在鍵盤的上方，有十二個**功能鍵**(function keys)分別標示 F1 到 F12。功能鍵的反應由目前所執行的程序所指定，在不同應用程式按下 F1 的反應將會不同。其他特殊的功能鍵，可以讓你刪除字元，移動游標，且按下輸入(enter)鍵可以讓你輸入一行。

滑鼠：移動螢幕游標來選擇操作的輸入裝置。

另一種普遍的輸入裝置是滑鼠。**滑鼠**(mouse)是由手握住來選擇操作。在桌面移動滑鼠，會移動螢幕上的滑鼠游標(通常為小矩形或箭頭)。將滑鼠游標移至一個單字或**圖樣**(icon)上，代表欲選擇的電腦功能，按下滑鼠按鈕即能啟動所選的功能。

圖樣：表示一種電腦操作的圖畫。

螢幕是提供資訊的暫時顯示裝置。若要將電腦資料列印出，即取得**實體複製**(hard copy)，則需將資訊送至稱為**印表機**(printer)的輸出裝置。

實體複製：資料的列印輸出。

電腦網路

目前我們正面臨資訊爆炸的世界，主要原因是電腦連結成網路，彼此可以互相溝通。**區域網路**(local area network, LAN)是同一建築物中的電腦和其他設備用纜線連結起來，可以共享資訊和資源，如印表機、掃描機和輔助儲存裝置(圖 1.7)。控制存取輔助儲存裝置的電腦稱為**檔案伺服器**(file server)。

區域網路(LAN)：電腦、印表機、掃描機和儲存裝置利用纜線連結，彼此可以相互溝通。

區域網路可用相同的技術，如電話網路，和其他的 LAN 連結。中等距離的通訊利用電話線，而大範圍的通訊則可使用電話線或衛星傳送

檔案伺服器：在網路中控制存取輔助儲存裝置(如硬碟)的電腦。

圖 1.7 區域網路

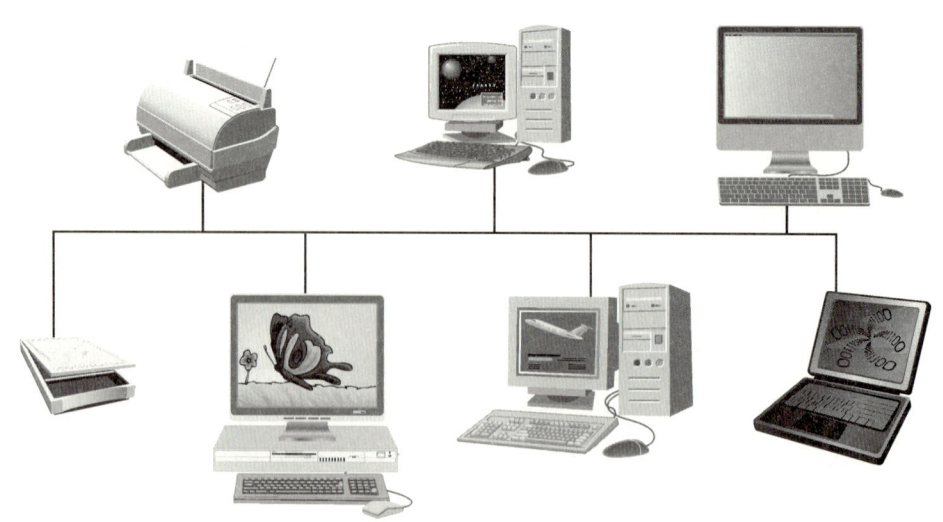

圖 1.8　具有利用微波訊號傳輸之衛星的區域網路

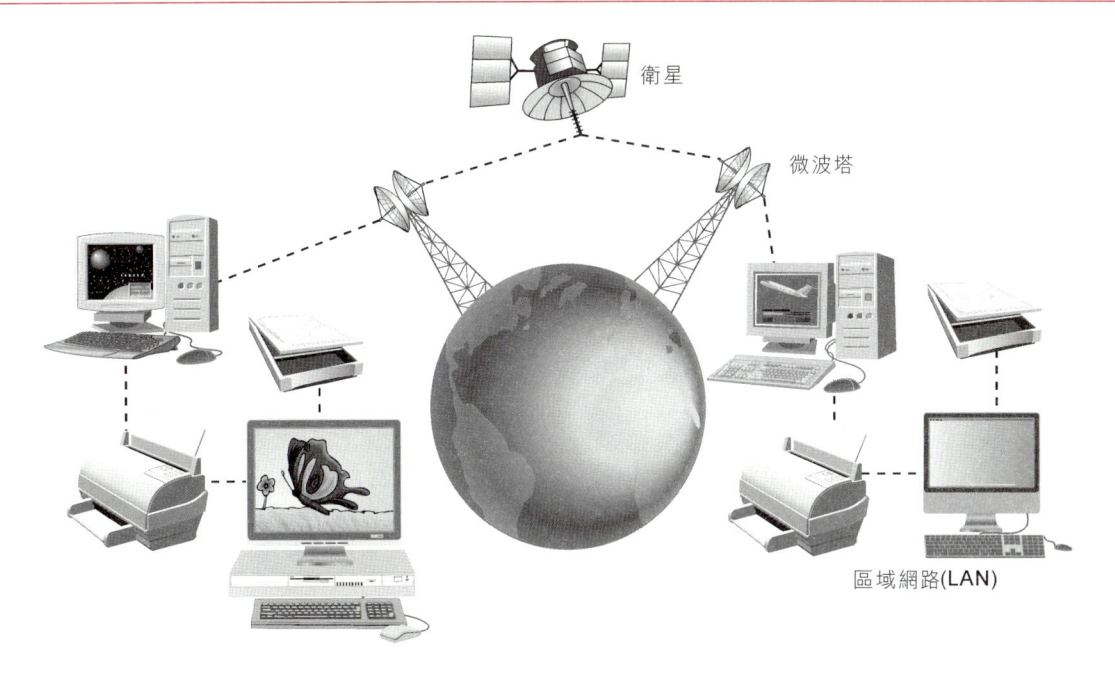

廣域網路(WAN)：如網際網路，連結各地電腦和 LAN 的網路。

全球資訊網(WWW)：網際網路的一部分，其圖形使用者介面使得相關的網路資源很容易存取。

圖形使用者介面(GUI)：顯示圖形和選單，讓使用者容易選取指令和資料。

數據機：將電腦之間的二進位資料轉成可於電話線上傳輸的語音訊號裝置。

DSL 連線：一種使用電話線路的高速網際網路連結，同時不會干擾到相同線路上進行的語音通訊。

的微波訊號(圖 1.8)。

連結遍佈各地的個人電腦和區域網路的電腦網路稱為**廣域網路**(wide area network, WAN)。最知名的 WAN 是網際網路(Internet)，這是一個大學、公司行號、政府和大眾存取的網路。網際網路是美國國防部在 1969 年 ARPAnet 專案設計的電腦網路的後代子孫。這個專案的目標是希望產生即使部分毀壞仍能正常運作的電腦網路。網際網路使用最廣泛的概念是**全球資訊網**(World Wide Web, WWW)，透過**圖形使用者介面**(graphical user interface, GUI)可遨遊於網際網路可存取的世界資源中。

若你的電腦具備數據機，就可透過電話線連上資訊高速公路。**數據機**(**mo**dulator/**dem**odulator, modem)可將二進位的電腦資料轉成電話線上的語音資料，透過一般的電話線路、電視網路或者光纖網路傳至另一部電腦上。在接收端的電腦，利用另一個數據機將此語音資料再轉換回二進位資料。早期的數據機其傳輸速率為 300 baud(每秒 300 位元)，現在每秒超過 50,000 位元，或者如果你有一個數位數據專線(digital subscriber line, **DSL 連線**)，在透過相同線路使用語音通話連接的同時，數據機仍可每秒傳輸 150 萬位元。另一種高速連線的選擇是**有線網際網路存取**(cable Internet access)，將網際網路資料沿著一條頻道(就像電視頻道一樣)傳送到你的電腦上，並且使用和有線電視一樣的同軸電纜。

有線網際網路存取：透過傳輸有線電視訊號之同軸電纜，利用數百個頻道中的兩個頻道，進行雙向且高速的網際網路資料傳輸。

練習 1.2

自我檢驗

1. 若有一電腦指令，要計算圖 1.4 中記憶格 2 與 999 的內容和，並將結果存於記憶格 0，則記憶格 0、2 與 999 的內容為何？
2. 一個位元有兩種值：0 或 1。兩個位元則有四種值： 00，01，10，11。同理，請列出三個位元、四個位元的各種組合。
3. 將下列依小到大排序：位元組、位元、WAN、主記憶體、記憶格、LAN、輔助儲存裝置。

1.3　電腦軟體

在前一節中介紹電腦系統的元件，此指硬體元件。我們亦要研讀使電腦完成任務的基本操作：反覆讀取和執行指令。本節的重點是這些稱為電腦程式或電腦軟體中非常重要的指令內容。首先將軟體想成是讓使用者容易使用硬體、然後說明寫成軟體的各種層次的電腦語言，以及產生和執行新程式的過程。

作業系統

作業系統：控制使用者和電腦硬體之間互動和管理電腦資源配置的軟體。

控制使用者和電腦硬體之間互動的電腦程式集稱為**作業系統**(operating system, OS)。電腦的作業系統常常被比喻為樂團的指揮，因為它是負責指揮所有電腦操作和管理電腦資源的軟體。通常部分作業系統會永久儲存在唯讀記憶體(ROM)晶片中，當電腦開機後可以盡快地存取。電腦可察看唯讀記憶體中的值，但不能寫入新值。ROM 中的 OS 部分是載入其餘作業系統碼(通常存在磁碟上)至記憶體的必要指令。載入作業系統至記憶體稱**啟動電腦**(booting the computer)。

啟動電腦：將作業系統從磁碟載入記憶體。

下面是作業系統眾多責任中的部分清單：

1. 和電腦使用者溝通：接受指令並執行之，或是顯示錯誤訊息拒絕之。
2. 管理各種任務中記憶體、處理器的時間與其他資源的配置。

3. 收集來自鍵盤、滑鼠與和其他輸入裝置的輸入，並將資料提供給目前正在執行的程式。
4. 將程式輸出傳至螢幕、印表機或其他輸出裝置。
5. 存取輔助儲存裝置中的資料。
6. 將資料寫入輔助記憶體中。

除了這些任務外，可多人使用的電腦其作業系統必須驗證每個人使用電腦的權力，而且必須確認每個使用者只能存取其有適當權力的資料。

表 1.2 所列為一些使用廣泛的作業系統。使用指令行介面的 OS 會顯示簡短的訊息，稱為提問句，表示它已準備好接收輸入，然後使用者可從鍵盤輸入指令。圖 1.9 所示為 UNIX 指令(`ls temp/misc`)的輸入，此操作是要求顯示 temp 目錄下子目錄 misc 中所有檔案的清單(Gridvar.c, Gridvar.exe, Gridok.txt)。在此例中，提問句是 `mycomputer:~>`(在顯示程式執行的這類圖表中，由使用者輸入的文字會用藍色標示，以跟電腦所產生的文字做區隔)。

相對地，具有圖形使用者介面的作業系統，提供使用者一種以圖示或選單呈現的系統。要發出指令，使用者只要移動滑鼠、軌跡球或感應板的游標至適當的圖樣或選單，並按下按鈕一次或兩次。圖 1.10 所示為當你在桌面上視窗圖形介面左上角「我的電腦」(My Computer)圖示上按兩下後所彈出的視窗。你只要在適當的圖示上按兩下，便可檢視硬碟(C:)、備份磁碟(D:)、光碟機(E:) 與快閃磁碟機(F:)。

表 1.2　根據使用者介面型態分類廣泛使用的作業系統

指令行介面	圖形使用者介面
UNIX	Macintosh OS
MS-DOS	Windows
VMS	OS/2 Warp
	UNIX + X Window System

圖 1.9　在輸入 UNIX 指令以顯示目錄

```
1. mycomputer:~> ls temp/misc
2. Gridvar.c      Gridvar.exe    Gridok.txt
3.
4. mycomputer:~>
```

圖 1.10
透過視窗系統存取輔助儲存裝置

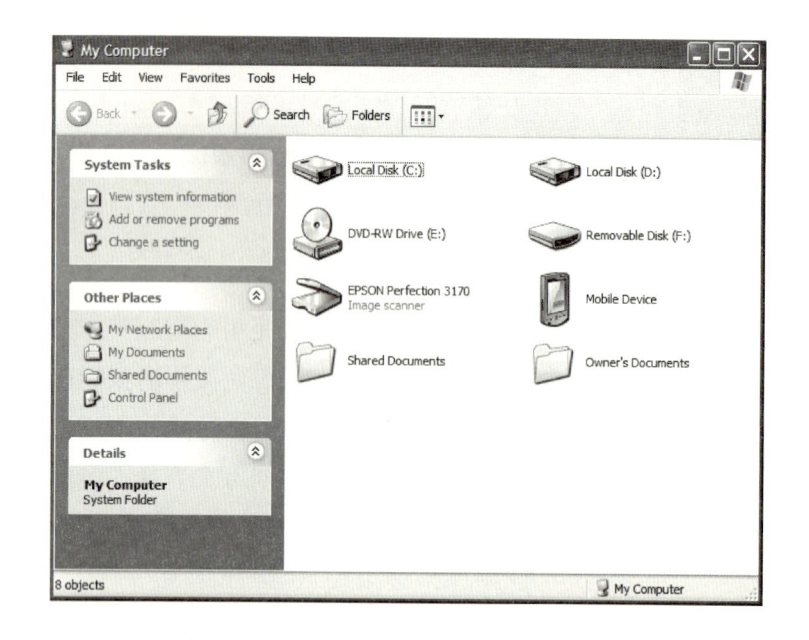

應用軟體

應用(application)程式的發展是為了幫助電腦使用者完成特定的工作。例如，文字處理應用如 Microsoft Word 或 WordPerfect 可產生文件；工作表應用如 Lotus 1-2-3 或 Excel 可使冗長的數字計算自動化，並產生描述資料的圖表；而資料庫管理應用如 Access 或 dBASE 協助資料儲存，並可用鍵盤快速存取大量的紀錄。

電腦使用者一般都會購買存在 CD 的應用軟體或者由網際網路下載程式，並將程式複製到硬碟中，然後**安裝**(install)軟體。在購買軟體時，你必須檢查此程式是否和你計畫使用的作業系統和電腦硬體相容。我們已經討論過作業系統之間的差異，接著要來研究不同處理器所了解的不同語言。

應用：具有任務的軟體，如文書處理、會計或是資料庫管理。

安裝：將應用軟體從磁碟或 CD 複製至電腦硬碟，使應用軟體變成可用。

電腦語言

發展新軟體需要撰寫一串指令讓電腦執行。但是，軟體發展者很少直接用電腦可理解的語言撰寫，因為**機器語言**(machine language)是二進位數字。機器語言的另一個缺點是沒有標準：對於每種型態的 CPU 有不同的機器語言。較有可讀性的**組合語言**(assembly language)亦有相同的問題，這種語言是將電腦的操作以記憶碼而非二進位數字呈現，而且變數可以採用名稱而非二進位的記憶體位址。表 1.3 為將兩數相加的一小段

機器語言：特定 CPU 所能理解的二進位數字碼。

組合語言：對應於機器語言指令的記憶碼。

表 1.3　機器語言片段和其對應的組合語言

記憶體位址	機器語言指令	組合語言指令
00000000	00000000	CLA
00000001	00010101	ADD A
00000010	00010110	ADD B
00000011	00110101	STA A
00000100	01110111	HLT
00000101	?	A ?
00000110	?	B ?

機器語言程式，及其對應的組合語言。注意，每個組合語言指令只對應一個機器指令：在組合語言中，標示為 A 和 B 的記憶格是變數的位置，並非指令。符號「?」表示我們不知道位址 00000101 和 00000110 記憶格的內容。

高階語言：與機器無關的程式語言，結合代數算式與英文符號。

若要撰寫與執行程式之 CPU 無關的軟體，軟體設計師需使用**高階語言**(high-level language)。這種語言結合代數算式和英文符號。例如表 1.3 中的機器／組合語言程式片段可用高階語言的單一敘述表示：

a = a + b;

此敘述的意義是「計算變數 a 與 b 之和，並將結果存至變數 a(取代 a 先前之值)」。

目前有許多高階語言可使用。表 1.4 列出一些使用最廣的語言、其

表 1.4　高階語言

語　言	應用領域	原始名稱
FORTRAN	科學的程式設計	**Fo**rmula **tran**slation
COBOL	商業資料處理	**Co**mmon **B**usiness-Oriented **L**anguage
LISP	人工智慧	**Lis**t **p**rocessing
C	系統程式設計	之前的語言被命名為 B
Prolog	人工智慧	**Lo**gic **pro**gramming
Ada	即時分散系統	**Ada** Augusta Byron 與 19 世紀的電腦先驅 Charles Babbage 共同合作
Smalltalk	圖形使用者介面；物件導向程式設計	物件透過訊息而互相「說話」
C++	支援物件和物件導向程式設計	C 的增加改變(++是 C 中的加號運算子)
Java	支援網頁程式	原名為「Oak」

原始名稱和常見的應用領域。雖然程式設計師發現用高階語言非常容易表現問題的解答，但是仍存在電腦不懂這些語言的問題。因此，在高階語言程式可以執行前，首先必須將它轉換成目的電腦的機器語言，執行這種轉換的程式稱為**編譯器**(compiler)。圖 1.11 說明在發展和測試高階語言程式的過程中編譯器的角色。編譯器的輸入和輸出(當它成功時)皆為程式。編譯器的輸入是**原始檔**(source file)，內容為高階語言程式。軟體發展者利用文字處理器或編輯器產生此檔。原始檔的格式是文字檔，其意思是它為字元碼的集合。例如，你可將程式寫在名為 `myprog.c` 的檔案中。編譯器將會掃視原始檔，檢查程式是否遵循高階語言的**語法**(syntax) 或文法規則。若此程式的語法正確，編譯器將其存為**目的檔**(object file)，這是機器語言。例如程式 `myprog.c` 的目的檔可稱為 `myprog.obj`。注意此檔的格式是二進位，這意思是你不可將它送給印表機、在螢幕上顯示或用文字處理器處理，因為它在文字處理器、印表機或螢幕上將呈現出無意義的廢物。若原始檔含有語法錯誤，編譯器會列出這些錯誤，但不會產生目的檔。發展者必須回到文字處理器，修正錯誤後，再重新編譯程式。

雖然目的檔含有機器指令，但不是所有的指令都是完整的。高階語言提供軟體發展者許多可能需要之功能的名稱區塊碼。幾乎所有的高階語言程式至少使用一個存在系統其他目的檔中稱為**函式**的區塊碼。**連結器**(linker)結合這些目的檔的組合式函式，產生完整、可執行的機器語言程式。對範例程式而言，連結器也許會將其產生的可執行檔命名為 `myprog.exe`。

若 `myprog.exe` 只是存在你的磁碟中，則它不會做任何事情。要執行它，載入器必須複製所有的指令至記憶體中，並指示 CPU 開始執行第一個指令。當程式執行時，它可從一個或多個來源讀取輸入資料，並將結果送至輸出或輔助記憶體裝置。

有些電腦系統需要使用者要求 OS 個別地執行圖 1.11 中的每個步驟。但是許多高階語言的編譯器目前都是以**整合式發展環境**(integrated development environment, IDE)中的一部分出售，整合式發展環境是結合簡單的文字處理器、編譯器、連結器以及載入器的套裝軟體。這種環境提供選單，從選單上可選擇下一個步驟，而且若發展者試圖不按照順序執行，則此環境會自動補上漏掉的步驟。

編譯器：將高階語言的程式轉成機器語言的軟體。

原始檔：含有以高階語言寫成之程式的檔案，為編譯器的輸入。

語法：程式語言的文法規則。

目的檔：含有機器語言指令的檔案，為編譯器的輸出。

連結器：結合目的檔並解決交叉參考，產生可執行之機器語言程式的軟體。

整合式發展環境(IDE)：結合文字處理器、編譯器、連結器、載入器和除錯工具的套裝軟體。

圖 1.11　輸入、轉換及執行高階語言程式

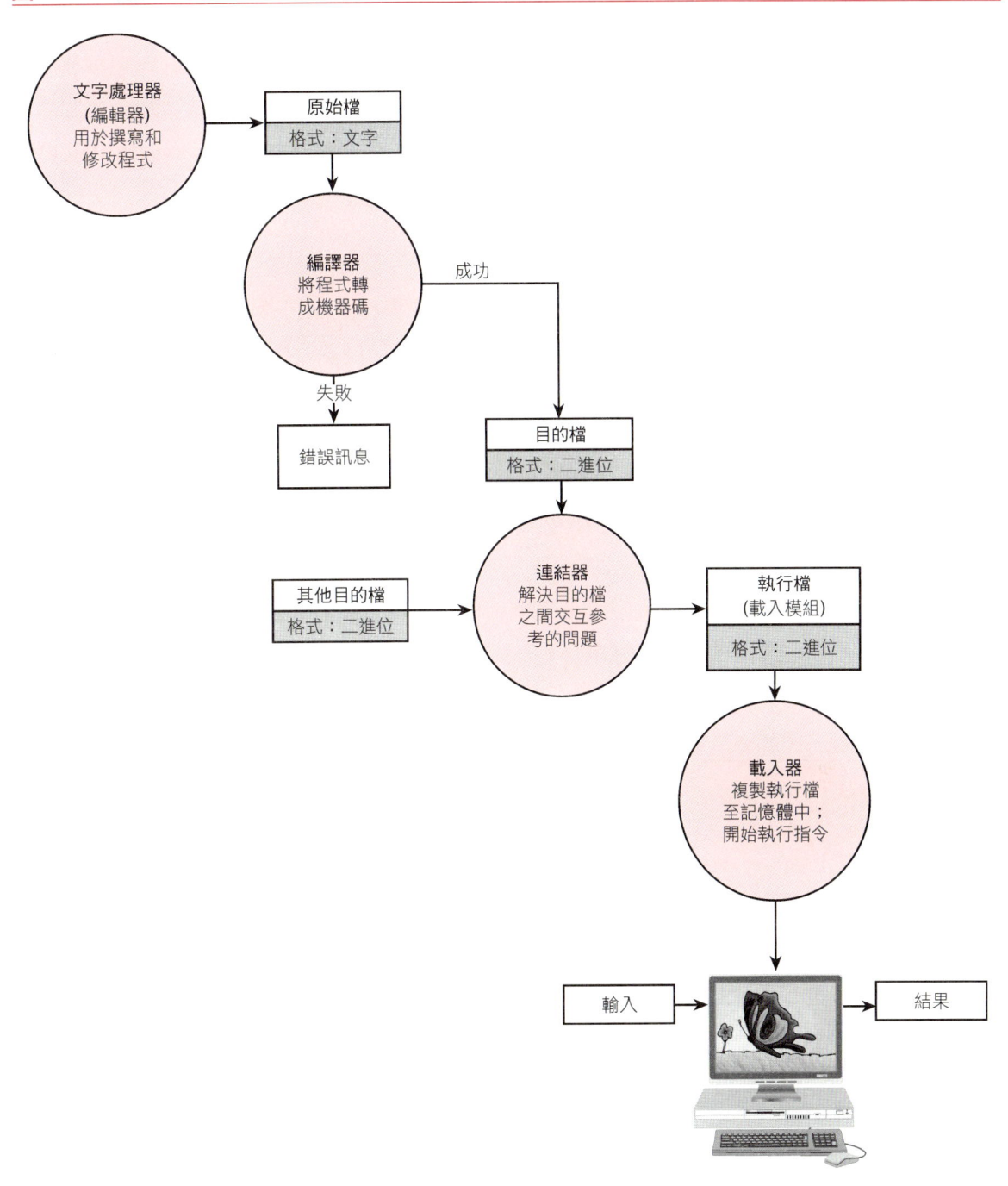

整合式發展環境的使用者應知道此環境也許不會自動將原始檔、目的檔與執行檔存在磁碟中，而只是將這些程式存在記憶體中。這種方法可節省複製的時間和磁碟空間，而且將程式碼隨時準備好在記憶體中，以備轉換／執行程序中的下一個步驟。但是在斷電或嚴重程式錯誤時，發展者會有損失唯一原始檔的風險。要避免這種損失，在使用 IDE 時，於每次修改後執行前，都要明確地將原始檔存至磁碟中。

執行程式

要執行機器語言的程式，CPU 會檢查記憶體內的每個程式指令，並送出執行指令所需的訊號。一般都是循序執行程式指令，但 CPU 也可能跳過或重複執行某些指令，稍後會討論這些情況。

執行期間，資料會載入記憶體中並處理之。輸入或掃描程式所需的資料要用特別的程式指令稱為**輸入資料** (input data)。在輸入資料處理後，會執行顯示或列印的指令。由程式顯示結果稱為**程式輸出**(program output)。

以圖 1.12 為例，這是一個計算水費的程式。程式的第一步是將用水量讀入記憶體中。第二步，程式處理資料並將計算結果存於記憶體中。最後顯示水費帳單。

輸入資料：程式讀入的資料。

程式輸出：程式顯示的資料。

圖 1.12　程式執行時的資訊流程

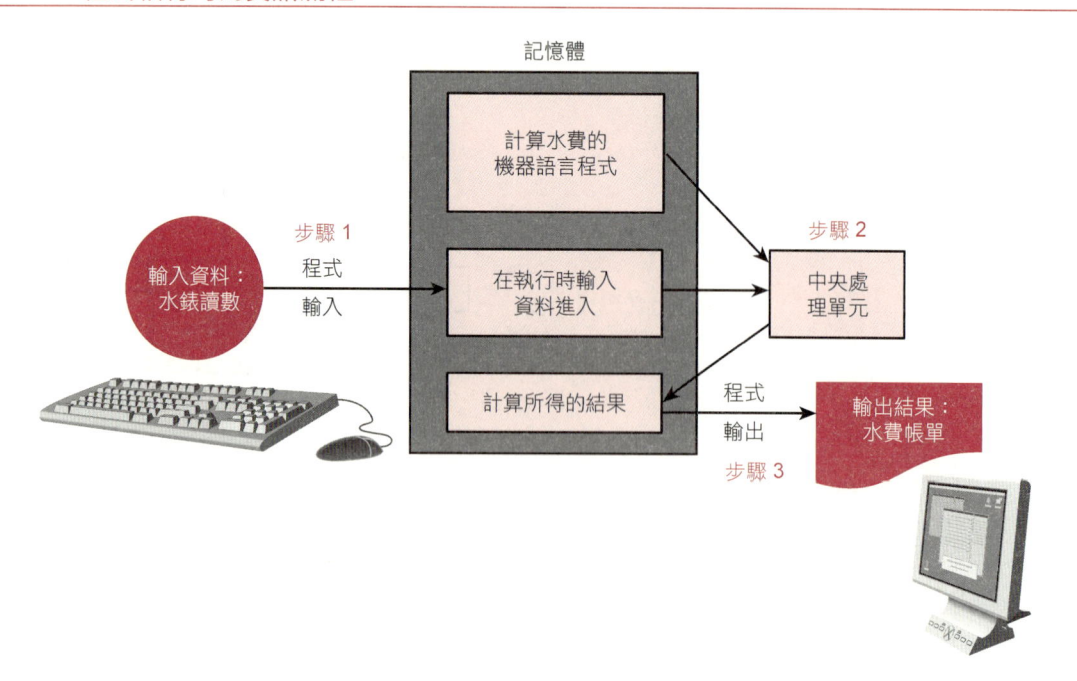

練習 1.3

自我檢驗

1. 下列五個高階語言的敘述代表的意義為何？

   ```
   x = a + b + c;   x = y / z;   d = c - b + a;
   z = z + 1;   kelvin = celsius + 273.15;
   ```

2. 列出兩個理由說明為何用 C 語言寫程式比機器語言好？
3. 語法錯誤是在原始程式或是在目的程式中發現？若存在語法錯誤，是哪一個系統程式發現的？你可用哪一個系統程式訂正此錯誤？
4. 說明原始程式、目的程式和執行程式之間的不同。何者由你產生？何者是編譯器產生？何者是連結器或載入器產生？

1.4 軟體發展方法

程式設計是解決問題的行為。若你擅於解決問題，你有可能成為一位好的程式設計師。因此本書的目標之一是提升你解決問題的能力。許多領域都有其解決問題的方法，商學系學生學習用**系統的方法**解決問題，但工程和科學系學生則用**工程和科學的方法**，程式設計師則用**軟體發展方法**。

軟體發展方法

1. 說明問題的需求。
2. 分析問題。
3. 設計演算法來解決問題。
4. 實作演算法。
5. 測試並驗證完成的程式。
6. 維護並更新程式。

問　題

詳加敘述問題需求可使問題及其解決方式更清楚。此目的是要刪除不重要的問題，而能針對問題的根本，但不是那麼容易完成，可能需要從提出問題的人取得更多的資訊。

分　析

問題分析包括確定問題的(a)輸入，即要處理的資料；(b)輸出，即所需的結果；(c)任何解題的需求及限制。在這個步驟中亦需決定結果的顯示格式(如表格是否需要行標題)和定義一串問題變數及其關係，這些關係可用公式表示。

若步驟 1 和 2 沒有正確做好，會解錯問題。首先讀清楚問題敘述，了解問題，其次再決定輸入和輸出。在問題敘述的輸入和輸出部分底下畫線可能會有幫助，如下例所示。

已知購買蘋果的磅數和每磅的價錢，計算並顯示購買蘋果的總成本。

接著總結畫線部分所得到的資訊：

問題輸入

```
quantity of apples purchased (in pounds)
cost per pound of apples (in dollars per pound)
```

問題輸出

```
total cost of apples (in dollars)
```

一旦知道問題的輸入與輸出，則定義其間的關係。一般的公式為：

$$總成本 = 單位成本 \times 單位數量$$

計算購買個數的總成本。將問題代入上述式子中的變數，產生如下的式子：

$$蘋果總成本 = 每磅成本 \times 蘋果磅數$$

有些情況，需要做一些假設或簡化才能得到這些關係式。用基本的變數和其關係來表現問題，稱為**萃取**(abstraction)。

萃取：萃取問題的基本變數及其關係以表現問題的過程。

演算法：解決問題的一串步驟。

從上而下的設計：將問題分成主要的次問題，解決次問題後就將主題解決。

設　計

設計解決問題的**演算法**(algorithm)是要發展一串解決問題的步驟，並驗證此演算法能否解決問題。設計演算法是解決問題的過程中最困難的部分。一開始不要想解決問題的每個細節，而是要訓練自己使用從上而下的設計。**從上而下的設計**(top-down design)首先要列出問題的主要步驟或次問題，然後解決每個次問題後，就解決了整個問題。大部分的電腦演算法至少包含下列的次問題。

設計問題的演算法

1. 取得資料。
2. 執行計算。
3. 顯示結果。

知道次問題為何，就可以逐個解決。例如，步驟 2 的執行計算可能需要再仔細分成數個步驟，此過程稱為**逐步細分演算法**(stepwise refinement)。

> **逐步細分演算法**：對原始演算法的某一特殊步驟再發展細節步驟。

若你撰寫學期研究報告時，利用大綱的方式，應該會很熟悉從上而下的設計方法。首先你會產生主要標題的大綱，然後在每個主要標題下填入次標題。一旦大綱完成，就可以開始撰寫每個次標題下的正文了。

> **紙上演練檢查**：逐步模擬電腦執行演算法。

紙上演練檢查(desk checking) 是設計演算法重要的一部分，但常常被忽略。紙上演練檢查是模擬電腦小心地執行演算法的每個步驟，並驗證演算法能如預期一樣地運作。如此在解決問題的過程中才能早期發現演算法的錯誤，以節省時間和精力。

實 作

實作演算法(軟體發展方法的步驟 4)是將演算法寫成程式。演算法的每一步驟都須轉成一個或數個某種程式語言的敘述。

測 試

*程式測試和驗證*需測試完整的程式以驗證此程式是否可正常運作。不能只測試一組資料，須測試各種不同的資料，以確定此演算法在每種情況下均能正常工作。

維 護

*程式的維護和更新*包括改正程式先前未偵測到的錯誤，並使程式保持最新版以符合政府規則或公司政策的改變。許多組織維護一個程式達五年以上，經常發生原始作者已離開或調任他職。

若要程式易於閱讀、了解和維護，須遵守一些程式的撰寫規則，避免一些小技巧和捷徑。

注意：失敗是此過程的一部分

雖然逐步解決問題是有用的，但按照這些步驟並不能保證第一次或是每次都能得到正確答案。這個事實說明驗證是很重要的，並含有解題的真理：第一次(亦可能為第二次、第三次或第二十次)解題也許是錯的。所以熟練的解題者不會因最初的失敗而氣餒，相反地，他們會因錯誤和早期的答案而更了解問題。最傑出的問題解決者之一，Thomas Edison，是因其數千次的實驗失敗才造就令人難以相信的發明紀錄。他的朋友們說他總是將那些失敗視為有用的資料，而他們卻是屈服於這些失敗。

練習 1.4

自我檢驗
1. 列出軟體發展方法的各個步驟。
2. 演算法發展是在哪一步驟？在哪些步驟要標明問題的輸入和輸出？

1.5 軟體發展方法的應用

在本書中，只用軟體發展方法的前五個步驟來解決程式設計的問題。在案例研究中的例子以**問題敘述**為開始，在問題**分析**中會找出問題的資料需求、問題的輸入及想要的輸出。再來是**設計**和改善最初的演算法。最後，用 C 語言來**實作**此演算法，亦提供程式的簡單執行並討論如何測試程式。

接著我們將帶領你研讀一個案例研究。此範例包含了程序進行的評論，你可以利用它來作為解決其他問題的模式。

案例研究　哩和公里的轉換

問　題

若你們的夏天觀察工作是研讀地圖，但有些地圖的距離是以公里為單位，有些卻以哩為單位。你及同伴較喜歡公制的測量單位。寫一程式執行這種轉換。

分　析

　　解題的第一步是決定要做什麼。要轉換不同的測量系統，是從公里轉至哩，或是相反呢？問題敘述是說較喜歡公制的單位，所以是將哩轉成公里。因此，問題的輸入是<u>以哩為單位的距離</u>，而問題的輸出是<u>以公里為單位的距離</u>。要寫成程式還需要知道哩和公里之間的關係。參考公制表可知 1 哩等於 1.609 公里。

　　資料需求及其相關的公式如下，miles 是儲存問題輸入的記憶格，而 kms 是儲存程式結果的記憶格。

資料需求

問題輸入

```
miles  /* the distance in miles */
```

問題輸出

```
kms  /* the distance in kilometers */
```

相關公式

```
1 mile = 1.609 kilometers
```

設　計

　　將解題的演算法公式化。首先列出演算法的主要步驟或次問題。

演算法

1. 讀取以哩為單位的距離。
2. 轉換成以公里為單位的距離。
3. 顯示以公里為單位的距離。

判斷此演算法的各步驟是否需進一步細分或者已完全清楚。步驟 1(取得資料)和步驟 3(顯示值) 都為基本步驟，毋需再細分。步驟 2 需要一些輔助條件：

細分步驟 2

2.1 以公里為單位的距離等於以哩為單位的距離乘上 1.609。

下面我們會列出細分後的完整演算法,以說明全部如何一起運作。這個演算法很像學期報告的大綱。步驟 2 的細分標號為步驟 2.1,並縮排於步驟 2 之下。細分後,完整的演算法如下所示。

細分後之演算法

1. 讀取以哩為單位的距離。
2. 轉換成以公里為單位的距離。
   2.1 以公里為單位的距離等於以哩為單位的距離乘上 1.609。
3. 顯示以公里為單位的距離。

先紙上演練檢查此演算法。若步驟 1 取得的距離為 10.0 哩,步驟 2.1 會轉成 1.609×10.00 或 16.09 公里。步驟 3 將顯示此正確值。

實　作

實作此解決方法,要將此演算法以 C 語言完成。第一步必須告知 C 語言編譯器相關的問題資料需求——即所使用的記憶格名稱和將被儲存在記憶體的資料型態。接著,將每個演算法步驟轉成 C 語言的敘述。如果更改演算法的步驟,那麼必須用 C 語言轉換更改後的步驟,而不是採用原來的步驟。

圖 1.13 為此問題的 C 語言程式及執行一次後的範例。為了清楚辨識,程式對應到演算法步驟的敘述都以藍色標示,就好像是程式使用者所輸入的資料一般。別擔心還不了解此程式的細節。我們會在下一章解釋此程式。

測　試

如何得知範例的執行是正確的呢?必須小心計算程式結果以確認它們是合理的。在此運算中,10.0 哩轉換成 16.09 公里是正確的。要檢查程式運算是否正確,輸入幾次哩的測試資料來驗證。對於這類簡單的程式,可以不必輸入太多測試資料來驗證。

圖 1.13　哩和公里的轉換程式

```c
1.  /*
2.   * Converts distance in miles to kilometers.
3.   */
4.  #include <stdio.h>              /* printf, scanf definitions */
5.  #define KMS_PER_MILE 1.609      /* conversion constant       */
6.
7.  int
8.  main(void)
9.  {
10.         double miles,  /* input - distance in miles.     */
11.                kms;    /* output - distance in kilometers */
12.
13.         /* Get the distance in miles. */
14.         printf("Enter the distance in miles> ");
15.         scanf("%lf", &miles);
16.
17.         /* Convert the distance to kilometers. */
18.         kms = KMS_PER_MILE * miles;
19.
20.         /* Display the distance in kilometers. */
21.         printf("That equals %f kilometers.\n", kms);
22.
23.         return (0);
24. }
```

Sample Run
```
Enter the distance in miles> 10.00
That equals 16.090000 kilometers.
```

練習 1.5

自我檢驗

1. 改變演算法，使得公制轉換程式是將公里轉成哩。
2. 列出從夸脫(quart)轉至公升(liter)時，程式所需的資料需求、公式和演算法。

本章回顧

1. 電腦的基本元件為主記憶體、輔助儲存裝置、CPU，與輸入／輸出裝置。
2. 所有由電腦處理的資料皆以數位化格式呈現，如同以數字 0 和 1 形成之字串所組成的二進位數目。
3. 主記憶體由單一的儲存位置所組成，稱為記憶格。

- 每個記憶格有一個唯一的位址。
- 一個記憶格是一群位元組；一個位元組有 8 個位元。
- 記憶格不會為空，只是其初始內容對你的程式可能毫無意義。
- 當新資料存至記憶格內時，就會破壞其原本的內容。
- 程式須載至電腦的記憶體內，才能執行。
- 資料要存至記憶體內，才能讓電腦處理。

4. 在輔助儲存裝置中的資料是以檔案儲存：程式檔案和資料檔案。輔助儲存裝置提供一種以半永久性存放大量資訊的低成本方式。
5. CPU 執行電腦程式的方式是反覆的取出並執行簡單的指令。
6. 連結電腦形成網路可共享資源——LAN 的區域資源及 WAN 上的廣域資源，如網際網路。
7. 程式語言的範圍從機器語言(對電腦有意義)至高階語言(對程式設計師有意義)。
8. 有數個系統程式都是用於高階語言程式的執行。編輯器將高階語言的程式輸入檔案中。編譯器將高階語言程式(原始程式)轉換成機器語言(目的程式)。連結器將此目的程式與其他目的檔案連結在一起，產生可執行的檔案。載入器將可執行的檔案載入記憶體。這些程式都結合在整合式發展環境(IDE)中。
9. 透過作業系統，你可以對電腦發出指令並管理檔案。
10. 遵循解決程式設計問題的軟體發展方法的前五個步驟：(1)詳述問題，(2)分析問題，(3)設計演算法，(4)實作程式，(5)測試及驗證解答。以一致的方式撰寫程式使其易於閱讀、了解和維護。

快速檢驗練習

1. _____將高階語言程式轉成_____。
2. _____提供編輯、編譯等系統程式。
3. 下列運算的正確執行順序為何？執行、轉譯、連結、載入。
4. 高階語言程式以_____檔案存於磁碟上。
5. _____會發現_____的語法錯誤。
6. 在連結前，機器語言程式以_____檔案存於磁碟上。
7. 在連結後，機器語言程式以_____檔案存於磁碟上。
8. 電腦程式是電腦系統的_____元件，而磁碟機為_____元件。

9. 在高階或組合語言中，參考資料可用_____而非記憶格位址。
10. _____是由即使在電力中斷時仍可保存所儲存之資料的元件所組成，例如磁碟、快閃記憶體，或可寫入 CD 等。
11. 在一個磁碟上，資料的呈現是將_____以同心圓的方式排列。
12. 在 CD 或 DVD 上，以呈_____方式排列的雷射寫入凹痕表示資料。
13. 所有存於磁碟上的檔案其名稱串列是存在其_____上。
14. 舉一個廣域網路的例子。

快速檢驗練習解答

1. 編譯程式，機器語言
2. 作業系統
3. 轉譯，連結，載入，執行
4. 原始
5. 編譯程式，原始程式
6. 目的
7. 可執行的
8. 軟體，硬體
9. 變數
10. 輔助儲存裝置
11. 磁化點
12. 螺旋狀
13. 目錄
14. 網際網路

問題回顧

1. 請列出至少三種儲存在電腦上的資訊。
2. 請列出 CPU 的兩種功能。
3. 請列出兩種輸入裝置、兩種輸出裝置，以及兩種輔助儲存裝置。
4. 試描述三種程式語言的類別。
5. 何謂語法錯誤？
6. 將一個 C 程式轉換成可被執行的機器語言時需要何種程序？
7. 請解釋記憶格、位元組和位元之間的關係。

8. 列舉出三種高階語言，並描述其原始用途。
9. RAM 和 ROM 之間的差異為何？
10. 什麼是全球資訊網(World Wide Web, WWW)？
11. 如何在電腦上安裝新的軟體？
12. 對於家庭電腦使用者而言，有哪兩種高速網際網路連接的選擇？

綜觀 C 語言

CHAPTER 2

2.1　C 的語言元素

2.2　變數宣告和資料型態

2.3　可執行的敘述

2.4　C 程式的一般結構

2.5　算術運算式

　　　案例研究：超市硬幣的處理程序

2.6　在程式輸出格式化數字

2.7　交談模式、批次模式與資料檔案

2.8　程式撰寫常見的錯誤

　　　本章回顧

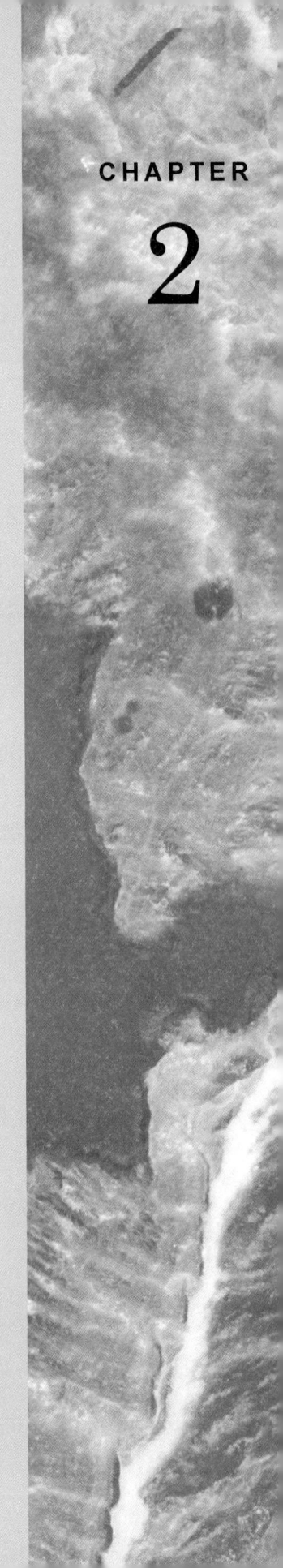

這章所介紹的 C 是 1972 年 Dennis Ritchie 在 AT&T 貝爾實驗室所發展的高階程式語言。因其最初的設計是撰寫 UNIX® 的作業系統,故一開始是用於系統的程式設計。經過數年,其效率和彈性以及高品質的 C 編譯程式,使其在工業界愈來愈流行。

本章描述 C 程式的元素和 C 所能處理的資料型態、執行運算、輸入資料及顯示結果的敘述。

2.1 C 的語言元素

C 語言的優點之一是其程式和日常使用的英文很像。即使現在仍不知如何撰寫程式,但可能讀得懂圖 1.14 的程式。圖 2.1 為重複此圖的程式,並標示 C 的基本特性。簡短說明如下,細節見於 2.2 節至 2.4 節。所有程式範例中顯示的行數並非 C 程式語言的一部分。

前端處理指示子

前端處理指示子:以 # 為開端的 C 敘述,對前處理程式下指令。

前處理程式:在 C 程式編譯前修改其程式內容的系統程式。

函式庫:程式也許會用到的函式與符號所成的集合。

圖 2.1 的 C 程式有兩部分:前端處理指示子和主要函式。**前端處理指示子**(preprocessor directive)是對 C **前處理程式**(preprocessor)下指令,而前處理程式的工作是在 C 程式編譯前修改其內容。前端處理指示子以 # 開始。在圖 2.1 最常出現的指示子是 #include 和 #define。

C 語言只明白定義少數的功能,大部分有用的函式和符號都置於**函式庫**(library)中。ANSI(American National Standards Institute)對 C 的標準要求是每個 ANSI C 的工具都需提供標準的函式庫。一個 C 系統可以提供額外的函式庫以擴展其功能,個人的程式設計師亦能產生函式庫。每個函式庫有一個標準的標題檔,其附加檔名是 .h。

#include 指示子會使前處理程式將標準標題檔的定義插入程式內。指示子

```
#include <stdio.h>          /*printf, scanf definitions */
```

會通知前處理程式,程式中所用到的部分名稱(如 scanf 和 printf)可於標準標題檔 <stdio.h> 中找到。

圖 2.1 中的另一個前端處理指示子

```
#define KMS_PER_MILE 1.609  /* conversion constant */
```

圖 2.1　在哩和公里轉換程式中的 C 語言元素

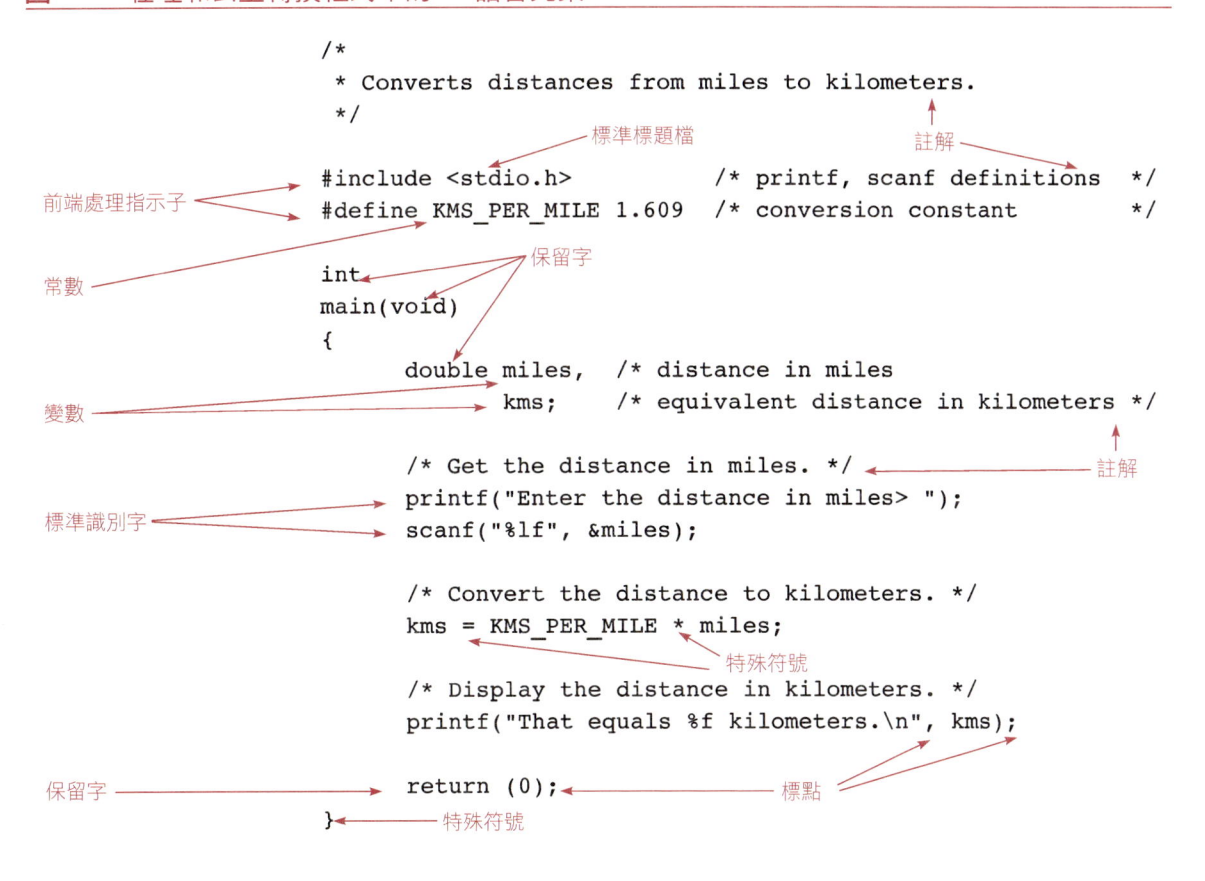

```
/*
 * Converts distances from miles to kilometers.
 */
#include <stdio.h>              /* printf, scanf definitions */
#define KMS_PER_MILE 1.609      /* conversion constant       */

int
main(void)
{
      double miles,   /* distance in miles                  */
             kms;     /* equivalent distance in kilometers  */

      /* Get the distance in miles. */
      printf("Enter the distance in miles> ");
      scanf("%lf", &miles);

      /* Convert the distance to kilometers. */
      kms = KMS_PER_MILE * miles;

      /* Display the distance in kilometers. */
      printf("That equals %f kilometers.\n", kms);

      return (0);
}
```

標註說明：前端處理指示子、常數、變數、標準識別字、保留字、標準標題檔、保留字、註解、特殊符號、標點

常數巨集：在程式編譯前，程式中某一名稱會置換成一特殊的常數值。

將**常數巨集**(constant macro) KMS_PER_MILE 和 1.609 結合。在編譯開始前，指示子告訴前處理程式將 C 程式中凡是出現 KMS_PER_MILE 處皆代換成 1.609。故敘述

```
kms = KMS_PER_MILE * miles;
```

在送給 C 編譯程式時，會代換成

```
kms = 1.609 * miles;
```

只有不會改變的資料值才用 #define 定義其名稱，因 C 程式在執行時不會改變常數巨集定義的常數之值。在程式中使用常數巨集 KMS_PER_MILE 取代 1.609，可使程式易於了解和維護。

註解：以 /* 為開頭，*/ 為結束的文字，提供程式額外資訊，但前處理程式和編譯程式都會忽略此內容。

程式中以 /* 開始，*/ 結束的敘述是為**註解**(comment)。註解可以補充資訊，使程式更易於了解，但 C 的前處理程式和編譯程式並不處理註解。

前端處理指示子的語法

本書中所介紹的每一種 C 結構,都會提供語法描述並解釋之,而且會有其用法的範例。下列是描述前端處理指示子。

用 #include 指示子定義在標準函式庫內的識別字

語法:`#include <standard header file>`

範例:`#include <stdio.h>`
　　　`#include <math.h>`

說明:`#include` 指示子告訴前處理程式到何處找出程式中所用的標準識別字的定義。這些定義都收集置於標準標題檔內。標題檔 `stdio.h` 包含標準輸入和輸出函式,例如 `scanf` 和 `printf`。一般的數學函式則置於 `math.h` 中。在後面幾章,會陸續討論其他標準函式庫的標題檔。

產生常數巨集的 #define 假指令

語法:`#define NAME value`

範例:`#define MILES_PER_KM 0.62137`
　　　`#define PI 3.141593`
　　　`#define MAX_LENGTH 100`

說明:C 的前處理程式從此指示子得知每個出現識別字名稱的地方都需取代成數值。C 程式並不能改變名稱之值。

---

main 函式

兩列標頭

```
int
main(void)
```

標明開始執行程式的主函式。每個 C 程式皆有一個主函式,程式中用 {和} 包起來的部分是此函式的主體。

函式主體分為兩部分:宣告敘述和可執行的敘述。**宣告**(declaration)敘述告知編譯程式函式中需要哪些記憶格(如圖 2.1 中的 `miles` 和

宣告:程式的一部分,告訴編譯程式用於程式中的記憶格名稱。

kms)。這部分就是產生自問題分析階段的問題資料需求。**可執行敘述** (executable statement)(得自演算法)則轉成機器語言並於稍後執行。

可執行敘述：會轉成機器語言指令並由電腦執行的程式行。

主函式中包含標點和特殊符號(*,＝)。逗號用於串列中區別各項，分號出現於敘述結束，大括號({和})標明 main 函式的主體起始及結束。

---

main 的函式定義

語法：int
　　　main(void)
　　　{
　　　　　function body
　　　}

範例：int
　　　main(void)
　　　{
　　　　　printf("Hello world\n");
　　　　　return(0);
　　　}

說明：程式從主函式開始執行。大括號包住函式主體，內含宣告和可執行的敘述。int 指出主函式在正常結束後會回傳整數值(0)給作業系統。符號(void)則指出主函式在執行時沒有從作業系統接收資料。

保留字

保留字：在 C 中有特殊意義的單字。

圖 2.1 中每列都有一些**保留字**(reserved word)，函式識別字和變數。所有的保留字皆為小寫，在 C 中有其特殊的含義而不能用作他途。ANSI C 中所有的保留字列於附錄 E。表 2.1 列出圖 2.1 中出現的保留字。

標準識別字

標準識別字：有特別意義但程式設計師可重新定義的單字(不建議重新定義)。

圖 2.1 中其餘的單字為識別字，分成兩種：標準識別字和使用者定義的識別字。和保留字一樣，**標準識別字**(standard identifier)在 C 中有其特殊的意義。圖 2.1 中，標準識別字 printf 和 scanf 是定義於標準輸入/輸出函式庫的函式名稱。和保留字不一樣的是，標準識別字可由程式設計師因其他目的而重新定義，但本書並不建議這種作法。若重新定義

表 2.1　圖 2.1 的保留字

保留字	意　義
int	整數；指出主函式回傳整數值
void	指出主函式沒有從作業系統接收資料
double	表示記憶格儲存實數
return	從主函式到作業系統的回傳控制

標準識別字，C 再也不能使用其原功能。

使用者定義的識別字

使用者定義的識別字是為存資料和程式結果的記憶格及自訂的函式命名(細節參考第三章)。圖 2.1 中第一個自訂的識別字是 `KMS_PER_MILE`，為常數巨集的名稱。

識別字的命名規則如下，表 2.2 則列出一些無效的識別字。

1. 識別字只能含字母、數字和底線。
2. 識別字不能以數字為開頭。
3. C 的保留字不能作為識別字。
4. 定義於 C 標準函式庫的識別字不應再重新定義。*

有效識別字

`letter_1, letter_2, inches, cent, CENT_PER_INCH, Hello, variable`

雖然識別字的語法規則中無長度限制，但有些 ANSI C 的編譯程式只編譯前 31 個字元。如下列兩個識別字：

表 2.2　無效的識別字

無效的識別字	原　因
1Letter	以數字作開頭
double	保留字
int	保留字
TWO * FOUR	不能用字元 *
Joe's	不能用字元 '

---

* 第四點是作者的忠告而非 ANSI C 的語法。

表 2.3 圖 2.1 的保留字和識別字

保留字	標準識別字	使用者自訂的識別字
int, void, double, return	printf, scanf	KMS_PER_MILE, main, miles, kms

```
per_capita_meat_consumption_in_1980
per_capita_meat_consumption_in_1995
```

若只檢查前 31 個字元，則會視為相同的識別字。

表 2.3 是圖 2.1 主函式中每個識別字的類別。

大小寫字母

C 編譯程式會區分大小寫字母，如 Rate、rate 和 RATE 均為不同的識別字。對於大小寫要採取一致的格式以使讀者易於閱讀程式，如 C 的保留字和標準函式庫的函式均採用小寫字母。在工業界，常數巨集的名稱則用大寫字母。本書遵循此慣例，其他識別字則用小寫字母。

程式風格：識別字名稱的選擇

大部分的程式除了原本的程式設計者外仍會被其他人檢查和研讀。在工業界，程式設計師花大部分的時間在程式維護上(即更新和修改程式)，並非原始程式的設計和撰寫。敘述整齊且含義清楚的程式會使每個人的工作較輕鬆。

使用者自訂的識別字要選擇有意義的名稱，使人易於了解其用法。例如，儲存個人薪資的記憶格以 salary 命名是不錯的選擇，但 s 或 bagel 就不是很好了。若識別字含有兩個以上的單字，在單字之間加入底線字元(_)可提高名稱的可讀性，例如，dollars_per_hour 比 dollarsperhour 好。

識別字的長度足夠表達意義即可，應避免過長的名稱，以預防打字錯誤，例如，lbs_per_sq_in 會比 pounds_per_square_inch 好。

若打錯名稱且此錯誤名稱和另一個記憶格的名稱相同的話，編譯程式經常無法偵測出此種錯誤。基於此理由且避免混淆，最好不要使用相似的名稱。特別是兩個名稱只是大小寫字母的不同，如 LARGE 和 large；亦不要使用只有底線差異的名稱，如 xcoord 和 x_coord。

練習 2.1

自我檢驗

1. 下列哪些識別字是：(a)C 的保留字，(b)標準識別字，(c)一般用於常數巨集名稱，(d)其他的有效識別字，(e)無效識別字？

   ```
   void     MAX_ENTRIES  double   time    G       Sue's
   return   printf       xyz123   part#2  "char"  #insert
   this_is_a_long_one
   ```

2. 為何 E(2.7182818) 須定義成常數巨集？
3. 在 C 程式編譯前，C 工具的哪一部分可改變 C 程式的內容？舉出兩個可產生此種改變指令的指示子。
4. 為何程式中不能用標準識別字作為記憶格的名稱？可用保留字嗎？

2.2 變數宣告和資料型態

變數宣告

變數：一個記憶格的名稱，其值可改變。

變數宣告：和編譯程式溝通的敘述，告知其程式中的變數名稱及所存的資訊種類。

用於儲存程式的輸入資料和計算結果的記憶格稱為**變數**(variable)，因為在程式執行時，這些變數可改變其值。在 C 程式中的**變數宣告**(variable declarations)是告知 C 編譯程式用於程式中的變數名稱、存於每個變數的資訊種類，以及資訊在記憶體的表現方式。變數宣告

```
double miles;  /* input - distance in miles */
double kms;    /* output - distance in kilometers */
```

產生兩個變數名稱(miles, kms)來儲存實數。注意，C 會忽略每列右邊描述變數用法的註解。

變數宣告以一個識別字起頭(如 double)，以告訴 C 編譯程式存於變數中的資料型態。你可以宣告任何資料型態的變數，且 C 程式中每個變數都需要宣告。

> ### 宣告的語法
>
> 語法：`int variable_list;`
> 　　　`double variable_list;`
> 　　　`char variable_list;`
>
> 範例：`int count,`
> 　　　`    large;`
> 　　　`double x, y, z;`
> 　　　`char first_initial;`
> 　　　`char ans;`
>
> 說明：每個在 *variable_list* 中的名稱都會配置一個記憶格。每個變數的資料型態 (double, int, char) 都標明在敘述的開端。一個敘述可以展成數列。一種資料型態可以出現在一次以上的變數宣告中，故下列變數 rate、time 及 age 兩種宣告的意義相同。
>
> | | |
> |---|---|
> | `double rate, time;` | `doubl rate;` |
> | `int age;` | `int age;` |
> | | `double time;` |

資料型態

資料型態：一組值及執行於這些值的一組運算。

　　資料型態(data type)是一組值及用於這些值的一組運算。C 中的標準資料型態是已定義的資料型態，如 char、double、int。對於實數和整數(在數學的意義上)，我們用標準資料型態 double 和 int 表示。現在我們會介紹資料型態 int、double 和 char，在第七章會詳細描述。

　　屬於某一資料型態的物件可為變數或常數。在 C 程式中，正數的正號可有可無，數字常數不能含逗號。

　　在 C 中，數字常數皆視為非負數，雖然程式中可見如 -10500 的數字，但 C 將負號視為否定運算子(用於正常數 10500)而非常數的一部分。

資料型態 int　　int 是 C 中表示整數的資料型態，因記憶格的大小有限，並不能表達所有的整數。ANSI C 指定 int 須至少包含 -32767 至 32767。整數可儲存於 int 型態的變數中，並可執行一般的數學運算(加、減、乘和除)及比較大小，此類數字如下：

```
-10500    435    +15   -25   32767
```

資料型態 double　實數含整數部分、小數部分及一個小數點。C 中以資料型態 double 表示實數(如 3.14159、0.0005、150.0)。可將實數儲存於 double 型態的變數中，並可執行一般的數學運算(加、減、乘和除)及比較大小。

科學記號可用來表示實數(通常是非常大或非常小的數)，如實數 1.23×10^5 等於 123000.0。指數 5 表示「小數點往右移 5 位」。在 C 中，科學記號的表示法是 1.23e5 或 1.23E5。字母 e 或 E 可讀成「乘以 10 的次方」，1.23e5 表示 1.23 乘以 10 的 5 次方。若指數有負號，則小數點往左移動，如 0.34e-4 等於 0.000034。表 2.4 列出一些實數並指出何者可存於 double 型態的變數中。最後一列顯示 C 中可用科學記號無須小數點即能表示 double 常數。

資料型態 double 是抽象的實數，因它不能包含所有的實數，非常大或非常小的實數皆不能用記憶格有限的大小確實表現。但是 C 中的實數已足夠執行所需的運算和正確性。

資料型態 char　char 表示單一的字元值：一個字母、數字或特殊符號。每個 char 值以單引號括住如下：

```
'A'   'z'   '2'   '9'   '*'   ':'   '"'   ' '
```

倒數第二個字元表示 "，而最後一個字元是空白符號，空白字元分別鍵入一個撇號(即 ')，空白鍵，再一個撇號(')。

雖然在程式中 char 型態之值須用單引號表示，但真正的資料值則沒有單引號，如輸入字母 z 作為程式的讀入資料，只要鍵入 z 而非 'z' 序

表 2.4　double 型態的常數(實數)

有效的 double 常數	無效的 double 常數
3.14159	150 (無小數點)
0.005	.12345e (沒有指數)
12345.0	15e-0.3 (0.3 是無效指數)
15.0e-04 (值為 0.0015)	
2.345e2 (值為 234.5)	12.5e.3 (.3 是無效指數)
1.15e-3 (值為 0.00115)	34,500.99 (不能有逗號)
12e+5 (值為 1200000.0)	

列。

　　可將字元儲存於 char 型態的變數中並比較字元資料。C 亦允許對 char 資料作數學運算，但應小心使用。

練習 2.2

自我檢驗

1. **a.** 將下列數字以一般的小數點表示：

    ```
    103e-4   1.2345e+6   123.45e+3
    ```

    b. 以 C 的科學記號表示下列數字：

    ```
    1300   123.45   0.00426
    ```

2. 指出下列何者為 C 中有效的 int、double 或 char 常數？何者不是？並標出每一個正確常數的資料型態。

    ```
    'PQR'   15E-2   35   'h'   -37.491   .912   4,719   'true'   "T"   &   4.5e3   '$'
    ```

3. 計算圓的面積，最好的變數型態為何？每小時通過交叉路的汽車數呢？名字中的第一個字母呢？

程式撰寫

1. 用 #define 前端處理指示子和宣告撰寫含有常數巨集 PI (3.14159)，double 變數 radius、area、circumf，以及 int 變數 num_circ 和 char 變數 circ_name 的程式。

2.3　可執行的敘述

　　可執行的敘述要遵照函式的宣告，它們是用來撰寫或編譯演算法及演算法定義的 C 語言敘述。C 的編譯程式會將此可執行的敘述轉譯成機器語言；電腦即執行這些敘述的機器語言版。

在記憶體中的程式

　　在看圖 2.1 中的可執行敘述前，先了解電腦記憶體在程式執行前後的樣子。圖 2.2(a) 顯示程式執行前載入記憶體的情形。在 miles 和 kms 記憶格上的問號表示這些值在程式執行前尚未定義。程式執行前，資料值 10.00 從輸入裝置複製到變數 miles。程式執行後，變數定義如圖

2.2(b)所示。

設定敘述

設定敘述:將值或計算結果存至變數的指令。

設定敘述(assignment statement)將值或計算結果存至變數中,且用來執行程式中大部分的算術運算。設定敘述

```
kms = KMS_PER_MILE * miles;
```

將常數 KMS_PER_MILE (1.609) 和變數 miles 的乘積設給變數 kms。在設定敘述執行前,miles 的記憶格內須含有效資訊。圖 2.3 是說明設定敘述執行前後的記憶體內容,只有 kms 之值改變。

在 C 中,符號 = 是設定運算子,而非數學上描述兩值關係的「等號」。將它視為「變成」、「取得」或是「得到值」,而不是「等於」,因為它不是數學上的「相等符號」。在數學上,這個符號表示兩值之間的關係,但是在 C 中,它表示需由電腦執行的動作。

設定敘述

語法:*variable* = *expression*;

範例:x = y + z + 2.0;

說明:設定運算子將其後的 *expression* 值設給 *variable*,會破壞 *variable* 原來之值。*expression* 可為變數、常數或適當運算子的組合(如 +、-、/ 及 *)。

圖 2.2

記憶體在程式執行前(a)和執行後(b)的情形

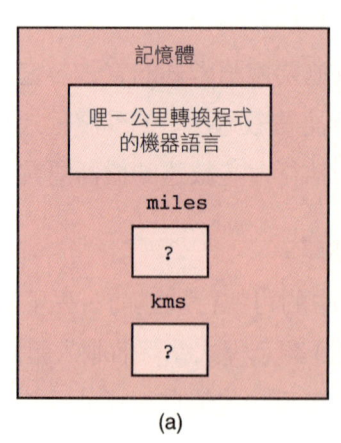

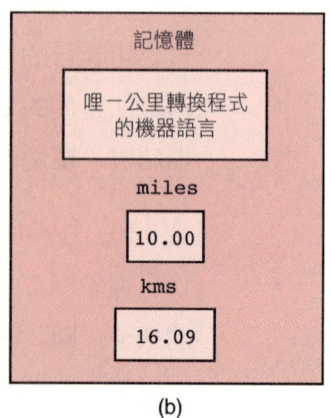

記憶體

哩─公里轉換程式的機器語言

miles
?

kms
?

(a)

記憶體

哩─公里轉換程式的機器語言

miles
10.00

kms
16.09

(b)

圖 2.3

kms=KSM_PER_MILE*miles; 的結果

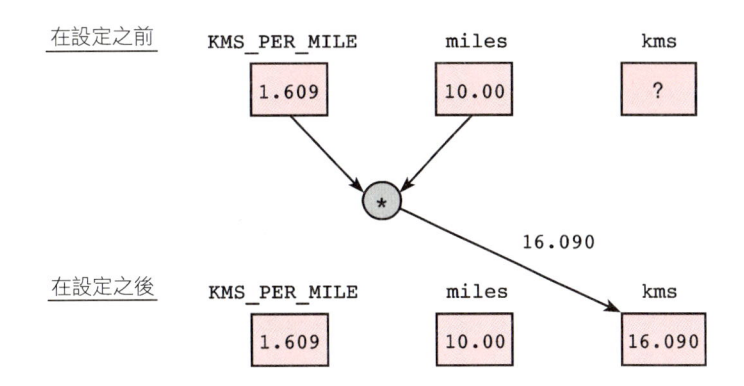

在設定之前

KMS_PER_MILE	miles	kms
1.609	10.00	?

在設定之後

KMS_PER_MILE	miles	kms
1.609	10.00	16.090

16.090

範例 2.1

在 C 語言中，可將設定敘述寫成

```
sum = sum + item;
```

變數 sum 出現在設定運算子兩邊。這並非代數的方程式，卻是一般的程式設計技巧。此敘述會指引電腦將 sum 的現值加上 item 值後，結果再存回 sum。sum 的前值在此過程中會破壞掉，如圖 2.4 所示，而 item 之值不變。

範例 2.2

設定敘述可將單一的變數值或常數設給變數。若 x 與 new_x 皆為 double 型態的變數，則敘述

```
new_x = x;
```

會複製 x 之值至 new_x，敘述

```
new_x = -x;
```

則會指引電腦取得 x 之值後，否定其值，將結果存至 new_x。例如，若 x 是 3.5，new_x 則為 -3.5。兩種設定敘述都不會改變 x 之值。

圖 2.4

sum=sum+item; 的結果

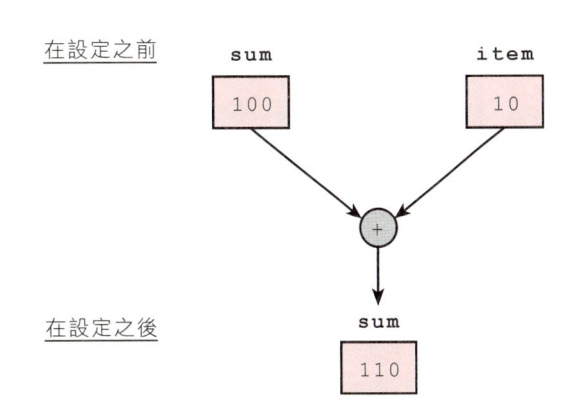

在設定之前

sum	item
100	10

在設定之後

sum
110

2.5 節會繼續討論 int 和 double 的運算式及運算子、輸入／輸出的功能及函式。

輸入／輸出功能與函式

資料存至記憶體中有兩種方法：設定運算子或利用函式從輸入裝置複製資料至變數中，如 scanf。若希望程式每次執行時都能處理不同的資料，就要複製資料至變數中。從外界傳遞資料到記憶體中稱為**輸入功能**(input operation)。

> **輸入功能**：從輸入裝置複製資料至記憶體的指令。

程式執行計算並將結果存至記憶體中，可用**輸出功能**(output operation)將結果顯示給程式使用者看。

> **輸出功能**：顯示存於記憶體中的資訊指令。

C 中所有的輸入／輸出功能皆由特殊的程式單元執行，稱為**輸入／輸出函式**(input/output function)。最常用的輸入／輸出函式是由標準輸入／輸出函式庫提供，由前端處理指示子

> **輸入／輸出函式**：執行輸入或輸出功能的 C 函式。

```
#include <stdio.h>
```

就能取用這些函式。這節將說明如何使用輸入函式 scanf 和輸出函式 printf。

在 C 中，**函式呼叫**(function call)是用來呼叫或啟動函式。呼叫函式就好比請一個朋友去執行一件緊急的工作，告訴他要做什麼(非如何做)，然後等待他工作結束，收到回音後再繼續其他的事情。

> **函式呼叫**：呼叫或啟動函式。

printf 函式

要看程式的執行結果，必須能詳細敘述要顯示的變數。圖 2.1 的敘述

```
      函式名稱          函式引數
         ↓              ↓
printf("That equals %f kilometers.\n", kms);
            格式字串                  列印串列
```

> **函式引數**：在函式名稱後，以括弧包住，提供函式所需的資訊。

> **格式字串**：呼叫 printf 中，用雙引號(")包住的字串，描述輸出列的格式。

> **列印串列**：呼叫 printf 中，要顯示的變數或運算式。

呼叫 printf 函式顯示一列的程式結果。函式呼叫包含兩部分：函式名稱和置於括號內的**函式引數**(function argument)。printf 的引數包含**格式字串**(format string)(以雙引號包住)和**列印串列**(print list)(變數 kms)。此函式呼叫會顯示

```
That equals 16.090000 kilometers.
```

這是將 kms 之值取代格式字串 "That equals %f kilometers.\n" 中的 %f 後顯示的結果。**位置保留符**(placeholder)都以符號 % 作開端,此處 %f 標註 double 型態變數的顯示位置。

位置保留符:在格式字串中以 % 為第一個字元的符號,指出每個輸出值的位置。

表 2.5 為 char、double 和 int 型態變數的位置保留符一覽表。每個符號都是其代表型態的縮寫。因實數稱為浮點數,故 C 用 %f (或 %lf) 而不是 %d 來表示 double 型態。

scanf 所用的位置保留符和 printf 相同,除了 double 型態的變數,printf 用 %f,而 scanf 用 %lf。

換行控制碼:字元序列 \n,用於格式字串中以結束輸出行。

上述的格式字串中亦含**換行控制碼**(newline escape sequence) \n。和所有控制碼一樣,\n 以反斜線為第一個字元。在格式字串尾端加入此碼以結束輸出列的顯示。

多個位置保留符　格式字串中可含多個位置保留符。若 printf 的列印串列中有數個變數,變數和位置保留符由左至右作一對一的對應。

範例 2.3　若 letter_1、letter_2 與 letter_3 為 char 變數,age 為 int 變數,呼叫 printf

```
printf("Hi %c%c%c - your age is %d\n",
       letter_1, letter_2, letter_3, age);
```

結果顯示如下:

Hi EBK - your age is 35

格式 %c%c%c 保留三個 char 位置,顯示字母位置(E、B、K),%d 表示年齡值 age(35) 的顯示位置。

表 2.5　格式字串中的位置保留符

位置保留符	型態變數	使用函式
%c	char	printf/scanf
%d	int	printf/scanf
%f	double	printf
%lf	double	scanf

> **printf 函式的呼叫語法**
>
> 語法：`printf(`*format string, print list*`);`
> 　　　`printf(`*format string*`);`
>
> 範例：`printf("I am %d years old, and my gpa is %f\n",`
> 　　　　　`age, qpa);`
> 　　　`printf("Enter the object mass in grams> ");`
>
> 說明：`printf` 函式會依左至右將 *print list* 中的運算值代入 *format string* 中對應的位置保留符，同時取代控制字元如 \n 後，顯示此 *format string*。

游標：移動的位置記號，指出螢幕上下一個顯示資訊的地方。

再談 \n　　游標(cursor)是一個移動的位置符號，指出資訊顯示在螢幕上的下一個位置。當執行 `printf` 的函式呼叫時，若在格式字串中遇到控制碼 \n，游標會前進到螢幕的下一列之起始端。

常用 \n(換行控制碼)作為 `printf` 格式字串的結尾，呼叫 `printf` 時才能產生完整的一列輸出。若在換行字元前無字元列印串列，就會出現空白列。如：

```
printf("Here is the first line\n");
printf("\nand this is the second.\n");
```

會產生兩列文字且兩列之間有一列空白：

```
Here is the first line

and this is the second.
```

空白列是第一個 `printf` 的格式字串中的換行字元和第二個 `printf` 的第一個換行字元所造成的。因這些 `printf` 的格式字串無位置保留符，故毋須變數的列印串列。

若 `printf` 的格式字串中間含 \n：

```
printf("This sentence appears \non two lines.\n");
```

在 \n 之後的字元會出現在新的輸出列：

```
This sentence appears
on two lines.
```

提問句(提示訊息)：告知要輸入資料的顯示訊息。

顯示提示　在交談式程式中，若需輸入資料，要用 `printf` 函式來顯示**提示訊息**(prompting message)或**提問句**(prompt)，告訴程式使用者輸入資料。`printf` 的敘述如下

```
printf("Enter the distance in miles>");
scanf("%lf", &miles);
```

此敘述會顯示格式字串並將游標前進至字串後。程式使用者鍵入所需的資料後由 `scanf` 函式處理。當使用者敲下 \<return\> 或 \<enter\> 鍵後，游標會移至下一列。

scanf 函式

敘述

```
scanf("%lf", &miles);
```

呼叫函式 `scanf` 複製資料至變數 `miles`。`scanf` 從何處得到資料呢？答案是從標準的輸入裝置。大部分的標準輸入裝置是鍵盤，無論程式使用者從鍵盤輸入什麼資料，電腦都會嘗試將資料存至 `miles`。

　　格式字串 `"%lf"` 含一個位置保留符以告訴 `scanf` 何種資料要複製至變數 `miles`。因為位置保留符是 `%lf`，只有輸入數字，輸入功能才不會發生錯誤。圖 2.5 是 `scanf` 的執行結果。

　　呼叫 `scanf`，將要存值的變數名稱之前加上 `&` 字元。`&` 是 C 的**位址運算元**。在輸入功能的敘述中，`&` 運算元告訴函式 `scanf` 要接收新值的變數位於何處。若無 `&`，`scanf` 只知變數的現值，並不知其記憶體位置，故無法將新值存至該變數。

　　執行 `scanf` 時，程式會暫停直到輸入所需的資料並按下 \<return\> 或 \<enter\> 鍵後。若使用者輸入錯誤，可用退回鍵(←)修改資料。但是若已按下 \<return\> 或 \<enter\>，就不能再修改了。

圖 2.5
`scanf("%lf", &miles);` 的結果

輸入數字　30.5

miles
30.5

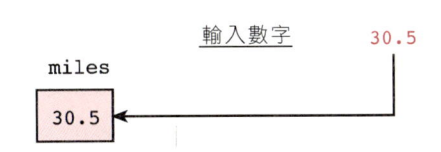

圖 2.6
讀取 Bob 資料列

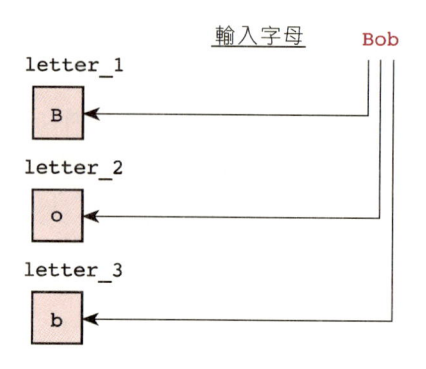

```
            輸入字母  Bob
letter_1
   [B] ←
letter_2
   [o] ←
letter_3
   [b] ←
```

函式呼叫

```
scanf(" %c%c%c ", &letter_1, &letter_2, &letter_3);
```

會使函式 scanf 複製資料至每個變數中，格式字串包含了每個變數對應的 %c 位置保留符。假設這些變數宣告的型態為 char，鍵盤輸入的三個字元會存於這些變數中。字元資料的大小寫是重要的，即 B 和 b 在記憶體內是不同的表示方式。同樣地，使用者在敲進三個字元後要按 <return> 或 <enter> 鍵。圖 2.6 說明輸入 Bob 後的結果。

scanf 讀取的輸入字元個數視讀入時格式的位置保留符而定。若為 %c (char 型態的變數)，只讀一個輸入字元；若是 %1f 或 %d (double 或 int 變數)，程式會先省略空白，然後讀進字元，直到遇到不能成為數字一部分的字元為止。通常數字的結尾是按下空白鍵或 <return>、<enter> 鍵。若要 scanf 在讀入一個字元前省略空白，格式字串的 %c 前放一個空白。若一列的資料字元比 scanf 所需的還多，剩餘的字元會留給下一次函式 scanf 的呼叫。

---

scanf 的函式呼叫語法

語法：scanf(*format string, input list*);

範例：scanf("%c%d", &first_initial, &age);

說明：程式執行時，scanf 函式將使用者鍵入的資料複製至記憶體中。*format string* 是用雙引號包住的位置保留符字串，*input list* 中每一個變數對應一個位置保留符，且 int、double 或 char 變數均須在 input list 前加符號 &。input list 中用逗號隔開每個變數名稱。資料的輸入順序必須與 *input list* 中的變數順序相對應。

(續)

> 資料輸入須與 *input list* 的變數順序相同，在數字項之間要用空白字元或換行鍵，字元之間亦要加入空格式換行鍵。格式字串的 `%c` 前亦須含空格。

return 敘述

在主函式(圖 2.1)的最後一列

`return(0);`

將控制權從程式轉移給作業系統。括號內之值 `'0'` 表示函式 main 的執行結果且執行無誤。

---

return 敘述的語法

語法： `return` *expression*;

範例： `return(0);`

說明： `return` 敘述把控制權從函式轉回啟動函式者，而函式 main 就是轉給作業系統。傳回 *expression* 值當作函式的執行結果。

練習 2.3

自我檢驗

1. 當輸入資料 5 和 7 時，下列程式列的輸出為何？

    ```
    printf("Enter two integers> ");
    scanf("%d%d", &m, &n);
    m = m + 5;
    n = 3 * n;
    printf("m = %d\nn = %d\n", m, n);
    ```

2. 說明第 1 題程式執行前後的記憶體內容。

3. 若 exp 之值為 11，下列的輸出為何？

    ```
    printf("My name is ");
    printf("Jane Doe.");
    printf("\n");
    ```

```
printf("I live in ");
printf("Ann Arbor, MI\n");
printf("and I have %d years ", exp);
printf("of programming experience.\n");
```

4. 如何修改第 3 題的程式碼，使「My name is Jane」與「I live in Ann Arbor, MI」會在同一行出現，而不連在一起 (例如，在句號與「I」之間加入一空格)？

程式撰寫

1. 寫一個敘述要求使用者鍵入三個整數，另一個敘述將使用者的回答存至 first、second 和 third 中。

2. a. 寫一敘述顯示下列的文字列，並將 int 變數 n 之值加入句號之前：

   ```
   The value of n is _____.
   ```

   b. 假設 side 和 area 為型態 double 變數，包含了一邊的長度(cm)，與面積(cm^2)，寫一敘述顯示下列資訊：

   ```
   The area of a square whose side length is _____ cm is
   _____ square cm。
   ```

3. 寫一程式要求使用者輸入圓半徑並計算和顯示圓面積。公式為

$$圓面積 = PI \times 半徑 \times 半徑$$

其中 PI 為常數巨集 3.14159。

2.4　C 程式的一般結構

我們已討論過出現在 C 程式中的個別敘述。接著要複習組合成程式的規則及標點、空白和註解的使用。

如圖 2.7 所示，每個程式的開端是前端處理指示子，提供來自標準函式庫的函式資訊和程式所需的常數定義。此類指示子如 #include 和 #define。與宣告敘述及可執行敘述不同的是，這些指示子沒有以分號作結束。

圖 2.7
C 程式的一般結構

```
preprocessor directives
main function heading
{
    declarations
    executable statements
}
```

簡單的 C 程式在前端處理指示子之後定義主函式。主函式主體以左大括號(｛)為其開端，然後是所有的變數宣告，變數之後的敘述會轉譯成機器語言，最後執行。截至目前，我們已看過執行計算或輸入/輸出功能的計算。函式主體最終以右大括號(｝)作結束。

C 將分行符號視為空格，故一個 C 敘述可拆成一列以上(如圖 2.1 的變數宣告分成兩列)，但不可在識別字、保留字、常數或格式字串中間將敘述分行。

一列可寫一個以上的敘述，如：

```
printf("Enter distance in miles>");  scanf("%lf", &miles);
```

此列包含了顯示提問句和讀取資料兩個敘述，但我們建議一列一個敘述，以提高程式的可讀性且易於維護。

程式風格：程式中的空格

一致且小心使使用空格可以改善程式的風格。程式行中連續不斷的敘述就需要使用到空格。

編譯程式會忽略單字和符號之間的空格，但可利用空格來提高程式的可讀性及改進程式的風格。在逗號之後，運算如 *、− 及 = 前後都應加入一個空格。函式主體須縮排，且程式的段落之間要插入空白列。

雖然風格上的原則和程式的執行結果無關，但會使程式易於閱讀和了解。要小心的是不要把空白放在不應該放的地方，如包住註解的符號字元之間(/* 與 */)，識別字 MAX_ITEMS 也不能寫成 MAX ITEMS。

程式中的註解

程式設計師可利用註解描述程式的目的、識別字的用法及程式步驟的用途，以使程式易於了解。註解是**程式文件**(program documentation)的一部分，因他能幫助其他人閱讀和了解程式，但編譯程式會忽略註解，不會轉成機器語言。

> **程式文件**：可提高程式可讀性的資訊(註解)。

註解可獨自出現在程式列，或接在敘述之後，或置於敘述之中。下述的變數宣告，第一個註解是在宣告中，但第二個在宣告之後。

```
double miles, /* input - distance in miles                  */
       kms;   /* output - distance in kilometers            */
```

大部分的變數都以此方式加上註解。

> **程式註解**
>
> 語法：/* *comment text* */
>
> 範例：/* This is a one-line or partial-line comment */
> ```
>      /*
>       * This is a multiple-line comment in which the stars
>       * not immediately preceded or followed by slashes have
>       * no special syntactic significance, but simply help
>       * the comment to stand out as a block. This style is
>       * often used to document the purpose of a program.
>       */
> ```
>
> 說明：/* 指出註解開始，而 */ 表示註解結束。註解會隨程式在列表中出現，但 C 編譯程式會忽略之。註解可置於 C 程式的任何地方。
>
> 注意：ANSI C 不允許註解放在另一個註解中。

程式風格：註解的使用

每個程式應從標題區開始，標題區含一連串的註解詳細描述：

- 程式設計者的名字
- 最新版本的日期
- 簡短描述程式做些什麼

若為班級的程式作業，則須再列出班級編號和指導老師的名字。

```
/*
 * Programmer: William Bell   Date completed: May 9, 2003
 * Instructor: Janet Smith    Class: CIS61
 *
 * Calculates and displays the area and circumference of a
 * circle
 */
```

在實作演算法的每個步驟之前，應用註解概述此演算法步驟的目的。是描述做些什麼，而不是用英文再敘述步驟一遍。例如：

```
/* Convert the distance to kilometers. */
kms = KMS_PER_MILE * miles;
```

上述註解就比下述的註解好:

```
/* Multiply KMS_PER_MILE by miles and store result in kms. */
kms = KMS_PER_MILE * miles;
```

練習 2.4

自我檢驗

1. 訂正下列註解的語法錯誤。

    ```
    /* This is a comment? *\
    /* This one /* seems like a comment */ doesn't it */
    ```

2. 訂正下述程式的語法錯誤,並重寫程式使其符合風格慣例。正確程式的每個敘述在做什麼?程式的輸出為何?

    ```
    /*
     * Calculate and display the difference of two input values
     *)
    #include <stdio.h>
    int
    main(void){int X, /* first input value */ x, /* second
      input value */
    sum; /* sum of inputs */
    scanf("%i%i"; X; x); X + x = sum;
    printf("%d + %d = %d\n"; X; x; sum); return(0);}
    ```

程式撰寫

1. 寫一程式存 'X' 和 76.1 在不同的記憶格中。要以資料項取得此值,且取得後要再次顯示給使用者。

2.5 算術運算式

要解決大部分的程式設計的問題，都需要算術運算式來處理 int 與 double 的資料。本節描述用於運算式中的運算子與撰寫的規則。

表 2.6 是所有的算術運算子。每個運算子處理兩個運算元。運算元可以是常數、變數或數學運算式。+、−、* 及 / 運算子可與 int 或 double 運算元一起使用。結果的資料型態和運算元相同。最後一個求餘(%)運算子只能求整數除法的餘數。

/ 與 % 運算子

當兩個運算元為正整數，除法運算子(/)計算除法的整數部分。如 7.0/2.0 為 3.5，而 7/2 的結果為整數 3。同樣地，299.0/100.0 之值為 2.99，而 299/100 只取整數結果 2。若除法的運算元是一個負整數、一個正整數，結果會因 C 的工具而不同，因此應避免作負整數的除法。第二個運算元若為 0，對於 / 運算子是沒有意義的。表 2.7 是一些整數除法的範例。

求餘運算子(%)是回傳其第一個運算元除以第二個運算元的餘數。如 7 % 2 之值為 1，因其整數餘數為 1。

表 2.6　算術運算子

算術運算子	意　義	範　例
+	加法	5 + 2 等於 7 5.0 + 2.0 等於 7.0
−	減法	5 − 2 等於 3 5.0 − 2.0 等於 3.0
*	乘法	5 * 2 等於 10 5.0 * 2.0 等於 10.0
/	除法	5.0 / 2.0 等於 2.5 5 / 2 等於 2
%	求餘	5 % 2 等於 1

表 2.7　整數除法的結果

3 / 15 = 0	15 / 3 = 5
16 / 3 = 5	17 / 3 = 5
18 / 3 = 6	16 / −3 不一定
0 / 4 = 0	4 / 0 無意義

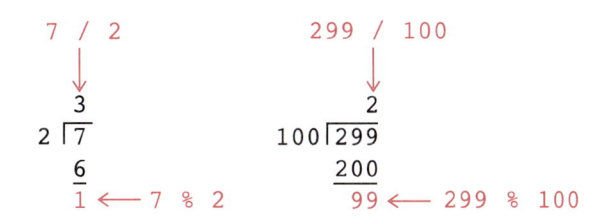

```
      7 / 2                     299 / 100
        ↓                            ↓
        3                            2
     2⎺7                        100⎺299
        6                           200
        1 ← 7 % 2                    99 ← 299 % 100
```

　　可用長除法來判斷 / 或 % 的整數執行結果。上圖的左邊是 7 除以 2 的長除法,得商 3(7/2) 餘 1(7%2)。右邊是 299 % 100 的計算,餘數為 99。

　　m % n 的結果永遠小於除數 n。若 m 為正數,則 m % 100 之值介於 0 和 99 之間。若 n 為 0,則 % 運算子沒有定義;若 n 為負數,則結果會因工具而異。表 2.8 是 % 運算子的一些範例。

　　公式

$$m \ equals \ (m \ / \ n) * n + (m \ \% \ n)$$

定義整數 m、n 和 /、% 運算子之間的關係。將前面兩個例子代入此式的 m、n 中,第一例是 m 等於 7,n 為 2,第二例是 m 為 299,n 為 100。

```
      7  equals (7 / 2)*     2    +(7 % 2)
         equals    3  *      2    + 1
    299  equals (299 / 100)* 100 +(299 % 100)
         equals    2  *     100   + 99
```

範例 2.4　若有 p 塊餅乾要均分給 c 個小朋友,則運算式 p/c 是每個小朋友得到的餅乾數。例如,若 p 是 18 而 c 是 4,則每個小朋友得 4 塊餅乾。運算式 p%c 所得是餘多少餅乾(18 % 4 = 2)。

表 2.8　% 的運算結果

```
3 % 5 = 3            5 % 3 = 2
4 % 5 = 4            5 % 4 = 1
5 % 5 = 0           15 % 5 = 0
6 % 5 = 1           15 % 6 = 3
7 % 5 = 2           15 % -7 不一定
8 % 5 = 3           15 % 0 無意義
```

運算式的資料型態

每個變數的資料型態於宣告時決定，但 C 如何決定運算式的資料型態呢？運算式的資料型態視其運算元而定。想想包含 int 整數型態和 double 實數型態的運算元，其運算式型態為何？* 例如運算式

ace + bandage

其中 ace 和 bandage 為 int 型態，則其值為 int 型態；若有任一個 double 型態，則其值為 double 型態。此運算式的一般式為

ace arithmetic _operator bandage

若兩個運算元均為 int 型態，則運算式值為 int，其餘則為 double 型態。

混合型態運算式：含有不同型態運算元的運算式。

若運算式的運算元同時包含 int 和 double，則為**混合型態運算式** (mixedtype expression)。此種運算式的資料型態為 double。

混合型態的設定敘述

若執行設定敘述，會先計算運算式，再將結果設定給運算子(=)左邊的變數。double 和 int 型態的運算式皆可設給 double 型態的變數。若 m、n 是 int 型態，p、x 及 y 是 double 型態，下列設定敘述的結果顯示在框子內：

```
m = 3;
n = 2;
p = 2.0;
x = m / p;
y = m / n;
```

m	n	p	x	y
3	2	2.0	1.5	1.0

混合型態設定：在設定敘述中，等號運算子兩邊運算元的資料型態不同。

在**混合型態設定** (mixed-typed assignment) 中，例如

y = m / n;

若運算元的資料型態和運算式的資料型態不同，會有一種錯誤的假設是 y 的型態會使運算式以此型態運算。但不要忘了，運算式是在設定之前

---

* 除了 int 和 double 之外，C 還定義了其他的整數和實數型態，但是這兩種型態即可代表大部分用於程式設計應用的數字。

執行，故設定運算的變數型態不會影響算術的值。m/n 之值為整數 1，此值在存至 y 之前先轉成 double 型態(1.0)。

將 double 型態的運算式設給 int 型態的變數，會使運算式的小數部分不見。在設定敘述中的運算式：

```
x = 9 * 0.5;
n = 9 * 0.5;
```

會計算得實數 4.5，若 x 為 double 型態，則 4.5 存至 x。若 n 為 int 型態，則只存整數部分至 n。如圖示：

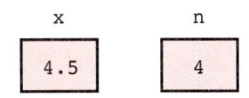

```
    x        n
  ┌─────┐  ┌─────┐
  │ 4.5 │  │  4  │
  └─────┘  └─────┘
```

透過轉型進行型別轉換

型別轉換：透過將所欲轉換之型態以引號括起並放在運算式前，而將運算式轉換成一種不同的型態。

C 允許程式設計師轉換運算式的型態，其方式為將所欲轉換的型態以引號括起放在運算式之前，此種作法稱為**型別轉換** (type cast)。表 2.9 中顯示兩種常見的型別轉換用法：避免整數除法，以及將型態 double 之數值先加 0.5，並將結果轉換成 int 以達到四捨五入。

多重運算子的運算式

一元運算子：只有一個運算元的運算子。

到目前為止，所看到的運算式都只含一個算術運算子。事實上，在 C 中，算式可含多個運算子。運算式可包含一元和二元運算子。**一元運算子** (unary operator) 只用一個運算元，如否定(-)和正號(+)運算子：

表 2.9 型別轉換的使用範例

應　用	範　例	解　釋

避免整數除法	`int num_students;` /* 參加考試的學生數目 */
	`int total_score;` /* 所有學生考試成績的加總 */
	`double average;`
	`average = (double) total_score /(double) num_students;`
		如果設定敘述寫成
		`average = (double) total_score`
		`      / num_students;`
		則整數除法將導致遺失平均數值的小數部分

四捨五入數目	`double x;`
	`int rounded_x;`
	/* 此處省略賦予 x 數值的程式碼 */
	`rounded_x = (int)(x + 0.5);`
		假設當 x 的小數部分大於或等於 0.5，以及當小於 0.5 的情況。從下面左邊的範例我們看到 35.51 被四捨五入為 36；右邊則為 35.12 經四捨五入為 35。
		
		　　　35.51　　35.12
		　　　+0.50　　+0.50
		　　　─────　　─────
		　　　36.01　　35.62

```
x = -y;
p = +x * y;
```

二元運算子：有兩個運算元的運算子。

　　二元運算子(binary operator)需二個運算元。當 + 和 – 表示加法和減法時，就變成二元運算子。

```
x = y + z;
z = y - x;
```

要了解和撰寫多重運算子之運算式，必須先清楚 C 計算運算式的規則。例如，運算式 x+y/z 中，+ 和 / 何者先執行？而運算式 x/y*z 是執行 (x/y)*z 或是 x/(y*z)？將 x、y、z 值代入，可以發現執行順序會導致不同的結果。在這兩個運算式中，必須先執行運算子 /。C 中的數學運算式的求值規則如下，和代數規則類似。

運算式求值規則

a. 括號規則：所有括號中的運算式都先個別求值。巢狀括號則由內往外計算，第一個計算最內層的運算式。

b. 運算子的優先法則：運算式中的運算子以下列順序求值：

　　一元 +，–　　第一
　　*，/，%　　次之
　　二元 +，–　　最後

c. 結合律：在同一運算式中，一元運算子(如 + 和 –)有相同的優先權，則由右往左計算(右結合律)。相同優先權的二元運算子在相同的運算式中，則由左往右計算(左結合律)。

這些規則可以幫助設計師了解 C 如何計算運算式。可以視需要利用括號來標明計算的順序。而在複雜的運算式中，用額外的括號可清楚地了解運算子的執行順序。如運算式：

```
x * y * z + a / b - c * d
```

可加入括號寫成可讀性較高的形式：

```
(x * y * z) + (a / b)-(c * d)
```

範例 2.5　圓的面積公式為

$$a = \pi r^2$$

在 C 中可寫成

```
area = PI * radius * radius;
```

此處 PI 表常數巨集 3.14159。圖 2.8 是此式的求值樹，在此樹中，要從上往下讀，箭頭連結運算元和運算子。運算子的執行順序是標示在其左邊的數字，其右邊的字母表採用的求值規則編號。

在圖 2.9 中，radius 用 2.0 代入，可看到運算式逐步求值的結果。當要徒手算出有很多運算子的敘述時，你可能會想要使用類似的運算符號。

範例 2.6　於 t_1 至 t_2 的時間內，在 p_1、p_2 兩點間作直線運動，其平均速度 v 的公式為

$$v = \frac{p_2 - p_1}{t_2 - t_1}$$

此式在 C 中可表成圖 2.10。

圖 2.8

`area = PI * radius * radius;` 的求值樹

```
area = PI * radius * radius
              ↓    ↓     ↓
              1 (*) c
                  ↓  ↓
                  2 (*)
                    ↓
                   area
```

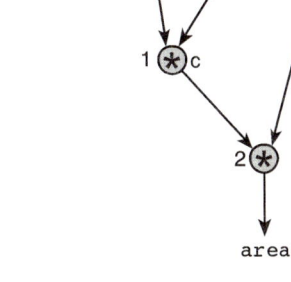

圖 2.9

逐步的運算式求值

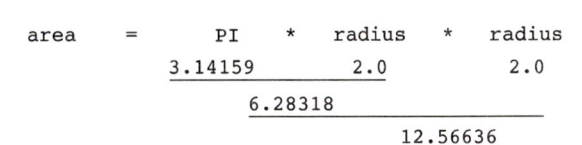

```
area  =   PI     *  radius  *  radius
          3.14159      2.0        2.0
          ─────────────────
               6.28318
          ──────────────────────────
                    12.56636
```

圖 2.10

v =(p2 − p1)/
(t2 − t1); 的求
值樹及求值過程

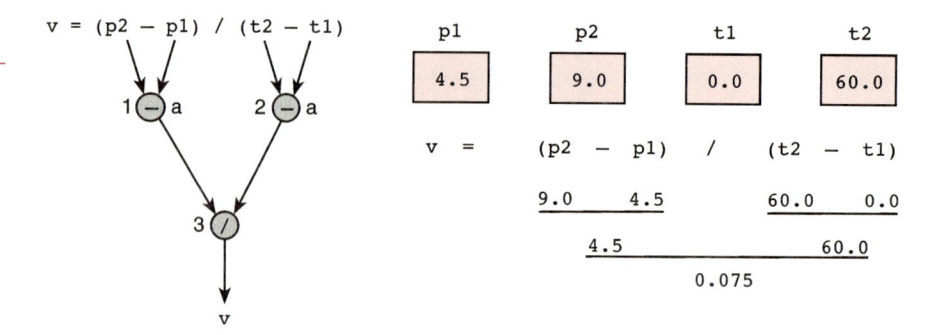

範例 2.7　運算式

z − (a + b / 2) + w * -y

只含 int 變數。括號內的運算式

(a + b / 2)

會先求值(規則 a)，而又以 b / 2 (規則 b)開始計算。b / 2 之值決定後加上 a 得 (a + b / 2) 之值。接著否定 y (規則 b)後再作乘法(規則 b)而決定 w*-y 之值。接著，z (規則 c)減掉(a + b / 2) 的值。最後，此結果再加上 w*-y。求值的每一步驟及其求值樹參考圖 2.11。

用 C 寫數學公式

　　用 C 寫數學公式可能會遇到兩個問題。第一，公式的乘法是將兩乘項寫在一起，如 $a = bc$。在 C 就必須用符號 * 表乘法，如

圖 2.11

z-(a + b / 2)+
w*-y 的求值樹

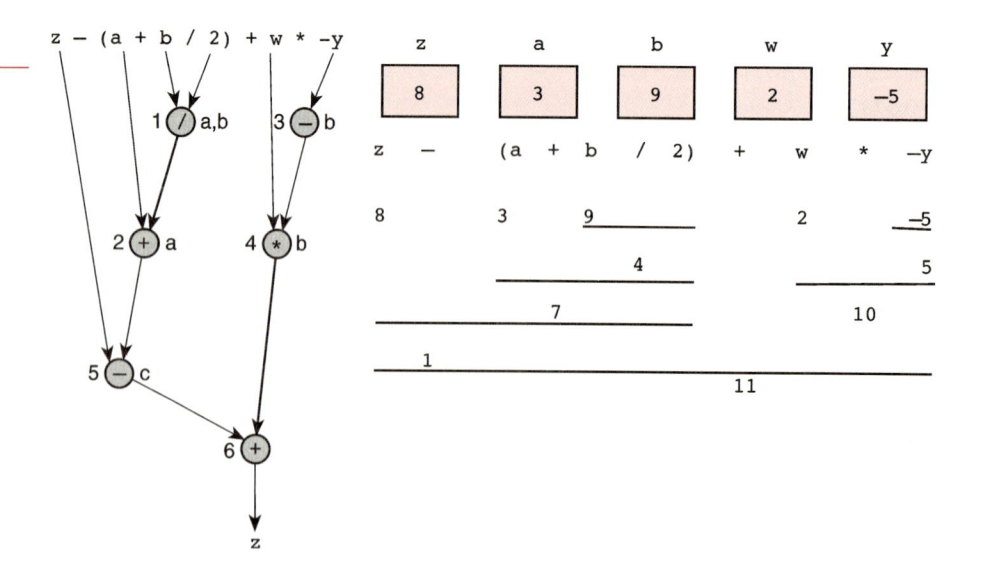

表 2.10 數學公式和 C 運算式

數學公式	C 運算式
1. $b^2 - 4ac$	b * b - 4 * a * c
2. $a + b - c$	a + b - c
3. $\dfrac{a+b}{c+d}$	(a + b) / (c + d)
4. $\dfrac{1}{1+x^2}$	1 / (1 + x * x)
5. $a \times -(b+c)$	a * -(b + c)

```
a = b * c;
```

另一個困難的公式是除法。一般的除法寫法是分子與分母用一條線分開:

$$m = \frac{y-b}{x-a}$$

在 C 中,分子與分母則置於同一行,因此常需括號來區分分子和分母,才能使運算式中的運算子有明確的執行順序。上式在 C 中可寫成

```
m =(y-b)/(x-a);
```

表 2.10 是將數個數學公式用 C 重寫。

從範例中可歸納出下列幾個重點:

- 要用 * 運算子明白標出乘法(公式 1 和 4)。
- 用括號來控制運算子的求值順序(公式 3 和 4)。
- 兩個算術運算子可以寫在一起,但第二個運算子須為一元運算子(公式 5)。

案例研究 超市硬幣的處理程序

此案例是說明 int (使用 / 和 %)和 char 型態的資料處理。

問　題

為超市的櫃檯寫一程式將零錢轉換為個人的信用條(credit slip)。在此程式中,使用者手動輸入每一種硬幣的數目,但是在最後過程中,程式結果會變成數字當作與機器中的計數裝置連結介面。

分　析

要解決問題，一開始先從顧客處取得每種硬幣的個數(dollars、quarters、dimes、nickels、pennies)。知道個數，才能決定零錢的總值是幾分，之後用除法，除數為 100 算出元數，餘數為剩下的零錢。在資料需求方面，需一程式變數記錄總錢數(total_cents)，此變數是計算的一部分，但不是程式輸出所需的資料。

資料需求

問題輸入

```
char first, middle, last  /* a customer's initials */
int dollars               /* number of dollars     */
int quarters              /* number of quarters    */
int dimes                 /* number of dimes       */
int nickels               /* number of nickels     */
int pennies               /* number of pennies     */
```

問題輸出

```
int total_dollars         /* total dollar value    */
int change                /* leftover change       */
```

額外的程式變數

```
int total_cents           /* total value in cents  */
```

設　計

初步的演算法

1. 讀取並顯示顧客的初始值。
2. 讀取每種硬幣的個數。
3. 以分(cents)為單位，計算總值。
4. 計算出元(dollars)值以及剩餘的零錢。
5. 顯示元(dollars)值及零錢數。

步驟 3 和 4 需要再細分，細分之步驟為：

步驟 3 之細分

3.1 計算每種硬幣的價值為幾分,並加總這些數值。

步驟 4 之細分

4.1 `total_dollars` 是 `total_cents` 除以 100 所得商數的整數部分。

4.2 `change` 是 `total_cents` 除以 100 所得的餘數。

實　作

圖 2.12 為此演算法實作。敘述

```
scanf("%c%c%c", &first, &middle, &last);
printf("\n%c%c%c, please enter your coin information.\n",
        first, middle, last);
```

複製三個字元至 `first`、`middle` 和 `last`,並作為指示顧客操作訊息的一部分。

圖 2.12　計算硬幣之值

```
1.  /*
2.   * Determines the value of a collection of coins.
3.   */
4.  #include <stdio.h>
5.  int
6.  main(void)
7.  {
8.        char first, middle, last;   /* input - 3 initials              */
9.        int pennies, nickels;       /* input - count of each coin type */
10.       int dimes, quarters;        /* input - count of each coin type */
11.       int dollars;                /* input - count of each coin type */
12.       int change;                 /* output - change amount          */
13.       int total_dollars;          /* output - dollar amount          */
14.       int total_cents;            /* total cents                     */
15.
16.       /* Get and display the customer's initials. */
17.       printf("Type in 3 initials and press return> ");
18.       scanf("%c%c%c", &first, &middle, &last);
19.       printf("\n%c%c%c, please enter your coin information.\n",
20.              first, middle, last);
21.
22.       /* Get the count of each kind of coin. */
23.       printf("Number of $ coins > ");
24.       scanf("%d", &dollars);
25.       printf("Number of quarters> ");
```

(續)

圖 2.12　計算硬幣之值(續)

```
26.        scanf("%d", &quarters);
27.        printf("Number of dimes   > ");
28.        scanf("%d", &dimes);
29.        printf("Number of nickels > ");
30.        scanf("%d", &nickels);
31.        printf("Number of pennies > ");
32.        scanf("%d", &pennies);
33.
34.        /* Compute the total value in cents. */
35.        total_cents = 100 * dollars +25 * quarters + 10 * dimes +
36.                      5 * nickels + pennies;
37.
38.        /* Find the value in dollars and change. */
39.        dollars = total_cents / 100;
40.        change = total_cents % 100;
41.
42.        /* Display the credit slip with value in dollars and change. */
43.        printf("\n\n%c%c%c Coin Credit\nDollars: %d\nChange:  %d cents\n",
44.               first, middle, last, dollars, change);
45.
46.        return (0);
47.   }

Type in 3 initials and press return> JRH
JRH, please enter your coin information.
Number of $ coins > 2
Number of quarters> 14
Number of dimes   > 12
Number of nickels > 25
Number of pennies > 131

JRH Coin Credit
Dollars: 9
Change:  26 cents
```

敘述

```
total_cents = 100 * dollars + 25 * quarters + 10 * dimes +
              5 * nickels + pennies;
```

為步驟 3.1 的實作。敘述

```
dollars = total_cents / 100;
change = total_cents % 100;
```

完成步驟 4.1 和 4.2。最後呼叫 printf 顯示結果。

測 試

測試程式，先找一種硬幣組合只產生元(dollar)數而無餘零錢，例如 1 dollar、8 quarters、0 dimes、35 nikels 與 25 pennies，會產生 5 dollars 與 0 cent。然後加減 1 分的個數(26 和 24 pennis)以驗證程式都能正確地執行。

練習 2.5

自我檢驗

1. **a.** 計算下列運算式之值。

   ```
   22 / 7    7 / 22    22 % 7    7 % 22
   ```

   用下列各數對重複上述的練習。

   b. 15, 16

   c. 3, 23

   d. −3, 16

2. 若 celsius 之值為 38.1，salary 為 38450.00，對下列運算式逐步求值。

   ```
   1.8 * celsius + 32.0
   (salary -5000.00) * 0.20 + 1425.00
   ```

3. 已知下列的常數和變數宣告：

   ```
   #define PI 3.14159
   #define MAX_I 1000
   . . .
   double x, y;
   int a, b, i;
   ```

   則下列敘述何者有效？且有效敘述所存之值為何？亦說明無效敘述的理由。假設 a 值為 3、b 為 4、y 為 −1.0。

   a. `i = a % b;`   **e.** `i = a / -b;`
   b. `i =(989 - MAX_I)/ a;`   **f.** `x = a / b;`
   c. `i = b % a;`   **g.** `x = a %(a / b);`
   d. `x = PI * y;`   **h.** `i = b / 0;`

i. `i = a %(990 - MAX_I);`
j. `i =(MAX_I - 990)/ a;`
k. `x = a / y;`
l. `i = PI * a;`
m. `x = PI / y;`
n. `x = b / a;`
o. `i =(MAX_I - 990)% a;`
p. `i = a % 0;`
q. `i = a %(MAX_I - 990);`
r. `x =(double)a / b;`

4. 假設 a 值為 7、b 為 3、y 為 2.0，則第 3 題中有效敘述所設定之值為何？

5. 假設變數宣告如下：

```
int color, lime, straw, red, orange;
double white, green, blue, purple, crayon;
```

若 color 之值為 2，crayon 為 -1.3，straw 為 1，red 為 3，purple 為 0.3E + 1，則下列各敘述之值為何？

a. `white = color * 2.5 / purple;`
b. `green = color / purple;`
c. `orange = color / red;`
d. `blue =(color + straw)/(crayon + 0.3);`
e. `lime = red / color + red % color;`
f. `purple = straw / red * color`

6. a、b、c、x 是四個 double 型態的變數，而 i、j、k 是三個 int 型態的變數。下列每個敘述都含一個以上不符合數學運算式的撰寫規則。重寫每個敘述使其符合這些規則。

a. `a = a remainder c;`
b. `x = 3a - bc;`
c. `j = 4(I + k);`

程式撰寫

1. 用 C 語言完成下列方程式：

$$q = \frac{kA(T_1 - T_2)}{L}$$

2. 寫一程式分別將 'A'、'B'、19 與 -0.42E7 在不同的記憶體位置(先前宣告過)。使用一指定敘述儲存第一個值，但後面三個值是使用者的輸入資料。

2.6 在程式輸出格式化數字

C 顯示數字都有其預設的表示法，除非程式設計師另作設定。這節將說明如何指定輸出的格式。

格式化的 int 值

C 程式中指定整數值的顯示格式是非常容易的，只要在 `printf` 的格式字串中，於 `%` 和 `d` 之間加入數字即可。此數字表示**欄寬**(field width)，是顯示數值的行數。敘述

> 欄寬：顯示數值的行數。

```
printf("Results: %3d meters = %4d ft. %2d in.\n",
     meters, feet, inches);
```

指出用 3 行顯示 meters 之值，4 行顯示 feet，而 inches 用 2 行。若 meters 之值是 21，feet 是 68，且 inches 值為 11，則程式輸出為

```
Results: 21 meters = 68 ft. 11 in.
```

在這行中，meters 之值(21)前有一個空格，feet 之值(68)前有 2 個空格。原因是 meters 的位置保留符(%3d)只保留 3 個列印空間。因 meters 顯示的數值範圍從 10 到 99，且數值列印時是**向右對齊**，故只有 2 位的 meters 值之前會有一個空格。feet 的原因同 meters。%2d 顯示的數值範圍從 -9 到 99，%4d 則從 -999 到 9999，對負數來說，其負號占一個空間。

表 2.11 列出用不同的格式顯示整數的結果，▪ 字元表空白字元。最後一列證明若欄寬不夠顯示整數值，C 會自動擴充欄寬。

格式化 double 值

要說明 double 值的格式，須指出所需的總欄寬和小數位數。總欄寬需足以容納小數點前後的總位數，小數點前至少有一位數字，因為 0

表 2.11 用不同的位置保留符顯示 234 和 -234

數 值	格 式	顯示結果	數 值	格 式	顯示結果
234	%4d	▪234	-234	%4d	-234
234	%5d	▪▪234	-234	%5d	▪-234
234	%6d	▪▪▪234	-234	%6d	▪▪-234
234	%1d	234	-234	%2d	-234

是純小數的一部分。亦需考慮小數點和負數的負號。在格式字串中的位置保留符形式為 %*n.m*f，*n* 表示總欄寬，*m* 表示所需的小數位數。

若 x 是介於 −99.99 和 999.99 之間的 double 值，則可用 %6.2f 表 x 之值，準確度是兩位小數。表 2.12 是用相同的格式顯示不同的 x 值，顯示之值會四捨五入到小數點後第二位，向右對齊列印 6 位數。當算至小數點後第二位，假如小數點後第三位的值為 5 或大於 5，那麼就會進位至小數點後第二位(−9.536 變成 −9.54)。否則，小數點後第二位之數值就會直接捨去(−25.554 變成 −25.55)。

表 2.13 說明不同的位置保留符所顯示的結果。最後一列指出在格式字串的位置保留符中，總欄寬是可以省略的。%.*m*f 只標明小數位數，列印之值不會前置空白。

程式風格：刪除前置空格

從表 2.11 至表 2.13 可知，若所顯示的數值位數比指定的欄寬小，就會在數值前置空白字元。要刪除多餘的空格，省略位置保留符中的欄寬值即可。例如 %d 會使得顯示整數時無前置空格欄，%.*m*f 對 double 值也有相同的效果，且此格式仍能設定所需的小數位數。

表 2.12 用格式化字串的位置保留符 %6.2f 顯示 x

x 數值	顯示結果	x 數值	顯示結果
−99.42	−99.42	−25.554	−25.55
.123	0.12	99.999	100.00
−9.536	−9.54	999.4	999.40

表 2.13 格式化 double 值

數 值	格 式	顯示結果	數 值	格 式	顯示結果
3.14159	%5.2f	3.14	3.14159	%4.2f	3.14
3.14159	%3.2f	3.14	3.14159	%5.1f	3.1
3.14159	%5.3f	3.142	3.14159	%8.5f	3.14159
.1234	%4.2f	0.12	−.006	%4.2f	−0.01
−.006	%8.3f	−0.006	−.006	%8.5f	−0.00600
−.006	%.3f	−0.006	−3.14159	%.4f	−3.1416

練習 2.6

自我檢驗

1. 訂正敘述

   ```
   printf("Salary is %2.10f\n", salary);
   ```

2. 用下列格式顯示-3.6175，結果分別為何？

   ```
   %8.4f, %8.3f, %8.2f, %8.1f, %8.0f, %.2f
   ```

3. 假設 x (double 型態)之值是 12.335，i (int 型態)是 100，根據下列敘述顯示輸出列，為清楚起見，用 ■ 符號代表空格。

   ```
   printf("x is %6.2f i is %4d\n", x, i);
   printf("i is %d\n", i);
   printf("x is %.1f\n", x);
   ```

程式撰寫

1. 若 a、b、c 之值分別為 504、302.558 及 -12.31，寫一敘述使其輸出列如下：(■ 表空白)

   ■■504■■■■■■302.56■■■■■-12.3

2.7　交談模式、批次模式與資料檔案

> 批次模式：程式從事先準備好的資料檔讀取資料的程式執行模式。
>
> 交談模式：由使用者鍵入資料以回答提問句的程式執行模式。

　　有兩種電腦執行模式：**批次模式**(batch mode)與**交談模式**(interactive mode)。目前為止所看到的程式都是交談模式，當它執行時，程式使用者要和程式交談並輸入資料。批次模式的程式則從先前準備好的資料檔案讀取資料。

輸入重新導向

　　圖 2.13 是將哩和公里的轉換程式重寫成批次程式。在圖 2.13 中，標準輸入裝置假設是連接至批次資料檔而非鍵盤。在大部分系統，此種連結關係可用作業系統指令透過輸入/輸出重新導向很輕易地完成。如在 UNIX® 和 MS-DOS® 的作業系統下，在命令行後鍵入 <mydata 即可指引程式從檔案 mydata 輸入，而不會從鍵盤輸入。若一般用命令行

```
metric
```

圖 2.13 哩和公里轉換程式的批次版

```
1.  /* Converts distances from miles to kilometers.     */
2.
3.  #include <stdio.h>     /* printf, scanf definitions */
4.  #define KMS_PER_MILE 1.609 /* conversion constant   */
5.
6.  int
7.  main(void)
8.  {
9.        double miles,  /* distance in miles                          */
10.              kms;    /* equivalent distance in kilometers          */
11.
12.       /* Get and echo the distance in miles. */
13.       scanf("%lf", &miles);
14.       printf("The distance in miles is %.2f.\n", miles);
15.
16.       /* Convert the distance to kilometers. */
17.       kms = KMS_PER_MILE * miles;
18.
19.       /* Display the distance in kilometers. */
20.       printf("That equals %.2f kilometers.\n", kms);
21.
22.       return (0);
23. }

The distance in miles is 112.00.
That equals 180.21 kilometers.
```

來執行程式，則新的命令行會變成

`metric < mydata`

程式風格：回覆列印和提示

在圖 2.13 中，敘述

`scanf("%lf", &miles);`

從資料檔案的第一列讀取 miles 之值。因為輸入來自檔案，故毋需顯示提示訊息。在 scanf 呼叫之後的敘述為

`printf("The distance in miles is %.2f.\n", miles);`

此敘述是回覆列印或是顯示存於 miles 之值及提供程式處理資料的紀錄。若無此敘述，將不容易知道 scanf 所得之 miles 值為何。將交談式程式轉換成批次程式，要將每個提示換成置於 scanf 之後的回覆列印。

輸出重新導向

程式的輸出也可重新導向至磁碟檔案，而不是顯示在螢幕上。然後再利用作業系統指令將輸出檔案送至印表機，即可獲得程式輸出的實體複製。在 UNIX 或 MS-DOS 中，用符號 >myoutput 即可將輸出從螢幕重新導向至檔案 myoutput。這個符號要置於程式執行指令之後，例如

```
metric >myoutput
```

執行程式 metric，從鍵盤作程式輸入，程式輸出寫至檔案 myoutput。但是此時和程式交談有點困難，因為所有的程式輸出，包括提示訊息都會送至輸出檔案，所以用下列指令行會比較方便

```
metric <mydata >myoutput
```

從資料檔 mydata 作程式輸入，並將程式輸出送至輸出檔 myoutput。

程式控制的輸入和輸出檔案

另一種輸入／輸出重新導向的方法是在 C 程式中明白指定程式輸入和輸出的檔案名稱。圖 2.14 是此種版本的距離轉換程式，輸入資料檔是 b:distance.dat，結果的輸出檔是 b:distance.out。

處理特定檔案的程式須先宣告**檔案指標變數**，以儲存檔案存取所需的資訊。檔案指標變數的型態是 FILE*，多指標變數在單一行的宣告需要在每一個變數名稱之前加上星號。圖 2.14 中的敘述

```
FILE *inp,   /* pointer to input file                    */
     *outp;  /* pointer to output file                   */
```

是宣告檔案指標變數 inp 和 outp，將分別存取程式輸入和輸出檔案的資訊，在允許輸入前，作業系統必須為輸入或輸出準備一個檔案。此準備動作是為了之後要用於呼叫函式 fopen 的敘述：

```
inp = fopen("b:distance.txt", "r");
outp = fopen("b:distout.txt", "w");
```

第一個指定程式列**開啟**(準備存取)檔案 b:distance.txt，作為程式來源的輸入，並且儲存需要存取的值在檔案指標變數 inp。"r" 在第一個 fopen 的呼叫中，表示檔案開啟後，我們只讀取資料。因為第二個程式列包含了 "w"，指出我們要寫入到 b:distout.txt，outp 變數初始化為輸出檔案的指標。

圖 2.14 內含名稱檔案的哩-公里轉換程式

```c
1.  /* Converts distances from miles to kilometers.    */
2.
3.  #include <stdio.h>      /* printf, scanf, fprint, fscanf, fopen, fclose
4.                             definitions                */
5.  #define KMS_PER_MILE 1.609 /* conversion constant    */
6.
7.  int
8.  main(void)
9.  {
10.         double miles, /* distance in miles                              */
11.                kms;   /* equivalent distance in kilometers              */
12.         FILE   *inp,  /* pointer to input file                          */
13.                *outp; /* pointer to output file                         */
14.
15.         /* Open the input and output files.   */
16.         inp = fopen("b:distance.txt", "r");
17.         outp = fopen("b:distout.txt", "w");
18.
19.         /* Get and echo the distance in miles. */
20.         fscanf(inp, "%lf", &miles);
21.         fprintf(outp, "The distance in miles is %.2f.\n", miles);
22.
23.         /* Convert the distance to kilometers. */
24.         kms = KMS_PER_MILE * miles;
25.
26.         /* Display the distance in kilometers. */
27.         fprintf(outp, "That equals %.2f kilometers.\n", kms);
28.
29.         /* Close files. */
30.         fclose(inp);
31.         fclose(outp);
32.
33.         return (0);
34. }
```

Contents of input file `distance.txt`
```
112.0
```

Contents of output file `distout.txt`
```
The distance in miles is 112.00.
That equals 180.21 kilometers.
```

接著是說明函式 `fscanf` 和 `fprintf` 用法的敘述，它們是函式 `scanf` 和 `printf` 的對等函式。

```c
fscanf(inp, "%lf", &miles);
fprintf(outp, "The distance in miles is %.2f.\n", miles);
```

函式 fscanf 的第一個參數是輸入檔案指標，如 inp。其餘參數和 scanf 相同：包括格式字串和輸入串列。同樣地，fprintf 函式和 printf 的不同處是需要輸出檔案指標，如 outp。

當程式不再使用輸入和輸出檔案時，要呼叫函式 fclose 將檔案關閉。

```
fclose(inp);
fclose(outp);
```

練習 2.7

自我檢驗
1. 呼叫 printf 顯示提示訊息和呼叫 printf 回覆資料在程式中的位置有何差異？何者用於交談式程式？何者用於批次程式？
2. 交談式程式如何輸入資料？批次程式呢？

程式撰寫
1. 將圖 2.12 改寫成兩個批次程式。第一個版本的資料檔案由輸入重新導向取得；第二個版本則用程式控制的輸入輸出檔案。

2.8 程式撰寫常見的錯誤

開始寫程式後，很快就會發現，幾乎沒有程式第一次就能正確地執行。事實上，錯誤是很普遍的，故有特殊的名稱──蟲，而訂正的過程稱為程式**除蟲**(debugging)(根據電腦界的傳說，電腦開拓者 Dr. Grace Murray Hopper 找出第一個硬體錯誤就是由電腦元件中的昆蟲所引起的)。要小心潛在的問題，在每章結尾會提供一節討論一般的程式錯誤。

除蟲：除去程式的錯誤。

編譯程式偵測出錯誤，會顯示錯誤訊息，指示有錯誤發生並說明可能的原因。但這些訊息常不易解釋甚至會誤導。隨著經驗的累積，就會精於找出並訂正錯誤。

可能會發生三種錯誤──語法錯誤、執行期錯誤和邏輯錯誤。

語法錯誤

當編譯程式在編譯程式時，會發現程式中違反 C 文法規則的錯誤，此乃**語法錯誤**(syntax error)。若有敘述發生語法錯誤，它無法編譯且程式無法執行。

語法錯誤：在程式編譯期間所發現違反 C 文法規則的錯誤。

圖 2.15 是哩－公里轉換程式的編譯列表。編譯列表是編譯程式在翻譯程式時所產生的列表，內含加了行號的原始程式及任何檢查到的語法錯誤。這個編譯程式以 5 個星號為首的文字行說明錯誤。這段程式的語法錯誤如下：

- 在變數宣告結束時沒有分號(271 行)
- 沒有宣告變數 miles(在 275 和 278 行)
- 最後一個註解沒有封閉，因為 */ 之間有空白(280 行)

列表的格式和錯誤訊息會因編譯器而與圖 2.15 有所不同。事實上，大部分的 C 編譯程式不會產生列表，只有顯示錯誤訊息。在此列表中，錯誤訊息在 5 個星號之後顯示。要注意的是，標註錯誤的程式列不一定

圖 2.15　有語法錯誤的程式編譯列表

```
221 /* Converts distances from miles to kilometers. */
222
223 #include <stdio.h>          /* printf, scanf definitions  */
266 #define KMS_PER_MILE 1.609 /* conversion constant          */
267
268 int
269 main(void)
270 {
271       double kms
272
273       /* Get the distance in miles. */
274       printf("Enter the distance in miles> ");
***** Semicolon added at the end of the previous source line

275       scanf("%lf", &miles);
***** Identifier "miles" is not declared within this scope
***** Invalid operand of address-of operator

276
277       /* Convert the distance to kilometers. */
278       kms = KMS_PER_MILE * miles;
***** Identifier "miles" is not declared within this scope

279
280       /* Display the distance in kilometers. * /
281       printf("That equals %f kilometers.\n", kms);
282
283       return (0);
284 }
***** Unexpected end-of-file encountered in a comment
***** "}" inserted before end-of-file
```

是真正有錯誤的地方(如 271 行的錯誤標在 274 行之後)。

編譯程式會盡可能訂正錯誤。如 271 行，敘述結束時漏掉分號。編譯程式直到 274 行處理 `printf` 時才確定少了分號。因為 `printf` 不是逗號或分號，編譯程式才知 271 行的變數宣告敘述沒有後續行。

在此列表中可看到一個程式設計師的錯誤會導致數個錯誤訊息。例如沒有宣告變數 `miles` 而使程式中用到 `miles` 的地方都出現了錯誤訊息。若有宣告但打錯字(也許是 `milles`)仍會出現此訊息。沒有宣告 `miles` 也引起 275 行的第二個錯誤。因位址運算子須有變數運算元，但 `miles` 沒有宣告為變數，而使其為無效運算元。

打錯註解的結束字元序列亦引起多重訊息。因為在註解內的任何文字都是無效的，編譯程式直到原始檔案結束，仍沒有遇到 } 以結束程式時，才會發覺錯誤！顯示此無法預期的錯誤後(284 行之後的文字行)，編譯程式所能訂正的錯誤是在原始檔案結束處關閉註解，並加入 } 以使程式正確地結束。

打錯註解的結束序列所引起的錯誤是很難發現的。若註解在程式中間沒有正確地結束，編譯程式會一直將程式行視為註解文字，直到它遇見下一個註解的結束序列 */。當錯誤訊息使你認為編譯程式沒有看到部分的程式，就得小心檢查註解了。最糟糕的情況是將可執行的敘述都視為註解，這不會產生語法錯誤，只是程式執行不正確。打錯註解的開始序列 /* 會使編譯程式將註解當作 C 敘述處理而引起語法錯誤。

訂正語法錯誤時要考慮到一個錯誤會導致許多的錯誤訊息。所以首先訂正程式的宣告錯誤，在修改其他錯誤前先再編譯程式，有很多錯誤訊息會因此而消失。

常見的語法錯誤還有不正確地使用雙引號；要記得字串的頭尾都要用雙引號(")。

執行期錯誤

執行期錯誤(run-time error)是電腦在程式執行時所偵測到的錯誤。當程式要指引電腦去執行不合理的工作時就會產生錯誤，例如除以 0。當發生執行期錯誤時，電腦會停止執行程式並顯示錯誤訊息，指出錯誤發生的地方。

圖 2.16 的程式編譯無誤，但執行時，若輸入的第二個整數大於第一

> **執行期錯誤**：在程式執行時偵測到執行無效的操作。

圖 2.16　有執行期錯誤的程式

```
111 #include <stdio.h>
262
263 int
264 main(void)
265 {
266        int      first, second;
267        double   temp, ans;
268
269        printf("Enter two integers> ");
270        scanf("%d%d", &first, &second);
271        temp = second / first;
272        ans = first / temp;
273        printf("The result is %.3f\n", ans);
274
275        return (0);
276 }

Enter two integers> 14 3
Arithmetic fault, divide by zero at line 272 of routine main
```

個整數就會執行失敗，因為此時，整數除法會使 271 行的 temp 值為 0，在 272 行以 temp 為除數而導致 divide by zero 的錯誤發生。

無法得知的錯誤

　　許多執行的錯誤不會使 C 程式執行中斷，只是會造成錯誤的結果，所以必須預測程式會產生的結果，並驗證實際的輸出是正確的。

　　C 程式中會導致不正確結果的一個原因是字元和數字資料混合輸入。若程式設計師能牢記 scanf 對 %c 和 %d 及 %lf 不同的處理方式即可避免錯誤。要讀取數字值時，scanf 會先跳過輸入的空白和換行字元；而讀取字元時，除非 %c 前有空格，否則不會忽略任何的輸入字元。

　　將圖 2.12 的 main 函式稍加修改得新版的超市硬幣求值程式，如圖 2.17 所示。其中加入一個變數 year，在取得使用者初值前先詢問年代。若使用者鍵入 2009 和字母 BMC，希望第二個 printf 顯示訊息

```
BMC, please enter your coin information for 2009.
```

然而，顯示的訊息卻是

```
BM, please enter your coin information for 2009.
```

　　先看呼叫 printf 時的記憶體情形再解釋原因。

圖 2.17　新版的超市硬幣求值程式

```
1.  int
2.  main(void)
3.  {
4.        char first, middle, last; /* input - 3 initials         */
5.        int pennies, nickels;     /* input - count of each coin type */
6.        int dimes, quarters;      /* input - count of each coin type */
7.        int dollars;              /* input - count of each coin type */
8.        int change;               /* output - change amount      */
9.        int total_dollars;        /* output - dollar amount      */
10.       int total_cents;          /* total cents                 */
11.       int year;                 /* input — year                */
12.
13.       /* Get the current year.                                 */
14.       printf("Enter the current year and press return> ");
15.       scanf("%d", &year);
16.
17.       /* Get and display the customer's initials.              */
18.       printf("Type in 3 initials and press return> ");
19.       scanf("%c%c%c", &first, &middle, &last);
20.       printf("\n%c%c%c, please enter your coin information for %d.\n",
21.              first, middle, last, year);
          ...
```

year	first	middle	last
2009	\n	B	M

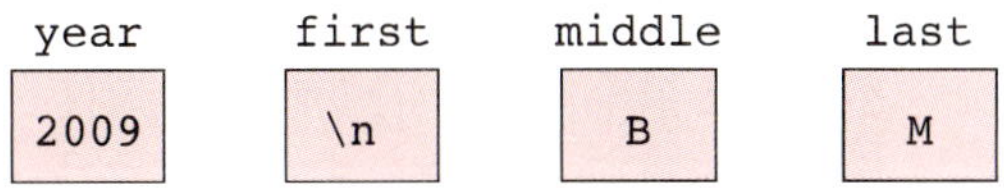

　　year 之值是正確的，但三個字元不是存 'B'、'M'、'C' 卻是 '\n'、'B' 和 'M'。first 的 '\n' 是因使用者輸入數字 2009 後按下 <Enter> 鍵所致。讀取 2009 後停在字元 \n 上，所以是下一個 scanf 敘述所讀取的第一個字元：

```
scanf("%c%c%c", &first, &second, &third);
```

　　因字母 C 未被讀入，所以在下一個 scanf 呼叫時就會讀取 C 而導致更大的問題。敘述

```
scanf("%d", &quarters);
```

不會複製值至 dollars，因為讀到的是字母 C 而非數字，導致 dollars 就保留其原值，變數 quarters、dimes、nickels 和 pennies 的情況相同。最後程式所顯示的結果將毫無意義。

　　一個簡單的訂正方法是在第一個 %c 之前插入一個空格。scanf 在讀取字元前會先跳過空白(包括換行字元)。

圖 2.18　因無 & 而造成不正確結果的程式

```
1.  #include <stdio.h>
2.
3.  int
4.  main(void)
5.  {
6.        int     first, second, sum;
7.
8.        printf("Enter two integers> ");
9.        scanf("%d%d", first, second);  /* ERROR!! should be  &first, &second */
10.       sum = first + second;
11.       printf("%d + %d = %d\n", first, second, sum);
12.
13.       return (0);
14. }

Enter two integers> 14   3
5971289 + 5971297 = 11942586
```

scanf(" %c%c%c", &first, &second, &third);

圖 2.18 是另一個不會使程式產生執行期失敗訊息的錯誤。程式設計師忘了在 scanf 呼叫的變數前加上 & 運算子。因 scanf 不知 first 與 second 在何處，所以無法存入使用者的輸入值。此例中，程式執行完成，但用的是 first 和 second 記憶體中原始的無效值。

邏輯錯誤

邏輯錯誤：因不正確的演算法所造成的錯誤。

當程式的演算法有錯時就會造成**邏輯錯誤**(logic error)。因為邏輯錯誤通常不會引起執行錯誤，亦無錯誤訊息，所以很難發現它們。唯一的訊號可能就是不正確的程式輸出。要完全地測試程式，比較程式輸出和計算所得的結果才能查得邏輯錯誤。而要避免邏輯錯誤就得做好演算法的紙上檢查。

因為除錯是很耗時的工作，小心地規劃程式並做好紙上檢查才能早期發現錯誤。若不確定任一敘述的語法，要查閱語法規則，遵循這個方法才能節省時間並避免麻煩。

本章回顧

1. 每個 C 程式都有前端處理指示子及一個主函式。主函式包含變數宣告和可執行的敘述。
2. 變數名稱須以字母或底線作第一個字元(不建議使用後者)，然後可包含字母、數字和底線符號。保留字不能用作識別字。
3. 資料型態可使編譯程式決定如何將值存於記憶體中及能對該值執行的功能。三種標準的資料型態是 int、double 與 char。每個變數都要宣告一個資料型態。
4. 可執行的敘述得自演算法並會轉成機器語言。設定敘述是用於執行計算並將值存於記憶體中。用函式呼叫的方法取得資料(scanf 及 fscanf)和顯示資料(printf 和 fprintf)。

新增的 C 結構

結　構	效　果

 # include 指示子
```
# include <stdio.h>
```
告知前處理程式要讀取標題檔 <stdio.h>，此檔包含了函式 printf 和 scanf 的資訊。

用於命名常數巨集的 #define 指示子
```
# define PI 3.14159
# define STAR '*'
```
告知前處理程式用 3.14159 為名稱 PI 的定義，而 '*' 為識別字 STAR 的意義。

main 函式標頭
```
int
main(void)
```
為函式的起頭，亦為程式執行的起點。

變數宣告
```
double pct, wt;
int high, mid, low;
FILE *inp, *outp;
```
配置名為 pct 與 wt 的記憶格以儲存倍準實數。而 high、mid 和 low 則為儲存整數的名稱，inp 和 outp 為存檔案指標的記憶格名稱。

設定敘述
```
distance = speed * time
```
將 speed 及 time 的乘積存至變數 distance。

開啟檔案
```
inp = fopen("num.txt", "r");
outp = fopen("out.txt", "w");
```
開啟 num.txt 作為輸入檔案，並將檔案指標存於 inp。開啟 out.txt 作為輸出檔案，並將檔案指標存於 outp。

呼叫輸入函式
```
scanf("%1f%d", &pct, &high);
fscanf(inp, "%d%d", &mid, &low);
```
將鍵盤的輸入資料複製到 double 變數 pct 及 int 變數 high。
從檔案 num.txt 複製輸入資料至 int 變數 mid 及 low。

呼叫輸出函式
```
printf("Percentage is %.3f\ n", pct);

fprintf(outp, "%5d %5d %5d\n", high,
        mid, low);
```
顯示字串 "Percentage is" 之後，並顯示四捨五入成三位小數的 pct 值。
將 high、mid 和 low 值寫至檔案 num.out 的一列文字內。

關閉檔案
```
fclose(inp);
fclose(outp);
```
關閉輸入檔案 num.txt 和 num.txt。

回傳敘述
```
return(0);
```
主函式的最後一列敘述。

快速檢驗練習

1. 下列敘述會將何值存至 double 變數 x 中？

   `x = 25.0 * 3.0 / 2.5;`

2. 假設 x 之值為 10.0，下列敘述會設定何值至 x？

   `x = x - 20.0;`

3. 當 x 之值為 3.456 時，下列敘述的輸出格式為何？

   `printf("Three values of x are %4.1f*%5.2f*%.3f\n", x, x, x);`

4. n 之值為 345 時，下列敘述的輸出格式為何？

   `printf("Three values of n are %4d*%5d*%d\n", n, n, n);`

5. 下列各種資料要用何種資料型態表示：學校的兒童數目、考試成績的字母等級、每個兒童一年中在學校的平均缺席日。

6. 問題輸入和輸出在軟體發展方法的哪一個步驟確認？

7. 若 scanf 函式要從同一輸入列讀取兩個數字，要用哪一個字元區分它們？

8. 當執行 scanf 功能時，電腦如何決定要從輸入裝置讀取多少個資料值？

9. 在交談式程式中，當呼叫 scanf 函式時，程式使用者如何知道要輸入幾個資料值？

10. 編譯列表是顯示何種錯誤(語法或執行期)？

快速檢驗練習解答

1. 30.0
2. -10.0
3. `Three values of x are ▫3.5*▫3.46*3.456`(▫表 1 個空格)
4. `Three values of n are ▫345*▫▫345*345`
5. int、char、double
6. 分析
7. 空格
8. 視格式字串中的位置保留符的數目而定
9. 從提示訊息
10. 語法錯誤

問題回顧

1. 在程式的一開始，註解中要說明哪些資訊？
2. 下列哪些是語法正確的變數？

   ```
   income   two fold
   ltime    c3po
   int      income1
   Tom's    item
   ```

3. 下列的程式片段有哪些錯誤？

   ```c
   #include <stdio.h>
   #define PI 3.14159
   int
   main(void)
   {
      double c, r;

      scanf("%lf", r);
      c = 2 * PI * r ;
      . . .
   }
   ```

4. 在文體上，下列哪一個識別字適合作為常數巨集的名稱？

   ```
   gravity   G   MAX_SPEED   Sphere_Size
   ```

5. 寫出程式撰寫專案中第 9 題練習的資料需求、所需的公式及演算法。
6. 柑橘的平均 pH 值為 2.5，且此值存在變數 `avg_citrus_pH`。寫一敘述顯示此資訊。
7. 列出三個 C 的標準資料型態。
8. 將下列的程式敘述轉成批次模式讀取資料且複製資料。

   ```c
   printf("Enter three characters> ");
   scanf("%c%c", &c1, &c2);
   printf("Enter three integers separated by spaces> ");
   scanf("%d%d%d%d", &n, &m, &p, &o);
   ```

9. 寫一演算法輸入一整數值，將此值乘以 2，減 15，並顯示結果。

程式撰寫專案

1. 寫一程式為銷售員計算以每英哩 0.35 美元價格的里程退款運算。程式中應和使用者進行如下的互動：

里程退款運算器
請輸入開始里程數 => 13505.2
請輸入結束里程數 => 13810.6
您一共行進了 305.4 英哩。以每英哩 0.45 元計，
您的退款總計為 $137.43。

2. 寫一程式協助水力發電水壩的設計。程式中提示使用者輸入水庫高度，以及預計從水壩頂端流到底部的每秒立方公尺水量。假設重力對水的 90% 作用力被轉換成電力，請預測將產生多少百萬瓦特(1 MW = 10⁶ W)。請注意，一立方公尺的水量是 1000 公斤。以 9.80 m/sec² 為重力常數 g。務必為重力常數及 90% 效能常數取有意義的名稱。舉一範例，採用高度為 170 公尺以及 1.30×10^3 m³/s 的水流。相關的公式是：$w = mgh$，其中 w = 功(work)、m = 質量(mass)、g = 重力(gravity)、h = 高度(height)。

3. 寫一程式從電力故障後經過的時間(小時)估算冰箱中的溫度(以 ℃ 為單位)。假設此溫度(T)為

$$T = \frac{4t^2}{t+2} - 20$$

其中 t 是自從上次電力故障後經過的時間。程式中應提示使用者輸入電力故障開始的時間(以完整的小時與分計)。請注意，需要把經過的時間轉換成小時。舉例來說，如果使用者輸入 2 30(2 小時 30 分)，程式中必須將此轉換成 2.5 小時。

4. 寫一程式將華氏溫度轉成攝氏溫度。

資料需求

問題輸入

```
int fahrenheit /* temperature in degrees Fahrenheit */
```

問題輸出

```
double celsius /* temperature in degrees Celsius */
```

相關公式

$celsius = 5/9(fahrenheit - 32)$

5. 醫院使用一個可計算注射液體藥物到靜脈的流量，單位為 ml/hour。

寫一個程式可以輸出資訊在標籤上，貼於藥房 IV 的袋子上。資訊包含了藥物的量與注射的速率。此程式會在袋子上提醒使用者輸入的流體數量與注射的時間(分鐘)。輸出 VTBI(需要注射的量)以 ml 為單位與注射的速率(ml/hr)。

執行範例：

```
注射的量(ml)=> 150
注射的時間(min)=> 15
VBTI: 150 ml
Rate: 600 ml/hr
```

6. 寫一程式預測某一學科為達所希望的成績時，期末考的成績需為何。程式和使用者交談的訊息如下：

```
Enter desired grade> A
Enter minimum average required> 95.0
Enter current average in course> 85.0
Enter how much the final counts
as a percentage of the course grade> 10
You need a score of 93.50 on the final to get a A.
```

從上例可知，最後一次成績占全部的 10%。

7. 寫一程式對於已知加侖數量的燃油以及房子火爐的燃燒效率，計算可傳給房子多少熱量，以及房子火爐的燃燒效率。假設一桶燃油(42 加侖)的能量等於 5,800,000 Btu (注意：這個數字太大，在大部分的個人電腦上不能用 int 表示)。用 100 加侖的燃油及 65% 的效率測試程式。

8. Metro City Planners 建議社區發展新的供水系統，將社區的盥洗室換成低沖水的模式，每一次沖水只用 2 升的水。假設約 3 個人用一間盥洗室，現有的盥洗室平均每沖一次水用掉 15 升，每天每間盥洗室平均沖 14 次，安裝每間新盥洗室的成本是 $150 元。寫一程式根據社區的人口計算用量 (升/每天)，以及新供水系統的成本。

9. 寫一程式讀取長方形庭院的長寬以及位於其中長方形房子的長寬，若割草的速率是每秒 2 平方呎，計算此庭院割草所需的時間。

10. 寫一程式輸出一已知線段的垂直平分線方程式，此程式需要：

圖 2.19

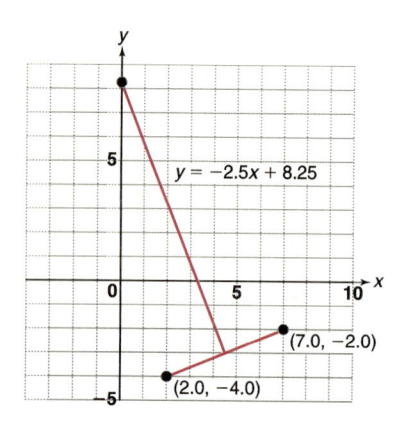

- 讓使用者輸入已知線段的兩個點，例如 (2.0, −4.0) 與 (7.0, −2.0)
- 計算此兩點的斜率
- 計算此線段的中間點的座標，平均兩個 x 座標與兩個 y 座標的值
- 計算垂直平分線的斜率，由計算線段負相交的斜率求得
- 計算垂直平分線與 y 軸的相交值(已經知道垂直平分線的斜率 M 與垂直平分線上的點 (x_{mid}, y_{mid})，所以 y 截距為 $y_{mid} - m_{mid}$；
- 輸出原線段的兩個點，輸出垂直平分線以 $y = mx + b$ 的格式。圖 2.19 的例子顯示此線段，包含其垂直平分線

測試你的程式，確定輸入其他的兩個點也可以正常運作。然而在此階段有些不同配對的點可能會導致你的程式無運作。想想看有哪些點會導致程式無法運作，對此問題寫一段說明描述。

11. 畢氏定理為直角三角形的兩股平方和等於斜邊的平方。例如，若直角三角形的兩股為 3 和 4，則斜邊必為 5，故 3、4、5 形成一個畢氏三角形。有無數個此種三角形。已知兩正整數 m 和 n，且 $m > n$，可由這兩數產生畢氏三角形，公式如下：

$$side1 = m^2 - n^2$$
$$side2 = 2mn$$
$$hypotenuse = m^2 + n^2$$

當 $m = 4$、$n = 3$ 即可產生($side1 = 7$、$side2 = 24$、$hypotenuse = 25$) 直角三角形。寫一程式讀取 m、n，並顯示由上述公式所產生的畢氏三角形。

12. 寫一程式計算噴射戰鬥機從航空母艦發射台發射後的加速度 (m/s^2)，

已知噴射機的起飛速度 (km/hr) 以及發射台將噴射機從靜止加速到起飛所需的距離 (以公尺計)。假設為固定加速。同時也計算戰鬥機加速到起飛速度所需的時間 (以秒計)。當提示使用者時，務必表明每個輸入的單元。讓我們採取 278 km/hr 的起飛速度以及 94 公尺的距離運算。相關公式為 (v = 速率、a = 加速度、t = 時間、s = 距離)：

$$v = at$$
$$s = \frac{1}{2}at^2$$

函式的設計

CHAPTER 3

3.1 從現有的資訊建構程式

案例研究:計算圓面積和周長

案例研究:計算一批圓形墊圈的重量

3.2 函式庫函式

3.3 由上而下的設計及結構圖

案例研究:簡單繪圖

3.4 無引數的函式

3.5 有輸入引數的函式

3.6 程式撰寫常見的錯誤

本章回顧

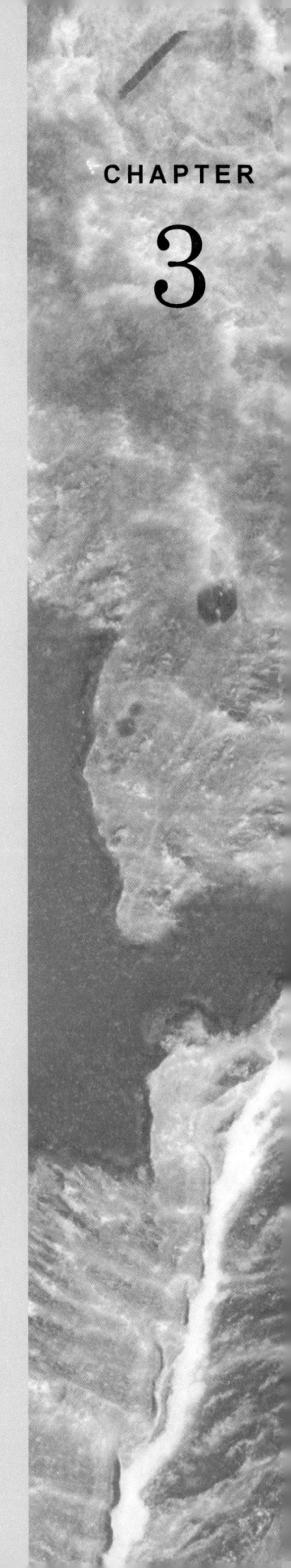

程式設計師用軟體發展方法來解決問題，但很少將每一個新程式都視為不同的事件。包含在問題敘述及分析設計階段所累積的資訊可幫助程式設計師規劃及完成程式。程式設計師亦能利用早期發展的程式解答區段作為建構新程式的區段。

本章第一部分說明如何利用現有的資訊，並以先前定義的函式來撰寫程式。除了現有的資訊，程式設計師利用由上而下的設計技巧來簡化演算法的發展以及程式的結構。要應用由上而下的設計，程式設計師要由問題解決方法的大方向開始，再一一深入子問題的細節解決。在本章的第二部分說明由上而下的設計，並利用函式作模組化的程式設計。

3.1 從現有的資訊建構程式

程式設計師發展程式時，很少從一片空白開始。部分或全部的答案會發展自已存在的資訊或另一個問題的答案，如本節的說明。

在撰寫程式前，仔細依照軟體發展方法會產生系統文件。此文件包含了問題資料需求的描述(在分析階段產生)和演算法(發展自設計階段)，以及程式目的和思考過程。

此文件可作為撰寫程式的起點。例如，開始編輯資料需求使其符合 C 的常數巨集和變數宣告的語法，如圖 3.1 的程式。若文件是由文字編輯程式產生且為可編輯的檔案，此方法非常有用。

要發展主程式中的可執行敘述，先將初步和細分後的演算法置於程式的註解內。此註解描述每個演算法步驟並提供撰寫 C 程式碼的指示。圖 3.1 就是此時的程式樣子，註解之後即可開始撰寫 C 敘述。將尚未完成的步驟之 C 程式碼直接置於此步驟之下。對於尚未完成的步驟，可以將英文改成 C 語言來編輯資料或是直接用 C 程式碼來替換。我們會在下一個案例研討裡說明整個過程。

圖 3.1　將編輯資料和演算法轉換成程式

```
1.  /*
2.   * Converts distance in miles to kilometers.
3.   */
4.
5.  #include <stdio.h>                  /* printf, scanf definitions */
6.  #define KMS_PER_MILE 1.609          /* conversion constant */
7.
8.  int
9.  main(void)
10. {
11.         double miles;    /* input - distance in miles.         */
12.         double kms;      /* output - distance in kilometers    */
13.
14.         /* Get the distance in miles.                          */
15.
16.         /* Convert the distance to kilometers.                 */
17.            /* Distance in kilometers is
18.                  1.609 * distance in miles.                    */
19.
20.         /* Display the distance in kilometers.                 */
21.
22.         return (0);
23. }
```

案例研究　計算圓面積和周長

問　題

已知圓的半徑，計算並顯示圓面積和周長。

分　析

很顯然地，問題的輸入是圓的半徑。會有兩個輸出：圓的面積和周長。這些變數應為 double 型態，因為輸出和輸入都可能含有小數部分。下列是圓面積和圓周與圓半徑的關係，以及資料需求。

資料需求

問題常數

```
PI  3.14159
```

問題輸入

```
radius  /* radius of a circle         */
```

問題輸出

```
area    /* area of a circle           */
circum  /* circumference of a circle  */
```

相關的公式

$$圓面積 = \pi \times 半徑^2$$
$$周\ \ 長 = 2\pi \times 半徑$$

設 計

描述問題的輸入和輸出之後，就要列出解決問題所需的步驟。小心各步驟的順序。

初步的演算法

1. 讀取圓半徑。
2. 計算面積。
3. 計算周長。
4. 顯示面積和周長。

再細分的演算法

再細分沒有明確答案的演算法步驟(步驟 2 和 3)。

步驟 2 之再細分

2.1 將 PI * radius * radius 設給 area。

步驟 3 之再細分

3.1 將 2 * PI * radius 設給 circum。

實 作

圖 3.2 是至此階段的 C 程式。主函式將初步和再細分的演算法放在註解內。要撰寫最後的程式，將演算法的再細分步驟(步驟 2.1 和 3.1)轉成 C 敘述，也把未再細分的步驟(步驟 1 和 4)寫成 C 程式碼。圖 3.3 為最後的程式。

圖 3.2　程式 Circle 的大綱

```
1.   /*
2.    * Calculates and displays the area and circumference of a circle
3.    */
4.
5.   #include <stdio.h>
6.   #define PI 3.14159
7.
8.   int
9.   main(void)
10.  {
11.        double radius;     /* input - radius of a circle */
12.        double area;       /* output - area of a circle  */
13.        double circum;     /* output - circumference     */
14.
15.        /* Get the circle radius */
16.
17.        /* Calculate the area */
18.           /* Assign PI * radius * radius to area. */
19.
20.        /* Calculate the circumference */
21.           /* Assign 2 * PI * radius to circum. */
22.
23.        /* Display the area and circumference */
24.
25.        return (0);
26.  }
```

測　試

　　圖 3.3 的輸出範例是一個好的解答測試，因為半徑 5 很容易用手計算面積和周長。半徑的平方是 25，π 約為 3，所以面積值是正確的。周長是 10 乘上 π，皆為容易用手計算的數字。

案例研究　計算一批圓形墊圈的重量

　　程式設計師利用現有資訊的另一個方法是延伸一個問題的解答來解決另一個問題。例如，此問題的解答可建構在前一題的解答上。

問　題

　　假設你在生產圓形墊圈的零件公司工作。為了估計運輸的成本，公司需要程式來計算某一數量墊圈的重量。

圖 3.3 計算圓面積和圓周

```
1.  /*
2.   * Calculates and displays the area and circumference of a circle
3.   */
4.
5.  #include <stdio.h>
6.  #define PI 3.14159
7.
8.  int
9.  main(void)
10. {
11.       double radius; /* input - radius of a circle */
12.       double area;   /* output - area of a circle  */
13.       double circum; /* output - circumference     */
14.
15.       /* Get the circle radius */
16.       printf("Enter radius> ");
17.       scanf("%lf", &radius);
18.
19.       /* Calculate the area */
20.       area = PI * radius * radius;
21.
22.       /* Calculate the circumference */
23.       circum = 2 * PI * radius;
24.
25.       /* Display the area and circumference */
26.       printf("The area is %.4f\n", area);
27.       printf("The circumference is %.4f\n", circum);
28.
29.       return (0);
30. }

Enter radius> 5.0
The area is 78.5397
The circumference is 31.4159
```

分 析

　　一個圓形墊圈的形狀就像小的甜甜圈。要計算一個墊圈的重量，需知道其環形面積、厚度及其材質的密度。最後兩個量是問題輸入。但環形面積(參考圖 3.4)需由兩個測量值計算而得，此兩個值亦為輸入資料：墊圈的外圈直徑和內圈直徑(洞的直徑)。

　　在下列的資料需求中，列出墊圈的內半徑和外半徑(直徑的一半)作為程式變數，亦包括環形面積和一個墊圈的重量(unit_weight)。

圖 3.4
計算墊圈的環形面積

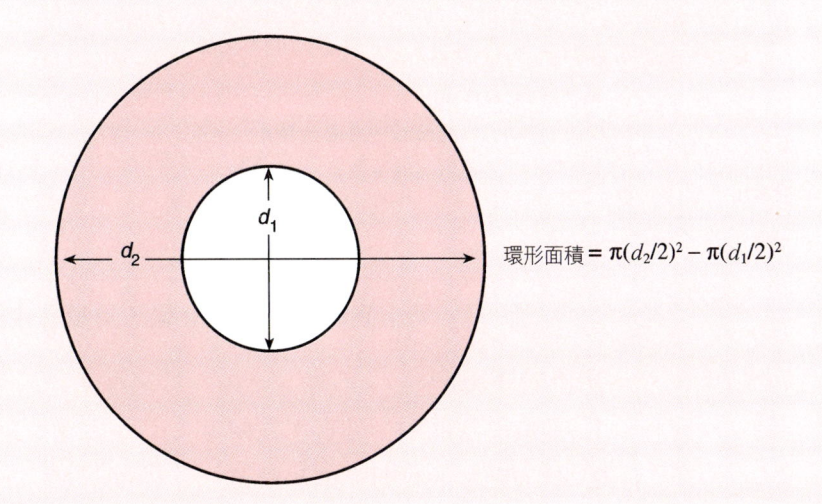

環形面積 $= \pi(d_2/2)^2 - \pi(d_1/2)^2$

資料需求

問題常數

```
PI   3.14159
```

問題輸入

```
double hole_diameter    /* diameter of hole  */
double edge_diameter    /* diameter of outer edge */
double thickness        /* thickness of washer */
double density          /* density of material used */
double quantity         /* number of washers made */
```

問題輸出

```
double weight           /* weight of batch of washers */
```

程式變數

```
double hole_radius      /* radius of hole */
double edge_radius      /* radius of outer edge */
double rim_area         /* area of rim */
double unit_weight      /* weight of 1 washer */
```

相關的公式

圓面積 = π × 半徑^2

圓半徑 = 直徑/2

環形面積 = 外圓面積 − 內圓面積

單位重量 = 環形面積 × 厚度 × 密度

設 計

我們接著列出演算法，附帶步驟 3 及步驟 4 的詳細說明。

初步的演算法

1. 讀取墊圈的內、外直徑及厚度。
2. 讀取墊圈的材質密度和數量。
3. 計算環形面積。
4. 計算墊圈重量。
5. 計算整批墊圈的重量。
6. 顯示整批墊圈的重量。

步驟 3 之再細分

3.1 計算 hole_radius 與 edge_radius。

3.2 rim_area 等於 PI * edge_radius * edge_radius - PI * hole_radius * hole_radius。

步驟 4 之再細分

4.1 unit_weight 等於 rim_area * thickness * density。

實 作

編輯資料需求以作為變數宣告，用初步和再細分的演算法作為可執行敘述的下手處。圖 3.5 為此 C 程式。

測 試

用易於計算環形面積的內、外直徑(如 2 公分和 4 公分)來測試程式，先輸入數量 1 以驗證單位重量是否正確，再用大一點的數量驗證批次重量是否正確。

圖 3.5 圓形墊圈程式

```c
/*
 * Computes the weight of a batch of flat washers.
 */

#include <stdio.h>
#define PI 3.14159

int
main(void)
{
        double hole_diameter; /* input - diameter of hole        */
        double edge_diameter; /* input - diameter of outer edge  */
        double thickness;     /* input - thickness of washer     */
        double density;       /* input - density of material used */
        double quantity;      /* input - number of washers made  */
        double weight;        /* output - weight of washer batch */
        double hole_radius;   /* radius of hole                  */
        double edge_radius;   /* radius of outer edge            */
        double rim_area;      /* area of rim                     */
        double unit_weight;   /* weight of 1 washer              */

        /* Get the inner diameter, outer diameter, and thickness.*/
        printf("Inner diameter in centimeters> ");
        scanf("%lf", &hole_diameter);
        printf("Outer diameter in centimeters> ");
        scanf("%lf", &edge_diameter);
        printf("Thickness in centimeters> ");
        scanf("%lf", &thickness);

        /* Get the material density and quantity manufactured. */
        printf("Material density in grams per cubic centimeter> ");
        scanf("%lf", &density);
        printf("Quantity in batch> ");
        scanf("%lf", &quantity);

        /* Compute the rim area. */
        hole_radius = hole_diameter / 2.0;
        edge_radius = edge_diameter / 2.0;
        rim_area = PI * edge_radius * edge_radius -
                   PI * hole_radius * hole_radius;

        /* Compute the weight of a flat washer. */
        unit_weight = rim_area * thickness * density;
        /* Compute the weight of the batch of washers. */
        weight = unit_weight * quantity;

        /* Display the weight of the batch of washers. */
        printf("\nThe expected weight of the batch is %.2f", weight);
        printf(" grams.\n");

        return (0);
}
```

(續)

圖 3.5　圓形墊圈程式(續)

```
Inner diameter in centimeters> 1.2
Outer diameter in centimeters> 2.4
Thickness in centimeters> 0.1
Material density in grams per cubic centimeter> 7.87
Quantity in batch> 1000

The expected weight of the batch is 2670.23 grams.
```

練習 3.1

自我檢驗

1. 若已知工作時數和每小時的薪水，計算員工的薪水總額，描述此問題的輸入與輸出，並寫出此程式的演算法。
2. 從第 1 題的答案，寫出初步的程式，內有宣告部分及以演算法為內容的註解。
3. 在第 1 題中，若超時工作的時薪是一般時薪的 1.5 倍，在計算薪水時，第 1 題的演算法有何改變？假設超時工作是分別輸入的資料。

程式撰寫

1. 依循下列的程式大綱，加入細節部分並完成最後的 C 程式。

```c
/*
 * Compute the sum and average of two numbers.
 */
#include <stdio.h>
int
main(void)
{
      double one, two, /* input - numbers to process   */
             sum,      /* output - sum of one and two  */
             average;  /* output - average of one and two */
      /* Get two numbers. */
      /* Compute sum of numbers. */
      /* Compute average of numbers. */
      /* Display sum and average. */
      return(0);
}
```

2. 為自我檢驗第 1 題的演算法寫一完整的 C 程式。
3. 為自我檢驗第 3 題的演算法寫一完整的 C 程式。
4. 假設以具有相同厚度的矩形材質生產扁平墊圈。擴展墊圈程式計算：
   (a)生產特定大小之扁平墊圈所需的材質面積(cm^2)；(b)墊圈的重量。

3.2 函式庫函式

已定義之函式和程式碼再利用

軟體工程的主要目標之一是撰寫無錯誤的程式碼。程式碼再利用是達成此目標的方法之一，即利用已寫好且測試過的程式片段。

C 提供了許多已定義的函式以提倡程式碼再利用。C 的標準數學函式庫定義了函式 sqrt 執行開平方根計算。在設定敘述中的函式呼叫

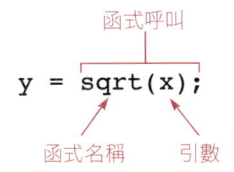

```
y = sqrt(x);
```

會啟動函式 sqrt 的程式碼，並傳引數 x 給此函式。函式執行後，函式的結果會取代函式呼叫。若 x 之值為 16.0，上述的設定敘述其求值過程如下：

1. x 為 16.0，所以 sqrt 計算出 $\sqrt{16.0}$ 或 4.0。
2. 函式結果 4.0 設定給 y。

函式可視為一個「黑盒子」，傳進一個或多個輸入值並自動回傳輸出值，如圖 3.6 所示。圖 3.6 所示為呼叫函式 sqrt。x(16.0)的值為函式的輸入值，而函式的結果，或是輸出值則為 $\sqrt{16.0}$(結果為 4.0)。

若 w 之值為 9.0，設定敘述

```
z = 5.7 + sqrt(w);
```

圖 3.6

函式 sqrt 有如一個「黑盒子」

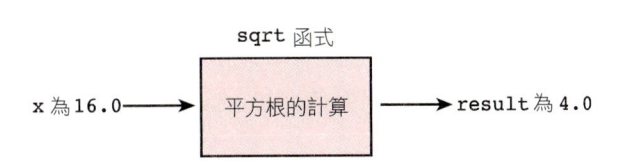

的求值步驟如下：

1. w 之值為 9.0，所以 sqrt 函式計算出 9.0 的平方根或 3.0。
2. 5.7 與 3.0 求和。
3. 和(即 8.7)存至 z。

範例 3.1 圖 3.7 的程式輸入兩個數字(first 與 second)並顯示其平方根及兩數和的平方根。因此，它必須呼叫三次 C 函式 sqrt：

```
first_sqrt = sqrt(first);
second_sqrt = sqrt(second);
sum_sqrt = sqrt(first + second);
```

前兩次呼叫，函式引數是變數(first 與 second)，第三次呼叫說明函式引數亦可為運算式(first+second)。這三次呼叫，函式 sqrt 的回傳值皆設給變數。因為 sqrt 的函式定義是在標準數學函式庫中，所以程式用 #include 指示子為開端。

圖 3.7 的程式中，每個敘述均包含一個函式庫的函式呼叫(printf, scanf, sqrt)──我們使用 C 的已定義函式來建構新程式。

以顏色強調新的建構運算(Construct)

在圖 3.7 中，顯示新建構運算的程式行以藍色表現，以便讀者能夠很容易地找到。基於此種強調的目的，我們將繼續在表列程式的圖中以藍色表示建構運算。

C 函式庫函式

表 3.1 列出最常用的函式名稱和描述，以及其所定義的標準標題檔 #include。完整的標準函式庫函式列於附錄 B。

若以數字引數呼叫表 3.1 的函式，但不是此函式的引數型態時，int 型態會轉成 double 型態，此時不會有任何問題；但是 double 型態轉成 int 會導致小數部分不見，和混合型態的設定一樣。例如，若用 double 值 -3.47 呼叫 abs 函式，則回傳 int 值 3。因此，函式庫會有不同的求絕對值函式(fabs)，其引數為 double 型態。

圖 3.7　開平方根程式

```c
/*
 * Performs three square root computations
 */

#include <stdio.h> /* definitions of printf, scanf */
#include <math.h>  /* definition of sqrt */

int
main(void)
{
        double first, second,   /* input - two data values       */
               first_sqrt,      /* output - square root of first  */
               second_sqrt,     /* output - square root of second */
               sum_sqrt;        /* output - square root of sum    */

        /* Get first number and display its square root. */
        printf("Enter the first number> ");
        scanf("%lf", &first);
        first_sqrt = sqrt(first);
        printf("The square root of the first number is %.2f\n", first_sqrt);
        /* Get second number and display its square root. */
        printf("Enter the second number> ");
        scanf("%lf", &second);
        second_sqrt = sqrt(second);
        printf("The square root of the second number is %.2f\n", second_sqrt);

        /* Display the square root of the sum of the two numbers. */
        sum_sqrt = sqrt(first + second);
        printf("The square root of the sum of the two numbers is %.2f\n",
               sum_sqrt);

        return (0);
}

Enter the first number> 9.0
The square root of the first number is 3.00
Enter the second number> 16.0
The square root of the second number is 4.00
The square root of the sum of the two numbers is 5.00
```

表 3.1 的大部分函式都是執行一般的數學運算。log 和 log10 的引數須為正數，sqrt 的引數不能為負。sin、cos 和 tan 的引數是以弧度為單位。

表 3.1 部分數學函式庫函式

函　式	標準標題檔	目的：範例	引　數	結　果
abs(x)	<stdlib.h>	傳回其整數引數的絕對值： 若 x 為 −5，則 abs(x) 為 5	int	int
ceil(x)	<math.h>	傳回大於等於 x 的最小整數值： 若 x 為 45.23，則 ceil(x) 為 46.0	double	double
cos(x)	<math.h>	傳回角度 x 的餘弦值： 若 x 為 0.0，則 cos(x) 為 1.0	double (弧度)	double
exp(x)	<math.h>	傳回 e^x，e = 2.71828... : 若 x 為 1.0，exp(x) 為 2.71828	double	double
fabs(x)	<math.h>	傳回 double 引數的絕對值： 若 x 為 −8.432，fabs(x) 為 8.432	double	double
floor(x)	<math.h>	傳回小於等於 x 的最大整數值： 若 x 為 45.23，floor(x) 為 45.0	double	double
log(x)	<math.h>	傳回 x 的自然對數，x > 0.0： 若 x 為 2.71828，log(x) 為 1.0	double	double
log10(x)	<math.h>	傳回以 10 為底的 x 對數值，x > 0.0： 若 x 為 100.0，log10(x) 為 2.0	double	double
pow(x, y)	<math.h>	傳回 x^y。若 x 為負，y 須為整數： 若 x 為 0.16，且 y 為 0.5，pow(x, y) 為 0.4	double, double	double
sin(x)	<math.h>	傳回角度 x 的正弦值： 若 x 為 1.5708，sin(x) 為 1.0	double (弧度)	double
sqrt(x)	<math.h>	傳回非負值 x 的開平方根 $\sqrt{x}$, x≥0.0： 若 x 為 2.25，sqrt(x) 為 1.5	double	double
tan(x)	<math.h>	傳回角度 x 的正切值： 若 x 為 0.0，tan(x) 為 0.0	double (弧度)	double

範例 3.2 用 C 的函式 pow(冪次)與 sqrt 來計算 x 的二次方程式的根。二次方程式為

$$ax^2 + bx + c = 0$$

若判別式 $(b^2 - 4ac)$ 大於 0，則兩根的定義為

$$根_1 = \frac{-b+\sqrt{b^2-4ac}}{2a} \qquad 根_2 = \frac{-b-\sqrt{b^2-4ac}}{2a}$$

用設定敘述將值設給 root_1 及 root_2。

```
/* Compute two roots, root_1 and root_2, for disc > 0.0 */
disc = pow(b, 2)-4 * a * c;
root_1 =(-b + sqrt(disc)) / (2 * a);
root_2 =(-b - sqrt(disc)) / (2 * a);
```

範例 3.3 若知道三角形的兩邊(b 與 c)及其夾角(α),則可用下列公式計算第三邊(a)(參考圖 3.8)。

$$a^2 = b^2 + c^2 - 2bc \cos \alpha$$

要用數學函式庫的餘弦函式(cos),其引數要用弧度而非度。要將度轉成弧度,須將角度乘上 $\pi/180$。假設 PI 表常數 π,計算未知邊長度的 C 設定敘述為:

```
a = sqrt(pow(b,2)+ pow(c,2)
    -2 * b * c * cos(alpha * PI / 180.0));
```

圖 3.8

有未知邊 a 的三角形

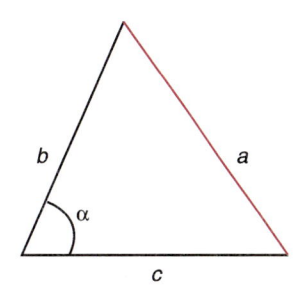

前進的方向

在 C 中可以撰寫自己的函式,假設已寫好函式 find_area 及 find_circum:

- 函式 find_area(r) 回傳半徑為 r 的圓面積。
- 函式 find_circum(r) 回傳半徑為 r 的圓周長。

可再利用本章稍早的兩個程式(圖 3.3 及圖 3.5)中的這些函式。圖 3.3 的程式是計算圓面積及圓周長,以下敘述

```
area = find_area(radius);
circum = find_circum(radius);
```

即可用來找出這些值。設定敘述的運算式是以 radius(圓半徑)為引數的函式呼叫,每個函式執行的回傳結果會存至程式的輸出變數(area 或 circum)中。

在圖 3.5 的墊圈程式中,可用敘述

```
rim_area = find_area(edge_radius)- find_area(hole_radius);
```

來計算墊圈的環形面積。此敘述比原程式(39 至 40 行)簡潔多了。

練習 3.2

自我檢驗

1. 用 C 函式重寫下列數學運算式：
   a. $\sqrt{u+v \times w^2}$ c. $\sqrt{(x-y)^3}$
   b. $\log_e(x^y)$ d. $|xy - w/z|$

2. 求下列各式之值：
   a. `log10(10000.0)`
   b. `ceil(16.2)`
   c. `floor(-7.5)* pow(3.0, 2.0)`
   d. `floor(21.8 + 0.8)`
   e. `sqrt(ceil(fabs(-7.4)))`

程式撰寫

1. 撰寫敘述計算和顯示兩個 `double` 變數 x 和 y 的差之絕對值 (即 $|x-y|$)。

2. 寫一完整的程式提示使用者輸入 3-D 座標 (x_1, y_1, z_1) 和 (x_2, y_2, z_2)，並用下列公式計算及顯示兩點之間的距離：

$$\text{距離} = \sqrt{(x_1-x_2)^2 + (y_1-y_2)^2 + (z_1-z_2)^2}$$

3.3 由上而下的設計及結構圖

通常解決問題的演算法會比我們現在所看到的更複雜，程式設計師須將問題拆成子問題，再求子問題的答案。在解決某一層次的問題時，又引出下一層次的新問題，此過程稱為**由上而下的設計**(top-down design)，最上層為原始問題。將問題拆成相關的子問題，就好比是再細分演算法的過程。下面的案例研究是介紹文件工具——**結構圖**(structure chart)——可幫助設計師記錄子問題之間的關係。

由上而下的設計：解決問題的方法，首先將問題分解成主要的子問題，然後解決子問題以得到原始問題的解答。

結構圖：用以說明原始問題和子問題關係的文件工具。

案例研究　　簡單繪圖

問　題

若想要在印表機或螢幕上畫簡單的圖，兩個簡單的例子是房子圖和架子圖，如圖 3.9。

分　析

房子圖是由三角形疊在矩形上，而架子圖則包含一個圓形、三角形及無底的三角形。可用四個基本元件完成這兩個圖形：

- 圓形
- 基線
- 平行線
- 交叉線

設　計

要產生架子圖，可將問題分成三個子問題。

初步的演算法

1. 畫一個圓。
2. 畫一個三角形。
3. 畫交叉線。

再細分的演算法

因為三角形不是基本元件，所以步驟 2 要再細分，產生如下的子問題：

圖 3.9

房子與架子圖

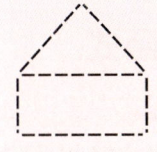

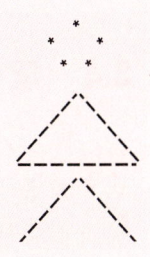

圖 3.10

畫架子圖樣結構圖

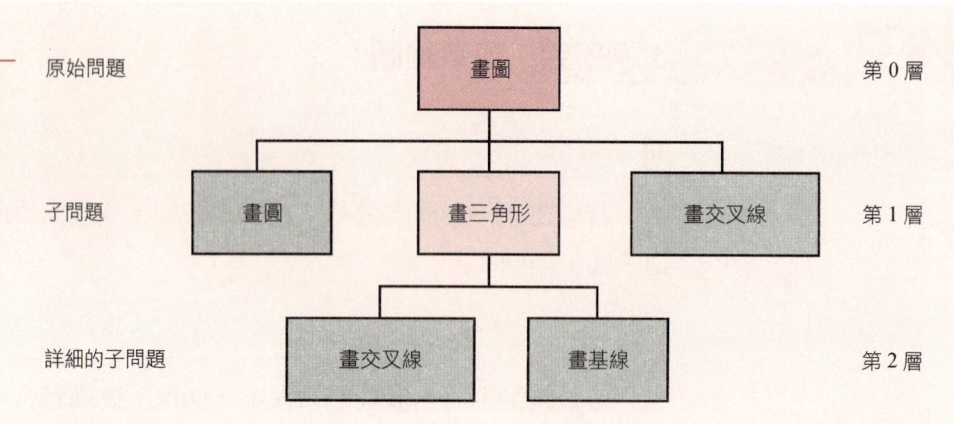

```
原始問題              ┌─────────┐                              第 0 層
                     │   畫圖   │
                     └────┬────┘
                ┌─────────┼─────────┐
子問題      ┌────┴──┐ ┌────┴────┐ ┌──┴────┐                    第 1 層
            │ 畫圖  │ │ 畫三角形 │ │畫交叉線│
            └───────┘ └────┬────┘ └───────┘
                      ┌────┴────┐
詳細的子問題      ┌───┴───┐ ┌──┴───┐                           第 2 層
                  │畫交叉線│ │畫基線│
                  └───────┘ └──────┘
```

步驟 2 之再細分

2.1　畫交叉線

2.2　畫基線

　　可用結構圖來表達原始問題和其子問題之間的關係，如圖 3.10 所示，原始問題(第 0 層)的三個子問題在第 1 層。**畫三角形**的子問題出現在第 2 層。

　　子問題會出現在演算法和結構圖中。演算法是解決問題的執行順序，而結構圖只表現出子問題之間和原始問題的從屬關係。

練習 3.3

自我檢驗

1. 將問題分成子問題的由上而下的設計是應用於軟體發展方法的哪一個階段？
2. 繪出圖 3.9 中房子的結構圖。

3.4　無引數的函式

　　程式設計師在程式中實現由上而下的設計方法之一是定義自己的函式。通常在結構圖中的每個子問題都會有一個對應的函式。本節介紹如何使用和定義函式，並著重在無引數和回傳值的簡單函式上。

　　用圖 3.11 的主函式來畫人形架子圖，三個演算法步驟分別呼叫三個函式。例如，以下敘述

```
draw_circle();
```

呼叫函式(draw_circle)，此函式完成演算法中畫一個圓的步驟。

呼叫函式 draw_circle 就如呼叫函式 printf 一樣。函式名稱之後的空括號表示此函式無需引數。

函式呼叫的敘述(無引數的函式)

語法：*fname*();

範例：`draw_circle();`

說明：呼叫 *fname* 函式。*fname* 執行完成後，會執行函式呼叫之後的程式敘述。

函式原型

和 C 的識別字一樣，函式在使用前必須宣告。宣告函式的方式之一是在主函式之前加入函式原型。函式原型會告訴 C 編譯程式函式的資料型態、函式名稱以及函式所需的引數資訊。函式的資料型態就是函式回傳值的型態。圖 3.11 的函數宣告是 **void 函式**(即其型態為 void)，因為這些函式沒有回傳值。在函式原型：

> **void 函式**：無回傳值的函式。

```
void draw_circle(void);   /* Draws a circle */
```

第二個 void 表示 draw_circle 無需引數。

函式原型(無引數函式)

語法：*ftype fname*(void);

範例：`void draw_circle(void);`

說明：識別字 *fname* 是函式名稱。*ftype* 是函式結果的資料型態。

注意：若函式沒有回傳值，則 *ftype* 為 void。引數列(void)指出函式沒有引數。函式原型必須在第一次函式呼叫之前出現。

圖 3.11　畫架子圖的函式原型和主函式

```
/*
 * Draws a stick figure
 */

#include <stdio.h>

/* function prototypes                                          */
void draw_circle(void);        /* Draws a circle                */
void draw_intersect(void);     /* Draws intersecting lines      */
void draw_base(void);          /* Draws a base line             */
void draw_triangle(void);      /* Draws a triangle              */

int
main(void)
{
      /* Draw a circle.  */
      draw_circle();

      /* Draw a triangle.  */
      draw_triangle();

      /* Draw intersecting lines.  */
      draw_intersect();

      return (0);
}
```

函式定義

　　函式原型只指出函式的引數個數和其結果的型態，並未說明函式的功能。所以對每個函式要提供其定義，就如主函式的定義。圖 3.12 為函式 draw_circle 的定義。

　　函式標題和圖 3.11 的函式原型相似，只是沒有以符號；結尾。本書中通常將函式型態放在不同行。(專業的 C 語言開發者經常採用這樣的方式，這樣在很長的原始碼檔案中才容易搜尋到函式定義。)函式主體以大括號包住，包含三個 printf 的函式呼叫，使電腦顯示圖形。沒有 return 敘述是因 draw_circle 不用回傳結果。

　　函式呼叫敘述

```
draw_circle();
```

會執行這些 printf 敘述。當顯示圓形之後，控制權會回到主函式。

圖 3.12 函式 `draw_circle`

```
1.  /*
2.   * Draws a circle
3.   */
4.  void
5.  draw_circle(void)
6.  {
7.       printf("   *  \n");
8.       printf(" *   *\n");
9.       printf("  * * \n");
10. }
```

函式定義(無引數的函式)

語法：*ftype*
　　fname(void)
　　{
　　　　local declarations
　　　　executable statements
　　}

範例：
```
/*
 * Displays a block-letter H
 */
void
print_h(void)
{
     printf("** **\n");
     printf("** **\n");
     printf("*****\n");
     printf("** **\n");
     printf("** **\n");
}
```

說明：函式 *fname* 已定義，在函式標題中，識別字 *ftype* 標明函式結果的資料型態。注意在函式標題之後無分號。函式主體是用大括號包住。任何在 *local declarations* 宣告的識別字只能用於函式內，且在函式執行時才有定義。函式主體內的 *executable statements* 表函式所執行的資料處理功能。

注意：若函式沒有回傳值則 *ftype* 為 void。引數列(void)表函式沒有引數，亦可省略 void 只用()。

圖 3.13　函式 draw_triangle

```
1.  /*
2.   * Draws a triangle
3.   */
4.  void
5.  draw_triangle(void)
6.  {
7.      draw_intersect();
8.      draw_base();
9.  }
```

每個函式主體內可宣告自己的變數。這些變數為函式的**區域變數**，換句話說，只能在函式內參考。

從圖 3.10 的結構圖可知畫三角形(第 1 層)的解法視其子問題畫交叉線及畫基線(第 2 層)而定。圖 3.13 說明如何用由上而下的設計來撰寫函式 draw_triangle。draw_triangle 的函式主體不是用 printf 敘述來顯示三角形，而是呼叫 draw_intersect 和 draw_base 函式來畫三角形。

函式在程式中的位置

圖 3.14 是包含函式定義的完整程式。副程式的函式原型放在主函式之前(#include 或 #define 指示子之後)，而其定義則在主函式之後。函式定義的相對順序並不影響其執行順序，而是由函式呼叫的敘述順序所決定。

在 draw_intersect 中，格式字串內的符號 \\ 代表一個倒斜線字元。這是為使 C 能區分倒斜線字元和控制符號(只有一個 \)。

程式風格：程式中的函式註解

圖 3.14 包含了數個註解。每個函式皆以描述目的之註解作為開始。若函式副程式比較複雜，在每個主要的演算步驟加入註解，就如 main 中的作法。從現在開始，所有的註解及每個函式定義的標題都會以藍色標示，好方便讀者在程式列中找出函式的所在位置。

圖 3.14 畫架子圖形的程式

```c
1.  /* Draws a stick figure */
2.
3.  #include <stdio.h>
4.
5.  /* Function prototypes */
6.  void draw_circle(void);              /* Draws a circle           */
7.
8.  void draw_intersect(void);           /* Draws intersecting lines */
9.
10. void draw_base(void);                /* Draws a base line        */
11.
12. void draw_triangle(void);            /* Draws a triangle         */
13.
14. int
15. main(void)
16. {
17.
18.     /* Draw a circle.              */
19.     draw_circle();
20.
21.     /* Draw a triangle.            */
22.     draw_triangle();
23.
24.     /* Draw intersecting lines.    */
25.     draw_intersect();
26.
27.     return (0);
28. }
29.
30. /*
31.  * Draws a circle
32.  */
33. void
34. draw_circle(void)
35. {
36.     printf("   *   \n");
37.     printf(" *   * \n");
38.     printf("  * * \n");
39. }
40.
41. /*
42.  * Draws intersecting lines
43.  */
44. void
45. draw_intersect(void)
46. {
47.     printf("  / \\ \n"); /* Use 2 \'s to print 1 */
48.     printf(" /   \\ \n");
49.     printf("/     \\\n");
50. }
```

（續）

圖 3.14 畫架子圖形的程式(續)

```
51.
52.  /*
53.   * Draws a base line
54.   */
55.  void
56.  draw_base(void)
57.  {
58.       printf("-------\n");
59.  }
60.
61.  /*
62.   * Draws a triangle
63.   */
64.  void
65.  draw_triangle(void)
66.  {
67.       draw_intersect();
68.       draw_base();
69.  }
```

函式副程式與主函式的執行順序

　　因為副程式的函式原型在主函式之前出現，所以編譯程式會先處理函式原型。函式原型的資訊足以使編譯程式正確地翻譯此函式的呼叫，編譯程式將函式呼叫敘述翻譯為控制權轉移至此函式。

　　編譯完主函式，編譯程式就開始翻譯每個副程式。當翻譯至函式主體結束端，它會加入一個機器語言敘述，將函式的**控制權移轉**回呼叫的敘述。

　　圖 3.15 說明主函式和函式 draw_circle 是置於不同的記憶體內。雖然圖 3.15 是用 C 的敘述，實際上在記憶體內皆為其目的碼。

　　執行程式時，先執行主函式的第一個敘述(圖 3.15 中呼叫 draw_circle)。當電腦執行函式呼叫的敘述時，它將控制權交給被呼叫的函式。電腦會配置記憶體給函式所宣告的變數，並執行函式主體內的敘述。執行 draw_circle 的最後一行敘述後，控制權會回傳給主函式，並釋放配置與函式的記憶體。回到主函式後，繼續執行下一個敘述(呼叫 draw_triangle)。

使用函式副程式的好處

　　函式副程式有很多優點，其好處會改變程式設計師組織問題答案的

圖 3.15

主函式和一個函式副程式之間的控制流程

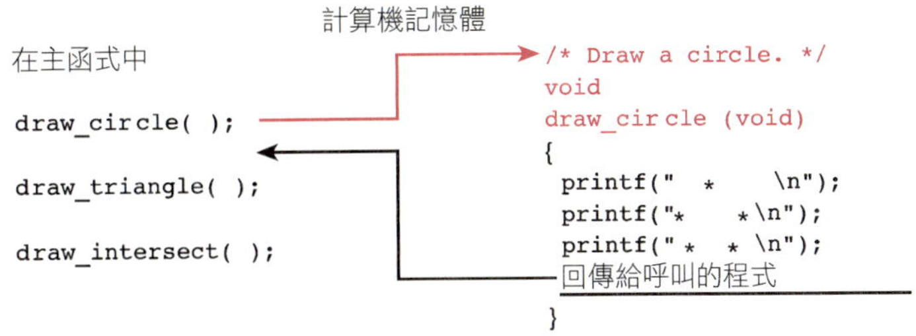

```
在主函式中                計算機記憶體        /* Draw a circle. */
                                            void
draw_circle( );  ─────────────→            draw_circle (void)
                                            {
draw_triangle( );  ←─────────               printf("   *   \n");
                                            printf("  * *  \n");
draw_intersect( );                          printf(" *   * \n");
                          回傳給呼叫的程式
                                            }
```

方式。一組程式設計師共同為一個大程式工作，副程式可使程式工作易於分配：每一個程式設計師負責一組特殊的函式。因為現有的函式可再用於建構新程式，所以可以簡化程式設計的工作。

程序萃取　有了函式副程式，子問題的答案就可以從主函式的程式碼中抽離出來，而將解題細節置於函式副程式中，主程式就是一串的函式呼叫敘述，就如未再細分的初步演算法。當完成演算法某步驟的再細分後，才撰寫該步驟的函式，此種程式設計的方法稱為**程序萃取**(procedural abstraction)。一次只將重點放在一個函式上，會比一次要寫完整的程式容易得多。

> **程序萃取**：一種程式設計的技巧，主程式由一串的函式呼叫組成，每個函式則分別完成。

函式副程式的再利用　函式副程式的另一項好處是函式可在程式中執行一次以上。例如，圖 3.14 中呼叫了兩次函式 draw_intersect (分別由 draw_triangle 及主函式呼叫)。每次呼叫 draw_intersect，就會執行圖 3.14 中的輸出敘述，然後就會畫出一對交叉線。若無函式，這些畫線的 printf 敘述就要在主函式中出現兩次，會增加主函式的長度和錯誤的機會。

最後，程式一旦寫好並測試過，就可用於其他程式和函式中。例如，畫架子圖的函式就可再用於畫其他圖樣的程式中。

顯示使用者的指示

這節所介紹的是簡單而功能有所限制的函式。沒有傳進或回傳任何資訊，這類函式只能顯示多列的程式輸出，如給程式使用者的指示，顯示在程式結果前的標題頁或特殊訊息等。

範例 3.4　寫一函式(圖 3.16)顯示訊息告訴程式使用者該程式是計算圓面積和圓周長(參考圖 3.3)。這個簡單的函式說明了將使用者的指示敘述及主函式分開的好處：可簡化編輯。

圖 3.16　函式 instruct 和呼叫後的輸出

```
1.  /*
2.   * Displays instructions to a user of program to compute
3.   * the area and circumference of a circle.
4.   */
5.  void
6.  instruct(void)
7.  {
8.        printf("This program computes the area\n");
9.        printf("and circumference of a circle.\n\n");
10.       printf("To use this program, enter the radius of\n");
11.       printf("the circle after the prompt: Enter radius>\n");
12. }
```

```
This program computes the area
and circumference of a circle.

To use this program, enter the radius of
the circle after the prompt: Enter radius>
```

若將函式 instruct 的原型

```
void instruct(void);
```

置於主函式前，就可將函式呼叫的敘述

```
instruct();
```

作為主函式的第一個敘述。主函式的其餘敘述和稍早所介紹的相同。圖 3.16 亦顯示出呼叫函式 instruct 的輸出結果。

練習 3.4

自我檢驗

1. 假設有函式 print_h、print_i、print_m 和 print_o，每個都是畫一個大寫字母(如 print_o 畫大寫 O)。執行下列主函式的結果為何？

    ```
    int
    main(void)
    {
         print_h();
         print_i();
    ```

```
        printf("\n\n\n");
        print_m();
        print_o();
        print_m();

        return(0);
    }
```

2. 一程式有三個副程式,其目的是用畫的大寫字母垂直顯示 DOLL,請畫出其結構圖。

程式撰寫

1. 寫出畫平行線的函式 draw_parallel,並利用 draw_parallel 及 draw_base 撰寫畫矩形的函式 draw_rectangle。
2. 寫一完整的程式完成自我檢驗第 2 題。
3. 重寫圖 2.1 的哩-公里轉換程式,使其包含顯示提示的函式。
4. 修改圓面積和周長問題的程式,使其呼叫 instruct 函式。

3.5　有輸入引數的函式

程式設計師用函式來建構大程式,函式比較像樂高積木(圖 3.17)而非四邊皆平滑的積木。用四周平滑的積木蓋房子,底層是大塊積木,彼此沒有連結,所以蓋到某一程度後就可能會動搖。而樂高積木有一面是小凸起,另一面則有小洞,將凸起放進小洞,就可建造出精巧的結構。

這和程式設計有何關係?簡單的函式像 draw_circle 與 instruct 就像是四面平滑的積木,只能在螢幕上顯示資訊而無特殊用途。要建構有趣的程式,就須提供含有「凸起」及「小洞」的函式,使其能容易地互相連結。

函式引數是用來從主函式(或另一個函式副程式)攜帶資訊給函式副程式,或是回傳函式計算所得的多重結果。攜帶資訊進函式副程式的引數稱為**輸入引數**(input argument);回傳結果的引數稱為**輸出引數**(output argument)。亦可從函式主體的 return 敘述回傳函式的單一結果。本節討論有輸入引數的函式,第六章再討論有輸出引數的函式。

在程式設計上,引數的使用是相當重要的,因為它能使函式可應用自如,即每次呼叫時都能使函式處理不同的資料。例如,在以下敘述

輸入引數:用來傳遞資訊給函式的引數。

輸出引數:用來傳結果值給呼叫函式的引數。

圖 3.17

樂高積木

```
rim_area = find_area(edge_radius)- find_area(hole_area);
```
中,每次呼叫 find_area 都用不同的半徑計算圓面積。

具輸入引數的 void 函式

在上節中,我們使用 void 函式(如 instruct 與 draw_circle)來顯示數列的程式輸出。還記得 void 函式是不回傳值的嗎?現在用一個引數來「打扮」此程式的輸出,使此 void 函式顯示其引數值。

範例 3.5

實際引數:在函式呼叫括號內的運算式。

形式引數:在函式定義中代表一個對應的實際引數的識別字。

函式 print_rboxed(圖 3.18)將其引數值(為一個實數)顯示在一個盒子中。這個實數顯示在第三列有位置保留符 %7.2f 處。當呼叫函式 print_rboxed 時,其**實際引數**(actual argument)值(135.68)會傳進函式代入**形式引數**(formal parameter) rnum 中。因為 rnum 只出現在第三個 printf 的呼叫中,所以在盒子中只會顯示一次實數 135.68。圖 3.19 是以下函式呼叫後的結果:

```
print_rboxed(135.68);
```

有輸入引數和單一結果的函式

接著說明如何撰寫有輸入引數,並回傳一個結果的函式,參考圖 3.20。這些函式可用於運算式中,就如 3.2 節所描述的函式庫函式。

回頭考慮計算圓面積和圓周長的問題。在 3.2 節中,函式 find_

圖 3.18　函式 print_rboxed 和執行範例

```
1.  /*
2.   * Displays a real number in a box.
3.   */
4.
5.  void
6.  print_rboxed(double rnum)
7.  {
8.        printf("***********\n");
9.        printf("*         *\n");
10.       printf("* %7.2f *\n", rnum);
11.       printf("*         *\n");
12.       printf("***********\n");
13. }
```

```
***********
*         *
*  135.68 *
*         *
***********
```

圖 3.19　執行 print_rboxed(135.68); 的結果

```
print_rboxed (135.68);
```

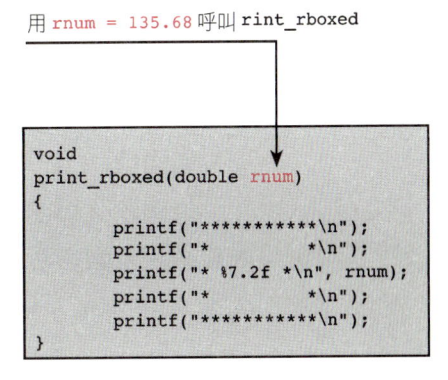

用 rnum = 135.68 呼叫 rint_rboxed

```
void
print_rboxed(double rnum)
{
      printf("***********\n");
      printf("*         *\n");
      printf("* %7.2f *\n", rnum);
      printf("*         *\n");
      printf("***********\n");
}
```

圖 3.20　有輸入引數和一個結果的函式

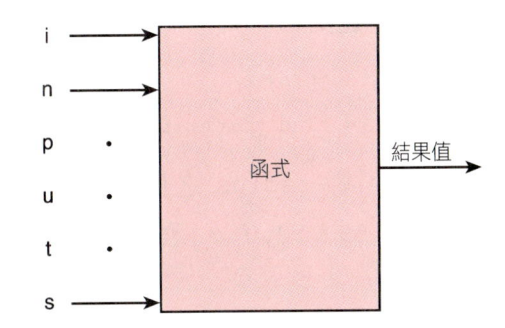

i →
n →
p •
u •
t •
s →
函式 → 結果值

圖 3.21　函式 find_circum 和 find_area

```
/*
 * Computes the circumference of a circle with radius r.
 * Pre:   r is defined and is > 0.
 *        PI is a constant macro representing an approximation of pi.
 */
double
find_circum(double r)
{
      return (2.0 * PI * r);
}

/*
 * Computes the area of a circle with radius r.
 * Pre:   r is defined and is > 0.
 *        PI is a constant macro representing an approximation of pi.
 *        Library math.h is included.
 */
double
find_area(double r)
{
      return (PI * pow(r, 2));
}
```

circum 與 find_area 皆有一個輸入引數(圓半徑)，並回傳一個值(圓周長或面積)。圖 3.21 顯示這些函式。

每個函式標題的第一個字皆為 double，表示函式的結果為實數。兩個函式主體皆有 return 敘述。當函式執行時，會對 return 敘述中的運算式求值，並作為函式值回傳。若 PI 之值為 3.14159，呼叫 find_circum 會對運算式 2.0 * 3.14159 * r 求值，C 會用函式呼叫中的實際引數取代形式引數 r。

下述函式呼叫

```
radius = 10.0;
circum = find_circum(radius);
```

實際引數 radius 之值為 10.0，所以函式之值為 62.8318(2.0 * 3.14159 * 10.0)。函式之值設定給 circum。圖 3.22 說明函式的執行。

find_area 的函式呼叫

```
area = find_area(radius);
```

圖 3.22

執行 `circum = find_circum (radius);` 的結果

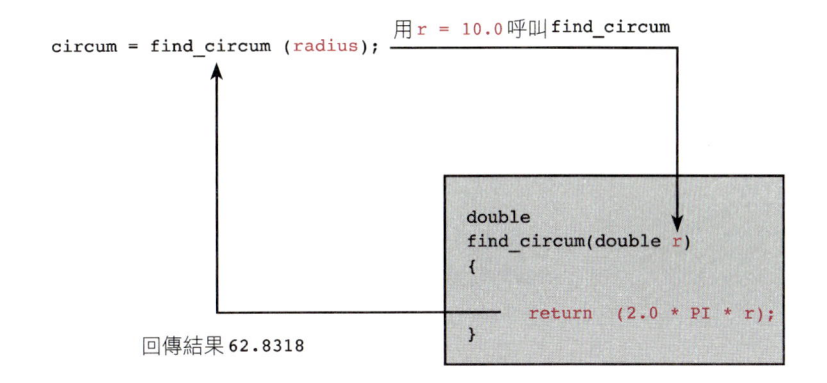

```
circum = find_circum (radius);         用 r = 10.0 呼叫 find_circum

                    double
                    find_circum(double r)
                    {
                        return (2.0 * PI * r);
                    }
回傳結果 62.8318
```

會使 C 計算 3.14159 * pow(r, 2)，pow 為一函式庫函式(在 math.h 中)計算第一個引數的平方值(pow(r, 2)等於 r^2)。當 radius 為 10.0 時，pow 回傳 100.0，而 find_area 回傳 314.59，並將此值設給 area。這是一個使用者定義的函式呼叫 C 函式庫函式的例子。

函式定義(具輸入引數和單一結果)

語法： *function interface comment*
　　　ftype
　　　fname(*formal parameter declaration list*)
　　　{
　　　　　local variable declarations
　　　　　executable statements
　　　}

範例：
```
/*
 * Finds the cube of its argument.
 * Pre: n is defined.
 */
int
cube(int n)
{
    return(n * n * n);
}
```

(續)

> 說明：在下一個程式風格中將說明 *function interface comment*。再來兩列是函式標題，說明函式名稱 *fname*，回傳結果的型態 *ftype*，並在 *formal parameter declaration list* 中標示形式參數的名稱與型態。注意，標題結束不用分號。接著大括號包住函式主體。任何所需的變數宣告於 *local variable declarations*。*executable statements* 則是函式利用參數與區域變數進行資料處理以得到結果值。執行 return 敘述會將控制權從函式移轉給呼叫它的敘述。此函式回傳表示式的值，接著回傳當作結果。
>
> 注意：若 *formal parameter declaration list* 為 void，表示此函式不需引數。return 之後的敘述不需要有大括號。

程式風格：函式的介面註解

在圖 3.21 的開端註解包含了使用函式所需的資訊。函式的介面註解區先描述函式的目的，然後由

```
* Pre: n is defined.
```

描述**先決條件**(precondition)，亦可包含說明函式執行後的一些狀況。若**結果條件**(postcondition)的細節未在函式目的之敘述中說明，則可用一個敘述描述在函式完成執行後成立的狀態。

先決條件：在函式呼叫前要成立的條件。

結果條件：在函式執行後假設成立的條件。

建議所有的函式皆以此法作為程式的開始。結合標題(原型)的函式介面註解可提供有價值的文件，當其他程式設計師要再利用此函式時，就可不必閱讀函式碼了。

具多個引數的函式

函式 find_area 與 find_circum 都只有一個引數。接下來介紹有多個引數的函式。

範例 3.6 函式 scale(圖 3.23)以第二個引數(整數)作為 10 的指數，將展開值乘上第一個引數(實數)。例如，函式呼叫

scale(2.5, 2)

回傳值 250.0(即 2.5×10^2)。函式呼叫

scale(2.5,-2)

圖 3.23　函式 scale

```
1.  /*
2.   * Multiplies its first argument by the power of 10 specified
3.   * by its second argument.
4.   * Pre : x and n are defined and math.h is included.
5.   */
6.  double
7.  scale(double x, int n)
8.  {
9.       double scale_factor;     /* local variable */
10.      scale_factor = pow(10, n);
11.
12.      return (x * scale_factor);
13. }
```

回傳值 0.025（即 2.5×10^{-2}）。

在函式 scale 中，敘述

```
scale_factor = pow(10, n);
```

呼叫 pow 計算 10 的次方值，區域變數 scale_factor 記錄此值，return 敘述定義函式結果為第一個形式參數 x 和 scale_factor 的乘積。

圖 3.24 是一個測試 scale 的簡單主函式。printf 敘述呼叫 scale 並顯示其回傳值。圖 3.24 的箭號表示兩個實際引數和形式參數之間的資訊流。為了說明資訊的傳遞，省略了函式的介面註解。引數串列的對應關係如下。

實際引數	對應於	形式參數
num_1		x
num_2		n

引數列的對應

當函式有多個引數時，函式呼叫時就要注意引數個數是否正確，而且實際引數的順序要對應於形式參數的順序。

若函式要回傳有意義的結果，則實際引數要設定給形式參數時絕不能有任何的資料漏失。通常實際引數和其對應的形式參數的資料型態是相同的，但不是一定的。例如，在 <math.h> 函式庫中，pow 的兩個參數皆定義為 double 型態，而函式 scale 呼叫 pow 時，兩個實際引數

圖 3.24　測試函式 scale

```
/*
 * Tests function scale.
 */
#include <stdio.h>
#include <math.h>

/* Function prototype */
double scale(double x, int n);

int
main(void)
{
      double num_1;
      int num_2;

      /* Get values for num_1 and num_2 */
      printf("Enter a real number> ");
      scanf("%lf", &num_1);
      printf("Enter an integer> ");
      scanf("%d", &num_2);

      /* Call scale and display result. */
      printf("Result of call to function scale is %f\n",
             scale(num_1, num_2));      actual arguments

      return (0);
}
                                         information flow

double
scale(double x, int n)                   formal parameters
{
      double scale_factor;      /* local variable - 10 to power n */

      scale_factor = pow(10, n);

      return (x * scale_factor);
}

Enter a real number> 2.5
Enter an integer> -2
Result of call to function scale is 0.025
```

卻為 int 型態。這不會造成任何問題，因為 int 設給 double 變數時不會有資料的漏失。但若把 double 的實際引數傳給 int 的形式參數，則會因實際引數的小數部分不見，而導致無法預期的函式結果。最後，總結輸入引數的個數、順序和型態的限制。

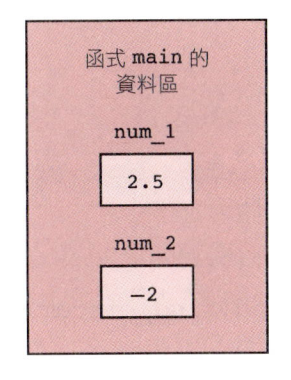

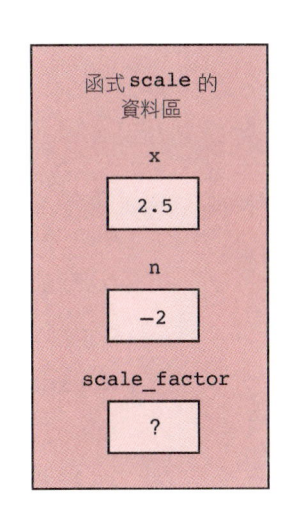

圖 3.25

呼叫 scale(num_1, num_2); 之後的資料區

```
函式 main 的              函式 scale 的
資料區                    資料區

num_1                    x
  2.5                     2.5

num_2                    n
  -2                      -2

                        scale_factor
                           ?
```

引數串列的對應

- 函式呼叫的實際引數個數必須和函式原型所列的形式引數個數相同。
- 引數的順序決定其對應關係。第一個實際引數對應第一個形式參數，第二個實際引數對應第二個形式參數等。
- 每個實際引數的資料型態必須是設定給其對應的形式引數時，不會有無法預期的資料損失。

函式資料區

每次執行函式呼叫，就會配置一塊記憶體儲存函式的資料。資料包括形式參數和函式所宣告的區域變數，當函式結束，此塊資料區就會釋回。

圖 3.25 表主函式的資料區和呼叫函式 scale(num_1, num_2) 後 scale 的資料區。值 2.5 和 -2 分別傳給形式參數 x 和 n。區域變數 scale_factor 尚未定義，執行函式主體後，此變數值變成 0.01。

區域變數 scale_factor 只能由函式 scale 存取。同樣地，函式 main 宣告的變數 num_1 和 num_2 只能由函式 main 存取。若函式想用 num_1 所存之值，就須使 num_1 為函式的實際引數。

用驅動程式測試函式

驅動函式：用於測試另一個函式的簡短函式，內有定義引數，呼叫之，並顯示其執行結果。

一個函式是一個獨立的程式模組，因此可以和使用它的程式分開測試。要執行這類測試，就必須寫一個簡短的**驅動函式**(driver function)，此函式定義函式引數、呼叫函式，並顯示回傳值。如圖 3.24 的函式 main 是測試 scale 函式的驅動函式。

練習 3.5

自我檢驗

1. 求下列各式之值：
   a. `scale(3.14159, 3)`
   b. `find_circum(5.0)`
   c. `print_rboxed(find_circum(5.0))`
   d. `find_area(1.0)`
   e. `scale(find_area(10.0),(2)`
2. 在範例 3.6 中，將呼叫 scale 的引數顛倒，即 `scale(num_2, num_1)` 會有何結果？
3. 如何利用函式引數來寫較大、較有用的程式？

程式撰寫

1. 修正墊圈程式(圖 3.5)，使其利用函式 `find_area`、`find_rim_area`、`find_unit_weight` 和 `instruct` 寫出完整的程式。
2. 若要在特定的時間內到達目的地，寫一函式計算一個人必須離開的時間，以準時地到達目的地。函式要檢查同一天的到達時間須在離開時間之後。函式輸入包括到達時間，型態為 24 小時制的整數(8:30 P.M. = 2030)，以及兩地之間的距離，單位是公里，算出的速度為平均速度(km/h)。程式輸出顯示出發時間，24 小時制(四捨五入到分鐘)，並撰寫測式程式測試此函式。

3.6 程式撰寫常見的錯誤

對於程式中所用的函式，要記得用 #include 前端處理指示子標明所在的標準函式庫。而自訂的函式副程式其原型要置於主函式之前，真正的函式定義則置於主函式之後。

使用函式時可能會發生語法或執行期錯誤。呼叫函式時其引數的個數、順序均須正確。函式引數的型態要相同，或是資料轉換時不會造成漏失。對於自訂的函式，要確實比對引數列和函式標題或原型的形式參數。

使用函式時，亦要小心其未定義的數值範圍。例如，函式 sqrt、log 或 log10 的引數若為負數，就會發生執行期錯誤。

本章回顧

1. 用現有的資訊來發展程式，將應用軟體發展方法所得的系統文件作為程式最初的架構。
   - 編輯資料需求，使其成為主函式的變數宣告。
   - 用再細分的演算法作為主函式中可執行敘述的修改起點。
2. 若新問題是前一個問題的延伸，則修改前一程式，而不是重頭開始。
3. 利用 C 的函式庫函式可簡化數學計算，這是已寫好並測試過的程式碼再利用。寫一函式呼叫(包括函式名稱和引數)就可啟動函式庫函式，函式執行後，函式結果會取代函式呼叫。
4. 結構圖可以表現子問題之間的從屬關係。
5. 用不同的函式副程式來完成結構圖中不同的子問題是為模組化程式設計，而主程式則包含一串的函式呼叫敘述，以啟動函式副程式。
6. 可利用無引數和結果的函式來對程式使用者顯示指示訊息，或是在螢幕上畫圖。此類的函式呼叫格式是函式名稱後加上空括號( )。
7. 有輸入引數並回傳一個值的函式可用於執行計算。在呼叫此類函式時，每個實際引數會設定給其對應的形式引數。
8. 在原始檔中，函式的原型置於主函式之前，而函式定義則置於主函式之後。使用(void)表函式無參數。

新增的 C 結構

結　構	效　果
函式原型(無引數的 void 函式)	
`void star_line(void);`	`star_line` 是無回傳值且無引數的函式
函式原型(有一個引數和結果的函式)	
`double average(int n,` `              double x);`	`average` 函式回傳 `double` 值，並有兩個引數，分別為 `int` 和 `double` 型態
函式呼叫敘述(無引數的 void 函式)	
`star_line();`	呼叫函式 `star_line`，使其開始執行
函式呼叫(有引數和結果的函式)	
`money = average(num_kids,` `                funds);`	呼叫 `average` 函式，並將計算之結果存於 `money`
函式定義(無引數的 void 函式)	

`void`
`star_line(void)`
`{`
`   printf("*\n*\n*\n*\n");`
`}`
	定義函式 `star_line` 為將 4 個星號垂直列印一行

(續)

新增的 C 結構(續)

結　構	效　果
| 函式定義(有引數和結果的函式)<br>```
/*
 * Returns the average of
 * its 2 arguments.
 * Pre : x and n are
 *  defind, x >=0,
 *  n > 0.
 * Post: result is x / n
 */
double
average(int n, double x);
{
    return(x / n);
}
``` | 定義函式 average，其結果值是第一個引數除以第二個引數 |

快速檢驗練習

1. 從程式的文件發展程式，表示程式的每行敘述皆有註解。對或錯？
2. 程式碼再利用是說程式中的每個函式須用一次以上。對或錯？
3. 用函式 exp、log 及 pow，將下列方程式寫成 C 敘述：

$$y = (e^{n \ln b})^2$$

4. 函式引數的功能為何？
5. 每個函式依其在原始檔的定義順序執行。對或錯？
6. 在 C 程式中的函式如何執行？
7. 何謂形式參數？
8. 結構圖和演算法有何不同？
9. 下列函式的功能為何？

    ```
    void
    nonsense(void)
    {
            printf("*****\n");
            printf("*   *\n");
            printf("*****\n");
    }
    ```

10. 下列主函式做些什麼？

    ```
    int
    main(void)
    ```
    ```

```
    {
        nonsense();
        nonsense();
        nonsense();

        return(0);
    }
```

11. 若將實際引數 -35.7 傳給 int 型態的形式參數，會有何結果？若將實際引數 17 傳給 double 型態的形式參數，會有何結果？

快速檢驗練習解答

1. 錯
2. 錯
3. `y = pow(exp(n * log(b)), 2);`
4. 函式引數是用來傳遞資訊給函式。
5. 錯
6. 利用函式呼叫來執行函式，即函式名稱後加括號包住引數。
7. 形式參數是在函式定義中代表其對應的實際引數。
8. 結構圖可表現子問題之間的從屬關係，演算法則列出解決子問題的執行順序。
9. 顯示一個矩形的星號。
10. 顯示三個矩形的星號疊在一起。
11. 形式參數之值為 -35。形式參數之值為 17.0。

問題回顧

1. 定義由上往下的設計及結構圖。
2. 何謂函式原型？
3. 函式何時執行？函式原型和函式定義出現在原始程式的何處？
4. 函式的三個優點為何？
5. 使用函式會使程式設計師或是電腦的時間利用較有效率？試解釋之。
6. 寫一程式提示使用者輸入直角三角形的兩股，利用函式 pow、sqrt 及畢氏定理計算斜邊長。
7. 寫一程式畫矩形，由雙行的星號組成。利用兩個函式 draw_sides 與 draw_line。

8. 畫出前一題的程式結構圖。
9. 撰寫一個函式稱為 callscript，有三個輸入參數。第一個參數表示一列文字之前要置幾個空格，第二個參數表示空格之後要顯示的字元，第三個參數表示第二個參數的字元在同一列的顯示個數。寫出此函式原型。

程式撰寫專案

1. 假設你存了 500 美元打算作為買車的頭期款。在開始選購車輛之前，你決定寫一個程式幫助你根據車輛的售價、每個月的利率以及償還貸款的月數，計算出每個月的付款金額是多少。用來計算付款金額的公式如下：

$$付款金額 = \frac{iP}{1-(1+i)^{-n}}$$

其中

P = 本金(貸款的金額)

i = 每月利率(年利率的 1/12)

n = 總付款次數

程式中應提示使用者輸入購買價格、頭期款、年利率以及付款次數(通常是 12、24 或 36)。程式輸出應顯示借款金額以及每月付款，並在前面加上 $ 符號以及兩位小數位數。

2. 撰寫兩個函式，一個畫三角形，一個畫矩形。用這些函式依下列大綱寫一個完整的 C 程式：

```
int
main(void)
{
      /* Draw triangle. */
      /* Draw rectangle. */
      /* Display 2 blank lines. */
      /* Draw triangle. */
      /* Draw rectangle. */
      /* Display 2 blank lines. */
      /* Draw triangle. */
      /* Draw rectangle. */
}
```

3. 將圖 3.14 的函式加入前一題的函式中。用這些函式寫一程式畫火箭(交叉線上加矩形，之上再加三角形)，男形架子(交叉線上疊矩形，之上再加圓形)，女形架子(交叉線上疊三角形，之上再加圓形)站在男形架子上。寫一函式 `skip_3_lines`，使其在每個圖畫之間加入三列空白行。

4. 對任何整數 $n>0$，$n!$ 定義為 $n \times n-1 \times n-2 ... \times 2 \times 1$ 的乘積，$0!$ 定義為 1。有的時候我們會使用接近的函數型式來取代；為了達到此目的，R. W. Gosper 提出了下列的函數來趨近：

$$n! \approx n^n e^{-n} \sqrt{2\left(2n+\frac{1}{3}\right)\pi}$$

撰寫程式，提示使用者輸入整數 n，使用 Gosper 的公式來算出 $n!$，並顯示結果，顯示的格式如下：

```
5! 相當近似於 119.97003
```

在程式中要能夠容易除錯，使用一些中間值而不要直接一行算出。因為如果最後沒有得到正確的結果，你可以直接用手算跟這些中途計算出來的值比較。至少使用到下列兩個中間值變數，一個是 $2n+\frac{1}{3}$，另一個是 $\sqrt{\left(2n+\frac{1}{3}\right)\pi}$。為了除錯方便，請顯示這些中間值。確定有設定一個常數 PI，其值為 3.14159265。用 $n=4$ 來測試此程式。

5. 寫一程式將一正數的小數部分四捨五入至小數第三位。例如，32.4851 會四捨五入成 32.485，32.4431 則為 32.443。(提示：參考表 2.9 及圖 3.23 中的 `scale` 函式)

6. 寫一程式讀入 1 哩賽跑，其跑者的賽跑時間，包含分(minutes)與秒(seconds)，並計算和顯示其速度，分別以呎每秒(fps)與公尺每秒(mps)為單位。(提示：1 哩有 5280 呎，1 公里等於 3282 呎。)寫一函式顯示訊息給使用者，依下列資料執行程式：

分	秒
3	52.83
3	59.83
4	00.03

7. 買新房子時，必須考慮幾個因素：房子的購買價格、每年的燃料費及

每年的稅金等。寫一程式決定房子 5 年後的總成本，用下列各組資料測試程式：

房子的購買價格	每年燃料費	稅　率
70,000	2,500	0.035
60,000	2,800	0.035
85,000	2,250	0.030

房子的總成本是房子購買成本加 5 年的燃料費，加 5 年的稅金。一年的稅金是稅率乘以購買成本。寫一函式顯示訊息給使用者。

8. 腳踏車在路上一分鐘內從速度 10 mi/hr 減為 2.5 mi/hr。寫一程式計算此騎者的等加速度，並判斷多久後會靜止，已知初速度為 10 mi/hr。(提示：利用方程式

$$a = \frac{v_f - v_i}{t}$$

a 為加速度、t 為時間、v_i 為初速度、v_f 為末速度。)寫一顯示訊息的函式，以及利用 t、v_f 及 v_i 計算 a 的函式。

9. 一製造商想要知道其生產的無蓋圓柱形容器的成本。容器的表面積等於圓形底面積和圓柱體面積(圓周長乘以容器的高度)之和。寫一程式，以底面半徑、容器高度、每平方公分的材質成本(cost)，以及容器的生產個數(quantity)為輸入資料。計算每個容器的成本和所有容器的總成本。寫一顯示訊息的函式和計算表面積的函式。

10. 寫一程式以地球深度(單位為公里)為輸入資料，計算並顯示在此深度的攝氏(Celsius)和華氏(Fahrenheit)溫度。其公式為：

$$攝氏 = 10(深度) + 20 (在深度公里的攝氏溫度)$$
$$華氏 = 1.8(攝氏) + 32$$

在你的程式中應包含兩個函式。函式 celsius_at_depth 計算並回傳在測量深度(公里)的攝氏溫度。函式 Fahrenheit_at_depth 將華氏溫度轉成攝氏溫度。

11. 在 6 段變速箱(假設變速箱的速度平均分配)中，連續速度的比值是

$$\sqrt[5]{M/m}$$

其中 M 為每分鐘最大的轉速，m 是最小的轉速。寫一函式 speeds_

ratio 計算任意最大速度及最小速度之間的比值。寫一主函式提示要求最大和最小速度(rpm)，呼叫 `speeds_ratio` 計算比值，並以下列的方式顯示結果。

```
The ratio between successive speeds of a six-speed gearbox with
maximum speed _____ rpm and minimum speed _____ rpm is
_____.
```

12. 寫一程式計算在給定的溫度 $T(°F)$ 下，空氣中聲音的速度(a)。以下列公式運算：

$$a = 1086\sqrt{\frac{5T+297}{247}}$$

注意，程式中不可遺失式子中商數的小數部分。在你的解決方式中，撰寫並呼叫一個可為程式使用者顯示指示的函式 `speed_of_sound( )`。

13. 研究 Gotham 城市在 20 世紀最後十年的人口成長率，我們以下列函式來模擬

$$P(t) = 53.966 + 2.184t$$

其中 t 表示 1990 之後的年份、P 是人口數(以千為單位)。因此 $P(0)$ 表示 1990 年的人口數，擁有 53.966(千)人。寫一個函式預測 Gotham 城市的人口數，年份為輸入的變數。此程式與使用者之間互動的模式為：

```
Enter a year after 1990> 2015
Predicted Gotham City population for 2010(in thousands):
107.566
```

選取結構：
if 與 switch 敘述

CHAPTER 4

4.1 控制結構

4.2 條　件

4.3 if 敘述

4.4 有複合敘述的 if 敘述

4.5 演算法中的決策步驟

　　案例研究：水費問題

4.6 再談解題方法

　　案例研究：含用水限制的水費帳單

4.7 巢狀 if 敘述和多重選擇的決策

4.8 switch 敘述

4.9 程式撰寫常見的錯誤

　　本章回顧

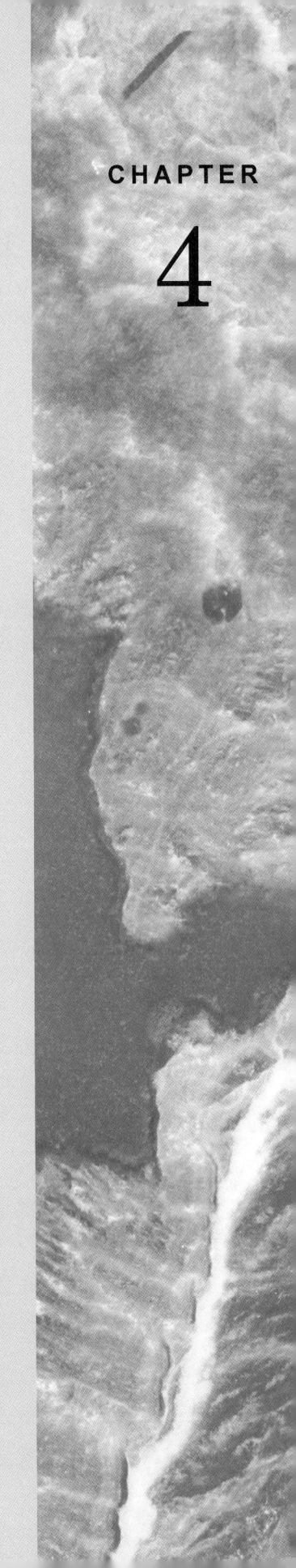

本章要研究控制程式執行流程的敘述，利用 if 與 switch 敘述從許多選擇中挑選執行的敘述群。本章首先討論 if 敘述所需的條件和邏輯運算式，因為 if 敘述就是根據這些而執行的。

本章的案例研究著重在利用以前問題的解答，以加速問題解決的過程。在本章中還可學習如何一步一步驗證演算法或程式是否完成預期的工作。

4.1　控制結構

控制結構(control structure)控制程式或函式的執行流程。C 的控制結構可將個別的指令組合成單一的邏輯單元，有一個進入點和出口點。

控制結構：個別指令組合成單一的邏輯單元，有一個進入點及出口點。

有三種控制結構可以控制執行流程：循序、選取及迴圈。到目前為止，都只用到循序的流程。**複合敘述**(compound statement)就是用 { 和 } 包住的一群敘述，用於循序流程。

複合敘述：一群用{和}住的敘述，會循序執行。

```
{
    statement₁;
    statement₂;
        .
        .
        .
    statementₙ;
}
```

控制流程從 *statement*₁ 到 *statement*₂ 等等，函式主體就是包含了一個單一的複合敘述。

本章描述 C 的**選取控制結構**(selection control structure)，第五章會討論迴圈控制結構。有些問題會有兩個或多個可選擇的解法。選取控制結構會選擇某一方法執行。

選取控制結構：可在不同的程式敘述中做選擇的控制結構。

4.2　條　件

程式測試主要變數值後，再從不同的選擇敘述中挑選。例如，一個人的心臟健康指標為其心跳速度，一般小於等於 75 下／每分鐘表示心臟是健康的，若超過 75 下就表示有問題了。當程式取得心跳次數後，就要和 75 作比較，若大於 75 就要發出警告訊息。

若 `rest_heart_rate` 是 int 的變數，則運算式

`rest_heart_rate > 75`

條件：一種運算式，其值為偽(用 0 表示)或真(用 1 表示)。

會執行比較，若 `rest_heart_rate` 大於 75 則得值 1(真)；若小於等於 75 則得值 0(偽)。此種運算式稱為**條件**(condition)，是決定要執行或是略過某群敘述的判斷準則。

關係和相等運算子

大部分用於比較運算的條件，其形式為下列之一：

變數　關係運算子　變數
變數　關係運算子　常數
變數　相等運算子　變數
變數　相等運算子　常數

表 4.1 為關係和相等運算子。

表 4.1　關係和相等運算子

運算子	涵　義	型　態
<	小於	關係
>	大於	關係
<=	小於或等於	關係
>=	大於或等於	關係
==	等於	相等
!=	不等於	相等

範例 4.1　表 4.2 列出一些 C 的條件範例。假設變數與常數之值如下，對每個條件求值：

x	power	MAX_POW	y	item	MIN_ITEM	mom_or_dad	num	SENTINEL
-5	1024	1024	7	1.5	-999.0	'M'	999	999

表 4.2　條件範例

運算子	條　件	涵　義	值
<=	x <= 0	x 小於或等於 0	1(真)
<	power < MAX_POW	power 小於 MAX_POW	0(偽)
>=	x >= y	x 大於或等於 y	0(偽)
>	item > MIN_ITEM	item 大於 MIN_ITEM	1(真)
==	mom_or_dad == 'M'	mom_or_dad 等於 'M'	1(真)
!=	num != SENTINEL	num 不等於 SENTINEL	0(偽)

邏輯運算子

加上三個邏輯運算子——&&(且)、||(或)、!(否定)——就可形成更複雜的條件或是**邏輯運算式**(logical expression)。這些運算子形成的邏輯運算式範例如下：

```
salary < MIN_SALARY || dependents > 5
temperature > 90.0 && humidity > 0.90
n >= 0 && n <= 100
0 <= n && n <= 100
```

第一個運算式判斷某一員工是否有資格得到特殊的獎學金。若條件

```
salary < MIN_SALARY
```

或

```
dependents > 5
```

有一為真，則此算式之值為 1(真)。第二個邏輯運算式描述一個難以忍受的夏日，溫度和濕度皆為 90。此算式在兩條件皆為真時，才為真。最後是兩個同義的算式，若 n 在 0 到 100 之間，則算式值為真。

第三個邏輯運算子!(否定)，只需一個運算元，產生**邏輯補語**(logical complement)，或是**否定**(negation)其運算元(意即若變數 positive 為非零(真)，則 !positive 為 0(偽)，反之亦然)。邏輯運算式

```
!(0 <= n && n <= 100)
```

是上述最後一個運算式的否定，當 n 不在 0 到 100 之間時，此式之值為 1(真)。

表 4.3 顯示 &&(且)運算子只在兩個運算元皆為真時才產生真值。表 4.4 則說明||(或)運算子只在兩個運算元皆為偽時才產生偽值。表 4.5 是說明!(否定)運算子的運算值。

邏輯運算式：使用一個或多個邏輯運算子&&、||、!的運算式。

邏輯補語(否定)：當條件值為 0(偽)時，其補語值為 1(真)；當條件值為非 0 時(真)，其補語值為 0(偽)。

表 4.3　&&(且)運算子

運算元 1	運算元 2	運算元 1 && 運算元 2
非零(真)	非零(真)	1(真)
非零(真)	0(偽)	0(偽)
0(偽)	非零(真)	0(偽)
0(偽)	0(偽)	0(偽)

表 4.4 ||(或)運算子

運算元 1	運算元 2	運算元 1 || 運算元 2
非零(真)	非零(真)	1(真)
非零(真)	0(偽)	1(真)
0(偽)	非零(真)	1(真)
0(偽)	0(偽)	0(偽)

表 4.5 !(否定)運算子

運算元 1	!運算元 1
非零(真)	0(偽)
0(偽)	1(真)

　　表 4.3 到表 4.5 說明 C 中邏輯運算式之值皆為 0 或 1，但 C 皆把非零值當作真。目前，當需要真值時，我們都使用整數 1，但是了解 C 如何處理邏輯算式可以幫助你清楚為何 C 編譯器無法將常犯的錯誤視為語法錯誤。

運算子的優先順序

　　運算子優先順序決定其求值順序。表 4.6 列出到目前所看過的 C 運算子之優先順序。

　　從此表可看出首先對函式呼叫求值。**一元運算子**(unary operator) !、+、- 及 & 次之。再來是所有的二元運算子，其順序如下：算術，關

> **一元運算子**：只有一個運算元的運算子。

表 4.6 運算子的優先順序

運算子	優先順序
函式呼叫	最高
! + - &(一元運算子)	↓
* / %	
+ -	
< <= >= >	
== !=	
&&	
||	
=	最低

係,相等,邏輯(&& 及 ||)。設定運算子(=)最後求值。運算子+和-的優先順序視其運算元的個數而定。運算式

```
-x - y * z
```

先計算(-x),再來是*,最後是第二個-。

括號可改變運算子的求值順序,若下式無括號

```
(x < y || x < z)  &&  x > 0.0
```

C會在 || 之前先對 && 求值,而改變了此式的意義。

括號亦可使運算式的意義較清楚。若 x、min 和 max 皆為 double 型態,C 編譯程式可正確地將運算式

```
x + y < min + max
```

解釋為

```
(x + y) < (min + max)
```

因為+的優先順序高於<,但是第二式較清楚易懂。

範例 4.2 下列運算式 1 至 4 有不同的運算元和運算子。每個運算式有其相關的註解,假設 x、y 及 z 皆為 double,flag 為 int,且變數之值為:

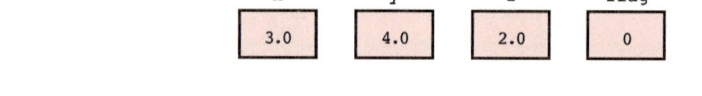

x	y	z	flag
3.0	4.0	2.0	0

```
1. !flag                       /* !0 is 1(true)          */
2. x + y / z <= 3.5            /* 5.0 <= 3.5 is 0(false) */
3. !flag ||(y + z  >= x(z)     /* 1 || 1 is 1(true)      */
4. !(flag ||(y + z  >= x(z))   /* !(0 || 1)is 0(false)   */
```

圖 4.1 是運算式 3 的求值樹和逐步的求值過程。

求值捷徑

圖 4.1 是邏輯運算式的整個求值過程,但 C 只計算部分運算式。在 *a* || *b* 的運算式形式中,若 *a* 為真,則運算式為真。所以當 C 求得 !flag 之值為 1(真)時,即停止計算此運算式。同理,運算式 *a* && *b* 中,若 *a*

圖 4.1

`!flag||(y + z >= x − z)`的求值樹和求值過程

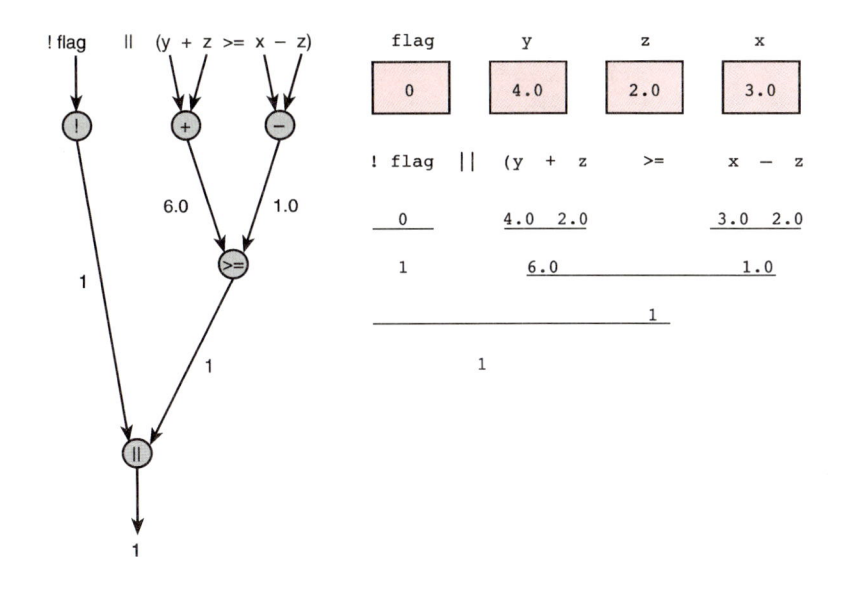

求值捷徑：當邏輯運算式之值決定就停止求值。

為偽，則運算式之值為偽，所以 C 計算出第一個運算元為 0 就不再對此運算式求值。當邏輯運算式之值可決定時就停止求值，稱為**求值捷徑** (short-circuit evaluation)。

用 C 描述文字條件

在解決問題時，必須將文字條件轉成 C 條件。許多演算法的步驟皆需測試一變數值是否在特定範圍內。例如，若 min 表示下界而 max 表示上界(min 小於 max)，則運算式

```
min <= x  &&  x <= max
```

測試 x 是否在 min 至 max 的範圍內。圖 4.2 中，陰影區為此範圍。若 x 在此範圍內，算式值為 1(真)，否則為 0(偽)。

範例 4.3　表 4.7 列出一些文字條件和對應的 C 運算式。假設 x 為 3.0、y 為 4.0、z 為 2.0 時，對各式求值。

圖 4.2

`min <= x && x <= max` 的真值範圍

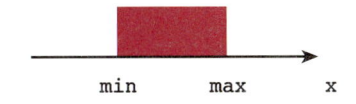

表 4.7 文字條件和 C 運算式

文字條件	邏輯運算式	求 值
x 和 y 皆大於 z	x > z && y > z	1 && 1 等於 1(真)
x 等於 1.0 或 3.0	x == 1.0 || x == 3.0	0 || 1 等於 1(真)
x 在範圍 z 至 y 之間，包括 z、y	z <= x && x <= y	1 && 1 等於 1(真)
x 在範圍 z 至 y 之外	!(z <= x && x <= y) z > x || x > y	!(1 && 1) 等於 0(偽) 0 || 0 等於 0(偽)

圖 4.3

z > x || x > y 的真值範圍

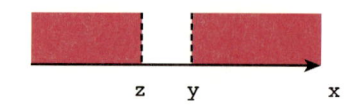

第一個文字條件「x 和 y 皆大於 z」可能會想成

```
x && y > z    /* invalid logical expression */
```

但是將優先順序法則用於此運算式會發現意義不同，而且 double 變數 x 不是邏輯運算子 && 的有效運算元。

第三個邏輯運算式是用 C 表示數學關係式 $z \leq x \leq y$。邊界值 2.0 和 4.0 是包含在 x 值的範圍內。

表上最後兩列是一對邏輯運算式，當 x 值在 z 及 y 的範圍外時，其值為真。其最後一個算式是上一運算式的否定，第二個運算式是說若 z 大於 x 或 x 大於 y。圖 4.3 陰影區表產生真值的 x 範圍。y 和 z 都是不屬於產生真值的值區。

字元的比較

在 C 中亦可用關係和相等運算子比較字元。表 4.8 是此類比較的範例。

表 4.8 的前三列說明數字字元及字母順序與預期的一樣(即 '0'<'1'

表 4.8 字元比較

運算式	值
'9' >= '0'	1 (真)
'a' < 'e'	1 (真)
'B' <= 'A'	0 (偽)
'Z' == 'Z'	0 (偽)
'a' <= 'A'	視系統而定
'a' <= ch && ch <= 'z'	若 ch 為小寫字母則為 1 (真)

<'2'<…<'8'<'9' 與 'a'<'b'<'c'<…<'y'<'z')。接著兩列說明相同字母其大小寫之值不同,且順序視系統而定。最後一個運算式,若 ch 是小寫字母則為真值。(在某些系統上,對某些不是小寫字母的字元,運算式之值仍為真。)

邏輯設定

在 C 中最簡單的邏輯運算式是單一的 int 值,或只表示真或偽的變數。可用設定敘述來設定變數為真(非零值)或偽(0)。

範例 4.4 已知下列宣告

```
int   age;              /* input - a person's age         */
char  gender;           /* input - a person's gender      */
int   senior_citizen;   /* logical - indicates senior status */
```

假設 senior_citizen 之值為 1,表此人為老人(65 歲以上)。可用設定敘述

```
senior_citizen = 1;   /* Set senior status */
```

來設定 senior_citizen 為真。

亦可由讀入的 age 來設定 senior_citizen 之值:

```
scanf("%d", &age);                  /* Read the person's age */
senior_citizen = (age >= 65);       /* Set senior status     */
```

在上述設定中,括號內的條件會先求值。若 age 之值大於等於 65,則條件之值為 1(真)。所以當 age 滿足條件時,senior_citizen 之值為真,其餘為偽。邏輯運算子 &&、|| 及 ! 皆可用於 senior_citizen。若 age 小於 65,則 ! senior_citizen 為 1(真)。最後,若 senior_citizen 為 1(真)且 gender 為 M 字元,則邏輯運算式

```
senior_citizen && gender == 'M'
```

為 1(真)。

範例 4.5 下列是兩個設定給 int 變數的敘述,in_range 和 is_letter。若 n 值在 -10 和 10 之間,不包含端點,則 in_range 之值為 1(真);若 ch 是大寫或小寫字母,則 is_letter 之值為 1(真)。

```
in_range = (n >-10  &&  n < 10);
```

```
is_letter =('A' <= ch  &&  ch <= 'Z')||
           ('a' <= ch  &&  ch <= 'z');
```

在第一個敘述中，若 n 滿足兩個條件(n 大於 -10 且 n 小於 10)，則運算之值為真；否則為偽。

第二個敘述則利用 &&、|| 運算子。在 || 之前的運算式，若 ch 是大寫字母則為真。在 || 之後的運算式，若 ch 是小寫字母則為真。若任一個子運算式為真(即 ch 是字母)，is_letter 就得值 1(真)；否則得值 0(偽)。其括號可以省略，不會影響其求值順序。

範例 4.6 在下列敘述中，若 n 為偶數，則 even(int 型態)之值會設為 1(真)：

```
even =(n % 2 == 0);
```

因為所有偶數均可被 2 整除，當 n 為偶數時，n 除 2 的餘數就為 0。括號內的運算式將餘數與 0 作比較，若餘數為 0，則式子之值為 1(真)；若餘數不為 0，則運算式值為 0(偽)。

條件的否定

現在已看過邏輯運算式的否定，在式子前加符號 !。簡單條件的否定亦只要改變其運算子即可。

範例 4.7 下列條件

```
item == SENT
```

的否定有兩種形式：

```
!(item == SENT)    |    item != SENT
```

右邊的形式是改變等號運算子(即 == 改成 !=)。

簡單條件的否定通常只要改變等號或關係運算子，如關係運算子 <= 改作 >，< 改成 >= 等。可將 ! 運算子加在較複雜的運算式中。

範例 4.8　若為單身且大於 25 歲，則條件

```
status == 'S' && age > 25
```

為真。此條件的否定為

```
!(status == 'S' && age > 25)
```

DeMorgan 定理　DeMorgan 定理提供一種方法簡化上述的邏輯運算式。其內容為

- $expr_1$ && $expr_2$ 的否定可寫成 $comp_1$ || $comp_2$，此處 $comp_1$ 是 $expr_1$ 的否定，$comp_2$ 是 $expr_2$ 的否定。
- $expr_1$ || $expr_2$ 的否定可寫成 $comp_1$ && $comp_2$，此處 $comp_1$ 是 $expr_1$ 的否定，$comp_2$ 是 $expr_2$ 的否定。

利用 DeMorgan 定理，下列運算式

```
age > 25 && (status == 'S' || status == 'D')
```

的否定可寫成

```
age <= 25 || (status != 'S' && status != 'D')
```

在原始條件中，若是大於 25 歲且為單身或離婚者，條件值為真。其否定則是在 25 歲以下或為已婚者，條件值為真。

練習 4.2

自我檢驗

1. 假設 x 之值為 15.0、y 為 25.0，下列各條件之值為何？

    ```
    x != y
    x < x
    x >= y - x
    x == y + x - y
    ```

2. 若 a 為 6、b 為 9、c 為 14，且 flag 為 1，下列各運算式之值為何？哪些運算式會因求值捷徑而未被計算？

    a. `c == a + b || !flag`
    b. `a != 7 && flag || c >= 6`

c. `!(b <= 12) && a % 2 == 0`
d. `!(a > 5 || c < a + b)`

3. 寫出範例 4.2 中，第 4 個運算式的逐步求值過程。
4. 求第 2 題每個運算式的否定。可利用 DeMorgan 定理。
5. 若 p 之值為 100 且 q 為 50，則敘述會設定何值給 int 變數 ans？

    `ans = (p > 95) + (q < 95);`

    此敘述並不能算是一個合理敘述的範例；當然對讀者而言，它還稱得上是有點合理的實例。因為 C 用整數值來表示邏輯值的真與偽，故此敘述仍是合理且可執行的。

程式撰寫

1. 寫一運算式測試下列每個關係。
    a. age 在 18 和 21 之間，並且包括 18 和 21。
    b. water 小於 1.5 且大於 0.1。
    c. year 可被 4 整除。(提示：用 %。)
    d. speed 不大於 55。
    e. y 大於 x 且小於 z。
    f. w 等於 6 或是不大於 3。
2. 依下列條件，寫出設定敘述。
    a. 若 n 是在 -k 至 +k 之間，並包括 -k 及 +k，則設定 0 給 between；否則設定 1。
    b. 若 digit 是 num 的因數，則將 divisor 設定為 1；否則設定 0。
    c. 若 ch 是小寫字母，則 ch 設定為 1；否則設定 0。

4.3　if 敘述

如何用 C 運算式來表達問句？如「心跳速度是否大於 56 下／分鐘？」再來要研究利用運算式值來選擇一種行動。在 C 中，if 敘述是主要的選取控制結構。

有兩種選擇的 if 敘述

　　if 敘述

```
if (rest_heart_rate > 56)
```

```
        printf("Keep up your exercise program!\n");
else
        printf("Your heart is in excellent health!\n");
```

會選擇兩個 `printf` 呼叫之一。它依括號內的條件來選擇敘述；若條件值為 1(真)(意即若 `rest_heart_rate` 大於 56)，則選擇條件後的 `printf` 敘述。若條件值為 0(偽)，就選擇第二個 `printf` 敘述。

流程圖：說明執行控制結構步驟的圖。

圖 4.4(a)是上述 `if` 敘述的**流程圖**(flowchart)。流程圖是用盒子和箭頭來表示控制結構的執行步驟。菱形盒表示判斷，會有一條路進入判斷，然後有兩條路出來(標示真或偽)。矩形盒表示設定敘述或是一個程序。

從圖 4.4(a)中可知先計算條件(`rest_heart_rate` > 56)。若條件為真，程式依標有真的箭頭，執行右邊矩形內的敘述；若條件為偽，程式依偽的箭頭執行左邊矩形內的敘述。

一個選擇的 if 敘述

上節的 `if` 敘述有兩個選擇，但一個 `rest_heart_rate` 值只能執行一個選擇。`if` 敘述可以只有一個選擇，只在條件為真時執行。

下列 `if` 敘述的流程圖如圖 4.4(b)所示，只有一個選擇：

```
/* Multiply Product by a nonzero X */
if(x != 0.0)
    product = product * x;
```

當 x 不等於 0 時，才會執行 `product` 與 x 相乘並將值存於 `product`，取代原值。若 x 之值為 0，就不執行乘法。

圖 4.4

`if` 敘述的流程圖：
(a)有兩個選擇，
(b)有一個選擇

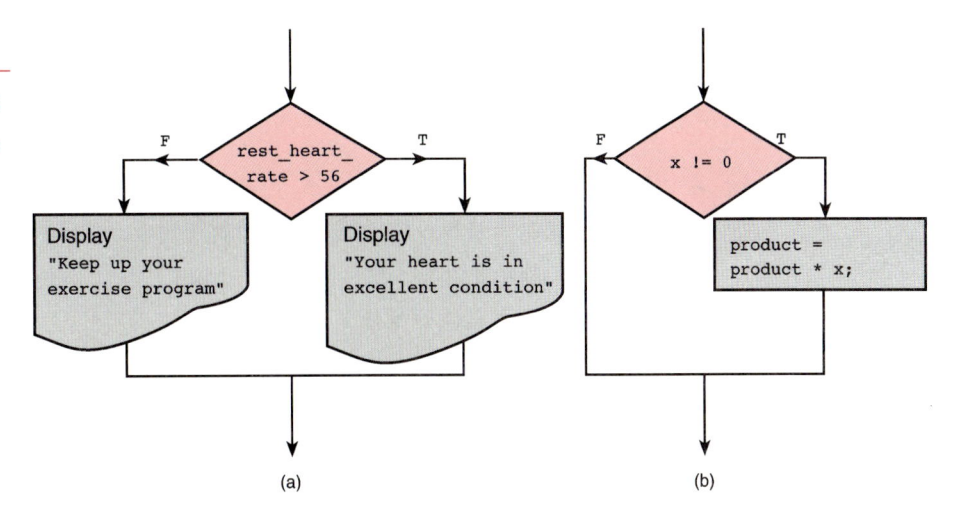

比較一個選擇和兩個選擇的 if 敘述

範例 4.9　下列的 if 敘述有兩個選擇

```
if(crsr_or_frgt == 'C')
    printf("Cruiser\n");
else
    printf("Frigate\n");
```

視 char 變數 crsr_or_frgt 所存之值來決定顯示 Cruiser 或 Frigate。

範例 4.10　下列為只有一個選擇的 if 敘述；當 crsr_or_frgt 之值為 'C' 時，才顯示 Cruiser 的訊息。不管是否要顯示 Cruiser 的訊息，一定顯示 Combat ship。

```
if(crsr_or_frgt == 'C')
    printf("Cruiser\n");
printf("Combat ship\n");
```

範例 4.11　下列的程式片段

```
if crsr_or_frgt == 'C'      /* error - missing parentheses */
    printf("Cruiser\n");
printf("Combat ship\n");
```

是範例 4.10 不正確的 if 敘述版本。條件缺少括號的語法錯誤會由編譯程式查出。

下列第一行則出現多餘的分號

```
if(crsr_or_frgt == 'C');    /* error - improper placement of; */
    printf("Cruiser\n");
printf("Combat ship\n");
```

這不會造成語法錯誤，編譯程式將第一行解釋成一個選擇的 if 敘述，且此選擇為空敘述，若條件為真，並無動作。第一個 printf 和條件值已無關係，所以兩個 printf 皆會無條件執行。

if 敘述(一個選擇)

語法：if (*condition*)
      statement$_T$;

範例：if (x > 0.0)
      pos_prod = pos_prod * x;

說明：若 *condition* 之值為真(非零值)，則執行 *statement*$_T$；否則跳過 *statement*$_T$。

if 敘述(兩個選擇)

語法：if (*condition*)
      statement$_T$;
    else
      statement$_F$;

範例：if (x >= 0.0)
      printf("positive\n");
    else
      printf("negative\n");

說明：若 *condition* 之值為真(非零值)，則執行 *statement*$_T$，並跳過 *statement*$_F$，否則跳過 *statement*$_T$ 而執行 *statement*$_F$。

程式風格：if 敘述的格式

在本書中的所有 if 敘述，均會縮排 *statement*$_T$ 和 *statement*$_F$。else 出現在另一列而不縮排。這種 if 敘述的格式使其意義清楚並提升程式的可讀性，且對編譯程式來說並無差別。

練習 4.3

自我檢驗
1. 下列敘述會顯示些什麼？

   a. if(12 < 12)
         printf("less");

```
        else
            printf("not less");
```
b.
```
   var1 = 25.12;
   var2 = 15.00;
   if(var1 <= var2)
       printf("less or equal");
   else
       printf("greater than");
```

2. 當 y 為 10.0 時，x 之值為何？

   a.
```
   x = 25.0;
   if(y != (x-10.0))
       x = x - 10.0;
   else
       x = x / 2.0;
```
   b.
```
   if(y < 15.0)
       if(y >= 0.0)
           x = 5 * y;
       else
           x = 2 * y;
   else
       x = 3 * y;
```
   c.
```
   if(y < 15.0  && y >= 0.0)
       x = 5 * y;
   else
       x = 2 * y;
```

程式撰寫

1. 寫 C 敘述執行下列步驟。

   a. 若 item 為非零值，則用 product 乘上 item，並將乘積存至 product；否則忽略此值。在每種情形下皆印出 product 之值。

   b. 將 x 與 y 的差之絕對值存至 y。絕對差為 (x - y) 或 (y - x)，視何者為正。不要使用 abs 或 fabs 函式。

c. 若 x 為 0，zero_count 加 1。若 x 為負，將 x 加至 minus_sum。若 x 大於 0，將 x 加至 plus_sum。

4.4 有複合敘述的 if 敘述

本節說明在條件或關鍵字 else 之後有複合敘述的 if 敘述。C 編譯程式會執行或忽略條件或 else 之後用大括號 {} 包住的敘述。

範例 4.12 假設有一生物學家要研究果蠅的生長率，下列 if 敘述

```
if (pop_today > pop_yesterday){
    growth = pop_today – pop_yesterday;
    growth_pct = 100.0 * growth / pop_yesterday;
    printf("The growth percentage is %.2f\n", growth_pct);
}
```

會計算昨天至今天的族群成長率。在條件之後的複合敘述只在今天的族群數大於昨天的族群數時才會執行。第一個設定敘述計算果蠅增加的數量，第二個設定敘述計算增加數量占原族群數的百分比，並顯示此值。

範例 4.13 身為汽車公司的主管，要持續記錄汽車的安全等級。在下面的 if 敘述中，若車子的撞擊測試值(ctri)至少和安全汽車值(MAX_SAFE_CTRI)一樣低，就會記錄該汽車的識別碼(auto_id)。若 ctri 未達到標準，一樣記錄該汽車。兩種情形都會顯示適當的訊息，並累計安全或不安全的汽車數，且兩者都是複合敘述。

```
if (ctri <= MAX_SAFE_CTRI){
    printf("Car #%d: safe\n", auto_id);
    safe = safe + 1;
} else {
    printf("Car #%d: unsafe\n", auto_id);
    unsafe = unsafe + 1;
}
```

若省略了複合敘述的大括號，if 敘述在第一個 printf 之後結束。safe 的設定敘述會成為無條件敘述，且編譯程式會指出在關鍵字 else 處出現錯誤，因為沒有以 else 開頭的敘述。

程式風格：有複合敘述的 if 敘述

在真或偽工作區的複合敘述是用大括號包住。大括號的位置視個人喜好而定。本書採用範例 4.13 的形式，而有些設計師喜歡將大括號單獨放在一列，並對齊大括號：

```
if (condition)
{
    true task
}
else
{
    false task
}
```

有些設計師不管是否為複合敘述皆使用大括號，以維持程式中 if 敘述的一致性。我們建議若真及偽工作區有任一是複合敘述時，將它們皆用大括號包住。不論用哪一種程式，要記得維持程式的一致性。

探索 if 敘述

在花時間寫程式或除錯前，先驗證演算法或 C 敘述的正確性是程式設計的重要步驟。花數分鐘驗證演算法通常可以省下數小時的寫碼和測試時間。

手動追蹤(hand trace) 或**紙上檢查**(desk check) 是在紙上小心地逐步模擬電腦如何執行演算法或敘述。使用易於徒手處理的資料所產生的模擬結果就是每步驟的執行結果。

手動追蹤(紙上檢查)：逐步模擬演算法的執行。

範例 4.14　在許多程式問題中，你必須在記憶體裡將資料值排序，以使較小的值可以儲存在某個變數(例如，x)，而較大的值可以儲存在另一個變數(例如，y)中。圖 4.5 中的 if 敘述重排 x 及 y。使 x 存較小的數而 y 存較大的數。若順序已經正確，則不執行複合敘述。

變數 x、y 和 temp 應為同一型態。雖然是交換 x、y 值，仍需 temp 來複製其中一個值。

圖 4.5 對 x 與 y 排序的 `if` 敘述

```
1. if (x > y) {              /* Switch x and y */
2.     temp = x;             /* Store old x in temp */
3.     x = y;                /* Store old y in x */
4.     y = temp;             /* Store old x in y */
5. }
```

表 4.9 `if` 敘述的追蹤

執行的敘述	x	y	temp	結 果
	12.5	5.0	?	
if (x > y){				12.5 > 5.0 為真
temp = x;			12.5	將 x 舊值存在 temp
x = y;	5.0			存 y 之舊值至 x
y = temp;		12.5		存 x 之舊值至 y

　　當 x 為 12.5，y 為 5.0 時，表 4.9 列出 if 敘述的執行步驟。從表中可知 temp 最初是沒有定義的(用？表示)。表中的每列會顯示將執行的 if 敘述及其執行結果。若任何變數得到新值，其新值會顯示在該列上。若無新值表變數仍為舊值。x 最後之值為 5.0，y 最後之值為 12.5。

　　當條件為真時，從表 4.9 中可知 5.0 和 12.5 可正確地存至 x 及 y。要驗證 if 敘述是正確的，還需選擇其他資料使條件為偽。要驗證此敘述正確與否，還必須驗證某些特殊情形。例如，假如 x 等於 y，那麼會如何呢？此敘述仍能提供正確的結果嗎？要完成整個手動追蹤，必須要證明此演算法可以正確地處理這些特殊情況。

　　在追蹤每個案例時，你必須如同電腦執行敘述一般，一步一步明確仔細地執行敘述。通常程式設計師會假設某個特定步驟會如何執行，而不會明確地測試每個情況及追蹤每個步驟。這種方法所做的追蹤比較沒幫助。

練習 4.4

自我檢驗

1. 在該加大括號處加入括號使其符合縮排的涵義。

```c
if (x > y)
    x = x + 10.0;
    printf("x Bigger\n");
else
    printf("x Smaller\n");
    printf("y is %.2f\n", y);
```

2. 假設縮排是正確的，訂正下列的 if 敘述。

```c
if (deduct < balance0);
    balance = balance - deduct;
    printf("New balance is %.2f\n", balance);
else;
    printf("Ddeduction of %.2f refused.\n", deduct);
    printf("Would overdraw account.\n");
printf("Deduction = %.2f    Final balance = %.2f\n",
       deduct, balance);
```

3. 改善下列 if 敘述的格式，使其可讀性提高。

```c
if (engine_type == 'J') {printf("Jet engine");
speed_category = 1;}
else{printf("Propellers"); speed_category
= 2;}
```

程式撰寫

1. 用 if 敘述來計算及顯示 n 個數字的平均值，n 個數字的總和存於變數 total。當 n 大於 0 時，才要計算平均值，否則印出錯誤訊息。

2. 寫一包含 if 敘述的交談式程式，用來計算正方形的面積(面積＝邊長^2)或圓形面積(面積＝$\pi \times$半徑^2)。提示使用者鍵入代表圖形的第一個字元(S 或 C)後決定計算何種面積。

4.5 演算法中的決策步驟

決策步驟：從數個行動中作選擇的演算法步驟。

從各種動作中作選擇的演算法步驟稱為**決策步驟**(decision step)。在下一個問題的演算法就包含了決策步驟，用以計算和顯示消費者的水費。決策步驟可寫成 if 敘述。

案例研究　水費問題

問　題

消費者的水費包括基本費 $35 和每千加侖的使用費 $1.10。用水度數從水錶(以千加侖為單位)得知，並在前一季結束時計算費用。若消費者有未付清的水費，再加 $2 延遲金。

分　析

總水費是基本費、使用費、未付費用及可能發生的延遲金之和。基本費是程式常數($35)，但是使用費需計算，因此需前次及現在的水錶度數(問題輸入)。知道資料後，計算兩次的度數差乘上每千加侖的使用費，此乃問題常數 $1.10。再來決定是否有延遲金，若有任何未付金額，則加總四項費用。資料需求和最初演算法如下。

資料需求

問題常數

```
DEMAND_CHG 35.00    /* basic water demand charge              */
PER_1000_CHG 1.10   /* charge per thousand gallons used       */
LATE_CHG 2.00       /* surcharge on an unpaid balance         */
```

問題輸入

```
int previous     /* meter reading from previous quarter
                    in thousands of gallons                   */
int current      /* meter reading from current quarter        */
double unpaid    /* unpaid balance of previous bill           */
```

問題輸出

```
double bill          /* water bill                            */
double use_charge    /* charge for actual water use           */
double late_charge   /* charge for nonpayment of part
                        of previous balance                   */
```

相關公式

水費 ＝ 基本費 ＋ 使用費 ＋ 未付清之水費 ＋ 延遲金

設 計

初步的演算法

1. 顯示指示訊息。
2. 讀取資料：未付金額、前次和目前的水錶度數。
3. 計算使用費。
4. 判斷是否有延遲金。
5. 計算水費。
6. 顯示水費總金額。

　　圖 4.6 的結構圖中包含了資料流的資訊，說明每個演算法步驟的輸入和輸出。在步驟 2「讀取資料」是輸出值至 unpaid、previous 及 current (資料流的箭頭朝上)。同樣地，步驟 3「計算使用費」用 previous 及 current 當作輸入(資料流箭頭朝下)，並輸出 use_charge。

　　從結構圖中可知除了步驟 2 和 5 外，其餘皆用函式完成，每個函式名稱出現在相關的子問題之下。除了 instruct_water，我們將逐一討論各函式。

圖 4.6 水費問題的結構圖

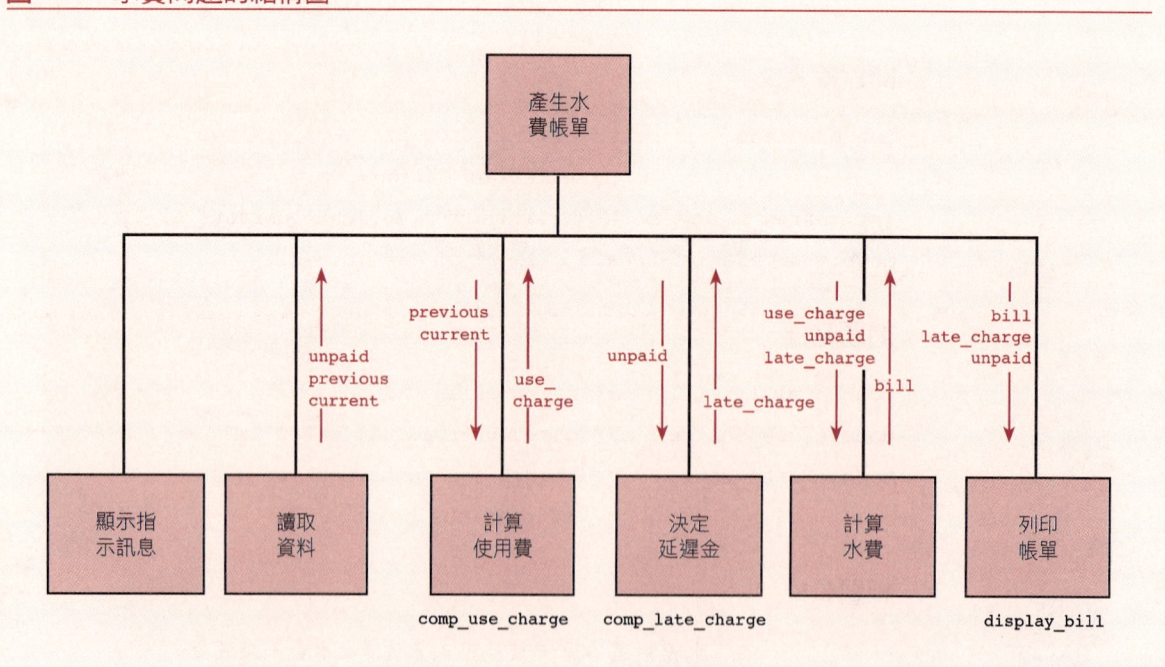

comp_use_charge 的分析和設計

結構顯示函式 comp_use_charge 從 previous 及 current 的資料計算 use_charge 之值。資料需求及演算法如下。

comp_use_charge 的資料需求

輸入參數

```
int previous  /* meter reading from previous quarter
                 in thousands of gallons          */
int current   /* meter reading from current quarter */
```

回傳值

```
double use_charge /* charge for actual water use */
```

程式變數

```
int used /* thousands of gallons used this quarter */
```

相關公式

$$使用度數 = 目前的水錶度數 - 前次的水錶度數$$
$$使用費 = 使用度數 \times 每千加侖的費用$$

comp_use_charge 的演算法

1. used 為 current - previous
2. use_charge 為 used * PER_1000_CHG

comp_late_charge 的分析和設計

函式 comp_late_charge 視未付金額而回傳 $2.00 或 $0.00 的延遲金。因此它需要一個決策的步驟，如下面的演算法所示。

comp_late_charge 的資料需求

輸入參數

```
double unpaid /* unpaid balance of previous bill    */
```

回傳值

```
double late_charge /* charge for nonpayment of part
                      of previous balance           */
```

comp_late_charge 的演算法

1. if unpaid > 0

   徵收延遲金

   else

   不收延遲金

虛擬碼：用文字和 C 結構來描述演算法步驟。

在上述**虛擬碼**(pseudocode)中的決策步驟是用文字與 C 混合描述演算法步驟。縮排與保留字 if、else 說明每個決策步驟的邏輯結構。每個決策步驟有一條件(在 if 之後)，可用文字或 C 寫成，同樣地，真和偽的工作亦可由文字或 C 寫成。

display_bill 的分析和設計

void 函式 display_bill 顯示帳單總金額、未付的帳款和延遲金。bill、late_charge 及 unpaid 皆傳至函式作為輸入引數，display_bill 會在螢幕上顯示這些值。

display_bill 的資料需求

輸入參數

```
double  late_charge  /* charge for nonpayment of
                        part of previous balance */
double  bill         /* bill amount               */
double  unpaid       /* unpaid balance            */
```

display_bill 的演算法

1. if late_charge > 0

   顯示延遲金和未付清之金額

2. 顯示帳單總金額。

實　作

根據 3.1 節的作法來寫程式(圖 4.7)。先用 #define 定義問題常數。在主函式中，依問題的資料需求，宣告所有的變數。將初步演算法的每個步驟當作註解寫在主函式的主體中，每個演算法步驟寫成函式呼叫即可完成主函式。每個函式呼叫參考結構圖以決定輸入引數和接收回傳值變數的名稱。

圖 4.7　水費問題的程式

```
/*
 * Computes and prints a water bill given an unpaid balance and previous and
 * current meter readings. Bill includes a demand charge of $35.00, a use
 * charge of $1.10 per thousand gallons, and a surcharge of $2.00 if there is
 * an unpaid balance.
 */

#include <stdio.h>

#define DEMAND_CHG    35.00   /* basic water demand charge                  */
#define PER_1000_CHG  1.10    /* charge per thousand gallons used           */
#define LATE_CHG      2.00    /* surcharge assessed on unpaid balance       */

/* Function prototypes                                                      */
void instruct_water(void);

double comp_use_charge(int previous, int current);

double comp_late_charge(double unpaid);

void display_bill(double late_charge, double bill, double unpaid);

int
main(void)
{
        int     previous;      /* input - meter reading from previous quarter
                                          in thousands of gallons           */
        int     current;       /* input - meter reading from current quarter*/
        double  unpaid;        /* input - unpaid balance of previous bill   */
        double  bill;          /* output - water bill                       */
        int     used;          /* thousands of gallons used this quarter    */
        double  use_charge;    /* charge for actual water use               */
        double  late_charge;   /* charge for nonpayment of part of previous
                                  balance                                   */

        /* Display user instructions.                                       */
        instruct_water();

        /* Get data: unpaid balance, previous and current meter
           readings.                                                        */
        printf("Enter unpaid balance> $");
        scanf("%lf", &unpaid);
        printf("Enter previous meter reading> ");
        scanf("%d", &previous);
        printf("Enter current meter reading> ");
        scanf("%d", &current);

        /* Compute use charge.                                              */
        use_charge = comp_use_charge(previous, current);

        /* Determine applicable late charge                                 */
```

(續)

圖 4.7 水費問題的程式(續)

```c
52.            late_charge = comp_late_charge(unpaid);
53.
54.            /* Figure bill.                                              */
55.            bill = DEMAND_CHG + use_charge + unpaid + late_charge;
56.
57.            /* Print bill.                                               */
58.            display_bill(late_charge, bill, unpaid);
59.
60.            return (0);
61.    }
62.
63.    /*
64.     * Displays user instructions
65.     */
66.    void
67.    instruct_water(void)
68.    {
69.            printf("This program figures a water bill ");
70.            printf("based on the demand charge\n");
71.            printf("($%.2f) and a $%.2f per 1000 ", DEMAND_CHG, PER_1000_CHG);
72.            printf("gallons use charge.\n\n");
73.            printf("A $%.2f surcharge is added to ", LATE_CHG);
74.            printf("accounts with an unpaid balance.\n");
75.            printf("\nEnter unpaid balance, previous ");
76.            printf("and current meter readings\n");
77.            printf("on separate lines after the prompts.\n");
78.            printf("Press <return> or <enter> after ");
79.            printf("typing each number.\n\n");
80.    }
81.
82.    /*
83.     * Computes use charge
84.     * Pre: previous and current are defined.
85.     */
86.    double
87.    comp_use_charge(int previous, int current)
88.    {
89.            int used;    /* gallons of water used (in thousands)         */
90.            double use_charge;   /* charge for actual water use          */
91.
92.            used = current - previous;
93.            use_charge = used * PER_1000_CHG;
94.
95.            return (use_charge);
96.    }
97.
98.    /*
99.     * Computes late charge.
100.    * Pre : unpaid is defined.
101.    */
102.   double
```

(續)

圖 4.7 水費問題的程式(續)

```
103. comp_late_charge(double unpaid)
104. {
105.        double late_charge; /* charge for nonpayment of part of previous balance  */
106.
107.        if (unpaid > 0)
108.               late_charge = LATE_CHG; /* Assess late charge on unpaid balance.    */
109.        else
110.               late_charge = 0.0;
111.
112.        return (late_charge);
113. }
114.
115. /*
116.  * Displays late charge if any and bill.
117.  * Pre : late_charge, bill, and unpaid are defined.
118.  */
119. void
120. display_bill(double late_charge, double bill, double unpaid)
121. {
122.        if (late_charge > 0.0) {
123.               printf("\nBill includes $%.2f late charge", late_charge);
124.               printf(" on unpaid balance of $%.2f\n", unpaid);
125.        }
126.        printf("\nTotal due = $%.2f\n", bill);
127. }
```

依類似的方法撰寫每個函式副程式(圖 4.7)。宣告所有列於函式資料需求的識別字，視其用法決定是形式參數或區域變數。要確認函式標題的參數順序和函式呼叫的引數順序相同。寫完函式，將函式標題複製至函式 main 之前的函式原型宣告區。

測 試

準備各種資料組，使其兩個決策步驟的每個分支都能執行。例如，一組資料有未付清之金額，另一組則無，圖 4.8 是一個執行範例。

圖 4.8　水費問題的執行範例

```
This program figures a water bill based on the demand charge
($35.00) and a $1.10 per 1000 gallons use charge.

A $2.00 surcharge is added to accounts with an unpaid balance.

Enter unpaid balance, previous and current meter readings
on separate lines after the prompts.
Press <return> or <enter> after typing each number.

Enter unpaid balance> $71.50
Enter previous meter reading> 4198
Enter current meter reading> 4238

Bill includes $2.00 late charge on unpaid balance of $71.50

Total due = $152.50
```

程式風格：函式內名稱使用的一致性

在主函式和兩個函式副程式中皆用 `late_charge` 來表示消費者的延遲金。在 `main` 和 `comp_late_charge` 都宣告 `late_charge` 為區域變數，而在 `display_bill` 中為形式參數。雖然 C 沒有要求我們在所有函式中對於顧客延遲金都要用相同的名稱，但完全是可允許的，以避免用不同的名稱卻參考相同的資訊而造成混淆。

程式風格：凝聚性函式

函式 `comp_late_charge` 只計算延遲金，但並不顯示此值。此工作留給了 `display_bill`。執行單一功能的函式稱為**凝聚性函式**(cohesive function)。凝聚性函式易於研讀、撰寫、除錯和維護，且再使用性高。

> **凝聚性函式**：只執行單一功能的函式。

程式風格：常數巨集的使用

在圖 4.7 的函式副程式皆參考常數巨集 `DEMAND_CHG`、`PER_1000_CHG` 與 `LATE_CHG`。和常數巨集定義在同一原始檔的任何函式皆可參考此常數。

可以輕易地將這些名稱所代表的數值(35.00、1.10 和 2.00)直接代入所需的敘述中，代入後的敘述為

```
printf("This program figures a water bill ");
printf("based on the demand charge\n");
printf("($%.2f)and a $%.2f per 1000 ",
       35.00, 1.10);
printf("gallons use charge.\n\n");
printf("A $%.2f surcharge is added to ", 2.00);
printf("accounts with an unpaid balance.\n");
use_charge = used * 1.10;
late_charge = 2.00; /* Assess late charge on unpaid
                       balance. */
bill = 35.00 + use_charge + unpaid + late_charge;
```

　　利用常數巨集名稱而不用實際值是有兩個優點。第一，因為它們用的是描述性名稱 DEMAND_CHG、PER_1000_CHG 與 LATE_CHG 而非數字，所以會使敘述易於了解。第二，程式用常數巨集寫成較易維護。例如，若圖 4.7 的程式常數想代入不同的常數值，只需修改常數巨集的定義；但是，若是將常數值直接放在敘述中，則需修改所有含有此常數值的敘述。

練習 4.5

自我檢驗

1. 假設基本水費是使用第一個 100,000 加侖的費用，超過 100,000 加侖之後，每加侖費用是加倍計算，請修改函式 comp_use_charge 的演算法。
2. 修改 3.1 節的墊圈問題，使用者可計算圓形或正方形的墊圈批次重量。假設使用者可指定是圓形或方形墊圈，畫出主問題和其子問題的結構圖，並加上資料流的資訊。

程式撰寫

1. 依自我檢驗第 1 題的描述，寫一函式 comp_use_charge。

4.6　再談解題方法

在結構圖中的資料流

　　在圖 4.6 中，結構圖的資料流表示出每個演算法步驟的輸入及輸出。資料流是系統文件重要的一部分，因為它陳列出每個步驟處理的程式變數及這些變數的處理型態。若某步驟給予變數新值,則此變數可視為此步驟的輸出。若某步驟顯示一變數值或用此變數作計算且不改變其值,則此變數視為此步驟的輸入。

從圖 4.7 可知一個變數在演算法的不同副程式中可扮演不同的角色。在原始的問題敘述中,previous 及 current 是問題輸入(由程式使用者提供資料),但在「讀取資料」的子問題中,其工作是將 previous 與 current 之值送至主程式,因此 previous 及 current 是此步驟的輸出。在「計算使用費」的子問題中,其工作是用 previous 與 current 來計算 use_charge,所以它們是此步驟的輸入。同樣地,其他變數會隨著問題的各步驟更換角色。

修改有函式副程式的程式

新問題常常是另一個已解問題的變形,因此求解問題的一個重要技巧是辨識問題和另一個已解問題的相似性。隨著課程的進度,可以開始建立個人的程式及函式的函式庫,並且在可能的時候再利用這些成功的程式。

程式撰寫時,應盡量使其易於修改以適合其他情況,因為設計師和程式使用者常在使用後希望做一些更動。若原始程式設計良好且模組化,設計師只要花一點功夫即可容易地改變規格。從下一個問題可看出,若需要改變,可能只需修改一至兩個函式,無需重寫整個程式。

案例研究　含用水限制的水費帳單

問　題

要修改水費程式,使不能符合用水限制的顧客,其使用的費率為符合要求的顧客的兩倍。此用水區的居民被要求不能超過去年同季使用水量的 95%,以適用每千加侖的較低使用費率 $1.10。

分　析

這個問題是上節所求解問題的修訂。符合用水限制的顧客其水費是每千加侖 $1.10,而不符合要求的顧客費率為兩倍。要解此問題,需將去年的用水量加入問題輸入,並修改函式 comp_use_charge。新增的資料需求及函式 comp_use_charge 的修正版演算法如下。

新增的資料需求

問題常數

```
OVERUSE_CHG_RATE 2.0   /* double use charge as non-conservation
                          penalty                                */
CONSERV_RATE 95        /* percent of last year's use
                          allowed this year                      */
```

問題輸入

```
int use_last_year      /* use for same quarter
                          last year                              */
```

comp_use_charge 的演算法

1. used 為 current-previous
2. if 符合水費限制

　　use_charge 為 used * PER_1000_CHARGE

　else

　　通知顧客過度使用

　　use_charge 為 used * overuse_chg_rate *
　　　PER_1000_CHG

圖 4.9 為此修正函式。若條件

`(used <= CONSERV_RATE / 100.0 * use_last_year)`

為真，則符合用水限制，水費算法不變；否則通知顧客用水量過量，超度使用的費率要乘進水費的計算中。

　　函式 comp_use_charge 的原型亦須修改以符合其標題，且須將圖 4.7 中的函式呼叫置換成

```
use_charge = comp_use_charge(previous, current,
                    use_last_year);
```

要完成此修正版的程式，修改 instruct_water 告知使用者新的使用規定，亦要修改函式 main 提示使用者輸入 use_last_year 之值。

圖 4.9　函式 comp_use_charge 的修正

```c
/*
 * Computes use charge with conservation requirements
 * Pre: previous, current, and use_last_year are defined.
 */
double
comp_use_charge(int previous, int current, int use_last_year)
{
      int used;   /* gallons of water used (in thousands)          */
      double use_charge;   /* charge for actual water use          */
      used = current - previous;
      if (used <= CONSERV_RATE / 100.0 * use_last_year) {
            /* conservation guidelines met */
            use_charge = used * PER_1000_CHG;
      } else {
            printf("Use charge is at %.2f times ", OVERUSE_CHG_RATE);
            printf("normal rate since use of\n");
            printf("%d units exceeds %d percent ", used, CONSERV_RATE);
            printf("of last year's %d-unit use.\n", use_last_year);
            use_charge = used * OVERUSE_CHG_RATE * PER_1000_CHG;
      }

      return (use_charge);
}
```

練習 4.6

程式撰寫

1. 完成有用水限制需求的水費程式。

4.7　巢狀 if 敘述與多重選擇的決策

巢狀 if 敘述：在 if 敘述中，在真條件或偽條件工作區中再有另一個 if 敘述。

　　目前所用過的 if 敘述都只有一個或兩個選擇，在此節要用**巢狀 if 敘述**(nested if statement)來撰寫多重選擇的決策。

範例 4.15

下列巢狀 if 敘述有三個選擇。視 x 之值是大於 0、小於 0 或等於 0，分別增加三個變數(num_pos、num_neg 或 num_zero)中的一個，方框內表示巢狀 if 敘述的邏輯結構，第二個 if 敘述是第一個 if 敘述條件不成立時所執行的工作。

```
/* increment num_pos, num_neg, or num_zero depending on x */
```

```
if (x > 0)
      num_pos = num_pos + 1;
else
      if (x < 0)
            num_neg = num_neg + 1;
      else /* x equals 0 */
            num_zero = num_zero + 1;
```

巢狀 if 敘述的執行過程如下：先測試第一個條件(x > 0)，若為真，則增加 num_pos，跳過 if 敘述的其他部分；若條件為偽，則測試第二個條件(x < 0)，若為真則增加 num_neg；否則增加 num_zero。第二個條件只在第一個條件為偽時才測試。表 4.10 追蹤此敘述的執行。當 x 為 -7 時，x > 0 為偽，會測試第二個條件(x < 0)。

巢狀 if 和串列 if 的比較

程式設計師有時較喜歡用一串列 if 敘述，而不是一個巢狀 if 敘述。例如，範例 4.15 的巢狀 if 可寫成一串 if 敘述：

```
if (x > 0)
    num_pos = num_pos + 1;
if (x < 0)
    num_neg = num_neg + 1;
if (x == 0)
    num_zero = num_zero + 1;
```

雖然在邏輯上此串列等於原來的敘述，但是可讀性不高且無效率。和巢狀 if 敘述不同的是，串列 if 敘述不能清楚地表示對於某 x 值只執行三個設定敘述中的一個。缺乏效率是因為這三個條件都會測試，而在巢狀 if 敘述中，在 x 為正時，只會測試第一個條件。

表 4.10 在 x = -7 時，追蹤範例 4.15 的 if 敘述

敘 述	結 果
if (x > 0)	-7 > 0 為偽
if (x < 0)	-7 < 0 為真
num_neg = num_neg + 1	加 1 至 num_neg

巢狀 if 的多重選擇決策

巢狀 if 敘述可以變得很複雜。若有三個以上的選擇且縮排不一致時，可能很難決定此 if 敘述的選擇結構。在範例 4.15 的情形，每個偽條件的工作(除了最後一個)區內有一個 if-then-else 敘述，因此巢狀 if 可撰寫多重選擇決策的問題。

多重選擇的決策

語法： if ($condition_1$)
　　　　　　$statement_1$
　　　else if ($condition_2$)
　　　　　　$statement_2$
　　　　　　．
　　　　　　．
　　　　　　．
　　　else if ($condition_n$)
　　　　　　$statement_n$
　　　else
　　　　　　$statement_e$

範例：
```
/* increment num_pos, num_neg, or num_zero depending
   on x */
if(x > 0)
    num_pos = num_pos + 1;
else if(x < 0)
    num_neg = num_neg + 1;
else /* x equals 0 */
    num_zero = num_zero + 1;
```

說明：多重選擇的決策條件會逐一求值，直到遇到真條件。若某一條件為真，會執行其後的敘述，而其他選擇會跳過不用。若條件為偽，則跳過其後的敘述，並測試下一個條件，若所有條件皆為偽，則會執行最後一個 else 的敘述 $statement_e$。

注意：在多重選擇的決策中，單字 else 和 if 及條件皆出現在同一列中。所有的 else 皆對齊，每個相關的敘述縮排於該條件之後。

範例 4.16　假設想取得噪音聲量與噪音影響人類之間的關聯。下表是噪音的聲量和人類認知的關係。

聲量分貝(db)	感　覺
50 以下	安靜
51 - 70	干擾
71 - 90	厭煩
91 - 110	非常厭煩
110 以上	不舒服

下列的多重選擇根據此表顯示人類的感覺。若噪音測得為 62 分貝，最後三個條件值皆為真，但第一個真條件是 `noise_db <= 70`，所以會感覺 62 分貝的噪音是干擾的。

```
/* Display perception of noise loudness */

if(noise_db <= 50)
    printf("%d-decibel noise is quiet. \n", noise_db);
else if(noise_db <= 70)
    printf("%d-decibel noise is intrusive. \n", noise_db);
else if(noise_db <= 90)
    printf("%d-decibel noise is annoying. \n", noise_db);
else if(noise_db <= 110)
    printf("%d-decibel noise is very annoying. \n", noise_db);
else
    printf("%d-decibel noise is uncomfortable. \n", noise_db);
```

多重選擇的條件順序

在多重選擇中若有多個條件為真，只有第一個真條件之下的工作會執行，因此條件的順序會影響輸出。

將判斷條件寫成下列的順序是不正確的。除了最大的聲音(110 分貝以上)，其餘都會被歸類為「非常厭煩」，因為第一個條件會成真，且其餘都會被省略。

```
/* incorrect perception of noise loudness */
```

```
if(noise_db <= 110)
    printf("%d-decibel noise is very annoying. \n", noise_db);
else if(noise_db <= 90)
    printf("%d-decibel noise is annoying. \n",
            noise_db);
else if(noise_db <= 70)
    printf("%d-decibel noise is intrusive. \n",
            noise_db);
else if(noise_db <= 50)
    printf("%d-decibel noise is quiet. \n",
            noise_db);
else
    printf("%d-decibel noise is uncomfortable. \n", noise_db);
```

條件的測試順序亦會影響程式的效率。若已知大聲噪音比低分貝噪音多，先測 110 分貝以上的噪音，再測 91 至 110 分貝等會比較有效率。

範例 4.17　可用多重選擇的 if 敘述來完成描述多個選擇的決策表。例如，一位會計師要依表 4.11 建立薪資系統，該表有五種薪資階級，最高為 $150,000.00。表中每列包含基本稅金(第 2 行)、稅率(第 3 行)及薪水範圍(第 1 行)。已知一個人的薪水，其稅金是基本稅金，加上薪水多出該範圍最低值的金額乘上稅率。

舉例來說，若薪水是 $20,000.00，從表中第二列可知稅金是 $2,250.00 加上超過 $15,000.00 的部分乘上 18% (即 $5000.00 乘上 18%，或 $900.00)，所以稅金是 $2250.00 加上 $900.00，或 $3,150.00。

函式 comp_tax 中(圖 4.10)用 if 敘述完成稅額表。若 salary 值是在表的範圍內(0.00 到 150,000.00)，只會執行一個設定敘述，將值設給 tax。表 4.12 是在 salary 為 $25,000.00 時 if 敘述的執行情形。你可以發現指定給 tax 的值 $4,050.00 為正確的。

表 4.11　範例 4.17 的決策表

薪水範圍($)	基本稅金($)	超額稅率(%)
0.00- 14,999.99	0.00	15
15,000.00- 29,999.99	2,250.00	18
30,000.00- 49,999.99	5,400.00	22
50,000.00- 79,999.99	11,000.00	27
80,000.00-150,000.00	21,600.00	33

圖 4.10 函式 `comp_tax`

```
 1. /*
 2.  * Computes the tax due based on a tax table.
 3.  * Pre : salary is defined.
 4.  * Post: Returns the tax due for 0.0 <= salary <= 150,000.00;
 5.  *       returns -1.0 if salary is outside the table range.
 6.  */
 7. double
 8. comp_tax(double salary)
 9. {
10.    double tax;
11.
12.    if (salary < 0.0)
13.       tax = -1.0;
14.    else if (salary < 15000.00)                  /* first range  */
15.       tax = 0.15 * salary;
16.    else if (salary < 30000.00)                  /* second range */
17.       tax = (salary - 15000.00) * 0.18 + 2250.00;
18.    else if (salary < 50000.00)                  /* third range  */
19.       tax = (salary - 30000.00) * 0.22 + 5400.00;
20.    else if (salary < 80000.00)                  /* fourth range */
21.       tax = (salary - 50000.00) * 0.27 + 11000.00;
22.    else if (salary <= 150000.00)                /* fifth range  */
23.       tax = (salary - 80000.00) * 0.33 + 21600.00;
24.    else
25.       tax = -1.0;
26.
27.    return (tax);
28. }
```

表 4.12 當 salary = $25000.00 時,追蹤圖 4.10 的 if 敘述

敘述	薪水	稅金	結果
	25000.00	?	
if (salary < 0.0)			25000.0 < 0.0 為偽
else if (salary < 15000.00)			25000.0 < 15000.0 為偽
else if (salary < 30000.00)			25000.0 < 30000.0 為真
tax = (salary - 15000.00)			求得 10000.00
* 0.18			求得 1800.00
+ 2250.00;		4050.00	求得 4050.00

程式風格:確認變數值

在使用變數前先確認其值,可避免處理無效或無意義的資料。在函式 `comp_tax` 中,若 salary 之值超過該表所涵蓋的範圍(0.0 到 150,000.00),則回傳 -1.0(不可能的稅金金額),而不是計算不正確的稅

金。若 salary 為負,則第一個條件就設 tax 為 -1.0;若 salary 大於 150,000.00,則所有條件皆為偽,所以在 else 之下仍設 tax 為 -1.0。呼叫 comp_tax 的函式在得到回傳值 -1.0 時,就應顯示錯誤訊息。

多於一個變數的巢狀 if 敘述

在大部分的例子中,皆用巢狀 if 敘述來測試一個變數之值,因此能以巢狀 if 敘述來完成多重選擇的決策問題。若有數個變數包含在決策之中,就不能總是用多重選擇了。範例 4.18 將 if 敘述視為一個「過濾器」來選擇滿足數種條件的資料。

範例 4.18 國防部希望有程式能辨識年齡為 18 至 26 歲的單身男性。方法之一是用巢狀 if 敘述,在前面條件都符合時測試下一個需求。假設下列變數皆有值,巢狀 if 敘述如下。printf 只在所有條件成立時才執行。

```
/* Print a message if all criteria are met. */
if (marital_status == 'S')
    if(gender == 'M')
        if(age >= 18  &&  age <= 26)
            printf("All criteria are met. \n");
```

另一個方法是用複合條件的單一 if,如下:

```
if (marital_status == 'S'  &&  gender == 'M'
    &&  age >= 18  &&  age <= 26)
        printf("All criteria are met. \n");
```

範例 4.19 在主要的隧道出口要用程式來控制警告訊號。若道路濕滑(road_status 為 'S')就要提醒駕駛者煞車時間要加倍或 4 倍,視道路是濕的或結冰而定。程式亦要

```
if (road_status == 'S')
    if (temp > 0) {
        printf("Wet roads ahead\n");
        printf("Stopping time doubled\n");
    } else {
        printf("Icy roads ahead\n");
        printf("Stopping time quadrupled\n");
    }
else
    printf("Drive carefully!\n");
```

圖 4.11
道路訊號的流程圖

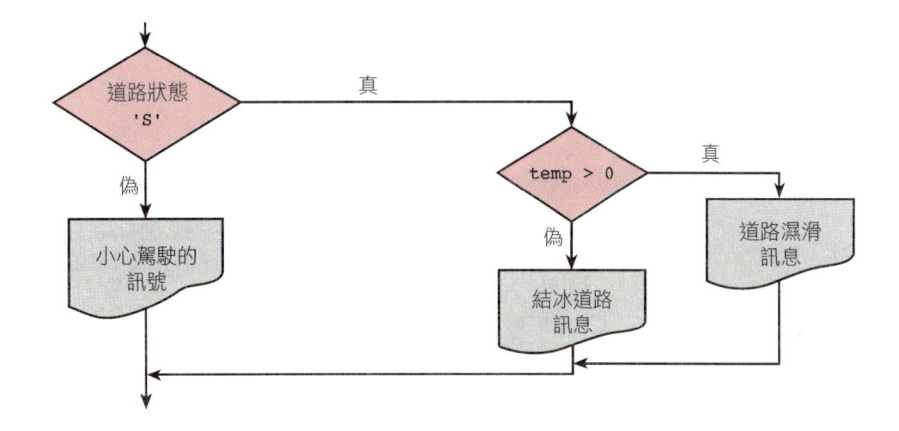

存取目前的攝氏溫度(temp)，來檢查溫度是在冰點之上或之下，以選擇正確的訊息。上列的巢狀 if 敘述是這些決策程序，圖 4.11 是流程圖。

要驗證範例 4.19 的巢狀 if 敘述，需準備各種道路狀況和溫度值的組合資料。流程圖中最右邊的輸出只在兩個條件皆成立時才執行。最左邊的輸出條件是 road_status 不為'S'時。中間的輸出是在含 road_status 的條件為真，而含 temp 的條件為偽時。

C 對巢狀 if 的處理是將 else 和最近的不完整 if 結合。例如，在道路訊號的決策敘述中，若遺漏第一個 else，就會變成下列的樣子：

```
/* incorrect interpretation of nested if */
if(road_status == 'S')
    if(temp > 0){
        printf("Wet roads ahead\n");
        printf("Stopping time doubled\n");
    }
else
    printf("Drive carefully!\n");
```

雖然從縮排可以看出 else 仍為第一個 if 的偽分支，但實際上，C 編譯程式會把它視為第二個 if 的偽分支。按照其真正的意義，其縮排後的樣子如下：

```
if (road_status == 'S')
    if (temp > 0) {
        printf("Wet roads ahead\n");
        printf("Stopping time doubled\n");
    } else
        printf("Drive carefully!\n");
```

要強迫 else 為第一個 if 的偽分支,則需在其真條件的工作區加大括號:

```
if (road_status == 'S') {
    if (temp > 0) {
        printf("Wet roads ahead\n");
        printf("Stopping time doubled\n");
    }
} else
    printf("Drive carefully!\n");
```

圖 4.11 的流程圖不能用多重選擇的決策敘述來完成,因為第二個決策(temp > 0)是在第一個決策的真條件分支下。但是若改變最初的條件,交換分支的狀況,就可用多重選擇結構了,即只需檢查道路是否為乾的。

```
if (road_status == 'D'){
    printf("Drive carefully!\n");
} else if (temp > 0){
    printf("Wet roads ahead\n");
    printf("Stopping time doubled\n");
} else {
    printf("Icy roads ahead\n");
    printf("Stopping time quadrupled\n");
}
```

若道路是乾的,則第一個條件為真。若條件為偽,再測第二個條件;第二個條件為真時,即溫度在冰點之上,就執行相關敘述。最後兩個條件皆為偽時,就是道路不是乾的且溫度不在冰點之上,執行 else 後的敘述。

練習 4.7

自我檢驗

1. 用 $23,500.00 的薪資追蹤圖 4.10 的巢狀 if 敘述。
2. 若交換圖 4.10 中 if 敘述的前兩個條件之順序,會有何影響?
3. 參考下列流程圖,寫一巢狀 if 敘述。在中間決策處盡可能用多重選擇的 if 敘述。

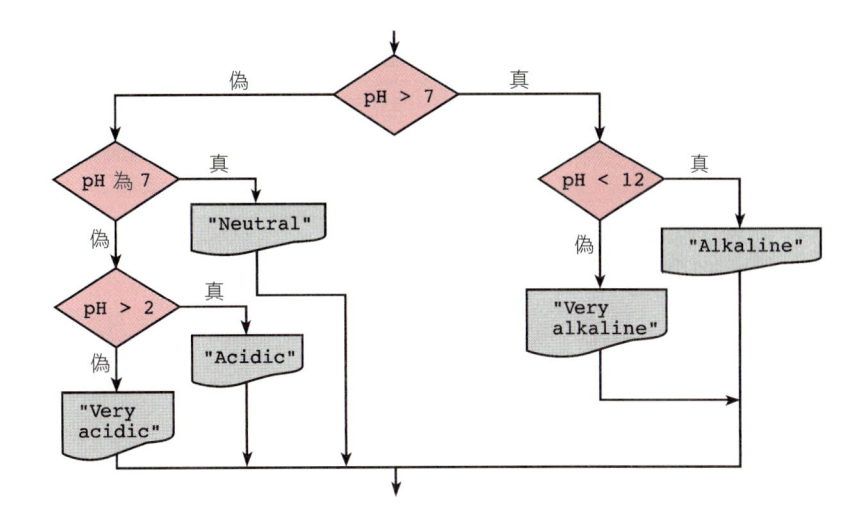

程式撰寫

1. 重寫範例 4.16 的 if 敘述，使其所有條件只用關係運算子 >。
2. 用巢狀 if 敘述完成下列決策表。假設成績的平均範圍從 0.0 至 4.0。

成績平均值	結　語
0.0 - 0.99	這學期沒過——註冊暫緩
1.0 - 1.99	下學期重修
2.0 - 2.99	(無訊息)
3.0 - 3.49	優等
3.5 - 4.00	本學期最高榮譽

3. 用多重選擇的 if 敘述完成下列決策表。假設風速值是整數。

風速(mph)	分　類
25 以下	不是強風
25 - 38	強風
39 - 54	疾風
55 - 72	強疾風
72 以上	颶風

4. 撰寫一個多個可能性的 if 敘述，產生一個血壓分類表，分別為標準、高血壓前期、高血壓。假設血壓已經以整數作為輸入。

血 壓	分 類
140 或者更高	高血壓
120-139	高血壓前期
低於 120	標準

4.8　switch 敘述

在 C 中，switch 敘述可在數個方法中作一個選擇。當選擇是依某個變數或簡單運算式(稱為控制運算式)而定時，switch 敘述特別有用。此運算式之值可為 int 或 char，但不能為 double。

範例 4.20　圖 4.12 的 switch 敘述是完成下表的方法之一。

ID 類別	軍艦的類別
B 或 b	戰艦
C 或 c	巡洋艦
D 或 d	驅逐艦
F 或 f	反潛艇小型驅逐艦

switch 敘述所顯示的訊息依控制運算式之值而定，即變數 class (char 型態)之值。首先，此運算式求值；然後搜尋 case 的分類字串 (case 'B':, case 'b':, case 'C'：等等)，直到符合控制運算式之值，執行符合的 case 標示之後的敘述直到 break 敘述。break 會結束 switch 敘述，並繼續執行 switch 主體之後的指令。若無 case 標示符合控制運算式之值，則執行 default 標示之後的敘述；若無此標示，則忽略整個 switch 敘述。

使用字串如 "Cruiser" 或 "Frigate" 作為 case 標示是常見的錯誤。記住，只有 int 和 char 值才能用於 case 標示，字串和 double 值皆不能用。另一個常見的錯誤是在方法結束時漏了 break 敘述，此時會「掉下去」執行另一個方法。我們在每個 break 敘述後會加上一行空白行，用來強調接下來不需要再執行其他的敘述。

圖 4.12 case 標示為 char 型態的 switch 敘述範例

```
1.  switch (class) {
2.  case 'B':
3.  case 'b':
4.          printf("Battleship\n");
5.          break;
6.
7.  case 'C':
8.  case 'c':
9.          printf("Cruiser\n");
10.         break;
11.
12. case 'D':
13. case 'd':
14.         printf("Destroyer\n");
15.         break;
16.
17. case 'F':
18. case 'f':
19.         printf("Frigate\n");
20.         break;
21.
22. default:
23.         printf("Unknown ship class %c\n", class);
24. }
```

忘記 switch 敘述主體的右大括號也是經常發生的。若漏了大括號，且此 switch 有 default 標示，則在 switch 敘述之後的指令皆成為 default 狀況的一部分。

下列是 switch 敘述的格式。

---

switch 敘述

語法： switch(*controlling expression*) {

　　*label set*₁

　　　　*statements*₁

　　　　break;

　　*label set*₂

　　　　*statements*₂

　　　　break;

(續)

```
                .
                .
                .
        label set_n
            statements_n
            break;
    default:
        statements_d
}
```

範例：
```
/* Determine life expectancy of a standard light
    bulb */
switch(watts){
case 25:
    life = 2500;
    break;
case 40:
case 60:
    life = 1000;
    break;
case 75:
case 100:
    life = 750;
    break;
default:
    life = 0;
}
```

說明：*controlling expression* 是值為 `int` 或 `char` 型態的運算式，此值會與 *label sets* 中的每個標示值作比較，直到相等值出現。*label set* 由一個以上的標示組成，標示的格式是 `case` 後有一常數值及冒號。當某一控制式之值與 `case` 標示值相同時，就會執行此 `case` 標示之後的敘述直到 `break` 敘述出現。其餘的 `switch` 敘述就跳過不執行。

注意：在 `case` 標示之後的敘述可以有一個以上，不需用大括號使其成為單一的複合敘述。若沒有 `case` 標示和控制式值相同，除非有 `default` 標示，否則會忽略整個 `switch` 敘述。當沒有其他 `case` 標示和控制式值相同，在 `default` 標示之後的敘述會被執行。

比較巢狀 if 敘述和 switch 敘述

在完成多重選擇決策時，巢狀 if 敘述比 switch 敘述更具一般性。許多程式中，switch 的可讀性較高，但 double 值字串型態不能用於 case 標示。

當標示集合內含合理的 case 標示個數時(最多為 10 個)，就應該要用 switch 敘述，若個數太多則用巢狀 if 敘述。在 switch 敘述中盡可能使用 default 標示，因為定義 default 可處理控制式之值落在 case 標示值之外的情況。

練習 4.8

自我檢驗

1. 若 color 之值為 'R'，則下列草率的 switch 敘述會印出什麼？

    ```
    switch(color){ /* break statements missing */
    case 'R':
        printf("red\n");
    case 'B':
        printf("blue\n");
    case 'Y':
        printf("yellow\n");
    }
    ```

2. 為何不能用 switch 敘述重寫範例 4.16 和 4.17 的 if 敘述？

程式撰寫

1. 用 switch 敘述依燈泡的瓦數，存於 watts 內，設定變數 lumens 的亮度值。利用下表：

瓦　數	亮度(單位為 Lumens)
15	125
25	215
40	500
60	880
75	1000
100	1675

焦點 C

與 UNIX 間之關係

C 語言是 UNIX 系統的基本組成以及大部分作業系統的基礎語言，其實也是由 Ken Thompson 和 Dennis Ritchie 共同創造的第一套 UNIX 作業系統發展過程而來的副產品。

在 UNIX 發展時期，其非常重要的目的之一是讓電腦更容易讓人接近。直到 1960 年代晚期，只有少數組織能夠擁有電腦，而且甚至在當時，這些電腦還是非常龐大的系統，像是 IBM 的 OS/360。一直到下一代的電腦，亦即迷你電腦，透過分時(time-sharing)技術才能夠讓使用者透過終端機連接到電腦，並以互動的方式溝通。此種由 UNIX 等作業系統首先採取的互動式電腦使用方式，使得電腦更容易使用。

當 Thompson 和 Ritchie 在 1969 年建造第一套 UNIX 系統時，他們是受到當時在 MIT 開發的 Multics 系統(由 MIT、GE 和貝爾實驗室共同研發)之互動性所啟發。當開發者在 1973 年重寫 UNIX 核心(亦即作業系統的心臟)時，他們採用 C 語言作為開發語言。從此之後，程式用來向核心要求服務所使用的系統呼叫便被定義為 C 函式。由於使用這些系統呼叫，使得用 C 語言(以後轉變為 C++)發展應用程式成為一件很自然的事。許多 UNIX 使用者程式也遵循 C 的語法慣例。

C 和 UNIX 之間的關聯是彼此互相的。任何你可能撰寫的 C 程式，無論隱含地或刻意地，都將呼叫 C 函式庫中的函式。即使最簡單的「不做任何事」程式，也會隱含呼叫 **exit** 函式，再由 **exit** 呼叫作業系統將程式終結。標準 C 函式庫中許多其他函式，例如 **getc** 和 **time** 也要求作業系統的支援，而此種支援便在 UNIX 上建立模式。這些函式的程式碼牽涉到對作業系統要求系統服務。雖然市面上有各種不同的 UNIX，但它們都包含一個「程式設計師的函式庫」，其中包含與 C 函式庫極為類似的函式。這些函式本身便定義為 C 介面。

而另一方面，許多包含程式工具的 UNIX 公用程式都借用了 C 的語法和語意。最典型的例子是介殼程式(shell script)，通常直接就稱為介殼(shell)。一個簡單的介殼程式只是一個文字檔，其中包含了作業系統指令，以及一些用來控制執行流程的邏輯。介殼程式中 C 語法的典型範例是使用 **&&** 和 **||** 運算子。在 C 中，它們執行快速的邏輯運算。在介殼程式中，它們的運作方式類似，而且可以提供條件式執行程式。當運算介殼程式的算式 a **&&** b 時，其中 a 和 b 是程式，會先執行 a。如果執行成功，接著再執行 b；如果失敗，b 便不會被執行。類似地，a**||**b 會執行 a，接著只在 a 執行失敗時才會執行 b。

對一般使用者而言，C 和 UNIX 之間的關聯在大部分電腦使用介面仍為文字形式時較為明顯。隨著圖形介面的興起，除了系統程式設計者，兩者之間的關聯對大部分使用者而言便被遮蓋起來。透過圖形介面，使用者程式幾乎沒有一般所謂的語法：大部分的輸入都是透過移動和點按滑鼠，而非鍵入文字。構成許多 UNIX 公用程式的 C 語法跟這些程式毫不相關。

現在，UNIX 系統下許多使用者程式都是以如 Perl、Python 及 TCL/TK 等撰寫的。這些語言通常都比 C 將機器視為較高、較抽象的層次。它們並不適合用於較低階的程式設計，例如 UNIX 核心需要的程式碼，但是卻非常適合於圖形程式。

除此之外，隨著採用 C 及其衍生語言 C++ 撰寫其他作業系統的普遍性，以及在那些作業系統上提供 C 和 C++ 編譯器的現象，我們不能再假設 C 程式碼是用來為 UNIX 環境撰寫的。但很矛盾地，以 C 和 C++ 作為系統程式語言的普遍性，卻破壞了 UNIX 和 C 之間的關聯性。這些發展的結果導致 UNIX 對 C 的關聯性，儘管有其歷史上的重要性以及仍舊對系統程式設計師的必要性，卻已不再像過去那麼重要了。

在此要感謝《UNIX for the Impatient》一書的作者 Paul Abrahams，他也是前計算機協會的主席，為此篇文章提供他對 UNIX 的精闢見解。

假如表中沒有指定的 watts 值，則將亮度值設為 -1。
2. 用巢狀 if 敘述完成上題。

4.9 程式撰寫常見的錯誤

在 C 中，關係和等式運算子的運算結果真值為 1，偽值為 0。乍看之下，C 以奇怪的方式解釋某些數學運算式。從下列的 if 敘述中，可能預期不到對於所有的非負 x 值皆顯示 Condition is true。

```
if (0 <= x <= 4)
    printf("Condition is true\n");
```

以 x 等於 5 為例，0 <= 5 之值為 1，而 1 一定小於等於 4；要檢查 x 是否在 0 到 4 的範圍，要用條件

```
(0 <= x &&  x <= 4)
```

C 的相等運算子是 ==，如果錯用 =，編譯程式只在第一個運算元不是變數時會檢查出錯誤，所以程式碼會產生不正確的結果。例如，下列敘述不論 x 值為何皆印出 x is 10：

```
if (x = 10)
    printf("x is 10");
```

設定運算子將 10 存於 x，而設定運算式之值為被設定變數之值，故在 if 條件中的敘述值為 10，而 10 是非零值，C 視為真並執行其後的工作。

不要忘了在 if 敘述的條件中加括號，並在適當的位置加大括號，使 else 和正確的 if 連結。在真或偽條件工作區內的複合敘述亦需用大括號包住。若漏掉大括號，只視第一個敘述為該工作區的一部分，若這大括號是在有兩個選擇的真條件工作區，則會導致語法錯誤。若是在兩個選擇的偽條件工作區，或單一選擇的真條件工作區，則忘記大括號通常都不會引起語法錯誤，只會造成不正確的結果。在下述例子中，若真條件工作區的大括號不見了。編譯程式會假設第一個設定敘述的分號結束了 if 敘述。

```
if (x > 0)
    sum = sum + x;
    printf("Greater than zero\n");
```

```
else
    printf("Less than or equal to zero\n");
```

當編譯程式遇到保留字 else 時就，會產生語法錯誤 unexpected symbol 的訊息。

用巢狀 if 敘述時，盡可能選擇可寫成 4.7 節多重選擇格式的條件。邏輯結構最好是中間條件能落在前一決策的偽分支上，若同時有一個以上的條件為真，將最嚴格的條件放第一個。

記住 C 編譯程式將每個 else 與最近未配對的 if 配在一起，若不小心，可能會得到不是預期的結果，這可能不會造成語法錯誤，只是輸出受影響。

在 switch 敘述中，要注意控制運算式與 case 標示的型態(為 int 或 char，但不是 double)。要記得包含 default 狀況，否則當控制式之值不是任何的 case 標示值時，整個 switch 敘述會被忽略。

switch 敘述的主體是一個單一的複合敘述，包在一組大括號內。但在 switch 中，每個選擇內的敘述不用大括號包住，而是用 break 作結束。若忽略了 break 敘述，程式會「掉下去」執行下一狀況的敘述。

本章回顧

1. 用控制結構來控制程式的敘述執行流程。複合敘述是循序執行的控制結構。
2. 用選取的控制結構來表示演算法中的決策，並用虛擬碼來撰寫。在 C 中用 if 或 switch 敘述來表現決策步驟。
3. 若運算式之值可表示條件為真時，則其運算子為
   - 關係運算子(<、<=、>、>=)與相等運算子(==、!=)，用來比較變數與常數。
   - 邏輯運算子(&&(且)、||(或)、!(否定))，用來形成更複雜的條件。
4. 在結構圖中，資料流可表示子問題的輸入及輸出變數。輸入提供子問題處理的資料，輸出則從輸入裝置或子問題的計算複製值回傳。相同變數可為某個子問題的輸入或是另一個的輸出。
5. 在解析問題時，可藉由修改現有問題的解答，這是一種解問題的技巧。將程式模組化(有函式副程式)更易於應用此種技巧。
6. 手動追蹤可驗證演算法是否正確，發現演算法的邏輯錯誤。在撰寫程

式前先紙上檢查可節省時間。
7. 在 C 中常用巢狀 if 敘述來表示多重選擇的決策。設計師用縮排和多重選擇決策的形式來提高巢狀 if 敘述的可讀性。
8. switch 敘述是實現數個選擇決策，而決策則依變數或運算式值(控制運算式)而定，控制式之值可為 int 或 char 型態，但不能為 double 型態。

新增的 C 結構

結　構	效　果
if 敘述	
一個選擇	
`if(x != 0.0)` 　　`product = product * x;`	若 x 為非零，計算 product 和 x 乘積。
兩個選擇	

`if(temp > 32.0)`
　　`printf("%.1f: above freezing",`
　　　　　`temp);`
`else`
　　`printf("%.1f: freezing", temp);`
	若 temp 大於 32.0，則標示 abovefreezing；否則標示 freezing。

多重選擇	

`if(x < 0.0){`
　　`printf("negative");`
　　`absx = -x;`
`} else if(x == 0.0){`
　　`printf("zero");`
　　`absx = 0.0;`
`} else {`
　　`printf("positive");`
　　`absx = x;`
`}`
	視 x 之值為負、正或 0，顯示三則訊息中的一個。設定 absx 表示 x 的絕對值。

switch 敘述	

`switch(next_ch){`
`case 'A':`
`case 'a':`
　　`printf("Excellent");`
　　`break;`
`case 'B':`
`case 'b':`
　　`printf("Good");`
　　`break;`
`case 'C':`
`case 'c':`
`printf("O.K.");`
`break;`
	視 next_ch(char 型態)之值顯示 5 個訊息中的 1 個。若 next_ch 為'D'、'd'或'F'，'f'的學生就得重修。若 next_ch 值不在 case 標示值中，則顯示錯誤訊息。

新增的 C 結構(續)

結　構	效　果
| ```
case 'D':
case 'd':
case 'F':
case 'f':
    printf("Poor, student is ");
    printf("on probation");
    break;
default:
    printf("Invalid letter grade");
}
``` | |

快速檢驗練習

1. if 敘述是用來實作_____執行。
2. 何謂複合敘述？
3. switch 敘述常用來取代_____。
4. 有關係運算子的運算式，會有什麼樣的值？
5. 關係運算子 <= 的意思為_____。
6. 手動追蹤是用來驗證_____的正確性。
7. 列出三種控制結構。
8. 訂正下列的語法錯誤

    ```
    if x > 25.0 {
        y = x
    else
        y = z;
    }
    ```

9. 當 speed 為 75 時，下列的 if 敘述會設定何值給 fee？

    ```
    if(speed > 35)
        fee = 20.0;
    else if(speed > 50)
        fee = 40.00;
    else if(speed > 75)
        fee = 60.00;
    ```

10. 依下列的 if 敘述回答第 9 題，哪一個 if 敘述較合理？

    ```
    if(speed > 75)
        fee = 60.0;
    ```
    ```

```
    else if(speed > 50)
        fee = 40.00;
    else if(speed > 35)
        fee = 20.00;
```

11. 當 grade 為 'I' 時，下列敘述的輸出為何？grade 為 'B' 時呢？grade 為 'b' 時呢？

    ```
    switch(grade){
    case 'A':
        points = 4;
        break;

    case 'B':
        points = 3;
        break;

    case 'C':
        points = 2;
        break;

    case 'D':
        points = 1;
        break;
    case 'E':
    case 'I':
    case 'W':
        points = 0;
    }
    if(points > 0)
        printf("Passed, points earned = %d\n", points);
    else
        printf("Failed, no points earned\n");
    ```

12. 解釋左右兩邊敘述的差異。若 x 的初值為 1，則每邊敘述的最終 x 值為何？

    ```
    if(x >= 0)                          if(x >= 0)
        x = x + 1;                          x = x + 1;
    else if(x >= 1)                     if(x >= 1)
        x = x + 2;                          x = x + 2;
    ```

13. a. 此運算式之值為何？

    1 && (30 % 10 >= 0) && (30 % 10 <= 3)

    b. 每組括號是否都是必須的？

    c. 用兩種方式寫此式的否定。首先加一個運算子和一組括號，第二種利用 DeMorgan 定律。

快速檢驗練習解答

1. 有條件的
2. 用大括號包住一個以上的敘述
3. 巢狀 if 敘述或多重選擇的 if 敘述
4. 0 和 1
5. 小於或等於
6. 演算法
7. 循序，選取，迴圈
8. 條件要加括號，刪除大括號(或在 else 前後加大括號：{else})，在第一個設定敘述後加分號。
9. 20.00(符合第一個條件)
10. 40.00，第 10 題中的敘述。
11. 當 grade 為 'I' 時：Failed, no points earned

    當 grade 為 'B' 時：Passed, points earned = 3

    當 grade 為 'b' 時：會跳過整個 switch 敘述，輸出視 points 先前之值而定(可能為無用值)。
12. 左邊為巢狀 if 敘述；右邊為循序的 if 敘述。左邊的 x 值變為 2，右邊的 x 變為 4。
13. a. 1

    b. 不是

    c. !(1 && (30 % 10 >= 0) && (30 % 10 <= 3))

    0 || (30 % 10 < 0) || (30 % 10 > 3)

問題回顧

1. 什麼稱為控制敘述？
2. 追蹤下列的程式片段；當輸入 33.43 時，會呼叫哪一個函式？

    ```
    printf("Enter a temperature> ");
    ```

```
scanf("%1f", &temp);
if(temp > 32.0)
    not_freezing();
else
    ice_forming();
```

3. 寫一多重選擇的 `if` 敘述來顯示學生的教育程度，教育程度視此學生在學校的時間而定(0：無；1 – 4：小學；5 – 8：國中；9 – 12：高中；12 年以上：大學)。若資料不對也印出訊息。

4. 用 `switch` 敘述依 `inventory` 值來選取動作。若 `inventory` 為 `'T'` 或 `'P'`，`total_paper` 增加 `paper_order`。若 `inventory` 為 `'R'`、`'O'` 或 `'D'`，`total_ribbon` 增加 `ribbon_order`。若 `inventory` 為 `'A'` 或 `'X'`，`total_label` 增加 `label_order`。若為 `'M'` 則不做事。若 `inventory` 值不是這八個字母，則顯示錯誤訊息。

5. 用 `if` 敘述來顯示太空候選人通過測試的訊息，此候選人的體重須在 `opt_min` 和 `opt_max` 之間，包括頭尾兩值，年齡從 `age_min` 到 `age_max`，且是非吸菸者(使用一個字元輸入作為 `smoker`)。

6. 用巢狀 `if` 結構完成如圖 4.13 的流程圖。

程式撰寫專案

1. 凱斯樂譜專賣店需要一套程式來實作對音樂老師的折扣優惠原則。這個程式會提示使用者輸入購買總金額，並表示該購買者是否為教師身份。這家專賣店打算提供每位顧客一張列印收據，所以程式必須產生一個經過格式化的檔案，稱為 receipt.txt。音樂老師購買樂譜時，若總金額在 $100 美元之下可得到 10% 的折扣，購買金額為 $100 美元或更高則可得到 12% 的折扣。這些折扣必須在加上 5% 營業稅之前先行計算。下面是兩個範例輸出檔案，一個是教師顧客，而另一個是非教師身份顧客。

```
購買金額              $122.00
教師折扣(12%)           14.64
折扣後總金額           107.36
營業稅(5%)               5.37
總金額                $112.73

購買金額               $24.90
營業稅(5%)               1.25
總金額                 $26.15
```

圖 4.13 問題回顧第 6 題之流程圖

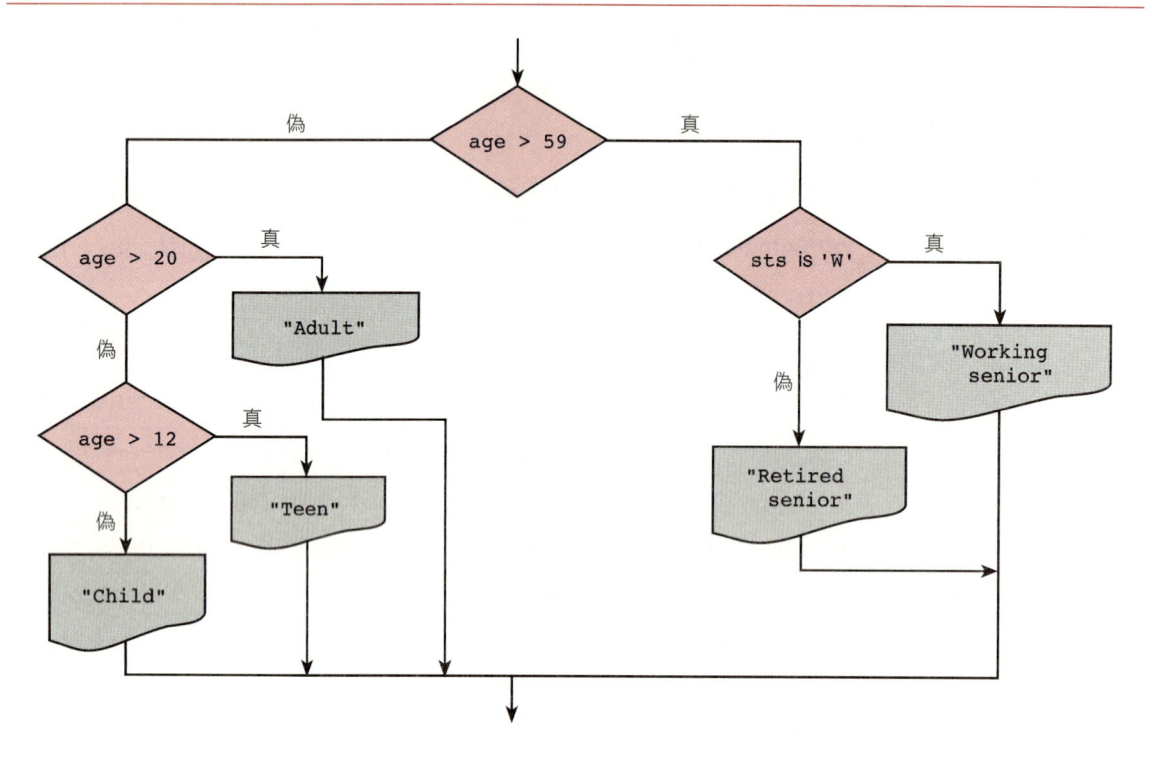

注意：要顯示 % 符號時，必須在格式字串中放置兩個 %：

```
printf("%d%%", SALES_TAX);
```

2. 寫一程式計算使用者的身體 BMI 值，並且加以分類如過輕、標準、過重或者肥胖。根據下列美國健康控制表：

BMI	體重狀態
低於 20.9	過輕
21.0-35.9	標準
36.0-45.9	過重
46.0 以上	肥胖

計算 BMI 的公式如下，四捨五入至小數下一位，重量為磅(wt_lb)，高度為吋(ht_in)：

$$\frac{703 \times wt\_lb}{ht\_in^2}$$

3. 一個測量員的助理要寫一程式將指南針的度數轉成方向位置。方向位置包含三個元素：觀察者的方向(向北或向南)、介於 0 到 90 的角度和轉的方向(東或西)。例如，指南針指向 110.0 度，其方位是面向南(180 度)，然後轉向東 70 度(180.0 – 70.0 等於 110.0)，所以是南 70 度東。要檢查輸入的指南針度數是否正確。

4. 寫一程式，使其可根據鋼瓶顏色的第一個字母回報內裝壓縮氣體的內含物。程式接受的輸入是一個代表鋼瓶顏色的字母：'R' 或 'r' 代表紅色，'G' 或 'g' 代表灰色，其餘依此類推。鋼瓶顏色和相關內含物如下所列：

紅色(red)	阿摩尼亞
藍色(blue)	一氧化碳
灰色(grey)	氫氣
白色(white)	氧氣

對於上述列出顏色第一個字母之外的其他字母，程式應回覆此訊息：未知內含物。

5. 國家地震資訊中心要寫一程式完成下表以對地震分級。你是否可以使用 if 敘述來處理此問題？

芮氏地震標準指數	分 類
n < 5.0	小或是無損害
5.0 ≤ n < 5.5	一些損害
5.5 ≤ n < 6.5	嚴重損害：牆可能會傾倒
6.5 ≤ n < 7.5	災害：房子和建築物可能倒塌
更高	大災難：大部分的建築物都毀壞

6. 寫一程式讀取輸入的 x-y 座標，並列印訊息指出此點是在軸上或哪一象限內。

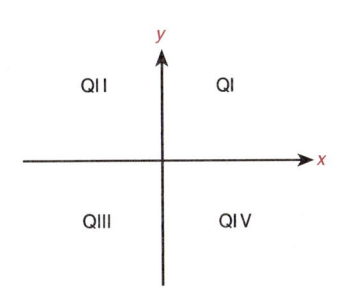

輸出範例：

```
(-1.0, -2.5) is in quadrant III
(0.0, 4.8) is on the y axis
```

7. 寫一程式將輸入的日期資料轉成一年中的日子(1 到 366)。例如，1 月 1 日是 1994 年的第 1 天；12 月 31 日是 1993 年的第 365 天；12 月 31 日是 1996 年的第 366 天，因為 1996 年是閏年。判斷閏年的方式是可被 4 整除，但可被 100 整除者須再被 400 整除。程式要以整數型態讀取月、日和年。用函式 leap 來判斷是否為閏年，若是就回傳 1，否則回傳 0。

8. 寫一程式和使用者互動，如下：

   (1) Carbon monoxide

   (2) Hydrocarbons

   (3) Nitrogen oxides

   (4) Nonmethane hydrocarbons

   Enter pollutant number >> 2

   Enter number of grams emitted per mile>> 0.35

   Enter odometer reading >> 40112

   Emissions exceed permitted level of 0.31 grams/mile.

   利用下表輸出適當的訊息[1]：

	第一個 50,000 哩	第二個 50,000 哩
一氧化碳	3.5 公克/哩	4.5 公克/哩
碳化氫	0.30 公克/哩	0.40 公克/哩
二氧化氮	0.4 公克/哩	0.5 公克/哩
非甲烷碳化氫	0.25 公克/哩	0.31 公克/哩

9. Chatflow 網路公司對客戶提供平常日(週一到週五)使用 600 分鐘，單一費率 39.99 元。晚上(8 P.M. 到 7 A.M.)與週末是免費的，但是平常日每分鐘多加 0.40 元。對所有費用都有 5.25% 的稅率。寫一個程式提示使用者輸入平常日的使用分鐘數、晚上使用的分鐘數與週末使用

---

[1] 摘自 Joseph Priest, *Energy: Principles, Problems, Alternatives* (Reading, MA.: Addison-Wesley, 1991), p.164.

的分鐘數，計算稅前每月所需要付出的平均費用。程式需要顯示所有輸入資料的名稱、稅前的帳單與平均每分鐘的費用、負擔的稅費與全部費用的帳單。所有貨幣以分為單位(稅與每分鐘的費用均四捨五入)，最後除以 100 顯示最後的結果值。

10. 寫一程式控制麵包機器，讓使用者可輸入麵包的型態 W(白麵包)和 S(甜麵包)，並詢問使用者麵包的大小是否加倍、是否要人工烘焙。下表是每種麵包型態的機器時間。每個步驟都顯示訊息。若麵包大小加倍，則增加 50% 的烘焙時間。若是人工烘焙，則在麵包成形後停止運作，並指示使用者取走生麵團。用函式顯示指示並計算烘焙時間。

製造麵包的時間表

操　作	白麵包(W)	甜麵包(S)
初步揉麵	15 分	20 分
初步發酵	60 分	60 分
二次揉麵	18 分	33 分
二次發酵	20 分	30 分
麵包成形	2 秒	2 秒
最後發酵	75 分	75 分
烘焙	45 分	35 分
冷卻	30 分	30 分

11. 下列表格顯示數種物質的正常沸點。寫一程式提示使用者輸入觀察到某種物質的沸點(°C)，如果該觀察到的沸點落在預期沸點的上下 5% 以內，便回應使用者程式識別到的物質。如果輸入的數值高於或低於表格中任何沸點的 5%，程式便輸出訊息：未知物質。

物　質	正常沸點(°C)
水	100
水銀	357
銅	1187
銀	2193
金	2660

你的程式中要定義並呼叫一個函式 within_x_percent，接受一個參數作為參考值 ref、一個數值資料 data，以及一個百分比數 x，

並且當 data 介於 ref 的 x% 以內時，亦即 (ref-x%*ref)(data≤ (ref + x% * ref)，傳回 1 表示正確；否則 within_x_percent 會傳回 0 表示錯誤。舉例來說，呼叫 within_x_percent(357, 323, 10)會傳回 1，因為 357 的 10% 是 35.7，而且 323 落在 321.3 和 392.7 之間。

迴圈敘述

CHAPTER 5

5.1 程式中的重複敘述

5.2 計數迴圈與 while 敘述

5.3 利用迴圈計算和或積

5.4 for 敘述

5.5 條件迴圈

5.6 迴圈設計

5.7 巢狀迴圈

5.8 do-while 敘述與旗標控制迴圈

5.9 解題說明

案例研究：太陽能房屋集熱區

5.10 如何除錯及測試程式

5.11 程式撰寫常見的錯誤

本章回顧

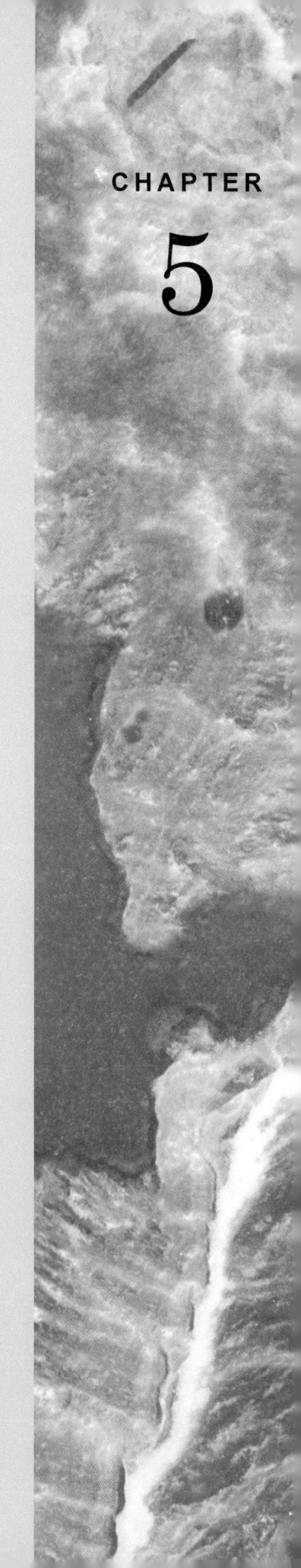

到目前為止，程式中的敘述都只執行一次，但在大部分的軟體中，可重複一個程序很多次。例如使用編輯程式或文字處理工具時，可移動游標至某一行並依需要執行數次的編輯功能。

迴圈是第三種程式控制結構(循序、選取、迴圈)，在程式中重複的步驟稱為**迴圈**(loop)。本章描述三種 C 迴圈控制敘述：`while`、`for` 與 `do-while`。除了說明如何用各種敘述撰寫迴圈，亦描述各種敘述的優點及最適用的時機。和 `if` 敘述一樣，迴圈也有巢狀，本章亦會加以說明。

> **迴圈**：在程式中重複一群步驟的控制結構。

5.1 程式中的重複敘述

重複執行一群功能是程式設計的重要工具。例如，公司中有七個員工，需要用薪資程式計算七次的應發薪資和實發薪資，一次一個員工。**迴圈主體**(loop body)即包含要重複的敘述。

> **迴圈主體**：迴圈中重複的敘述。

先找出問題中特殊狀況的解，對於定義一般情況的演算法是有幫助的。解出樣本狀況後，檢查下列問題以決定是否要在演算法中用迴圈：

1. 在解問題時，有任何重複的步驟嗎？若有，是哪一個？
2. 若問題 1 的答案是有，可不可以事先知道要重複幾次？
3. 若問題 2 的答案是不可以，則此步驟要重複多久？

第一個問題的答案決定演算法中是否需要迴圈，若需要，則是哪一個步驟包含在迴圈主體內？其他問題則可以決定要用哪一種迴圈結構。圖 5.1 說明了這些問題和應該選擇的迴圈類型間的關聯。表 5.1 則定義了可能使用的迴圈種類，且指出可以在本章哪些章節找到這些迴圈的執行情況。

練習 5.1

自我檢驗

1. 從表 5.1 選擇一個合適的迴圈以解決下列的問題。
    a. 計算一個有 35 個學生的班級其測驗成績的總和。(提示：在進入迴圈之前，將總和初值化為 0。)

圖 5.1

迴圈選擇過程的流程圖

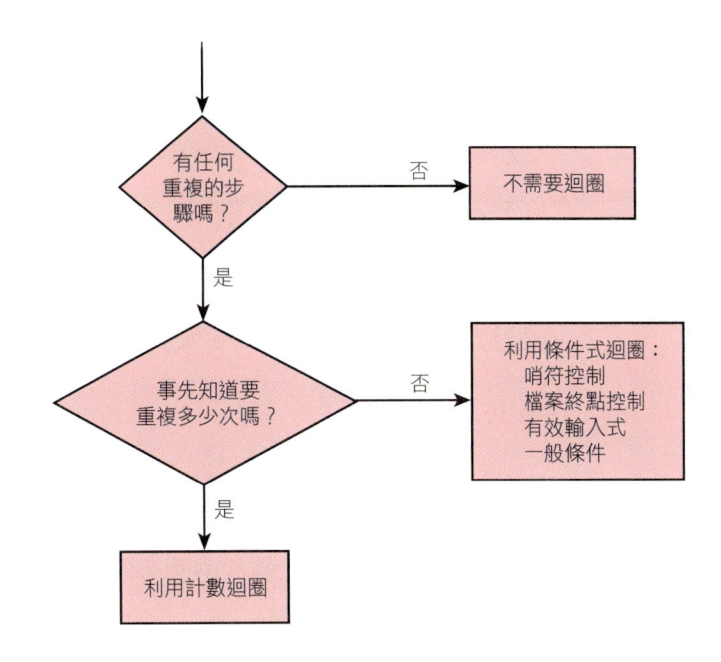

表 5.1 迴圈種類的比較

類　　別	使用時機	C 的實作結構	範例的章節
計數迴圈	在迴圈執行前可確實知道迴圈解決問題需要重複的次數	`while` `for`	5.2 節 5.4 節
哨符控制的迴圈	輸入一串任意長度的資料，並以特殊值作結束	`while, for`	5.6 節
檔案終點控制的迴圈	從資料檔案輸入任意長度的完整資料串列	`while, for`	5.6 節
有效輸入式的迴圈	重複交談式的資料輸入，直到輸入值在有效值範圍內	`do-while`	5.8 節
一般條件式的迴圈	重複處理資料，直到符合預期的條件	`while, for`	5.5, 5.9 節

b. 列印員工的週薪支票。下述的員工資料是以交談的方式輸入：ID、工作時數、時薪。若 ID 為 0，表示輸入結束。

c. 處理含有攝氏溫度的資料檔案，計算有幾個溫度高於 100°C。

5.2　計數迴圈與 while 敘述

計數器控制的迴圈(計數迴圈)：在迴圈開始執行前即可決定重複次數的迴圈。

下列虛擬碼中的迴圈稱為**計數器控制的迴圈**(counter-controlled loop)或**計數迴圈**(counting loop)，因為是由迴圈控制變數管理其反覆的動作，此變數的值表示一種計數。計數器控制的迴圈遵循下面的一般格式：

設定 *loop control variable* 的初值為 0

while *loop control variable* < *final value*

    ...

將 *loop control variable* 遞增 1

當我們可以事先決定迴圈解決問題需要重複的確實次數時，就能利用計數器控制的迴圈。在 while 條件中，應有一個數字表示 *final value*。

while 敘述

圖 5.2 的程式計算七個員工的薪水並顯示之。迴圈主體從第三列開始是一個複合敘述，先讀取員工的薪資資料，然後計算並顯示員工的薪水。顯示七次薪水後，執行迴圈主體後的敘述，顯示訊息 All employees processed。

在圖 5.2 中，有三行敘述控制迴圈的處理，第一行敘述

```
count_emp = 0; /* no employees processed yet */
```

設定變數 count_emp 的初值為 0，代表已處理過的員工數。第二行計算條件 count_emp < 7。若條件為真，則執行迴圈主體的複合敘述，讀取一對資料並計算顯示薪水。迴圈主體的最後一行

```
count_emp = count_emp + 1; /* increment count_emp */
```

加 1 至 count_emp。執行此敘述後，控制權回到 while 的起始敘述，再用 count_emp 的新值來求條件之值。count_emp 值從 0 至 6，每一次都執行迴圈主體一次，最後 count_emp 值變成 7，條件值會變成偽 (0)。此時不會執行迴圈主體，而執行主體後的顯示敘述。保留字 while

圖 5.2　使用迴圈的程式片段

```
1.  count_emp = 0;                    /* no employees processed yet */
2.  while (count_emp < 7) {           /* test value of count_emp    */
3.      printf("Hours> ");
4.      scanf("%d", &hours);
5.      printf("Rate> ");
6.      scanf("%lf", &rate);
7.      pay = hours * rate;
8.      printf("Pay is $%6.2f\n", pay);
9.      count_emp = count_emp + 1;    /* increment count_emp        */
10. }
11. printf("\nAll employees processed\n");
```

迴圈重複條件：控制迴圈重複執行的條件。

後的運算式稱為**迴圈重複條件**(loop repetition condition)。在條件為真，即其值非 0 時，迴圈會一直重複。當條件值為偽時，迴圈終止。

圖 5.3 的流程圖是前面所解釋的 while 迴圈的摘要。在流程圖中，會先求菱形盒內的算式值。若值為真，則執行迴圈主體，一直重複此過程直到算式值變為偽。若此算式第一次即求得偽值，則一次也不會執行迴圈主體。

確認你了解下列的 if 敘述與圖 5.3 的 while 敘述有何差異：

```
if (count_emp < 7){
    ...
}
```

在 if 敘述中，條件後的敘述只執行一次。而在 while 敘述中，則可執行一次以上。

迴圈控制變數：能控制迴圈重複的變數。

while 敘述的語法　圖 5.2 中的變數 count_emp 稱為**迴圈控制變數** (loop control variable)，因其值控制是否要重複執行迴圈主體。迴圈控制變數 count_emp 必須：(1)初值化；(2)測試；(3)更新以使迴圈適當地執行。每個步驟簡述如下：

- 初值化。在執行 while 敘述前，設定 count_emp 初值為 0(初值化為 0)。
- 測試。在迴圈重複的開始先測試 count_emp(稱重複一次或通過一次)。

圖 5.3

while 迴圈的流程圖

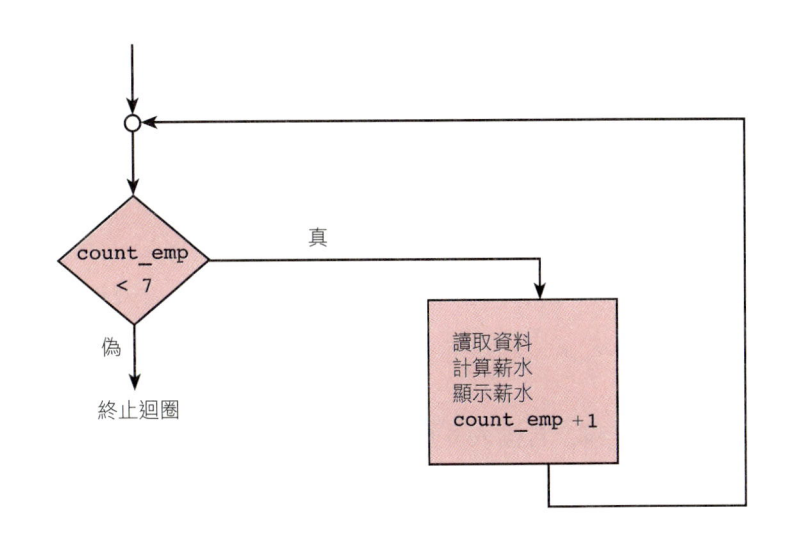

- **更新**。在每次重複時，需更新 `count_emp` (將其值遞增 1)。

每次的 `while` 迴圈都必須執行類似的步驟。若無初值化，`count_emp` 的第一次測試就沒有意義了。更新步驟能保證程式的迴圈每次重複時都能朝最後目標(`count_emp >= 7`)進行。若迴圈的控制變數沒有更新，迴圈將「永遠」執行，而造成**無窮迴圈**(infinite loop)。

無窮迴圈：永遠執行的迴圈。

---

while 敘述

語法：`while`(*loop repetition condition*)
　　　statement

範例：
```c
/* Display N asterisks. */
count_star = 0;
while (count_star < N) {
    printf("*");
    count_star = count_star + 1;
}
```

說明：要測試 *loop repetition condition*(控制迴圈重複的條件)，若為真，則執行 *statement*(迴圈主體)，然後再測試 *loop repetition condition*。只要測試條件成立，就會重複執行 *statement*；當條件的測試值變成偽時，`while` 迴圈結束，並執行其後的敘述。

注意：若 *loop repetition condition* 第一次即得偽值，就不會執行 *statement*。

練習 5.2

自我檢驗

1. 預測下述程式的輸出：
    ```c
    i = 0;
    while (i <= 5){
        printf("%3d %3d\n", i, 10 - i);
        i = i + 1;
    }
    ```

2. 若輸入 8，則程式會顯示什麼？

```
    scanf("%d", &n);
    ev = 0;
    while (ev < n){
        printf("%3d", ev);
        ev = ev + 2;
    }
    printf("\n");
```

程式撰寫

1. 寫一程式敘述使其輸出如下：

   0   1
   1   2
   2   4
   3   8
   4 16
   5 32
   6 64

5.3 利用迴圈計算和或積

迴圈常用來重複執行加法或乘法以計算和或積，如範例 5.1 及 5.2 所示。

範例 5.1

圖 5.4 有一個和圖 5.2 類似的 while 迴圈，除了顯示每個員工的薪水外，並計算及顯示公司付出的總薪資。在迴圈執行前，敘述

```
total_pay = 0.0;
count_emp = 0;
```

初值化 total_pay 與 count_emp，此處 count_emp 是計數器變數，total_pay 是**累加器**(accumulator)變數，儲存總薪資值。將 total_pay 初值化為 0 是重要的，若無此步驟，最後之值視程式開始執行時存於 total_pay 的值而定。在迴圈主體中，設定敘述

```
total_pay = total_pay + pay;  /* Add next pay. */
```

將 pay 目前的值加到 total_pay。因此在每次重複時，total_pay 之值會增加。表 5.2 是依執行範例的三個 pay 值重複此敘述的結果。重複代表此迴圈的遞迴。

累加器：在迴圈執行時，用於儲存遞增值的變數。

圖 5.4　計算公司薪資的程式

```
1.  /* Compute the payroll for a company */
2.
3.  #include <stdio.h>
4.
5.  int
6.  main(void)
7.  {
8.      double  total_pay;      /* company payroll        */
9.      int     count_emp;      /* current employee       */
10.     int     number_emp;     /* number of employees    */
11.     double  hours;          /* hours worked           */
12.     double  rate;           /* hourly rate            */
13.     double  pay;            /* pay for this period    */
14.
15.     /* Get number of employees. */
16.     printf("Enter number of employees> ");
17.     scanf("%d", &number_emp);
18.
19.     /* Compute each employee's pay and add it to the payroll. */
20.     total_pay = 0.0;
21.     count_emp = 0;
22.     while (count_emp < number_emp) {
23.         printf("Hours> ");
24.         scanf("%lf", &hours);
25.         printf("Rate > $");
26.         scanf("%lf", &rate);
27.         pay = hours * rate;
28.         printf("Pay is $%6.2f\n\n", pay);
29.         total_pay = total_pay + pay;            /* Add next pay. */
30.         count_emp = count_emp + 1;
31.     }
32.     printf("All employees processed\n");
33.     printf("Total payroll is $%8.2f\n", total_pay);
34.
35.     return (0);
36. }

Enter number of employees> 3
Hours> 50
Rate > $5.25
Pay is $262.50

Hours> 6
Rate > $5.00
Pay is $ 30.00

Hours> 15
Rate > $7.00
Pay is $105.00

All employees processed
Total payroll is $ 397.50
```

表 5.2　圖 5.4 執行三次迴圈的過程

敘述	hours	rate	pay	total_pay	count_emp	結果
	?	?	?	0.0	0	
count_emp < number_emp						真
scanf("%lf", &hours);	50.0					讀取 hours
scanf("%lf", &rate);		5.25				讀取 rate
pay = hours * rate;			262.5			計算 pay
total_pay = total_pay + pay;				262.5		加至 total_pay
count_emp = count_emp + 1;					1	遞增 count_emp
count_emp < number_emp						真
scanf("%lf", &hours);	6.0					讀取 hours
scanf("%lf", &rate);		5.0				讀取 rate
pay = hours * rate;			30.0			計算 pay
total_pay = total_pay + pay;				292.5		加至 total_pay
count_emp = count_emp + 1;					2	遞增 count_emp
count_emp < number_emp						真
scanf("%lf", &hours);	15.0					讀取 hours
scanf("%lf", &rate);		7.0				讀取 rate
pay = hours * rate;			105.0			計算 pay
total_pay = total_pay + pay;				397.5		加 pay 至 total_pay
count_emp = count_emp + 1;					3	遞增 count_emp

程式風格：撰寫一般的迴圈

圖 5.2 中的迴圈條件 count_emp < 7，確實處理恰好七個員工。圖 5.4 的迴圈條件是 count_emp < number_emp，可處理任何的員工數目。員工數目先讀進變數 number_emp 中，再執行 while 敘述。迴圈條件會比較處理過的員工數(count_emp)和總員工數(number_emp)。

數字的連乘積

同樣地，可用迴圈計算一串數字的乘積，如下面的例子。

範例 5.2　在迴圈中計算資料的乘積，直到乘積到達 10,000 以上。在讀取下一個資料值之前，會顯示目前的乘積值。乘積值會因重複執行以下迴圈的敘述而更新：

```
product = product * item; /* Update product */
```

當 product 值大於或等於 10,000，迴圈結束。因此，迴圈主體不會顯示 product 的最終值。

```
/* Multiply data while product remains less than 10000 */
product = 1;
while(product < 10000){
    printf("%d\n", product); /* Display product so far */
    printf("Enter next item> ");
    scanf("%d", &item);
    product = product * item; /* Update product */
}
```

這個迴圈是表 5.1 中一般條件式迴圈的範例，其虛擬碼如下：

1. 初值化 loop control variable。
2. 只要未符合結束的條件
    3. 繼續處理

計算乘積的迴圈其控制變數是乘積值，初值化為 1。其結束條件是乘積值大於或等於 10,000，迴圈主體的處理步驟組成上述虛擬碼中的第 3 步驟。

複合設定運算子

我們已看過數個敘述，其形式為

$$variable = variable \; op \; expression;$$

op 是 C 的數學運算子。這些包括了迴圈計數器的遞增和遞減：

```
count_emp = count_emp + 1;
time = time - 1;
```

及迴圈中計算和或積的敘述，例如：

```
total_pay = total_pay + pay;
product = product * item;
```

C 對此型態的敘述提供較簡潔的表示法。對於 +、-、*、/ 和 %，定義了 $op=$ 複合運算子：+=、-=、*=、/= 和 %=。敘述形式

$$variable \; op = expression;$$

表 5.3　複合設定運算子

使用簡單設定運算子的敘述	使用複合設定運算子的相等敘述
`count_emp = count_emp + 1;`	`count_emp += 1;`
`time = time - 1;`	`time -= 1;`
`total_time = total_time + time;`	`total_time += time;`
`product = product * item;`	`product *= item;`
`n = n * (x + 1);`	`n *= x + 1;`

是下列敘述的另一種表示法：

$$variable = variable\ op\ (expression);$$

表 5.3 是一些複合運算子的範例。最後一個範例說明 *expression* 的括號和複合運算子的關係。

練習 5.3

自我檢驗

1. 當資料值分別為 5、6、7 時，下列 while 迴圈的輸出值為何？

   ```
   printf("Enter an integer> ");
   scanf("%d", &x);
   product = x;
   count = 0;
   
   while (count < 4){
       printf("%d\n", product);
       product *= x;
       count += 1;
   }
   ```

   若是任意數 *n*，此迴圈會顯示什麼？

2. 在上題中，若 `printf` 呼叫是在迴圈結尾而非開頭時，會顯示什麼值？
3. 下列敘述需要訂正，加入必要的大括號並訂正錯誤。正確的程式碼要能讀入五個整數並顯示其和。

   ```
   count = 0;
   while(count <= 5)
      count += 1;
   ```

```
printf("Next number> ");
scanf("%d", &next_num);
next_num += sum;
printf("%d numbers were added; \n", count);
printf("their sum is %d.\n", sum);
```

4. 若可以的話，使用複合設定運算子重寫下列式子：

```
s = s / 5;
q = q * n + 4;
z = z - x * y;
t = t + (u % v);
```

程式撰寫

1. 寫一程式計算 1 + 2 + 3 + … + (n - 1) + n，其中 n 是資料值。在迴圈主體後用 if 敘述比較此值和(n * (n + 1))/2，並顯示兩數是否相等的訊息。

5.4　for 敘述

　　C 提供 for 敘述作為迴圈的另一種形式。除了迴圈主體，最常見的迴圈結構包含三部分：

- 迴圈控制變數的初值化。
- 迴圈條件的測試部分。
- 迴圈控制變數的更新。

在 C 中，for 敘述有一個重要的特性，它為這三個部分提供一個特殊的位置。圖 5.5 是和圖 5.4 相等的 for 迴圈。

　　for 敘述的結果和圖 5.4 中 while 迴圈的執行完全相同。因為 for 敘述

```
for (count_emp = 0;         /* initialization            */
     count_emp < number_emp; /* loop repetition condition */
     count_emp += 1){        /* update                    */
```

將三個迴圈的控制步驟(即初值化、測試和更新)結合在一個位置上，count_emp 的初值化和更新步驟不可置於其他地方。for 敘述可在任一區間內往上或往下計數。

圖 5.5 在計數迴圈中使用 `for` 敘述

```
1.  /* Process payroll for all employees */
2.  total_pay = 0.0;
3.  for (count_emp = 0;                     /* initialization            */
4.       count_emp < number_emp;            /* loop repetition condition */
5.       count_emp += 1) {                  /* update                    */
6.      printf("Hours> ");
7.      scanf("%lf", &hours);
8.      printf("Rate > $");
9.      scanf("%lf", &rate);
10.     pay = hours * rate;
11.     printf("Pay is $%6.2f\n\n", pay);
12.     total_pay = total_pay + pay;
13. }
14. printf("All employees processed\n");
15. printf("Total payroll is $%8.2f\n", total_pay);
```

---

for 敘述

語法：for (*initialization expression*;
　　　　　loop repetition condition;
　　　　　update expression)
　　　　statement

範例：
```
/* Display N asterisks. */
for (count_star = 0;
     count_star < N;
     count_star += 1)
    printf("*");
```

說明：先執行 *initialization expression*，然後測試 *loop repetition condition*。若此條件為真，執行 *statement*，並計算 *update expression*，再測試 *loop repetition condition*。只要 *loop repetition condition* 為真就重複執行 *statement*。當測試為偽時，`for` 迴圈結束，執行其後的程式敘述。

注意：雖然 C 接受 `double` 型態的迴圈控制變數，但是我們不建議使用。計數迴圈使用 `double` 型態的控制變數，會因不同的機器而有不同的執行次數。

程式風格：格式化的 for 敘述

為清楚起見，通常把 for 標題放在不同列。若三個運算式都很短，將它們放在同一列。範例如下：

```
/* Display nonnegative numbers < max */
for(i = 0; i < max; i += 1)
    printf("%d\n", i);
```

將 for 迴圈的主體縮排。若迴圈主體是複合敘述或是要維持一致性，可在 for 標題行置左大括號，在敘述結束時，在不同行放右大括號，且右大括號和 for 的 "f" 對齊。

遞增運算子與遞減運算子

在提過的計數迴圈中，皆包含下列的設定形式：

```
counter = counter + 1
```

或

```
counter += 1
```

副作用：變數值的改變是由於執行某個功能。

遞增運算子 ++ 的運算元只有一個。++ 運算子的**副作用**(side effect)是其運算元之值增加 1。在下述的迴圈中，變數 counter 從 0 往上執行至 limit：

```
for (counter = 0; counter < limit; ++counter)
    ...
```

使用 ++ 的運算式，其值依此運算子的位置而定。當 ++ 放在運算元之前(**前置遞增**)，運算式之值是遞增後的變數值；當 ++ 放在運算元之後(**後置遞增**)，運算式之值為遞增前的變數值。圖 5.6 是比較這兩種動作的程式碼，已知 i 的初值為 2。

C 亦提供可前置或後置的遞減運算子。例如，若 n 的初值為 4，則左邊程式碼會印出：

```
  3  3
```

右邊程式碼會印出：

```
  4  3
```

```
printf("%3d", --n);        printf("%3d", n--);
printf("%3d", n);          printf("%3d", n);
```

圖 5.6
比較前置遞增與後置遞增

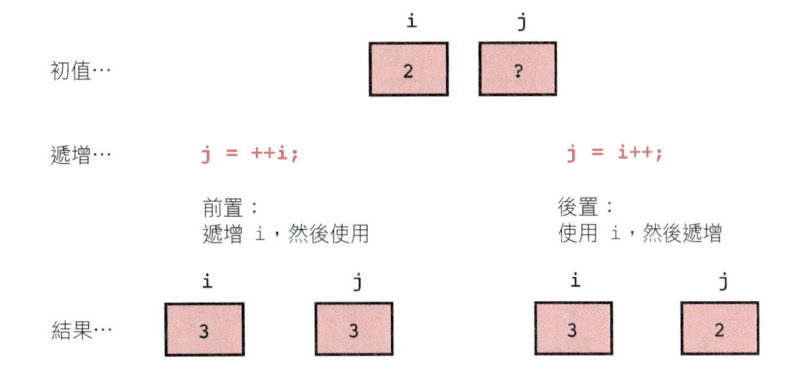

初值…　i = 2, j = ?

遞增…　j = ++i;　　　　　j = i++;

前置：遞增 i，然後使用　　後置：使用 i，然後遞增

結果…　i = 3, j = 3　　　　i = 3, j = 2

　　若變數在一運算式中出現一次以上，應避免使用遞增運算子和遞減運算子。C 編譯程式會利用不同運算子的結合性和交換性來產生有效率的程式碼。例如，下列敘述：

```
x = 5;
i = 2;
y = i * x +  ++i;
```

y 值可能為 13(2 * 5 + 3)或 18(3 * 5 + 3)，視工具而定。

　　設計師應避免因工具不同而產生的副作用。

範例 5.3　函式 factorial(圖 5.7)計算整數型態形式之參數 n 的階乘。在迴圈主體中，i 從 n 遞減至 2，每個 i 值會乘至連乘積中。當 i 為 1 時，迴圈結束。

圖 5.7　計算階乘的函式

```
1.  /*
2.   * Computes n!
3.   * Pre: n is greater than or equal to zero
4.   */
5.  int
6.  factorial(int n)
7.  {
8.        int i,          /* local variables */
9.            product;    /* accumulator for product computation */
10.
11.       product = 1;
12.       /* Computes the product n x (n-1) x (n-2) x ... x 2 x 1 */
13.       for (i = n; i > 1; --i) {
14.             product = product * i;
15.       }
16.
17.       /* Returns function result */
18.       return (product);
19. }
```

非 1 的遞增與遞減

先前已看過的 for 敘述,其計數都是加 1 或減 1。現在要介紹的迴圈是一次遞減 5,以產生攝氏與華氏的轉換表。

範例 5.4　圖 5.8 顯示從攝氏 10 度到 -5 度的溫度轉換表,這兩個值由常數 CBEGIN、CLIMIT 表示。迴圈的更新步驟是用 celsius 減掉 CSTEP(5),意思是每次迴圈後計數器 celsius 都少 5。當 celsius 小於 CLIMIT 時,即 celsius 為 -10 時,迴圈結束。表 5.4 為追蹤 for 迴圈執行的表格。

從表 5.4 可知當執行 for 迴圈時,控制變數 celsius 初值化為 CBEGIN(10)。因為 10 大於等於 CLIMIT(-5),故執行迴圈。在迴圈執行後,celsius 減去 CSTEP(5),然後測試 celsius,判斷是否大於等於 CLIMIT。若測試成功,則再執行迴圈主體,計算並顯示 fahrenheit;若測試失敗,則停止迴圈。

因為 for 敘述的結構使程式讀者易於看出迴圈主要的控制元素。因此當迴圈需要簡單的初值化、測試和更新時,本書會使用 for 迴圈。

顯示表格值

圖 5.8 顯示輸出值的表格。在迴圈之前呼叫 printf 會顯示表格的標題字串。在迴圈主體中,printf 敘述

```
printf("%6c%3d%8c%7.2f\n", ' ', celsius, ' ', fahrenheit);
```

每次執行時會顯示一對輸出值。printf 會用空白字元 ' ' 取代位置保留符 %6c 和 %8c,而在 celsius 之前產生 6 個空格,之後是 8 個空格,藉以區分 celsius 和 fahrenheit。printf 格式字串中的 \n 會結束每對數字所出現的文字列,所以迴圈會產生含有兩行數字的表格。

練習 5.4

自我檢驗

1. 追蹤 n = 8 時下列迴圈的執行。每次重複更新迴圈計數器之值後,顯示 odd 與 sum 之值。

   ```
   sum = 0;
   for  (odd = 1;
   ```

圖 5.8　攝氏與華氏轉換表

```
1.  /* Conversion of Celsius to Fahrenheit temperatures */
2.
3.  #include <stdio.h>
4.
5.  /* Constant macros */
6.  #define CBEGIN 10
7.  #define CLIMIT -5
8.  #define CSTEP 5
9.
10. int
11. main(void)
12. {
13.     /* Variable declarations */
14.     int    celsius;
15.     double fahrenheit;
16.
17.     /* Display the table heading */
18.     printf("  Celsius    Fahrenheit\n");
19.
20.     /* Display the table */
21. ①  for (celsius = CBEGIN;
22. ②       celsius >= CLIMIT;
23. ③       celsius -= CSTEP) {
24. ④      fahrenheit = 1.8 * celsius + 32.0;
25. ⑤      printf("%6c%3d%8c%7.2f\n", ' ', celsius, ' ', fahrenheit);
26.     }
27.
28.     return (0);
29. }
```

```
  Celsius    Fahrenheit
       10         50.00
        5         41.00
        0         32.00
       -5         23.00
```

```
              odd < n;
              odd += 2)
          sum = sum + odd;

      printf("Sum of positive odd numbers less than %d is %d.\n",
             n, sum);
```

2. 已知圖 5.8 中的常數定義如下：

```
#define CBEGIN 10
#define CLIMIT -5
#define CSTEP 5
```

表 5.4　追蹤圖 5.8 的迴圈

敘　述	攝　氏	華　氏	結　果
❶　for (celsius = CBEGIN;	10	?	將 celsius 初值化為 10
❷　　　celsius >= CLIMIT;			10 >= -5 為真
❹　　　fahrenheit = 1.8 *		50.0	設定 fahrenheit 為 50.0
celsius + 32.0;			顯示 10 和 50.0
❺　　printf ...			
更新並測試 celsius			
❸　...　celsius -= CSTEP	5		celsius 減 5，得 5
❷　　　celsius >= CLIMIT;			5 >= -5 為真
❹　　　fahrenheit = 1.8 *			
celsius + 32.0;		41.0	設定 fahrenheit 為 41.0
❺　　printf ...			顯示 5 和 41.0
更新並測試 celsius			
❸　...　celsius -= CSTEP	0		celsius 減 5，得 0
❷　　　celsius >= CLIMIT;			0 >= -5 為真
❹　　　fahrenheit = 1.8 *			
celsius + 32.0;		32.0	設定 fahrenheit 為 32.0
❺　　printf ...			顯示 0 和 32.0
更新並測試 celsius			
❸　...　celsius -= CSTEP	-5		celsius 減 5，得 -5
❷　　　celsius >= CLIMIT;			-5 >= -5 為真
❹　　　fahrenheit = 1.8 *			
celsius + 32.0;		23.0	設定 fahrenheit 為 23.0
❺　　printf ...			顯示 -5 和 23.0
更新並測試 celsius			
❸　...　celsius -= CSTEP	-10		celsius 減 5，得 -10
❷　　　celsius >= CLIMIT;			-10 >= -5 為偽，迴圈終止

若圖 5.8 的 for 迴圈改寫如下，則在轉換表中的 celsius 值為何？

a. for (celsius = CLIMIT;
　　　　celsius <= CBEGIN;
　　　　celsius += CSTEP)

b. `for (celsius = CLIMIT;`
  　　　　`celsius >= CBEGIN;`
  　　　　`celsius += CSTEP)`
  c. `for (celsius = CSTEP;`
  　　　　`celsius >= CBEGIN;`
  　　　　`celsius += CLIMIT)`
  d. `for (celsius = CLIMIT;`
  　　　　`celsius <= CSTEP;`
  　　　　`celsius += CBEGIN)`

3. while 迴圈的主體最少會執行幾次？for 迴圈的主體呢？
4. 已知 i、j 初值如下，則 n、m 與 p 之值為何？

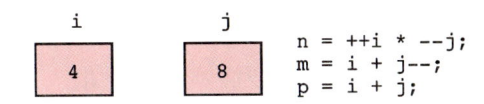

   i = 4, j = 8
   ```
   n = ++i * --j;
   m = i + j--;
   p = i + j;
   ```

5. 重寫第 4 題的程式碼，使其在不用遞增／遞減運算子而用其他數學運算子時也能得到相同的結果。
6. 下面的程式碼有何錯誤？訂正之使其顯示 0 到 100 中所有 4 的倍數。

   ```
   for mult4 = 0;
   mult4 < 100;
   mult4 += 4;
   printf("%d\n", mult4);
   ```

7. **a.** 追蹤下面的程式碼

   ```
   j = 10;
   for (i = 1; i <= 5; ++i) {
      printf("%d %d\n", i, j);
      j -= 2;
   }
   ```

   b. 重寫前段的程式碼，使 i 的初值為 0 時也能產生相同的輸出。

程式撰寫

1. 用迴圈顯示一個表格，表格包含測量角度、該角度的正弦值與餘弦值。假設測量角度(以度為單位)的起始值與終值分別是 init_degree

及 final_degree(int 型態變數)，而表格中，兩列角度之間的差是 step_degree(亦為 int 型態變數)。記住，數學函式庫的 sin 和 cos 函式其引數的單位為弧度。

2. 寫一程式顯示公分與吋的轉換表。表中最小和最大的公分值是輸入資料，轉換以每 10 公分為一個間隔，一公分等於 0.3937 吋。

5.5 條件迴圈

很多情況經常無法在迴圈執行前決定迴圈的執行次數。範例 5.2 的迴圈次數是輸入資料，雖然無法事先知道迴圈要執行幾次，但是仍有方法撰寫條件控制迴圈。若使用者的輸入資料不合理，就要不斷提示使用者輸入資料。

> 顯示起始提示訊息
> 列印出所要觀察的變數值
> 當值為負數時
>   顯示警告與其他提示訊息
>   列出所要觀察的變數值

就像前面提及的計數迴圈，這種條件迴圈都有三個控制部分：初值化、迴圈重複的測試條件及更新。接著，我們分析確保有效輸入值的演算法。顯然地，此迴圈的條件為：

number of values < 0

除非 *number of values* 有意義，否則此條件測試並沒有用。需要定義更新動作──若無此敘述，會造成無窮迴圈。在迴圈內讀取一個新的資料數。因為有三個基本的迴圈元素，可用 C 的 while 敘述寫出有效的輸入迴圈：

```
printf("Enter number of observed values> ");
scanf("%d", &num_obs);      /* initialization              */
while (num_obs < 0){
    printf("Negative number invalid; try again> ");
    scanf("%d", &num_obs);  /* update                      */
}
```

首先，有點奇怪的是初值化和更新步驟是相同的。事實上，這是執行輸入功能的迴圈經常發生的事，因為無法事先得知輸入值。

範例 5.5 圖 5.9 的設計是要幫助石油公司的精煉廠監控儲存油槽的汽油供應。當油槽的汽油降至油槽容量 80,000 桶的 10% 之下時，程式要對管理員發出警告訊息。管理者計算油槽容量時是以桶為單位，但用於填滿油槽的唧筒卻是以加侖為測量單位。用於石油工業的桶，每桶等於 42 U.S. 加侖。

主函式首先要提示操作員輸入油槽目前的汽油存量，一旦供應量降至最小的供應程度則停止取用。操作員輸入汽油的用量，monitor_gas 函式會更新可用的桶數(current)。當供應量少於 10% 的限制時，迴圈結束，且 monitor_gas 會回傳 current 值，主函式則發出警告訊息。

計數迴圈在此程式並不適用，因為事先無法得知有多少油船要取油。但是仍有初值化、測試和更新等步驟，故 for 敘述仍是不錯的選擇。

再仔細研究函式 monitor_gas 的迴圈。在邏輯上，只要油槽內的油量未低於最小值，就要持續記錄汽油的用量。for 迴圈的重複條件即為：

```
current >= min_supply;
```

因為 min_supply 不會改變，所以 current 是控制迴圈的變數。因此 for 敘述標題的第一個和第三個運算式分別為此變數的初值化和更新。

用上述的資料來追蹤此程式。第一個設定敘述計算 min_supply 值為 8000.0，它是油槽容量和最小百分比的乘積。在 scanf 之前呼叫 printf 印出提示訊息，詢問油槽的最初供應量。在程式操作員輸入後，將該值讀入變數 start_supply，然後主函式呼叫 monitor_gas。

在 monitor_gas 中，for 敘述的初值化運算式將油槽的初供應量複製至 current，此乃迴圈控制變數，初值為 8500.5。先測試迴圈的重複條件：

```
current >= min_supply;
```

結果為真，則執行迴圈主體(大括號內的複合敘述)。顯示目前的供應量之後，列印提示訊息。讀取並顯示汽油的用量(5859.0)，將此值轉成以桶為單位。迴圈主體執行完成，執行 for 敘述的更新運算式：

圖 5.9 監控汽油儲存槽的程式

```c
/*
 * Monitor gasoline supply in storage tank. Issue warning when supply
 * falls below MIN_PCT % of tank capacity.
 */

#include <stdio.h>

/* constant macros */
#define CAPACITY      80000.0 /* number of barrels tank can hold       */
#define MIN_PCT       10      /* warn when supply falls below this
                                 percent of capacity                   */
#define GALS_PER_BRL  42.0    /* number of U.S. gallons in one barrel  */

/* Function prototype */
double monitor_gas(double min_supply, double start_supply);

int
main(void)
{
        double start_supply, /* input - initial supply in barrels      */
               min_supply,   /* minimum number of barrels left without
                                warning                                */
               current;      /* output - current supply in barrels     */

        /* Compute minimum supply without warning */
        min_supply = MIN_PCT / 100.0 * CAPACITY;

        /* Get initial supply */
        printf("Number of barrels currently in tank> ");
        scanf("%lf", &start_supply);

        /* Subtract amounts removed and display amount remaining
           as long as minimum supply remains.                          */
        current = monitor_gas(min_supply, start_supply);

        /* Issue warning                                               */
        printf("only %.2f barrels are left.\n\n", current);
        printf("*** WARNING ***\n");
        printf("Available supply is less than %d percent of tank's\n",
               MIN_PCT);
        printf("%.2f-barrel capacity.\n", CAPACITY);

        return (0);
}

/*
 * Computes and displays amount of gas remaining after each delivery
 * Pre : min_supply and start_supply are defined.
 * Post: Returns the supply available (in barrels) after all permitted
 *         removals. The value returned is the first supply amount that is
```

(續)

圖 5.9 監控汽油儲存槽的程式(續)

```
51.  *        less than min_supply.
52.  */
53. double
54. monitor_gas(double min_supply, double start_supply)
55. {
56.        double remov_gals, /* input - amount of current delivery
57.               remov_brls, /*         in barrels and gallons
58.               current;    /* output - current supply in barrels
59.
60.        for  (current = start_supply;
61.              current >= min_supply;
62.              current -= remov_brls) {
63.           printf("%.2f barrels are available.\n\n", current);
64.           printf("Enter number of gallons removed> ");
65.           scanf("%lf", &remov_gals);
66.           remov_brls = remov_gals / GALS_PER_BRL;
67.
68.           printf("After removal of %.2f gallons (%.2f barrels),\n",
69.                  remov_gals, remov_brls);
70.        }
71.
72.        return (current);
73. }
```

```
Number of barrels currently in tank> 8500.5
8500.50 barrels are available.
Enter number of gallons removed> 5859.0
After removal of 5859.00 gallons (139.50 barrels),
8361.00 barrels are available.

Enter number of gallons removed> 7568.4
After removal of 7568.40 gallons (180.20 barrels),
8180.80 barrels are available.

Enter number of gallons removed> 8400.0
After removal of 8400.00 gallons (200.00 barrels),
only 7980.80 barrels are left.

*** WARNING ***
Available supply is less than 10 percent of tank's
80000.00-barrel capacity.
```

　　　　　　　　　current -= remov_brls

將目前的供應量減去用量。迴圈的重複條件再用新的 current 值 (8361.00) 作測試。因 8361.00 > 8000.00 為真，迴圈主體再次顯示目前的油量 7568.4 加侖或 180.20 桶，並處理 current 值更新為

8180.80 桶，此值仍低於最小值，所以執行第三次迴圈，處理第三次的用量 200.00 桶。此次執行將 current 值更新為 7980.80。測試迴圈的重複條件：因為 7980.8 >= 8000.0 為偽，迴圈終止。繼續執行迴圈主體大括號後的敘述。

圖 5.9 和圖 5.5 的計數迴圈一樣，有三個重要的步驟包含了迴圈控制變數 current：

- 在 for 敘述的*初值化運算式*中，current 初值化為最初的供應量。
- 在迴圈主體每次執行前，測試 current。
- 在每次迴圈中更新 current(減去用量)。

記住，這些步驟實際上和每種迴圈的步驟類似。C 的 for 敘述標頭是專門放置這三個步驟的地方。

程式風格：在函式副程式中執行迴圈處理

圖 5.9 的函式 monitor_gas 中包含了一個 for 迴圈，執行監控汽油量的主要工作。迴圈控制變數 current 的終值就是函式的結果。這個程式結構是相當常見且很有用的。將所有的迴圈處理放在函式副程式中可簡化主函式。

練習 5.5

自我檢驗

1. 對儲存油槽的監控程式輸入一組資料，使得函式 monitor_gas 在沒有執行 for 迴圈的主體時即回傳主函式。
2. 訂正下列敘述的邏輯和語法錯誤，使其能列印 0 到 100 的所有 4 的倍數：

```
for sum = 0;
    sum < 100;
    sum += 4;
printf("%d\n", sum);
```

3. 若用下列資料輸入圖 5.9 中的程式，則輸出為何？

```
8350.8
7581.0
7984.2
```

4. 如何修改圖 5.9 的程式,使得在汽油供應量至最小值之下時,亦能同時決定已輸送的次數(`count_deliv`)?`current` 或 `count_deliv`,哪一個是迴圈控制變數?

程式撰寫

1. 某城市有人口 9,870 人,每年人口成長 10%。寫一迴圈顯示每年的人口數,並算出多少年(`count_years`)後人口會超過 30,000。
2. 重寫薪資程式(圖 5.5),將迴圈移至函式副程式中。將總薪資作為函式結果回傳。

5.6 迴圈設計

能夠分析迴圈的功能是一回事,設計自己的迴圈又是另一回事。在本節中,要討論後者。在圖 5.9 呼叫 `monitor_gas` 之前的註解是說明迴圈在函式中的目的:

```
/* Subtract amounts removed and display amount remaining
   as long as minimum supply remains.                    */
```

在 1.5 和 5.1 節中所提的解題疑問如何幫助我們建構一個有效的迴圈結構呢?表 5.5 代表一個解題者的思考過程,但不是唯一的解題真理。

表 5.5 有關迴圈設計的解題疑問

疑　問	答　案	此演算法的含意

輸入為何?	汽油的初供應量(桶)。
	用量(加侖)。
		所需的輸入變數:
		　`start_supply`
		　`remov_gals`
		`start_supply` 值只輸入一次,但用量可輸入數次。

輸出為何?	分別以加侖與桶為單位的用量,及汽油目前的供應量。	列印 `current` 和 `remov_gals` 值。 所需的輸出變數: 　`remov_brls`
有任何的重複嗎?	有。要重複: 1. 讀取用量 2. 將此量轉成桶單位 3. 目前供應量減去用量 4. 檢查供應量是否在最小值之下	所需的程式變數: 　`min_supply`
能事先知道這些步驟要重複多少次嗎?	否	無法由一個計數器控制迴圈。
如何知道這些步驟要重複多久?	只要目前的供應量在最小值之上	迴圈重複的條件為 　`current >= min_supply`

哨符控制的迴圈

許多有迴圈的程式在每次執行迴圈主體時，輸入一個或多個額外的資料項。我們經常在迴圈開始執行時仍不知道要處理多少個資料項，因此必須找出方法能通知程式停止讀入及處理新資料。

哨符值：在資料串列後標示結束的符號。

方法之一是要使用者輸入一個唯一的資料值，稱為**哨符值**(sentinel value)。迴圈重複條件測試每個資料項，當讀到哨符值時則結束迴圈。要小心選擇哨符值，它不能是一個資料值。

處理資料直到讀入哨符值的迴圈形式為：

1. 讀取資料
2. 當未讀到哨符值時
    3. 處理資料
    4. 讀取另一筆資料

注意這個迴圈和其他迴圈一樣有初值化(步驟 1)、迴圈重複條件(步驟 2)和更新(步驟 4)。步驟 1 讀取第一筆資料；步驟 4 讀取另一筆資料。在讀取額外輸入時有可能會讀到哨符值。為提高程式的可讀性，通常將哨符定義為常數。

範例 5.6

要計算一些考試成績的總和，可以使用哨符。若班級很大，老師也許不知道有多少個學生參加考試。不論班級的大小為何，程式應皆能運作。下面的迴圈用 sum 為累加變數，score 為輸入變數。

哨符迴圈

1. 將 sum 初值化為 0。
2. 讀取第一個 score。
3. 當 score 不是 sentinel 時
    4. 將 score 加至 sum。
    5. 讀取下一個 score。

下面是另一個演算法，調換步驟 4、5 的順序，以省略重複步驟 2。

不正確的哨符迴圈

1. 將 sum 初值化為 0。
2. 當 score 不為 sentinel 時

3. 讀取 score。
4. 將 score 加至 sum。

此法有兩個問題。首先，沒有初值化的輸入敘述，因此 score 沒有值可以作迴圈重複條件的首次測試。第二，考慮最後的兩次迴圈。在倒數第二次時，最後的值複製到 score 並加到 sum；在最後一次時，讀到哨符值。然而，這不會結束迴圈，直到再次測試迴圈重複條件時。在結束之前，哨符值會加到 sum 中。基於這些理由，要建立哨符控制的迴圈，建議結構為：第一是輸入一次以進入迴圈(初值化輸入)；第二是保持執行(更新輸入)。下面的程式是用 while 迴圈來完成哨符控制的迴圈(圖 5.10)。它亦說明了變數的宣告可包含初值化。

下面的對話範例會輸入成績 55、33 和 77：

```
Enter first score (or -99 to quit)> 55
Enter next score (-99 to quit)> 33
Enter next score (-99 to quit)> 77
Enter next score (-99 to quit)> -99

Sum of exam scores is 165
```

通常會有一個問題，當無資料輸入時，會發生什麼事？在此例中，在第一次提示時就輸入哨符值，則第一次迴圈測試就會結束迴圈，而不會執行迴圈主體，意思為迴圈執行 0 次。變數 sum 仍維持初值 0。

用 for 敘述來完成哨符迴圈

因為 for 敘述將初值化、測試和更新放在同一位置，故有些設計師喜歡用它來實作哨符控制的迴圈。用 for 敘述來形成圖 5.10 的 while 迴圈，結果如下：

```
/* Accumulate sum of all scores.                              */
printf("Enter first score(or %d to quit)> ", SENTINEL);
for  (scanf("%d", &score);
      score != SENTINEL;
      scanf("%d", &score)){
    sum += score;
    printf("Enter next score(%d to quit)> ", SENTINEL);
}
```

圖 5.10 哨符控制的 `while` 迴圈

```
1.  /* Compute the sum of a list of exam scores. */
2.
3.  #include <stdio.h>
4.
5.  #define SENTINEL -99
6.
7.  int
8.  main(void)
9.  {
10.         int sum = 0,   /* output - sum of scores input so far     */
11.             score;     /* input - current score                    */
12.
13.         /* Accumulate sum of all scores.                           */
14.         printf("Enter first score (or %d to quit)> ", SENTINEL);
15.         scanf("%d", &score);        /* Get first score.            */
16.         while (score != SENTINEL) {
17.             sum += score;
18.             printf("Enter next score (%d to quit)> ", SENTINEL);
19.             scanf("%d", &score);    /* Get next score.             */
20.         }
21.         printf("\nSum of exam scores is %d\n", sum);
22.
23.         return (0);
24. }
```

檔案終點控制的迴圈

在 2.7 節曾討論使用資料檔讓程式以批次模式執行。資料檔皆以檔案終點字元作結束，此字元可由 scanf 與 fscanf(scanf 的檔案相符) 函式測得。因此批次程式可處理任意長度的資料，在資料結束時毋需特殊的哨符值。

要撰寫此類程式，須建置輸入迴圈，使它能知道何時 scanf 或 fscanf 遇到了檔尾字元。至今我們已知 scanf 對其引數的功能為何；就如函式一樣，亦會回傳結果值。當 scanf 成功地從標準輸入裝置取值填入其引數變數中，其回傳值為它實際取得的資料個數。例如，成功地執行下面的 scanf 敘述，為其輸入列的變數 part_id、num_avail 和 cost 讀取值，並回傳 3，此值會設給 input_status：

`input_status = scanf("%d%d%lf", &part_id, &num_avail, &cost);`

但是，若 scanf 因無效或不足資料而產生困難時(如要讀取一位整數時，卻遇到字母 'o' 而非 0)，則在發生錯誤或用盡資料前會回傳讀進的資料個數。以上面的例子來說，一個小於 3 的非負回傳值表示 scanf 遇到錯誤了。第三種情況是在讀進資料前，scanf 發現檔尾字元。此時，scanf 回傳標準常數 EOF (一個負整數)。

  可用讀取函式的回傳值而非其讀取的資料來控制迴圈，這和哨符控制的迴圈非常類似。下面是檔案終點控制迴圈的虛擬碼：

1. 取得第一個 *data value* 並儲存 *input status*
2. 當 *input status* 未表示遇到檔案終點時
   3. 處理 *data value*
   4. 取得下一個 *data value* 並儲存 *input status*

此類迴圈的例子如圖 5.11 所示，它是圖 5.10 的批次版程式。迴圈重複的條件為：

```
input_status != EOF
```

在遇到檔尾字元後，迴圈結束。

錯誤資料造成的無窮迴圈

  在圖 5.10 和 5.11 的 while 敘述中，當 scanf 和 fscanf 遇到錯誤的資料時，會很快地造成無窮迴圈。例如，假設使用者對圖 5.10 的提示

```
Enter next score (-99 to quit)>
```

輸入錯誤資料 7o (第二個字元是字母 'o'，而非 0)。函式 scanf 會停在字母 'o' 上，只將 7 存到 score，並不處理字母 'o'。在下一個迴圈時，將不等待使用者對提示的輸入，因為 scanf 會找到字母 'o' 正等待處理。這個字母不是有效的整數，所以函式 scanf 不改變 score，而且不處理字母 'o'，回傳狀態值零，作為函式呼叫的結果。因為圖 5.10 哨符控制的迴圈未使用 scanf 的回傳值，所以會不斷重複輸出提示，然後處理字母 'o' 失敗。

  雖然圖 5.11 的批次程式中，其迴圈檢查了 fscanf 的回傳值，對於錯誤資料也會進入無窮迴圈中。使迴圈結束的唯一條件是讀到負整數 EOF。但此迴圈易於修改，使其能處理檔案終點和錯誤資料。將迴圈重複條件改成：

```
input_status == 1
```

圖 5.11　計算考試成績總和的批次版程式

```
1.  /*
2.   *   Compute the sum of the list of exam scores stored in the
3.   *   file scores.txt
4.   */
5.
6.  #include <stdio.h>         /* defines fopen, fclose, fscanf,
7.                                 fprintf, and EOF                        */
8.
9.  int
10. main(void)
11. {
12.       FILE *inp;           /* input file pointer                       */
13.       int   sum = 0,       /* sum of scores input so far               */
14.             score,         /* current score                            */
15.             input_status;  /* status value returned by fscanf          */
16.       inp = fopen("scores.txt", "r");
17.
18.       printf("Scores\n");
19.
20.       input_status = fscanf(inp, "%d", &score);
21.       while (input_status != EOF) {
22.           printf("%5d\n", score);
23.           sum += score;
24.           input_status = fscanf(inp, "%d", &score);
25.       }
26.
27.       printf("\nSum of exam scores is %d\n", sum);
28.       fclose(inp);
29.
30.       return (0);
31. }

Scores
   55
   33
   77

Sum of exam scores is 165
```

在檔案終點(input_status 為負)或錯誤資料(input_status 為 0)時，均會結束迴圈。在迴圈之後亦需加入 if 敘述來決定是列印結果或是警告不良輸入。在下面的 if 敘述中，當 input_status 不為 EOF 時，讀取並顯示此錯誤字元：

```
if (input_status == EOF) {
        printf("Sum of exam scores is %d\n", sum);
} else {
```

```
        fscanf(inp, "%c", &bad_char);
        printf("*** Error in input: %c ***\n", bad_char);
}
```

練習 5.6

自我檢驗

1. 從下列的虛擬碼中指出這三個步驟：迴圈控制變數的初值化、迴圈的重複條件和迴圈控制變數的更新。
   a. 讀取 n 值。
   b. 設定 p 值為 1。
   c. 當 n 為正數。
      d. 用 p 乘上 n。
      e. n 減 1。
   f. 列印 p 值。
2. 若圖 5.11 中包住迴圈主體的大括號不見了，迴圈的執行為何？

程式撰寫

1. 將自我檢驗第 1 題的虛擬碼寫成 while 迴圈。下列三種標示何者較適於 p 值列印？

   ```
   n*i =       n! =        n to the ith power =
   ```

2. 修改圖 5.4 的迴圈，使其成為哨符控制的迴圈。讀取輸入存至 pay，以此步驟作為迴圈的初值化和更新部分，用 -99 為此哨符值。
3. 重寫圖 5.4 的程式，使其成為檔案終點控制迴圈的形式。
4. 寫一程式碼可讓使用者輸入數值，並列印正數和負數的輸入個數。用哨符控制迴圈完成，以 0 當此哨符值。

5.7　巢狀迴圈

　　迴圈和其他控制結構一樣，會有巢狀。巢狀迴圈有一個外迴圈包住一個或多個內迴圈。每次重複外迴圈時，都會進入內迴圈，重算內迴圈的控制式。

範例 5.7　圖 5.12 的程式在計數迴圈內有一個哨符迴圈。此結構是用來記錄 Audubon Club 會員去年每月觀看禿鷹的結果。此程式的資料包含第一群整數，之後為 0，然後是第二群整數，又為 0，接著是第三群整數……等，共有十二群整數。第一群表示一月的觀察，第二群表示二月……等，分別表示十二個月的資料。

外部的 `for` 迴圈重複 12 次(`NUM_MONTHS` 之值)。第一個敘述設定累加變數 `sightings` 為 0。內部的 `while` 迴圈，重複次數視資料而定，可能為 0 次(例如範例的第 3 個月)。在內迴圈的 `if` 敘述將禿鷹的正值計數加至 `sightings`，對於負值計數顯示警告訊息。內部迴圈結束後，外部迴圈顯示該月的總觀察數。

範例 5.8　圖 5.13 是一個包含兩個計數迴圈的範例程式。外迴圈重複三次(其中 i = 1, 2, 3)。每次重複時，敘述

```
printf("Outer %6d\n", i);
```

顯示 "Outer" 字串與 i 值(外迴圈的控制變數)。接著進入內迴圈，其控制變數 j 會重設為 0。內迴圈重複的次數視目前的 i 值而定。每次內迴圈重複時，敘述

```
printf("Inner %9d\n", j);
```

會顯示字串 "Inner" 與 j 值。

出現在外迴圈條件中的控制變數 i 決定內迴圈的重複次數。在同一巢狀中，內部和外部的 `for` 迴圈不能使用相同的變數作為迴圈的控制變數，雖然這是有效的。

練習 5.7

自我檢驗

1. 假設 m 為 3，n 為 5，則下列程式會顯示什麼？

   a.
   ```
   for (i = 1; i <= n;  ++i)  {
       for (j = 0; j < i; ++j) {
           printf("*");
       }
       printf("\n");
   }
   ```

   b.
   ```
   for  (i = n; i > 0;  --i)  {
       for (j = m; j > 0; --j)  {
   ```

圖 5.12　處理一年中觀察禿鷹資料的程式

```
/*
 * Tally by month the bald eagle sightings for the year.  Each month's
 * sightings are terminated by the sentinel zero.
 */

#include <stdio.h>

#define SENTINEL    0
#define NUM_MONTHS 12

int
main(void)
{
        int month,     /* number of month being processed         */
            mem_sight, /* one member's sightings for this month   */
            sightings; /* total sightings so far for this month   */

        printf("BALD EAGLE SIGHTINGS\n");
        for (month = 1;
             month <= NUM_MONTHS;
             ++month) {
            sightings = 0;
            scanf("%d", &mem_sight);
            while (mem_sight != SENTINEL) {
                if (mem_sight >= 0)
                    sightings += mem_sight;
                else
                    printf("Warning, negative count %d ignored\n",
                           mem_sight);
                scanf("%d", &mem_sight);
            } /* inner while */

            printf(" month %2d: %2d\n", month, sightings);
        } /* outer for */

        return (0);
}
```

```
Input data
2 1 4 3 0
1 2 0
0
5 4 -1 1 0
. . .

Results
BALD EAGLE SIGHTINGS
  month 1: 10
  month 2:  3
  month 3:  0
Warning, negative count -1 ignored
  month 4: 10
. . .
```

圖 5.13　巢狀計數迴圈程式

```
1.  /*
2.   * Illustrates a pair of nested counting loops
3.   */
4.
5.  #include <stdio.h>
6.
7.  int
8.  main(void)
9.  {
10.       int i, j;   /* loop control variables */
11.
12.       printf("         I     J\n");            /* prints column labels      */
13.
14.       for  (i = 1;  i < 4;  ++i) {             /* heading of outer for loop */
15.           printf("Outer %6d\n", i);
16.           for  (j = 0;  j < i; ++j) {          /* heading of inner loop     */
17.               printf("  Inner%9d\n", j);
18.           }  /* end of inner loop */
19.       }  /* end of outer loop */
20.
21.       return (0);
22.  }
```

```
            I    J
Outer       1
    Inner        0
Outer       2
    Inner        0
    Inner        1
Outer       3
    Inner        0
    Inner        1
    Inner        2
```

```
            printf("*");
        }
        printf("\n");
    }
```

2. 這些巢狀迴圈的輸出為何？

```
    for (i = 0; i < 3; ++i)  {
        printf("Outer %4d\n", i);
        for (j = 0; j < 2; ++j)  {
            printf("  Inner%3d%3d\n", i, j);
        }
```

```
        for (k = 2; k > 0; --k)  {
            printf("  Inner%3d%3d\n", i, k);
        }
    }
```

程式撰寫

1. 寫一程式顯示 0 至 9 的乘法表。
2. 用一巢狀迴圈使其輸出如下：
   ```
   0
   0 1
   0 1 2
   0 1 2 3
   0 1 2 3 4
   0 1 2 3 4 5
   0 1 2 3 4
   0 1 2 3
   0 1 2
   0 1
   0
   ```

5.8　do-while 敘述與旗標控制迴圈

　　for 與 while 敘述皆在執行迴圈主體前計算迴圈重複條件。在大部分的案例中，前置測試是必須的，當沒有資料可以處理或迴圈控制參數的初始值超過它所設定的範圍時，可以避免迴圈執行。但有些時候，包括交談輸入，迴圈至少要執行一次。對於有效輸入的迴圈，其虛擬碼如下：

1. 取得 *data value*。
2. 若 *data value* 不在可接受的範圍內，回到步驟 1。

C 提供 do-while 敘述來完成這種迴圈，如以下範例所示。

範例 5.9 迴圈

```
do {
    printf("Enter a letter from A through E> ");
    scanf("%c", &letter_choice);
} while (letter_choice < 'A' || letter_choice > 'E');
```

提示使用者輸入 A 到 E 的一個字母。scanf 讀入資料字元後，迴圈重複條件測試 letter_choice 是否為條件內的字母。若條件值為偽，結束迴圈，執行迴圈後的敘述。假如 letter_choice 包含其他的字母時，則條件值為真，那麼迴圈就會重複執行。因為使用者會輸入至少一個字元，用 do-while 是一個理想的迴圈。

---

do-while 敘述

語法：do

　　　statement

　　while (*loop repetition condition*);

範例：/* Find first even number input */
　　　do
　　　　　status = scanf("%d", &num);
　　　while (status > 0 && (num % 2) != 0);

說明：先執行 *statement*，然後測試 *loop repetition condition*，若測試成功，重複 *statement* 並再作測試。當測試失敗時，迴圈結束，並執行其後的敘述。

注意：若迴圈主體的敘述有一個以上，須用大括號包住這些敘述。

旗標控制的迴圈

有時迴圈重複條件會比較複雜，將完整的運算式放在條件中是不明智的。這條件通常可簡化或使用旗標的方式。**旗標**(flag)是 int 型態的變數，表示某種事件是否發生。旗標有兩種值：1(真)和 0(偽)。

旗標：一個 int 型態的變數，用來表示某種事件是否發生。

範例 5.10

函式 get_int (圖 5.14) 回傳一整數值，此整數是在其引數的範圍內 (n_min 到 n_max)。迴圈不斷提示使用者輸入特定範圍的值。外迴圈 do-while 完成前述目標，int 變數 error 則作為程式旗標，通知是否發生錯誤。在外迴圈的開始，error 初值化為 0(偽)，讀入資料至 in_val，當 if 敘述察知有錯誤資料時，則將旗標改成 1(真)。只要 error 值為真，外部迴圈就一直執行。內部的 do-while 則不斷地讀取字元，並檢查是否為換行字元 '\n'。

函式呼叫

```
next_int = get_int(10, 20);
```

其處理方式如下：假設使用者回答第一次的提示時，誤將 20 鍵成 @20。因為第一個字元是 @，scanf 會回傳 0 給 status，error 設為 1，顯示第一個錯誤訊息，內部的 do-while 跳過該列的其餘資料。再重複外部迴圈，若使用者輸入 2o。當 scanf 讀到 o，停止讀入，將 2 存至 in_val，並回傳 1 給 status。因為 2 小於 n_min(10)，故 error 設為 1，顯示第二個錯誤訊息，然後內部的 do-while 跳過同列的其餘資料。因為 error 為 1，所以重複外部迴圈。當使用者對第三次提示輸入 20 後，外部迴圈結束，20 以結果值回傳並存在 next_int。

```
Enter an integer in the range from 10 to 20 inclusive> @ 20
Invalid character >>@<<. Skipping rest of line.
Enter an integer in the range from 10 to 20 inclusive> 2o
Number 2 is not in range.
Enter an integer in the range from 10 to 20 inclusive> 20
```

要檢查有效輸入，do-while 是常用的結構。當圖 5.14 的輸入迴圈收到 scanf 傳回的錯誤狀態碼，迴圈主體讀入並顯示此不良字元，略過輸入列的其他資料，並設定錯誤旗標，使迴圈能再次執行及再次(且希望為正確)輸入。圖 5.14 的 do-while 亦能避免使用者輸入無效字元時產生無窮的輸入迴圈。

練習 5.8

自我檢驗

1. 下列哪一段程式碼是完成哨符控制迴圈較好的方式？為什麼？

```
scanf("%d", &num);
while (num != SENT){
    /* process num */
    scanf("%d", &num);
}
```

```
do {
    scanf("%d", &num);
    if (num != SENT){
        /* process num */}
} while (num != SENT);
```

圖 5.14 用 do-while 敘述驗證輸入

```
/*
 * Returns the first integer between n_min and n_max entered as data.
 * Pre : n_min <= n_max
 * Post: Result is in the range n_min through n_max.
 */
int
get_int (int n_min, int n_max)
{
        int in_val,                /* input - number entered by user        */
            status;                /* status value returned by scanf        */
        char skip_ch;              /* character to skip                     */
        int error;                 /* error flag for bad input              */
        /* Get data from user until in_val is in the range.                 */
        do {
            /* No errors detected yet. */
            error = 0;
            /* Get a number from the user. */
            printf("Enter an integer in the range from %d ", n_min);
            printf("to %d inclusive> ", n_max);
            status = scanf("%d", &in_val);

            /* Validate the number. */
            if (status != 1) {  /* in_val didn't get a number */
                error = 1;
                scanf("%c", &skip_ch);
                printf("Invalid character >>%c>>. ", skip_ch);
                printf("Skipping rest of line.\n");
            } else if (in_val < n_min || in_val > n_max) {
                error = 1;
                printf("Number %d is not in range.\n", in_val);
            }

            /* Skip rest of data line. */
            do
                scanf("%c", &skip_ch);
            while (skip_ch != '\n');
        } while (error);

        return (in_val);
}
```

2. 用 do-while 敘述重寫下列程式碼，使得在迴圈主體內沒有決策敘述。

```
sum = 0;
for (odd = 1; odd < n; odd = odd + 2)
    sum = sum + odd;
printf("Sum of the positive odd numbers less than %d is %d\n",
       n, sum);
```

什麼樣的情況會使修改過的程式碼列印出不正確的總和？

程式撰寫

1. 設計一個交談式的輸入迴圈，用於輸入一對整數，當第一個整數可整除第二個整數時，則結束迴圈。

5.9 解題說明

本節將用一個程式設計的問題來說明本章討論的一些觀念。在解此問題時，將會示範由上而下的設計過程，並逐步完成程式，從主要的演算法步驟，以及不斷的再細分，直到能寫出程式及其副程式為止。

案例研究　太陽能房屋集熱區

問　題

建築師需要一個程式，為太陽能房屋估算適當大小的集熱區面積。決定集熱區面積大小需要考慮幾個因素，包括一年中最冷月份的平均可集熱天數(屋內與室外的平均溫差以及當月天數兩者的乘積)、平面面積每平方呎的熱能需求、平面面積，以及集熱方式的效能等。此程式必須存取兩個資料檔。檔案 hdd.txt 包含建築所在地一年 12 個月份的平均集熱天數，檔案 solar.txt 包含每月平均太陽曝曬率(太陽輻射落在某一指定地點每平方呎上的比率)。每個檔案中的第一筆資料代表一月的數值，第二筆資料代表二月，其餘依此類推。

分　析

估算所需集熱區面積(A)的公式如下：

$$A = \frac{熱能損失}{能量資源}$$

其中，熱能損失數值的運算是加熱需求、平面面積以及加熱天數的乘積。至於能量資源的計算是把集熱方式的效能乘上每天的平均日光強度和天數。

在先前所有程式中，程式輸入的檔案來源都是來自鍵盤或檔案。在這個程式中，我們將利用三種輸入來源：兩個資料檔案以及鍵盤。如此我們便可確認程式的資料需求，並發展出演算法。

資料需求

問題輸入

平均加熱天數檔案
平均日光強度檔案

```
heat_deg_days   /* 最冷月份的平均加熱天數                    */
coldest_mon     /* 最冷的月份(1 .. 12)                       */
solar_insol     /* 最冷月份的平均每日日光強度                */
heating_req     /* 預定建築地的每度每天每平方呎之 Btu        */
efficiency      /* 轉換成可用熱能的日光強度百分比            */
floor_space     /* 平方呎                                    */
```

程式變數

```
energy_resrc    /* 最冷月份可用的太陽熱能(從一平方呎的
                   集熱區得到的熱能基本單位)                 */
```

問題輸出

```
heat_loss       /* 最冷月份之熱能損失基本單位                */
collect_area    /* 需要之集熱區面積大小(ft²)                 */
```

設 計

初步演算法

1. 決定最冷月份以及該月份的平均加熱天數。
2. 求出最冷月份平均一平方呎(ft^2)的每日日光強度。
3. 向使用者取得其他問題的輸入：heating_req、efficiency 以及 floor_space。
4. 估算需要的集熱區面積。
5. 顯示運算結果。

　　如圖 5.15 的結構圖所示，我們將步驟 2 設計為獨立的函式。函式 nth_item 將從檔案 solar.txt 中找出對應到最冷月份之值。步驟 3 和 5 則相當直接，所以只有步驟 1 和 4 需要進一步再細分。

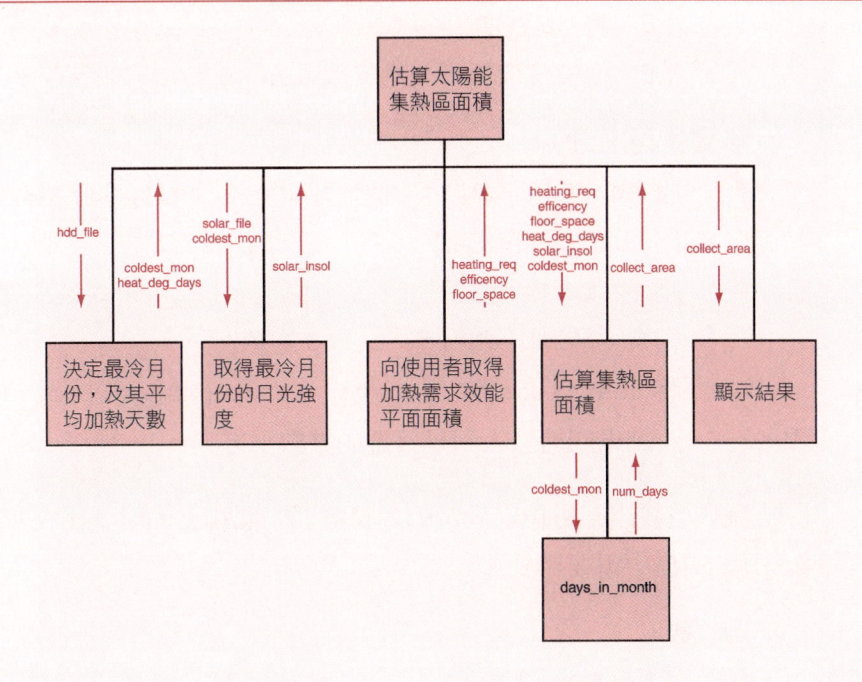

圖 5.15 運算太陽能集熱區面積的結構圖

```
                        估算太陽能
                        集熱區面積
    ┌──────┬──────┬──────────┬──────────┬──────┐
    ↓      ↑      ↑          ↑          ↑      ↓
           solar_file        heating_req
           coldest_mon       efficiency
  hdd_file                   floor_space
           coldest_mon       heat_deg_days
           heat_deg_days     solar_insol    collect_area
                  solar_insol coldest_mon   collect_area
   決定最冷月  取得最冷月   向使用者取得  估算集熱區  顯示結果
   份，及其平  份的日光強   加熱需求效能  面積
   均加熱天數  度          平面面積
                                    ↓    ↑
                              coldest_mon num_days
                                  days_in_month
```

步驟 1 再細分

在接下來的再細分中，我們將引進三個新的變數——一個計數器 `ct`，用來記錄我們在集熱天數檔案中的位置，一個用來記錄檔案狀態的整數變數 `status`，以及整數變數 `next_hdd`，用來輪流存放每個集熱天數之值。

額外程式變數

```
ct         /* 檔案中的位置 */
status     /* 輸入狀態 */
next_hdd   /* 集熱天數之值 */
```

1.1 先將集熱天數檔案中第一個值讀入 `heat_deg_days`，並將 `coldest_mon` 之值設為 1。

1.2 將 `ct` 設為 2。

1.3 從檔案取得下一個數值放入 `next_hdd`，儲存 `status`。

1.4 在發生檔案錯誤或檔案結束之前，重複下列步驟：

　　1.5 如果 `next_hdd` 大於 `heat_deg_days`

　　　　1.6 將 `next_hdd` 複製到 `heat_deg_days`。

1.7 將 ct 複製到 coldest_mon。

1.8 將 ct 遞增。

1.9 從檔案取得下一個值放入 next_hdd，並儲存 status。

步驟 4 再細分

4.1 將 heating_req、floor_space 和 heat_deg_days 相乘計算出 heat_loss 之值。

4.2 將 efficiency(轉換成百分比)、solar_inso 及最冷月份之天數相乘，計算出 energy_resrc 之值。

4.3 將 heat_loss 除以 energy_resrc 得到 collect_area 之值。將結果四捨五入到最接近的整數平方呎。

我們為找出某月份之天數的運算發展一個獨立的函式，在步驟 4.2 (參考圖 5.15)中需要用到。

函 數

函式 nth_item 和 days_in_month 相當簡單，所以我們只顯示其實作方式。圖 5.16 中即為替某一特定地理區域以太陽能提供某種結構之熱能時，估算其所需之集熱區面積大小的程式實作。

輸入檔案 hdd.txt

995 900 750 400 180 20 10 10 60 290 610 1051

輸入檔案 solar.txt

500 750 1100 1490 1900 2100 2050 1550 1200 900 500 500

圖 5.16　估算太陽能集熱區面積之程式

```
1.  /*
2.   * Estimate necessary solar collecting area size for a particular type of
3.   * construction in a given location.
4.   */
5.  #include <stdio.h>
6.
7.  int days_in_month(int);
8.  int nth_item(FILE *, int);
9.
10. int main(void)
11. {
12.     int heat_deg_days, /* average for coldest month */
```

(續)

圖 5.16 估算太陽能集熱區面積之程式(續)

```
13.          solar_insol,     /* average daily solar radiation per
14.                              ft^2 for coldest month */
15.          coldest_mon,     /* coldest month: number in range 1..12 */
16.          heating_req,     /* Btu / degree day ft^2 requirement for
17.                              given type of construction */
18.          efficiency,      /* % of solar insolation converted to
19.                              usable heat */
20.          collect_area,    /* ft^2 needed to provide heat for
21.                              coldest month */
22.          ct,              /* position in file */
23.          status,          /* file status variable */
24.          next_hdd;        /* one heating degree days value */
25.     double floor_space,   /* ft^2 */
26.          heat_loss,       /* Btus lost in coldest month */
27.          energy_resrc;    /* Btus heat obtained from 1 ft^2
28.                              collecting area in coldest month */
29.     FILE *hdd_file;       /* average heating degree days for each
30.                              of 12 months */
31.     FILE *solar_file;     /* average solar insolation for each of
32.                              12 months */
33.
34.     /* Get average heating degree days for coldest month from file */
35.     hdd_file = fopen("hdd.txt", "r");
36.     fscanf(hdd_file, "%d", &heat_deg_days);
37.     coldest_mon = 1;
38.     ct = 2;
39.     status = fscanf(hdd_file, "%d", &next_hdd);
40.     while (status == 1) {
41.         if (next_hdd > heat_deg_days) {
42.             heat_deg_days = next_hdd;
43.             coldest_mon = ct;
44.         }
45.
46.         ++ct;
47.         status = fscanf(hdd_file, "%d", &next_hdd);
48.     }
49.     fclose(hdd_file);
50.
51.     /* Get corresponding average daily solar insolation from other file */
52.     solar_file = fopen("solar.txt", "r");
53.     solar_insol = nth_item(solar_file, coldest_mon);
54.     fclose(solar_file);
55.
56.     /* Get from user specifics of this house */
57.     printf("What is the approximate heating requirement (Btu / ");
58.     printf("degree day ft^2)\nof this type of construction?\n=> ");
59.     scanf("%d", &heating_req);
60.     printf("What percent of solar insolation will be converted ");
61.     printf("to usable heat?\n=> ");
62.     scanf("%d", &efficiency);
63.     printf("What is the floor space (ft^2)?\n=> ");
```

(續)

圖 5.16 估算太陽能集熱區面積之程式(續)

```c
64.     scanf("%lf", &floor_space);
65.
66.     /* Project collecting area needed  */
67.     heat_loss = heating_req * floor_space * heat_deg_days;
68.     energy_resrc = efficiency * 0.01 * solar_insol *
69.        days_in_month(coldest_mon);
70.     collect_area = (int)(heat_loss / energy_resrc + 0.5);
71.
72.     /* Display results */
73.     printf("To replace heat loss of %.0f Btu in the ", heat_loss);
74.     printf("coldest month (month %d)\nwith available ", coldest_mon);
75.     printf("solar insolation of %d Btu / ft^2 / day,", solar_insol);
76.     printf(" and an\nefficiency of %d percent,", efficiency);
77.     printf(" use a solar collecting area of %d", collect_area);
78.     printf(" ft^2.\n");
79.
80.     return 0;
81. }
82.
83. /*
84.  * Given a month number (1 = January, 2 = February, ...,
85.  * 12 = December ), return the number of days in the month
86.  * (nonleap year).
87.  * Pre: 1 <= monthNumber <= 12
88.  */
89. int days_in_month( int month_number )
90. {
91.
92.     int ans;
93.
94.     switch (month_number) {
95.     case 2: ans = 28; /* February */
96.             break;
97.
98.     case 4: /* April */
99.     case 6: /* June */
100.    case 9: /* September */
101.    case 11: ans = 30; /* November */
102.             break;
103.
104.    default: ans = 31;
105.    }
106.
107.    return ans;
108. }
109.
110. /*
111.  * Finds and returns the nth integer in a file.
112.  * Pre: data_file accesses a file of at least n integers (n >= 1).
113.  */
114. int nth_item(FILE *data_file, int n)
```

(續)

圖 5.16　估算太陽能集熱區面積之程式(續)

```
115. {
116.     int i, item;
117.
118.     for (i = 1; i <= n; ++i)
119.         fscanf(data_file, "%d", &item);
120.
121.     return item;
122. }

Sample Run
What is the approximate heating requirement (Btu / degree day ft^2)
of this type of construction?
=> 9
What percent of solar insolation will be converted to usable heat?
=> 60
What is the floor space (ft^2)?
=> 1200
To replace heat loss of 11350800 Btu in the coldest month (month 12)
with available solar insolation of 500 Btu / ft^2 / day, and an
efficiency of 60 percent, use a solar collecting area of 1221 ft^2.
```

練習 5.9

自我檢驗

1. 將圖 5.16 中的 while 敘述以 for 迴圈取代。

5.10　如何除錯及測試程式

　　在 2.8 節中描述了三類錯誤：語法錯誤、執行期錯誤和邏輯錯誤。有時執行期錯誤或邏輯錯誤的原因可以容易地訂正。但是錯誤常常不明顯，而且可能要花費大量的時間和精神才能找出錯誤。

　　找出錯誤的第一步是檢查程式的輸出，以判斷程式的哪一部分產生不正確的結果。然後將重點放在程式的該部分敘述上，找出錯誤的原因。下節要描述兩種除錯的方法。

使用除錯程式

　　除錯程式可以幫助我們找出 C 程式的錯誤。除錯程式可以一次執行一個敘述(單步執行)。由單步執行就能追蹤程式的執行，並能觀察敘述對變數的影響，亦能確認迴圈控制變數和其他重要變數(如累加器)在每次迴圈時是否如預期般增加；或是檢查輸入變數在讀入之後，資料是否正確。

　　若程式非常長，可在選定的敘述上設**中斷點**。中斷點就像程式中的柵欄。在每個主要演算法的步驟結束處應設中斷點，然後指引除錯程式從上一個中斷點執行至下一個中斷點。當程式停在中斷點時，就可以檢查選擇的變數，以判斷該段程式是否執行正確。若不正確，可再設多個中斷點或執行單步追蹤。

無除錯程式的除錯方法

　　若不能用除錯程式，則在程式中加入額外、用作診斷的 printf 呼叫，在重點處顯示中間結果。例如，在主要的演算法步驟前後，顯示受影響的變數值。在執行後比較這些結果也許就能找出程式的錯誤。

　　一旦找出可能的錯誤所在，就應在區段中加入診斷用的 printf 呼叫，以追蹤重要變數在該段程式的值。例如，若圖 5.10 的迴圈沒有計算出正確的總和，下列第一個 printf 顯示每一個 score 和 sum 值。在執行除錯時，星號可標出診斷用的輸出，且可使診斷用的 printf 呼叫在原始碼中較為醒目。

```
while (score != SENTINEL){
    sum + = score;
    if (DEBUG)
       printf("***** score is %d, sum is %d\n", score, sum);
    printf("Enter next score(%d to quit)> ", SENTINEL);
    scanf("%d", &score); /* Get next score.                 */
}
```

　　是否要呼叫診斷用的 printf，視一個常數而定，如 DEBUG，你可在可能含有錯誤的程式中加入

```
#define DEBUG 1
```

而啟動診斷功能。若加入

```
#define DEBUG 0
```

就會關閉診斷功能。

　　通常在 printf 的格式字串末會加入 \n。對於診斷用的 printf 呼叫，這特別重要，可使輸出馬上顯示。否則當發生執行期錯誤時沒有任何 \n 出現在格式字串中，可能就無法看到診斷訊息了。

插入診斷的 printf 呼叫要小心，有時會使 if 和 while 中的單一敘述變成複合敘述，因此要加上大括號。

一次之差的迴圈錯誤

一個迴圈程式常見的邏輯錯誤是迴圈的執行次數比所需次數少了一次或多了一次。若哨符控制迴圈多重複了一次，可能會將哨符值當作一般值處理而產生錯誤。

若為計數迴圈，必須確認迴圈控制變數的初值和終值以及重複條件都要正確。例如，下面的迴圈主體執行 n + 1 次而非 n 次。若要使迴圈主體確實執行 n 次，須將重複條件改成 count < n。

```
for (count = 0; count <= n; ++count)
    sum += count;
```

> **迴圈界值**：迴圈控制變數的初值和終值。

要得知迴圈是否正確，通常檢查**迴圈界值**(loop boundaries)即可，迴圈界值就是迴圈控制變數的初值和終值。在計數的 for 迴圈中，其初值化步驟要小心求值，將此值代入迴圈主體中所有計數變數出現的地方，並驗證此值是有意義的。在計數變數出現的地方都要檢查界值的有效性。舉例來說，在 for 迴圈中，

```
sum = 0;
k = 1;
for (i =-n; i < n-k; ++i)
    sum += i * i;
```

計數變數 i 的初值為(n，且終值為 n - 2。再來檢查設定敘述

```
sum += i * i;
```

在界值時是否正確。當 i 為 -n，sum 得值 n^2；當 i 為 n - 2，將 $(n - 2)^2$ 加至 sum 中。最後任意挑一個小的 n 值(如 2)並追蹤迴圈執行，檢查 sum 是否計算正確。

測　試

訂正錯誤後，程式也如預期般執行，仍應作全面的測試以確定能正常運作。對於簡單的程式，要有足夠的執行測試來驗證程式對各種可能的資料組合都能正確地執行。

練習 5.10

自我檢驗

1. 在「一次之差的迴圈錯誤」中,將第一個出現的計數迴圈加入除錯敘述,在每次迴圈的開始顯示迴圈控制變數之值,以及結束時顯示 sum 之值。
2. 對同一節的第二個迴圈重複習題 1。

5.11 程式撰寫常見的錯誤

初學者有時會將 if 和 while 敘述弄混,因為兩者的條件皆有括號。通常 if 敘述用來實現決策步驟,while 或 for 敘述則用來完成迴圈。

複述一次 for 敘述標題的語法:

for (*initialization expression;*
  loop repetition condition;
  update expression)

要記得在初值化運算式和迴圈重複條件的結束處加上分號,右括號的前後都不能有分號。在右括號之後的分號會結束 for 敘述,而不會視迴圈條件執行迴圈主體。

另一個 while 和 for 敘述常見的錯誤是忘了迴圈主體為單一敘述。當迴圈主體包含多個敘述時要加上大括號。有些 C 設計師不管是一個或多個敘述,都用大括號包住迴圈主體。記住,編譯程式不會處理縮排,所以若迴圈的定義為

```
while (x > xbig)
      x -= 2;
      ++xbig;
/* end while */
```

則真正執行的是

```
while(x > xbig)
      x -= 2;  /* 只有這個敘述會重複 */
++xbig;
```

C 編譯程式可以很容易地找出複合敘述漏了右大括號的錯誤。但是

錯誤訊息可能離右大括號應出現的地方很遠，並可能因此產生其他的錯誤訊息。當有巢狀的複合敘述時，編譯程式會將第一個右大括號和最內層的結構配對。即使是內層結構漏了右大括號，編譯程式仍會認為外層結構發生錯誤。在下面的例子中，while 的主體漏了大括號。編譯程式將 else 之前的右大括號和 while 迴圈的主體配對，然後標記 else 不正確。

```
printf("Experiment successful? (Y/N)> ");
scanf("%c", &ans);
if (ans == 'Y') {
    printf("Enter one number per line(%d to quit)\n> ",
           SENT);
    Scanf("%d", &data);
    While (data != SENT){
        sum += data;
        printf("> ");
        scanf("%d", &data);
                            /* <- missing } */
} else {
    printf("Try it again tomorrow. \n");
    printf("Now follow correct shutdown procedure. \n");
}
```

用不等式來控制迴圈的重複條件時也要小心。下面的迴圈是用來處理有餘額的銀行帳戶的所有交易：

```
scanf("%d%lf", &code, &amount);
while (balance != 0.0){
    . . .
    scanf("%d%lf", &code, &amount);
}
```

若銀行餘額從正值變負值，而沒有剛好為 0.0 時，這個迴圈將無法結束(無窮迴圈)。下面的迴圈比較安全：

```
scanf("%d%lf", &code, &amount);
while (balance > 0.0){
    . . .
    scanf("%d%lf", &code, &amount);
}
```

要確定迴圈的重複條件最後會變成偽(0)，否則就會產生無窮迴圈。若是用哨符控制的迴圈，要提醒使用者什麼值可結束迴圈，並且要確定哨符值不會和正常資料混淆。

導致迴圈無法結束的原因之一是迴圈重複條件中的等號測試錯打成設定運算子。下面希望使用者輸入數字 0(實際上為任何非 1 的整數)來結束迴圈：

```
do {
    . . .
    printf("One more time? (1 to continue/0 to quit)> ");
    scanf("%d", &again);
} while(again = 1);   /* should be: again == 1 */
```

迴圈的條件值永遠都是 1，不會為 0(偽)，所以迴圈不會因任何數而結束。

do-while 至少需執行一次。此迴圈用於不可能重複 0 次的情況。若程式碼如下：

```
if (condition₁)
    do {
        ...
    } while (condition₁);
```

則可用 while 或 for 敘述取代之。兩者在執行迴圈主體前會自動測試迴圈的重複條件。

在複雜的運算式中，不要使用遞增、遞減或複合設定運算子，因為會使運算式不易閱讀。但最糟的情況是會因不同的 C 工具而產生不同的結果。

在複合設定運算子的第二個運算元，是假設有括號包住的運算式，因為敘述

```
a *= b + c;    等於    a = a *(b + c);
```

對於

```
a = a * b + c;
```

沒有簡化的撰寫方式。

遞增或遞減運算子的運算元須為變數，並在執行功能之後參考此變

數；若無後來的參考，運算子改變變數之值的副作用就沒有意義了。在運算式中，有遞增、遞減的變數不要使用兩次。將遞增或遞減運算子用於常數或運算式是不合理的。

本章回顧

1. 用迴圈重複程式的步驟。程式中常發生的兩種迴圈：計數迴圈和哨符控制的迴圈。計數迴圈的重複次數要在進入迴圈前決定；哨符控制的迴圈則在讀入特殊資料值時結束迴圈。每種迴圈的虛擬碼如下：

    計數迴圈
    設定 *loop control variable* 的初值為 0
    當 *loop control variable* < *final value*
      ...
      將 *loop control variable* 遞增 1

    哨符控制的迴圈
    取得一筆資料
    當未遇到哨符值時
      處理資料
      取得另一筆資料

2. 下面是其他三種迴圈的虛擬碼：

    檔案終點控制的迴圈
    取得第一個 *data value* 並儲存 *input status*
    當 *input status* 未表示遇到檔案終點時
      處理 *data value*
      取得下一個 *data value* 並儲存 *input status*

    有效輸入的迴圈
    取得 *data value*
    若 *data value* 不在可接受的範圍內，
      回到第一步

    一般的條件式迴圈
    初值化 *loop control variable*

只要未符合結束條件
　　　　　繼續處理

3. C 有三種迴圈結構：while、for 與 do-while。for 是用來完成計數迴圈，而 do-while 是用於至少必須執行一次的迴圈，如交談式程式中，讀入有效資料的迴圈。其他條件式迴圈可用 for 或 while，哪一個較清楚就用哪一個。

4. 設計迴圈時，重點放在迴圈控制和迴圈處理。在迴圈處理中，要確認迴圈所包含的步驟是要重複執行的。在迴圈控制中，要提供控制變數的初值化、測試和更新各步驟。要檢查當迴圈主體沒有執行時(零次迴圈)，初值化的步驟能使程式有正確的結果。

新增的 C 結構

結　構	效　果
計數迴圈 ```for (num = 0;
num < 26;
++num) {
square = num * num;
printf("%5d %5d\n", num,
square);
}```	顯示 26 列，每列包含 0 到 25 中的一個數及其平方值。
具有負值的計數迴圈 ```for (volts = 20;
volts >=-20;
volts(-= 10) {
current = volts / resistance;
printf("%5d %8.3f\n", volts,
current);
}```	volts 值為 20, 10, 0, -10, -20，分別計算 current 值，並顯示 volts 和 current 之值。
哨符控制的 while 迴圈 ```product = 1;
printf("Enter %d to quit\n",
SENVAL);
printf("Enter first number> ");
scanf("%d", &dat);
while (dat != SENVAL) {
product *= dat;
printf("Next number> ");
scanf("%d", &dat);
}```	計算一串數字之積。當使用者輸入哨符值(SENVAL)即停止迴圈。

(續)

新增的 C 結構(續)

結　構	效　果

檔案終點控制的 while 迴圈
`sum = 0;`
`status = fscanf(infil, "%d", &n);`
`while(status == 1) {`
`   sum += n;`
`   status =`
`      fscanf(infil, "%d", &n);`
`}`
	累積一串數字之和。當 fscanf 讀到檔尾字元或錯誤資料時就結束計算。

do-while 迴圈
`do {`
`   printf("Positive number < 10>");`
`   scanf("%d, &num");`
`} while(num < 1|| num >= 10);`
	重複顯示提示並儲存數字至 num，直到使用者輸入範圍內之值。

遞增/遞減 `z = ++j * k--;`	遞增 j 值後和 k 相乘，乘積存至 z，然後 k 值遞減。
複合設定 `ans *= a - b;`	ans 之值為 ans * (a - b)。

快速檢驗練習

1. 重複處理輸入資料直到讀入特殊值，稱為_____控制的迴圈。
2. C 中有些 for 迴圈不能用 while 迴圈取代。對或錯？
3. 永不會執行 for 迴圈的主體是錯的。對或錯？
4. 由檔案終點控制的 while 迴圈，初值化和更新算式一般會包括_____的函式呼叫。
5. 在典型的計數控制迴圈中，迴圈重複的次數直到迴圈執行時才知道。對或錯？
6. 執行下列程式片段，會顯示幾列星號？

   ```
   for (i = 0; i < 10; ++i)
      for (j = 0; j < 5; ++j)
         printf("**********\n");
   ```

7. 執行下列程式片段：

   a. 第一個 printf 的函式呼叫執行多少次？

   b. 第二個 printf 的函式呼叫執行多少次？

   c. 最後顯示何值？

   ```
   for (i = 0; i < 7; ++i){
   ```

```
        for (j = 0; j < i; ++j)
            printf("%4d", i * j);
        printf("\n");
    }
```

8. 若 n 值為 4、m 為 5，則下面的算式值是否為 21？

   ++(n * m)

   解釋答案。

9. 執行下列三個敘述後，n、m 及 p 值為何？

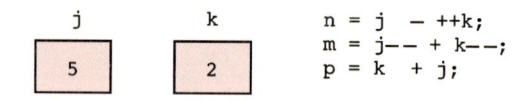

j	k
5	2

   ```
   n = j - ++k;
   m = j-- + k--;
   p = k + j;
   ```

10. 執行下面三個敘述後，x、y 及 z 之值為何？

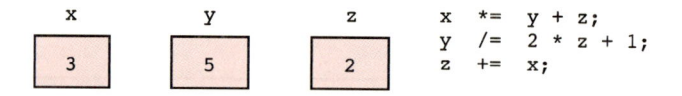

x	y	z
3	5	2

    ```
    x *= y + z;
    y /= 2 * z + 1;
    z += x;
    ```

11. 下列的程式碼會顯示何值？測試 345、82、6 這三個輸入值。然後描述這些程式碼的執行。

    ```
    printf("\nEnter a positive integer> ");
    scanf("%d", &num);
    do {
        printf("%d ", num % 10);
        num /= 10;
    } while(num > 0);
    printf("\n");
    ```

快速檢驗練習解答

1. 哨符
2. 錯
3. 錯
4. fscanf
5. 錯
6. 50

7. a. 0 + 1 + 2 + 3 + 4 + 5 + 6 = 21
   b. 7
   c. 30
8. 不是，這個算式不合理。遞增運算子不能用於算式中，如(n * m)。
9. n = 2，m = 8，p = 6。
10. x = 21，y = 1，z = 23。
11. ```
    Enter a positive integer> 345
    5 4 3
    Enter a positive integer> 82
    2 8
    Enter a positive integer> 6
    6
    ```
    此程式將輸入的數字以相反順序顯示，且數字之間以空白隔開。

問題回顧

1. 哨符控制和檔案終點控制迴圈的初值化、重複測試和更新步驟的形式為何？它們又有何不同？
2. 寫一程式計算和顯示從終端機輸入的一串攝氏溫度，直到讀入 −100。
3. 從下列的資料，手動追蹤其後的程式：

```
7 5 2 6    8 1 9 5    9 2 6 6
#include <stdio.h>
#define SPECIAL_SLOPE 0.0

int
main(void)
{
      double slope, y2, y1, x2, x1;

      printf("Enter 4 numbers separated by spaces.");
      printf("\nThe last two numbers cannot be the ");
      printf("same, but\nthe program terminates if ");
      printf("the first two are.\n");
      printf("\nEnter four numbers> ");
      scanf("%lf%lf%lf%lf ", &y2, &y1, &x2, &x1);
```
```

```
            for (slope =(y2 - y1)/(x2 - x1);
                 slope != SPECIAL_SLOPE;
                 slope =(y2 - y1)/(x2 - x1)){
        printf("Slope is %5.2f.\n", slope);
        printf("\nEnter four more numbers> ");
        scanf("%lf%lf%lf%lf ", &y2, &y1, &x2, &x1);
    }
        return(0);
}
```

4. 用 do-while 迴圈重寫上題的程式。

5. 用 for 迴圈重寫下列程式：

```
count = 0;
i = 0;
while (i < n){
    scanf("%d", &x);
    if(x == i)
        ++count;
    ++i;
}
```

6. 重寫 for 迴圈的標題，去掉不必要的分號：

```
for (i = n;
     i < max;
     ++i;);
```

7. 用一個 do-while 迴圈重複提示及讀取資料，當輸入值在 0 至 20 之間時(包括 0 和 20)，結束迴圈。此程式碼要避免讀入錯誤資料時產生無窮迴圈。

程式撰寫專案

1. 寫一程式產生一個包含客製化貸款分期償還表格的檔案。程式中將提示使用者輸入貸款金額、年利率以及付款期數(n)。為了計算每月付款金額，將會用到第三章程式撰寫專案 1 中的公式。此付款金額必須予以四捨五入至最接近的美分(0.1 美元)。在付款金額四捨五入到美分時，程式將在輸出檔案內寫入 n 行，顯示該如何償付貸款。每個月的付款金額是本金結餘的月利息，其餘的則為本金部分。由於付款金額和每月利息都經過四捨五入，因此最後的付款金額會有點不同，所以必須計算最後利息付款和最後本金結餘的總和。下面是以 9% 年利率借款 $1000 美元，並分攤在 6 個月償還的範例表格。

| 本金 | $1000.00 | 付款 | $171.07 |
年利率	9.0%	期數	6 個月
付款結餘	利　息	本　金	本　金
1	7.50	163.57	836.43
2	6.27	164.80	671.63
3	5.04	166.03	505.60
4	3.79	167.28	338.32
5	2.54	168.53	169.79
6	1.27	169.79	169.79
最後付款	$171.06		

2. **a.** 寫一程式找出 N 個數中的最小值、最大值和平均值。在讀取 N 個數之前先讀取 N 值。

   b. 修改程式以計算並顯示資料組的範圍值以及標準差。在主迴圈先計算各數的平方和(sum_of_squares)，迴圈結束後，在求出平方和之後計算標準差。

   $$標準差 = \sqrt{\frac{\text{sum\_squares}}{N} - 平均值^2}$$

3. 兩個整數的最大公因數(gcd)是其公因數的乘積。寫一程式可輸入兩個數字，並以下列的方法找出它們的 gcd。以 –66 和 121 為例，說明此方法。用數字的絕對值作運算，找出兩者相除後的餘數。

$$\begin{array}{r} 0 \\ 121\overline{)66} \\ \underline{0} \\ 66 \end{array}$$

再將除數除以餘數，計算這兩者的餘數：

$$\begin{array}{r} 1 \\ 66\overline{)121} \\ \underline{66} \\ 55 \end{array}$$

重複此步驟,直到餘數為 0。

$$\begin{array}{r} 1 \\ 55\overline{)66} \\ 55 \\ \hline 11 \end{array} \quad \begin{array}{r} 5 \\ 11\overline{)55} \\ 55 \\ \hline 0 \end{array}$$

最後的除數(21)即為 gcd。

4. Environmental Awareness Club of BigCorp International 提議公司對於通勤的員工,若達到最少乘客效率的共乘,則補助每位乘客每公里 $.08。乘客效率 P(單位是乘客－公里/公升)的定義如下:

$$P = \frac{ns}{l}$$

此處的 n 是乘客數,s 是距離(單位為公里),l 是汽油的公升數。

寫一程式提示使用者最小的乘客效率,然後處理共乘的資料檔案 (carpool.txt),產生一個輸出檔 effic.txt,包含了表格,並以表格顯示所有達到最小乘客效率的共乘。儲存共乘的檔案每一列資料含有三個數字:共乘的人數、一星期五天的總通勤距離,和一星期通勤所消耗的汽油公升數。資料檔案以一列 0 值作結束。以下面的格式輸出結果:

```
           CARPOOLS MEETING MINIMUM PASSENGER EFFICIENCY OF 25 PASSENGER KM / L
Passengers      Weekly Commute       Gasoline              Efficiency           Weekly
                (km)                 Consumption(L)        (pass km / L)        Subsidy($)
4               75                   11.0                  27.3                 24.00
2               60                   4.5                   26.7                 19.60
```

5. n 是一個 10 位元的正整數,由 $d_{10}, d_9, ..., d_1$ 組成。寫一程式將此 10 個數字顯示在一行中,d_1 顯示在此行的頂端。提示:若 n 為 3,704,利用

```
digit = n % 10;
```

計算每個位數之值。使用 n 等於 256 和 13,704 測試程式。

6. a. 寫一程式搜集高溫日子的天數。程式要計算並列印炎熱日子的天數(華氏 85 度以上)、舒服日子的天數(60～84 度)和寒冷日子的天數(低於 60 度)。亦須顯示溫度的類別,用下列資料測試程式:

```
58  65  68  74  59  45  41  58  60  67  65  78  82  88  91
92  90  93  87  80  78  79  72  68  61  59
```

  b. 修改程式，在執行結束時顯示平均溫度(實數)。

7. 寫一程式處理公司中每個員工的每週工作時間。每個員工有三個資料項：識別號碼、時薪和每週的工作時數。當工作超過 40 個小時，超時的時薪為 1.5 倍。總薪資要扣除 3.625% 的稅金。程式應輸出員工的識別碼和淨所得，執行結束時並顯示全部的薪資及每人所得的平均值。

8. 假設某一家啤酒店賣 Piels(ID 為 1)、Coors(ID 為 2)、Bud(ID 為 3)及 Iron City(ID 為 4)。寫一程式完成：

  a. 讀取每種牌子每星期之初的存貨。

  b. 處理每種牌子整星期的銷售和購買紀錄。

  c. 顯示最後的存貨。

  最後處理包含兩個資料項。第一個是品牌識別碼(整數)。第二個是買進(正整數)或賣出(負整數)的量。假設每種牌子的存貨不會用光。(提示：先輸入四個資料值，分別表示四種牌子的存貨，後面接者的是交易值。)

9. 天然氣的壓力隨其體積和溫度而變。利用下列公式：

$$\left(P + \frac{an^2}{V^2}\right)(v - bn) = nRT$$

以表格形式顯示二氧化碳在等溫(T)時，壓力與 n 莫耳體積的關係。P 的單位是大氣壓力，V 的單位是升。對於二氧化碳，$a = 3.592$ L^2 · atm/mol^2，$b = 0.0427$ L/mol。氣體常數 R 為 0.08206 L · atm/mol · K。程式輸入包括 n、絕對溫度、最初和最後的體積(單位是升)，以及表格兩列之間的體積差。表格中，氣體體積從最初值依間隔值遞增至終值。

下面是一個執行範例：

```
Please enter at the prompts the number of moles of carbon
dioxide, the absolute temperature, the initial volume in
milliliters, the final volume, and the increment volume
between lines of the table.
```

```
Quantity of carbon dioxide(moles)> 0.02
Temperature(kelvin)> 300
Initial volume(milliliters)> 400
Final volume(milliliters)> 600
Volume increment(milliliters)> 50
```

輸出檔案

```
0.0200 moles of carbon dioxide at 300 kelvin

Volume(ml)      Pressure(atm)
   400             1.2246
   450             1.0891
   500             0.9807
   550             0.8918
   600             0.8178
```

10. 要設計水泥管攜水至 Crystal Lake。此水管寬 15 呎，深 10 呎，斜率為 0.0015 呎，摩擦係數為 0.014。當流速為 1000 立方呎／秒時，管中水有多深？

要求解此題，可以利用 Manning 公式：

$$Q = \frac{1.486}{N} A R^{2/3} S^{1/2}$$

其中 Q 是水流流速(立方呎／秒)，N 是摩擦係數(無單位)，A 是面積(平方呎)，S 是斜率(呎／呎)，R 是水力半徑(呎)。

水力半徑是截面面積除以流水經過的區域周長。此例是正方形管，公式為

$$Hydraulic\ radius = depth \times width/(2.0 \times depth + width)$$

設計一程式讓使用者猜一深度值，然後計算其對應的水流。若水流太小，請使用者再猜深一點；若水流太大，就要請使用者猜小一點的深度。重複猜測直到算出的水流與所需水流的差在 0.1% 內。

幫助使用者猜測初值，程式應顯示一半深度時的水流。注意執行範例：

```
At a depth of 5.0000 feet, the flow is 641.3255 cubic
feet per second.
```

```
Enter your initial guess for the channel depth
when the flow is 1000.0000 cubic feet per second
Enter guess> 6.0

Depth: 6.0000  Flow: 825.5906 cfs  Target: 1000.0000 cfs
Difference: 174.4094 Error: 17.4409 percent
Enter guess> 7.0

Detph: 7.0000  Flow: 1017.7784 cfs  Target: 1000.0000 cfs
Difference:(17.7784  Error:(1.7778 percent

Enter guess> 6.8
```

11. 根據 http://www.carddata.com 的資訊，美國民眾每年使用信用卡消費速食從 2005 年的 33.2 億美元，成長到 2006 年的 51 億美元。根據此模式，速食消費可以模式化為：

$$F(t) = 33.2 + 16.8\,t$$

其中 t 是 2005 年之後的年數，寫一個程式不斷詢問使用者輸入 2005 年之後的年份，並且預測該年速食消費的金額。設計並使用此 fast_foold_billions 函式，以年份當作輸入，並且預測該年速食消費。提醒使用者輸入 2005 年之前的年份會造成程式終止。

12. 棒球選手的打擊平均數，是由其正式的打擊次數計算而來。在官方的紀錄中，保送、犧牲與擦棒球不列入計算。寫程式計算平均打擊率，將打擊者的號碼與打擊紀錄當作檔案輸入。打擊紀錄編碼為 H-打擊、O-出局、W-保送、S-犧牲打、P-擦棒球。此程式的輸出為每一個打者的輸入資料，接著是打擊平均。(提示：每一個打擊紀錄接在換行符號之後。)

輸入檔案範例：
```
12 HOOOWSHHOOHPWWHO
4 OSOHHHWWOHOHOOO
7 WPOHOOHWOHHOWOO
```

輸出：
```
Player 12's recored : HOOOWSHHOOHPWWHO
Player 12's batting average : 0.455
```

```
Player 4's record: OSOHHHWWOHOHOOO
Player 4's batting average: 0.417

Player 7's record : WPOHOOHWOHHOWOO
Player 7's batting average : 0.364
```

模組化的程式設計

CHAPTER 6

6.1 具簡單輸出參數的函式

6.2 多次呼叫有輸入／輸出參數的函式

6.3 名稱範疇

6.4 形式輸出參數和實際引數

6.5 有多重函式的程式

案例研究：分數的數學運算

6.6 程式系統的除錯及測試

6.7 程式撰寫常見的錯誤

本章回顧

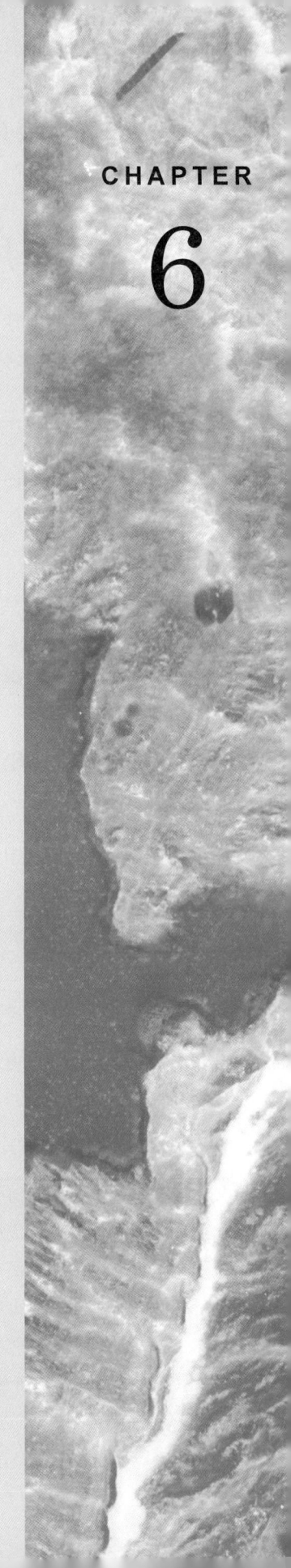

用函式精心設計的程式有些特性和立體的音響系統相同。立體音響上執行特殊功能的元件皆為獨立的設備，使用者也許知道每個元件的功能，但不一定需要了解其中包含了哪些電子零件或它如何播放、記錄音樂。

電子的聲音在連結音響元件的電線中流來流去。在音響接收器的背面插頭上會標有輸入和輸出，接在輸入端的電線會攜帶從卡匣座、收音機或 CD 唱盤出來的電子訊號進入接收器，在此處理後，再送新的訊號從輸出端到喇叭或回到卡匣座記錄之。

第三章曾提到如何撰寫程式的獨立元件——函式。這些函式對應至解題的不同步驟。此章亦說明如何輸入至函式及函式如何回傳值。而本章要完成函式的研究，學習如何連結函式來產生程式系統——像立體音響的系統一樣，在函式之間傳遞資訊。

6.1　具簡單輸出參數的函式

引數列是主函式和函式副程式之間的溝通管道。引數使函式有更多用途，因為每次呼叫時都可藉引數處理不同的資料。至今，我們已了解如何傳資料至函式，以及如何用 return 敘述回傳函式的結果值。本節描述如何用輸出參數從函式回傳多重結果。

當執行函式呼叫時，電腦會為函式的形式參數配置資料空間，每個實際參數之值會存至對應的形式參數所配置的記憶格內。函式可以運用這個值。接著，我們將討論函式如何將多重輸出結果傳回給呼叫它的函式。

範例 6.1　圖 6.1 的函式 separate 會找出第一個參數的正負號、整數部分及小數部分。函式的形式參數表從呼叫函式輸入的資料，在函式 separate 中，只有第一個形式參數 num 是輸入值；其他三個參數——signp、wholep 及 fracp——是輸出參數，用來攜帶函式 separate 的數個結果回呼叫它的函式。圖 6.2 是此函式的輸入輸出圖。

圖 6.1　函式 separate

```
/*
 * Separates a number into three parts: a sign (+, -, or  blank),
 * a whole number magnitude, and a fractional part.
 */
void
separate(double  num,    /* input - value to be split                  */
         char   *signp,  /* output - sign of num                       */
         int    *wholep, /* output - whole number magnitude of num     */
         double *fracp)  /* output - fractional part of num            */
{
      double magnitude;  /* local variable - magnitude of num          */

      /* Determines sign of num */
      if (num < 0)
          *signp = '-';
      else if (num == 0)
          *signp = ' ';
      else
          *signp = '+';

      /* Finds magnitude of num (its absolute value) and
         separates it into whole and fractional parts                  */
      magnitude = fabs(num);
      *wholep = floor(magnitude);
      *fracp = magnitude - *wholep;
}
```

圖 6.2

有多重結果的 separate 函式圖

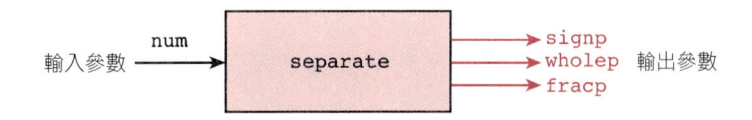

輸入參數 num → separate → signp, wholep, fracp 輸出參數

從圖 6.1 中的函式標題著手：

```
void
separate(double num,    /* input - value to be split                  */
         char *signp,   /* output - sign of num                       */
         int *wholep,   /* output - whole number magnitude
                                    of num                            */
         double *fracp) /* output - fractional part of num            */
```

實際引數值傳給形式參數 num，然後用此值決定回傳值 signp、wholep 和 fracp。注意，圖 6.1 在函式標題的輸出參數名稱前有星號。用這些參數回送函式結果的設定敘述，亦有星號放在參數名稱前。函式的型態為 void，表示函式不回傳值，故函式主體內不包含 return 敘述。

指標：記憶格內的內容為另一個記憶格的位址。

輸出參數的宣告如 char *signp，告訴編譯程式 signp 為 char 變數的位址。另一種說法是 signp 為指向 char 變數的**指標**(pointer)。同樣地，wholep 和 fracp 為指向 int 和 double 的指標。所以這些輸出參數的名稱都以字母 "p" 作結尾，表示它們為指標。

圖 6.3 是一個完整的程式，包含了呼叫 separate 函式的簡短 main 函式。函式 separate 如圖 6.1 的定義，只是在前後加了註解。呼叫函式要宣告變數，讓函式 separate 儲存所計算的多重結果。在範例中的主函式宣告了三個變數──char 變數 sn、int 變數 wh1 與 double 變數 fr。注意這三個變數在呼叫 separate 函式之前並沒有設定值，因為這是 separate 的工作。改變呼叫函式的資料值是執行函式 separate 的副作用。這個副作用就是呼叫 separate 的目的。

圖 6.4 是執行函式呼叫敘述時，main 及 separate 的資料區。此函式呼叫

separate(value, &sn, &wh1, &fr);

使存於實際引數 value 之值複製到輸入參數 num，而 sn、wh1 及 fr 的位址則存至對應的輸出參數 signp、wholep 及 fracp。在方格下方的小字表記憶體可能的實際位址。對程式來說並無影響，通常圖示記憶體的位址用箭頭從 signp 畫至 sn。注意，在實際變數前的位址運算子 & 是必須的，若無此運算子，會將 sn、wh1 與 fr 值傳給 separate，而從 separate 的觀點看這些資訊是無用的。separate 需知道這些變數的位址才能將值存進 sn、wh1 和 fr。separate 的第二個、第三個和第四個引數的功能就類似於函式庫函式 scanf，除第一個(格式字串)以外，其他引數皆相同。

除了實際輸出引數之值 separate 是無用外，若對應形式參數的資料型態不符合亦是枉然。表 6.1 列出位址運算子 & 用於資料型態的結果。你可以發現，一般而言，如果某參數 x 是 "whatever-type" 型態，則 &x 就是指向此型態的指標，也就是 "whatever-type *"。

我們已看過如何在函式原型宣告簡單的輸出參數，以及如何在函式呼叫敘述使用位址運算子 & 來傳遞適當型態的指標。現在要看函式如何處理這些指標以傳送多個結果。separate 函式中使結果傳回的敘述如下。

圖 6.3　呼叫有輸出引數的函式

```
1.  /*
2.   * Demonstrates the use of a function with input and output parameters.
3.   */
4.
5.  #include <stdio.h>
6.  #include <math.h>
7.  void separate(double num, char *signp, int *wholep, double *fracp);
8.
9.  int
10. main(void)
11. {
12.         double value;  /* input - number to analyze                      */
13.         char    sn;    /* output - sign of value                         */
14.         int     whl;   /* output - whole number magnitude of value       */
15.         double  fr;    /* output - fractional part of value              */
16.
17.         /* Gets data                                                     */
18.         printf("Enter a value to analyze> ");
19.         scanf("%lf", &value);
20.
21.         /* Separates data value into three parts                         */
22.         separate(value, &sn, &whl, &fr);
23.
24.         /* Prints results                                                */
25.         printf("Parts of %.4f\n  sign: %c\n", value, sn);
26.         printf("  whole number magnitude: %d\n", whl);
27.         printf("  fractional part: %.4f\n", fr);
28.
29.         return (0);
30. }
31.
32. /*
33.  * Separates a number into three parts: a sign (+, -, or blank),
34.  * a whole number magnitude, and a fractional part.
35.  * Pre:  num is defined; signp, wholep, and fracp contain addresses of memory
36.  *       cells where results are to be stored
37.  * Post: function results are stored in cells pointed to by signp, wholep, and
38.  *       fracp
39.  */
40. void
41. separate(double  num,       /* input - value to be split                 */
42.          char    *signp,    /* output - sign of num                      */
43.          int     *wholep,   /* output - whole number magnitude of num    */
44.          double  *fracp)    /* output - fractional part of num           */
45. {
46.         double magnitude;   /* local variable - magnitude of num         */
```

(續)

圖 6.3　呼叫有輸出引數的函式(續)

```
47.         /* Determines sign of num */
48.         if (num < 0)
49.             *signp = '-';
50.         else if (num == 0)
51.             *signp = ' ';
52.         else
53.             *signp = '+';
54.
55.         /* Finds magnitude of num (its absolute value) and separates it into
56.            whole and fractional parts                                        */
57.         magnitude = fabs(num);
58.         *wholep = floor(magnitude);
59.         *fracp = magnitude - *wholep;
60.     }

Enter a value to analyze> 35.817
Parts of 35.8170
  sign: +
  whole number magnitude: 35
  fractional part: 0.8170
```

圖 6.4

separate(value, &sn, &whl, &fr); 的參數對應

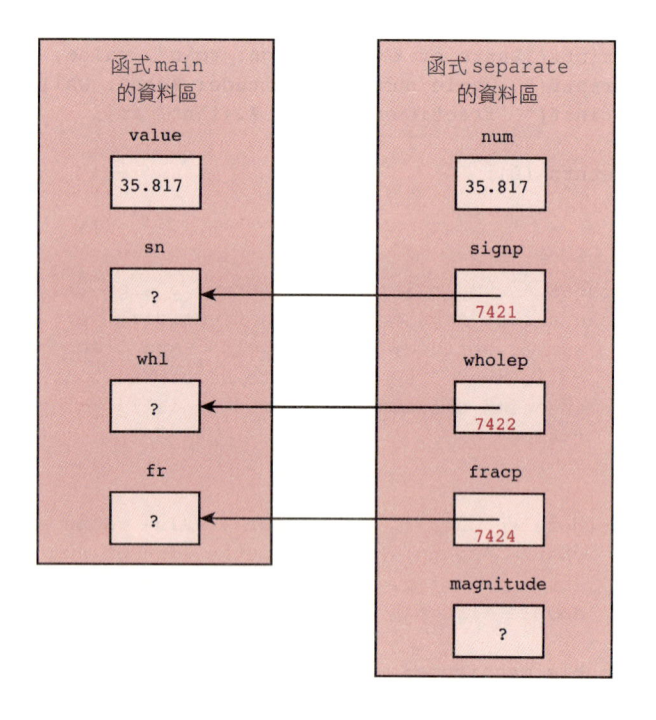

函式 main 的資料區

value
35.817

sn
?

whl
?

fr
?

函式 separate 的資料區

num
35.817

signp
7421

wholep
7422

fracp
7424

magnitude
?

表 6.1 將 & 運算子用於資料型態的結果

宣 告	x 的資料型態	&x 的資料型態
char x	char	char *(指向 char 指標)
int x	int	int *(指向 int 指標)
double x	double	double *(指向 double 指標)

```
*signp = '-';
*signp = ' ';
*signp = '+';
*wholep = floor(magnitude);
*fracp = magnitude - *wholep;
```

在每個敘述的形式參數名稱前皆有**間接運算子** *。* 運算子用於某種型態的指標，結果是順著指標參考其運算元。圖 6.5 列出直接參考「指向 int 指標」型態的變數和用間接運算子間接參考同一變數的差異。

在圖 6.4 中，敘述

```
*signp = '+';
```

沿著 signp 的指標到 main 中 sn 的記憶格，並存進字元 '+'。而敘述

```
*wholep = floor(magnitude);
```

則隨著 wholep 的指標到 main 中 wh1 的記憶格，並存進 35。同樣地，敘述

```
*fracp = magnitude - *wholep;
```

用了兩次間接參考：一次由 wholep 指標存取 main 的區域變數，另一次則經 fracp 指標將最後的輸出引數值 0.817 存至 main 的 fr。

圖 6.5

直接參考與間接參考的比較

參 考	哪一個記憶格	值
nump	右邊的記憶格	指標
*nump	左邊的記憶格	84

* 符號的意義

我們已看過符號 * 的三種不同意義。在第二章為二元運算子，涵義為乘法。函式 separate 介紹了兩種用法。在函式的形式參數宣告中的 * 是參數資料型態的一部分，這些 * 要讀作「指向」。因此宣告

```
char *signp
```

會告知編譯程式參數 signp 是「指向 char」。

當 * 用於間接運算子時，意義完全不同。此時意思是「跟著指標」。因此，*signp 表示跟著 signp 中的指標。注意 *signp 的資料型態為 char，*wholep 是 int，而 *fracp 為 double。不要將參考時的 * 和參數宣告時的 * 涵義弄混。

練習 6.1

自我檢驗

1. 寫出 sum_n_avg 的函式原型，它有三個 double 型態的輸入參數和二個輸出參數。

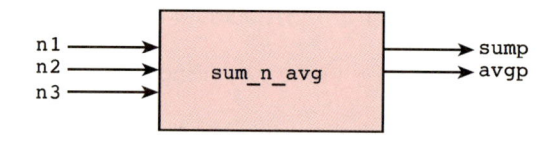

```
n1 ─→ ┌─────────┐ ─→ sump
n2 ─→ │ sum_n_avg │
n3 ─→ └─────────┘ ─→ avgp
```

此函式計算其三個輸入引數的和及平均值，並將結果置於二個輸出參數。

2. 下面的程式碼是用來呼叫上題的 sum_n_avg。完成函式呼叫的敘述。

```
{
    double one, two, three, sum_of_3, avg_of_3;
    printf("Enter three numbers> ");
    scanf("%lf%lf%lf", &one, &two, &three);
    sum_n_avg(_____);
    . . .
}
```

3. 已知記憶格的狀況如下圖，在表中填入每個參考的資料型態與值，以及在哪一個函式中才是合法的。

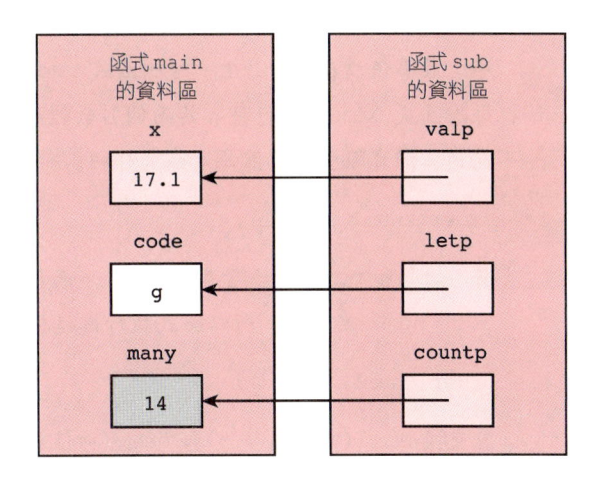

```
                    函式 main              函式 sub
                    的資料區               的資料區
                       x                    valp
                    ┌──────┐              ┌──────┐
                    │ 17.1 │◄─────────────│      │
                    └──────┘              └──────┘
                      code                  letp
                    ┌──────┐              ┌──────┐
                    │  g   │◄─────────────│      │
                    └──────┘              └──────┘
                      many                 countp
                    ┌──────┐              ┌──────┐
                    │  14  │◄─────────────│      │
                    └──────┘              └──────┘
```

以參考記憶格的特性作為指標的值。如 valp 之值是「指向 x 記憶格的指標」，且 &many 之值為「指向 many 記憶格的指標」。

參　　考	何處合法	資料型態	值
valp	sub	double *	指向記憶格的指標
&many			
code			
&code			
countp			
*countp			
*valp			
letp			
&x			

<u>程式撰寫</u>

1. 定義自我檢驗第 1 題的函式 sum_n_avg。此函式要計算出三個輸入參數的總和及平均值，然後透過輸出參數傳回這兩個結果。

6.2　多次呼叫有輸入／輸出參數的函式

在前一個範例中，由函式的輸入參數傳遞資訊，由輸出參數回送函式結果。下一個例子由同一個參數攜帶資料到函式，並從函式帶結果出來。同時說明在程式中如何呼叫同一函式一次以上，且每次呼叫都處理不同的資料。

範例 6.2

排序：以一特殊順序重排資料(遞增或遞減)。

圖 6.6 的主函式會讀取三個資料值，num1、num2 和 num3，並以遞增的方式排序，最小值放在 num1 上。呼叫函式 order 三次執行此**排序**(sorting)動作。每次函式 order 執行時，其兩個引數較小者會存在第一個實際引數，較大者存在第二個實際引數。因此，函式呼叫

```
order(&num1, &num2);
```

將 num1 和 num2 較小者存於 num1，而較大者存於 num2。在範例中，num1 為 7.5，num2 為 9.6，所以函式執行後這些值不變。函式呼叫

```
order(&num1, &num3);
```

會交換 num1(初值為 7.5)和 num3(初值為 5.5)。表 6.2 為主函式執行的追蹤。函式 order 的主體是用 if 敘述完成。函式標題

```
void
order(double *smp, double *lgp)   /* input/output */
```

smp 和 lgp 為輸入／輸出參數，因為函式用實際引數的值當作輸入，且回傳新值。

執行第二次呼叫時

```
order(&num1, &num3);
```

形式參數 smp 含有實際引數 num1 的位址，lgp 含有 num3 的位址。測試條件

```
(*smp > *lgp)
```

會沿著兩指標產生

```
(7.5 > 5.5)
```

而求得真值。在真條件下執行第一個設定敘述

```
temp = *smp;
```

將 7.5 複製至區域變數 temp。圖 6.7 是執行此設定敘述後記憶體內的值。再執行第二個設定敘述，

```
*smp = *lgp;
```

會使 smp 所指的變數值 7.5 置換成 5.5，此值是 lgp 所指的變數值。最後的設定敘述

```
*lgp = temp;
```

將暫存變數的內容(7.5)複製到 lgp 所指的變數，而完成數字的交換。

圖 6.6 三個數字排序的程式

```
1.  /*
2.   * Tests function order by ordering three numbers
3.   */
4.  #include <stdio.h>
5.
6.  void order(double *smp, double *lgp);
7.
8.  int
9.  main(void)
10. {
11.         double num1, num2, num3; /* three numbers to put in order       */
12.
13.         /* Gets test data                                               */
14.         printf("Enter three numbers separated by blanks> ");
15.         scanf("%lf%lf%lf", &num1, &num2, &num3);
16.
17.         /* Orders the three numbers                                     */
18.         order(&num1, &num2);
19.         order(&num1, &num3);
20.         order(&num2, &num3);
21.
22.         /* Displays results                                             */
23.         printf("The numbers in ascending order are: %.2f %.2f %.2f\n",
24.                 num1, num2, num3);
25.
26.         return (0);
27. }
28.
29. /*
30.  * Arranges arguments in ascending order.
31.  * Pre:  smp and lgp are addresses of defined type double variables
32.  * Post: variable pointed to by smp contains the smaller of the type
33.  *       double values; variable pointed to by lgp contains the larger
34.  */
35. void
36. order(double *smp, double *lgp)          /* input/output */
37. {
38.         double temp; /* temporary variable to hold one number during swap   */
39.         /* Compares values pointed to by smp and lgp and switches if necessary */
40.         if (*smp > *lgp) {
41.                 temp = *smp;
42.
43.                 *smp = *lgp;
44.                 *lgp = temp;
45.         }
46. }

Enter three numbers separated by blanks> 7.5 9.6 5.5
The numbers in ascending order are: 5.50 7.50 9.60
```

表 6.2 三個數字排序程式的執行追蹤

敘 述	num1	num2	num3	結 果
`scanf("…", &num1, &num2, &num3);`	7.5	9.6	5.5	輸入資料
`order(&num1, &num2);`				不變
`order(&num1, &num3);`	5.5	9.6	7.5	交換 num1 和 num3
`order(&num2, &num3);`	5.5	7.5	9.6	交換 num2 和 num3
`printf("…", num1, num2, num3);`				顯示 5.5 7.5 9.6

圖 6.7

呼叫 `order(&num1, &num3)` 時執行 `temp = *smp;` 後的資料區

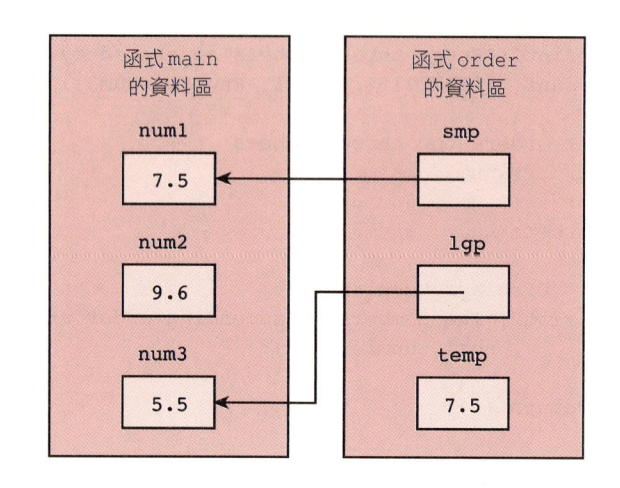

```
函式 main              函式 order
的資料區               的資料區

 num1                    smp
┌─────┐               ┌─────┐
│ 7.5 │←──────────────│     │
└─────┘               └─────┘

 num2                    lgp
┌─────┐               ┌─────┐
│ 9.6 │               │     │
└─────┘               └──┬──┘
                         │
 num3                    │  temp
┌─────┐               ┌─────┐
│ 5.5 │←──────────────│ 7.5 │
└─────┘               └─────┘
```

到現在已討論了四種函式及形式參數如何用於這四種函式。表 6.3 比較這些函式,並指出每次使用時的環境。

表 6.3 不同種類的函式副程式

目 的	函式型態	參 數	回傳值
輸入一個數值或字元值以計算或取得資料。	與計算或取得的值同型態。	輸入參數儲存呼叫函式所提供之資料的複製值。	函式碼中含有 return 敘述,以及結果值的算式。
包含數值或字元引數,產生列印輸出。	void	輸入參數儲存呼叫函式所提供之資料的複製值。	無結果值回傳。
計算多個數字或字元結果。	void	輸入參數儲存呼叫函式所提供之資料的複製值。輸出參數是指向實際引數的指標。	藉由間接設定輸出參數將結果存至呼叫函式的資料區。不需 return 敘述。
修改引數值。	void	輸入/輸出參數為指向實際引數的指標。由間接參考參數存取輸入資料。	藉由間接設定輸出參數將結果存至呼叫函式的資料區。不需 return 敘述。

程式風格：較受歡迎的函式種類

雖然表 6.3 中的所有函式在發展程式系統時皆是有用的，但我們建議盡可能使用第一種函式。對程式讀者來說，回傳單一值的函式是最簡單的函式。在 3.2 節所討論的數學函式皆為此種函式。因為這種函式只有輸入引數，設計師就不用擔心在函式定義使用複雜的間接參考，或是在函式呼叫運用位址運算子。若函式的回傳值要存到變數，讀者在呼叫函式的程式碼會看到設定敘述。若函式有一個有意義的名字，讀者看呼叫函式即可了解會發生什麼事，而不用去讀函式的程式碼。

練習 6.2

自我檢驗

1. 下列函式 order 呼叫的順序會產生何種結果？(提示：利用 num1 = 8、num2 = 12、num3 = 10 來追蹤此呼叫。)

    ```
    order(&num3, &num2);
    order(&num2, &num1);
    order(&num3, &num2);
    ```

2. 用表格顯示下列程式輸出的 x、y 及 z 值。注意，函式 sum 並未遵循 6.2 節程式風格一文中的建議。在接下來的程式撰寫習題中改善此程式。

    ```c
    #include <stdio.h>

    void sum(int a, int b, int *cp);

    int
    main(void)
    {
            int x, y, z;
            x = 7; y = 2;
            printf("  x  y  z\n\n");
            sum(x, y, &z);
            printf("%4d%4d%4d\n", x, y, z);
            sum(y, x, &z);
            printf("%4d%4d%4d\n", x, y, z);
    ```

```
               sum(z, y, &x);
               printf("%4d%4d%4d\n", x, y, z);
               sum(z, z, &x);
               printf("%4d%4d%4d\n", x, y, z);
               sum(y, y, &y);
               printf("%4d%4d%4d\n", x, y, z);
               return(0);
        }
        void
        sum(int a, int b, int *cp)
        {
               *cp = a + b;
        }
```

程式撰寫

1. 重寫自我檢驗第 2 題的 sum 函式，使其只有兩個輸入引數，而計算所得之和則作為函式的回傳值，型態為 int。亦需寫一同義的 main 函式來呼叫 sum 函式。

6.3　名稱範疇

> **名稱範疇**：某一名稱在程式中的可見範圍。

　　名稱範疇(scope of a name)指的是有特殊涵義的名稱其可見或能參考的程式區域。如圖 6.8 的程式大綱中，MAX 與 LIMIT 是常數巨集的名稱，且其範疇從定義處至原始檔案的結束。意思是三個函式都能存取 MAX 與 LIMIT。

　　函式名稱 fun_two 的範疇從函式原型處直到原始檔結束，意思是 fun_two 可被函式 one、main 及自己呼叫。而函式 main 與函式 one 本身可呼叫函式 one，而 fun_two 不行。這與函式 one 不同，是因為 one 是 fun_two 的形式參數。

　　圖 6.8 的所有形式參數與區域變數只能用於其宣告的函式內。例如，識別字 anarg 在函式 one 的註解 /* header 1 */ 與 /* end one */ 兩列之間為整數變數。而在函式 fun_two 的註解 /* header 2 */ 與 /* end fun_two */ 之間的資料區，anarg 則為字元變數。在檔案的其餘部分，anarg 皆不可見。

　　表 6.4 列出識別字在哪些函式中為可見。

圖 6.8 研究名稱範疇的程式大綱

```
1.  #define MAX   950
2.  #define LIMIT 200
3.
4.  void one(int anarg, double second);     /* prototype 1 */
5.
6.  int fun_two(int one, char anarg);       /* prototype 2 */
7.
8.  int
9.  main(void)
10. {
11.         int localvar;
12.         . . .
13. } /* end main */
14.
15.
16. void
17. one(int anarg, double second)           /* header 1    */
18. {
19.         int onelocal;                   /* local 1     */
20.         . . .
21. } /* end one */
22.
23.
24. int
25. fun_two(int one, char anarg)            /* header 2    */
26. {
27.         int localvar;                   /* local 2     */
28.         . . .
29. } /* end fun_two */
```

表 6.4 在圖 6.8 中的名稱範疇

名　稱	在 one 中是否可見	在 fun_two 中是否可見	在 main 中是否可見
`MAX`	是	是	是
`LIMIT`	是	是	是
`main`	是	是	是
`localvar`(在 `main` 中)	否	否	是
`one`(函式)	是	否	是
`anarg`(int)	是	否	否
`second`	是	否	否
`onelocal`	是	否	否
`fun_two`	是	是	是
`one`(形式參數)	否	是	否
`anarg`(char)	否	是	否
`localvar`(在 `fun_two` 中)	否	是	否

6.4　形式輸出參數和實際引數

至目前為止，在函式呼叫時，實際引數不是區域變數就是呼叫函式的輸入參數。但有時函式在呼叫另一個函式時，需將自己的輸出參數當作引數。圖 6.9 是未完成的程式，函式讀取一般的分數形式

numerator / denominator

圖 6.9　函式 scan_fraction(不完整)

```
/*
 * Gets and returns a valid fraction as its result
 * A valid fraction is of this form: integer/positive integer
 * Pre : none
 */
void
scan_fraction(int *nump, int *denomp)
{
      char slash;     /* character between numerator and denominator   */
      int  status;    /* status code returned by scanf indicating
                         number of valid values obtained               */
      int  error;     /* flag indicating presence of an error          */
      char discard;   /* unprocessed character from input line         */
      do {
           /* No errors detected yet                                   */
           error = 0;

           /* Get a fraction from the user                             */
           printf("Enter a common fraction as two integers separated ");
           printf("by a slash> ");
           status = scanf("%d %c%d",_____, _____, _____);

           /* Validate the fraction                                    */
           if (status < 3) {
                error = 1;
                printf("Invalid-please read directions carefully\n");
           } else if (slash != '/') {
                error = 1;
                printf("Invalid-separate numerator and denominator");
                printf(" by a slash (/)\n");
           } else if (*denomp <= 0) {
                error = 1;
                printf("Invalid—denominator must be positive\n");
           }

           /* Discard extra input characters                           */
           do {
                scanf("%c", &discard);
           } while (discard != '\n');
      } while (error);
}
```

其中 *numerator* 是整數，*denominator* 是正整數。/ 符號是分隔符號。利用函式 `get_int`(參考圖 5.14)讀取資料，外迴圈一直重複直到讀進有效的分數，而內迴圈則捨棄該資料列的任何字元。

函式 `scan_fraction` 有兩個輸出參數，`nump` 及 `denomp`，透過此函式回傳讀入分數的分子與分母。函式 `scan_fraction` 需將其輸出參數傳至 `scanf` 以取得所需的分子與分母值。其他呼叫 `scanf` 時在每個存值的變數前都要用位址運算子 `&`。因為 `nump` 與 `denomp` 存的是位址，所以在呼叫 `scanf` 時可直接呼叫

```
scanf("%d %c%d", nump, &slash, denomp);
```

在這個呼叫中，`scanf` 將讀入的第一個值寫入 `nump` 所記錄的位址中，斜線字元(可能前有空白)存至區域變數 `slash` 中，第二個讀入的數則寫至 `denomp` 所記錄的位址中。`if` 敘述確認有效的分數，若資料不對，則旗標 `error` 設為 1(真)。

圖 6.10 是 `scan_fraction` 和呼叫它的函式的資料圖。從圖中可看出，`scanf` 將讀入的兩個數存入變數 `numerator` 與 `denominator`。斜線字元則存在區域變數 `slash`。

要將形式輸出參數傳至另一個函式，在呼叫函式時要考慮清楚其功能。如同圖 6.10 大略地畫出資料區域的草圖，應該會有所幫助。表 6.5 是 `int`、`double` 與 `char` 型態的函式引數指南。

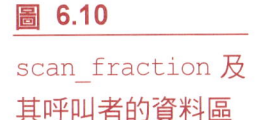

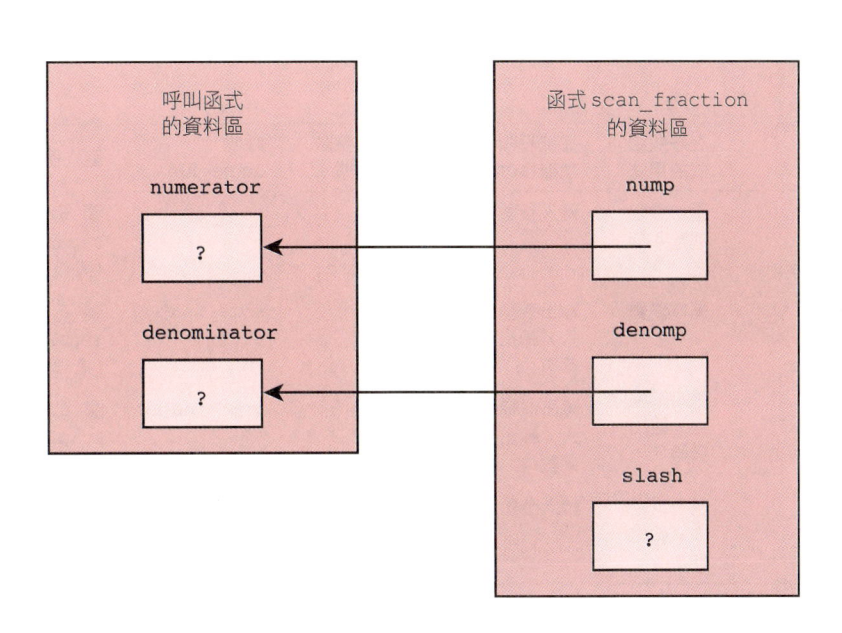

圖 6.10

`scan_fraction` 及其呼叫者的資料區

練習 6.4

自我檢驗

1. 函式 onef 與 twof 的模式如下。不必定義完整的函式；根據下列說明寫出部分即可。

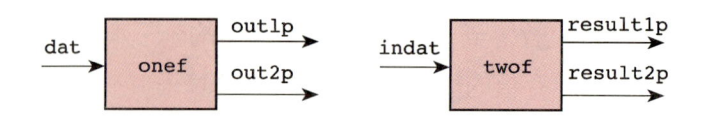

```
        outlp                    result1p
dat → onef →            indat → twof →
        out2p                    result2p
```

假設這些函式只處理整數，寫出 onef 和 twof 的函式標題。函式 onef 的主體開始是宣告區域變數、整數型態 tmp。在 onef 中呼叫 twof，輸入引數是 dat，而 tmp 及 out2p 是輸出引數，即 onef 欲呼叫 twof 存一整數結果至 tmp，而存另一結果至 out2p 所指的變數中。

2. a. 將 double_trouble 和 trouble 中的每個形式參數分類為輸入、輸出，或輸入／輸出參數。

   b. 程式會顯示什麼？(提示：當程式執行時，畫出 main、trouble 和 double_trouble 的資料區域圖。)

   ```
   void double_trouble(int *p, int y);
   void trouble(int *x, int *y);
   int
   main(void)
   ```

表 6.5 傳遞引數 x 至函式 some_fun

實際引數型態	在呼叫函式的用法	在被呼叫函式中的功能(some_fun)	形式參數的型態	呼叫 some_fun	範　例
int char double	區域變數或輸入參數	輸入參數	int char double	some_fun(x)	圖 6.3，main: separate(value,&sn, &wh1, &fr); (第 1 個引數)
int char double	區域變數	輸出或輸入／輸出參數	int * char * double *	some_fun(&x)	圖 6.3，main: separate(value,&sn, &wh1, &fr); (第 2~4 個引數)
int * char * double *	輸出或輸入／輸出參數	輸出或輸入／輸出參數	int * char * double *	some_fun(x)	圖 6.9 完整版 scanf(..., nump, &slash, denomp); (第 2 和 4 個引數)
int * char * double *	輸出或輸入／輸出參數	輸入參數	int char double	some_fun(*x)	在 6.4 節自我檢驗 2， trouble:double_trouble(y, *x); (第 2 個引數)

```
        {
                int x, y;
                trouble(&x, &y);
                printf("x = %d, y = %d\n", x, y);
                return(0);
        }
        void
        double_trouble(int *p, int y)
        {
                int x;
                x = 10;
                *p = 2 * x{y;
        }
        void
        trouble(int *x, int *y)
        {
                double_trouble(x, 7);
                double_trouble(y, *x);
        }
```

trouble 的形式參數的名稱違反了 6.1 節所提的何種命名慣例？

6.5 有多重函式的程式

下一個案例研究是要處理非 C 的基本型態的數值資料。對此種資料要寫自己的函式來執行許多功能，就如同使用 int 及 double 型態一樣。

案例研究　分數的數學運算

問　題

若要將結果以整數比例顯示，就需要能夠執行分數的計算，並以最簡分數表示結果。現在要寫一程式執行分數的加、減、乘、除。

分　析

因為問題要以最簡分數顯示，故除了計算函式外仍需要約分函式。若將問題分成夠小的問題，就有可能使同一函式重複使用。實際上這些函式的發展會導致問題的深度分析。

資料需求

問題輸入

```
int n1, d1  /* numerator, denominator of first fraction    */
int n2, d2  /* numerator, denominator of second fraction   */
char op     /* arithmetic operator +-* or /                */
char again  /* y or n depending on user's desire to continue */
```

問題輸出

```
int n_ans  /* numerator of answer                          */
int d_ans  /* denominator of answer                        */
```

設 計

前面利用逐步細化來發展演算法，現在將用新的函式定義來簡化設計的過程。

初步的演算法

1. 若使用者希望繼續就重複執行。
    2. 讀取分數問題。
    3. 計算結果。
    4. 顯示問題和結果。
    5. 檢查使用者是否要繼續。

步驟 2 之再細分

2.1　讀取第一個分數。

2.2　讀取運算子。

2.3　讀取第二個分數。

步驟 3 之再細分

3.1　根據運算子選擇函式：

'+'：3.1.2　分數加法。

'-'：3.1.3　取第二個分數的負數再作加法。

'*'：3.1.4　分數乘法。

'/'：3.1.5　取第二個分數的倒數再作乘法。

圖 6.11
分數問題的結構圖

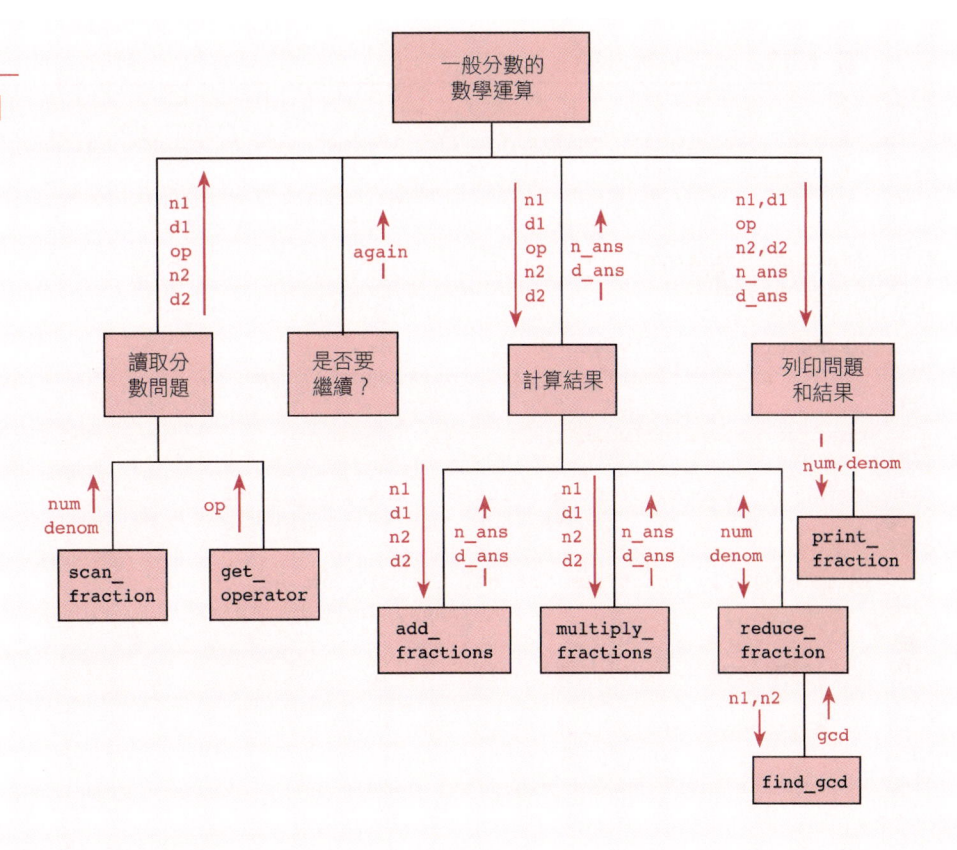

```
                        一般分數的
                        數學運算
    ┌──────────┬──────────┬──────────┐
    n1         again      n1         n1,d1
    d1                    d1         op
    op                    op         n2,d2
    n2                    n2         n_ans
    d2                    d2         d_ans
    │          │          │          │
  讀取分      是否要      計算結果    列印問題
  數問題      繼續？                  和結果
    │                     │          │
  ┌─┴─┐                ┌──┼──┐     num,denom
  num  op            n1    n1   num    │
  denom              d1    d1   denom  print_
   │    │            n2    n2    │     fraction
 scan_ get_          d2    d2    │
 fraction operator  n_ans n_ans
                    d_ans d_ans
                     │     │     │
                   add_  multiply_ reduce_
                  fractions fractions fraction
                                      │
                                   n1,n2  gcd
                                      │
                                   find_gcd
```

3.2 化簡分數。

步驟 3.2 之再細分

3.2.1 找出分子與分母的最大公因數(gcd)。

3.2.2 將分子與分母同除以 gcd。

圖 6.11 為此結構圖，並顯示步驟之間的資料流。

實　作

步驟 2.1 和 2.3 可用圖 6.9 的函式 scan_fraction，而要撰寫新函式 get_operator(步驟 2.2)，add_fractions(步驟 3.1.2 與 3.1.3)，multiply_fractions(步驟 3.1.4 與 3.1.5)，reduce_fraction(步驟 3.2)，find_gcd(步驟 3.2.1) 及 print_fraction(步驟 4)。因此，撰寫 main 變得很直接。圖 6.12 顯示了大部分的程式；函式 multiply_fractions 與 find_gcd 則留作習題。在這些函式加入 **stub**，以及函式大綱有完整的註解和標題，且有設定值至輸出參數以測試部分系統。在 6.6 節會說明如何除錯和測試系統。

stub：包含標題和敘述的函式架構，會顯示追蹤訊息並設定值給輸出參數，在函式完成前能測試函式之間的控制流程。

圖 6.12 執行分數數學運算的程式

```c
/*
 * Adds, subtracts, multiplies and divides common fractions, displaying
 * results in reduced form.
 */

#include <stdio.h>
#include <stdlib.h>   /* provides function abs */

/* Function prototypes */
void scan_fraction(int *nump, int *denomp);

char get_operator(void);

void add_fractions(int n1, int d1, int n2, int d2,
                   int *n_ansp, int *d_ansp);

void multiply_fractions(int n1, int d1, int n2, int d2,
                        int *n_ansp, int *d_ansp);

int find_gcd (int n1, int n2);

void reduce_fraction(int *nump, int *denomp);

void print_fraction(int num, int denom);

int
main(void)
{
        int   n1, d1;       /* numerator, denominator of first fraction  */
        int   n2, d2;       /* numerator, denominator of second fraction */
        char  op;           /* arithmetic operator + - * or /            */
        char  again;        /* y or n depending on user's desire to continue */
        int   n_ans, d_ans; /* numerator, denominator of answer          */
        /* While the user wants to continue, gets and solves arithmetic
           problems with common fractions                                */
        do {
           /* Gets a fraction problem                                    */
           scan_fraction(&n1, &d1);
           op = get_operator();
           scan_fraction(&n2, &d2);

           /* Computes the result  */
           switch (op) {
           case '+':
                add_fractions(n1, d1, n2, d2, &n_ans, &d_ans);
                break;

           case '-':
```

(續)

圖 6.12 執行分數數學運算的程式（續）

```c
49.                add_fractions(n1, d1, -n2, d2, &n_ans, &d_ans);
50.                break;
51.
52.           case '*':
53.                multiply_fractions(n1, d1, n2, d2, &n_ans, &d_ans);
54.                break;
55.
56.           case '/':
57.                multiply_fractions(n1, d1, d2, n2, &n_ans, &d_ans);
58.           }
59.           reduce_fraction(&n_ans, &d_ans);
60.
61.           /* Displays problem and result                                  */
62.           printf("\n");
63.           print_fraction(n1, d1);
64.           printf(" %c ", op);
65.           print_fraction(n2, d2);
66.           printf(" = ");
67.           print_fraction(n_ans, d_ans);
68.
69.           /* Asks user about doing another problem                        */
70.           printf("\nDo another problem? (y/n)> ");
71.           scanf(" %c", &again);
72.      } while (again == 'y'  ||  again == 'Y');
73.      return (0);
74. }
75. /* Insert function scan_fraction from Fig. 6.9 here. */
76.
77. /*
78.  * Gets and returns a valid arithmetic operator.  Skips over newline
79.  * characters and permits reentry of operator in case of error.
80.  */
81. char
82. get_operator(void)
83. {
84.      char op;
85.
86.      printf("Enter an arithmetic operator (+,-,*, or /)\n> ");
87.      for  (scanf("%c", &op);
88.            op != '+'  &&   op != '-'  &&
89.            op != '*'  &&   op != '/';
90.            scanf("%c", &op)) {
91.         if (op != '\n')
92.             printf("%c invalid, reenter operator (+,-, *,/)\n> ", op);
93.      }
94.      return (op);
95. }
96.
```

（續）

圖 6.12 執行分數數學運算的程式(續)

```
 97.  /*
 98.   * Adds fractions represented by pairs of integers.
 99.   * Pre:  n1, d1, n2, d2 are defined;
100.   *       n_ansp and d_ansp are addresses of type int variables.
101.   * Post: sum of n1/d1 and n2/d2 is stored in variables pointed
102.   *       to by n_ansp and d_ansp.  Result is not reduced.
103.   */
104.  void
105.  add_fractions(int       n1, int       d1, /* input - first fraction   */
106.                int       n2, int       d2, /* input - second fraction  */
107.                int *n_ansp, int *d_ansp)   /* output - sum of 2 fractions*/
108.  {
109.        int denom,      /* common denominator used for sum (may not be least) */
110.            numer,      /* numerator of sum                                    */
111.            sign_factor; /* -1 for a negative, 1 otherwise                     */
112.
113.        /* Finds a common denominator                                          */
114.        denom = d1 * d2;
115.
116.        /* Computes numerator                                                  */
117.        numer = n1 * d2 + n2 * d1;
118.
119.        /* Adjusts sign (at most, numerator should be negative)                */
120.        if (numer * denom >= 0)
121.            sign_factor = 1;
122.        else
123.            sign_factor = -1;
124.
125.        numer = sign_factor * abs(numer);
126.        denom = abs(denom);
127.
128.        /* Returns result                                                      */
129.        *n_ansp = numer;
130.        *d_ansp = denom;
131.  }
132.
133.  /*
134.   ***** STUB *****
135.   * Multiplies fractions represented by pairs of integers.
136.   * Pre:  n1, d1, n2, d2 are defined;
137.   *       n_ansp and d_ansp are addresses of type int variables.
138.   * Post: product of n1/d1 and n2/d2 is stored in variables pointed
139.   *       to by n_ansp and d_ansp.  Result is not reduced.
140.   */
141.  void
142.  multiply_fractions(int       n1, int       d1, /* input - first fraction   */
143.                     int       n2, int       d2, /* input - second fraction  */
144.                     int *n_ansp,               /* output -                  */
```

(續)

圖 6.12 執行分數數學運算的程式(續)

```
145.                      int *d_ansp)           /*   product of 2 fractions       */
146. {
147.        /* Displays trace message                                               */
148.        printf("\nEntering multiply_fractions with\n");
149.        printf("n1 = %d, d1 = %d, n2 = %d, d2 = %d\n", n1, d1, n2, d2);
150.        /* Defines output arguments                                             */
151.        *n_ansp = 1;
152.        *d_ansp = 1;
153. }
154.
155. /*
156.  ***** STUB *****
157.  * Finds greatest common divisor of two integers
158.  */
159. int
160. find_gcd (int n1, int n2) /* input - two integers                               */
161. {
162.        int gcd;
163.
164.        /* Displays trace message                                               */
165.        printf("\nEntering find_gcd with n1 = %d, n2 = %d\n", n1, n2);
166.
167.        /* Asks user for gcd                                                    */
168.        printf("gcd of %d and %d?> ", n1, n2);
169.        scanf("%d", &gcd);
170.
171.        /* Displays exit trace message                                          */
172.        printf("find_gcd returning %d\n", gcd);
173.        return (gcd);
174. }
175.
176. /*
177.  * Reduces a fraction by dividing its numerator and denominator by their
178.  * greatest common divisor.
179.  */
180. void
181. reduce_fraction(int *nump,    /* input/output -                                 */
182.                 int *denomp) /* numerator and denominator of fraction           */
183. {
184.        int gcd;   /* greatest common divisor of numerator & denominator        */
185.
186.        gcd = find_gcd(*nump, *denomp);
187.        *nump = *nump / gcd;
188.        *denomp = *denomp / gcd;
189. }
190.
191. /*
192.  * Displays pair of integers as a fraction.
```

(續)

圖 6.12 執行分數數學運算的程式(續)

```
193.     */
194.     void
195.     print_fraction(int num, int denom)  /* input - numerator & denominator   */
196.     {
197.            printf("%d/%d", num, denom);
198.     }
```

測 試

上面有部分函式未完成，但仍需測試已完成的函式。在每個未完成的函式插入 stub，並列印說明訊息，且設定值至其輸出參數。為了測試，將 find_gcd 寫成交談式函式，讓程式測試者可輸正確的最大公因數以檢查結果是否正確。

圖 6.13 是目前形式的執行範例。當選擇 + 運算子並輸入正確的最大

圖 6.13 部分完成程式的執行範例

```
Enter a common fraction as two integers separated by a slash> 3/-4
Input invalid--denominator must be positive
Enter a common fraction as two integers separated by a slash> 3/4
Enter an arithmetic operator (+,-,*, or /)
> +
Enter a common fraction as two integers separated by a slash> 5/8
Entering find_gcd with n1 = 44, n2 = 32
gcd of 44 and 32?> 4
find_gcd returning 4

3/4 + 5/8 = 11/8
Do another problem? (y/n)> y
Enter a common fraction as two integers separated by a slash> 1/2
Enter an arithmetic operator (+,-,*, or /)
> 5
5 invalid, reenter operator (+,-,*,/)
> *
Enter a common fraction as two integers separated by a slash> 5/7
Entering multiply_fractions with
n1 = 1, d1 = 2, n2 = 5, d2 = 7
Entering find_gcd with n1 = 1, n2 = 1
gcd of 1 and 1?> 1
find_gcd returning 1

1/2 * 5/7 = 1/1
Do another problem? (y/n)> n
```

公因數後，結果是正確的。但輸入運算子 * 後，因為呼叫未完成的函式 multiply_fractions 總是回傳值為 1 的分子和分母。

練習 6.5

自我檢驗
1. 為什麼 scan_fraction 用指標型態的參數？
2. 為何在呼叫 add_fractions 與 multiply_fractions 的 switch 敘述中不用包含預設的情況？

程式撰寫
1. 實作下列的演算法作為圖 6.12 所需的函式 find_gcd。函式要找出整數 n1 和 n2 的最大公因數(即 n1、n2 所有公因數的乘積)。
    1. 將 n1 的絕對值放在 q，n2 的絕對值放在 p。
    2. 將 q 除以 p 的餘數放在 r。
    3. 當 r 不為 0 時
        4. 複製 p 至 q，r 至 p。
        5. 存 q 除以 p 的餘數於 r。
    6. p 為 gcd。
2. 撰寫函式 multiply_fractions。若結果的分母為 0，顯示錯誤訊息，並將分母改成 1。

6.6　程式系統的除錯及測試

當程式系統愈大，錯誤機率愈高。若每個函式都保持在可管理的大小，錯誤的成長速率會慢一點，且可使函式較易閱讀和測試。

在最後一個個案中，程式中不完全的函式會有 stub。當解決一問題的設計團隊在所有函式不是同時完成時，即可用此法來測試和除錯主程式的流程及已完工的函式。

每個不完全的程式要顯示識別的訊息，且設定值給輸出參數，避免因未定義的值而產生錯誤。在圖 6.14 中我們再次顯示函式 multiply_fractions 的 stub。若程式含有一個或多個不完全的函式，這些函式被呼叫時要列印訊息以追蹤呼叫的順序，並可檢查程式的控制流程是否正

圖 6.14 函式 multiply_fractions 的 stub

```c
/*
 ***** STUB *****
 * Multiplies fractions represented by pairs of integers.
 * Pre:  n1, d1, n2, d2 are defined;
 *       n_ansp and d_ansp are addresses of type int variables.
 * Post: product of n1/d1 and n2/d2 is stored in variables pointed
 *       to by n_ansp and d_ansp.  Result is not reduced.
 */
void
multiply_fractions(int       n1, int    d1, /* input - first fraction      */
                   int       n2, int    d2, /* input - second fraction     */
                   int *n_ansp,             /* output -                    */
                   int *d_ansp)             /*    product of 2 fractions   */
{
    /* Displays trace message                                              */
    printf("\nEntering multiply_fractions with\n");
    printf("n1 = %d, d1 = %d, n2 = %d, d2 = %d\n", n1, d1, n2, d2);

    /* Defines output arguments`                                           */
    *n_ansp = 1;
    *d_ansp = 1;
}
```

由上而下的測試：測試主函式和其附屬函式控制流程的程序。

單元測試：單獨函式的測試。

由下而上的測試：分別測試程式系統函式的過程。

系統整合測試：用已測過的函式取代其 stub 之後的系統測試。

確。這種測試程式的過程稱為**由上而下的測試**(top-down testing)。

當函式完成就可代換程式中的原函式，通常在代換前會對新函式作基本的測試，因為單一函式較容易找出錯誤並訂正之。要撰寫簡單的驅動程式來呼叫新函式，此測試稱為**單元測試**(unit test)。

不要花太多時間在撰寫驅動程式上，因為當新函式測試完，就不需要驅動函式了。驅動函式只需要一些宣告和測試單一函式所需的可執行敘述；一開始就要設定所有的輸入與輸入／輸出參數值。其次就是呼叫要測試的函式，在呼叫函式後即顯示函式結果。圖 6.15 是函式 scan_fraction 的驅動函式。

一旦認為函式能正常工作，就將程式系統中的假函式置換成新函式。在插入程式系統前分別測試獨立函式的過程稱為**由下而上的測試**(bottom-up testing)。整個系統的測試是**系統整合測試**(system integration test)。

經過由上而下和由下而上的測試後，此設計團隊應有信心此完整程式在整合時已無錯誤，最後的測試階段就會快速而順利。

圖 6.15 函式 scan_fraction 的驅動程式

```
1.  /* Driver for scan_fraction */
2.
3.  int
4.  main(void)
5.  {
6.       int num, denom;
7.       printf("To quit, enter a fraction with a zero numerator\n");
8.       scan_fraction(&num, &denom);
9.       while (num != 0) {
10.          printf("Fraction is %d/%d\n", num, denom);
11.          scan_fraction(&num, &denom);
12.      }
13.
14.      return (0);
15. }
```

程式系統的除錯小技巧

程式系統的除錯有下列幾點建議：

1. 撰寫程式時，每個函式的參數和區域變數都要加上註解，亦需描述函式的功能。
2. 產生執行追蹤時，函式進入點要顯示函式名稱。
3. 進入函式時，追蹤或顯示所有輸入與輸入／輸出的參數值，並檢查這些值是否有意義。
4. 從函式回傳後，追蹤並顯示所有函式的輸出值，徒手計算驗證這些值是否正確，並確認所有的輸入／輸出與輸出參數是宣告成指標型態。
5. 不完全的函式要記得設定值給輸出參數所指的變數。

若使用除錯程式，可用單步追蹤執行函式或是執行函式呼叫的一個敘述。最初，將函式視為單一敘述，並追蹤所有的輸入和輸出參數值(上面的建議 3 和 4)。若函式結果不正確，再進入函式，追蹤其中的敘述。

若無除錯程式，在撰寫每個函式時就要規劃如何除錯，而不是在完成整個程式後。在函式的 C 程式碼中加入顯示的敘述(除錯建議 2 至 4)。若程式能正常工作，再刪除這些除錯敘述。最簡單的方法是加上 /* 與 */，使其變成註解；若之後有問題發生，可再刪除這些符號，將其變回可執行敘述。

6.7 程式撰寫常見的錯誤

錯誤會常發生在有參數列的函式，正確地使用參數是基本的技巧。要檢查實際引數的個數和形式參數的個數是否相同。每個實際輸入引數的型態須能指定給其對應的形式參數。每個實際的輸出引數和其對應的形式參數須為相同的指標資料型態。

產生多個結果的函式也易於發生錯誤。若輸出參數不是指標型態，或是呼叫的函式沒有送出正確的變數位址，函式結果將不會正確。

C 的範疇規則決定了名稱的可見域及可參考的範圍。若不在識別字的範疇內參考此名稱會產生 undeclared symbol 的語法錯誤。

本章回顧

1. 參數可使設計師傳遞資料給函式，並可從函式回傳多個結果。參數列是函式和其呼叫者之間的溝通管道。使用參數可使函式每次執行時都能處理不同的資料，因此使其他程式易於再利用此函式。

2. 參數可為函式的輸入，或是送回結果的輸出，或是輸入、輸出兼而有之。輸入參數只用於傳遞資料給函式，參數的宣告型態和資料型態相同。輸出與輸入／輸出須能存取呼叫函式資料區中的變數，所以它們是此資料型態的指標。實際輸入引數可為運算式或是常數；實際輸出或輸入／輸出引數須為變數的位址。

3. 識別字的範疇指出可參考的範圍。參數或區域變數只能在宣告的函式內使用。函式名稱從宣告處(函式原型)至原始碼結束皆為其可見域，但是在有同名的區域變數的函式中是例外的。相同的法則亦可用於常數巨集，從 #define 指示子之後皆為其可見域。

新增的 C 結構

函式範例	效果和呼叫範例
回傳多重結果的函式	
| ```c
void
make_change(double change,     /* input  */
            double token_val,  /* input  */
            int *num_tokenp,   /* output */
            double *leftp)     /* output */
{
    *num_tokenp = floor(change /
                        token_val);
    *leftp = change - *num_tokenp *
                      token_val;
}
``` | 計算零錢總數相當於某一種紙幣或硬幣(token_val)的個數。此個數由輸出參數 num_tokenp 送回，而剩餘的零錢數則由輸出參數 leftp 送回。下面的呼叫設定 num_twenties 為 3，而 remaining_change 為 11.50。<br>int    num_twenties;<br>double remaining_change;<br>...<br>make_change(71.50, 20.00,<br>            &num_twenties,<br>            &remaining_change); |

(續)
```

新增的 C 結構(續)

函式範例	效果和呼叫範例
有輸入／輸出參數的函式	
| ```
void
correct_fraction(int *nump,    /* input/ */
                 int *denomp)  /* output */
{
    if((*nump * * denomp)>0)
        *nump = abs(*nump);
    else
        *nump = -abs(*nump);
    *denomp = abs(*denomp);
}
``` | 訂正分數的形式，使其分母永遠為正數。(例如，是 -5/3 而非 5/-3。)<br><br>int num, denom;<br><br>num = 5;<br>denom = -3;<br>correct_fraction(&num, &denom); |

快速檢驗練習

1. 在函式呼叫中傳遞的資料項是_____，在函式原型與標題中對應的是_____。
2. 實際參數可為常數與運算式，對應於形式參數是為_____參數。
3. 輸出的形式參數對應的實際引數須為_____。
4. 下列何者用於測試函式：驅動程式或未完成的函式(stub)？
5. 下列何者用於部分完成的系統的流程測試：驅動程式或 stub？
6. 識別字的可參考範圍稱為此識別字的_____。
7. 下列程式的主函式中，於標有 /* values here */ 處的變數 x、y 之值為何？

```
/* nonsense */
void silly(int x);

int
main(void)
{
        int x, y;

        x = 10; y = 11;
        silly(x);
        silly(y); /* values here */
            . . .
}
void
silly(int x)
{
```
```

```c
        int y;
        y = x + 2;
        x *= 2;
}
```

8. 對上題無意義的程式稍做修改，在 main 函式中於標有 /* values here */ 處的 x、y 值為何？

```c
/* nonsense */
void silly(int *x);

int
main(void)
{
    int x, y;
    x = 10; y = 11;
    silly(&x);
    silly(&y); /* values here */
    ...
}

void
silly(int *x)
{
    int y;
    y =*x + 2;
    *x = 2 * *x;
}
```

快速檢驗練習解答

1. 實際引數；形式參數
2. 輸入
3. 變數位址或指標
4. 驅動程式
5. stub
6. 範疇
7. x 為 10，y 為 11
8. x 為 20，y 為 22

問題回顧

1. 寫一函式 letter_grade，有一 int 的輸入參數 points，回傳值為一輸出參數表字母成績 gradep，成績計算如下： 85-100 為 A，75-84 為 B，依此類推。第二個輸出參數 just_missedp 表示學生是否沒有達到較高的成績(84, 74... 等為真)。

2. 當函式計算結果是單一的數值或字元時，為何要選擇非 void 函式？利用 return 敘述回傳結果，而不用 void 函式，利用輸出參數傳值。請舉例說明。

3. 當函式被呼叫時，解釋其記憶體的配置。輸入參數會存什麼值至函式的資料區中？輸出參數呢？

4. 下列的程式大綱中哪些函式可呼叫 grumpy？下列皆為函式原型和宣告，只省略可執行敘述。

```
int grumpy(int dopey);

char silly(double grumpy);

double happy(int goofy, char greedy);

int
main(void)
{
        double p, q, r;
        . . .
}
int
grumpy(int dopey)
{
        double silly;
        . . .
}
char
silly(double grumpy)
{
        double happy;
        . . .
}
double
happy(int goofy, char greedy)
```

```
        {
                char grumpy;
                ...
        }
```

5. 畫出快速檢驗練習第 8 題中，首次呼叫 silly 回傳後，函式 main 與 silly 的資料區圖。

6. 舉出下列敘述的反證：

   a. 使用函式副程式是不智的，因為有函式的程式比不用函式的同一程式長。

   b. 使用函式副程式會因誤用引數列而導致更多的錯誤。

程式撰寫專案

1. 為自動提款機的取款功能寫一程式。使用者輸入所需的錢數(10 元的倍數)，且取款時要用最少的紙幣數。紙幣有 100、50、20 及 10 元。用一函式決定各種紙幣的發鈔數。

2. 一家醫療器材供應商想推出一套程式協助計算靜脈注射率。請設計並實作一個以下列方式與使用者進行互動的程式：

   靜脈注射率計算幫手

   輸入你想要解決的問題編號。

接到下列醫療指示	計算速率為
(1) ml/hr & 點滴指數	drops/min
(2) 1 L for n hr	ml/hr
(3) mg/kg/hr & 濃度 (mg/ml)	ml/hr
(4) units/hr & 濃度 (units/ml)	ml/hr
(5) 結束	

   問題=> 1
   輸入速率，單位為 ml/hr => 150
   輸入點滴指數(drops/ml)=> 15
   每分鐘的滴率為 38。

   輸入你想要解決的問題編號。

```
        接到下列醫療指示                          計算速率為
(1)ml/hr & 點滴指數                              drops/min
(2)1 L for n hr                                  ml/hr
(3)mg/kg/hr & 濃度(mg/ml)                        ml/hr
(4)units/hr & 濃度(units/ml)                     ml/hr
(5)結束
```

問題=> 2

輸入時數=> 8

每小時以毫升計的速率為 125。

輸入你想要解決的問題編號。

```
        接到下列醫療指示                          計算速率為
(1)ml/hr & 點滴指數                              drops/min
(2)1 L for n hr                                  ml/hr
(3)mg/kg/hr & 濃度(mg/ml)                        ml/hr
(4)units/hr & 濃度(units/ml)                     ml/hr
(5)結束
```

問題=> 3

輸入速率(mg/kg/hr)=> 0.6

輸入病人體重(kg)=> 70

輸入濃度(mg/ml)=> 1

每小時以毫升計的速率為 42。

輸入你想要解決的問題編號。

```
        接到下列醫療指示                          計算速率為
(1)ml/hr & 點滴指數                              drops/min
(2)1 L for n hr                                  ml/hr
(3)mg/kg/hr & 濃度(mg/ml)                        ml/hr
(4)units/hr & 濃度(units/ml)                     ml/hr
(5)結束
```

問題=> 4

輸入速率(units/hr)=> 1000

輸入濃度(units/ml)=> 25

每小時以毫升計的速率為 40。

輸入你想要解決的問題編號。

接到下列醫療指示	計算速率為
(1) ml/hr & 點滴指數	drops/min
(2) 1 L for n hr	ml/hr
(3) mg/kg/hr & 濃度 (mg/ml)	ml/hr
(4) units/hr & 濃度 (units/ml)	ml/hr
(5) 結束	

問題=> 5

請實作下列函式：

`get_problem`：顯示使用者選單，然後接受輸入並將所選擇的問題編號作為函式值傳回。

`get_rate_drop_factor`：提示使用者輸入問題 1 所需的資料，並將這些資料透過輸出參數傳回給呼叫模組。

`get_kg_rate_conc`：提示使用者輸入問題 3 所需的資料，並將這些資料透過輸出參數傳回給呼叫模組。

`get_units_conc`：提示使用者輸入問題 4 所需的資料，並將這些資料透過輸出參數傳回給呼叫模組。

`fig_drops_min`：傳入參數為速率和點滴指數，並以函式值傳回 drops/min(四捨五入到最接近的點滴數)。

`fig_ml_hr`：傳入參數為滴完一公升所需的小時數，並以函式值傳回 ml/hr(經過四捨五入)。

`by_weight`：傳入參數為速率(mg/kg/hr)、病人體重(kg)以及藥劑濃度(mg/ml)，並以函式值傳回 ml/hr(經過四捨五入)。

`by_units`：傳入參數為速率(units/hr)以及濃度(units/ml)，並以函式值傳回 ml/hr(經過四捨五入)。

(提示：採取哨符控制迴圈。在迴圈開始之前先呼叫 `get_problem`

一次以取得問題編號,並在迴圈尾端再呼叫一次以更新問題編號。)
3. 寫一找零的程式。使用者輸入付款金額和應付金額,程式決定應找回幾元(dollar)、幾個 2 角 5 分(quarter)、幾角(dime)、幾個 5 分(nickel)和幾分(penny)。寫一函式輸出四個參數,決定每種硬幣的數量。
4. 下列表格整理出三個經常使用的非垂直直線數學模式。

模式	公式	已知
兩點式	$m=\dfrac{y_2-y_1}{x_2-x_1}$	(x_1, y_1), (x_2, y_2)
點斜率式	$y-y_1=m(x-x_1)$	m, (x_1, y_1)
斜率截距式	$y=mx+b$	m, b

設計並實作一個程式,讓使用者從兩點式或點斜率式轉換成斜率截距式。程式中應以下列方式與使用者互動:

選擇你想要從何種形式轉換成斜率截距式:
1)兩點式(已知線上兩個點)
2)點斜率式(已知線的斜率以及一點)
=> 2

輸入斜率=> 4.2
輸入該點的 x-y 座標,並以空格區隔=> 1 1

點斜率式:
y - 1.00 = 4.20(x - 1.00)

斜率截距式:
y = 4.20x - 3.20

進行另一種轉換嗎(Y 或 N)=> Y

選擇你想要從何種形式轉換成斜率截距式:
1) 兩點式(已知線上兩個點)
2) 點斜率式(已知線的斜率以及一點)
=> 1

輸入第一點的 x-y 座標,並以空格間隔=> 4 3
輸入第二點的 x-y 座標,並以空格間隔=> -2 1

兩點式：

$$m = \frac{(1.00-3.00)}{(-2.00-4.00)}$$

斜率截距式：

```
y = 0.33x + 1.66
```

進行另一種轉換嗎(Y 或 N)=> N

實作下列函式：

`get_problem`：顯示使用者選單，然後輸入問題編號並當作函式傳回。

`get2_pt`：提示使用者輸入兩點的 x-y 座標，輸入四個座標值，並透過輸出參數將這四個值傳回給呼叫函式。

`get_pt_slope`：提示使用者輸入斜率和點的 x-y 座標，輸入這三個值，並透過輸出參數將這三個值傳回給呼叫函式。

`slope_intcpt_from2_pt`：接受四個輸入參數，亦即兩個點的 x-y 座標值，並透過輸出參數傳回斜率(m)和 y-截距(b)。

`intcpt_from_pt_slope`：接受三個輸入參數，一個點的 x-y 座標值和斜率，並以函式值傳回 y-截距。

`display2_pt`：接受四個輸入參數，亦即兩個點的 x-y 座標值，並顯示兩點式公式及標題。

`display_pt_slope`：接受三個輸入參數，亦即一個點的 x-y 座標及斜率，並顯示點斜率直線公式及標題。

`display_slope_intcpt`：接受兩個輸入參數、斜率與 y-截距，並顯示斜率截距直線式及標題。

5. 從一串正整數中，決定每個值對於下列問題的答案。

  a. 這個值是 7、11、13 的倍數嗎？

  b. 個位數字的和為偶數或奇數？

  c. 此值為質數？

  要寫一函式有三個 int 的輸出參數，是回送這三個問題的答案。例如輸入為

```
106   3771   23   131   87   30752
```

6. 寫一組函式利用公式來解決簡單的傳導問題

$$H = \frac{kA(T_2 - T_1)}{X}$$

此處 H 是熱的傳輸速率，單位是瓦(watt)，k 是此物質的導熱係數，A 是截面積，單位為 m^2(平方公尺)，T_2 和 T_1 是導體兩端的絕對溫度，而 X 是導體的厚度，單位為公尺。

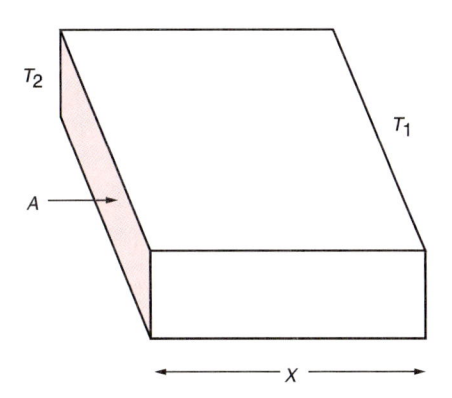

為公式中的每個變數定義一個函式。如 `calc_h` 計算熱的運輸速率，`calc_k` 找出導熱係數，`calc_a` 計算截面積等。

寫一驅動程式，以下列方式和使用者互動：

```
Respond to the prompts with the data known,
unknown quantity, enter a question mark (?).
Rate of heat transfer (watts) >> 755.0
Coefficient of thermal conductivity (W/m-K) >> 0.8
Cross-sectional area of conductor (m^2) >> 0.12
Temperature on one side (K) >> 298
Temperature on other side (K) >> ?
Thickness of conductor (m) >> 0.003
          kA (T2 - T1)
    H =  ----------------
               X
X Temperature on the other side is 274 K.

H = 755.0 W              T2 = 298 K
k = 0.800 W/m-K          T1 = 274 K
A = 0.120 m^2            X  = 0.0003 m
```

(提示：當使用者輸入問號(?)時，應讀入數字的 `scanf` 會回傳 0 值。要記得檢查此狀態，在處理其餘的提示前，先讀取問號至字元變數中。)

7. N 的平方根可重複計算下列公式逼近之：

$$NG = 0.5(LG + N/LG)$$

NG 表示下一個猜測值，LG 表示上一個猜測值。寫一函式用此法計算平方根。

LG 的起始值即最初的猜測值，程式用上述公式計算 NG。用 NG 和 LG 的差來檢查兩個猜測是否相同。若是相同，NG 即為平方根的答案；否則，新的猜測值(NG)複製至 LG，繼續重複計算(計算另一個 NG，檢查差值等)。迴圈一直重複直到差小於 0.005。最初的猜測值用 1.0。

寫一驅動函式來測試平方根函式，用 4、120.5、88、36.01、10,000 及 0.25 作為測試資料。

8. Lite 網路公司是網際網路服務(ISP)的提供者，對十小時連線時間之內的使用者收取均一價 7.99 美元，之後收費每小時 1.99 美元。寫一個函式 charges，計算使用者每個月的使用費。此函式須計算每小時的平均費用(須四捨五入到美分)，使用兩個輸出參數將結果傳回。寫第二個函式 round_money，輸入參數為實數，傳回的函式值四捨五入到小數點以下兩位。寫一個函式從輸入檔案 usage.txt 且產生一個輸出檔 charges.txt。輸出檔的格式如下

第一行：兩個整數 目前的年份與月份
其他行：客戶的號碼(五位元的數)與使用的小時數

以下為範例資料檔案與對應的輸出檔案：

資料檔案 usage.txt

```
10 2009
15362  4.2
42768  11.1
11111  9.9
```

輸出檔案 charges.txt

```
Charges for 10/2009
                      Charge
Customer  Hours used  per hour  Average cost
15362       4.2        7.99      1.90
42768      11.1       11.97      1.08
11111       9.9        7.99      0.81
```

9. 當飛機或汽車在空氣中移動時，它必須克服稱為 *drag* 的外力，此外力會阻止交通工具的移動。drag 力量的算式為：

$$F = \frac{1}{2} CD \times A \times \rho \times V^2$$

此處 F 是外力(單位為牛頓)，CD 是 drag 係數，A 是交通工具垂直於速度向量的投影面積(單位為 m^2)，ρ 是物體穿過的氣體或液體的密度(kg/m^3)，V 是物體的速度。drag 係數 CD 的來源很複雜，經常是實驗數據。有時 drag 係數和速度有相關性：對汽車而言，範圍約是 0.2(非常流線型的汽車)至 0.5。為了簡化起見，假設一部流線型的載客工具在海平面的空氣中移動(此時 $\rho = 1.23$ kg/m^3)。寫一程式讓使用者輸入 A 和 CD，並呼叫函式計算及回傳 drag。此外，你的程式應反覆呼叫 drag 函式，並用表格顯示速度從 0 m/s 至 40 m/s，間隔為 5 m/s，其 drag 外力分別為何？

10. 寫一程式模擬簡單的計算機。每個資料列含下列的運算子中的一個及其右運算元。假設左運算元存在累加器中(初值為 0)。需要函式 scan_data，有兩個輸出參數回傳從資料列讀入的運算子和右運算元。亦需函式 do_next_op 執行運算子的功能，此函式有兩個輸入參數(運算子和運算元)，及一個輸入／輸出參數(累加器)。有效運算子有：

    + 加
    - 減
    * 乘
    / 除
    ^ 次方
    q 結束

此計算器在每次運算後要顯示累加器之值。一個執行範例如下。

```
+ 5.0
result so far is 5.0
^ 2
result so far is 25.0
/ 2.0
result so far is 12.5
q 0
final result is 12.5
```

11. 研究過去 20 年期間百老匯表演的每年毛利，其獲利公式與時間的關係如下：

$$R(t) = 203.265 \times (1.071)^t$$

R 為百萬元，t 為從 1984 年之後的年數。寫出以下的函式來完成此公式：

revenue──輸入參數 t，計算與回傳 R

predict──對輸入的毛利，預測在哪一年達成。舉例來說，predict(200) 將會回傳 1984。

寫一個 main() 函式呼叫 predict 函式，計算何時毛利會超過 1 兆 (1000 百萬) 美元。產生輸出檔，其中包含預測毛利表(以百萬元為單位)，從 1984 年到毛利到達 1 兆美元之間，每年的毛利預測值，四捨五入到小數點以下三位。

簡單資料型態

CHAPTER 7

7.1 數值型態的表示及轉換

7.2 型態 char 的表示及轉換

7.3 列舉型態

7.4 疊代近似法

案例研究：應用二分法找出根值

7.5 程式撰寫常見的錯誤

本章回顧

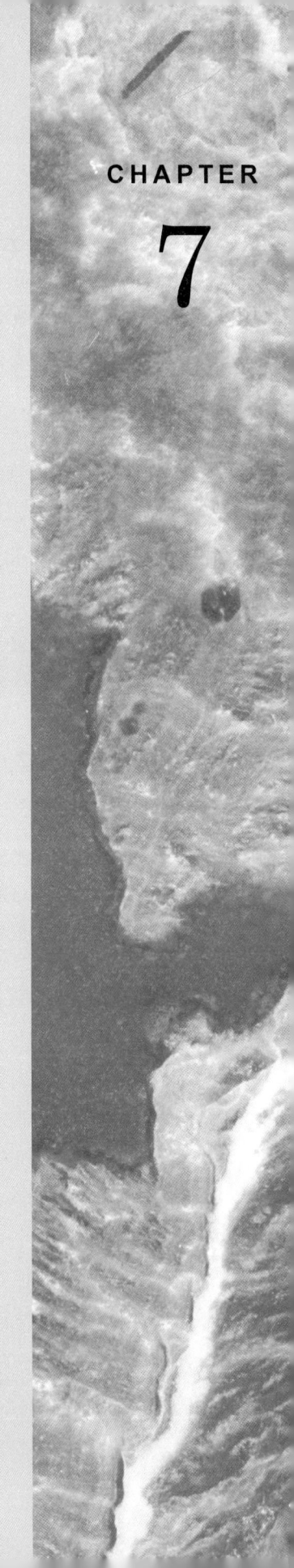

到目前為止，本書已經用過三種標準資料型態：int、double 和 char。同時也已看過 int 型態在 C 之中是如何表示整數的數值觀念，以及真與偽的邏輯觀念。在本章中，我們將更進一步來看這些資料型態以及表示不同範圍值的相關標準型態。

似乎從沒有程式語言可以事先定義好程式設計者所需的任何資料型態，所以 C 允許程式設計者可以產生新的資料型態。在本章中，讀者將會學到如何定義自己的列舉型態。C 的標準型態及使用者自定的列舉型態都屬於**簡單**(simple)（或**數量**）**資料型態**(data type)，因為這些型態都只能儲存單一值於一變數內。

本章也會表達如何將函式視為一種資料並經由參數傳遞方式送給子程式。其中一種分析函式執行的型態，就是找出函式的根值。本章最後會有一個利用二等分法找出近似根值的案例研究。

簡單資料型態：只能儲存單一值的資料型態。

7.1 數值型態的表示及轉換

讀者已經看過許多的範例，有關於使用 C 的資料型態 int 及 double 來表示數值資訊。本書使用型態為 int 的變數來做迴圈的計數器以及所有數字的表示，例如禿鷹的數目。在大部分的其他例子中，本書則使用 double 型態的數值資料。

數值型態的差異

讀者可能懷疑為什麼要有一種以上的數值型態。是不是用 double 的資料型態就可以表示所有的數值？答案是肯定的，但對於大部分的電腦，使用整數的運算速度會比使用 double 型態的速度快，而且儲存 int 型態的值所需的儲存空間比較少。同時整數的運算一定是精準的，相較於 double 型態的數值運算就有可能失去精準度或產生進位的誤差。

這些差異的起因是因為數字在電腦記憶體內會有不同的表示方法。所有的資料在記憶體中都是以二進位字串表示，也就是 0 與 1 所組成的字串。不論如何，int 型態的值若為 13，其內部所儲存的二進位字串一定不會等於值為 13.0 的 double 型態所儲存的二進位字串。實際內部表示方法取決於電腦本身，且 double 型態的數值通常會比 int 型態的數

圖 7.1

int 型態與 double
型態的內部格式

```
      int 型態格式              double 型態格式
   ┌──────────────┐         ┌────────┬────────┐
   │  二進位數字  │         │  假數  │  指數  │
   └──────────────┘         └────────┴────────┘
```

值需要更多的電腦記憶體位元組。試比較圖 7.1 int 及 double 格式的範例。

正整數使用標準二進位數字來表示。如果讀者熟悉二進位系統，應該知道表示整數 13 的二進位數字為 01101。

double 型態的格式(也稱為**浮點格式**)類似於科學表示法。數值所占的儲存空間分為二部分：**假數**以及**指數**。假數是二進位的分數，它的正值在 0.5 與 1.0 之間，負值則在 −0.5 與 −1.0 之間。指數則是一個整數。正確的選擇假數以及指數可適用於下列公式：

$$實數 = 假數 \times 2^{指數}$$

因為記憶體大小有其限制，並非所有實數都可以精確地用 double 型態表示，後面我們會再討論這個概念。

讀者已經看到 double 型態的值可以包含分數，而這是 int 型態所不能表示的。double 型態的另一個優點是比 int 型態更能表示寬廣的數值。但實際上所能表示的範圍還是因機器而異，ANSI 標準對 C 規範型態 int 的正值最小範圍是從 1 到 32,767(近似 3.3×10^4)。型態 double 的正值最小範圍是從 10^{-37} 到 10^{37}。想要了解 10^{-37} 到底有多小，想像一個電子的重量大約是 10^{-27} 克，而 10^{-37} 是 10^{-27} 的百億分之一。想要了解 10^{37} 是多麼浩大嗎？如果將銀河系的直徑以公里為單位乘上一兆，你所得到的數值結果不過是 10^{37} 的萬分之一。

讀者可以執行圖 7.2 的程式來確定所用 C 之 int 及 double 的實際範圍。在第二個呼叫 printf 內的 %e 格式說明將會連結的值，即 DBL_MIN 和 DBL_MAX，以科學符號表示法(見 2.2 節)列印出來。

除了 int 型態以外，ANSI C 還提供多種整數資料型態。表 7.1 列出在微處理機上建構 C 時的資料型態及範圍。請注意 unsigned 型態所表示的最大值是 signed 型態最大值的兩倍。這是因為將符號位元當做數值的一部分之故。

同樣地，ANSI C 也定義三種浮點型態：float、double 和 long double，之間差異在於所需的記憶體。float 型態的值至少必須包含

圖 7.2 列印因實作而異的正數範圍的程式

```
1.  /*
2.   * Find implementation's ranges for positive numeric data
3.   */
4.
5.  #include <stdio.h>
6.  #include <limits.h> /* definition of INT_MAX                    */
7.  #include <float.h>  /* definitions of DBL_MIN, DBL_MAX          */
8.
9.  int
10. main(void)
11. {
12.     printf("Range of positive values of type int: 1 . . %d\n",
13.             INT_MAX);
14.     printf("Range of positive values of type double: %e . . %e\n",
15.             DBL_MIN, DBL_MAX);
16.
17.     return (0);
18. }
```

表 7.1 C 的整數型態

型　　態	典型微處理機製作的範圍
short	$-32,767 \ldots 32,767$
unsigned short	$0 \ldots 65,535$
int	$-2,147,483,647 \ldots 2,147,483,647$
unsigned	$0 \ldots 4,294,967,295$
long	$-2,147,483,647 \ldots 2,147,483,647$
unsigned long	$0 \ldots 4,294,967,295$

十進位法六位數字的精確度，而 double 及 long double 則必須有十進位法十位數字的精確度。表 7.2 列出微處理機上建構 C 時，這些資料型態所能表示的正數範圍。

表 7.2 C 的浮點型態

型　　態	估計範圍*	有效位數*
float	$10^{-37} \ldots 10^{38}$	6
double	$10^{-307} \ldots 10^{308}$	15
long double	$10^{-4931} \ldots 10^{4932}$	19

* 在典型的微處理機上的 C 實作

數值的不準確性

處理型態為 double 的資料時，常碰到的問題就是表示實數會發生一些錯誤。如同一些特定的分數無法準確在十進位系統中表示出來(例如分數 1/3 是 0.333...)，因此有些分數也無法準確使用 double 格式的假數來表示。這種**表示性錯誤**(representational error)(有時稱為**進位錯誤**)的大小視假數使用的二進位位數(位元)多寡而定，位元愈多則錯誤愈小。而由於這類錯誤的產生，會使得兩個 double 型態的數值在做等式比較時，產生意想不到的結果。

> **表示性錯誤**：將實數編碼成有限位數的二進位數字所產生的錯誤。

0.1 這個值如果使用 double 型態則是典型會產生表示性錯誤的例子。這種小錯通常經由重複計算而漸漸變大。因此將 0.1 重複加一百次結果並不完全等於 10.0，以下程式迴圈在某些電腦可能沒有辦法停止。

```
for (trial = 0.0;
     trial != 10.0;
     trial = trial + 0.1){
   ...
}
```

假如迴圈重複測試條件改為 trial < 10.0，則此迴圈有可能在某種電腦上執行 100 次，而在另一種電腦上執行 101 次。基於這個理由，最好是用整數變數做為迴圈控制，以便讓讀者能夠正確預測出迴圈會執行多少次。

其他問題則發生在同時計算非常大和非常小的實數上。當讀者將大的數字加上一個小的數字時，大的數字可能會「取消」小的數字，導致所謂的**取消性錯誤**(cancellation error)。假如 x 比 y 大非常多，則 $x+y$ 的值可能等於 x (例如 1000.0 + 0.0000001234 在某些電腦上等於 1000.0)。

> **取消性錯誤**：對大小差異懸殊之運算元執行數學運算時產生的錯誤，較小的運算元會不見。

如果兩個非常小的數相乘，則結果可能更小到無法正確表示，因此會被當作零來表示，這種現象稱為**算術低載**(arithmetic underflow)。相同狀況，如果兩個非常大的數目相乘，結果可能太大而無法表示，這種現象稱為**算術溢位**(arithmetic overflow)，而且這種現象因不同的 C 編譯程式而有不同的處理方式(算術溢位也有可能發生在處理非常大的整數上)。

> **算術低載**：以 0 表示非常小的計算結果，而產生的錯誤。

> **算術溢位**：要表示太大的計算結果而產生的錯誤。

資料型態的自動轉換

在第二章中，讀者已經看過許多將某種資料型態自動轉換成另一種

表 7.3 數值型態的自動轉換

轉換狀態	範例	解釋
具有二元運算子和不同數字型態的運算式	k + x 值為 6.5	k 為 int 變數,在運算前將轉為 double 型態的格式。
將型態 int 的算式指定給 double 變數	z = k/m; 算式值為 1; 將值 1.0 設給 z	運算式先完成,結果再轉換為 double 型態的格式。
將型態 double 的算式指定給 int 變數	n = x * y; 算式值為 3.15; 將 3 設給 n	運算式先完成,再將結果轉換為 int 型態的格式,而且小數部分不見了。

資料型態的例子。表 7.3 概括幾種看過的自動轉換。表中變數宣告及初值設定如下:

```
int    k = 5, m = 4, n;
double x = 1.5, y = 2.1, z;
```

在第三章及第六章,已經研讀數值資料型態的實際引數如何傳遞至不同型態的形式參數。實際引數值轉換為形式參數的格式,其過程如同設定運算子轉型的方式。

資料型態的明確轉換

> **轉型**:明確的資料轉換。

除了自動轉換外,C 也提供明確的型態轉換,稱為**轉型**(cast)。

圖 6.12 函式 main 使用函式呼叫

```
scan_fraction(&n1, &d1);
```

掃描且傳回分數的分子及分母至型態為 int 的變數 n1 及 d1,我們可以用下列敘述

```
frac = (double)n1 /(double)d1;
```

計算並儲存至變數 frac(double 型態),此值等於前面所掃描進來的分數。例如,n1 是 2,而 d1 是 4,2.0/4.0 的值(0.5)會被指定至 frac。上面式子使用轉型運算來避免整數相除。不用轉型運算,2/4 的式子將會算出 0,且敘述

```
frac = n1 / d1;
```

會在 frac 內儲存 0.0。

將想要的型態放在要轉換的值之前,並用括號括起來,可以使式子在計算之前就將值轉換為想要的資料格式。因為這類明確的轉換是一種

非常高優先順序的運算,它會在除法之前先執行。

雖然上述第一個指定中,除法運算子的兩個運算域都使用明確轉型,但實際上只需有一個運算元有明確轉型就夠,這是因為混合型態的運算式內,計算規則會將其他型態自動轉成相同型態。但請記得,如果將式子寫成如下所述,可能就*無法*達到原先的目的。

```
frac = (double)(n1/d1);
```

這個例子,括號內的 n1/d1 最先被計算,結果是失去小數部分。而 double 的轉型僅是將整個括號內的結果轉換為型態 double 的格式。

使用轉型除了防止整數相除時失去小數部分,我們也常用它來使自動轉型的式子更清晰明瞭,這些轉型並不會影響結果。例如下述設定運算的過程會導致兩個自動轉換,假設 m 及 sqrt_m 都是型態 int 的變數:

```
sqrt_m = sqrt(m);
```

sqrt 函式庫函式的形式參數是 double 的型態,因此型態為 int 的實際引數(像 m 的值)會自動轉換至 double 型態,並指定給形式參數。sqrt 函式也會傳回型態為 double 的值,且會自動轉換成 int 型態,並指定給 sqrt_m。寫程式的人可以選擇性將直接轉型寫在下述敘述內,強調有轉換的發生:

```
sqrt_m = (int)sqrt((double)m);
```

轉型運算應用在變數時,所做轉換僅決定運算式的值,並不會改變儲存在變數內的值。例如,假設 x 是型態 int 的變數,其值為 5,下列敘述會先印出 5.00 然後再印出 5。運算式

```
(double)x
```

的值是 5.0,但儲存在 x 內的值仍為整數 5。

敘述	輸出
`printf("%.2f\n",(double)x);`	5.00
`printf("%4d\n", x);`	5

在下一節,本書將研究 char 型態表示法,並且察看如何在型態 char 與型態 int 之間做轉換。

練習 7.1

自我檢驗

1. 取消性錯誤與表示性錯誤之差異為何？
2. 假設 10^{-20} 的平方產生結果為 0，此種發生的錯誤稱為_____。
3. 假設 x 是 10.5、y 是 7.2、m 是 5 且 n 是 2，請計算下列運算式：
   a. `x /(double)m`
   b. `x / m`
   c. `(double)(n * m)`
   d. `(double)(n / m)+ y`
   e. `(double)(n / m)`

程式撰寫

1. 執行圖 7.2 的程式，決定你的電腦系統的 C 其型態 `int` 之最大值以及型態 `double` 之最大值。

7.2 型態 char 的表示及轉換

讀者已經看過 C 的資料型態 char，它可用來儲存以及計算不同的字元，像是組成一個人的姓名、住址和其他個人資料等。本書已宣告過型態 char 的變數，以及使用過包含在引號內的單一字元(例如，字母、數字、標點等)組成的型態 char 常數。如下所示，指定字元值至字元變數內並在一常數巨集內將字元值和識別字結合在一起。使用相等運算子 == 和 != 以及關係比較運算子 <、<=、> 和 >= 來比較字元值。

```
#define STAR '*'
    .
    .
    .
char next_letter;
next_letter = 'A';
if (next_letter < 'Z')
```

設定敘述中，字元變數 next_letter 被指定字元值 'A'。單一字元變數或是常數可寫在字元設定敘述的右邊。字元值同樣也可以用來做比較、掃描、列印以及轉型為 int 型態。

為了了解比較順序的結果，讀者必須對字元在電腦內的表示法有一些認識。每一個字元都有唯一的數值碼，這些碼的二進位形式儲存在記憶格內產生字元值。在正常形式下，關係比較運算子都是用這些二進位數字來做比較。

三種常用的字元碼如附錄 A 所示。數字字元在三種碼內都是連續的遞增性字元，例如在 ASCII(American Standard Code for Information Interchange)中，數字'0'至'9'的碼值是 48 至 57(十進制)。數字字元的大小關係為(如'0'<'1'、'1'<'2'等等，依此類推)：

'0'<'1'<'2'<'3'<'4'<'5'<'6'<'7'<'8'<'9'

大寫英文字母也屬於遞增性字元，但並不一定是連續的。不過，在 ASCII 中，大寫字母的確是連續性的碼，其十進位值從 65 到 90，這些大寫字母也是含有順序關係性：

'A'<'B'<'C'<…<'X'<'Y'<'Z'

小寫英文字母也屬於遞增性字元，但並不一定是連續的。不過在 ASCII 中，小寫字母連續的十進位值從 97 到 122，並含有順序關係性：

'a'<'b'<'c'<…<'x'<'y'<'z'

本書所使用的範例及程式，假設字母都是連續性字元。

在 ASCII 中，可列印字元的碼從 32(空白)到 126(符號~)，其他的碼則是不可列印的**控制碼**。送出一個控制碼到輸出裝置會導致此裝置執行特殊運算，像是回歸游標至第一行，或是跳至下一行或是讓喇叭響一聲。

由於字元都是以整數碼表示，C 允許 char 型態與 int 型態互相轉換。例如，讀者可以用下列程式印出問號的碼值：

```
qmark_code = (int)'?';
printf("Code for ? = %d\n", qmark_code);
```

範例 7.1

對照順序性：依字元碼的數字編排而成的字元順序。

所謂**對照順序性**(collating sequence)是指依照字元碼的數字編排而成的字元順序。圖 7.3 的程式使用 int 型態轉換為 char 型態，以及 char 轉換為 int 以便列印出部分 C 的對照順序性。這個程式從空白列印到大寫'Z'的順序。這個順序是用 ASCII 碼；第一個列印出來的字元是空白。

圖 7.3　列印部分對照順序性之程式

```c
/*
 * Prints part of the collating sequence
 */

#include <stdio.h>

#define START_CHAR  ' '
#define END_CHAR    'Z'

int
main(void)
{
        int char_code; /* numeric code of each character printed */

        for  (char_code = (int)START_CHAR;
              char_code <= (int)END_CHAR;
              char_code = char_code + 1)
           printf("%c", (char)char_code);
        printf("\n");

        return (0);
}
```

 !"#$%&'()*+,-./0123456789:;<=>?@ABCDEFGHIJKLMNOPQRSTUVWXYZ

練習 7.2

自我檢驗

1. 假設字母都有連續性字元碼，試計算下列之值。

    a. `(int)'D' - (int)'A'`

    b. `(char)((int)'C' + 2)`

    c. `(int)'6' - (int)'7'`

2. 假設字母都有連續碼，試寫一個 for 迴圈能夠列印所有的小寫字母。

程式撰寫

1. 試寫一函式 next_char，其引數及傳回值皆為型態 char，且傳回值會根據對照性順序傳回輸入引數的 next_char(目前請先忽略掉超出界限錯誤的可能性)。

2. 重寫自我檢驗第 2 題的迴圈，請使用函式 next_char 以及使用型態為 char 的迴圈控制變數。

7.3 列舉型態

> **列舉型態**：一種資料型態，由程式設計師在型態宣告中指定一串值。

許多撰寫程式的問題，需要定義新的資料型態才會有較好的解決方案。例如，預算程式可能會區別下列各類花費：娛樂、房租、公用設施、食物、衣物、汽車、保險及其他雜項。ANSI C 允許產生**列舉型態**(enumerated type)讓每一種分類結合一個數字碼，使其產生一串有意義的值。

例如，列舉型態 `expense_t` 有八種可能的值：

```
typedef enum
     {entertainment, rent, utilities, food, clothing,
        automobile, insurance, miscellaneous}
expense_t;
```

新型態 `expense_t` 使用的方式和使用標準型態 `int` 或 `double` 的方式一樣。下面是一個變數 `expense_kind` 的宣告：

```
expense_t expense_kind;
```

> **列舉常數**：代表列舉型態之值的識別字。

定義型態 `expense_t` 使**列舉常數**(enumeration constant) entertainment 表示為整數 0，常數 rent 則表示為整數 1，utilities 為 2 等等，依此類推。處理變數 `expense_kind` 以及八個列舉常數的方式和處理其他整數的方式是一樣的。圖 7.4 列出的程式讀入代表一個消費碼的整數，同時呼叫一個使用 `switch` 敘述的函式顯示碼的意義。

識別字的有效範圍法則(見 6.3 節)同樣可應用於列舉型態和列舉常數。列舉常數必須是識別字，且不能是數值、字元或文字字串(例如 "en-tertain-ment" 不能成為列舉型態的一個值)。本書建議最好將型態定義緊接置放於任何 `#define` 及 `#include` 之後(見圖 7.4)，如此讀者就可以在程式任何一個地方任意使用這些宣告了。保留字 `typedef` 可以用來自訂出各種不同的型態。我們將在第十一章及十四章分別研究這些用法。

列舉型態定義

語法：`typedef enum`
            `{`*identifier_list*`}`
    enum_type;

(續)

圖 7.4　預算費用之列舉型態

```c
1.  /*  Program demonstrating the use of an enumerated type */
2.
3.  #include <stdio.h>
4.
5.  typedef enum
6.          {entertainment, rent, utilities, food, clothing,
7.           automobile, insurance, miscellaneous}
8.  expense_t;
9.
10. void print_expense(expense_t expense_kind);
11.
12. int
13. main(void)
14. {
15.         expense_t expense_kind;
16.
17.         scanf("%d", &expense_kind);
18.         printf("Expense code represents ");
19.         print_expense(expense_kind);
20.         printf(".\n");
21.
22.         return (0);
23. }
24.
25. /*
26.  * Display string corresponding to a value of type expense_t
27.  */
28. void
29. print_expense(expense_t expense_kind)
30. {
31.         switch (expense_kind) {
32.         case entertainment:
33.                 printf("entertainment");
34.                 break;
35.
36.         case rent:
37.                 printf("rent");
38.                 break;
39.
40.         case utilities:
41.                 printf("utilities");
42.                 break;
43.
44.         case food:
45.                 printf("food");
46.                 break;
47.
48.         case clothing:
49.                 printf("clothing");
50.                 break;
51.
52.         case automobile:
```

(續)

圖 7.4　預算費用之列舉型態(續)

```
53.                printf("automobile");
54.                break;
55.
56.           case insurance:
57.                printf("insurance");
58.                break;
59.
60.           case miscellaneous:
61.                printf("miscellaneous");
62.                break;
63.
64.           default:
65.                printf("\n*** INVALID CODE ***\n");
66.      }
67. }
```

範例：`typedef enum`
　　　　`{monday, tuesday, wednesday,`
　　　　` thursday, friday, saturday, sunday,}`
　　`day_t;`

說明：上列定義一個新的資料型態 enum_type，型態的值即為 *identifier_list* 的識別字。第一個識別字為整數 0，第二個是 1 等等，依此類推。

注意：有效範圍內，某個特定識別字僅允許在一個 *identifier_list* 中出現。

　　每個識別字不能出現在一個以上的列舉型態宣告內。例如，定義：

```
typedef enum
     {monday, tuesday, wednesday, thursday, friday}
weekday_t;
```

就不能和前面語法顯示的型態 `day_t` 一起使用。

　　關係、設定，甚至算術運算子都可用於列舉型態，就如同使用其他整數的方式一樣。對型態 `day_t` 來說，下列關係式為真：

```
sunday < monday
wednesday != friday
tuesday >= sunday
```

　　我們也可以結合算術運算子及轉型的使用方式，找出列舉常數現值的前後值。

範例 7.2

假設 today 及 tomorrow 為型態 day_t 的變數，下列 if 敘述根據 today 的值指定給 tomorrow：

```c
if(today == saturday)
    tomorrow = sunday;
else
    tomorrow =(day_t)(today + 1);
```

因為每週的天數是週期性的，當 today 是 saturday 則 tomorrow 應設定為 sunday。型態 day_t 的最後一個值(saturday)應該分開對待，因為加 1 後的整數表示式並沒有連結到一個有效 day_t 值。

因為 C 處理列舉型態的方式和一般整數一樣，所以 C 並沒有提供範圍檢查來驗證儲存在列舉型態變數的值是否合法。例如，下列設定敘述雖然很明確顯示為不合法，但在執行時並不會產生錯誤。

```c
today = saturday + 3;
```

讀者已看過列舉型態可用來做 switch 敘述的控制運算式。這種變數另一個用法就是當做迴圈的計數器，請看下一個範例。

範例 7.3

圖 7.5 的 for 迴圈讀入員工每週的工作時數，並將工時累加於 week_hours。today 是型態 day_t 的變數，today 所執行的迴圈等於 monday 到 friday。在每一次重複中，呼叫 printf 和 print_day，會顯示出一個提示，其中 print_day (見本節最末的程式撰寫第 2 題)顯示日期名稱。當 today 的值為 monday，則提示為

```
Enter hours for Monday>
```

每一次讀入 day_hours 的值都會加至 week_hours。而當迴圈結束，則顯示 week_hours 的最後值，以下本書將解釋為什麼需要函式 print_day。

由於每個程式都可以使用不同的列舉型態，因此 C 的輸入／輸出函式庫不論讀入或顯示列舉型態的值都視之為整數。不過讀者也可以撰寫屬於自己的函式顯示列舉常數的意義。像圖 7.4 的 print_expense，這個是很典型使用 switch 敘述的函式。

圖 7.5 累計每週工時

```
1.   /* Program to demonstrate an enum type loop counter */
2.
3.   #include <stdio.h>
4.
5.   typedef enum
6.         {monday, tuesday, wednesday, thursday, friday,
7.          saturday, sunday}
8.   day_t;
9.
10.  void print_day(day_t day);
11.
12.  int
13.  main(void)
14.  {
15.        double week_hours, day_hours;
16.        day_t today;
17.
18.        week_hours = 0.0;
19.        for  (today = monday;  today <= friday;  ++today) {
20.            printf("Enter hours for ");
21.            print_day(today);
22.            printf("> ");
23.            scanf("%lf", &day_hours);
24.            week_hours += day_hours;
25.        }
26.
27.        printf("\nTotal weekly hours are %.2f\n", week_hours);
28.
29.        return (0);
30.  }
```

練習 7.3

自我檢驗

1. 計算下列運算式，假設在每個運算前，變數 today (型態 day_t)的值為 thursday。

    a. (int)monday

    b. (int)today

    c. today < tuesday

    d. (day_t)(today + 1)

    e. (day_t)(today - 1)

    f. today >= thursday

2. 請指出下列型態的宣告是否有效。若是無效，請解釋錯誤之處。

a. ```
typedef enum
    {int, double, char}
type_t;
```
b. ```
typedef enum
    {p, q, r}
letters_t;
typedef enum
    {o, p}
More_letters_t;
```
c. ```
typedef enum
    {'X', 'Y', 'Z'}
alpha_t;
```

### 程式撰寫

1. 請宣告列舉型態 month_t，並重新撰寫下列 if 敘述，假設 cur_month 的型態為 month_t 而不是 int 型態。請撰寫對等的 switch 敘述。

```c
if(cur_month == 1)
    printf("Happy New Year\n");
else if (cur_month == 6)
    printf("Summer begins\n");
else if (cur_month == 9)
    printf("Back to school\n");
else if (cur_month == 12)
    printf("Happy Holiday\n");
```

2. 試寫一列舉型態為 day_t 的函式 print_day。

7.4 疊代近似法

數值分析屬於數學及電腦科學上的分支，它發展演算法來解決計算上的問題。數值分析所解決的問題包括找出方程式的解法，其中包含矩陣的運算、找出方程式的根和數學積分的運算。下一個案例研究會說明利用疊代近似法求得方程式的根。
```

圖 7.6
方程式 $f(x)=0$ 的六個根

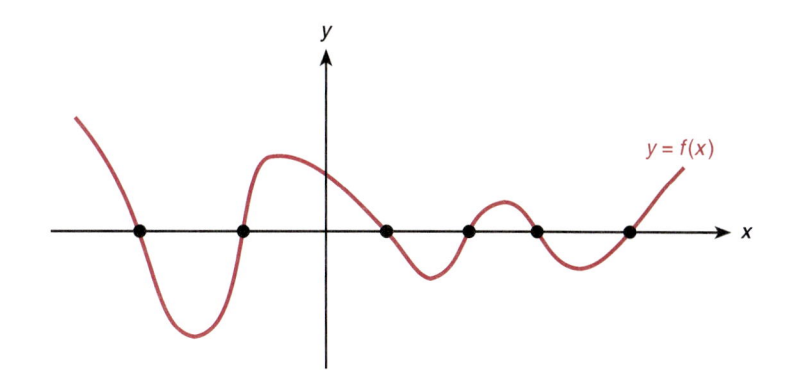

根：可導致函式值為 0 的函式引數值。

　　許多真實世界的問題可以利用找出方程式的根來解決。若 $f(k)$ 等於 0，則 k 是方程式 $f(x)=0$ 的**根**(root)。假設我們畫出函式 $f(x)$，如圖 7.6 所示，方程式的根則為函式與 x 軸相交的點，方程式 $f(x)=0$ 的根也稱為函式 $f(x)$ 的零。

　　二分法是一種求近似方程式 $f(x)=0$ 根的方法。這種方法重複產生近似根，直到找出真的根，或是近似值與真實根值差距少於 *epsilon*，*epsilon* 是一個非常小的常數(例如 0.0001)。只要能夠將真根與近似根趨近於一區間內，且長度小於 *epsilon*，則認定已找到近似值。在下一個案例研究，將發展函式執行此疊代近似法。

函式參數

　　雖然讀者已經能夠發展二分函式找出某一函式的根，但若能擴充找出任何函式的根，相信這個二分函式會更為有用。要達到這個目的，必須要把函式視為另一函式的參數。完成函式參數的宣告僅須加入函式的原型至參數串列。例如讀者想撰寫 evaluate 函式分別計算另一函式不同的三個點，然後顯示結果。圖 7.7 列出 evaluate 函式。讀者可以呼

圖 7.7　使用函式參數

```
/*
 * Evaluate a function at three points, displaying results.
 */
void
evaluate(double f(double f_arg), double pt1, double pt2, double pt3)
{
    printf("f(%.5f) = %.5f\n", pt1, f(pt1));
    printf("f(%.5f) = %.5f\n", pt2, f(pt2));
    printf("f(%.5f) = %.5f\n", pt3, f(pt3));
}
```

表 7.4 呼叫函式 evaluate 以及輸出結果

呼叫 evaluate	輸出結果
`evaluate(sqrt, 0.25, 25.0, 100.0);`	`f(0.25000)= 0.50000`
	`f(25.00000)= 5.00000`
	`f(100.00000)= 10.00000`
`evaluate(sin, 0.0, 3.14159,`	`f(0.00000)= 0.00000`
`       0.5 * 3.14159);`	`f(3.14159)= 0.00000`
	`f(1.57079)= 1.00000`

叫 evaluate 並使用引數型態為 double，且傳回型態為 double 結果的函式庫函式作為參數，或者讀者可以撰寫屬於自己的函式，只要符合這些準則即可。表 7.4 顯示兩次呼叫 evaluate 函式以及產生的結果。

案例研究　應用二分法找出根值

問　題

試發展函式 bisect，在函式有奇數個根值的區間中能夠近似函式 f 的根值。

分　析

要撰寫呼叫函式 bisect 的程式，首先必須列出函式的值，以便找出可搜尋根的適當區間。若在某區間中函式值有正負號改變，則此區間必定含有奇數個根值。圖 7.8 顯示兩個這類區間，若無正負號改變，則表示區間可能不含根值。

圖 7.8 正負號改變表示有奇數個根值

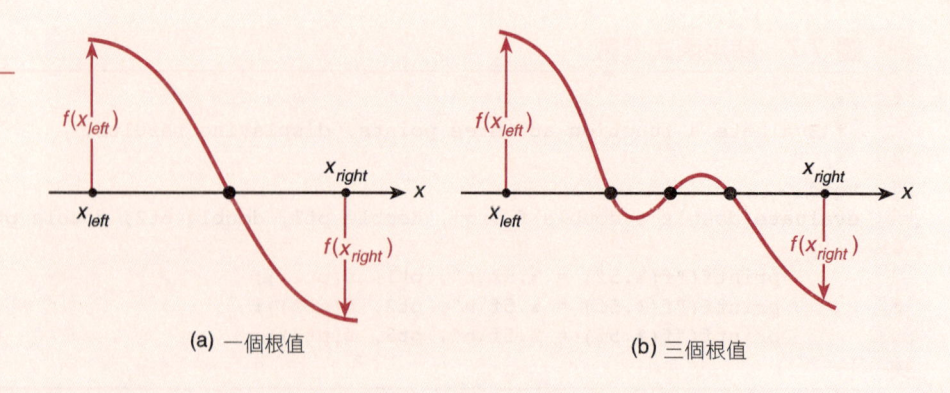

(a) 一個根值

(b) 三個根值

讓我們假設區間 [x_{left}, x_{right}] (從 x_left 至 x_right) 有正負號改變且僅有一個根，更進一步假設函式 $f(x)$ 在此區間是連續的。假設經由計算中點 x_{mid} 來二等分此區間，則可使用公式

$$x_{mid} = \frac{x_{left} + x_{right}}{2.0}$$

以下有三種可能的結果產生：根值在區間左半部 [x_{left}, x_{mid}]；根值在區間右半部 [x_{mid}, x_{right}]；或者是 $f(x_{mid})$ 為零。圖 7.9 以圖形顯示三種可能性。

第四種可能性是區間長度少於 epsilon，這種情形下，區間內任何一點都是可接受的近似根值。

資料需求

問題輸入

```
double x_left          /*left endpoint of interval            */
double x_right         /* right endpoint of interval          */
double epsilon         /* error tolerance                     */
double f(double farg)  /* function whose root is sought       */
```

問題輸出

```
double root    /* approximate root of f                       */
int   *errp    /* indicates whether error detected
                  during root search                          */
```

設　計

搜尋根值的起始區間是由輸入參數 x_left 及 x_right 定義。在搜尋區間之前，必須先驗證區間內含有奇數個根。若有，則必須重複二等分此區間，並持續搜尋某一半含有奇數個根的區間，直到找到真根或是所搜尋區間長度少於 epsilon 為止。

初步的演算法

1. 假如此區間含有偶數個根

    2. 設定錯誤旗標。

    3. 顯示錯誤訊息。

    否則

    4. 清除錯誤旗標。

圖 7.9

區間 [x_{left}, x_{right}] 二等分的三種可能性

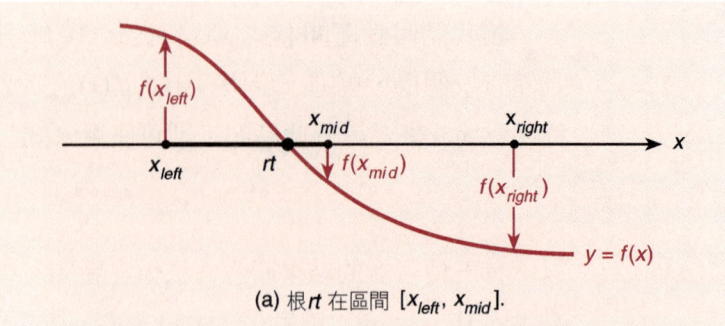

(a) 根 rt 在區間 [x_{left}, x_{mid}].

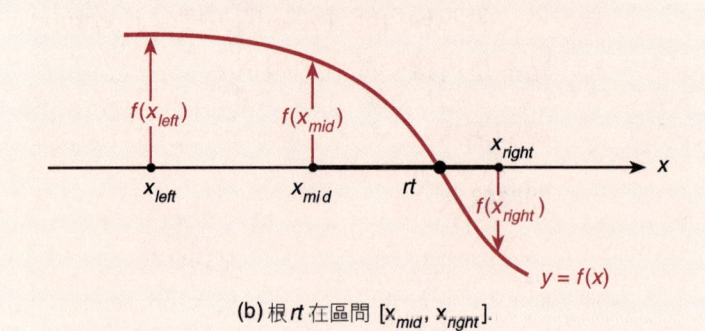

(b) 根 rt 在區間 [x_{mid}, x_{right}].

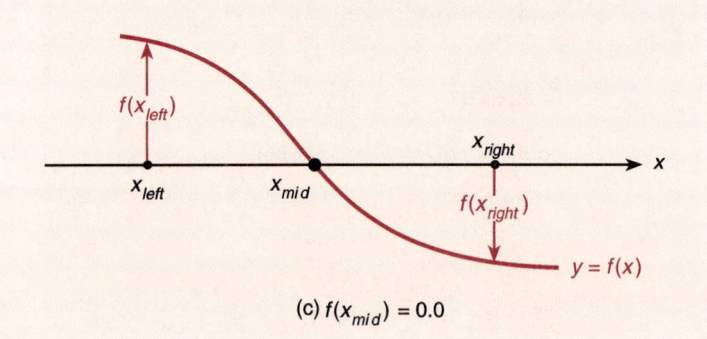

(c) $f(x_{mid}) = 0.0$

5. 只要區間長度大於 epsilon 且根還沒有找到,重複以下找尋動作:

   6. 計算區間中點之函式值。
   7. 如果區間中點之函式值為零,則中點為根值。
   否則
      8. 選擇左半或右半區間,繼續搜尋下去。
9. 傳回最後區間的中點作為根值。

程式變數

```
int root_found  /* whether or not root is found */
```

```
double x_mid        /* interval midpoint */
double f_left,      /* values of function at left and */
       f_mid,       /* right endpoints and at midpoint */
       f_right      /* of interval */
```

步驟 1 再細分

1.1 f_left = f(x_left)

1.2 f_right = f(x_right)

1.3 假如 f_left 及 f_right 正負號相同(也就是乘積為非負數)

步驟 5 再細分

5.1 當 x_right - x_left > epsilon 且 !root_found

步驟 8 再細分

8.1 假如根在區間左半部(f_left * f_mid < 0.0)

　　　8.2 改變區間右邊值為中點值

　　否則

　　　8.3 改變區間左邊值為中點值

實　作

圖 7.10 列出此演算法的實作程式。本書另外增加一些 printf 呼叫以使函式 bisect 能夠自我追蹤。

測　試

圖 7.10 程式找尋區間 [x_left, x_right] 中方程式 $g(x)=0$ 和 $h(x)=0$ 的根值。左邊和右邊端點，x_left 和 x_right，以及容忍值 epsilon 均由使用者輸入。主函式首先讀取上述三個值，然後呼叫函式 bisect，最後再顯示輸出結果。每次呼叫 bisect 時會先傳遞一個函式名稱作為第四個參數。圖 7.10 所撰寫的二分法可以應用在任何函式，只要此函式傳回值為 double 型態以及使用一個 double 型態引數。讀者可以在同一程式內跑多個函式來測試 bisect。在 main 函式執行 bisect 敘述

```
root = bisect(x_left, x_right, epsilon, g, &error);
```

則敘述

```
f_left = f(x_left);
```

圖 7.10　使用二分法找出函式的根

```
1.   /*
2.    *  Finds roots of the equations
3.    *       g(x) = 0    and     h(x) = 0
4.    *  on a specified interval [x_left, x_right] using the bisection method.
5.    */
6.
7.   #include <stdio.h>
8.   #include <math.h>
9.
10.  #define FALSE 0
11.  #define TRUE  1
12.
13.  double bisect(double x_left, double x_right, double epsilon,
14.                double f(double farg), int *errp);
15.  double g(double x);
16.  double h(double x);
17.
18.  int
19.  main(void)
20.  {
21.       double  x_left, x_right, /* left, right endpoints of interval  */
22.               epsilon,          /* error tolerance        */
23.               root;
24.       int     error;
25.
26.       /*  Get endpoints and error tolerance from user              */
27.       printf("\nEnter interval endpoints> ");
28.       scanf("%lf%lf", &x_left, &x_right);
29.       printf("\nEnter tolerance> ");
30.       scanf("%lf", &epsilon);
31.
32.       /*  Use bisect function to look for roots of g and h         */
33.       printf("\n\nFunction g");
34.       root = bisect(x_left, x_right, epsilon, g, &error);
35.       if (!error)
36.            printf("\n    g(%.7f) = %e\n", root, g(root));
37.
38.       printf("\n\nFunction h");
39.       root = bisect(x_left, x_right, epsilon, h, &error);
40.       if (!error)
41.            printf("\n    h(%.7f) = %e\n", root, h(root));
42.       return (0);
43.  }
44.
45.  /*
46.   * Implements the bisection method for finding a root of a function f.
47.   * Finds a root (and sets output parameter error flag to FALSE) if
48.   * signs of fp(x_left) and fp(x_right) are different. Otherwise sets
49.   * output parameter error flag to TRUE.
50.   */
```

(續)

圖 7.10 使用二分法找出函式的根(續)

```
51.  double
52.  bisect(double x_left,            /* input  - endpoints of interval in */
53.         double x_right,           /*           which to look for a root */
54.         double epsilon,           /* input  - error tolerance           */
55.         double f(double farg),    /* input  - the function              */
56.         int    *errp)             /* output - error flag                */
57.  {
58.      double x_mid,     /* midpoint of interval */
59.             f_left,    /* f(x_left)            */
60.             f_mid,     /* f(x_mid)             */
61.             f_right;   /* f(x_right)           */
62.      int    root_found = FALSE;
63.
64.      /* Computes function values at initial endpoints of interval  */
65.      f_left = f(x_left);
66.      f_right = f(x_right);
67.
68.      /* If no change of sign occurs on the interval there is not a
69.         unique root. Searches for the unique root if there is one.*/
70.      if (f_left * f_right > 0) {  /* same sign */
71.          *errp = TRUE;
72.          printf("\nMay be no root in [%.7f, %.7f]", x_left, x_right);
73.      } else {
74.          *errp = FALSE;
75.
76.          /*  Searches as long as interval size is large enough
77.              and no root has been found                          */
78.          while (fabs(x_right - x_left) > epsilon  &&  !root_found) {
79.
80.              /* Computes midpoint and function value at midpoint */
81.              x_mid = (x_left + x_right) / 2.0;
82.              f_mid = f(x_mid);
83.              if (f_mid == 0.0)    {            /* Here's the root    */
84.                  root_found = TRUE;
85.              } else if (f_left * f_mid < 0.0) {/* Root in [x_left,x_mid]*/
86.                  x_right = x_mid;
87.              } else {                          /* Root in [x_mid,x_right]*/
88.                  x_left = x_mid;
89.                  f_left = f_mid;
90.              }
91.
92.              /* Prints root and interval or new interval */
93.              if (root_found)
94.                  printf("\nRoot found at x = %.7f, midpoint of [%.7f,
95.                          %.7f]",
96.                          x_mid, x_left, x_right);
97.              else
98.                  printf("\nNew interval is [%.7f, %.7f]",
99.                          x_left, x_right);
100.         }
```

(續)

圖 7.10　使用二分法找出函式的根(續)

```
101.        }
102.
103.        /*  If there is a root, it is the midpoint of [x_left, x_right]    */
104.        return ((x_left + x_right) / 2.0);
105. }
106.
107. /*  Functions for which roots are sought                                   */
108.
109. /*      3     2
110.  *   5x  - 2x  + 3
111.  */
112. double
113. g(double x)
114. {
115.        return (5 * pow(x, 3.0) - 2 * pow(x, 2.0) + 3);
116. }
117.
118. /*    4     2
119.  *   x  - 3x  - 8
120.  */
121. double
122. h(double x)
123. {
124.        return (pow(x, 4.0) - 3 * pow(x, 2.0) - 8);
125. }
```

等於

```
f_left = g(x_left);
```

而執行 bisect 時，呼叫敘述為

```
root = bisect(x_left, x_right, epsilon, h, &error);
```

同樣敘述，意義則變為

```
f_left = h(x_left);
```

圖 7.11 顯示執行在圖 7.10 的程式所產生的結果。

圖 7.11　執行含有追蹤碼的二分法程式結果

```
Enter interval endpoints> -1.0  1.0
Enter tolerance> 0.001

Function g
New interval is [-1.0000000, 0.0000000]
New interval is [-1.0000000, -0.5000000]
New interval is [-0.7500000, -0.5000000]
New interval is [-0.7500000, -0.6250000]
New interval is [-0.7500000, -0.6875000]
New interval is [-0.7500000, -0.7187500]
New interval is [-0.7343750, -0.7187500]
New interval is [-0.7343750, -0.7265625]
New interval is [-0.7304688, -0.7265625]
New interval is [-0.7304688, -0.7285156]
New interval is [-0.7294922, -0.7285156]
   g(-0.7290039) = -2.697494e-05

Function h
May be no root in [-1.0000000, 1.0000000]
```

練習 7.4

自我檢驗

1. 在圖 7.10 的函式 h 中，請找出一個區間的端點，且此區間為一個單位長並含有 $h(x)=0$ 的一個根。
2. 對程式來說，通常不太可能使用兩個型態為 double 的值做等式比較，就像

   ```
   if(f_mid == 0.0)
   ```

   試找出一個函式以及一個區間能使上述測試為 1(真)。

程式撰寫

1. 請修改圖 7.10 程式以便讓使用者的輸入區間可以大於 1 個單位，程式檢驗區間內每個單位片段，直到發現某個子區間其函式 g 值含有不同正負號。此時程式呼叫 bisect，並使用此子區間以及函式 g。

7.5　程式撰寫常見的錯誤

由於 C 以不同方式表示各種資料型態，因此預測以及手動檢驗每個程式的結果就顯得非常重要。不當的變數型態而導致算術低載及溢位，

通常是產生錯誤的主因。撰寫逼近法解決數值問題的程式，重複性的計算通常都會擴大原先很微小的表示性錯誤。為了避免這類錯誤，C 程式設計者應事先檢查 C 語言所提供各類型態值的範圍，並且在選取資料型態之前，就必須先要考慮好每個變數可能出現的範圍。

在定義列舉型態時，請記得只有識別字能夠出現在型態串列內(列舉常數)。同時不要在別的型態內再使用這些識別字，或是在函式內以識別字定義變數名稱。請記住，對列舉型態的有效值而言，系統並沒有識別字的輸入／輸出內建功能，在讀入或顯示時，必須使用基本的整數表示方式，或是另寫屬於自己的輸入／輸出函式。記住，C 並沒有檢查列舉型態變數值的有效性。

本章回顧

1. 型態 `int` 與 `double` 資料內部有不同的表示法。型態 `int` 的值使用二進位表示，最左邊位元為正負號。型態 `double` 的資料則用二進位指數及假數表示。

2. 除了 `int` 整數型態外，還有其他整數型態，分別是 `short`、`unsigned short`、`unsigned`、`long` 及 `unsigned long`。型態 `short` 通常用來表示小於 `int` 型態整數的範圍；而 `long` 則可以表示更大範圍。`unsigned` 型態利用正負符號位元，為正數大小的一部分。

3. 其他浮點型態為 `float`，用來表示比型態 `double` 還要小的範圍。而 `long double` 則可以表示更大的範圍。

4. 浮點資料的算術運算並不是很精確，這是因為有些實數無法正確表示出來。其他型態數值錯誤則包含取消性錯誤和算術溢位及低載。

5. 型態 `char` 的資料表示法是每個符號有一個二進位碼值。ASCII 是最常使用的字元碼。

6. 讀者可以使用 C 保留字 `typedef` 宣告自己的資料型態。

7. 定義列舉型態必須先列出所要的識別字，亦即此型態的值。每個值以一個整數表示。使用列舉型態可使程式更具可讀性，這是因為型態的值對某個特殊應用來說，是具有意義的。

8. 變數或是運算式可以明確地轉型為其他型態，方法是在要轉換的值前面寫一個括號，裡面含有新的型態。這種轉型是一種非常高優先權的運算。

9. 函式可將另一函式視為一個參數。
10. 數值分析屬於數學及電腦科學的分支，它發展出數學計算的演算法。我們說明如何使用二分法，這是求函式根的疊代近似法。

新增的 C 結構

結　構	效　果
列舉型態定義	

`typedef enum`
　　`{keyboard, mouse, dot_matrix,`
　　`laser, scanner, synthesizer}`
`periph_t;`
	列舉型態 `periph_t` 定義的值為 `keyboard`、`mouse`、`dot_matrix`、`laser`、`scanner` 和 `synthesizer`。所有的值以 0(`keyboard`)到 5 (`synthesizer`)表示。

列舉變數宣告及設定	
`periph_t peripheral;`	變數 `peripheral` 可表示任何一個 `periph_t`。
`peripheral = scanner;`	列舉常數。整數 4 儲存至 `peripheral`，代表 `scanner`。
其他標準型態變數的宣告	
`unsigned    n;` `long double x;`	變數 n 所能表示的範圍比型態為 `int` 的正整數範圍要大兩倍。變數 x 適用於比 `double` 型態還要大範圍的浮點數。

快速檢驗練習

1. 假設使用 ASCII 字元集，請計算下列運算式。

   a. `(char)((int)'z'-2)`

   b. `(int)'F'-(int)'A'`

   c. `(char)(5 +(int)'M')`

2. 下列程式特列出何值？

   ```
   for  (ch = (int)'d';
         ch < (int)'n';
            ch += 3)
      printf("%c",(char)ch);
   printf("\n");
   ```

3. 下列何者可為列舉常數？

   a. 一個整數

   b. 一個浮點數字

   c. 一個識別字

   d. 一個字串

4. 為什麼下列 C 的運算式計算值可能不為 1(真)？

$(0.1 + 0.1 + 0.1 + 0.1 + 0.1 == 0.5)$

5. 以下列舉型態的定義錯在何處？

   ```
   typedef enum
           {2, 3, 5, 7, 11, 13}
   prime_t;
   ```

6. 假設下列列舉型態定義為：

   ```
   typedef enum
           {frosh, soph, jr, sr}
   class_t;
   ```

   下列每一個值為何？

   a. `(int)sr`

   b. `(class_t)0`

   c. `(class_t)((int)soph + 1)`

   下列程式碼顯示為何？

   ```
   for (class = frosh; class <= sr; ++class)
       printf("%d ", class);
   printf("\n");
   ```

7. 假設下列條件為真，則會發生哪一種類型錯誤？

   `87654321.0 + 0.000123 == 87654321.0`

8. 假設運算式

   `32120 + 1000`

   的值為一負數，請問是發生哪一種類型錯誤？

9. 假設下列列舉型態定義為

   ```
   typedef enum
           {jan, feb, mar, apr, may, jun, jul,
            aug, sep, oct, nov, dec}
   month_t;
   ```

   試撰寫函式 next_month 含有一個 month_t 參數且傳回型態為 month_t 的下一個值。設 jan 在 dec 之後。

快速檢驗練習解答

1. a. `'x'`
   b. `5`
   c. `'R'`
2. `dgjm`
3. c. 一個識別字
4. 由於表示性錯誤。小數 0.1 無法正確用二進位表示。
5. 整數不可為列舉型態的值。
6. a. `3`
   b. `frosh`
   c. `jr`

   `0 1 2 3`
7. 取消性錯誤
8. 算術溢位
9. `month_t`

```
next_month(month_t this_month)
{
    month_t next;
    if(this_month == dec)
        next = jan;
    else
        next =(month_t)((int)this_month + 1);
    return(next);
}
```

問題回顧

1. int 資料型態優於 double 資料型態之處為何？而型態 double 優於型態 int 之處為何？
2. 列出並解釋三種發生在型態 double 運算式的計算性錯誤。
3. 假設讀者使用 ASCII 字元集寫一個 for 迴圈，從碼 `'Z'` 往下執行至 `'A'`，並將子音部分列印出來。試定義函式 `is_vowel`，若字元參數為母音則傳回 1，否則傳回 0。從迴圈中呼叫此函式。
4. 試寫一個 C 函式，其中包含型態 int 的引數 n 以及型態 double 的引數 x，其傳回值為下列式子前 n 項總和

$$x + \frac{x^2}{2} + \frac{x^3}{3} + \frac{x^4}{4} + \cdots + \frac{x^n}{n}$$

5. 試寫一函式能夠顯示(視為字串)列舉型態 season_t 的值：

   ```
   typedef enum
           {winter, spring, summer, fall}
   ```

6. 請從七月到六月定義月份列舉型態 fiscal_t。宣告型態為 fiscal_t 之變數 month，然後寫一個 switch 敘述，經由 month 的控制，對 june、july 及 august 顯示 "summer"；對 september、october、november 則顯示 "fall"；對 december、january、february 則顯示 "winter"；對 march、april、may 則顯示 "spring"；其他值顯示 "invalid month"。

7. 試寫一 for 迴圈，對於所有的 C 實作均能顯示下列值。

   0.1 0.2 0.3 0.4 0.5 0.6 0.7 0.8 0.9 1.0

8. 假若 int 所顯示的最大值為 32,767，則下列何值最有可能為型態 unsigned 的最大值？
   a. 32,767   b. 48,000   c. 64,534   d. 75,767

9. 從一種資料型態明確地轉換為另一種資料型態稱為_____。

程式撰寫專案

1. 試寫一程式能夠計算總和

   $$s = \sum_{i=1}^{1000} x，此處 x = 0.1$$

   計算總和兩次：一次宣告變數 s 及 x 為 float，一次宣告為 double。計算每次總和的誤差 (200.0 − s)。讀者可能希望使用以下的宣告：

   ```
   float sf, xf = 0.1f;
   double sd, xd = 0.1;
   ```

2. 寫一程式用迴圈證明表示性錯誤的問題。從 $\frac{1}{2}$ 到 $\frac{1}{30}$ 的每個分數 $\frac{1}{n}$，計算 n 個 $\frac{1}{n}$ 之和，並將此和與 1 比較。若和等於 1，則顯示訊息如下：

   Adding n 1/n's gives a result of 1.

   若不等於 1，則顯示

```
Adding n 1/n's gives a result less than 1.
```

或

```
Adding n 1/n's gives a result greater than 1.
```

利用巢狀迴圈——外層迴圈從 2 計算到 30，而內層迴圈在外層迴圈的第一次迴路時，計算 $\frac{1}{2}+\frac{1}{2}$，第二次迴路時計算 $\frac{1}{3}+\frac{1}{3}+\frac{1}{3}$ 等，依此類推。

3. 放射性同位素的衰退率通常是以半衰期 H 表示，亦即同位素衰退至原重量一半所需的時間。同位素鈷-60(^{60}Co)的半衰期為 5.272 年。請計算並以表格方式列印出 5 年中，每一年同位素存在的數量，假設起始存在的數量單位為克。其中 *amount* 應以交談方式來提供。^{60}Co 餘量可由下列公式計算而得

$$r = amount \times C^{(y/H)}$$

其中 *amount* 為起始數量，單位為克，C 的表示式為 $e^{-0.693}$(e=2.71828)，y 為釋放年數，且 H 為同位數半衰期的年數。

4. π 值可由下列式子來決定

$$\pi = 4 \times \left(1 - \frac{1}{3} + \frac{1}{5} - \frac{1}{7} + \frac{1}{9} - \frac{1}{11} + \frac{1}{13} - \cdots \right)$$

試寫一程式應用上面公式計算 π 值，包含項目到 1/99。

5. 本章已研究過如何使用二分法找出方程式的根值。另一種找出根的方法是牛頓法，若是在收斂情形下，通常會比二分法更快達到收斂結果。牛頓法從一假設根值 x_0 開始，然後產生連續性近似的根值 x_1, x_2, $\cdots$, x_j, x_{j+1}, $\cdots$，使用疊代公式：

$$x_{j+1} = x_j - \frac{f(x_j)}{f'(x_j)}$$

其中 $f'(x_j)$ 為函式 f 在 $x=x_j$ 時的微分。此公式由前一點 x_j 產生新的假設值 x_{j+1}。有時候牛頓法無法收斂至一個根值。在此種情形下，程式在多次試驗後就該停止，次數大約在 100 次。

圖 7.12 顯示牛頓法的幾何內插，其中 x_0、x_1、x_2 為連續假設的根。對每一點 x_j，其微分 $f'(x_j)$ 即為曲線 $f(x)$ 的切線斜率。下一個假設根值 x_{j+1} 即為切線與 x 軸的交點。

圖 7.12

牛頓法幾何內插

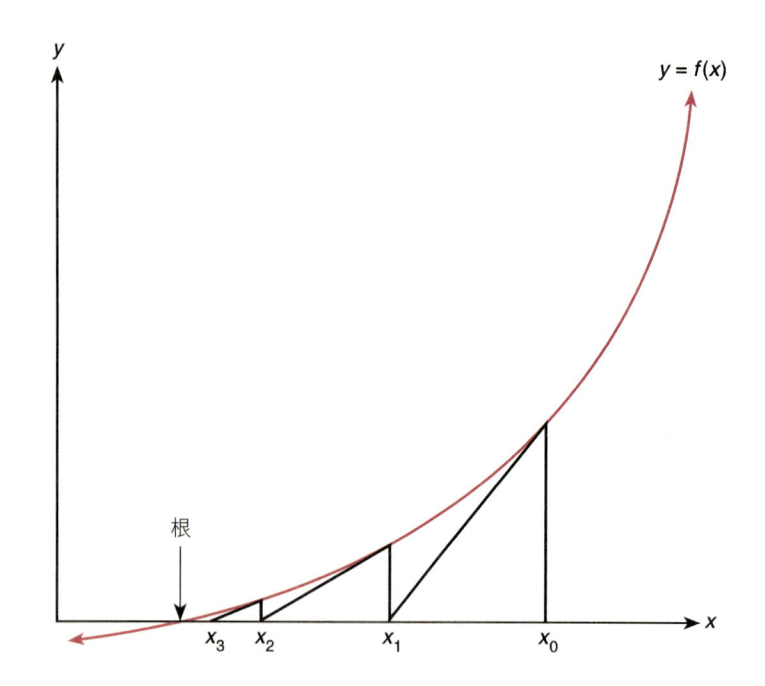

在幾何中，方程式

$$\frac{y_{j+1}-y_j}{x_{j+1}-x_j}=m$$

其中 m 為點 (x_{j+1}, y_{j+1}) 與 (x_j, y_j) 之間的直線斜率。圖 7.12，y_{j+1} 為零，y_j 為 $f(x_j)$，且 m 為 $f'(x_j)$；藉由替換及重新整理，我們得到

$$-f(x_j) = f'(x_j) \times (x_{j+1} - x_j)$$

由上式可以得到問題開始時的公式。

試寫一程式使用牛頓法近似第 n 個根至小數點六位。假設 $x^n = c$，則 $x^n - c = 0$。第二個方程式的根值為 $\sqrt[n]{c}$。請用 $\sqrt{2}$、$\sqrt[3]{7}$ 和 $\sqrt[3]{-1}$ 來測試你的程式。程式可使用 $c/2$ 作為起始值。

6. 讀者可能想找出介於直線 $x=a$ 和 $x=b$ 之間曲線下的面積

$$y = f(x)$$

一種近似此面積的方法也就是在曲線上產生許多線段，並將每個線段的終點垂直畫至 x 軸產生梯形，然後將這些梯形面積加總，如圖 7.13 所示。假設 $f(x)$ 在區間 $[a, b]$ 為非負數。此梯形法近似此面積 T 為

$$T = \frac{h}{2}\left(f(a) + f(b) + 2\sum_{i=1}^{n-1} f(x_i)\right)$$

對 n 個長度為 h 的子區間：

圖 7.13

使用梯形法來近似曲線下的面積

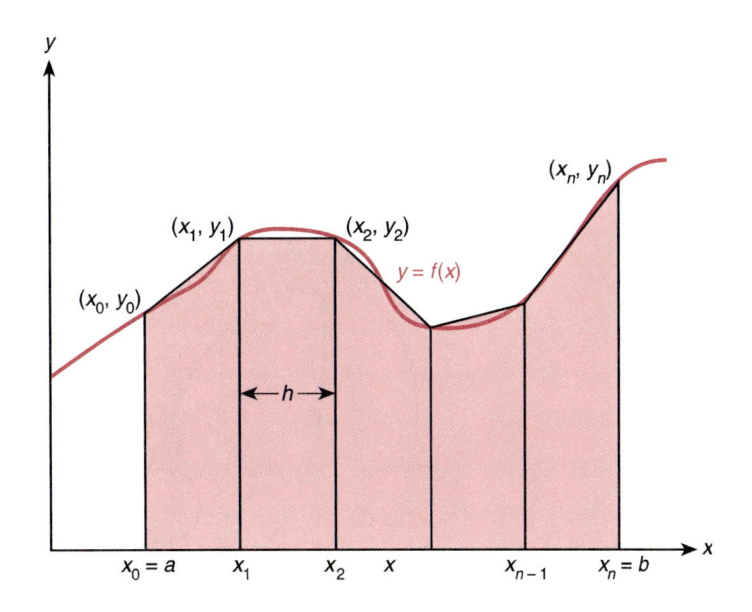

$$h = \frac{b-a}{n}$$

試寫函式 trap 使用輸入參數 a、b、n 及 f 製作梯型法。呼叫 trap 並使用 n 值為 2, 4, 8, 16, 32, 64 及 128：

$$g(x) = x^2 \sin x \quad (a = 0, b = 3.14159)$$

且

$$h(x) = \sqrt{4-x^2} \quad (a = -2, b = 2)$$

函式 h 定義了半徑為 2 的半圓形。試比較你的近似值與半圓形的實際面積。

注意：如果讀者讀過微積分，會觀察到梯形法則近似於 $\int_a^b f(x)dx$。

7. 通訊時頻道常常會被雜訊干擾，因此發明出許多方法來確保資料傳輸的可靠度。一種較成功的方法是檢查碼。一個訊息的檢查碼是將訊息內所有字元的整數碼加總，並除以 64 得到餘數。之後將空白字元的整數碼加上此結果即為檢查碼。因為這個值屬於可列印字元的範圍內，因此也可以將結果列印出來。試寫一程式能夠接受一行訊息，並以句點作為一行的結束，同時顯示檢查碼字元。你的程式必須能夠顯示檢查碼直到碰到只有句點的一行為止。

8. 有限狀態機(FSM)包含一組狀態、一組轉換以及一串的輸入資料。在圖 7.14 的 FSM 中，含有名稱的橢圓形代表狀態，連結狀態的箭頭則

圖 7.14
數字與識別字的有限狀態機

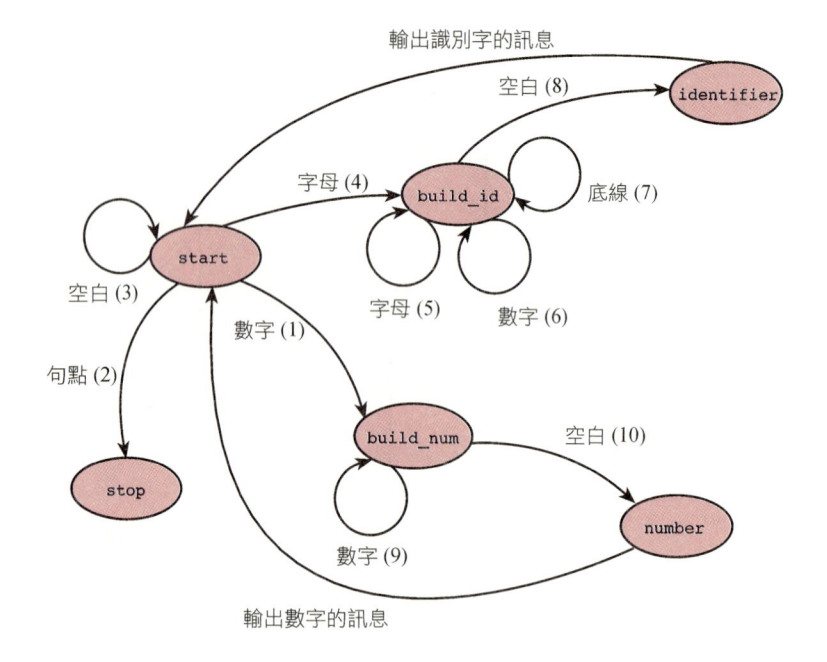

表示轉換。此 FSM 的設計是要辨識一串 C 的識別字以及非負整數，假設每個項目的間隔是以一個或多個空白表示，且句點表示所有資料的結束。表 7.5 追蹤此狀態機是如何處理由一個空白、數字 9 和 5、兩個空白、字母 K、數字 9、一個空白和一個句點所組成的字串。此機由 start 狀態進入。

表 7.5 以資料 "95 K9." 追蹤圖 7.12 的 FSM

狀 態	下一字元	轉 換
start	' '	3
start	'9'	1
build_num	'5'	9
build_num	' '	10
number		輸出數字訊息
start	' '	3
start	'K'	4
build_id	'9'	6
build_id	' '	8
identifier	' '	輸出識別字訊息
start	'.'	2
stop		

試寫一程式使用列舉型態表示狀態名稱。你的程式必須正確處理每行格式化的資料，並識別出每個資料項目。下面是一個正確輸入輸出的範例。

輸入：

```
rate R2D2 48  2 time  555666 .
```

輸出：

```
rate — Identifier
R2D2 — Identifier
48 — Number
2 — Number
time — Identifier
555666 — Number
```

使用下列 main 中的程式片段，並設計函式 transition 能夠傳回有限狀態機上所有標號轉換的下一個狀態。若引入表頭檔 ctype.h，則還可使用函式庫函式 isdigit。若呼叫時使用數字字元，則傳回值為 1，否則為 0。同樣地，函式 isalpha 則檢查字元是否為字母。當程式已能夠正確模擬 FSM 的行為時，請擴展此 FSM 以及程式，使其數字可有選擇性的正負號以及小數部分(也就是小數點後有零或更多位數字)。

```
current_state = start;
do {
    if (current_state == identifier){
        printf(" - Identifier\n");
        current_state = start;
    } else if (current_state == number) {
        printf(" - Number\n:);
        current_state = start;
    }
    scanf("%c", &transition_char);
    if (transition_char != ' ')
        printf("%c", transition_char);
    current_state = transition(current_state,)
                    transition_char;
```

```
} while (current_state != stop);
```

9. Harlan A. Brothers 與 John A. Knox 發現，當 x 愈大的時候，此 $\left(\dfrac{2x+1}{2x-1}\right)^x$ 會非常接近 。寫一程式計算當 $x=1, 2, 3, \ldots$ 直到產生的數與使用函式 exp 得到的值相差小於 0.000001。將讓你的 loop 迴圈結束的 x 值與最後所計算的 e 值與使用 exp 所產生的 e 值印出。顯示到小數點以下七位。

陣 列

CHAPTER 8

8.1 陣列的宣告及參考

8.2 陣列足標

8.3 使用 for 迴圈循序存取

8.4 使用陣列元素作為函式參數

8.5 陣列參數

8.6 陣列的搜尋以及排序

8.7 多維陣列

8.8 陣列處理說明

案例研究：醫院利潤的總和

8.9 程式撰寫常見的錯誤

本章回顧

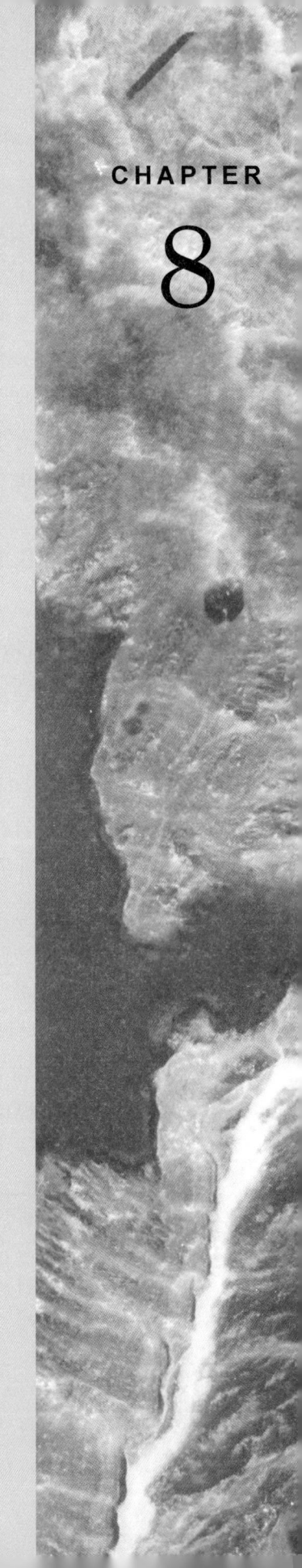

簡單的資料型態是使用單一記憶格來儲存變數。但為解決程式設計的問題，而將類似的資料項目集合在同一塊記憶體內，會比為每一個變數配置獨立記憶格更有效率。例如寫一個程式處理班上的分數，如果能夠將分數存在一塊記憶體內，並且視為一個集合來存取，這對寫程式的人來說會更易於撰寫。C 允許程式設計者將相關的資料項目集合起來成為單一的複合**資料結構**(data structure)。本章將討論這類資料結構：**陣列**(array)。

資料結構：儲存在相同名稱中的相關資料項目的集合體。

陣列：相同型態的一群資料項目。

8.1 陣列的宣告及參考

一個陣列是兩個或多個相鄰記憶格的集合，此記憶格稱為**陣列元素**(array element)，並且連結著一個特別的符號名稱。要在記憶體中建立陣列，必須同時宣告陣列名稱及其記憶格的數目。

陣列元素：陣列的一個資料項。

宣告

```
double x[8];
```

告訴編譯程式連結八個記憶格給 x；這些記憶格在記憶體內是相鄰的。陣列 x 的每個元素含有一個型態為 double 的值，因此總共有八個這類數字可以使用陣列 x 來儲存及參考。

欲處理儲存在陣列內的資料，需描述陣列名稱以及標示出想要的元素來參考每個元素(例如陣列 x 的元素 3)。**具足標變數**(subscripted variable) x[0] (讀作 x sub 零)可用來參考陣列 x 的起始或第 0 個元素，x[1]為下一個，而 x[7]為最後一個元素。包含在括號內的整數即為**陣列足標**(array subscript)，其值的範圍必須介於 0 與陣列之記憶格總數減 1。

具足標變數：一個變數之後有括號，括號中有足標，標明一個陣列元素。

陣列足標：在陣列名稱之後以括號包住的值或算式，指定要存取的陣列元素。

範例 8.1 設 x 為圖 8.1 之陣列。注意 x[1]為陣列第二個元素，而 x[7] (不是 x[8])為陣列最後一個元素。表 8.1 有許多的敘述在計算此陣列。經過這些敘述的執行，陣列 x 的內容顯示於表 8.1 之後，僅 x[2] 及 x[3] 有改變。

圖 8.1
陣列 x 的八個元素

```
double x[8];
```

陣列 x

x[0]	x[1]	x[2]	x[3]	x[4]	x[5]	x[6]	x[7]
16.0	12.0	6.0	8.0	2.5	12.0	14.0	-54.5

表 8.1　計算陣列 x 的敘述

敘　述	解　釋
`printf("%.1f", x[0]);`	顯示 `x[0]` 之值，其值為 `16.0`
`x[3] = 25.0;`	儲存 `25.0` 到 `x[3]`
`sum = x[0] + x[1];`	儲存 `x[0] + x[1]` 到 `sum`，其值為 `28.0`
`sum += x[2];`	加 `x[2]` 到 `sum`，新 `sum` 為 `34.0`
`x[3] += 1.0;`	加 `1.0` 到 `x[3]`，新 `x[3]` 為 `26.0`
`x[2] = x[0] + x[1];`	`x[0] + x[1]` 儲存於 `x[2]`，新 `x[2]` 為 `28.0`

陣列 x

x[0]	x[1]	x[2]	x[3]	x[4]	x[5]	x[6]	x[7]
16.0	12.0	28.0	26.0	2.5	12.0	14.0	−54.5

範例 8.2

在學生紀錄的程式中，本書宣告兩個陣列如下：

```
int    id[NUM_STUDENTS];
double gpa[NUM_STUDENTS];
```

且假設 NUM_STUDENTS 出現在 #define 指令，如下：

```
#define NUM_STUDENTS 50
```

陣列 id 與 gpa 都有 50 個元素。陣列 id 每個元素可用來儲存整數值；陣列 gpa 每個元素可用來儲存型態為 double 的值。如果想要評估出平均成績的範圍及分佈，可以儲存第一個學生的 ID 於 id[0]，且儲存同一學生的 gpa 於 gpa[0]，因為儲存於 id[i] 及 gpa[i] 的資料都是相對於第 i 個學生，此二陣列可稱為**平行陣列** (parallel arrays)。範例的陣列如下圖所示。

平行陣列：兩個以上的陣列，有相同的元素個數，用於儲存一群資料物件的相關資訊。

id[0]	5503		gpa[0]	2.71
id[1]	4556		gpa[1]	3.09
id[2]	5691		gpa[2]	2.98
	...			...
id[49]	9146		gpa[49]	1.92

圖 8.2

answer 及 score 陣列

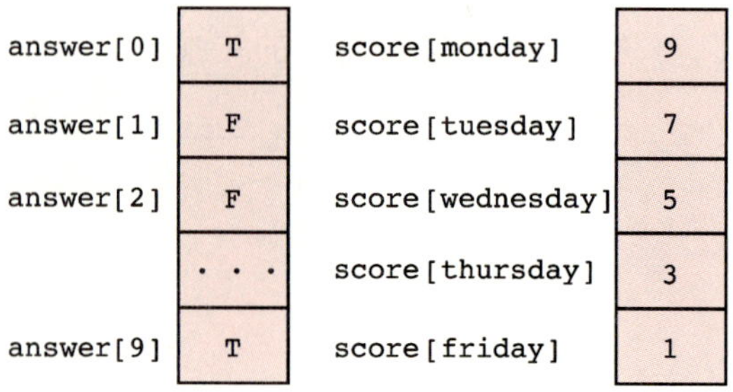

answer[0]	T	score[monday]	9
answer[1]	F	score[tuesday]	7
answer[2]	F	score[wednesday]	5
...		score[thursday]	3
answer[9]	T	score[friday]	1

範例 8.3 以下顯示成績程式之 #define 指示子以及型態和變數宣告的部分。

```
#define NUM_QUEST      10  /* number of questions on daily quiz */
#define NUM_CLASS_DAYS 5   /* number of days in a week of class */

typedef enum
     {monday, tuesday, wednesday, thursday, friday}
class_days_t;
...
char answer[NUM_QUEST];      /* correct answers for one quiz */
int  score[NUM_CLASS_DAYS];  /* one student's quiz scores for each
                                 day */
```

陣列 answer 宣告為十個元素；每個元素儲存單一字元。我們可用此陣列儲存 10 個答案為真偽的測試題(也就是 answer[0] 為 'T'，answer[1] 為 'F')。陣列 score 有五個元素對應於宣告 class_days_t 型態內五個上課日。列舉常數 monday 到 friday 內部表示為 0 至 4，讀者可以用這些常數當作陣列 score 的索引。範例的陣列如圖 8.2 所示。

範例 8.4 在一個單一的型態宣告中，可宣告一個以上之陣列。敘述

```
double cactus[5], needle, pins[6];
int    factor[12], n, index;
```

同時宣告 cactus 及 pins 為陣列，各含有五個及六個型態為 double 的元素。變數 factor 為一含有 12 個型態為 int 元素之陣列。另外，會配置獨立記憶格來儲存簡單變數 needle、n 及 index。

陣列初值化

當宣告簡單變數,其初值化如下:

```
int sum = 0;
```

其實在陣列宣告時同樣也可以初值化。完全初值化的陣列可以省略其大小,這是因為長度可由初值串列中推導而知。例如,在以下敘述中,本書用小於 100 的質數初值化有 25 個元素的陣列。

```
int prime_lt_100[ ] = {2, 3, 5, 7, 11, 13, 17, 19, 23, 29, 31, 37,
                       41, 43, 47, 53, 59, 61, 67, 71, 73, 79, 83,
                       89, 97};
```

陣列宣告

語法:*element-type aname* [*size*];   /* uninitialized */
　　element-type aname [*size*]={*initialization list*};   /* initialized */

範例:
```
#define A_SIZE 5
   ...
   double a[A_SIZE];
   char vowels[ ] = {'A', 'E', 'I', 'O', 'U'};
```

說明:一般未做初值化的陣列宣告僅對 *aname* 配置儲存空間,其長度為 *size* 個記憶格。每個記憶格可儲存一個資料項目,資料型態由 *element-type* (也就是 `double`、`int` 或 `char`)所描述。每個陣列元素藉由索引變數 *aname*[0]、*aname*[1]、⋯、*aname*[*size*-1]來存取。會用 `int` 型態之常數運算式來描述陣列大小。

在初值化陣列的宣告中,括號內的 *size* 是選擇性的,這是因為陣列的大小可由 *initialization list* 的長度而知。而 *initialization list* 則由合適的 *element-type* 之常數運算式組成並由逗點分隔。初值化之陣列的元素 0 會設定為 *initialization list* 中的第一項,元素 1 則設定成第二項,依此類推。

練習 8.1

自我檢驗

1. x3 與 x[3] 兩者的意義有何差異?
2. 在下面的宣告中

```
int list[8];
```

請問配置多少個記憶格來儲存資料？可儲存何種型態的資料？如何存取第一個元素？最後一個元素呢？

3. 宣告一陣列儲存整數 0 至 10 的平方根，以及另一陣列儲存同樣整數的立方。

8.2 陣列足標

本書使用足標來區隔每個陣列元素，以及指定要計算的陣列元素。我們可使用任何 int 型態的運算式作為陣列足標。無論如何，要產生一個有效的參考，足標值的範圍必須介於 0 與陣列宣告長度減 1 之間。

範例 8.5 了解陣列足標值與陣列元素值間的差異是必要的。參考圖 8.1 的陣列 x，具足標變數 x[i] 可參考陣列的特定元素。如果 i 為 0，則足標值為 0，是指 x[0]。此例中 x[0] 的值為 16.0。假如 i 為 2，則足標值為 2，且 x[i] 的值為 6.0。假如 i 為 8，足標值為 8，則無法預測 x[i] 的值，這是因為足標值並不在允許範圍之內。

陣列 x

x[0]	x[1]	x[2]	x[3]	x[4]	x[5]	x[6]	x[7]
16.0	12.0	6.0	8.0	2.5	12.0	14.0	−54.5

範例 8.6 表 8.2 列出一些使用到上述陣列 x 的敘述。變數 i 假設為型態 int 且值為 5。請確定了解每一個敘述。表 8.2 有兩行想要顯示元素 x[10]（不在陣列中），可能會導致執行期錯誤，但最可能的狀況是列印出不正確的值。考慮表中使用 (int)x[4] 作為足標運算式的 printf 呼叫。此運算式計算出值為 2，最後會列印 x[2]（不是 x[4]）之值。假如 (int)x[4] 的值超出 0 至 7 的範圍，使用此值作為足標將無法參考有效的陣列元素。

表 8.2　計算陣列 x 之片段程式碼

敘　述	解　釋
`i = 5;`	
`printf("%d %.1f", 4, x[4]);`	顯示 4 和 2.5(x[4] 的值)
`printf("%d %.1f", i, x[i]);`	顯示 5 和 12.0(x[5] 的值)
`printf("%.1f", x[i] + 1);`	顯示 13.0(x[5] + 1 的值)
`printf("%.1f", x[i] + 1);`	顯示 17.0(x[5] + 5 的值)
`printf("%.1f", x[i + 1]);`	顯示 14.0(x[6] 的值)
`printf("%.1f", x[i + 1]);`	無效(試圖顯示 x[10])
`printf("%.1f", x[2 * i]);`	無效(試圖顯示 x[10])
`printf("%.1f", x[2 * i - 3]);`	顯示 -54.5(x[7] 的值)
`printf("%.1f", x[(int)x[4]]);`	顯示 6.0(x[2] 的值)
`printf("%.1f", x[i++]);`	顯示 12.0(x[5] 的值);然後設定 i 為 6
`printf("%.1f", x[--i]);`	指定 5(6 - 1)給 i 然後顯示 12.0(x[5] 的值)
`x[i - 1] = x[i];`	指定 12.0(x[5] 的值)給 x[4]
`x[i] = x[i + 1];`	指定 14.0(x[6] 的值)給 x[5]
`x[i] - 1 = x[i];`	不合法的設定敘述

陣列足標

語法：*aname* [*subscript*]

範例：`b[i + 1]`

說明：*subscript* 可為型態 int 的任何運算式。只要程式中遇到足標變數，就會對足標求值，其值將決定參考陣列 *aname* 中哪一個元素。

注意：驗證足標是否在宣告範圍內是程式設計者的責任。如果足標有錯，會產生無效的參考。雖然偶爾會出現執行期錯誤的訊息，但大部分無效的參考都會導致一些程式設計者難以預知原因的副作用。這些副作用也會導致不正確的結果。

練習 8.2

自我檢驗

1. 執行完表 8.2 的有效敘述，請顯示陣列 x 的內容。
2. 用第 1 題所衍生的新陣列，請描述當 i = 2 時，表 8.2 的敘述發生什麼狀況？

8.3 使用 for 迴圈循序存取

　　執行程式時，通常都希望能由元素 0 開始，循序處理陣列元素。一個範例就是讀入資料至陣列中或是列印陣列內容。在 C 中，可用索引式 for 迴圈容易地完成處理，也就是使用一個計數迴圈，利用迴圈控制變數由零執行至陣列長度減 1。使用迴圈計數器作為陣列索引(足標)同樣可以存取到陣列每個元素。

範例 8.7　下列的陣列 square 用來儲存整數 0 至 10 的平方，例如 square[0] 是 0、square[10] 是 100。假定 SIZE 已定義成 11。

```
int square[SIZE], i;
```

則 for 迴圈

```
for (i = 0; i < SIZE; ++i)
   square[i] = i * i;
```

初值化此陣列，結果如下。

square 陣列

[0]	[1]	[2]	[3]	[4]	[5]	[6]	[7]	[8]	[9]	[10]
0	1	4	9	16	25	36	49	64	81	100

範例 8.8　對陣列 score (見範例 8.3)，設定敘述

```
score[monday] = 9;
score[tuesday] = 7;
score[wednesday] = 5;
```

```
score[thursday] = 3;
score[friday] = 1;
```

指定值至 score 內,如圖 8.2。假設 today 型態為 class_day_t 且 ascore 型態為 int,則下列敘述有相同效果:

```
ascore = 9;
for (today = monday; today <= friday; ++today){
   score[today] = ascore;
   ascore -= 2;
}
```

用陣列作統計學計算

陣列常用來儲存一群相關的資料值。一旦值儲存後就可以執行一些簡單的統計運算。圖 8.3 中,使用陣列 x 完成此目的。

圖 8.3 的程式使用三個 for 迴圈處理陣列 x。常數巨集 MAX_ITEM 決定陣列大小。變數 i 在每次迴圈中用來作為迴圈控制變數以及陣列足標。

第一個 for 迴圈

```
for (i = 0; i < MAX_ITEM; ++i)
   scanf("%1f", &x[i]);
```

將輸入值儲存至陣列 x 的每個元素中(第一個項目置於 x[0],下一個置於 x[1],依此類推)。呼叫 scanf 重複執行,i 的值從 0 至 7;每次重複都會得到一個新值並儲存於 x[i] 內。足標 i 決定是哪一個元素可接收到下一個資料值。

第二個 for 迴圈累計所有儲存於陣列中的值(存於 sum),此迴圈同時也累計所有元素的平方和(存於 sum_sqr)。此迴圈完成公式

$$sum = x[0] + x[1] + \cdots + x[6] + x[7] = \sum_{i=0}^{MAX\_ITEM-1} x[i]$$

$$sum\_sqr = x[0]^2 + x[1]^2 + \cdots + x[6]^2 + x[7]^2 = \sum_{i=0}^{MAX\_ITEM-1} x[i]^2$$

這個迴圈會在後面做更詳細的討論。

最後一個 for 迴圈

```
for (i = 0; i < MAX_ITEM; ++i)
   printf("%3d%4c%9.2f%5c%9.2f\n", i, ' ', x[i], ' ',
          x[i] - mean);
```

顯示此表。表格每一行顯示陣列足標、陣列元素以及元素與平均值的差異,x[i]-mean。注意,呼叫 printf 的格式字串會使輸出表格的每一欄位整齊列

圖 8.3　列印差異表的程式

```c
/*
 * Computes the mean and standard deviation of an array of data and displays
 * the difference between each value and the mean.
 */

#include <stdio.h>
#include <math.h>

#define MAX_ITEM  8   /* maximum number of items in list of data            */

int
main(void)
{
        double x[MAX_ITEM],     /* data list                                */
               mean,            /* mean (average) of the data               */
               st_dev,          /* standard deviation of the data           */
               sum,             /* sum of the data                          */
               sum_sqr;         /* sum of the squares of the data           */
        int    i;

        /* Gets the data                                                    */
        printf("Enter %d numbers separated by blanks or <return>s\n> ",
               MAX_ITEM);
        for  (i = 0;  i < MAX_ITEM;  ++i)
             scanf("%lf", &x[i]);
        /* Computes the sum and the sum of the squares of all data          */
        sum = 0;
        sum_sqr = 0;
        for  (i = 0;  i < MAX_ITEM;  ++i) {
             sum += x[i];
             sum_sqr += x[i] * x[i];
        }

        /* Computes and prints the mean and standard deviation              */
        mean = sum / MAX_ITEM;
        st_dev = sqrt(sum_sqr / MAX_ITEM - mean * mean);
        printf("The mean is %.2f.\n", mean);
        printf("The standard deviation is %.2f.\n", st_dev);

        /* Displays the difference between each item and the mean           */
        printf("\nTable of differences between data values and mean\n");
        printf("Index      Item      Difference\n");
        for  (i = 0;  i < MAX_ITEM;  ++i)
             printf("%3d%4c%9.2f%5c%9.2f\n", i, ' ', x[i], ' ', x[i] - mean);

        return (0);
}
```

(續)

圖 8.3　列印差異表的程式(續)

```
Enter 8 numbers separated by blanks or <return>s
> 16   12   6   8   2.5   12   14   -54.5
The mean is 2.00.
The standard deviation is 21.75.

Table of differences between data values and mean
Index       Item       Difference
  0         16.00         14.00
  1         12.00         10.00
  2          6.00          4.00
  3          8.00          6.00
  4          2.50          0.50
  5         12.00         10.00
  6         14.00         12.00
  7        -54.50        -56.50
```

印於欄位標頭下。

看過整個程式之後，讓我們進一步檢視 for 迴圈的計算：

```
/* Computes the sum and the sum of the squares of all data */
sum = 0;
sum_sqr = 0;
for (i = 0; i < MAX_ITEM; ++i){
    sum += x[i];
    sum_sqr += x[i] * x[i];
}
```

此迴圈累加陣列 x 的八個元素值至變數 sum。每次迴圈主體執行時，陣列 x 的下一個元素會加至 sum 內，然後此陣列元素值相乘，並將平方值加總至 sum_sqr。表 8.3 追蹤迴圈前三次的執行。

一組資料的標準差代表衡量所有資料相對於平均值的分佈狀況。小的標準差表示所有值都相當接近於平均值。對 MAX_ITEM 個資料項目，假設 x 為一陣列，且最小足標為 0，則此標準差公式

$$標準差 = \sqrt{\frac{\sum_{i=0}^{MAX\_ITEM-1}}{MAX\_ITEM} - 平均值^2}$$

圖 8.3 中，此公式由下列敘述完成

```
st_dev = sqrt(sum_sqr / MAX_ITEM - mean * mean);
```

表 8.3　計算 for 迴圈之部分追蹤

敘述	i	x[i]	sum	sum_sqr	結果
sum = 0;			0.0		初始 sum 值
sum_sqr = 0;				0.0	初始 sum_sqr
for (i = 0;	0	16.0			初始 i 為 0，並檢查是否小於 8
i < MAX_ITEM;					
...					
sum += x[i];			16.0		加 x[0] 到 sum
sum_sqr +=					
x[i] * x[i];				256.0	加 256.0 到 sum_sqr
遞增並測試 i	1	12.0			1 < 8 為真
sum += x[i];			28.0		加 x[1] 到 sum
sum_sqr +=					
x[i] * x[i];				400.0	加 144.0 到 sum_sqr
遞增並測試 i	2	6.0			2 < 8 為真
sum += x[i];			34.0		加 x[2] 到 sum
sum_sqr +=					
x[i] * x[i];				436.0	加 36.0 到 sum_sqr

程式風格：使用迴圈控制變數作為陣列足標

圖 8.3 中，變數 i 作為索引式 for 迴圈的計數器，並在每次迴圈中重複，決定運用哪個陣列元素。使用迴圈控制變數作為陣列足標是很平常的事。因為它讓程式設計者很容易描述陣列元素運算的順序。當每次迴圈控制變數值增加，會自動選取下一個陣列元素。注意，同樣的迴圈控制變數使用於三個迴圈內。這種使用法不是必須的，但卻是允許的，這是因為迴圈控制變數在進入迴圈時就被初值化，因此只要一進入迴圈，i 就重設為 0。

練習 8.3

自我檢驗

1. 試寫一索引式 for 迴圈能夠填滿 8.1 節自我檢驗第 3 題的陣列。每一陣列元素應設定為指定之值。

8.4 使用陣列元素作為函式參數

圖 8.3 使用 x[i] 當作函式 scanf 及 printf 的參數。實際參考的陣列元素視 i 值而定。呼叫

```
printf("%3d%4c%9.2f%5c%9.2f\n", i, ' ', x[i], ' ',
    x[i] - mean);
```

使用陣列元素 x[i] 當作函式 printf 的輸入參數。當 i 為 3，x[3] 之值或 8.0 會傳遞至 printf 並顯示之。

呼叫

```
scanf("%1f", &x[i]);
```

使用陣列元素 x[i] 當作 scanf 的輸出引數。當 i 為 4，陣列元素 x[4] 的位址會傳遞給 scanf，然後 scanf 所讀入的值 (2.5) 儲存至元素 x[4]。

也可以將陣列元素當作引數傳遞給自己撰寫的函式。每個陣列元素與其對應的形式參數必須有相同的型態。

範例 8.9 下列函式原型顯示一個型態 double 的輸入參數 (arg_1) 以及兩個型態 double* 的輸出參數 (arg2_p 及 arg3_p)。

```
void do_it (double arg_1, double *arg2_p, double *arg3_p);
```

假設呼叫模組中 p、q 和 r 宣告為型態 double 的變數，則敘述

```
do_it (p, &q, &r);
```

傳遞 p 的值至函式 do_it 並傳回函式結果至變數 q 和 r。假設在呼叫模組中，x 宣告為型態 double 的陣列，則敘述

```
do_it(x[0], &x[1], &x[2]);
```

使用陣列 x 前三個元素作為實際引數。陣列元素 x[0] 為輸入引數，且 x[1] 及 x[2] 為輸出引數 (見圖 8.4)。於函式 do_it 中，可以使用敘述

```
*arg2_p = ...
*arg3_p = ...
```

傳回值至呼叫模組。這些敘述間接沿著指標 arg2_p 及 arg3_p，將函式結果傳給呼叫模組。因為函式參數 arg2_p 及 arg3_p 含有陣列元素 x[1] 及 x[2] 的位址，函式的執行改變這些元素的值。

圖 8.4
呼叫模組及函式 do_it 之資料區

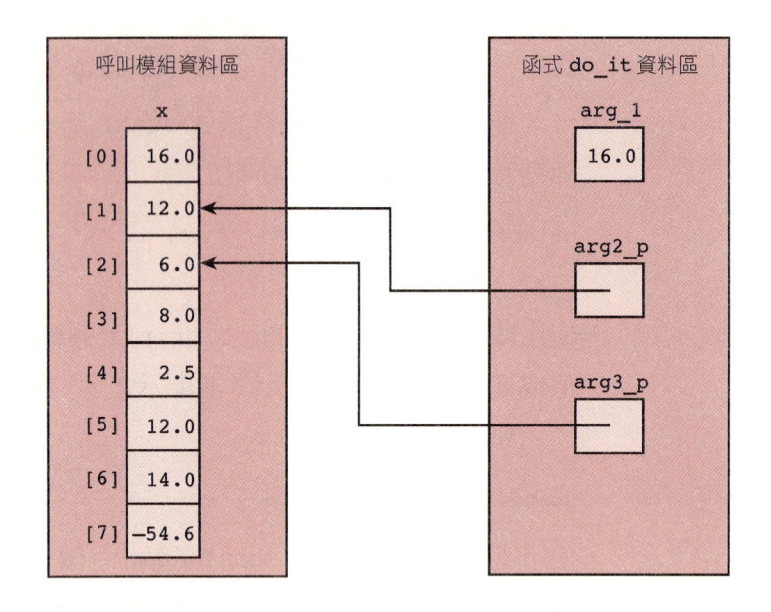

```
呼叫模組資料區                    函式 do_it 資料區
        x                            arg_1
 [0]  16.0                          ┌──────┐
 [1]  12.0  ◄────────────┐          │ 16.0 │
 [2]   6.0  ◄────────┐   │          └──────┘
 [3]   8.0           │   │           arg2_p
 [4]   2.5           │   │          ┌──────┐
 [5]  12.0           │   └──────────│      │
 [6]  14.0           │              └──────┘
 [7] -54.6           │               arg3_p
                     │              ┌──────┐
                     └──────────────│      │
                                    └──────┘
```

練習 8.4

自我檢驗

1. 試寫一敘述計算線段從 x_iy_i 至 $x_{i+1}y_{i+1}$ 之長度並指定至 seg_len，使用公式

$$\sqrt{(x_{i+1}-x_i)^2+(y_{i+1}-y_i)^2}$$

   假設 x_i 表示陣列 x 第 i 個元素，而 y_i 表示陣列 y 第 i 個元素，i 的最小值為 0。

2. 試寫一個 for 迴圈計算 LIST_SIZE 個元素的陣列 list 中元素值為偶數者之和。例如，下列 list 的總和為 113(51 + 17 + 45)。

陣列 list

list[0]	list[1]	list[2]	list[3]	list[4]	list[5]
30	12	51	17	45	62

3. 試寫一個 for 迴圈並加總陣列 list 中號碼為偶數的元素(元素 0、2 及 4)。對第 2 題的 list 中，其和為 126(30 + 51 + 45)。

程式撰寫

1. 試寫一程式能夠輸入十個整數至陣列，然後顯示類似於下面的表格。每列顯示每筆資料值以及占十個整數之和的百分比。

n	總數百分比
8	4.00
12	6.00
18	9.00
25	12.50
24	12.00
30	15.00
28	14.00
22	11.00
23	11.50
10	5.00

8.5 陣列參數

除了可傳遞個別的陣列元素給函式外，我們也可以寫一個函式並將陣列本身當作引數。此類函式可處理實際陣列引數的部分或所有元素。

形式陣列參數

當無足標的陣列名稱出現在呼叫函式的引數串列時，函式對應的形式參數所儲存的是陣列起始元素的位址。在函式主體內，我們可以使用形式參數和足標來存取陣列元素。要記得此函式是處理原陣列，而不是各自的副本，因此函式中對陣列元素的設定敘述會改變原來陣列的內容。

範例 8.10　圖 8.5 顯示一函式儲存相同值(in_value)至陣列內所有元素，此陣列即為形式陣列參數 list。敘述

list[i] = in_value;

儲存 in_value 至實際陣列引數的第 i 個元素。

圖 8.5　函式 fill_array

```
1.  /*
2.   * Sets all elements of its array parameter to in_value.
3.   * Pre:   n and in_value are defined.
4.   * Post: list[i] = in_value, for 0 <= i < n.
5.   */
6.  void
7.  fill_array (int list[],     /* output - list of n integers             */
8.              int n,          /* input - number of list elements         */
9.              int in_value)   /* input - initial value                   */
10. {
11.
12.     int i;                  /* array subscript and loop control        */
13.
14.     for  (i = 0;  i < n;  ++i)
15.         list[i] = in_value;
16. }
```

於函式 fill_array 中，陣列參數宣告為

`int list[ ]`

注意，引數的宣告無法預測有多少元素在 list 內。因為 C 並沒有配置新的記憶體空間複製實際陣列資料，編譯程式無需知道陣列參數的長度。事實上，也是因為不需提供長度，而能有更大彈性來傳遞任意長度的陣列給函式。

引數與陣列參數一致

呼叫函式 fill_array 時，必須先指出實際引數、陣列元素數目以及想要儲存至陣列之值。假如 y 為陣列且含有十個 int 型態的元素，則函式呼叫

`fill_array(y, 10, num);`

儲存 num 的值至陣列 y 的十個元素內。假如 x 是一個含五個 int 型態元素的陣列，則敘述

`fill_array(x, 5, 1);`

導致函式 fill_array 將陣列 x 所有元素設定為 1。

圖 8.6 顯示

`fill_array(x, 5, 1);`

圖 8.6

從 `fill_array(x, 5, 1);` 回傳前的資料區域

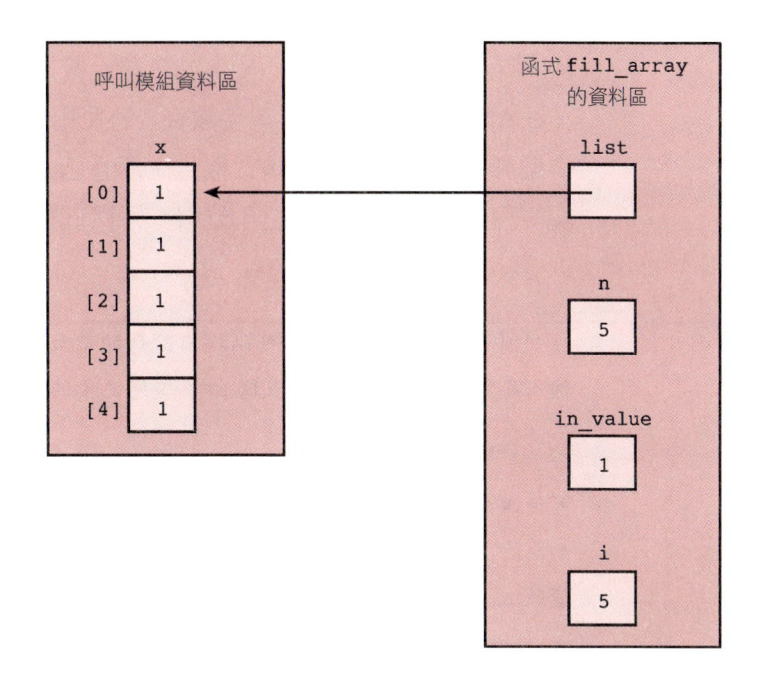

在傳回前的資料區。注意，C 在 list 中所儲存的是型態 int 變數 x[0] 的位址。實際上，呼叫

`fill_array(&x[0], 5, 1);`

執行結果完全與上述呼叫相同。但是這類呼叫方式很容易讓讀者誤認為 x[0] 在 fill_array 中僅為一個輸出引數。為了可讀性，當呼叫函式處理陣列所代表的串列時，應該使用陣列名稱(不含足標)。

形式參數串列中使用 *list 替代 list[ ]

在函式 fill_array 的宣告，讀者可以採用下列任一種：

```
int list[]
int *list
```

第一行告訴我們實際引數為一陣列。事實上，C 傳遞陣列引數是使用起始元素的位址，因此第二行整數陣列參數的宣告同樣是有效的。本書通常使用第一種格式來表示陣列參數的宣告，以第二種格式表示簡單的輸出參數。應該注意到下列形式參數的格式：

*type$_1$*param

相容於實際引數為 *type$_1$* 的陣列。

陣列當做輸入引數

ANSI C 提供陣列形式參數宣告時使用的修飾語，修飾語可事先告訴 C 編譯器，陣列僅作為函式輸入，而且函式不能修改陣列。修飾語允許編譯程式碰到任何想要在函式中修改陣列值時產生的編譯錯誤進行標記。

範例 8.11 呼叫圖 8.7 函式 get_max 可以找出陣列的最大值，它使用變數 list 作為陣列輸入參數。假如 x 為含有五個 int 型態元素的陣列，則敘述

```
x_large = get_max(x, 5);
```

可使函式 get_max 找出陣列 x 的最大元素；傳回此值並儲存於 x_large 中。如同圖 8.6 呼叫函式 fill_array 所示，形式引數 list 實際上包含了型態 int 變數 x[0] 的位址。

圖 8.7 找出陣列最大元素的函式

```
/*
 *  Returns the largest of the first n values in array list
 *  Pre:  First n elements of array list are defined and n > 0
 */
int
get_max(const int list[], /* input - list of n integers              */
        int        n)     /* input - number of list elements to examine */
{
    int i,
        cur_large;       /* largest value so far                     */

    /*  Initial array element is largest so far.                     */
    cur_large = list[0];

    /*  Compare each remaining list element to the largest so far;
        save the larger                                              */
    for  (i = 1;  i < n;   ++i)
        if (list[i] > cur_large)
            cur_large = list[i];

    return (cur_large);
}
```

陣列輸入參數

語法：const *element-type array-name* [ ]

　　或

　　const *element-type* *array-name

範例：
```
int
get_min_sub(const double data [ ],   /* input-array
                                        of numbers    */
            int              data_size)  /* input-
                                        number of elements */
{
    int  i,
         small_sub;  /* subscript of smallest value
                        so far                           */
    small_sub = 0;   /* Assume first element is
                        smallest.                        */
    for (i = 1; i < data_size; ++i)
        if(data[i] < data[small_sub])
            small_sub = i;
    return (small_sub);
}
```

說明：形式參數串列中，保留字 const 表示宣告的陣列變數嚴格限制為輸入參數，且不能在函式內修改。這個事實很重要，因為宣告的形式參數值是實際陣列引數的位址；假如沒有 const，則可以修改引數內容。陣列元素的型態是以 *element-type* 表示。而在 *array_name* 之後的[ ]表示對應實際引數是一個陣列。當函式被呼叫時，真正儲存於形式參數內的是實際引數陣列起始元素的位址。其內容為一指標指向儲存型態為 *element-type* 之值的位置，所以第二行語法是同等於第一行。

回傳陣列結果

在 C 中，函式回傳型態若為陣列則為無效。因此，要定義出圖 8.8 函式的模式，就需要使用輸出引數將結果陣列送回給呼叫模組。

6.1 節中，我們知道使用簡單的輸出參數時，呼叫的函式必須宣告變數，以便讓被呼叫的函式將結果儲存在變數內。同樣地，函式傳回陣列結果，根據呼叫者所提供的陣列變數來儲存結果。我們已經看過一個

圖 8.8
計算陣列結果之函式圖

函式含有陣列輸出參數的範例(圖 8.5 的函式 fill_array)。下面範例會顯示函式含有兩個輸入參數以及一個可傳回陣列結果的輸出參數。

範例 8.12

圖 8.9 函式 add_arrays 將兩個陣列相加。陣列 ar1 及 ar2 之和定義為 arsum，例如，對於每個足標 i，arsum[i] 等於 ar1[i]+ar2[i]。最後一個參數 n 則表示要計算多少個陣列元素之和。

形式參數串列宣告

```
const double ar1[ ],
const double ar2[ ],
double   arsum[ ],
int      n
```

形式參數 ar1、ar2 及 arsum 表示實際的引數陣列，它們的陣列元素型態皆為 double，而且 ar1 及 ar2 嚴格限制為輸入參數，如 n 一樣。只有符合起始註解塊的先決條件，函式就可以處理任何長度、型態為 double 的陣列。

圖 8.9 兩陣列相加的函式

```
 1.  /*
 2.   *  Adds corresponding elements of arrays ar1 and ar2, storing  the result in
 3.   *  arsum. Processes first n elements only.
 4.   *  Pre:   First n elements of ar1 and ar2 are defined. arsum's corresponding
 5.   *         actual argument has a declared size >= n (n >= 0)
 6.   */
 7.  void
 8.  add_arrays(const double ar1[],   /* input -                                    */
 9.             const double ar2[],   /*     arrays being added                     */
10.             double       arsum[], /* output - sum of corresponding
11.                                                 elements of ar1 and ar2         */
12.             int          n)       /* input - number of element
13.                                               pairs summed                      */
14.  {
15.       int i;
16.
17.       /* Adds corresponding elements of ar1 and ar2                             */
18.       for (i = 0; i < n; ++i)
19.           arsum[i] = ar1[i] + ar2[i];
20.  }
```

圖 8.10

add_arrays(x, y, x_plus_y, 5); 函式之資料區

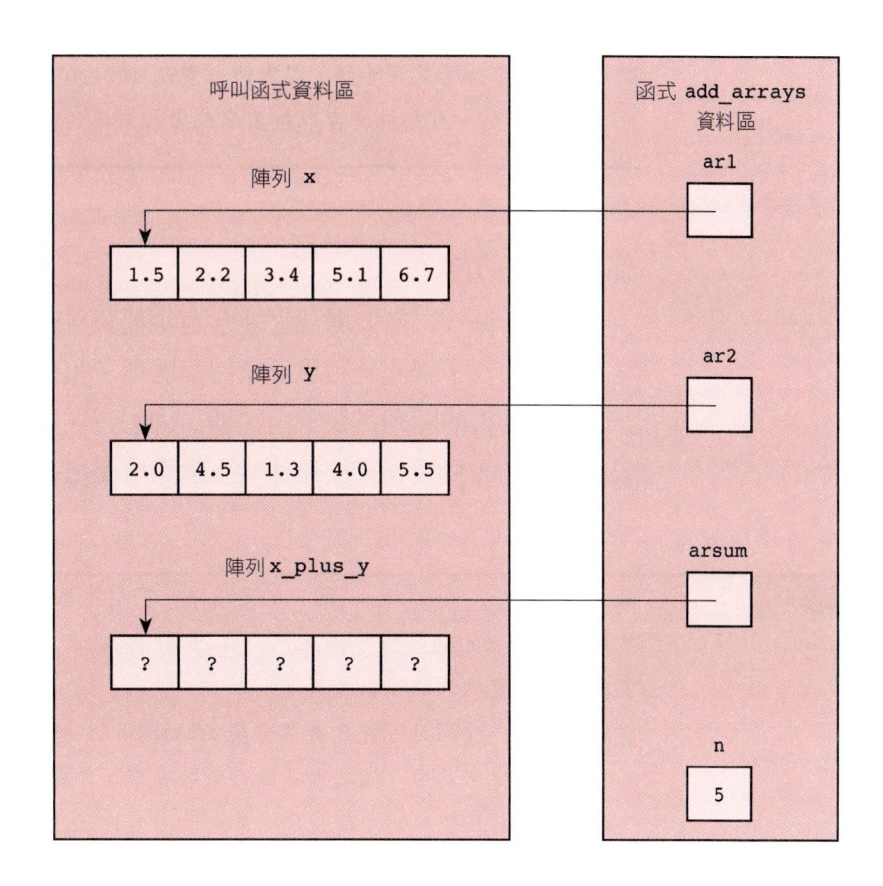

```
呼叫函式資料區                          函式 add_arrays 資料區

    陣列 x                                    ar1
┌────┬────┬────┬────┬────┐
│1.5 │2.2 │3.4 │5.1 │6.7 │
└────┴────┴────┴────┴────┘

    陣列 y                                    ar2
┌────┬────┬────┬────┬────┐
│2.0 │4.5 │1.3 │4.0 │5.5 │
└────┴────┴────┴────┴────┘

    陣列 x_plus_y                             arsum
┌────┬────┬────┬────┬────┐
│ ?  │ ?  │ ?  │ ?  │ ?  │
└────┴────┴────┴────┴────┘

                                               n
                                               5
```

假若呼叫函式者宣告了三個含有五個元素的陣列 x、y 及 x_plus_y，並填滿 x 和 y 的值，則呼叫

add_arrays(x, y, x_plus_y, 5);

會產生記憶體設定圖，如圖 8.10。

執行完此函式，x_plus_y[0] 包含 x[0] 及 y[0] 的和或 3.5；x_plus_y[1] 則包含了 x[1] 及 y[1] 的和或 6.7；依此類推。輸入引數陣列 x 及 y 不會被改變；輸出引數陣列 x_plus_y 則有新的內容：

呼叫 add_arrays 後的 x_plus_y

| 3.5 | 6.7 | 4.7 | 9.1 | 12.2 |

未使用位址運算子

注意，呼叫 add_arrays 時在參考輸入引數 x 和 y 以及參考輸出引數 x_plus_y 時，用法上並沒有差異。尤其 &(位址)運算子並沒有應用在輸出陣列引數的名稱上。本書稍早前討論到 C 一定是將陣列起始元素的位址儲存至相對應

的形式參數來傳遞整個陣列。因為輸出參數 arsum 宣告為無 const 修飾語，函式 add_arrays 自動擁有存取權力來改變相對應的實際陣列引數。

部分填滿的陣列

通常一個程式需要處理許多含有相似資料的串列，這些串列可能長度不一樣，為了讓陣列可重新使用以處理多組資料，程式設計師通常會宣告一個夠大的陣列來裝置所預期最大的資料集。陣列當然也可以處理較短的串列，只要程式能夠估計出實際會使用多少個陣列元素。

範例 8.13　函式 fill_to_sentinel 的目的是填滿一個型態為 double 的陣列，直到輸入資料碰到指定的哨符值才停止。圖 8.11 顯示 fill_to_sentinel 所需輸入的參數以及放置結果的輸出參數。

當讀者使用一陣列且可能只有部分填滿(如圖 8.11 的 dbl_arr)時，必須要考慮兩種陣列長度。其中一個長度是陣列宣告長度，即輸入參數 dbl_max 之值。另一個長度是計算使用元素的長度，並以輸出參數 dbl_sizep 表示。程式中所宣告的長度僅在陣列填滿時才會用到，而它的重要性在於避免讓儲存值超出界限。當輸入完成，在處理過程中，相關的陣列長度則為實際填入的元素數目。圖 8.12 列出函式 fill_to_sentinel 的實作。

圖 8.13 顯示呼叫 fill_to_sentinel 的主函式。主函式使用批次模式；雖然沒有提示訊息，但的確印出輸入資料。注意，當呼叫完 fill_to_sentinel 後，迴圈內列印資料的足標變數，它的上界值並不是宣告的陣列長度 A_SIZE，而是指示有多少個元素在 arr 內的變數 in_use。

從圖 8.13 fill_to_sentinel 的呼叫，我們又看到將陣列引數傳遞給函式，以及將簡單的輸出引數傳遞給函式兩者之間的差異。arr 及 in_use 兩者皆為輸出引數，但位址運算子 & 只運用在簡單變數 in_use。因為 arr 是一個沒有足標的陣列名稱，表示為一位址，即陣列起始元素的位址。

圖 8.11
函式 fill_to_sentinel 之圖

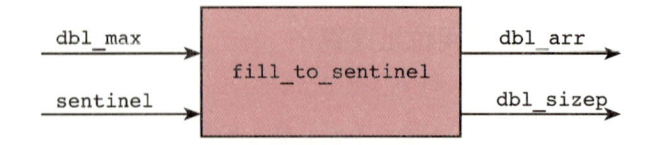

圖 8.12 使用哨符控制的迴圈來儲存資料至陣列的函式

```c
/*
 * Gets data to place in dbl_arr until value of sentinel is encountered in
 * the input.
 * Returns number of values stored through dbl_sizep.
 * Stops input prematurely if there are more than dbl_max data values before
 * the sentinel or if invalid data is encountered.
 * Pre:  sentinel and dbl_max are defined and dbl_max is the declared size
 *       of dbl_arr
 */
void
fill_to_sentinel(int      dbl_max,     /* input - declared size of dbl_arr  */
                 double   sentinel,    /* input - end of data value in
                                                  input list                */
                 double   dbl_arr[],   /* output - array of data            */
                 int      *dbl_sizep)  /* output - number of data values
                                                   stored in dbl_arr        */
{
     double data;
     int    i, status;

     /* Sentinel input loop                                                  */
     i = 0;
     status = scanf("%lf", &data);
     while (status == 1  &&  data != sentinel  &&  i < dbl_max) {
         dbl_arr[i] = data;
         ++i;
         status = scanf("%lf", &data);
     }

     /* Issues error message on premature exit                               */
     if (status != 1) {
         printf("\n*** Error in data format ***\n");
         printf("*** Using first %d data values ***\n", i);
     } else if (data != sentinel) {
         printf("\n*** Error: too much data before sentinel ***\n");
         printf("*** Using first %d data values ***\n", i);
     }

     /* Sends back size of used portion of array                             */
     *dbl_sizep = i;
}
```

堆 疊

堆疊是一種資料結構,且永遠只存取最上面元素。舉例來說,在餐具櫥中將碟子置於含有彈簧的裝置內,就像是個堆疊。消費者總是拿到最上面的碟子;當碟子被移走,其下的碟子會跳到最上面。

圖 8.13 測試 `fill_to_sentinel` 的驅動程式

```
1.  /* Driver to test fill_to_sentinel function */
2.
3.  #define A_SIZE   20
4.  #define SENT     -1.0
5.
6.  int
7.  main(void)
8.  {
9.      double arr[A_SIZE];
10.     int    in_use,     /* number of elements of arr in use */
11.            i;
12.
13.     fill_to_sentinel(A_SIZE, SENT, arr, &in_use);
14.
15.     printf("List of data values\n");
16.     for  (i = 0;  i < in_use;  ++i)
17.         printf("%13.3f\n", arr[i]);
18.
19.     return (0);
20. }
```

跳出：移除堆疊的頂端元素。

推進：在堆疊頂端插入一個新元素。

下面一張圖顯示堆疊含有三個字元。字母 C 在堆疊最上端，也是唯一可以存取的。我們必須從堆疊中移去 C 才能存取符號 +。從堆疊移去一個值稱為**跳出堆疊**(popping the stack)，而儲存一個項目至堆疊內則稱為**推進堆疊**(pushing it onto the stack)。

```
C
+
2
```

圖 8.14 列出函式 `pop` 及 `push`。形式參數 `top` 指向一變數，且此變數儲存堆疊最上面元素的足標。每個推進運算在儲存新項目至堆疊上之前(也就是元素 `stack[*top]`)會將 `top` 所指的值增加 1。每個跳出運算則傳回堆疊最上面的項目，並將 `top` 所指的值減 1。`push` 的 `if` 條件則檢查堆疊儲存新項目之前是否還有空間。`pop` 的 `if` 條件則檢查堆疊在跳出之前是否為空，如果堆疊是空的，則傳回 `STACK_EMPTY` (先前所定義的常數巨集)。

本書使用下面所宣告的陣列 `s` 表示容量為 `STACK_SIZE` 個字元的堆疊，其中 `s_top` 儲存堆疊最上面元素的足標。設定 `s_top` 的起始值為 -1 可保證第一個被推進堆疊的元素會儲存在堆疊元素 `s[0]`。

圖 8.14 函式 push 及 pop

```
1.  void
2.  push(char stack[],    /* input/output - the stack */
3.       char item,       /* input - data being pushed onto the stack */
4.       int  *top,       /* input/output - pointer to top of stack */
5.       int  max_size)   /* input - maximum size of stack */
6.  {
7.      if (*top < max_size-1) {
8.          ++(*top);
9.          stack[*top] = item;
10.     }
11. }
12. char
13. pop(char stack[],      /* input/output - the stack */
14.     int *top)          /* input/output - pointer to top of stack */
15. {
16.     char item;         /* value popped off the stack */
17.
18.     if (*top >= 0) {
19.         item = stack[*top];
20.         --(*top);
21.     } else {
22.         item = STACK_EMPTY;
23.     }
24.
25.     return (item);
26. }
```

```
char s[STACK_SIZE];  /* a stack of characters */
int  s_top = -1;     /* stack s is empty       */
```

敘述

```
push(s, '2', &s_top, STACK_SIZE);
push(s, '+', &s_top, STACK_SIZE);
push(s, 'C', &s_top, STACK_SIZE);
```

產生如前所示之堆疊，且最後一個推進的字元(C)在堆疊最頂端(陣列元素 s[2])。

練習 8.5

自我檢驗

1. 何時是傳遞整個陣列資料至函式比單獨元素還要好的時機？
2. 假設主函式包含三個 double 型態的陣列宣告──c、d 和 e，每個陣列都含有六個元素。同時也假設所有陣列元素都有儲存值。解釋每個有效呼叫 add_arrays (見圖 8.9)所產生的效果,並解釋為什麼每個無效呼叫是無效的?

a. `add_arrays(ar1, ar2, c, 6);`
b. `add_arrays(c[6], d[6], e[6], 6);`
c. `add_arrays(c, d, e, 6);`
d. `add_arrays(c, d, e, 7);`
e. `add_arrays(c, d, e, 5);`
f. `add_arrays(c, d, 6, 3);`
g. `add_arrays(e, d, c, 6);`
h. `add_arrays(c, c, c, 6);`
i. `add_arrays(c, d, e, c[1]);`(若 c[1] 為 4.3?若 c[1] 為 91.7?)
j. `add_arrays(&c[2], &d[2], &e[2], 4);`

3. 修改圖 8.12 的函式 fill_to_sentinel,使回傳型態是 int 而不是 void。同時函式在沒有錯誤的情形時傳回 1,而在錯誤發生時傳回 0。其他方面,則不改變程式。

4. 你是否能夠想出一個方法將函式 fill_to_sentinel 中的 while 迴圈主體的兩個敘述組合成一個?

```
dbl_arr[i] = data;
++i;
```

5. 假設堆疊 s 是含有 MAX_SIZE 個字元的堆疊,且 s_top 為堆疊 s 最頂端元素的足標。試執行下列運算。如果堆疊有改變,請說出每次運算結果以及新堆疊內容。可以用表示法 |2+C/ 來表示一個含有 4 個字元的堆疊,而不需每次都畫出堆疊,其中表示法右邊最後一個符號 (/) 是堆疊的最頂端。

```
/* Start with an empty stack. */
s_top = -1;
push(s, '$', &s_top, MAXSIZE);
push(s, '-', &s_top, MAXSIZE);
ch = pop(s, &s_top);
```

程式撰寫

1. 試定義函式 `multiply` 計算並傳回輸入陣列引數所有元素(型態為 `int`)的乘積。函式應該還有第二輸入引數，用來說明使用多少陣列元素。
2. 試定義函式 `abs_table`，輸入陣列引數的型態為 `double`，且顯示一表格包含資料及其絕對值，如下表所示。

```
    x        |x|
   38.4      38.4
 -101.7     101.7
   -2.1       2.1
   ...
```

3. 試撰寫函式改變儲存在陣列中 `double` 型態的值之正負號。第一個引數是陣列(輸入／輸出參數)，而第二個引數則為需要改變正負號元素的數目。
4. 試撰寫函式具有兩個 `int` 型態的陣列輸入引數以及有效長度，並產生一結果陣列包含相對應元素之間的差之絕對值。例如，有三個元素的輸入陣列 5 -1 7 及 2 4 -2，其結果陣列為 3 5 9。
5. 重新撰寫 `push` 和 `pop` 運算子使其能夠應用於整數堆疊。同時寫出一新的函式 `retrieve` 能夠存取堆疊最頂端的元素，而不需移去元素。

8.6　陣列的搜尋以及排序

本節將討論兩個在處理陣列時常見到的問題：**搜尋**陣列然後決定特定值的位置，以及**排序**陣列使陣列元素重新安排為數字順序。在陣列搜尋範例中，我們要搜尋學生測驗成績的陣列，並找出哪個學生得到特定的分數。陣列排序的範例，則重新安排陣列元素使成績的順序由小而大排列。陣列排序的用處在於要依序列出分數，或是要找出陣列中有多少不同的分數。

陣列搜尋

為了搜尋陣列，我們必須先知道所要找出的陣列元素值，或搜尋目標，然後使用迴圈檢查每個陣列元素以及測試元素是否符合目標。當發現目標值，搜尋的迴圈就該停止，這種處理稱為**線性搜尋**。下列線性搜尋演算法在測試的元素符合目標時會設定一旗幟(用於 `for` 迴圈控制)。

演算法

1. 假設尚未發現目標。
2. 從陣列起始元素開始。
3. 當沒有發現目標且還有其他陣列元素時,重複執行下列動作:
    4. 假如目前的元素符合目標
        5. 設定一旗標表示已發現目標。
      否則
        6. 繼續處理下一個陣列元素。
7. 假如發現目標
    8. 傳回目標足標作為搜尋結果。
  否則
    9. 傳回 -1 作為搜尋結果。

圖 8.15 列出實作演算法的函式。如果目標已在陣列中,函式傳回目標足標;否則傳回 -1。區域變數 i(起始值為 0)用來選取與目標值比較的陣列元素。

型態 int 的變數 found 用來檢查是否找到目標以及測試迴圈的重複條件。此變數起始設定為 0,即邏輯的偽(搜尋前,當然還未發現目標),發現目標時則重設為 1,並視為真。當 found 為真或是整個陣列搜尋完畢,迴圈就停止,在迴圈之後的敘述會決定傳回值為何。

假如陣列 ids 宣告於呼叫的函式內,則設定敘述

```
index = search(ids, 4902, ID_SIZE);
```

呼叫函式 search 來搜尋陣列 ids 的前 ID_SIZE 個元素,並且找出目標 ID 為 4902 的足標。第一個 4902 的足標會存在 index。如果未發現 4902,則 index 設為 -1。

陣列的排序

假設資料在處理之前就已經排好順序,這種作法對許多程式的執行過程來說會更有效率。例如所有支票都能以支票帳號順序排列,支票處理程式理所當然可以執行得更快。在其他方面,如果所有資訊在顯示前就已排好順序,對程式來說則是產生較具可讀性的輸出。例如你的學校可能希望老師將學生的成績報告依據學生的 ID 排序。本節中會描述一

圖 8.15　於陣列中搜尋目標值之函式

```
1.   #define NOT_FOUND -1    /* Value returned by search function if target not
2.                              found                                              */
3.
4.   /*
5.    *  Searches for target item in first n elements of array arr
6.    *  Returns index of target or NOT_FOUND
7.    *  Pre:   target and first n elements of array arr are defined and n>=0
8.    */
9.   int
10.  search(const int arr[],  /* input - array to search                           */
11.         int       target, /* input - value searched for                        */
12.         int       n)      /* input - number of elements to search              */
13.  {
14.       int i,
15.           found = 0,      /*  whether or not target has been found             */
16.           where;          /*  index where target found or NOT_FOUND            */
17.
18.       /*  Compares each element to target                                      */
19.       i = 0;
20.       while (!found && i < n) {
21.            if (arr[i] == target)
22.                 found = 1;
23.            else
24.                 ++i;
25.       }
26.
27.       /* Returns index of element matching target or NOT_FOUND                 */
28.       if (found)
29.            where = i;
30.       else
31.            where = NOT_FOUND;
32.
33.       return (where);
34.  }
```

種簡單的排序演算法。

選擇排序是一個相當直覺的(但不是非常有效率的)排序演算法。要在含有 n 個元素(足標由 0 至 n-1)的陣列執行選擇排序，首先找出陣列最小元素的位置，然後將最小元素與足標為 0 的元素交換，也就是將最小元素放在最前面。然後再找出子陣列最小的元素與足標 1 的元素交換，也就是將第二小的元素放在第二個位置。然後再從 3 至 n-1 的子陣列中找出最小元素的位置，與足標為 3 的元素交換，依此類推。

選擇排序演算法

1. `fill` 的值從 0 至 n-2
    2. 找出 `index_of_min`，此索引即為未排序子陣列 `list[fill]` 至 `list[n-1]` 中最小元素的位置。
    3. 假如 `fill` 不是最小元素的位置(`index_of_min`)
        4. 將最小元素與在 `fill` 位置的元素交換。

圖 8.16 追蹤一長度為 4 的陣列，使用選擇排序的運算過程。第一個陣列顯示原始陣列。然後顯示最小元素移至正確位置時的步驟。每個陣列圖包含兩部分：排過序的子陣列及尚未排序的子陣列。每經一次步驟，排過序的子陣列都會多包含一個元素。注意，要排出一個含有 n 個元素的陣列最多只需 n-1 次交換。

本書將會使用函式 `get_min_range` 執行步驟 2。圖 8.17 的函式 `select_sort` 於陣列 `list` 上執行排序，且 `list` 為一輸入／輸出參數。注意，它的宣告形式和在前一節所討論的輸出參數陣列是一樣的。區域變數 `index_of_min` 握有目前子陣列中最小值的索引。在每次迴圈的結尾處，如果 `index_of_min` 不等於 `fill`，則敘述

```
temp = list[index_of_min];
list[index_of_min] = list[fill];
```

圖 8.16

選擇排序的追蹤過程

	[0]	[1]	[2]	[3]
	74	45	83	16

`fill` 為 0，找出子陣列 `list[1]` 至 `list[3]` 中最小的元素，並與 `list[0]` 交換。

	[0]	[1]	[2]	[3]
	16	45	83	74

`fill` 為 1，找出子陣列 `list[1]` 至 `list[3]` 中最小的元素──不需交換。

	[0]	[1]	[2]	[3]
	16	45	83	74

`fill` 為 2，找出子陣列 `list[2]` 至 `list[3]` 中最小的元素，並與 `list[2]` 交換。

	[0]	[1]	[2]	[3]
	16	45	74	83

圖 8.17　函式 `select_sort`

```c
1.  /*
2.   * Finds the position of the smallest element in the subarray
3.   * list[first] through list[last].
4.   * Pre:  first < last and elements 0 through last of array list are defined.
5.   * Post: Returns the subscript k of the smallest element in the subarray;
6.   *       i.e., list[k] <= list[i] for all i in the subarray
7.   */
8.  int get_min_range(int list[], int first, int last);
9.
10.
11. /*
12.  * Sorts the data in array list
13.  * Pre:  first n elements of list are defined and n >= 0
14.  */
15. void
16. select_sort(int list[],    /* input/output - array being sorted        */
17.             int n)         /* input - number of elements to sort       */
18. {
19.     int fill,              /* first element in unsorted subarray       */
20.         temp,              /* temporary storage                        */
21.         index_of_min;      /* subscript of next smallest element       */
22.
23.     for (fill = 0; fill < n-1; ++fill) {
24.         /* Find position of smallest element in unsorted subarray */
25.         index_of_min = get_min_range(list, fill, n-1);
26.
27.         /* Exchange elements at fill and index_of_min */
28.         if (fill != index_of_min) {
29.             temp = list[index_of_min];
30.             list[index_of_min] = list[fill];
31.             list[fill] = temp;
32.         }
33.     }
34. }
```

```
list[fill] = temp;
```

將足標為 `fill` 及 `index_of_min` 的兩個陣列元素交換。當執行完函式 `select_sort`，所對應陣列引數的值是呈遞增順序。見程式撰寫第 1 題有關函式 `get_min_range` 的描述。

練習 8.6

自我檢驗

1. 對於下列狀況，圖 8.15 的搜尋函式結果為何？

   a. 最後一個儲存的 ID 符合目標？

b. 多個 ID 符合目標？
2. 試追蹤下面兩個串列執行選擇排序的結果：

   8 53 32 54 74 3 7 18 28 37 42 42

   當交換發生時，請顯示陣列的內容。對每個串列來說各需多少次交換？多少次比較？
3. 如何修改選擇排序演算法使分數呈遞減順序排列(最大的分數置於最前)？

程式撰寫

1. 依據陣列輸入參數語法所顯示的函式 `get_min_sub`，試寫一函式 `get_min_range`。函式 `get_min_range` 傳回部分 int 型態陣列內最小元素值的足標。它有三個引數：一個陣列、子陣列的第一個足標以及子陣列的最後足標。
2. 另一個執行選擇排序的方法就是將最大值置於位置 n-1，次大的置於位置 n-2，依此類推。試寫此程式。
3. 試修改函式 `select_sort` 的表頭及宣告，使其排序型態為 `double` 的陣列。小心仍有變數是 `int` 型態。

8.7 多維陣列

多維陣列：具有兩維以上之陣列。

本節將介紹**多維陣列**(multidimensional arrays)，也就是陣列有二維或多維。本書使用二維陣列來表示表格資料、矩陣以及其他二維物體。其中一個較為人所熟悉的二維物件是井字遊戲。其陣列宣告

```
char tictac[3][3];
```

對二維陣列(`tictac`)配置儲存空間，共有三列及三行。此陣列共有九個元素，經由列足標(0、1 或 2)及行足標(0、1 或 2)來參用每個元素。每個陣列元素包含一個字元值。圖 8.18 所標示的陣列元素 `tictac[1][2]` 是在陣列第 1 列第 2 行；此元素包含字元 O。對角線包含陣列元素 `tictac[0][0]`、`tictac[1][1]` 及 `tictac[2][2]`，若每個元素都是 X，則表示 X 選手贏了。

若函式拿井字遊戲作為參數，則需宣告如下：

```
char tictac[ ][3]
```

圖 8.18

陣列 tictac 儲存井字遊戲

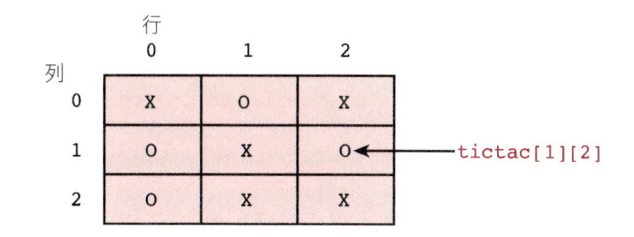

	行 0	1	2
列 0	X	O	X
1	O	X	O ← tictac[1][2]
2	O	X	X

在多維陣列的參數宣告中，只有第一維，列的數目可以省略。但包含兩個維度也是允許的。因為井字遊戲並不會改變大小，使用下列的宣告可能更有意義。

```
char tictac[3][3]
```

多維陣列的宣告

語法：*element-type aname* [*size*₁] [*size*₂]...[*size*ₙ]; /* storage allocation */

　　　element-type aname [ ] [*size*₂]...[*size*ₙ]　　/* parameter in prototype */

範例：
```
double table[NROWS][NCOLS];  /* storage allocation */
void
process_matrix(int in[ ][4], /* input parameter    */
               int out[ ][4],/* output parameter   */
               int nrows)    /* input - number of
                                rows               */
```

說明：第一個顯示的格式對陣列 *aname* 配置空間並包含 $size_1 \times size_2 \times \cdots \times size_n$ 個記憶格。每一個記憶格儲存一個資料項目且資料型態為 *element-type*。每個不同的陣列元素由具足標變數 *aname*[0][0]...[0] 至 *aname*[$size_1-1$][$size_2-1$]...[$size_n-1$] 參考之。整數常數運算式可用來描述每個 $size_i$。

　　在函式原型中宣告多維陣列參數時，第二個宣告形式也是有效的。第一維長度 (列的數目)是唯一可以省略的長度。就像一維陣列一樣，實際儲存於陣列形式參數的值，是實際引數起始元素的位址。

注意：ANSI C 要求對多維陣列的製作至少需要六維。

圖 8.19 檢查井字遊戲是否填滿的函式

```
1.  /* Checks whether a tic-tac-toe board is completely filled. */
2.  int
3.  filled(char ttt_brd[3][3])   /*  input - tic-tac-toe board          */
4.  {
5.        int r, c,     /* row and column subscripts    */
6.            ans;      /* whether or not board filled */
7.
8.        /*  Assumes board is filled until blank is found              */
9.        ans = 1;
10.
11.       /*  Resets ans to zero if a blank is found                    */
12.       for  (r = 0;  r < 3;  ++r)
13.            for  (c = 0;  c < 3;  ++c)
14.               if (ttt_brd[r][c] == ' ')
15.                   ans = 0;
16.
17.       return (ans);
18. }
```

範例 8.14 設陣列 `table` 為

```
double table[7][5][6];
```

包含三維：第一維足標值從 0 到 6；第二維從 0 到 4；第三維從 0 到 5。總數為 7×5×6 或 210 個 double 型態的值可儲存至陣列 `table`。要存取陣列值，參考的過程中要指定三個足標(例如，`table[2][3][4]`)。

範例 8.15 函式 `filled` 檢查井字遊戲是否已完全填滿(見圖 8.19)。假如棋盤上沒有包含`' '`的小格，則函式傳回 1，為真；否則傳回 0，為偽。

多維陣列初值化

可以在多維陣列宣告同時初值化，就如同初值化一維陣列一樣。不過其中資料都是以列為單位然後組合起來，並不是將表格所有的值放置於一串列內。例如下列敘述不僅宣告井字遊戲，同時也將內容初值化為空白。

```
char tictac[3][3] = {{' ',' ',' '},{' ',' ',' '},
                     {' ',' ',' '}};
```

多維陣列

陣列 enroll 宣告為

```
int enroll[MAXCRS][5][4];
```

（課程、校園、年級）

並在圖 8.20 中以圖表示一個三維陣列，用來儲存大學登記資料。本書假設此大學於五個不同的校園內提供 100(MAXCRS) 種課程。為了維持 C 的起始陣列足標為 0 的習慣，本書設定大一新鮮人的年級為 0，大二年級為 1，依此類推。因此 enroll[1][4][3] 代表校園 4 選修課程 1 的大四學生人數。

陣列 enroll 是由 2000(100×5×4) 個元素所組成。當處理多維陣列時會有一個潛在危機：同一個程式內宣告多個多維陣列時會導致記憶體空間快速用盡。寫程式時應該注意到程式內每個大陣列所需要的記憶體空間數量。

我們可藉由處理圖 8.20 的資料來回答許多不同的問題。我們可以決定選修某一課程之學生總數、所有校園選修課程 2 之大三學生的總數等。這些所需的資訊型態會決定參考陣列元素的順序。

圖 8.20

三維陣列 enroll

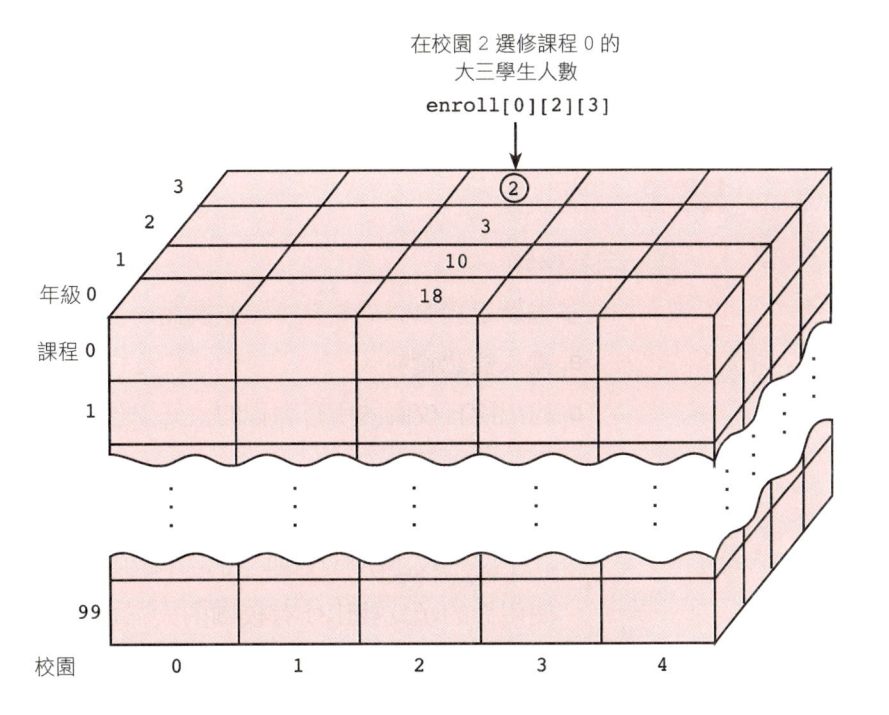

範例 8.16

根據圖 8.20，此程式片段找出並顯示每個課程的學生總數。

```
/*  Finds and displays number of students in each course   */
for  (course = 0;  course < MAXCRS;  ++course) {
    crs_sum = 0;
    for  (campus = 0;  campus < 5;  ++campus) {
      for  (cls_rank = 0;  cls_rank < 4;  ++cls_rank) {
          crs_sum += enroll[course][campus][cls_rank];
      }
    }
    printf("Number of students in course %d is %d\n", course,
           crs_sum);
}
```

由於只顯示每個課程的學生總數，最外層索引式迴圈的控制變數即為課程的足標。

圖形之下的程式片段顯示每個校園內學生的總數，這時候最外層索引式迴圈的控制變數即為校園的足標。

```
/* Finds and displays number of students at each campus    */
for  (campus = 0;  campus < 5;  ++campus) {
    campus_sum = 0;
    for  (course = 0;  course < MAXCRS;  ++course) {
      for  (cls_rank = 0;  cls_rank < 4;  ++cls_rank) {
          campus_sum += enroll[course][campus][cls_rank];
      }
    }
    printf("Number of students at campus %d is %d\n",
           campus, campus_sum);
}
```

練習 8.7

自我檢驗

1. 試重新定義 MAXCRS 為 5，並撰寫一測試程式執行下列運算：
   a. 輸入登記資料。
   b. 找出所有校園內所有課程的大三學生人數。對於每個課程，登記的學生將計算一次。
   c. 試寫一函式並有三個輸入參數：登記陣列、年級以及課程號碼。函式主要是找出所有校園內特定年級中選修特定課程的學生人數。試使用你的函式找出所有校園內大二(rank = 1)選修課程 2 的學生人數。

d. 試計算並顯示每個校園內所有課程的高年級學生人數,以及所有校園內高年級的學生人數(高年級為三年級和四年級——級別 2 和 3)。請記住,只要有登記某個課程,學生就應計算在內。

程式撰寫
1. 試寫一函式可以顯示 10×10 矩陣參數的對角線值。

8.8 陣列處理說明

　　針對下一個問題,本書列出兩種選擇的方法來處理陣列元素。有時候我們需要使用一致性的態度,計算部分或所有表格元素(例如顯示所有元素)。這種情形下,循序(循序存取)處理表格行或列的資料就變得有意義,從第一筆開始並於最後一筆結束。

　　其他時候,存取陣列元素的順序則可依據問題資料的順序或是公式本身的特性。在這類情形下,存取陣列元素 i+1 並不一定發生在存取元素 i 之後。本書不使用循序存取,而使用隨機存取。

案例研究　醫院利潤的總和

問　題

　　區域醫院的財務主管需要軟體追蹤每個單位與每季的獲利。此程式從文字檔讀取所有銷售交易。每筆交易資料項目包括單位代號(0 – Emergency、1 – Medidine、2 – Oncology、3 – Orthopedics、4 – Psychiatry)、每季的獲利與總利潤。交易資料並沒有特定順序。當程式處理完所有交易,程式會顯示如同圖 8.21 的表格,並包含醫院每個單位每年的獲利以及季節所做的總和。計算數值四捨五入至千元。

分　析

　　讀者可能需要分開的陣列分別表示利潤表格、每個單位的總和(列的加總)以及醫院每季的總和(行的加總)。

圖 8.21　銷售分析輸出

單 位	夏季	秋季	冬季	春季	總 數*
Emerg	12701466.16	12663532.66	12673191.41	11965595.94	50004
Medic	12437354.59	11983744.61	12022200.48	11067640.00	47511
Oncol	16611825.25	16996019.70	15976592.83	15391817.41	64976
Ortho	16028467.82	15635498.54	15675941.06	15175890.29	62516
Psych	6589558.39	6356869.38	5860253.24	6196157.30	25003
總數*	64369	63636	62208	59797	

利潤概要

*千元

資料需求

新的型態

```
quarter_t {fall, winter, spring, summer}
unit_t    {emerg, medic, oncol, ortho, psych}
```

問題常數

```
NUM_UNITS 5
NUM_QUARTERS  4
```

問題輸入

利潤交易檔

```
double revenue[NUM_UNITS][NUM_QUARTERS] /* revenue data array */
```

問題輸出

```
double unit_totals[NUM_UNITS] /* Totals for each row of table */
double quarter_totals[NUM_QUARTERS] /* Total for each column  */
```

設　計

初步的演算法

1. 讀入利潤、每單位與每季的資料，並在資料掃描完後，傳回一值顯示成功或失敗。

2. 假若掃描資料過程中沒有錯誤
    3. 計算每單位總和(列加總)。
    4. 計算每季總和(行加總)。
    5. 顯示此利潤表格以及列行之加總。

實　作

撰寫函式 main

對步驟 1、3、4 以及 5，本書會使用函式呼叫。程式變數 status 用來記錄掃描資料成功或失敗，根據初步的演算法來撰寫 main 函式。圖 8.22 顯示主函式所需的前處理指示子以及型態宣告。

撰寫函式 scan_table

函式 scan_table (圖 8.23)讀入檔案 revenue.txt 中的資料，每次讀入一行資料直到檔案結束或遇到錯誤。迴圈主體內，scan_table 檢查目前交易的銷售員和季的範圍。每單位與每季的值為 int 資料型態，因為 unit_t 與 quarter_t 僅在程式內部使用。這是因為 C 對這種列舉型態為整數，陣列如果為列舉型態，可以被當作列舉型態存取或者所屬的整數型態。在迴圈 loop 主體內，scan_table 檢查醫院每個單位與每季數值的範圍。如果資料是正確的，以下的式子

Revenue[trans_unit][quarter] += trans_revenue;

將目前利潤總和加至總和內，亦即累加由 trans_person (列足標)以及 quarter (行足標)所表示之業務員的銷售總和。因為資料並沒有特定的順序，陣列的元素是隨機存取的。在開始讀入資料之前，函式必須將陣列 sales 的所有元素初始化為 0。這是呼叫函式 initialize 的目的。函式 initialize 的實作同樣也列於圖 8.23。因為 initialize 必須改變陣列裡的每個元素值，它使用巢狀式 for 迴圈循序存取元素。較外層 for 迴圈提供列型態 unit_t 足標，從 emerg 到 psych。內層迴圈則提供型態為 quarter_t 的行足標，從 summer 執行至 spring。

撰寫函式 sum_rows 及 sum_columns

函式 sum_rows 以及 sum_columns 的設計及撰寫留給讀者自行練習。函式 sum_rows 可能需要類似函式 initialize 的巢狀迴圈。內層迴圈的完整執行應加總 sales 的某一列值，當內層迴圈結束，此累計總

圖 8.22 醫院利潤分析主函式

```c
/*
 * Scans revenue figures for one year and stores them in a table organized
 * by unit and quarter. Displays the table and the annual totals for each
 * unit and the revenue totals for each quarter
 */

#include <stdio.h>

#define REVENUE_FILE "revenue.txt"   /* name of revenue data file   */
#define NUM_UNITS     5
#define NUM_QUARTERS  4

typedef enum
        {summer, fall, winter, spring}
quarter_t;

typedef enum
        {emerg, medic, oncol, ortho, psych}
unit_t;

int  scan_table(double revenue[][NUM_QUARTERS], int num_rows);
void sum_rows(double row_sum[], double revenue[][NUM_QUARTERS], int num_rows);
void sum_columns(double col_sum[], double revenue[][NUM_QUARTERS], int num_rows);
void display_table(double revenue[][NUM_QUARTERS], const double unit_totals[],
                   const double quarter_totals[], int num_rows);
/*  Insert function prototypes for any helper functions. */

int
main(void)
{
        double revenue[NUM_UNITS][NUM_QUARTERS]; /* table of revenue */
        double unit_totals[NUM_UNITS];           /* row totals */
        double quarter_totals[NUM_QUARTERS];     /* column totals */
        int    status;

        status = scan_table(revenue, NUM_UNITS);
        if (status == 1) {
            sum_rows(unit_totals, revenue, NUM_UNITS);
            sum_columns(quarter_totals, revenue, NUM_UNITS);
            display_table(revenue, unit_totals, quarter_totals,
                          NUM_UNITS);
        }
        return (0);
}
```

值應儲存至對應於目前列數的 row_sum 元素內。函式 sum_columns 則需要相反的巢狀迴圈，行足標不變，而列足標是變動的。

圖 8.23 函式 scan_table 與 helper 函式的初值化

```c
/*
 *  Scans the revenue data from REVENUE_FILE and computes and stores the
 *  revenue results in the revenue table. Flags out-of-range data and data
 *  format errors.
 *  Post:   Each entry of revenue represents the revenue total for a
 *          particular unit and quarter.
 *          Returns 1 for successful table scan, 0 for error in scan.
 *  Calls: initialize to initialize table to all zeros
 */
int
scan_table(double revenue[][NUM_QUARTERS], /* output */
           int num_rows)                   /* input  */
{
        double     trans_amt;       /* transaction amount */
        int        trans_unit;      /* unit number        */
        int        quarter;         /* revenue quarter    */
        FILE       *revenue_filep;  /* file pointer to revenue file */
        int        valid_table = 1;/* data valid so far   */
        int        status;          /* input status       */
        char       ch;              /* one character in bad line */

        /*  Initialize table to all zeros */
        initialize(revenue, num_rows, 0.0);

        /*  Scan and store the valid revenue data */
        revenue_filep = fopen(REVENUE_FILE, "r");
        for  (status = fscanf(revenue_filep, "%d%d%lf", &trans_unit,
                              &quarter, &trans_amt);
              status == 3  &&  valid_table;
              status = fscanf(revenue_filep, "%d%d%lf", &trans_unit,
                              &quarter, &trans_amt)) {
            if (summer <= quarter && quarter <= spring &&
                trans_unit >= 0  && trans_unit < num_rows) {
                    revenue[trans_unit][quarter] += trans_amt;
            } else {
                    printf("Invalid unit or quarter -- \n");
                    printf("  unit is ");
                    display_unit(trans_unit);
                    printf(", quarter is ");
                    display_quarter(quarter);
                    printf("\n\n");
                    valid_table = 0;
            }
        }

        if (!valid_table) {            /* error already processed */
            status = 0;
        } else if (status == EOF) {    /* end of data without error */
            status = 1;
        } else {                       /* data format error */
            printf("Error in revenue data format. Revise data.\n");
```

(續)

圖 **8.23** 函式 scan_table 與 helper 函式的初值化(續)

```
52.             printf("ERROR HERE >>> ");
53.             for  (status = fscanf(revenue_filep, "%c", &ch);
54.                   status == 1  &&  ch != '\n';
55.                   status = fscanf(revenue_filep, "%c", &ch))
56.                 printf("%c", ch);
57.             printf(" <<<\n");
58.             status = 0;
59.         }
60.         return (status);
61. }
62. /*
63.  * Stores value in all elements of revenue.
64.  * Pre:  value is defined and num_rows is the number of rows in
65.  *       revenue.
66.  * Post: All elements of revenue have the desired value.
67.  */
68. void
69. initialize(double revenue[][NUM_QUARTERS], /* output */
70.            int     num_rows,                /* input  */
71.            double value)                    /* input  */
72. {
73.      int      row;
74.      quarter_t quarter;
75.
76.      for (row = 0;  row < num_rows;  ++row)
77.          for (quarter = summer;  quarter <= spring;  ++quarter)
78.              revenue[row][quarter] = value;
79. }
```

撰寫函式 display_table

讀者應該以人類視覺可見的方式顯示二維陣列資訊：以一個表格來說，它的列對應到陣列的第一維而行則對應到第二維。要完成此目標，則必須一列列存取及顯示陣列元素。

函式 display_table(圖 8.24)顯示利潤表格的資料如同圖 8.21 的格式。因為顯示以千為單位，所得到的值必須除以 1,000 且四捨五入，這是輔助函式 whole_thousands 的目的，程式碼在圖 8.24 中。除了陣列資料(第一個參數)之外，此函式也以千為單位顯示醫院單位的利潤總和(第二個參數)與每季的總和(第三個參數)。這些欄位的標題顯示可以藉由重複的呼叫 display_quarter 來顯示，部分程式碼在圖 8.24 中。這些列的標題需要類似的函式 display_unit 來顯示，留給你自行完成。

圖 8.24 函式 `display_table` 及輔助函式 `display_quarter`

```c
/*
 * Displays the revenue table data (rounded to whole thousands) in table
 * form along with the row and column sums (also rounded).
 * Pre:  revenue, unit_totals, quarter_totals, and num_rows are defined.
 * Post: Values stored in the three arrays are displayed rounded to
 * whole thousands.
 */
void
display_table(double       revenue[][NUM_QUARTERS],  /* input */
              const double unit_totals[],            /* input */
              const double quarter_totals[],         /* input */
              int          num_rows)                 /* input */
{
     unit_t    unit;
     quarter_t quarter;

     /* Display heading */
     printf("%34cREVENUE SUMMARY\n%34c---------------\n\n", ' ', ' ');
     printf("%4s%11c", "Unit", ' ');
     for  (quarter = summer;  quarter <= spring;  ++quarter){
          display_quarter(quarter);
          printf("%8c", ' ');
     }
     printf("TOTAL*\n");
     printf("-----------------------------------------");
     printf("-----------------------------------------\n");

     /* Display table */
     for  (unit = emerg;  unit <= psych;  ++unit) {
          display_unit(unit);
        printf("    ");
        for  (quarter = summer;  quarter <= spring;  ++quarter)
             printf("%14.2f", revenue[unit][quarter]);
          printf("%13d\n", whole_thousands(unit_totals[unit]));
     }
     printf("-----------------------------------------");
     printf("-----------------------------------------\n");
     printf("TOTALS*");
     for  (quarter = summer;  quarter <= spring;  ++quarter)
          printf("%14d", whole_thousands(quarter_totals[quarter]));
     printf("\n\n*in thousands of dollars\n");
}
/*
 * Display an enumeration constant of type quarter_t
 */
void
display_quarter(quarter_t quarter)
{
     switch (quarter) {
     case summer:   printf("Summer");
                    break;
```

(續)

圖 8.24 函式 display_table 及輔助函式 display_quarter(續)

```
52.
53.        case fall:      printf("Fall ");
54.                        break;
55.
56.        case winter:    printf("Winter");
57.                        break;
58.
59.        case spring:    printf("Spring");
60.                        break;
61.
62.        default:        printf("Invalid quarter %d", quarter);
63.        }
64. }
65.
66. /*
67.  * Return how many thousands are in number
68.  */
69. int whole_thousands(double number)
70. {
71.        return (int)((number + 500)/1000.0);
72. }
```

測　試

要測試利潤分析程式，請產生四個樣本資料檔。第一個只放正確資料。第二個包含一個醫院單位代號 >= NUM_UNITS。第三個包含一個季的代號 >= NUM_QUARTERS。第四個檔案則放置一個資料格式的錯誤，例如在應是數字之處放置字母。檢查正確的檔案並確定可以產生合理的結果：所有利潤的加總應該與每季總和的加總相符合。驗證每個有錯誤的檔案是否都能產生正確的錯誤訊息。

練習 8.8

自我檢驗

1. 以下各程式片段，所顯示的是陣列哪一個位置以及哪一種順序？

   a. ```
      for(next_quarter = summer;
          next_quarter <= spring;
          ++next_quarter)
         printf("%14.2f", revenue[oncol][next_quarter]);
      ```
      ```

b. `for(next_unit = emerg;`
   `    next_unit <= psych;`
   `    ++next_unit)`
   `   printf("%14.2f", revenue[next_unit][spring]);`

c. `for(next_quarter = fall;`
   `    next_quarter <= spring;`
   `    ++next_quarter){`
   `   for(next_person = emerg;`
   `      next_person < psych;`
   `      ++next_unit)`
   `      printf("%14.2f",`
   `           revenue[next_unit][next_quarter]);`
   `   printf("\n");`
   `}`

程式撰寫

1. 試寫函式 `sum_rows` 及 `sum_columns`，並以圖 8.22 函式 `main` 呼叫之。在圖 8.24 中寫一個函式 `display_table` 可以被呼叫。

2. 試寫一函式可決定誰贏了井字遊戲。函式首先檢查所有列數以便了解是否有某一位選手占滿了某一列棋格，然後檢查所有行數，最後再檢查兩個對角線。函式應根據列舉型態 {no_winner, x_wins, o_wins} 傳回值。

8.9 程式撰寫常見的錯誤

使用陣列最常見的錯誤就是足標範圍錯誤。當使用的足標值超出陣列宣告的範圍時，則會有超出範圍的參考發生。對於陣列 `celsius`，

`int celsius[100];`

當 `celsius` 的足標值小於 0 或大於 99，則會產生足標範圍錯誤。假設 i 為 150，則具有足標的變數 `celsius[i]` 可能產生錯誤的訊息，像是

`access violation at line no. 28`

但在許多情形下，其實並不會有執行期錯誤的訊息產生──程式僅產生不正確的結果。在 ANSI C 中，防範足標範圍錯誤完全是程式設計師的責任。足標範圍錯誤並不是語法錯誤；只有在程式執行時才會偵測到，

有時甚至不會發現。而發生的原因通常是因為不正確的足標運算式、迴圈計數器錯誤，或是無法終止的迴圈。因此與其花太多時間在除錯上，讀者更應該小心檢查所有可疑的足標運算，以避免超出範圍的錯誤。利用除錯程式觀看每次足標變數的值，或是加入診斷輸出敘述，使其列印出有問題的足標值。

假設足標範圍錯誤發生在索引式迴圈，則驗證迴圈控制變數的起始值與結束值是否在足標的範圍內。如果這些值都在範圍內，則表示迴圈其他足標也都在範圍內。

假若發生足標範圍錯誤的迴圈是由一般變數而非陣列足標所控制，則檢查迴圈控制變數是否如預期改變，如果沒有，則迴圈重複的次數可能超過所預期的，導致足標範圍錯誤。這種錯誤發生的原因通常是控制變數修改步驟，正好在某個條件式內或是不小心忽略了。

使用陣列作為函式的引數時，請小心不要將位址運算子用到陣列名稱上，即使陣列是一個輸出引數也是一樣。不論如何，如果將某個陣列元素當作傳遞用的輸出引數，記得在前面加上 &。

記得在函式原型內使用正確的格式宣告陣列輸入及輸出參數。當閱讀 C 程式碼時，參數宣告為

```
int *z
```

同時可以表示單一整數輸出參數或是整數陣列參數。建議讀者小心為程式加上註解，並使用另一種宣告格式

```
int z[]
```

作為陣列參數來輔助讀者了解程式。

假如你正在一個只有少量記憶體的電腦上工作。你可能發現某些正確的 C 程式執行時會產生「存取違法」的執行期錯誤訊息。使用陣列常會導致程式資料區需要大量記憶體。存放函式資料區的記憶體部分稱為堆疊。為了讓程式使用較大記憶體，你可能需要告訴作業系統加大堆疊長度。

本章回顧

1. 資料結構即在記憶體中一組相關的資料項目。
2. 陣列為一種資料結構，用來儲存相同型態的資料項目群。
3. 要參考不同的陣列元素是在陣列名稱之後，在每一個維度的方括號內

寫下所要的足標。

4. 一維陣列 x 起始元素的參考為 x[0]。假使 x 有 n 個元素，則最後一個元素的參考為 x[n-1]。

5. 當索引式 for 迴圈的計數器由 0 執行至陣列長度減 1 時，藉由使用迴圈計數器當作陣列的足標，可以循序參考一維陣列內所有的元素。巢狀 for 迴圈則提供多維陣列循序存取元素。

6. 當陣列宣告為區域變數，所有陣列元素的空間會配置在函式資料區內。

7. 當陣列宣告為函式參數，函式資料區空間的配置僅包含傳遞的實際引數起始元素的位址。

8. 當陣列的名稱不包含足標時，永遠表示陣列起始元素的位址。

9. 若要函式產生一個陣列的結果，則必須讓呼叫模組傳遞輸出引數陣列，用來儲存結果。

新增的 C 結構

範　　例	效　　果
陣列宣告	

區域變數
`double data[30];`
`int    matrix[2][3];`
	在陣列 data 中配置 30 個型態為 double 的項目 (data[0], data[1],⋯, data[29])，以及在二維陣列 matrix 中配置六個型態為 int 的項目 (兩列三行)(matrix[0][0], matrix[0][1], matrix[0][2], matrix[1][0], matrix[1][1], matrix[1][2])。

初值化
`char vowels[5] =`
`    {'A', 'E', 'I', 'O', 'U'};`
 	
`int id[2][2] =`
`    { {1, 0}, {0, 1} };`
	在陣列 vowels 中配置五個型態為 char 的項目並初值化陣列內容：vowels[0]='A', vowels[1]='E', ⋯, vowels[4]='U'。
	
	為 2×2 矩陣 id 配置四個位置，初值化儲存空間，使得 id[0][0]=1, id [0][1]=0, id[1][0]=0, id [1][1]=1.

輸入參數
`void`
`print_alpha(const char alpha[],`
`          const int m[],`
`          int  a_size,`
`          int  m_size)`
　或
`… (const char *alpha, …`
	表示函式 print_alpha 使用陣列 alpha 和 m 作為輸入參數── print_alpha 不會改變它們的內容。

(續)

新增的 C 結構 (續)

範　例	效　果

輸出或輸入／輸出參數
`void`
`fill(int nums[], int n)`
　或
`…(int *nums, …`
	表示函式 fill 可查看及修改所傳遞的實際陣列引數 nums。

陣列參考
`if(data[0] < 39.8)`
`for(i = 0; I < 30; ++i)`
　`data[i] /= 2.0;`
`for(i = 0; i < 2; ++i){`
　`for(j = 0; j < 3; ++j)`
　　`printf("%6d", matrix[i][j]);`
　`printf("\n");`
`}`
	比較陣列起始元素 data 的值與 39.8 兩數之值。
	將陣列每個元素 data 除以 2，修改陣列的內容。
	以兩列三行的格式顯示 matrix 的內容。

快速檢驗練習

1. 什麼是資料結構？
2. 陣列之足標運算式的資料型態為何？
3. 相同陣列中的兩個元素是否可有不同的資料型態？
4. 假設陣列宣告為 10 個元素，是否程式必須使用到 10 個元素？
5. 存取陣列的兩個方法稱為_____及_____。
6. 一種_____迴圈能夠以_____順序容易地存取陣列元素。
7. 下列兩個原型使用 b 陣列時的差異為何？

    ```
    int fun_one(int b[ ], n)  ;
    int fun_two(const int b[ ], n);
    ```

8. 再看一次第 7 題的原型，為什麼它們的陣列宣告都不需長度？
9. 假設 nums 是一個含有 12 個 int 型態的陣列。試描述下列迴圈所做的動作。

    ```
    i = 0;
    for (status = scanf("%d", &n);
         status == 1 && i < 12;
         status = scanf("%d", &n))
        nums[i++] = n;
    ```

10. 陣列 m 有多少個元素？請說明如何參考每個元素？

    ```
    double m[2][4];
    ```

11. 假設 x 為一陣列，宣告如下

    ```
    int x[10];
    ```

    而且一個函式呼叫如下

    ```
    some_fun(x, n);
    ```

    如何區別 x 是輸入或是輸出引數？

快速檢驗練習解答

1. 資料結構是一組在記憶體中相關的資料值。
2. int 型態
3. 否
4. 否
5. 循序的，隨機的
6. 索引式，循序的
7. 在 fun_one 中，b 可用來作為輸出參數或輸入／輸出參數。在 fun_two 中，b 則嚴格限制為輸入參數陣列。
8. 不需要 b 的長度，是因為函式並沒有配置空間複製參數陣列。僅實際引數的起始位址儲存在形式參數內。
9. 只要 scanf 傳回值為 1，則表示 n 獲得有效整數值(除非足標值 i≥12)，且迴圈主體會將輸入值儲存至 nums 的下一個元素內，並將迴圈計數器加 1。當迴圈碰到 EOF(scanf 傳回負值)，或無效資料(scanf 傳回零)，或是 i 值不再小於 12 時停止。
10. m 有 8 個元素：m[0][0]、m[0][1]、m[0][2]、m[0][3]、m[1][0]、m[1][1]、m[1][2]、m[1][3]。
11. 僅看函式呼叫並沒辦法判別，也無法依據 some_fun 的原型辨別，除非相對應的形式參數宣告含有一個 const 修飾語。如果真的有，則 x 必定是輸入引數。

問題回顧

1. 請指出下列 C 敘述的錯誤：

    ```
    int x[8], i;
    for (i = 0; i <= 8; ++i)
        x[i] = i;
    ```

會偵測出錯誤嗎？如果會，在何時？

2. 試宣告型態為 double 的陣列 exper，並以月份作為足標參考，其中 1 代表 January，2 代表 February，依此類推。

3. 下列程式碼中含有 /* this one */ 的敘述是有效的。對或錯？

   ```
   int counts[10], i;
   double x[5];
   printf("Enter an integer between 0 and 4> ");
   i = 0;
   scanf("%d", &counts[i]);
   x[counts[i]] = 8.384; /* this one */
   ```

4. 兩種常見選擇所需陣列元素的方法為何？舉一個例子說明。

5. 試寫一程式在含有 10 個整數的陣列 x 中，顯示最小值和最大值的索引。假設陣列 x 的每個元素都已經有值。

6. 試寫函式 reverse，其中陣列 x 為輸入參數，以及陣列 y 為輸出參數。第三個參數為 n，表示 x 的元素數目。函式能夠將 x 內的整數以相反的順序複製至 y (也就是 y[0] 為 x[n-1]，⋯，y[n-1] 為 x[0])。

7. 試寫一程式能將名稱為 table，型態為 double 的 4×3 陣列，每一列的值加總。請問會顯示多少列的加總？每個加總包含多少個元素？

8. 試回答第 7 題每行的加總。有多少個元素包含在總和之中。

程式撰寫專案

1. 寫一程式為 n 個單選題的考試評分 (n 介於 5 和 50 之間)，並提供有關最常被答錯的問題資訊。程式將從檔案 examdat.txt 取得資料。檔案中第一行包含考試的題數，之後隔了一個空格，然後是代表正確答案的 n 個字元字串。請撰寫一個函式 fgetAnswers，從一個開啟的輸入檔讀取答案。其中每一行包含一個代表學生 ID 的整數，後面接著一個空格，然後是該學生的答案。函式 fgetAnswers 也可被呼叫以輸入學生的答案。你的程式必須產生一個輸出檔 report.txt，其中包含題號及答案、每個學生的 ID 以及以百分比表示的分數，最後是有關每一題有多少學生答錯的資訊。下面是簡短的輸入和輸出範例。

examdat.txt

```
5 dbbac
111 dabac
102 dcbdc
251 dbbac
```

report.txt

考試成績報告

題號	1	2	3	4	5
答案	d	b	b	a	c

ID	分數(%)
111	80
102	60
251	100

題號	1	2	3	4	5
錯誤分佈	0	2	0	1	0

2. 如果 n 個點連接起來形成一個如下所示的封閉多角形，該多角形的面積 A 可以此公式運算：

$$A = \frac{1}{2} \left| \sum_{i=0}^{n-2} (x_{i+1} + x_i)(y_{i+1} - y_i) \right|$$

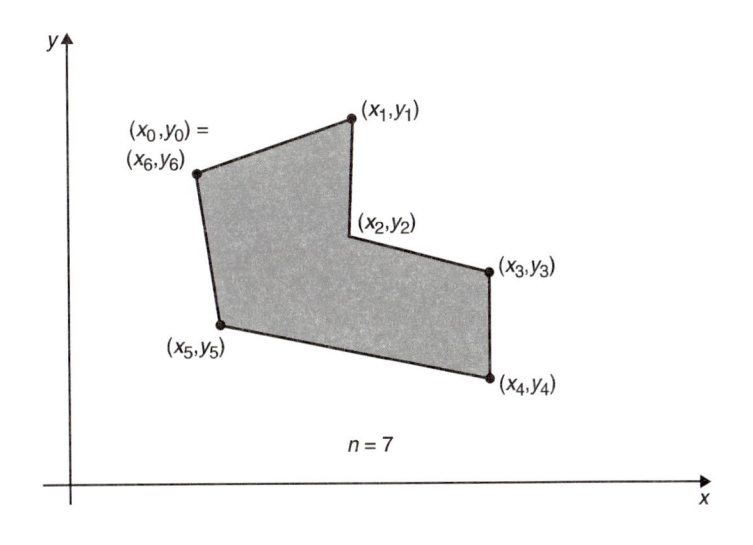

$n = 7$

注意，雖然圖中的多角形只有 6 個點，但是這個多角形的 n 卻是 7，因為此演算法假設最後一點 (x_6, y_6) 會和起始點 (x_0, y_0) 重複。

表示這些連接點 (x, y) 座標的是兩個最多包含 20 個型態為 double 數值的陣列。請利用下列資料組作為程式測試用，其中定義了一個面積為 25.5 平方單位的多角形。

x	y
4	0
4	7.5
7	7.5
7	3
9	0
7	0
4	0

並實作下列函式：

get_corners：傳入參數為輸入檔案、陣列 x 和 y，以及陣列的最大長度。從檔案中讀取資料並填入陣列中(忽略任何會造成陣列溢位的資料)，並以函式值傳回存在陣列中的(x, y)座標數。

output_corners：傳入參數為一個輸出檔案以及兩個相同大小、型態為 double 的陣列，以及其實際大小，並且將兩個陣列之值以兩個欄位的形式輸出到檔案。

polygon_area：傳入參數為兩個代表封閉多角形每個角落點之(x, y)座標的陣列及其實際大小，並以函式值傳回該多角形的面積。

3. 一個點群集中包含一個 n 3-D 位置以及一個相關的群集，例如

$$位置：(6, 0, -2) \quad 群集：3g$$

在一個點群集系統中，設 $p_1, p_2, ..., p_n$ 為 3-D 點，且 $m_1, m_2, ..., m_n$ 為其相關群集。如果 m 是群集的總和，則中央重心點 C 之運算如下：

$$C = \frac{1}{m}(m_1 p_1 + m_2 p_2 + \cdots + m_n p_n)$$

寫一程式可從一輸入檔重複輸入點群集系統資料組，直到輸入作業失敗為止。對於每一個資料組，顯示其位置矩陣、群集向量 n 以及中央重心點。

每個資料組都包含一個位置矩陣(矩陣中每一行是一點)、一個一維的群聚陣列以及點群集的數目 n。n 的範圍可介於 3 到 10 之間。

範例資料檔

```
 4
 5 -4  3  2
 4  3 -2  5
 4 -3 -1  2
-9  8  6  1
```

此範例資料應儲存為:

```
位置    5  -4   3
        4   3  -2
       -4  -3  -1
       -9   8   6
群集    2
        5
        2
        1
n       4
```

程式的主函式應可從輸入檔案中重複地輸入並處理資料組,直到抵達檔案結尾處。對於每個點群集系統資料組,應顯示其位置矩陣、群集向量 *n* 以及中央重心點。程式中至少需實作下列函式:

`fget_point_mass`:接受一個開啟的輸入檔以及一個 *n* 的最大值為參數,並以一個位置矩陣填入一個二維陣列輸出參數,以及以來自資料檔的群集向量填入一個一維陣列輸出參數。以函式值傳回 *n* 的實際值。

`center_grav`:接受一個位置矩陣、群集向量以及 *n* 值作為輸入參數,計算後以函式值傳回該系統的中央重心點。

`fwrite_point_mass`:接受一個開啟的輸出檔案及位置矩陣、群集向量以及一個點群集系統的 *n* 值作為輸入參數,並將該系統寫入檔案,且附上有意義的標籤。

4. 寫一程式接受兩個相同長度且以一個警戒值為結束的數值串列,並將串列之值儲存在各具有 20 個元素的陣列 x 和 y。設 n 是每個串列中實際的資料值數目。將 x 和 y 的乘積儲存在第三個陣列 z,大小也是 20。將陣列 x、y 和 z 以三個欄位的表格顯示出來。然後計算並顯示

z 中所有項目之總和的平方根。請編造你自己的資料，並且至少以一個大小剛好 20 個項目的串列來測試程式。一個測試資料組應該具備 21 個數字的串列，而另一個資料組應該測試長度很短的串列。

5. 在掃描通用產品碼(UPC)要驗證此 12 位元的碼，藉由比較此碼的最後一個位元(稱為檢查碼)，此檢查碼的比較與計算前 11 碼的位元方法如下：

   (1) 計算位置是奇數碼的總和 (例如第 1, 3, ..., 11 位元)，並將結果乘以 3。
   (2) 計算位置是偶數碼的總和(例如第 2, 4, ..., 12 位元)，並將結果與前項相加。
   (3) 如果第二步驟所產生的結果最後一個位元為 0，0 就是檢查碼，否則最後一個位元減掉 10 去計算檢查碼。
   (4) 如果檢查碼符合 UPC 的最後一個位元，此 UPC 被認為是正確的。

   撰寫程式提示使用者輸入 12 位元的條碼，並以空格分開。以整數陣列儲存這些位元，計算檢查碼，與條碼最後位元比較。如果此位元符合，輸出條碼訊息 "validated"。如果不符合，則輸出訊息 "error in barcode"，同時輸出前兩步驟的位元檢查計算結果。需要注意的是條碼的第一個位元儲存在陣列的第 0 的元素中，用下列的條碼測試你的程式，其中三個是正確的。在第一個條碼中，在步驟二為 79 (0+9+0+8+4+0) * 3 + (7+4+0+0+5)

   079400804501
   024000162860
   011110856807
   051000138101

6. 每年交通意外部從全國各地收到意外事件報告。為了綜合這些報告，此部門提供一頻率分佈圖，能夠根據每個城市發生意外的次數轉換為下列範圍：0-99，100-199，200-299，300-399，400-499 及 500 含以上。這個部門需要一個電腦程式，根據所報告意外次數，在適當的意外範圍計數加 1。當所有的資料處理完後，就顯示頻率計數的結果。

7. 標準化向量 X 的定義為

$$x_i = \frac{v_i}{\sqrt{\sum_{u=1}^{n} v_i^2}} \; ; \; i = 1, 2, \cdots, n$$

標準化向量 X 的每個元素是將原始向量中相對應的元素(v_i)除以原始向量所有元素的平方和再開根號後的值。試設計並測試程式能夠重複讀入以及標準化不同長度的向量。定義函式 `scan_vector`、`normalize_vector` 及 `print_vector`。

8. 試製作一表格表示城市的降雨量並比較今年和去年的雨量。請顯示概述性的統計，表示每年的降雨量以及平均每個月的降雨量。輸入資料則包含 12 對數字。每對第一個數字為今年當月降雨量，第二個數字則為去年同月降雨量。第一對資料表示一月份的資料，第二對表示二月份的，依此類推。假設資料的開始是

```
3.2  4    (一月份)
2.2  1.6  (二月份)
```

則輸出為下列：

```
         每月降雨量表格
         一月   二月   三月 · · ·
今年     3.2    2.2
去年     4.0    1.6

今年總降雨量：35.7
去年總降雨量：42.8
今年每月平均降雨量：3.6
去年每月平均降雨量：4.0
```

9. 試寫一交談式程式能夠玩劊子手的遊戲。請將要猜測單字的每個字母放置於陣列的連續元素內，稱此陣列為 word。玩的人必須猜出屬於 word 的字母。當正確猜出所有字母(玩者勝)或是不正確的猜測次數到達一定的數目(電腦贏)，則程式停止。(提示：使用另一個陣列 guessed 記錄目前的答案。初值化 guessed 所有元素為 '*' 符號。每猜中 word 一個字母，就將 guessed 內對應的 '*' 替換為猜到的字母。)

10. 市長選舉的結果依據各選區報告如下：

選 區	候選人 A	候選人 B	候選人 C	候選人 D
1	192	48	206	37
2	147	90	312	21
3	186	12	121	38
4	114	21	408	39
5	267	13	382	29

試寫一程式可執行下列工作：

a. 顯示一表格且行列都有適當的標籤。

b. 計算並顯示每個候選人的得票總數以及得票率。

c. 只要有任一候選人得票超過 50%，此程式應顯示一訊息宣告此候選人勝利。

d. 假如沒有候選人得票超過 50%，則此程式應顯示一訊息宣告得票最高的兩位候選人進入複決；這兩個候選人可從字母名稱來識別。

e. 試使用上面的資料執行此程式，以及執行另一次候選人 C 在選區 4 只有 108 票。

11. 試寫一函式合併兩個排過序(遞增順序)且型態為 double 的陣列，並將結果儲存在輸出參數內(仍是遞增順序)。此函式不能假設兩個輸入參數陣列是同樣長度，但可假設陣列內不會含有重複的值。結果陣列內也不可以包含重複的值。

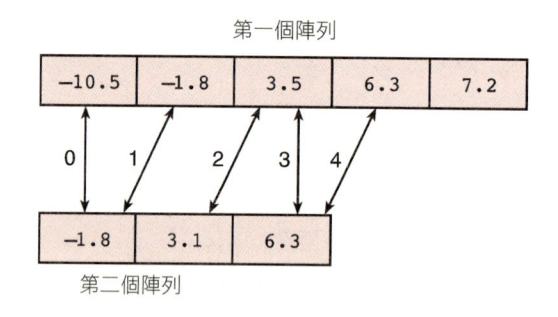

第一個陣列

| −10.5 | −1.8 | 3.5 | 6.3 | 7.2 |

第二個陣列

| −1.8 | 3.1 | 6.3 |

結果陣列

| −10.5 | −1.8 | 3.1 | 3.5 | 6.3 | 7.2 |

(提示：當其中一個輸入陣列執行完，不要忘記將另一陣列剩餘的資料複製至結果陣列。用下列狀況測試你的函式：(1)第一個陣列先執行完，(2)第二個陣列先執行完，(3)兩個陣列同時執行完(也就是結束時值相同)。請記住輸入至函式的陣列必須先經過排序。)

12. 二元搜尋演算法可用在搜尋含有順序性元素的陣列。此演算法類似於下列在電話簿中找名字的方法。

a. 打開簿子至中間部分，並查看此頁中間的名稱。

b. 假設中間名稱並不是你要找的，此時決定它是你要找的名稱之前還是之後。

c. 翻至你認為的一半並重複這些步驟,直到找到所要的名字。

二元搜尋演算法

1. 設 bottom 為陣列起始元素的足標。
2. 設 top 為最後陣列元素的足標。
3. 設 found 為假。
4. 當 bottom 不大於 top 且目標尚未找到時,重複下列步驟:
   5. 設 middle 為 bottom 及 top 中間元素的足標。
   6. 假如在 middle 的元素即為目標
      7. 設定 found 為真且 index 為 middle。
   或是在 middle 的元素大於目標
      8. 設 top 為 middle-1。
   否則
      9. 設 bottom 為 middle+1。

試撰寫及測試函式 binary_srch,此函式用整數陣列實作此演算法。若有一個很大的陣列,你認為哪一個較快: binary_srch 還是圖 8.15 的線性搜尋函式?

13. **氣泡排序**是另一種陣列排序的技巧。氣泡排序比較相鄰的陣列元素,並在順序不對時將兩個值交換。這種方法中,較小的值「如氣泡般」浮到陣列頂端(朝陣列元素 0)。較大的值則會沉到陣列底端。當第一次氣泡排序通過,陣列最後一個元素會是正確的;第二次通過後,最後兩個元素會是正確的,依此類推。因此每通過一次,陣列未排序的部分都會少一個元素。試寫並測試實作此排序法的函式。

14. C 程式可用實數的係數陣列 $a_0, a_1, \cdots, a_n (a_n \neq 0)$ 表示 n 次方的實數多項式 $p(x)$。

$$p(x) = a_0 + a_1 x + a_2 x^2 + \cdots + a_n x^n$$

撰寫程式輸入最大為 8 次方的多項式,然後以不同的 x 值求出多項式的值。此程式包含函式 get_poly,用以填滿係數陣列,並設定多項式的次方,以及函式 eval_poly 對已知的 x 值求值。這些函式原型如下:

```
void get_poly(double coeff[], int* degreep);
```

```
double eval_poly(const double coeff[], int degree,
                 (double x);
```

15. Peabody Public Utilities 追蹤城市中其電力服務的狀態，利用 3×4 的網格，每格代表該區的電力服務。當每區各地都有電力可用時，所有的網格值都是 1。若網格值為 0，表示該區某處處於停電狀態。

　　　　寫一程式從檔案中輸入網格值並顯示此網格。若所有網格值都為 1，顯示訊息

```
Power is on throughout grid.
```

否則，列出停電的區域：

```
Power is off in sectors:
        (0, 0)
        (1, 2)
```

此程式包含函式 get_grid、display_grid、power_ok 和 where_off。若各區電力正常，則函式 power_ok 傳回真(1)，否則傳回偽(0)。函式 where_off 應視哪些區域停電而顯示訊息。

16. 在陣列中計算黑人女性與白人女性的壽命比起男性長多少？從 1950 年到 2000 年中，每十年的歷程。不需要在陣列中儲存年份的資料——只需要輸出時包含年份即可。從不同的檔案輸入陣列資料，由呼叫 matrix_diff 計算這些陣列的差值，由兩個陣列的差值得到第三個陣列。將第三個陣列的資料以適當的表格呈現。所寫的函式將兩個陣列相對應位置的值相減。

美國壽命期望(年份、性別與歷史資料)

女 性			男 性		
年 份	黑 人	白 人	年 份	黑 人	白 人
1950	62.9	72.2	1950	59.1	66.5
1960	66.3	74.1	1960	61.1	67.4
1970	68.3	75.6	1970	60.0	68.0
1980	72.5	78.1	1980	63.8	70.7
1990	73.6	79.4	1990	64.5	72.7
2000	75.2	80.1	2000	68.3	74.9

資料來源：美國國家健康統計中心

字　串

CHAPTER 9

9.1　字串基礎

9.2　字串函式庫函式：設定與子字串

9.3　較長的字串：連結與整行輸入

9.4　字串比較

9.5　指標陣列

9.6　字元運算

9.7　字串轉數字與數字轉字串

9.8　字串處理之範例

　　　案例研究：文字編輯器

9.9　程式撰寫常見的錯誤

　　　本章回顧

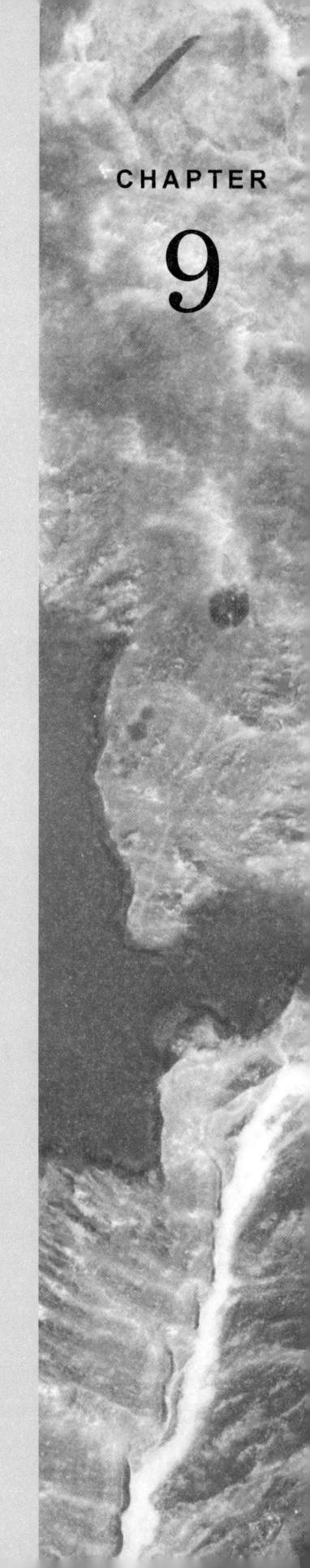

到目前為止，本書只用過少許的字元資料，這是因為大部分的應用程式處理字元資料時都是以一組字元為單位，也就是一種稱為字串的資料結構。因為 C 使用型態為字元的陣列來表示字串的資料結構，我們必須對陣列有基本的了解之後才能探討字串。

字串在電腦科學上非常重要，這是因為大部分應用程式在處理文字的資料會比數值的資料還多。電腦上文書處理器可讓讀者在終端機前寫信、論文、報紙文章，甚至寫書，根本就不需要打字機。在電腦記憶體內儲存文字可使我們修改文章、檢查拼字、移動整段文章，然後列印一份完整無錯誤的檔案。

字串在科學上也占了一個重要的角色。化學家在實驗上用到的元素及化合物，其名稱通常由字母及數字所組成(例如，$C_{12}H_{22}O_{11}$)──資料很容易以字串來表示。分子生物學家用名稱來辨識胺基酸，並用胺基酸縮寫的字串來表示人類的 DNA。許多數學家、物理學家以及工程師們花費更多的時間在找出模式化整個世界的方程式(字元以及數字資料的字串)。在下一章中，我們會看到使用其他的表示法來表達這種概念，且比字串模式更容易處理；但不論如何，字串仍是電腦系統以及使用者之間溝通的工具。

下面各節會介紹一些應用在字元資料的基本操作。標準字串和 ctype 函式庫提供 C 處理字元字串的大部分功能，我們會探討其中的一些函式。

9.1 字串基礎

稍早前我們已充份使用過字串常數。的確，每次呼叫 scanf 或 printf 都使用字串常數作為第一引數。考慮下面呼叫：

```
printf("Average = %.2f", avg);
```

第一引數是字串常數 "Average = %.2f"，這是一個含有 14 個字元的字串。注意，空白在字串中也屬於有效的字元！如同其他的常數值，字串常數可用 #define 指示子來連結其符號名稱。

```
#define ERR_PREFIX  "*****Error - "
#define INSUFF_DATA "Insufficient Data"
```

宣告和初值化字串變數

如同先前所強調的，在 C 中是用陣列來實作字串，所以宣告一字串變數也就是宣告型態為 char 的陣列。在

```
char string_var[30];
```

變數 string_var 可為一字串且含有 0 至 29 個字元長。此種變動長度的特性正是字串資料結構與其他陣列區分之處。在 C 中，字串的初值化可使用大括弧包住字元串列的方法(如第八章所示)或用字串常數，如下述 str 的宣告：

```
char str[20] = "Initial value";
```

讓我們看看在初值化宣告後，str 在記憶體的內容

[0]				[4]					[9]					[14]					[19]
I	n	i	t	i	a	l		v	a	l	u	e	\0	?	?	?	?	?	?

空字元：字元 '\0'，在 C 中標示字串的結束。

請注意 str[13] 包含字元 '\0'，此**空字元**(null character)表示字串的結束。使用此符號可讓字元陣列中的字串長度在 0 到宣告長度減 1 之間變化。所有 C 的字串處理函式對空字元之後的空間皆忽略不管。下圖顯示 str 包含一個所能表示之最大字串——19 個字元外加一個空字元。

[0]				[4]					[9]					[14]					[19]
n	u	m	b	e	r	s		a	n	d		s	t	r	i	n	g	s	\0

陣列字串

因為字串是一字元陣列，字串陣列是一個二維的字元陣列，其中每一列為一個字串。下面的敘述宣告了一個陣列儲存 30 個姓名，每個長度都少於 25 個字元：

```
#define NUM_PEOPLE 30
#define NAME_LEN   25
    ...
char names[NUM_PEOPLE][NAME_LEN];
```

我們可用下列宣告的方法來初值化字串陣列：

```
char month[12][10] = {"January", "February", "March", "April",
                      "May", "June", "July", "August",
                      "September", "October", "November",
                      "December"};
```

使用 printf 和 scanf 的輸入／輸出

printf 和 scanf 皆可處理字串引數，只要在格式化字串內含 %s 即可：

`printf("Topic: %s\n", string_var);`

此 printf 函式，如同其他標準函式庫函式一樣，對字串引數需要一空字元來表示字串的結束。如果傳遞至 printf 的字元陣列並不包含字元，此 printf 函式會先以字元顯示陣列的每個元素，然後繼續列印記憶體的內容，直到碰到空字元為止，或是存取到不屬於程式的記憶格，並導致執行期錯誤。當我們撰寫自己的字串函式時，必須確定字串的結尾處含有一個空字元。對字串常數來說，空字元是自動加入的。

下列 printf 的格式化字串中，%s 可和最小欄寬一起使用：

`printf("***%8s***%3s***\n", "Short", "Strings");`

第一個字串顯示八行寬並向右對齊，第二個字串比指定的欄寬還長，所以會擴張此欄寬來容納此字串。在一般情況下，我們比較習慣字串向左對齊。參考圖 9.1 的兩個串列。

在欄寬前放置負號，可使顯示的值向左對齊。假如 president 為一字串變數，重複的執行 printf 呼叫會產生向左對齊的串列。

`printf("%-20s\n", president);`

scanf 函式可用來輸入字串。但在呼叫 scanf 時使用字串變數作為引數，必須記得傳給函式的陣列輸出引數一定是將陣列起始元素的位

圖 9.1
向右對齊及向左對齊的字串

向右對齊	向左對齊
George Washington	George Washington
John Adams	Hohn Adams
Thomas Jefferson	Thomas Jefferson
James Madison	James Madison

圖 9.2 用 scanf 及 printf 作字串輸入／輸出

```
1.   #include <stdio.h>
2.
3.   #define STRING_LEN  10
4.
5.   int
6.   main(void)
7.   {
8.       char dept[STRING_LEN];
9.       int  course_num;
10.      char days[STRING_LEN];
11.      int  time;
12.
13.      printf("Enter department code, course number, days and ");
14.      printf("time like this:\n> COSC 2060 MWF 1410\n> ");
15.      scanf("%s%d%s%d", dept, &course_num, days, &time);
16.      printf("%s %d meets %s at %d\n", dept, course_num, days, time);
17.
18.      return (0);
19.  }

Enter department code, course number, days and time like this:
> COSC 2060 MWF 1410
> MATH 1270 TR 800
MATH 1270 meets TR at 800
```

址傳遞給函式。因此在傳遞字串引數至 scanf 或其他函式時並不會使用位址運算子。在圖 9.2 中，我們會看到簡單的主函式使用 scanf 和 printf 來執行字串的 I/O。在此程式中，期望使用者鍵入一個字串，代表學校系所(dept)、課程整數碼(course_num)、每週上課日期(days)，以及上課時間(time)。

scanf 的字串輸入方式非常類似於數值輸入的方式。如圖 9.3，當讀入字串時，scanf 跳過一些前導的空格字元，像空白、跳行及 tab 等。由第一個非空格字元開始，scanf 複製所有碰到的字元到字元陣列

圖 9.3

執行 scanf("%s", dept);

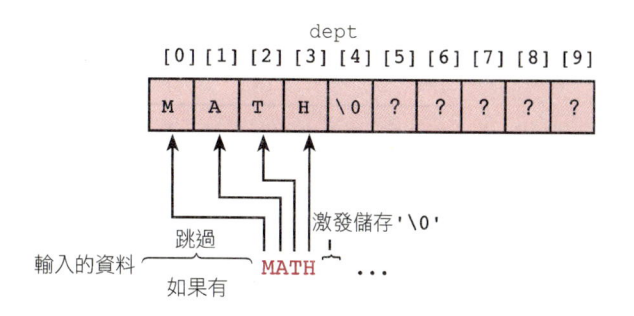

```
              dept
      [0] [1] [2] [3] [4] [5] [6] [7] [8] [9]
      ┌───┬───┬───┬───┬───┬───┬───┬───┬───┬───┐
      │ M │ A │ T │ H │\0 │ ? │ ? │ ? │ ? │ ? │
      └───┴───┴───┴───┴───┴───┴───┴───┴───┴───┘
        ↑   ↑   ↑   ↑   ↑
        │   │   │   │   └─ 激發儲存'\0'
        │   │   │   │
   輸入的資料 跳過  MATH   ...
            如果有
```

引數的記憶格內,並在碰到空格字元後結束掃描。最後在陣列引數的字串結尾處加上一個空字元。

由以上 scanf 處理空格的方式,可知在每行資料值之間所加的空白可以有多種方式,讓圖 9.2 程式的變數 dept、course_num、days、time 在呼叫 scanf 時接收到正確的結果。例如,只讓每行有一個資料值,並加上額外的空格:

```
>     MATH
 1270
    TR
        1800
```

或每行兩個值:

```
> MATH 1270
  TR 1800
```

如果在值之間沒有一些基本的空格或是被非空格的間隔字替換掉,則函式 scanf 很難做出正確的掃描。例如,假設資料輸入如下:

```
> MATH1270 TR 1800
```

scanf 會在 dept 內儲存八個字元的字串 "MATH1270",然後無法將下一個參數 T 轉換為整數。如果鍵入資料如下,這種情形是最糟糕的:

```
> MATH, 1270, TR, 1800
```

scanf 函式會將整個 17 個字元的字串外加 '\0' 儲存至 dept 陣列,同時導致後面 8 個字元無法儲存至 dept 內,如圖 9.4 所示。

對那些沒有空白且可預測長度的輸入字串,使用 scanf 的 %s 就可以解決。但對於某些環境下無法設定適當的資料鍵入格式時,就應該另外使用比較完整的字串輸入函式。本書將在 9.3 節撰寫一個類似的函式。

圖 9.4

執行 scanf("%s%d%s%d", dept, &course_num, days, &time); 遇到無效的資料

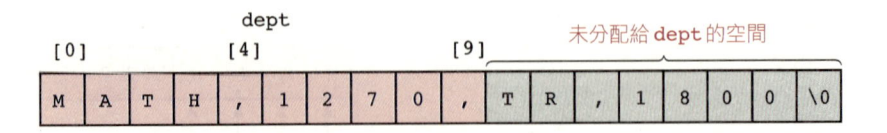

	[0]			[4]					[9]								
M	A	T	H	,	1	2	7	0	,	T	R	,	1	8	0	0	\0

dept ← → 未分配給 dept 的空間

範例 9.1　稍早前,本章宣告一個陣列字串可包含 30 個姓名(一個二維陣列且型態為 charv)。讓我們看看如何用 scanf 及 printf 來填滿陣列並同時列印。

你會記得我們在研讀陣列時,將陣列以輸出引數傳入時,毋須位址運算子。因為字串陣列的每個元素 names[i] 都代表一種陣列,所以作為輸出引數傳入時,不需使用 & 運算子。下面的程式碼片段將資料填入平行陣列 names 和 ages 在 scanf 的呼叫中,注意 ages 陣列元素上 & 運算子的應用,因為這些元素是 int 型態的簡單輸出引數。

```
#define NUM_PEOPLE 30
#define NAME_LEN 25
...
char names [NUM_PEOPLE][NAME_LEN];

for(i = 0; i < NUM_PEOPLE;  ++i){
   scanf("%s%d", names[i], &ages[i]);
   printf("%-35s %3d\n", names[i], ages[i]);
}
```

練習 9.1

自我檢驗

1. 當 scanf 函式正在掃描字串時,假設輸入的資料(不含空白)多於陣列輸出引數,則 scanf _____(選擇一個答案)。
   a. 只會複製適當長度,然後忽略其他的字元。
   b. 複製所有的字元並超出輸出引數,因為 scanf 無法知道陣列宣告的長度。
   c. 掃描所有的字元但只儲存適當的長度,然後忽略其他的字元。
2. 當 printf 使用 %s 來列印字串引數時,它怎麼知道要印多少個字元呢?
3. 試宣告一陣列為 30 個字元,並在宣告時初值化為含有 29 個空白的字串。

程式撰寫

1. 試寫一程式能夠讀取少於 25 個字元的單字,並能列印敘述如下:

   fractal starts with the letter f

使此程式能夠處理所有的單字直到碰到一個單字以字元 '9' 開頭為止。

9.2　字串函式庫函式：設定與子字串

我們已經熟悉如何用設定運算子 = 將資料複製至變數內。雖然在字串變數的宣告中，用設定符號作初值化，但這是運算子**唯一**能夠將右邊運算元的字串複製至左邊運算元之變數內的情況。我們也已經知道變數名稱如果不含足標是表示陣列起始元素的位址。這個位址是一個常數，而且不能經由設定來改變，下面的程式碼會產生編譯錯誤訊息，像是 Invalid target of assignment：

```
char one_str[20];
one_str = "Test string";  /* Does not work */
```

C 所提供之字串設定的運算方法和提供平方根及絕對值運算一樣──經由函式庫函式。除了設定函式外，函式庫 string.h 也提供函式找出子字串、連結、字串長度、字串比較，以及整行輸入的運算。表 9.1 列出 string.h 中的幾個函式，在附錄 B 中有完整的整個函式庫。注意，所有字串建構函式的回傳值都是型態 char*，而且陣列永遠用其起始值的位址來表示。

字串設定

函式 strcpy 將第二個引數字串複製至第一個引數字串。要修正前面錯誤的設定，應該重寫為：

```
strcpy(one_str, "Test String");
```

就像前面呼叫 scanf 時的 %s，呼叫 strcpy 很容易超出目的變數 (即範例的 one_str) 所配置的記憶空間。變數 one_str 含有 19 個字元外加一個空字元。呼叫 strcpy

```
strcpy(one_str, "A very long test string");
```

會超出 one_str 的範圍，並使最後的字元 'i'、'n'、'g' 及 '\0' 儲存至其他變數的記憶體內，所以很自然地就改變了其他變數的值。有些時候，這種滿溢會產生執行期錯誤的訊息。

字串函式庫提供另一種字串複製函式 strncpy，它有一個引數用來

表 9.1 string.h 中的一些字串函式庫函式

函式	目的：範例	參數	結果型態
strcpy	將字串 source 複製至字元陣列 dest： strcpy(s1, "hello");	char *dest const char *source	char * `h|e|l|l|o|\0|?|?|…`
strncpy	最多複製 source 的 n 個字元至 dest：strncpy(s2, "inevitable", 5)；諸存 s1 的前五個字元，但不包括空字元。	char *dest const char *source size_t† n	char * `i|n|e|v|i|?|?|…`
strcat	將 source 附加在 dest 之後： strcat (s1, "and more");	char *dest const char *source	char * `h|e|l|l|o|a|n|d|m|o|r|e|\0`
strncat	最多將 source 的 n 個字元附加在 dest 之後，若需要會加入空字元： strncat (s1, "and more", 5);	char *dest const char *source size_t† n	char * `h|e|l|l|o|a|n|d|m|\0|?`
strcmp	對兩字串 s1、s2 做字母的比較，若 s1 等於 s2 則回傳 0；若 s1>s2 則回傳正值；若 s1<s2 則回傳負值： if (strcomp (name1, mame2) == 0)…	const char *s1 const char *s2	int
strncmp	比較 s1 和 s2 的前 n 個字元，回傳值同 strcmp： if (strncmp (n1, n2, 12) == 0)…	const char *s1 const char *s2 size_t† n	int
strlen	回傳 s 的字元數，不含空字元： strlen ("What") 回傳 4。	const char *s	size_t
strtok	藉由找出由 delim 中任何分隔字元所隔開的一群群字元，將參數字串 source 切斷形成記號 (token)。第一次呼叫必須提供 source 和 delim。後續呼叫用 NULL 作為 source 字串，可在原來的 source 中找到其餘記號。藉由限在第一個記號之後的分隔符號以 '\0' 取代可改變 source 字串。舉例來說，如果 s1 是 "Jan,12,,1842"，strtok(s1,",.") 會傳回 "Jan"，接著 strtok (NULL,",.") 傳回 "12"，然後 strtok (NULL,",.") 傳回 "1842"。右邊欄位中的記憶體顯示經過三次呼叫 strtok 改變後的 s1。回傳值指向 s1 子字串的指標，而非一份複製資料。	const char *source const char *delim	char * `J|a|n|\0|1|2|\0|1|8|4|2|\0`

† size_t 是一種無號的整數型態

描述要複製多少個字元(稱此為數字 n)。假如被複製的字串(原始字串)少於 n 個字元，則其餘的字元會儲存空字元。例如，

`strncpy(one_str, "Test string", 20);`

設定 `one_str` 的值為：

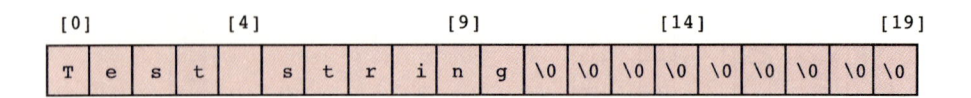

[0]				[4]					[9]					[14]					[19]
T	e	s	t		s	t	r	i	n	g	\0	\0	\0	\0	\0	\0	\0	\0	\0

其呼叫效果相同於

`strcpy(one_str, "Test string");`

這是因為在第一個空字元之後的所有字元都會忽略掉。如果原始字串多於 n 個字元，則只會複製前 n 個字元：

`strncpy(one_str, "A very long test string", 20);`

[0]				[4]					[9]					[14]					[19]
A		v	e	r	y		l	o	n	g		t	e	s	t		s	t	r

注意，雖然呼叫 `strncpy` 可以防止目的字串 `one_str` 滿溢，但 `one_str` 也沒有儲存一個有效的字串：沒有結束字元 `'\0'`。在一般情形下，可使用下列兩個敘述來將原始字串(source)指定至長度為 `dest_len` 的目的字串(dest)：

`strncpy(dest, source, dest_len - 1);`
`dest[dest_len - 1] = '\0';`

`strcpy` 與 `strncpy` 模擬設定運算子的方式，將傳回值設為指定的字串(目的變數的副本)。因此呼叫函式有兩種方法可參考結果：使用呼叫的第一個引數或函式的結果。這是在字串函式庫中的字串建構函式所具有的特性。

子字串

子字串：長字串的部分片段字串。

我們常會需要參考長字串的**子字串**(substring)。例如，我們可能想要檢查字串 `"NaCl"` 內的 `"Cl"`，或是字串 `"Jan. 30, 1996"` 中的 `"30"`。我們已經看到函式 `strncpy` 可用來萃取字串的前 n 個字元。假使仔細

圖 9.5

執行 strncpy
(result, s1, 9);

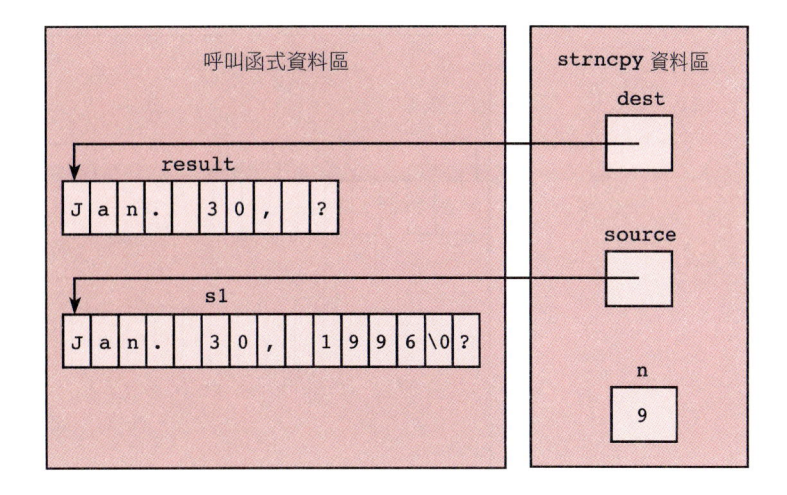

地思考 strncpy 如何運作，其實也就能夠應用這個函式來複製字串中間或結尾的部分。假設 strncpy 的原型為：

```
char *strncpy(char *dest, const char *source, size_t n);
```

圖 9.5 描述 strncpy 以及在程式碼中呼叫 strncpy 尚未傳回呼叫函式前的資料區：

```
char result[10], s1[15] = "Jan. 30, 1996";
strncpy(result, s1, 9);
result[9] = '\0';
```

此圖提醒我們，不使用足標的陣列(像 result 及 s1)實際上表示陣列起始元素的位址。假如想用 strncpy 來萃取中間一段子字串，則在呼叫此函式時，必須使用欲複製之子字串的第一個字元的位址。例如，同樣的字串 s1，下面的程式碼會萃取出子字串 "30"，如圖 9.6 所示：

```
strncpy(result, &s1[5], 2);
result[2] = '\0';
```

要萃取出原始字串的最後一部分，可用 strcpy 來複製 s1 最後面的 1996：

```
strcpy(result, &s1[9]);
```

函式 strcpy 都是從原始字串的起始字元開始複製，直到碰到 '\0'(也會複製之)為止。

圖 9.6

執行 strncpy
(result, &s1
[5], 2);

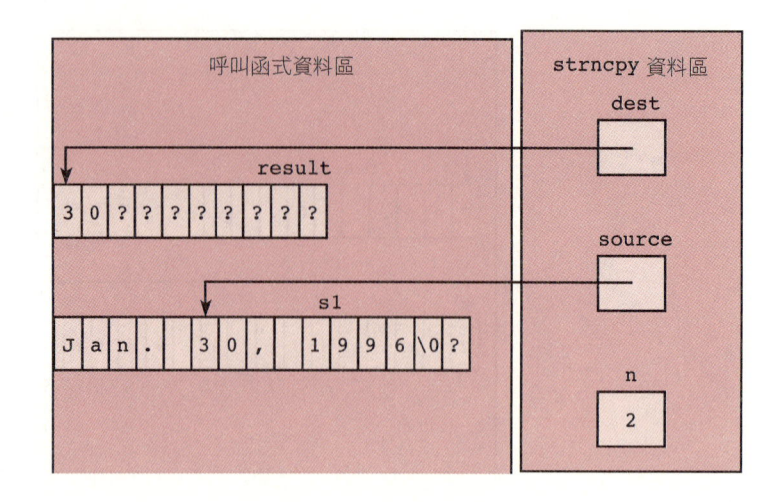

```
                    呼叫函式資料區                    strncpy 資料區
                                                      dest
                            result
                  ┌─┬─┬─┬─┬─┬─┬─┬─┐
                  │3│0│?│?│?│?│?│?│
                  └─┴─┴─┴─┴─┴─┴─┴─┘
                                                      source

                              s1
                  ┌─┬─┬─┬─┬─┬─┬─┬─┬─┬─┬─┬─┐
                  │J│a│n│.│ │3│0│,│ │1│9│9│6│\0│?│
                  └─┴─┴─┴─┴─┴─┴─┴─┴─┴─┴─┴─┘
                                                       n
                                                       2
```

範例 9.2　下面兩種作法可用來取出存放在 pres 中之字串的三個子字串。在第一個版本中，我們使用字串函式庫的複製函式。注意，唯一一種程式設計師無需刻意指定以 '\0' 結束子字串的情況是，當被取出的子字串中包含來源字串的結束字元時。當取出 "Quincy" 時即為此狀況。當然，如果配置給 middle 的空間不足以容納複製的子字串，strcpy 會造成 middle 發生溢位。

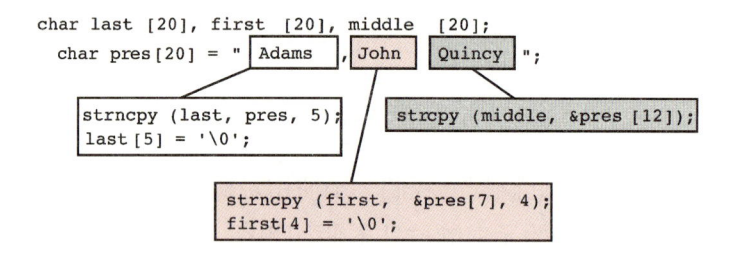

```
char last [20], first [20], middle [20];
char pres[20] = " Adams , John  Quincy ";

strncpy (last, pres, 5);         strcpy (middle, &pres[12]);
last[5] = '\0';

              strncpy (first, &pres[7], 4);
              first[4] = '\0';
```

在第二個版本中，可看到 Adams、John 和 Quincy 都是被分隔符號逗號和空白隔開的記號。我們藉由呼叫字串函式庫函式 strtok 取出三個子字串 (參考表 9.1)。在第一次呼叫時，我們提供來源字串 pres_copy 和分隔字串 ","。由於第二次和第三次呼叫 strtok 時的第一個參數都是 NULL，所以 strtok 會繼續搜尋並改變 pres_copy。在此版本中，first、middle 和 last 都是指向原始字串 pres_copy 中某些片段的指標，而非新的複製資料。基於 strtok 會改變原始字串，所以我們將 pres 複製到 pres_copy 後才開始取出記號。

```
char *last, *first, *middle;
char pres[20] = "Adams, John Quincy";
char pres_copy[20];
strcpy(pres_copy, pres);
```

```
last = strtok(pres_copy, ", ");
first = strtok(NULL, ", ");
middle = strtok(NULL, ", ");
```

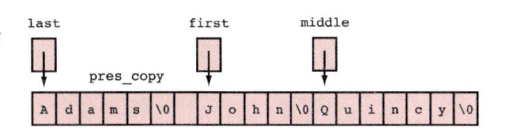

```
           last          first        middle
            ↓             ↓             ↓
                    pres_copy
          ┌─┬─┬─┬─┬──┬─┬─┬─┬─┬──┬─┬─┬─┬─┬─┬─┬──┐
          │A│d│a│m│s│\0│J│o│h│n│\0│Q│u│i│n│c│y│\0│
          └─┴─┴─┴─┴──┴─┴─┴─┴─┴──┴─┴─┴─┴─┴─┴─┴──┘
```

範例 9.3　圖 9.7 的程式將化合物分成各種基本成份，假設每一個元素的名稱由大寫字母起頭並且是使用 ASCII 字集。例如，程式將 "NaCl" 分成 "Na" 及 "Cl"。在 for 迴圈內的 if 敘述測試在 next 位置的字元是否為大寫。如果是，則 strncpy 會將前一個大寫字元(位置 first)到 next 位置(但不包含)之間的所有字元複製至 elem。

迴圈之後的敘述

```
printf("%s\n", strcpy(elem, &compound[first]));
```

是用來顯示最後一個成份。請注意最後呼叫 printf 是利用 strcpy 傳回字串 elem 起始位址的事實。因為最後呼叫 strcpy 已萃取了完整的字串(意即字串結尾為 '\0')，所以可以不用寫成兩個敘述：

```
strcpy(elem, &compound[first]);
printf("%s\n", elem);
```

僅須將呼叫 strcpy 放到需要結果值的位置──也就是在 printf 的引數串列內。

現在請仔細檢查 CMP_LEN 及 strlen(compound) 的使用方式。在此程式中，我們再看到部分陣列的使用方法。如同第八章所看到，一旦資料存入陣列內，陣列宣告的長度未必就是有效的長度。strlen 函式所找到的**字串長度**(string length)為字串內所有字元至空字元(但不包括)的數目。此長度可能少於或多於陣列宣告的長度，但真正有效的長度是從 0 到宣告長度減 1 之間。長度為零的字串稱為**空字串**(empty string)。strlen 回傳值的型態為 size_t，是一種無號的整數型態。

字串長度：在字元陣列中，於第一個空字元之前的字元數目。

空字串：長度為 0 的字串；字串的第一個字元就是空字元。

圖 9.7 使用 `strncpy` 及 `strcpy` 函式的程式來分隔化合物內所有的元素

```c
/*
 *  Displays each elemental component of a compound
 */

#include <stdio.h>
#include <string.h>

#define CMP_LEN  30   /* size of string to hold a compound  */
#define ELEM_LEN 10   /* size of string to hold a component */

int
main(void)
{
    char compound[CMP_LEN];  /* string representing a compound */
    char elem[ELEM_LEN];     /* one elemental component        */
    int  first, next;

    /*  Gets data string representing compound               */
    printf("Enter a compound> ");
    scanf("%s", compound);

    /*  Displays each elemental component.  These are identified
        by an initial capital letter.                        */
    first = 0;
    for (next = 1;  next < strlen(compound);  ++next)
        if (compound[next] >= 'A'  &&  compound[next] <= 'Z') {
             strncpy(elem, &compound[first], next - first);
             elem[next - first] = '\0';
             printf("%s\n", elem);
             first = next;
        }

    /*  Displays the last component                          */
    printf("%s\n", strcpy(elem, &compound[first]));

    return (0);
}
```
```
Enter a compound> H2SO4
H2
S
O4
```

練習 9.2

自我檢驗

1. 已知字串變數 `pres`、`first` 及 `last` 的定義如同範例 9.2，請問下面程式碼顯示為何？

```
strncpy(first, pres, 2);
first[2] = '\0';
printf("%s", first);
printf(" %s", strcpy(last, &pres[7]));

strncpy(first, &pres[7], 2);
first[2] = '\0';
strncpy(last, &pres[14], 2);
last[2] = '\0';
printf(" %s%s\n", first, last);
```

2. 假設下列宣告：

```
char socsec[12] = "123-45-6789";
char ssnshort[7], ssn1[4], ssn2[3], ssn3[5];
```

試寫出能夠完成下列目的之敘述：

a. 盡可能將 socsec 的內容儲存至 ssnshort。

b. 將 socsec 前三個字元儲存至 ssn1。

c. 將 socsec 中間兩個數字儲存至 ssn2。

d. 將 socsec 後面四個數字儲存至 ssn3。

請確定敘述會將有效字串存至每一個變數中。

程式撰寫

1. 試寫一程式能將 Millie 的郵購目錄(MMOC)產品碼區隔為成份名稱。一個 MMOC 產品碼的開頭是一個或多個字母，代表產品儲存倉庫所在地；之後是一或多個數字，代表產品序號；字串最後面由大寫字母開始，代表一個修飾詞，像是大小、顏色等。例如，ATL1203S14 代表在 Atlanta 倉庫、產品 1203、大小為 14。試寫一程式能夠讀取產品碼，找出第一個數字的位置以及數字後第一個字母。請使用 strcpy 及 strncpy 來顯示如下的報告：

```
Warehouse: ATL
Product: 1203
Qualifiers: S14
```

2. 試完成函式 trim_blanks，其目的是由將字串讀入輸入參數(to_trim)並傳回字串的複製，但移除前後的空白。在 trim_blanks 內使用 strncpy。

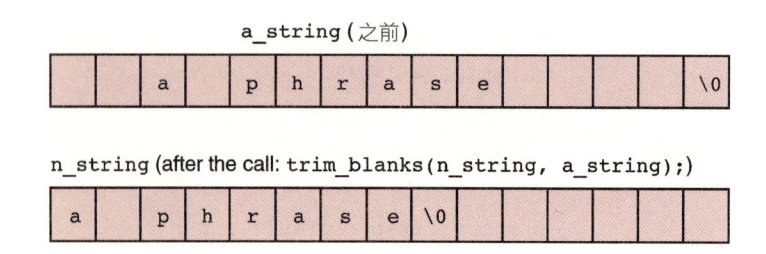

```
                        a_string (之前)
        |   | a | p | h | r | a | s | e |   |   | \0 |


        n_string (after the call: trim_blanks(n_string, a_string);)

        | a | p | h | r | a | s | e | \0 |   |   |   |   |
```

```
char *
trim_blanks(char        *trimmed, /* output */
            const char *to_trim)  /* input  */
{
        /* Find subscript of first nonblank in to_trim  */
        /* Find subscript of last nonblank in to_trim   */
        /* Use strncpy to store trimmed string in trimmed */
}
```

9.3 較長的字串：連結與整行輸入

在本節會研讀兩個函式庫函式可以組合或**連結**(concatenate)兩個字串，形成一個較長的字串。同時本書也會利用函式從鍵盤或檔案讀入一整行的字元資料。

連結：合併兩個字串。

連　結

字串函式庫函式 strcat 及 strncat 將所有或部分的第二字串引數加至第一字串引數的後面。兩個函式同時假設第一引數應該有充份的空間來增加額外的字元。

範例 9.4　考慮下列的程式碼：

```
#define STRSIZ 15
char f1[STRSIZ] = "John ", f2[STRSIZ] = "Jacqueline ",
     last[STRSIZ] = "Kennedy";

strcat(f1, last);
strcat(f2, last);  /* invalid overflow of f2 */
```

第一次呼叫 strcat 複製字串 "Kennedy" 至 f1 的尾端，產生一個含有 12 個字元加空字元的字串 "John Kennedy"，此字串完全可以寫進 15 個字元的陣列

f1。不過第二次呼叫 strcat 產生 19 個字元(包含 '\0')的字串 "Jacqueline Kennedy"，此字串使 f2 滿溢，且如果 last 配置的空間緊跟在 f2 之後，則會產生改變 last 內容的副作用。讀者可以用另一種方式重寫第二次 strcat 呼叫為：

```
strncat(f2, last, 3);
```

此敘述將部分的 "Kennedy" 加至 "Jacqueline"，使 f2 不會產生滿溢的現象，結果字串為 "Jacqueline Ken"。

撰寫字串處理程式時，事前通常都不會曉得字串的長度。但很幸運地，字串函式庫已提供了函式 strlen，能傳回字串引數的長度，而且不包含 '\0'。下面的程式碼分別顯示數字 8 和 16，然後是片語 Jupiter Symphony。

```
#define STRSIZ 20

char s1[STRSIZ] = "Jupiter ",
     s2[STRSIZ] = "Symphony";
printf("%d %d\n", strlen(s1), strlen(strcat(s1, s2)));
printf("%s\n", s1);
```

s1 初值後面的空白包含在 s1 長度內。同時請注意，呼叫 strcat 指令即使是在其他函式呼叫之內，同樣會影響 s1 的值。strcat 與 strncat 兩者回傳值都是內容已改變的第一引數。假如 s1 和 s2 兩者都宣告有 STRSIZ 個字元，則下列的程式碼將盡可能連結出最大的字串，並使其不產生滿溢，如果會有滿溢現象發生，則只將第二個字串的適當長度連結至 s1。

```
if (strlen(s1)+ strlen(s2)< STRSIZ){
    strcat(s1, s2);
} else {
    strncat(s1, s2, STRSIZ - strlen(s1) - 1);
    s1[STRSIZ - 1] = '\0';
}
```

上述程式正確驗證 s1 和 s2 的長度和必定少於 STRSIZ，如果總和等於 STRSIZ，則 strcat 放在結尾後面的 '\0' 會使 s1 產生滿溢現象。

從本書使用 strcpy、strncpy、strcat 以及 strncat 的例子中可以看到，對處理字串的 C 程式設計師來說，有兩個重要的問題要牢記心中：

■ 輸出引數是否有足夠的空間來容納所產生的整個字串？
■ 產生的字串結尾是否為 '\0'？

字元與字串的區別

使用 strcat 時，有的人可能想到使用單一字元作為其中一個字串來連結。如果函式對應參數的型態為 char*，則型態為 char 的值會是一個無效的引數。請注意字元 'Q' 與字串 "Q" 在內部表示上的差異。

字元 'Q'　　字串 "Q" (由起始位址表示)

如果你想將單一字元加於字串結尾處，須將字串視為陣列並設定可存取的足標元素。請確定在字串結尾處是一個空字元。

掃描一整行

雖然空白對數值資料來說是一個很好的分隔符號(如同函式 scanf 與 fscanf)，不過在處理字串時把它視為分隔符號似乎不太合理，因為空白對字串來說是一個完全有效的字元元素。使用交談方式輸入一整行資料時，stdio 函式庫提供函式 gets。考慮下列程式：

```
char line[80];
printf("Type in a line of data.\n> ");
```

假如使用者在提示後回覆如下：

```
Type in a line of data.
> Here is a short sentence.
```

儲存在 line 的值可能為：

| H | e | r | e | | i | s | | a | | s | h | o | r | t | | s | e | n | t | e | n | c | e | . | \0 | ... |

\n 字元代表在句子尾端時按下 <return> 或 <enter> 鍵，但卻不會儲存。和 scanf 一樣，如果使用者輸入過長的資料，gets 也會讓字串引數產生滿溢的現象。

stdio 函式庫內 gets 的檔案版本 fgets，其作用就有些不同。函式 fgets 有三個引數── 輸出參數字串、最大可儲存的字元數(n)，以及資料來源的檔案指標。函式 fgets 不會從資料檔案中儲存多於 $n-1$ 個字元，且最後一個字元永遠是 '\0'。但在最後字元的旁邊就不一定會存

有 '\n'。如果 fgets 有足夠的空間儲存整行資料，它會在 '\0' 之前加入 '\n'。如果此行從中被截斷，則不會儲存 '\n'。和其他研究過的字串建構函式一樣，fgets 儲存字串於第一引數內並傳回此字串引數的值 (也就是位址)。當呼叫 fgets 碰到檔案結尾時，則回傳值為位址 0，也就是**空指標**。圖 9.8 顯示程式從資料檔每次讀取一行，且產生雙空白行與行號的新版資料檔。

練習 9.3

自我檢驗

1. 已知字串 pres (值為 "Adams, John Quincy") 以及 40 個字元的暫存變數 tmp1 和 tmp2，則下面的程式碼會顯示什麼字串？

   ```
   strncpy(tmp1, &pres[7], 4);
   tmp1[4] = '\0';
   strcat(tmp1, " ");
   strncpy(tmp2, pres, 5);
   tmp2[5] = '\0';
   printf("%s\n", strcat(tmp1, tmp2));
   ```

2. 下列程式碼的最後一行有一個錯誤，請問錯誤為何？為什麼錯？如何修正使其能夠表達原意？

   ```
   strcpy(tmp1, &pres[12]);
   strcat(tmp1, " ");
   strcat(tmp1, pres[7]);
   ```

程式撰寫

1. 試寫一函式 bracket_by_len，能讀取一個單字作為輸入引數，並在此字外面加上括號來表示不同的長度，然後傳回。當字的長度少於 5 個字元，則用 << >> 括起來；當字的長度在 5 到 10 個字元之間，則用 (* *) 括起來，當字的長度超過 10 個字元時，則用 /+ +/ 括起來。你的函式可能需要呼叫者提供存放結果的空間作為第一引數，可用空間的數量作為第三引數。考慮下列呼叫函式以及結果：

   ```
   bracket_by_len(tmp, "insufficiently", 20)     →
         "/+insufficiently+/"
   bracket_by_len(tmp, "the", 20)           →         "<<the>>"
   ```

圖 9.8　整行輸入範例

```
1.   /*
2.    * Numbers and double spaces lines of a document. Lines longer than
3.    * LINE_LEN - 1 characters are split on two lines.
4.    */
5.
6.   #include <stdio.h>
7.   #include <string.h>
8.
9.   #define LINE_LEN 80
10.  #define NAME_LEN 40
11.
12.  int
13.  main(void)
14.  {
15.        char line[LINE_LEN], inname[NAME_LEN], outname[NAME_LEN];
16.        FILE *inp, *outp;
17.        char *status;
18.        int i = 0;
19.
20.        printf("Name of input file> ");
21.        scanf("%s", inname);
22.        printf("Name of output file> ");
23.        scanf("%s", outname);
24.
25.        inp = fopen(inname, "r");
26.        outp = fopen(outname, "w");
27.
28.        for  (status = fgets(line, LINE_LEN, inp);
29.              status != 0;
30.              status = fgets(line, LINE_LEN, inp)) {
31.           if (line[strlen(line) - 1] == '\n')
32.                 line[strlen(line) - 1] = '\0';
33.           fprintf(outp, "%3d>> %s\n\n", ++i, line);
34.        }
35.        return (0);
36.  }
```

File used as input

In the early 1960s, designers and implementers of operating
systems were faced with a significant dilemma. As people's
expectations of modern operating systems escalated, so did
the complexity of the systems themselves. Like other
programmers solving difficult problems, the systems
programmers desperately needed the readability and
modularity of a powerful high-level programming language.

(續)

圖 9.8 整行輸入範例（續）

Output file
```
1>> In the early 1960s, designers and implementers of operating
2>> systems were faced with a significant dilemma. As people's
3>> expectations of modern operating systems escalated, so did
4>> the complexity of the systems themselves. Like other
5>> programmers solving difficult problems, the systems
6>> programmers desperately needed the readability and
7>> modularity of a powerful high-level programming language.
```

9.4 字串比較

在稍早的章節中，已介紹過字元是由數值碼表示，並且使用關係和等於運算子來比較字元。例如，條件

```
crsr_or_frgt == 'C'
```

和

```
ch1 < ch2
```

可用在條件敘述中測試字元變數。但很不幸地，這些運算子無法用於字串比較，這是因為 C 用陣列表示字串。

無足標的字串名稱是表示陣列起始元素的位址，假如 str1 和 str2 為字串變數，條件

```
str1 < str2
```

並不會逐字檢驗 str1 與 str2。但是，這是個有效的比較。此條件式會檢查 str1 的記憶體位置是否在 str2 的記憶體位置之前。

標準字串函式庫提供 int 函式 strcmp 用於兩個字串的比較。函式 strcmp 將其引數對分成三個類別，如表 9.2 所示。

在此表中，我們用「小於」表示字串 '<' 的比較。我們已經知道對字元變數 ch1 和 ch2 來說，如果 ch1 的字元碼值小於 ch2 的字元碼值，則 ch1 < ch2 為真。ANSI C 根據下列所敘述的兩種狀況來定義字串所謂「小於」的概念。

表 9.2 `strcmp(str1, str2)` 的可能結果

關 係	傳回值	範 例
str1 小於 str2	負整數	str1 是 `"marigold"` str2 是 `"tulip"`
str1 等於 str2	零	str1 及 str2 皆為 `"end"`
str1 大於 str2	正整數	str1 是 `"shrimp"` str2 是 `"crab"`

1. 假設 str1 及 str2 前 n 個字元相同，且 str1[n]、str2[n] 為第一對不相同的對應字元，若 str1[n] < str2[n]，則 str1 小於 str2。

```
str1 t h r i l l       str1 e n e r g y
str2 t h r o w         str2 f o r c e
          ∘                   ∘
   前 3 個字母相同          前 0 個字母相同

   str1[3] < str2[3]      str1[0] < str2[0]
      'i' < 'o'              'e' < 'f'
```

2. 假如 str1 比 str2 短且 str1 所有的字元與 str2 對應的字元相同，則 str1 小於 str2。

```
str1 j o y
str2 j o y o u s
```

　　字串函式庫同時也提供類似的函式 `strncmp`，提供兩個字串前 *n* 個字元的比較，其中 *n* 是第三個引數。例如，str1 是 `"joyful"` 而 str2 是 `"joyous"`，則函式呼叫 `strncmp(str1, str2, 1)`、`strncmp(str1, str2, 2)`、`strncmp(str1, str2, 3)` 都會傳回零，這是因為 `"j"` 與 `"j"` 相同，`"jo"` 與 `"jo"` 相等，以及 `"joy"` 等於 `"joy"`。但在 `strncmp(str1, str2, 4)` 則傳回一負值，表示 `"joyf"` 在字母的順序上是在 `"joyo"` 前面。

圖 9.9　數值與字串版本的部分選擇性排序法，此法會比較及交換元素

Comparison (in function that finds index of "smallest" remaining element)

數　值

```
if (list[i] < list[first])
    first = i;
```

字　串

```
if (strcmp(list[i], list[first]) < 0)
    first = i;
```

Exchange of elements

```
temp = list[index_of_min];
list[index_of_min] = list[fill];
list[fill] = temp;
```

```
strcpy(temp, list[index_of_min]);
strcpy(list[index_of_min], list[fill]);
strcpy(list[fill], temp);
```

範例 9.5　在對串列作字母的排序時，字串的比較是必須的。要對由大寫或小寫字母組成之單字的串列排序時，可利用 8.6 節發展的選擇排序演算法。圖 9.9 比較數字和字串版本的程式碼，此段程式碼的功能是比較串列元素找出最小值(或是較前字母)的足標。同時含有交換兩個陣列元素的數字和字串版本的程式碼。在字串版本中，我們看到利用字串函式庫函式 `strcmp` 和 `strcpy`。字串交換碼的假設是 `temp` 為區域字串變數，且有足夠的空間儲存 `list` 中的任何字串。

範例 9.6　當我們以交談方式處理一串字串資料時，事先都不會知道會輸入多少資料。在這種情形下，可使用一個哨符控制的迴圈，提示使用者在資料輸入完畢後，鍵入一個哨符值。圖 9.10 顯示一個這樣的迴圈，並且使用 `strcmp` 來檢驗輸入的哨符值(以常數 `SENT` 表示)。

圖 9.10　用於字串輸入的哨符控制式迴圈

```
1.  printf("Enter list of words on as many lines as you like.\n");
2.  printf("Separate words by at least one blank.\n");
3.  printf("When done, enter %s to quit.\n", SENT);
4.
5.  for  (scanf("%s", word);
6.        strcmp(word, SENT) != 0;
7.        scanf("%s", word)) {
8.      /* process word */
9.      ...
10. }
```

練習 9.4

自我檢驗
1. 試寫 C 程式碼完成下列的目標。
   a. 試寫一訊息能夠表示 `name1` 與 `name2` 是否相同。
   b. 選擇 `w1` 或 `w2` 的值儲存至字串變數 `word`。請選擇依據字母順序最先出現的值。
   c. 將 `s1` 與 `s2` 相同的部分儲存至 `mtch`。例如，假設 `s1` 為 `"placozoa"`，而 `s2` 為 `"placement"`，則 `mtch` 為 `"plac"`。假設 `s1` 為 `"joy"`，而 `s2` 為 `"sorrow"`，則 `mtch` 為空字串。

程式撰寫
1. 試寫一個如範例 9.5 所描述的字串排序函式。

9.5 指標陣列

在 9.4 節中，我們討論到如何修改數值的選擇排序程式，使任意大小寫所組成的字串依據字母順序排列。讓我們再進一步來看圖 9.11 兩字串交換的程式。

圖 9.12 畫出 `strcpy` 的資料區以及呼叫函式在呼叫第二個 `strcpy` 之前的資料區。這個圖同時提醒我們，C 是用起始位址來表示一個陣列。由於 `list` 的每一個元素都參考到一個字元陣列，每個傳遞給函式的元素是一個指標，也就是字元陣列元素 0 的位址。如果想要將字串串列排序，我們看到了許多在記憶體中的複製動作。當排序需要做交換時，一共有三次的字串完整複製。排序完成後，原來資料串列的順序也不見了。

事實上，C 使用指標來表示陣列，可以有另一個方法來解決排序的問題。請看圖 9.13 的兩個陣列。

列出 `alphap` 每個元素的值：

`alphap[0]` 的位址 `"daisy"`
`alphap[1]` 的位址 `"marigold"`

圖 9.11　陣列字串元素的交換

```
1. strcpy(temp, list[index_of_min]);
2. strcpy(list[index_of_min], list[fill]);
3. strcpy(list[fill], temp);
```

圖 9.12

執行 strcpy
(list[index_of_min], list[fill]);

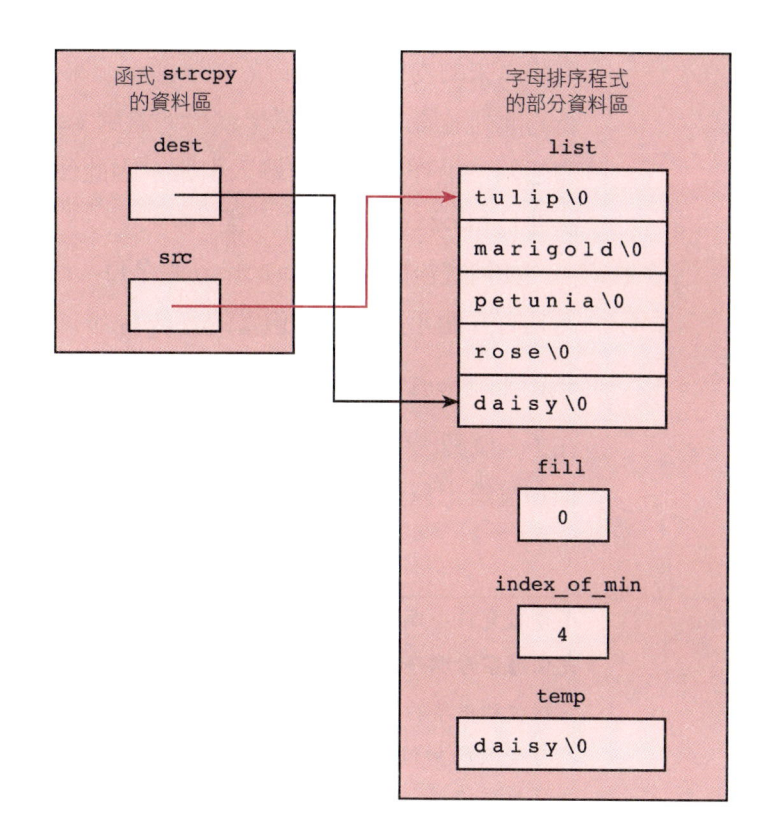

圖 9.13

指標陣列

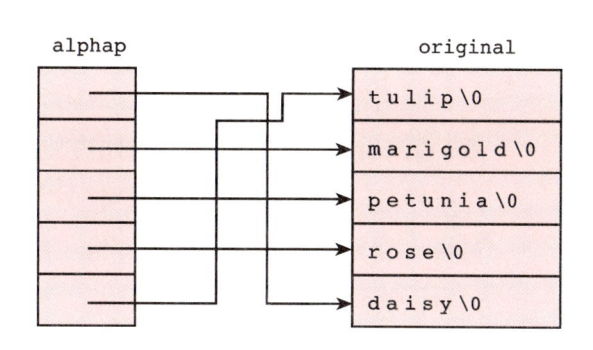

alphap[2] 的位址 "petunia"
alphap[3] 的位址 "rose"
alphap[4] 的位址 "tulip"

daisy、marigold、petunia、rose 和 tulip 組成一個依字母順序排列的串列。因此，假如執行下列的迴圈：

```
for (i = 0;  i < 5;  ++i)
    printf("%s\n", alphap[i]);
```

會將原來的內容依據字母的順序顯示出來，就好像是將字串複製到一個新的陣列並將之排序。當 printf 看到 %s，此函式希望接收到一個字串的起始位址作為相應的輸入引數，因此使用 alphap[i] 作為引數的合法性是和 original[i] 一樣。

如何宣告指標陣列 alphap 呢？每一個元素是一個字元字串的位址，而且有五個元素，所以適當的宣告為：

```
char *alphap[5];
```

在下一個範例中，將探究如何使用指標陣列來產生兩種字串串列的順序，但在實際上只擁有一份的字串串列。

範例 9.7 某學校允許小朋友根據申請的順序進入幼稚園，但對作業人員來說，申請人如果是依據字母順序排列，對作業來說會比較方便。圖 9.14 的程式輸入姓名串列，表示接收到申請的順序，然後再產生一個指標陣列，依據字母的順序來做存取。指標變數的初值化是將每一個元素之值設定為陣列 applicants 的每個字串元素的起始位址。然後再對指標陣列用選擇排序法。雖然 strcmp 是檢查指標陣列所指的實際字串，但程式交換元素的過程中僅移動了指標。

使用指標陣列來表示第二或第三或第四種字串串列的順序有多種好處。第一，指標(整數位址)會比複製整個字元字串所需的空間少。第二，在排序時，只複製指標而不是整個字元字串，在執行時間上會比較快。最後，因為字串本身只儲存一份，在原始串列做拼字檢查時，同時結果也會反應到其他的順序上。

字串常數陣列

C 允許使用指標陣列來表示字串常數串列。在 9.1 節我們已經看過兩種表示月份名稱串列的方法：

```
char month[12][10] = {"January", "February", "March", "April",
                      "May", "June", "July", "August", "September",
                      "October", "November", "December"};
char *month[12] = {"January", "February", "March", "April", "May",
                   "June", "July", "August", "September",
                   "October", "November", "December"};
```

圖 9.14 使用指標陣列產生兩種串列順序

```c
/*
 * Maintains two orderings of a list of applicants:  the original
 * ordering of the data, and an alphabetical ordering accessed through an
 * array of pointers.
 */

#include <stdio.h>
#define STRSIZ 30  /*  maximum string length */
#define MAXAPP 50  /*  maximum number of applications accepted */

int alpha_first(char *list[], int min_sub, int max_sub);
void select_sort_str(char *list[], int n);

int
main(void)
{
      char  applicants[MAXAPP][STRSIZ]; /* list of applicants in the
                                           order in which they applied     */
      char  *alpha[MAXAPP];             /* list of pointers to
                                           applicants                      */
      int   num_app,                    /* actual number of applicants     */
            i;
      char  one_char;

      /*  Gets applicant list                                               */
      printf("Enter number of applicants (0 . . %d)\n> ", MAXAPP);
      scanf("%d", &num_app);
      do   /* skips rest of line after number */
          scanf("%c", &one_char);
      while (one_char != '\n');

      printf("Enter names of applicants on separate lines\n");
      printf("in the order in which they applied\n");
      for  (i = 0;  i < num_app;  ++i)
          gets(applicants[i]);

      /*  Fills array of pointers and sorts                                 */
      for  (i = 0;  i < num_app;  ++i)
          alpha[i] = applicants[i];  /* copies ONLY address */
      select_sort_str(alpha, num_app);
      printf("\n\n%-30s%5c%-30s\n\n", "Application Order", ' ',
             "Alphabetical Order");
      for  (i = 0;  i < num_app;  ++i)
          printf("%-30s%5c%-30s\n", applicants[i], ' ', alpha[i]);

      return(0);
}

/*
 * Finds the index of the string that comes first alphabetically in
 * elements min_sub..max_sub of list
```

(續)

圖 **9.14**　使用指標陣列產生兩種串列順序 (續)

```
53.     *   Pre:   list[min_sub] through list[max_sub] are of uniform case;
54.     *          max_sub >= min_sub
55.     */
56.    int
57.    alpha_first(char *list[],        /* input - array of pointers to strings       */
58.                int    min_sub,      /* input - minimum and maximum subscripts     */
59.                int    max_sub)      /*   of portion of list to consider           */
60.    {
61.          int first, i;
62.
63.          first = min_sub;
64.          for  (i = min_sub + 1;  i <= max_sub;  ++i)
65.              if (strcmp(list[i], list[first]) < 0)
66.                   first = i;
67.
68.          return (first);
69.    }
70.
71.    /*
72.     *  Orders the pointers in array list so they access strings
73.     *  in alphabetical order
74.     *  Pre:  first n elements of list reference strings of uniform case;
75.     *        n >= 0
76.     */
77.    void
78.    select_sort_str(char *list[], /* input/output - array of pointers being
79.                                     ordered to access strings alphabetically */
80.                    int    n)     /* input - number of elements to sort       */
81.    {
82.
83.          int    fill,          /* index of element to contain next string in order */
84.                 index_of_min;   /* index of next string in order */
85.          char *temp;
86.
87.          for  (fill = 0;  fill < n - 1;  ++fill) {
88.              index_of_min = alpha_first(list, fill, n - 1);
89.
90.              if (index_of_min != fill) {
91.                   temp = list[index_of_min];
92.                   list[index_of_min] = list[fill];
93.                   list[fill] = temp;
94.              }
95.          }
96.    }

Enter number of applicants (0 . . 50)
> 5
Enter names of applicants on separate lines
in the order in which they applied
```

(續)

圖 9.14 使用指標陣列產生兩種串列順序 (續)

```
SADDLER, MARGARET
INGRAM, RICHARD
FAATZ, SUSAN
GONZALES, LORI
KEITH, CHARLES

Application Order              Alphabetical Order

SADDLER, MARGARET              FAATZ, SUSAN
INGRAM, RICHARD                GONZALES, LORI
FAATZ, SUSAN                   INGRAM, RICHARD
GONZALES, LORI                 KEITH, CHARLES
KEITH, CHARLES                 SADDLER, MARGARET
```

實際上，列的數目(12)在兩個宣告中是選擇性的，因為在初值化串列中已經隱含此值了。

練習 9.5

自我檢驗

1. 試寫一函式的兩個原型，根據字串的長度來做字串串列排序──由最短到最長。在第一個原型中，函式有一個輸入／輸出引數，此引數為二維字元陣列且字串最長為 STRSIZ 個字元。在第二個原型中，函式希望有一個指標陣列的輸入／輸出引數。

2. 考慮下面有 printf 的有效呼叫。strs 是一個二維字元陣列還是字串指標的陣列？

   printf("%s\n", strs[4]);

程式撰寫

1. 試寫一函式如自我檢驗第 1 題所描述，而且是用指標陣列。

9.6 字元運算

在發展有關字串處理的程式時，通常都會用到字串內的各個字元。C 所提供字元輸入／輸出程式為 stdio 函式庫的一部分。而更進一步的字元分析與轉換的功能則放在另一函式庫內，可使用 #include<ctype.h> 將之包含進來。

字元輸入／輸出

stdio 函式庫有一個 getchar 函式可用在標準輸入源中讀取下一個字元，此輸入源和 scanf 所用的一樣。不像 scanf，getchar 不透過呼叫模組傳遞變數的位址來儲存輸入字元。getchar 沒有引數且傳回一字元作為結果。下面的兩個運算式都可以用來將下一個輸入字元儲存至 ch：

```
scanf("%c", &ch)           ch = getchar()
```

其實兩者之間還是有差異的，兩個運算式本身的值是不一樣的。scanf 所傳回的整數值是代表從輸入串流儲存至輸出引數的數目。當 scanf 碰到輸入檔的結尾，回傳值為 EOF。而在呼叫 getchar 的運算式中，則使用設定運算子，所以運算式的值即為所設定之值，也就是 getchar 從標準輸入所得到的字元。如果沒有字元 getchar 會怎麼樣？或是 getchar 碰到資料結束又會怎麼樣？我們仔細查看 getchar 的功能，它的回傳值型態不是 char 而是 int。我們已經知道在電腦內，字元是用整數碼來表示，在第七章也曾做過字元碼轉為 int 型態，並作為 int 型態之迴圈控制變數的初始值及結束值。

雖然字元碼實際上是一個整數，但大部分的 C 對 char 資料型態只配置足夠的空間來儲存實際應用在字元集範圍內的整數。這個範圍尚不包括負值的 EOF。因此資料型態 int 必須能夠表達更大範圍的整數值，同時包含字元碼以及 EOF。也就是這個理由，才會使用 int 型態變數來儲存呼叫 getchar 的結果。

從檔案中讀取一個字元，可使用 getc。呼叫

```
getc(inp)
```

除了傳回的字元是經由存取檔案指標 inp 獲得外，其他都類似於呼叫 getchar。

範例 9.8　圖 9.15 中用 getchar 完成 scanline 函式。如同函式庫函式 gets，這裡的 scanline 函式使用一個用來儲存輸入行的字串變數作為第一引數。但不同於 gets 之處是 scanline 還用到第二引數來表示可用的空間。因此儲存在輸出引數的字串不是完整的輸入行就是它可容納的最多字元。然後會捨棄剩餘的字元，

圖 9.15　用 getchar 實作函式 scanline

```
1.  /*
2.   * Gets one line of data from standard input.  Returns an empty string on
3.   * end of file.  If data line will not fit in allotted space, stores
4.   * portion that does fit and discards rest of input line.
5.   */
6.  char *
7.  scanline(char *dest,      /* output - destination string              */
8.           int   dest_len)  /* input  - space available in dest         */
9.  {
10.     int i, ch;
11.
12.     /*  Gets next line one character at a time.                        */
13.     i = 0;
14.     for  (ch = getchar();
15.           ch != '\n'  &&  ch != EOF   &&  i < dest_len - 1;
16.           ch = getchar())
17.         dest[i++] = ch;
18.     dest[i] = '\0';
19.
20.     /*  Discards any characters that remain on input line              */
21.     while (ch != '\n'  &&  ch != EOF)
22.         ch = getchar();
23.
24.     return (dest);
25. }
```

直到遇見 '\n' 或 EOF。宣告 scanline 的第一個參數為

char dest[]

表示 dest 是一個字元陣列。選擇這種表示法是為了和原先 C 標準字串函式庫內的宣告一致。

在標準函式庫內，單一字元的輸出功能為 putchar(顯示於標準輸出裝置上)以及 putc(顯示於檔案)。兩者的第一引數型態都為 int 的字元碼。因為型態 char 一定可以轉換為型態 int 而且不會遺失任何資訊，所以呼叫 putchar 及 putc 時則直接使用 char 型態的引數：

putchar('a');   putc('a', outp);

字元分析與轉換

　　許多字串處理的應用程式中，通常會需要知道某個字元屬於所有字元集合中哪一個子集合。字元是一個字母嗎？一個數字？還是一個句點？

表 9.3 在 ctype 函式庫內的字元分類與轉換功能

函 數	說 明	範 例
isalpha	判斷引數是否為英文字母	`if (isalpha(ch))` `    printf("%c is a letter\n", ch);`
isdigit	判斷引數是否為 0、1、2、3、4、5、6、7、8、9 其中的一個數字	`dec_digit = isdigit(ch);`

islower
(isupper)
	判斷引數是否為小寫(或大寫)的英文字母	`if (islower(fst_let)){`
		`    printf("\nError: sentence ");`
		`    printf("should begin with a ");`
		`    printf("capital letter.\n");`
		`}`

ispunct	判斷引數是否為符號字元，也就是不是空白、字母或數字的非控制字元	`if(ispunct(ch))` `printf("Punctuation mark: %c\n", ch);`

isspace	判斷引數是否為空白字元，如空格、跳行或跳格字元	`c = getchar();`
		`while (isspace(c)&&  c != EOF)`
		`    c = getchar();`

函 數	轉 換	範 例

tolower
(toupper)
	將字元轉換為小寫(或大寫)的字母	`if (islower(ch))`
		`    printf("Capital %c = %c\n",`
		`            ch, toupper(ch));`

使用 #include<ctype.h> 函式庫的宣告其定義的功能可以回答這類的問題，同時也可解決一些常見的字元轉換問題，像是大寫轉小寫或是小寫轉大寫。表 9.3 列出這類的常式；每一個常式都有一個單一的 int 型態引數來表示字元碼。分類常式(以 "is" 起頭者)如果條件式的檢查為真，則回傳值為非零(不一定是 1)。範例中用 isspace 常式在一個迴路中找出下一個不為空白的輸入字元。

範例 9.9 我們依字母順序排列字串串列時，常常會碰到大小寫字母混在一起的情形。在這種情形下，就不能單單依靠 strcmp 找出最後的結果。呼叫 strcmp：

strcmp("Ziegler", "aardvark")

如果使用 ASCII 字碼，這個系統會傳回一負值表示 "Ziegler" 小於 "aardvark"，這是因為在 ASCII 字集中，大寫字母的字碼永遠小於小寫字母的字碼。使用 EBCDIC 字集的電腦中，也很難處理大小寫混合的狀況，這是因為所有小寫字母的字碼小於大寫字母的字碼(見附錄 A)。圖 9.16 為函式 string_greater，它可用來比較字串串列元素間字母的順序，卻不必考慮大小寫的情況。此函式在比較引數之前會先使用 string_toupper 將所有的引數轉換為大

圖 9.16　不考慮大小寫且能執行大於運算子的字串函式

```c
#include <string.h>
#include <ctype.h>

#define STRSIZ 80

/*
 * Converts the lowercase letters of its string argument to uppercase
 * leaving other characters unchanged.
 */
char *
string_toupper(char *str)  /* input/output - string whose lowercase
                              letters are to be replaced by uppercase    */
{
    int i;
    for (i = 0;  i < strlen(str);  ++i)
        if (islower(str[i]))
            str[i] = toupper(str[i]);

    return (str);
}

/*
 * Compares two strings of up to STRSIZ characters ignoring the case of
 * the letters.  Returns the value 1 if str1 should follow str2 in an
 * alphabetized list; otherwise returns 0
 */
int
string_greater(const char *str1,  /* input -                               */
               const char *str2)  /*    strings to compare                 */
{
    char s1[STRSIZ], s2[STRSIZ];

    /*  Copies str1 and str2 so string_toupper can modify copies         */
    strcpy(s1, str1);
    strcpy(s2, str2);

    return (strcmp(string_toupper(s1), string_toupper(s2)) > 0);
}
```

寫字母。因為 str1 和 str2 嚴格限制為 string_greater 的輸入參數，所以絕對不能修改它們的值。但是 string_toupper 的確改變它的參數，因此必須先將 str1 和 str2 的值複製至 s1 和 s2，然後再將這些複製值送至 string_toupper。

練習 9.6

自我檢驗

1. 下面的敘述有何錯誤?如何重新撰寫來表達原意?

   ```
   if (isupper(strncpy(tmp, str, 1)))
       printf("%s begins with a capital letter\n", str);
   ```

程式撰寫

1. 試寫一函式 scanstring,基本功能上類似有 %s 的 scanf——也就是先跳掉前面的空白,然後複製字串直到碰到下一個空白——除了使用 getchar 以外,另增加一個引數來表示第一引數有多少可用空間。不同於 scanf,函式 scanstring 應該避免讓字串引數產生滿溢現象。
2. 試寫一批次程式在每次輸入一個字元資料後馬上列印出來。碰到 EOF 時結束輸入,然後列印一個總結,類似:

   ```
   The 14 lines of text processed contained 20 capital
   letters, 607 lowercase letters, and 32 punctuation marks.
   ```

9.7 字串轉數字與數字轉字串

一般在電腦程式中最常見到的運算是字串的轉換,像是將 "3.14159" 轉為型態 double 的數值,或是將 -36 的值轉換為含有三個字元的字串 "-36"。類似的轉換通常都由函式庫的函式 scanf 和 printf 來做。表 9.4 和表 9.5 列出先前所使用過的字串格式化轉換。表 9.5 同樣也顯示出一些新的格式。在表 9.5 最後的例子顯示了最大的欄寬。%3.3s 表示輸出字串使用最小欄寬 3(3.3) 以及使用最大欄寬 3(3.3)。結果只印出字串的前三個字元。

函式 printf 和 scanf 是非常強大的字串運算器,因此我們希望這些函式運作的方式也能直接運用在字串控制上。函式庫 stdio 提供類似的函式 sprintf 以及 sscanf 支援這方面的功能。sprintf 需要字串空間當作第一個引數。考慮呼叫 sprintf;假設 s 宣告為 char s[100],且型態 int 的變數 mon、day 以及 year 之值顯示如下圖:

表 9.4　回顧 scanf 的用法

宣　告	敘　　述	資料(▫表示空格)	儲存的值
char t	scanf("%c", &t);	▫g ▫\n ▫A	▫ \n A
int n	scanf("%d", &n);	▫32▫ ▫▫-8.6 ▫+19▫	32 -8 19
double x	scanf("%lf", &x);	▫▫▫4.32▫ ▫-8 ▫1.76e-3▫	4.32 -8.0 .00176
char str[10]	scanf("%s", str);	▫▫hello\n overlengthy▫	hello\0 overlengthy\0 (超過 str 的長度)

表 9.5　printf 使用的格式

值	格　式	輸出(▫表示空格)
'a'	%c %3c %-3c	a ▫▫a a▫▫
-10	%d %2d %4d %-5d	-10 -10 ▫-10 -10▫▫
49.76	%.3f %.1f %10.2f %10.3e	49.760 49.8 ▫▫▫▫▫49.76 ▫4.976e+01
"fantastic"	%s %6s %12s %-12s %3.3s	fantastic fantastic ▫▫▫fantastic fantastic▫▫▫ fan

```
    mon         day         year
    ┌───┐       ┌────┐      ┌──────┐
    │ 8 │       │ 23 │      │ 1914 │
    └───┘       └────┘      └──────┘
    sprintf(s, "%d/%d/%d", mon, day, year);
```

如同 printf 的運作方式，函式 sprintf 將格式內的值替換掉，但卻不將結果列印出來，而是將結果存至第一個字元陣列引數內。

```
         s
  ┌─────────────────────────┐
  │ 8 / 2 3 / 1 9 1 4 \0    │
  └─────────────────────────┘
```

sscanf 函式的作法完全類似於 scanf，除了原先由標準輸入裝置讀取資料至輸出參數外，讀取資料的方法改變為從第一個引數字串讀取。如下列的範例所示，如何從第一個字串來儲存值。

```
sscanf(" 85  96.2  hello", "%d%lf%s", &num, &val, word);
```

```
   num            val                 word
  ┌─────┐       ┌─────┐       ┌─────────────────┐
  │ 85  │       │96.2 │       │h e l l o \0     │
  └─────┘       └─────┘       └─────────────────┘
```

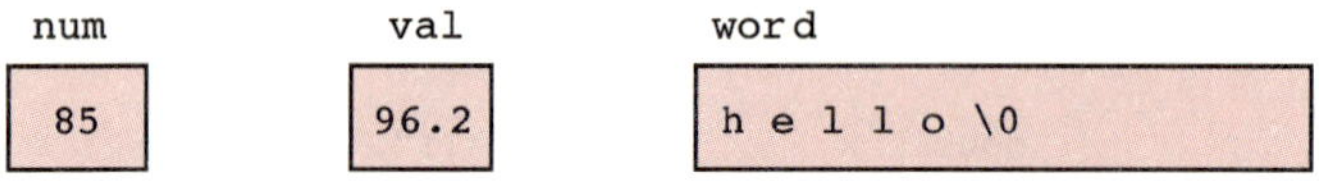

範例 9.10　由上面所介紹的 sscanf，我們可輸入整行的資料，然後在轉換以及儲存資料之前先驗證這筆資料是否符合期望的格式。例如，有一行資料包含兩個非負整數以及一個有 15 個字元的字串，此時讀者可撰寫一個檢驗函式，讀取整行的資料至輸入引數並且逐字檢查資料。檢查常式找尋選擇性的空白字元，以及隨後的一組數字，然後是一些空格，之後是另一組數字，接著是一些空格，最後是最多 15 個非空格字元。如果此檢查常式發現錯誤，則列印出訊息然後傳回錯誤字元的位置；否則傳回一個負值。圖 9.17 顯示一段程式，並假設這個檢驗函式以及圖 9.15 的 scanline 函式已經可用。

下一個範例，將結合 sprintf/sscanf 直接存取陣列元素的威力，產生更便利的函式來將某種資料的表示法轉換為另一種資料的表示法。

圖 9.17　在儲存資料前檢查輸入行的程式片段

```
1.  char data_line[STRSIZ], str[STRSIZ];
2.  int n1, n2, error_mark, i;
3.
4.  scanline(data_line, STRSIZ);
5.  error_mark = validate(data_line);
6.
7.  if (error_mark < 0) {
8.        /*  Stores in memory values from correct data line    */
9.        sscanf(data_line, "%d%d%s", &n1, &n2, str);
10. } else {
11.       /*  Displays line and marks spot where error detected  */
12.       printf("\n%s\n", data_line);
13.       for  (i = 0;  i < error_mark;  ++i)
14.           putchar(' ');
15.       putchar('/');
16. }
```

範例 9.11 將日期由包含月份名稱的表示法轉換為一個含有三個數目的串列(12 January 1941 → 1 12 1941)以及反向的轉換,這兩種轉換在日常生活中都經常用到。圖 9.18 的程式顯示兩種轉換函式以及一個驅動程式測試這兩個函式。指向字串的指標陣列在型態的轉換中對於儲存所需的常數非常有用。請注意要改變日期的表示法,僅需在陣列中使用不同的初始值,就可以轉換用縮寫法(12 JAN 1941)或是不同語言(12 janvier 1941)的日期。從一個包含日期名稱的字串轉換為一組含有三個數目的串列牽涉到搜尋月份名稱的串列,它使用第八章發展的數字線性搜尋函式,將其改寫成字串版。

這個日期轉換應用程式是 C 使用零作為陣列起始元素的足標而產生作業困擾的例子。如果有一陣列足標為 1…12,則由月份數字轉換為名稱會更直接。在轉換函式中,已經選擇使用一個含有 12 個字串的陣列並校正落差為 1 的錯誤。在 `nums_to_string_date` 中,

```
sprintf(date_string, "%d %s %d", day,
        month_names[month - 1], year);
```

以及在 `string_date_to_nums` 中的參考

```
*monthp = month_index + 1;
```

練習 9.7

自我檢驗

1. 考慮下列從 `string_date_to_nums` 函式呼叫 sscanf。

   ```
   sscanf(date_string, "%d%s%d", dayp, mth_name, yearp);
   ```

   為什麼位址運算子沒有用在任何的引數內?

2. 試寫一段程式使用字串指標陣列,並使用 sprintf 將型態 double 且小於 10.00 的貨幣值轉換為支票上所使用的字串。例如,將 4.83 轉換為 "Four and 83/100 dollars"。

程式撰寫

1. 試寫型態為 `int` 的函式 `strtoint` 以及型態為 `double` 的函式 `strto-double`,能夠將數字的字串表示法轉換為對等的數值。

圖 9.18 轉換日期表示法的函式

```c
/*
 * Functions to change the representation of a date from a string containing
 * day, month name and year to three integers (month day year) and vice versa
 */

#include <stdio.h>
#include <string.h>

#define STRSIZ 40
char *nums_to_string_date(char *date_string, int month, int day,
                          int year, const char *month_names[]);
int search(const char *arr[], const char *target, int n);
void string_date_to_nums(const char *date_string, int *monthp,
                         int *dayp, int *yearp, const char *month_names[]);

/*  Tests date conversion functions                                        */
int
main(void)
{
        char *month_names[12] = {"January", "February", "March", "April", "May",
                                 "June", "July", "August", "September", "October",
                                 "November", "December"};
        int m, y, mon, day, year;
        char date_string[STRSIZ];
        for (y = 1993;   y < 2010;   y += 10)
            for (m = 1;   m <= 12;   ++m) {
                printf("%s", nums_to_string_date(date_string,
                                                 m, 15, y, month_names));
                string_date_to_nums(date_string, &mon, &day, &year, month_names);
                printf(" = %d/%d/%d\n", mon, day, year);
            }

        return (0);
}

/*
 * Takes integers representing a month, day and year and produces a
 * string representation of the same date.
 */
char *
nums_to_string_date(char        *date_string,   /* output - string          */
                                                /*          representation  */
                    int         month,          /* input -                  */
                    int         day,            /*     representation       */
                    int         year,           /*     as three numbers     */
                    const char  *month_names[]) /* input - string representa-
                                                   tions of months          */
{
        sprintf(date_string, "%d %s %d", day, month_names[month - 1], year);
        return (date_string);
}
```

(續)

圖 9.18 轉換日期表示法的函式 (續)

```c
#define NOT_FOUND -1   /*  Value returned by search function if target
                           not found                                      */

/*
 *  Searches for target item in first n elements of array arr
 *  Returns index of target or NOT_FOUND
 *  Pre:  target and first n elements of array arr are defined and n>0
 */
int
search(const char *arr[],         /*  array to search                     */
       const char *target,        /*  value searched for                  */
       int         n)             /*  number of array elements to search  */
{
      int i,
          found = 0,    /*  whether or not target has been found */
          where;        /*  index where target found or NOT_FOUND*/

      /*  Compares each element to target                       */
      i = 0;
      while (!found && i < n) {
            if (strcmp(arr[i], target) == 0)
                  found = 1;
            else
                  ++i;
      }

      /* Returns index of element matching target or NOT_FOUND   */
      if (found)
            where = i;
      else
            where = NOT_FOUND;
      return (where);
}

/*
 *  Converts date represented as a string containing a month name to
 *  three integers representing month, day, and year
 */
void
string_date_to_nums(const char *date_string,   /* input - date to convert      */
                    int        *monthp,        /* output - month number        */
                    int        *dayp,          /* output - day number          */
                    int        *yearp,         /* output - year number         */
                    const char *month_names[]) /* input - names used in
                                                  date string                  */
{
      char mth_nam[STRSIZ];
      int  month_index;

      sscanf(date_string, "%d%s%d", dayp, mth_nam, yearp);
```

(續)

圖 9.18 轉換日期表示法的函式 (續)

```
103.
104.        /*  Finds array index (range 0..11) of month name.        */
105.        month_index = search(month_names, mth_nam, 12);
106.        *monthp = month_index + 1;
107. }

15 January 1993 = 1/15/1993
15 February 1993 = 2/15/1993
. . .
15 December 2003 = 12/15/2003
```

```
strtoint("-8")R -8
strtodouble("-75.812")R -75.812
```

9.8　字串處理之範例

你一定使用過文字編輯器產生和編輯 C 程式。使用特殊的命令來移動游標以及描述編輯運算的程式是相當複雜的。雖然尚無法發展出一個類似的編輯器，不過還是可以寫一個比較簡單、可處理一行文字的編輯器。

案例研究　文字編輯器

問 題

設計及製作一個程式能夠在一行的文字內執行編輯運算。編輯器能夠移至指定的子字串位置、刪除特定位置的子字串，以及於特定位置插入一子字串。文字編輯器的原始字串應少於 80 個字元。

分 析

此編輯器的主函式須先讀取要編輯的原始資料，然後重複讀入以及處理編輯命令，直到接收到 Q(Quit) 的命令為止。字串可允許有 99 個字元，但不做滿溢檢查。

資料需求

問題常數

```
MAX_LEN    100           /* maximum size of a string */
```

問題輸入

```
char source[MAX_LEN]     /* source string */
char command             /* edit command */
```

問題輸出

```
char source[MAX_LEN]     /* modified source string */
```

設　計

初步的演算法

1. 讀入所要編輯的字串至輸入源。
2. 讀取編輯命令。
3. 當 command 不是 Q 時
    4. 執行編輯運算。
    5. 讀取編輯命令。

再細分和程式結構

步驟 4 由函式 do_edit 執行。此文字編輯器的結構圖如圖 9.19 所示；函式 do_edit 的區域變數以及演算法如下：

區域變數

```
char str[MAX_LEN]     /* string to find, delete, or insert */
int  index            /* position in source */
```

do_edit 演算法

1. 交換 command
    'D'： 2. 找出欲刪除的子字串(str)。
        3. 找出 str 在 source 中的位置。
        4. 如果發現 str，將之刪除。

圖 9.19　文字編輯器程式的結構圖

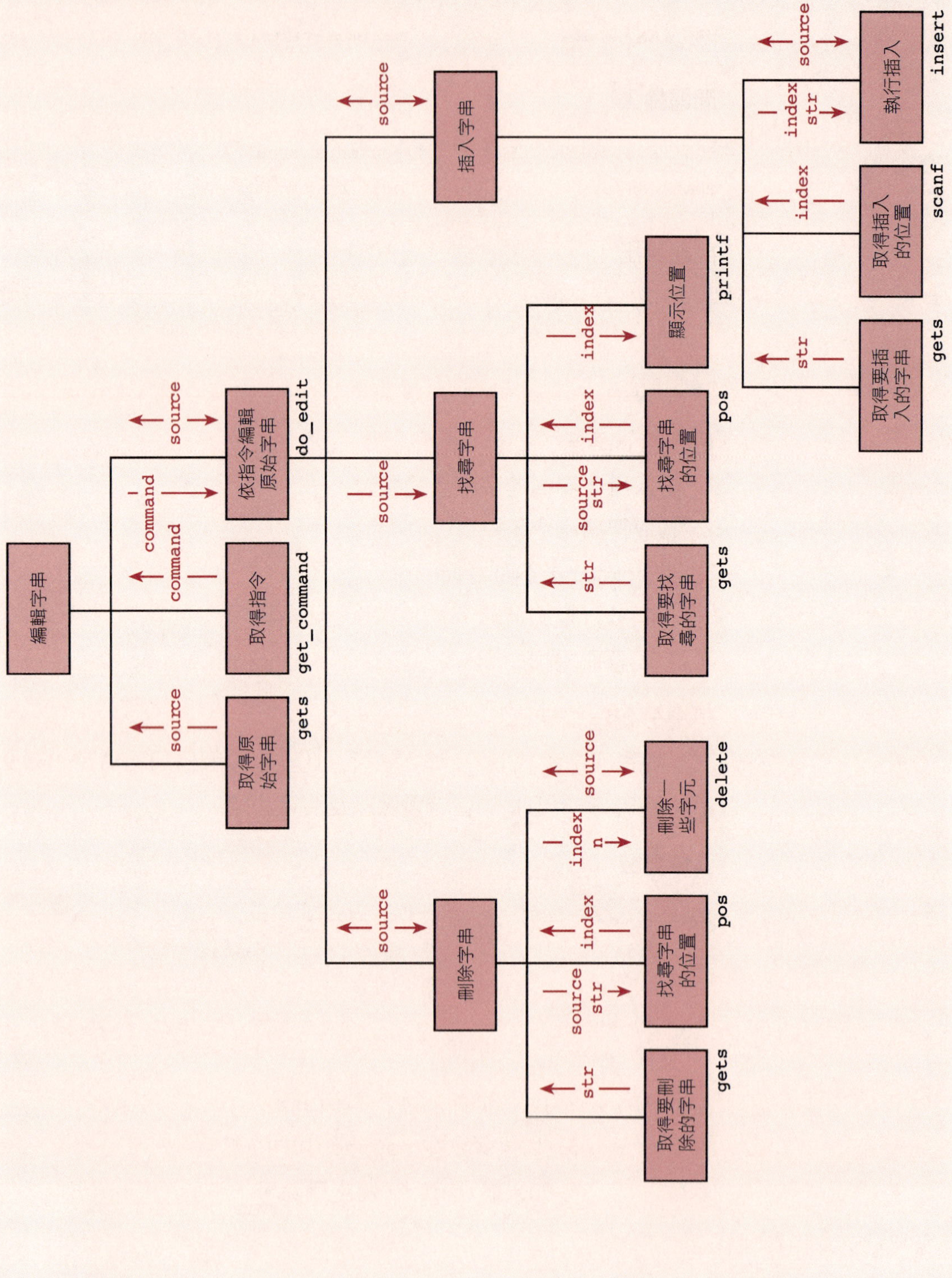

'I': 5. 讀入要插入的子字串(str)。
6. 讀取要插入的位置(index)。
7. 將 str 插入 source 的 index 位置。
'F': 8. 讀入要搜尋的子字串(str)。
9. 找出 str 在 source 中的位置。
10. 報告位置。

否則

11. 顯示錯誤的訊息。

函式 do_edit 在步驟 3 和 9 使用一個函式找出一個字串在另一字串的位置(pos)，在步驟 4 使用一函式刪除特定數目的字元(delete)，以及在步驟 7 使用一函式在字串某一位置插入另一字串(insert)。

實 作

圖 9.20 顯示一完整的文字編輯器之製作以及在圖 9.21 顯示一個執行範例。請仔細閱讀輔助函式 pos、insert 以及 delete，這些函式可以作為使用 C 字串函式庫函式的範例。

測 試

請選擇測試案例檢查各種不同的邊界狀況。例如檢查 Delete 命令；請試著刪除 source 前面的一些字元、最後一些以及 source 中間的子字串。同時試著在子字串出現多次時，驗證只會刪除第一個。另外請嘗試兩種不可能刪除的狀況，一種是子字串根本不在 source 內；另一種是子字串出現在 source 內，但最後一個字元不符。然後測試在 source 的最前面、正好在 source 的最後面、source 最後面前幾個字元，以及 source 中間插入子字串。使用 Find 命令檢查所有的 source，找尋 source 在開始處、中間位置以及最後面位置的單一字母及多字元的子字串。請同樣確實搜尋不在 source 內的子字串。

圖 9.20 文字編輯器程式

```c
/*
 * Performs text editing operations on a source string
 */

#include <stdio.h>
#include <string.h>
#include <ctype.h>

#define MAX_LEN   100
#define NOT_FOUND -1

char *delete(char *source, int index, int n);
char *do_edit(char *source, char command);
char  get_command(void);
char *insert(char *source, const char *to_insert, int index);
int   pos(const char *source, const char *to_find);

int
main(void)
{
      char source[MAX_LEN], command;
      printf("Enter the source string:\n> ");
      gets(source);

      for (command = get_command();
           command != 'Q';
           command = get_command()) {
         do_edit(source, command);
         printf("New source: %s\n\n", source);
      }

      printf("String after editing: %s\n", source);
      return (0);
}

/*
 * Returns source after deleting n characters beginning with source[index].
 * If source is too short for full deletion, as many characters are
 * deleted as possible.
 * Pre:  All parameters are defined and
 *       strlen(source) - index - n < MAX_LEN
 * Post: source is modified and returned
 */
char *
delete(char *source,  /* input/output - string from which to delete part */
       int   index,   /* input - index of first char to delete           */
       int   n)       /* input - number of chars to delete               */
{
      char rest_str[MAX_LEN];   /* copy of source substring following
                                   characters to delete */
```

(續)

圖 9.20 文字編輯器程式（續）

```
52.         /*  If there are no characters in source following portion to
53.             delete, delete rest of string */
54.         if (strlen(source) <= index + n) {
55.             source[index] = '\0';
56.
57.         /*  Otherwise, copy the portion following the portion to delete
58.             and place it in source beginning at the index position    */
59.         } else {
60.             strcpy(rest_str, &source[index + n]);
61.             strcpy(&source[index], rest_str);
62.         }
63.
64.         return (source);
65. }
66.
67. /*
68.  * Performs the edit operation specified by command
69.  * Pre:  command and source are defined.
70.  * Post: After scanning additional information needed, performs a
71.  *       deletion (command = 'D') or insertion (command = 'I') or
72.  *       finds a substring ('F') and displays result; returns
73.  *       (possibly modified) source.
74.  */
75. char *
76. do_edit(char *source,  /* input/output - string to modify or search */
77.         char  command) /* input - character indicating operation    */
78. {
79.         char str[MAX_LEN];  /* work string */
80.         int  index;
81.
82.         switch (command) {
83.         case 'D':
84.             printf("String to delete> ");
85.             gets(str);
86.             index = pos(source, str);
87.             if (index == NOT_FOUND)
88.                 printf("'%s' not found\n", str);
89.             else
90.                 delete(source, index, strlen(str));
91.             break;
92.
93.         case 'I':
94.             printf("String to insert> ");
95.             gets(str);
96.             printf("Position of insertion> ");
97.             scanf("%d", &index);
98.             insert(source, str, index);
99.             break;
100.
101.         case 'F':
102.             printf("String to find> ");
```

（續）

圖 9.20 文字編輯器程式 (續)

```c
103.            gets(str);
104.            index = pos(source, str);
105.            if (index == NOT_FOUND)
106.                    printf("'%s' not found\n", str);
107.            else
108.                    printf("'%s' found at position %d\n", str, index);
109.            break;
110.
111.        default:
112.            printf("Invalid edit command '%c'\n", command);
113.        }
114.
115.        return (source);
116. }
117.
118. /*
119.  * Prompt for and get a character representing an edit command and
120.  * convert it to uppercase. Return the uppercase character and ignore
121.  * rest of input line.
122.  */
123. char
124. get_command(void)
125. {
126.        char command, ignore;
127.
128.        printf("Enter D(Delete), I(Insert), F(Find), or Q(Quit)> ");
129.        scanf(" %c", &command);
130.
131.        do
132.            ignore = getchar();
133.        while (ignore != '\n');
134.
135.        return (toupper(command));
136. }
137.
138. /*
139.  * Returns source after inserting to_insert at position index of
140.  * source. If source[index] doesn't exist, adds to_insert at end of
141.  * source.
142.  * Pre:  all parameters are defined, space available for source is
143.  *       enough to accommodate insertion, and
144.  *       strlen(source) - index - n < MAX_LEN
145.  * Post: source is modified and returned
146.  */
147. char *
148. insert(char        *source,    /* input/output - target of insertion */
149.        const char *to_insert, /* input - string to insert           */
150.        int         index)     /* input - position where to_insert
151.                                  is to be inserted                  */
152. {
153.        char rest_str[MAX_LEN]; /* copy of rest of source beginning
```

(續)

圖 9.20 文字編輯器程式(續)

```
154.                                        with source[index] */
155.
156.        if (strlen(source) <= index) {
157.            strcat(source, to_insert);
158.        } else {
160.            strcpy(rest_str, &source[index]);
161.            strcpy(&source[index], to_insert);
162.            strcat(source, rest_str);
163.        }
164.
165.        return (source);
166. }
167.
168. /*
169.  *  Returns index of first occurrence of to_find in source or
170.  *  value of NOT_FOUND if to_find is not in source.
171.  *  Pre:   both parameters are defined
172.  */
173. int
174. pos(const char *source,    /* input - string in which to look for to_find */
175.     const char *to_find)   /* input - string to find                      */
176.
177. {
178.        int  i = 0, find_len, found = 0, position;
179.        char substring[MAX_LEN];
180.
181.        find_len = strlen(to_find);
182.        while (!found &&  i <= strlen(source) - find_len) {
183.            strncpy(substring, &source[i], find_len);
184.            substring[find_len] = '\0';
185.
186.            if (strcmp(substring, to_find) == 0)
197.                found = 1;
188.            else
189.                ++i;
190.        }
191.
192.        if (found)
193.            position = i;
194.        else
195.            position = NOT_FOUND;
196.
197.        return (position);
198. }
```

圖 9.21 執行文字編輯器程式的範例

```
Enter the source string:
> Internet use is growing rapidly.
Enter D(Delete), I(Insert), F(Find), or Q(Quit)> d
String to delete> growing
New source: Internet use is rapidly.

Enter D(Delete), I(Insert), F(Find), or Q(Quit)> F
String to find> .
'.' found at position 23
New source: Internet use is rapidly.

Enter D(Delete), I(Insert), F(Find), or Q(Quit)> I
String to insert>  expanding
Position of insertion> 23
New source: Internet use is rapidly expanding.

Enter D(Delete), I(Insert), F(Find), or Q(Quit)> q
String after editing: Internet use is rapidly expanding.
```

9.9 程式撰寫常見的錯誤

處理字串變數時，程式設計師必須要注意記憶體的配置與管理。在處理數值資料或單一字元時，通常在函式中計算求值，將結果暫存於函式的區域變數，然後使用 `return` 敘述把結果傳回給呼叫模組。但這種作法卻不適用於字串函式，這類函式沒辦法像 `int` 函式傳回整數值一樣，傳回一個字串值。字串函式所傳回的是字串起始字元的位址。如果希望字串函式的使用方式和使用許多數值函式一樣，就必須在區域變數內建立自己的結果字串，然後將這個新字串的位址作為函式值回傳。這種方法有一個問題，就是執行完 `return` 敘述後，函式的資料區塊會馬上消失，所以呼叫模組存取此函式在其區域變數所新建立的字串是無效的。圖 9.22 顯示一個重新修改圖 9.15 `scanline` 函式的不良示範。不像先前 `scanline` 需要呼叫函式提供空間來建構函式的結果，這個有錯的函式傳回由區域空間所建立的字串，結果每當 `printf` 想嘗試列印字串時，`main` 或 `printf` 對字串所占的記憶體都沒有合法的存取權力，而且字串的值可能隨時被修改。對這種類型的錯誤，比較嚴重的是有些 C 在編譯的時候會成功，而且在單元測試時也不會產生任何錯誤的輸出。

圖 9.22 錯誤的 scanline 回傳已收回之空間的位址

```
1.  /*
2.   * Gets one line of data from standard input.  Returns an empty string on end
3.   * of file.  If data line will not fit in allotted space, stores portion that
4.   * does fit and discards rest of input line.
5.   **** Error:  returns address of space that is immediately deallocated.
6.   */
7.  char *
8.  scanline(void)
9.  {
10.       char dest[MAX_STR_LEN];
11.       int  i, ch;
12.
13.       /*  Get next line one character at a time.                               */
14.       i = 0;
15.       for  (ch = getchar();
16.             ch != '\n'  && ch != EOF  &&  i < MAX_STR_LEN - 1;
17.             ch = getchar())
18.           dest[i++] = ch;
19.       dest[i] = '\0';
20.
21.       /*  Discard any characters that remain on input line                     */
22.       while (ch != '\n" &&  ch != EOF)
23.           ch = getchar();
24.
25.       return (dest);
26.  }
```

　　為了避免這種只有在系統整合測試時才會爆炸的「時間炸彈」函式，請試著遵循 C 程式庫的模式，讓呼叫模組在呼叫自己撰寫的字串函式時，必須提變數當作第一引數以便建立字串的結果。有的 ANSI C 編譯程式會找出像圖 9.22 的錯誤。

　　第二種 C 程式使用字串所產生的錯誤是錯用或忽略了 & 運算子。由於字串或整個陣列在當作輸出引數時並不需要這種運算子，這種認定會讓 C 的初學者忘記在使用簡單輸出引數時(像是型態 int、char 或 double 變數)加上位址運算子。你可能需要回顧表 6.5 如何使用 & 於簡單變數上。

　　另一個使用字串常見的問題是字串所配置的字元陣列空間不足，因而產生滿溢的現象。許多字串函式庫函式皆假設呼叫模組本身已提供足夠空間儲存任何結果，如果呼叫這類函式時沒有足夠空間儲存，則會導致一些難以發現的錯誤。在這裡重示圖 9.4，我們會看到下列情況：

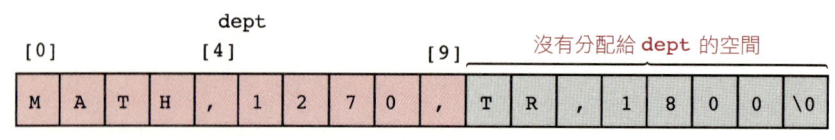

```
                  dept
       [0]        [4]              [9]    沒有分配給 dept 的空間
   ┌─┬─┬─┬─┬─┬─┬─┬─┬─┬─┬─┬─┬─┬─┬─┬─┬─┬─┬─┬─┐
   │M│A│T│H│,│1│2│7│0│,│T│R│,│1│8│0│0│\0│
   └─┴─┴─┴─┴─┴─┴─┴─┴─┴─┴─┴─┴─┴─┴─┴─┴─┴─┴─┴─┘
```
執行 `scanf("%s%d%s%d", dept, &course_num, days, &time);` 遇到無效的資料

儲存在陣列 dept 後的任何小格都會被蓋掉。如果記憶體被其他程式的變數所使用，這些值自然會改變。

本書所寫 scanline 函式可保護呼叫模組免於產生字串滿溢，但需要一個引數來告訴函式結果字串有多少空間可用。此函式仔細地避免儲存過長的字串。在撰寫字串程式時，盡量使用這類具保護性的函式。

小小的錯誤通常都會導致非常困難的除錯，像是忘了在字串結尾處加上空字元。程式設計師必須記得有兩種情況要在字串結尾處加一個空字元，第一是字串配置空間時，第二是以一次一個字元的方式建立字串時。

很容易不小心就用了等式以及關係運算子來比較字串或用設定運算子來複製字串。記得一定要使用 strcmp 或 strncmp 來做比較，以及函式庫函式像是 strcpy 或 strncpy 來複製字串。

本章回顧

1. C 的字串為字元陣列且結尾處為一空字元 '\0'。
2. 字串的輸入是用 scanf 及 fscanf 加上 %s，而字串之間是用空白來分隔。此外 gets 和 fgets 是用來輸入整行資料，以及使用 getchar 和 getc 來輸入單一字元。
3. 字串的輸出是用 printf 及 fprintf 加上 %s；putchar 和 putc 則用來完成單一字元的輸出。
4. 字串函式庫提供字串設定以及萃取子字串(strcpy 和 strncpy)的函式、字串長度(strlen)、字串連結(strcat 和 strncat)，以及字母順序的比較(strcmp 和 strncmp)。
5. 標準 I/O 函式庫包含字串轉為數字(sscanf)的函式以及數字轉為字串的函式(sprintf)。
6. 字串建構函式通常都需要呼叫模組為新字串提供空間作為輸出參數，而在函式處理完畢後將參數的位址傳回，作為函式的結果。
7. 有關字串處理方面，程式設計師需要注意避免字串變數產生滿溢的現象，以及字串結尾處不為 '\0'。

8. 字串串列的多種排列順序可藉由儲存一次字串,然後產生另一組指標陣列來排出其他的順序。
9. `ctype` 函式庫提供單一字元分類與轉換的函式。

新增的 C 結構

敘　　述	效　　果
宣　告	
`char str[100];`	字串配置的空間可有 99 個字元外加一個空字元。
`char str[11] = "　　　　";`	字串配置的空間可有 10 個字元外加一個空字元且字串初值化為空白。
`char *abbrevs[10];`	宣告一含有 10 個字元字串指標的陣列。

`const char *arg1`
或
`const char arg1[]`
	宣告一字串輸入參數。

`char *out`
或
`char out[]`
	宣告一字串輸出或輸入/輸出參數。

`char names[10][20];`	10 個字串陣列的空間配置,每個字串可有 19 個字元外加一個空字元。

`char *weekdays[] =`
　`{"Mon", "Tue", "Wed",`
　 `"Thu", "Fri"};`
	宣告並初值化指向 5 個字串的指標陣列。

`char list[][20]`	宣告一函式參數為一字串陣列,每個字串可有 19 個字元外加一個空字元。
`char *strs[]`	宣告一函式參數為一指向字串的指標陣列。
呼叫 I/O 和轉換函式	
`gets(str1);`	從鍵盤讀取一行資料,並以字串的形式儲存於 `str1` 內(不含 `'\n'`)。
`c1 = getchar();`	從鍵盤讀取一個字元,並在 `c1` 中儲存 int 型態的字元碼。如果碰到檔案結束則儲存 EOF。
`putchar(c1);`	顯示 `c1` 的字元值。
`sprintf(s, "%d + %d = %d", x,` 　`y, x + y);`	如果 x 為 3 且 y 為 4,建立並傳回字串 `"3 + 4 = 7"`。
`sscanf("14.3 -5", "%lf%d",` 　`&p, &n);`	儲存 14.3 至 p 以及 -5 至 n。
呼叫字元函式	
`if(islower(c1))` 　`c1 = toupper(c1);`	如果 `c1` 的值為 `'q'`,儲存 `'Q'` 至 `c1`。
`isdigit(c2)`	如果 c2 為下列字元 `'0'`,`'1'`,`'2'`,`'3'`,`'4'`,`'5'`,`'6'`,`'7'`,`'8'`,`'9'`,則傳回 1(真)。
呼叫字串函式庫	
`strlen(a_string)`	傳回字串 `a_string` 的字元數,字元數的算法是碰到空字元(但不包含)為止。
`strcmp(str1, str2)`	如果 `str1` 字母順序在 `str2` 之前則傳回一負數,如果 `str2` 字母順序在 `str1` 之前則傳回一正數,如果 `str1` 和 `str2` 相等則傳回零。
`strncmp(str1, str2, 4)`	比較 `str1` 與 `str2` 前 4 個字元,如果 `str1` 子字串字母順序在 `str2` 子字串之前則傳回一負數,如果 `str2` 子字串字母順序在 `str1` 子字串之前則傳回一正數,如果兩個子字串相等則傳回零。

(續)

新增的 C 結構 (續)

敘述	效果
`strcpy(str_result, str_src)`	複製 `str_src` 所有的字元(包含空字元)至 `str_result`。假設 `str_result` 有足夠的空間包含所有的字元。
`strncpy(str_result, str_src, 10)`	複製 `str_src` 的前 10 個字元至 `str_result`。假設 `str_result` 有足夠的空間包含此 10 個字元。只有在 `strlen(str_src)<10` 時，儲存的字元才會包含 `'\0'`。
`strcat(str_result, new)`	將 `new` 的所有值連結至 `str_result` 後面。假設 `str_result` 有足夠的空間包含原來的值以及外加 `new` 的字元。
`strncat(str_result, new, 10)`	將 `new` 的值連結至 `str_result` 後面。假設 `new` 的長度(不含空字元)小於等於 10，否則只有 `new` 前 10 字元會連結至 `str_result` 的結尾。此函式一定會在結尾處加上一個空字元，所以最多會有 11 個字元加至 `str_result`。

■ 快速檢驗練習

1. 對下列每一個函式，試解釋其目的、輸出參數的型態以及輸入參數的型態。同時請指出函式的出處：使用者自定、字串函式庫或 ctype。

   ```
   strcpy    strncpy   strncat
   islower   strcat    scanline
   isalpha   strlen    strcmp
   ```

2. 請看附錄 A 的三個字元集。下面哪一個運算式在不同的電腦中會有不同的結果？

   a. `(char)45`
   b. `'a' < 'A'`
   c. `'A' < 'Z'`
   d. `('A' <= ch && ch <= 'Z') && isalpha(ch)`
   e. `(int)'A'`
   f. `(int)'B' -(int)'A'`

3. 下面哪一個字串可以表示變數空間的配置？哪一個可以表示任何長度的形式參數？

   ```
   char str1[50]    char str2[]
   ```

4. 你曾經寫過程式在第一組資料集上執行完全正確，但在第二組資料集上卻產生不正確的結果嗎？如果執行除蟲的動作，在下列的程式碼中，你會發現其中的一個字串值，很自然地由 `"blue"` 改變為 `"a1"`，請問錯誤可能在哪裡？

```
...
printf("%s\n", s1);   /* displays "blue" */
scanf("%s", s2);
printf("%s\n", s1);   /* displays "al"   */
...
```

5. 宣告一個變數 str 有合理足夠的最小空間，使 str 能夠容納以下的每個值。

   carbon   uranium   tungsten   bauxite

6. 如果 t2 的值為 "Merry Christmas"，則 t1 在執行完下列敘述後結果為何？

   `strncpy(t1, &t2[3], 5);   t1[5] = '\0';`

7. 將兩個字串組合在一起的動作稱為_____。

8. 試寫一敘述能夠將 s2 從第四個字元(也就是 s2[3])之後的字串設定至 s1 的尾端。

9. 試寫一敘述能夠輸入整行的資料，並顯示所有大寫的字母。

10. 下面運算式的值為何？

    `isdigit(9)`

11. 此程式片段顯示什麼？

    ```
    char city[20] = "Washington DC 20059";
    char *one, *two, *three;
    one = strtok(city, " ");
    two = strtok(NULL, " ");
    three = strtok(NULL, " ");
    printf("%s\n%s\n%s\n", one, two, three);
    ```

12. 執行第 11 題的程式片段之後，city 之值仍然是 "Washington DC 20059" 嗎？

快速檢驗練習解答

1.

函式目的	輸出參數型態	輸入參數型態	定義處
strcpy 複製字串至另一個	char * (字串結果)	const char * (輸入字串)	string
islower 檢查其引數字元碼是否為小寫字元	無	int	ctype
isalpha 決定其引數字元碼是否為英文字母	無	int	ctype
strncpy 將一字串前 n 個字元複製至一字串	char * (字串結果)	const char * (原始字串)int	string
strcat 連結一字串至另一字串尾端	char *(輸入／輸出引數——第一個原始字串和字串結果)	const char * (第二個原始字串)	string
strlen 找出其引數的長度，計算在空字元前所有字元的數目	無	const char * (原始字串)	string
strncat 連結兩個引數，將第二個引數前 n 個字元加至第一個引數的尾端	char *(輸入／輸出引數——第一個原始字串和字串結果)	const char * (第二個原始字串) int(從第二個字串複製的最大字元)	string
scanline 讀取一行輸入資料作為字串，並在輸出引數內儲存適當的長度，其餘則忽略之	char * (字串結果)	int(結果字串可用的空間)	user
strcmp 比較兩引數，如果第一個小於第二個則傳回負的整數，如果相等則傳回零，其他則為正整數	無	const char * (兩個輸入字串)	string

2. 不同的為 a，b，e。
3. 區域變數：str1；參數：str2。
4. 呼叫 scanf 可能讀取一個過長的字串超過了 s2 的容量，其額外的字元可能會重寫 s1 所配置的記憶體。
5. char str[9]。最長的值("tungsten")有八個字元外加一個空字元。
6. "ry Ch"。
7. 連結。
8. strcpy(s1, &s2[3]);
9. gets(line);
   for (i = 0; i < strlen(line); ++i)
      if (isupper(line[i]))
          putchar(line[i]);
10. 0(偽)。但對 isdigit('9') 則為真。

11. Washington
    DC
    20059
12. 否。

問題回顧

要決定問題 1~4 敘述的結果時，請參考下列的宣告：

```
char s5[5], s10[10], s20[20];
char aday[7] = "Sunday";
char another[9] = "Saturday";
```

1. `strncpy(s5, another, 6); s5[4] = '\0';`
2. `strcpy(s10, &aday[2]);`
3. `strlen(aday)`
4. `strcpy(s20, another); strcat(s20, aday);`
5. 試寫一函式能將變動長度的字串補上空白至陣列最大的長度為止。例如，s10 是一個含有 15 個字元的陣列，且目前包含字串 "screenplay"，blank_pad 會補上三個空白(其中一個會蓋掉原來的空字元)並在字串結尾處加上空字元。請注意如果不需補上空白，函式應仍可正常運作。
6. 試寫一函式能傳回字串引數的副本，並刪除複製之字串中第一個出現的指定字母。
7. 試寫函式 isvowel 和 isconsonant，如果 int 型態引數的字元碼為母音(或子音)則傳回真。**提示**：在 isvowel 內使用 switch 敘述。
8. 如果字元陣列 a 與 b 的字串值相等，則下列何者會呼叫 somefun？

    a. `if (strcmp(a, b)>1)`
       `somefun();`
    b. `if (strcmp(a, b)== 0)`
       `somefun();`
    c. `if (a == b)`
       `somefun();`
    d. `if (a[] == b[])`
       `somefun();`

9. 下列程式碼會顯示什麼？

   ```
   char x[8] = "gorilla";
   char y[8] = "giraffe";
   strcpy(x, y);
   printf("%s %s\n", x, y);
   ```

   a. gorilla giraffe
   b. giraffegorilla gorilla
   c. gorilla gorilla
   d. giraffe giraffe

10. 下列程式碼會顯示什麼？

    ```
    char x[8] = "gorilla";
    char y[8] = "giraffe";
    strcat(x, y);
    printf("%s %s\n", x, y);
    ```

    a. gorillagiraffe giraffe
    b. giraffegorilla gorilla
    c. gorilla gorilla
    d. giraffe giraffe

程式撰寫專案

1. 試寫一函式 deblank 並加以測試，它有一個字串輸出和一個字串輸入引數，同時傳回輸入引數的副本，但移除副本內所有的空白。

2. 電阻器是一種電路設備，設計為在其兩端之間存在著一個特定的阻抗值。阻抗值以歐姆(ohms, Ω) 或千歐姆(kilo-ohms, kΩ) 表示。電阻器經常以隱含其阻抗值的彩色條紋標示，如圖 9.23 所示。前兩個條紋是數字，而第三個條紋是 10 的次方乘法器。

圖 9.23
條紋中編入電阻器的阻抗值

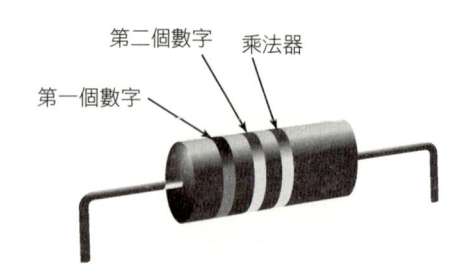

下方表格顯示每個條紋顏色的意義。舉例來說，如果第一個條紋是綠色，第二個條紋是黑色，第三個條紋是橘色，那麼電阻器的阻抗值為 $50 \times 10^3 \Omega$ 或 $50\ \text{k}\Omega$。表格中的資訊可以一個字串陣列的形式儲存在一個 C++ 程式中。

```
char COLOR_CODES[10][7] = {"black", "brown", "red",
   "orange", "yellow", "green", "blue", "violet", "gray",
   "white"};
```

請注意 "red" 是 COLOR_CODES[2]，而且具備代表數字 2 之值以及值為 10^2 的乘法器。概括來說，COLOR_CODES[*n*] 具有數字 *n* 之值以及乘法器 10^n 之值。

寫一程式提示輸入條紋 1、條紋 2 以及條紋 3 的顏色，然後以 kilo-ohms 顯示其阻抗值。其中應包含一個幫手函式 search，接受三個參數——字串串列、串列大小以及目標字串，並傳回字串中符合目標字串之串列元素的編號，如果目標字串並未出現在字串中便傳回 −1。下面是一個簡短的執行範例：

輸入電阻器上三個條紋的顏色，從最接近端點的條紋開始。輸入顏色時以小寫字母表示，不可大寫。

電阻器的顏色編碼*

顏　色	數字值	乘法器之值
黑(Black)	0	1
棕(Brown)	1	10
紅(Red)	2	10^2
橘(Orange)	3	10^3
黃(Yellow)	4	10^4
綠(Green)	5	10^5
藍(Blue)	6	10^6
紫(Violet)	7	10^7
灰(Gray)	8	10^8
白(White)	9	10^9

* 摘錄自 *Sears and Zemansky's University Physics*, 10th edited by Hugh D. Young and Roger A. Freedman (Boston: Addison-Wesley, 2000), p.807。

```
條紋 1 => green
條紋 2 => black
條紋 3 => yellow
阻抗值：500 kilo-ohms
要繼續解讀另一個電阻器？
=> y
```

輸入電阻器上三個條紋的顏色，從最接近端點的條紋開始。輸入顏色時以小寫字母表示，不可大寫。

```
條紋 1 => brown
條紋 2 => vilet
條紋 3 => gray
顏色無效：vilet
要繼續解讀另一個電阻器？
=> n
```

3. 試寫一函式 fact_calc 能處理字串輸出變數且輸入整數 n，回傳一個字串顯示 $n!$ 的計算結果。舉例來說，如果 n 為 6，此字串回傳 "6!= 6×5×4×3×2×1=720"。撰寫此一程式，重複提示使用者輸入 0～9 之間的整數，呼叫 fact_calc 輸出字串結果，並且以星狀符號包圍，大小需剛好包圍字串。如果使用者輸入不正確的參數，程式必須提示錯誤，且要求輸入正確的數字。如果輸入 -1 則，此程式結束。範例如下：

```
Enter an integer between 0 and 9 or -1 to quit => 6

*************************************
* 6! = 6 x 5 x 4 x 3 x 2 x 1 =720 *
*************************************
Enter an integer between 0 and 9 or -1 to quit => 12
Invalid entry

Enter an integer between 0 and 9 or -1 to quit => 0

**********
* 0! = 1 *
**********
```

```
Enter an integer between 0 and 9 or -1 to quit =>-1
```

4. 試寫一函式 hydroxide 測試字串引數的結尾子字串為 OH，則傳回 1 (真)。

　　試使用下列資料來測試函式 hydroxide：

```
KOH   H2O2   NaCl   NaOH   C9H8O4   MgOH
```

5. 試寫一程式讀取一個名詞，並根據下面規則組成複數：
   a. 如果名詞結尾為 "y"，移去 "y"，然後增加 "ies"。
   b. 如果名詞結尾為 "s"、"ch" 或 "sh"，增加 "es"。
   c. 其他情形下，則只加 "s"。

   印出每個名詞以及其複數。請試下列的資料：

```
chair   dairy   boss   circus   fly   dog   church   clue   dish
```

6. 試寫一程式儲存姓名(姓放最前面)以及年紀於兩平行串列，並根據字母順序將姓名排序，且保持年紀與姓名的正確性。實例輸出：

   原始串列
   ```
   Ryan, Elizabeth      62
   McIntyre, Osborne    84
   DuMond, Kristin      18
   Larson, Lois         42
   Thorpe, Trinity      15
   Ruiz, Pedro          35
   ```

   依字母順序的串列
   ```
   DuMond, Kristin      18
   Larson, Lois         42
   McIntyre, Osborne    84
   Ruiz, Pedro          35
   Ryan, Elizabeth      62
   Thorpe, Trinity      15
   ```

7. 試寫一程式每次讀取一行的資料，並反轉這行的單字順序。例如，

   輸入：brids and bees
   反轉：bees and birds

   此行資料在每對單字之間必須包含一個空白格。

8. 撰寫一函式找出兩個單字最長且相同部分的字(例如，"procrastination" 和 "destination" 最長且相同的字為 "stination"、"globally" 和 "internally" 為 "ally"，以及 "gloves" 和 "dove" 為空字串)，並測試此函式。

9. 寫一程式處理名字的資料檔，每個名字都自成一行，每行最多 80 個字元。下面是名字的兩個範例：

Hartman-Montgomery, Jane R.
Doe, J. D.

每行的姓氏之後是一個逗號和一個空格。接著是名字或是名字的第一個字母，然後是空格以及中間字首。你的程式應將名字讀入存至三個陣列——`surname`、`first` 和 `middle_init`。若姓氏超過 15 個字元，只儲存前 15 個字元。同樣地，將名字限制為 10 個字元。不要在 `first` 和 `middle_init` 陣列中儲存句點。將陣列內容寫至檔案中，且每一部分的內容都要對齊：

```
Hartman-Montgom  Jane       R
Doe              J          D
```

遞 迴

CHAPTER 10

10.1 遞迴的本質

10.2 追蹤遞迴函式

10.3 遞迴的數學函式

10.4 含有陣列以及字串參數的遞迴函式

案例研究：找出字串內大寫的字母

案例研究：遞迴選擇排序

10.5 使用遞迴解決問題

案例研究：集合運算

10.6 使用遞迴之古典案例研究：河內之塔

10.7 程式撰寫常見的錯誤

本章回顧

遞迴函式：呼叫自己的函式，或是屬於連續函式呼叫循環中的一部分的函式。

函式可以呼叫自己本身，稱為**遞迴**(recursive)。如果函式 f1 呼叫函式 f2，而在某種情況下 f2 又呼叫 f1，產生循環性的呼叫，則函式 f1 也稱為遞迴。這種呼叫自己的能力，使遞迴函式能夠依據不同參數值而重複執行。你可以使用遞迴來替代迴圈。通常來說，使用遞迴方法在時間上會比迴圈方法缺乏效率，這是因為多了額外的函式呼叫；但不論如何，對於某些難以解決的問題，遞迴的確提供一個自然、簡單的解決方案。基於這些理由，在解決和程式設計上，遞迴是一個重要且有威力的工具。

10.1　遞迴的本質

使用遞迴方法解決的問題都有下列的特徵：

簡單案例：有已知之簡單解法的問題情況。

- 問題都有一或多個**簡單案例**(simple case)，有直接、非遞迴性的解決方法。
- 其他案例可以重新定義為較接近問題的簡單案例。
- 每次要解決這些重新定義的程序就呼叫遞迴函式，整個問題最後會縮減為簡單案例，而且相當容易解決。

本書所撰寫的遞迴演算法，通常包含一個 if 敘述，格式如下：

if 這是一個簡單案例
　　解決它
else
　　使用遞迴重新定義問題

圖 10.1 說明這種方法。假設有一個大小為 *n* 的問題，我們可將此問

圖 10.1　將問題切割成較小的問題

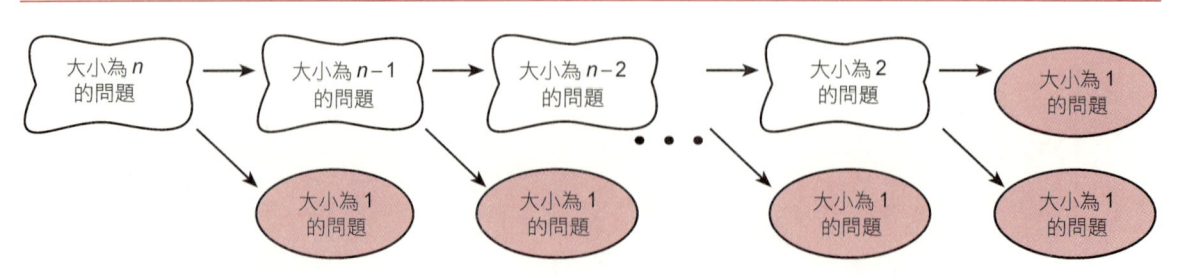

題切割成一個大小為 1 的可解決問題(簡單案例)以及一個大小為 $n-1$ 的問題。然後再將 $n-1$ 的問題切割成一個大小為 1 的問題以及一個大小為 $n-2$ 的問題，之後再進一步切割。如果將問題切割 $n-1$ 次，最後會得到 n 個大小為 1 的問題，而且每一個都可以解決。

範例 10.1 現在來看如何解決 6 乘 3 的問題。假設這時只知道加法表而且不曉得乘法表。雖然如此，讀者仍然知道任何數乘以 1 還是得到原數，因此只要碰到這種簡單案例，讀者就可以直接解決問題。6 乘以 3 的問題可以切割為兩個問題：

1. 6 乘以 2。
2. 加 6 至問題 1 的結果。

由於已經知道加法，讀者可以解決問題 2，但無法解決問題 1。可是問題 1 已經比原來的問題更接近於簡單案例。讀者可將問題 1 切割為下列兩個問題：1.1 和 1.2，此時留下三個問題待解，其中兩個是加法。

1. 6 乘以 2。
   1.1 6 乘以 1。
   1.2 加上 6 至問題 1.1 的結果。
2. 加上 6 至問題 1 的結果。

問題 1.1 就是我們要找的簡單案例。藉由解決問題 1.1(答案為 6)和問題 1.2，我們得到問題 1 的解答(答案為 12)。解決問題 2 得到最後答案(18)。

圖 10.2 應用上述遞迴方法來撰寫乘法遞迴函式 multiply，並傳回兩個引數的乘積 m×n。此 multiply 函式主體完成前述遞迴演算法。當條件式 n==1 為真，就達到最簡單案例。此時，敘述

```
ans = m;   /* simple case */
```

開始執行，所以答案為 m。如果 n 大於 1，則敘述

```
ans = m + multiply(m, n - 1);  /* recursive step */
```

開始執行。將原問題切割成兩個較簡單問題：

- 將 m 乘以 n-1
- 將 m 加至前一個簡單問題的結果

經由再次呼叫 multiply 且第二引數為 n-1，可以解決這些問題的第一個。如果新的第二引數仍大於 1，則繼續呼叫函式 multiply。

圖 10.2　遞迴函式 multiply

```
/*
 *   Performs integer multiplication using + operator.
 *   Pre:    m and n are defined and n > 0
 *   Post:   returns m * n
 */
int
multiply(int m, int n)
{
        int ans;

        if (n == 1)
                ans = m;        /* simple case */
        else
                ans = m + multiply(m, n - 1);  /* recursive step */

        return (ans);
}
```

首先，有一點很奇怪，即使還沒有寫完遞迴執行的每一個步驟，我們還是必須信賴函式 multiply！無論如何，這個方向是發展遞迴演算法的重要祕訣。為了能夠以遞迴方式解決問題，首先必須相信遞迴函式的確可以解決比較簡單的問題，然後再根據較簡單版本的結果來解決整個問題。

目前為止，你必須相信本書所說，函式 multiply 的執行會如預期一樣。下一節，我們將會看到如何追蹤遞迴函式的執行過程。

遞迴有一個特性，就是處理不定長度串列的問題。因為字串屬於不定長度的字元串列，本章會有很多使用遞迴函式處理字串的範例。

範例 10.2

發展一個函式來計算某特定字元在字串中出現的次數。例如，

```
count('s', "Mississippi sassafras")
```

應該傳回 8。當然，也可以建立一個迴圈來計算所有的 s，但是，本書要用遞迴的方法來解決這個問題。因為遞迴需要將問題分解為多個簡單問題的組合，對問題剛開始的反應有點像是「整個問題實在是太難了，而我僅能解決一小部分，但是我的確需要幫助以解決整個問題。」之後我們把事情重新安排，讓需要的「幫助」能實際解決同一問題的較簡單版本。如果把這個問題想像成處理串列元素，遞迴方法通常只處理串列的第一個元素。遞迴問題解決者思考程序如圖 10.3。

再回頭看遞迴演算法 if 敘述的「通式」，

圖 10.3
遞迴演算法發展者的思考程序

計算 Mississippi sassafras 中的 's'

如果我能讓別人計算此串列的 s 數目

…則 s 的數目仍然不變或再加 1，端視第一個字母是否為 s 而定

if 這是一個簡單案例
　　解決它
else
　　使用遞迴來重新定義問題

圖 10.3 的思考過程，完全符合通式的 else 子句。原問題「計算在 Mississippi sassafras 中的 s」已重新定義為「計算在 ississippi sassafras 中的 s，然後檢查，如果第一個字母為 s，則再加 1。」重新定義問題「計算字串內的字母」是遞迴的，這是因為部分解決方案仍然是計算字串內的字母。唯一改變是新字串變得較短。此時仍需辨識出整個問題的最簡單案例，一定是非常短的字串。雖然要計算單一字元字串內含有多少特定字元非常容易，但是仍需做一次比較。如果字串內沒有任何字元，則字元出現的次數應為零。現在已經有一個簡單案例，以及使用遞迴重新定義複雜案例的方法，我們可以開始撰寫遞迴函式 count。因為由遞迴所處理的「字串其餘部分」是由 count 檢查，而不是修改內容，所以不需要複製整個子字串，僅需複製 str 第一個字母的位址即可。圖 10.4 的程式僅呼叫 count 以及使用引數 &str[1]。

在第一個範例中，我們看到遞迴函式 multiply 如何將大小為 *n* 的乘法問題分解成 *n* 個大小為 1 的加法問題。同樣地，遞迴函式 count 的功能是將長度 *n* 的字串分析切割為 *n* 個單一字元。

練習 10.1

自我檢驗

1. 請使用類似於圖 10.1 的圖，顯示下列呼叫所產生的問題。
   a. multiply(5, 4)
   b. count('d', "dad")

圖 10.4　計算字串內字元數的遞迴函式

```
1.  /*
2.   *  Count the number of occurrences of character ch in string str
3.   */
4.  int
5.  count(char ch, const char *str)
6.  {
7.
8.      int ans;
9.
10.     if (str[0] == '\0')                          /*  simple case        */
11.         ans = 0;
12.     else                       /*  redefine problem using recursion   */
13.         if (ch == str[0])      /*  first character must be counted    */
14.             ans = 1 + count(ch, &str[1]);
15.         else                   /*  first character is not counted     */
16.             ans = count(ch, &str[1]);
17.
18.     return (ans);
19. }
```

程式撰寫

1. 試寫一遞迴函式 count_digits 計算字串內數字的個數。
2. 試寫一遞迴函式 add 計算兩個整數參數的和。假設 add 不知道一般的加法表，只知道如何加 1 與減 1。

10.2　追蹤遞迴函式

手寫追蹤演算法的執行過程可以讓我們了解演算法的作法。以下藉由研究兩個案例來追蹤遞迴函式的執行過程，第一個研究案例是具回傳值的遞迴函式，第二個案例是 void 遞迴函式。

追蹤傳回值的遞迴函式

在 10.1 節，我們已經撰寫遞迴函式 multiply (見圖 10.2)。讓我們追蹤此函式呼叫的執行過程

```
multiply(6, 3)
```

活動框架：呼叫一個函式的表示法。

並畫出每次呼叫函式時對應的**活動框架**(activation frame)，每個活動框架顯示參數值以及每次執行時的摘要。

圖 10.5 顯示用來解決 6 乘 3 問題所產生的三個活動框架。每個活動

▌圖 10.5

追蹤函式 multiply

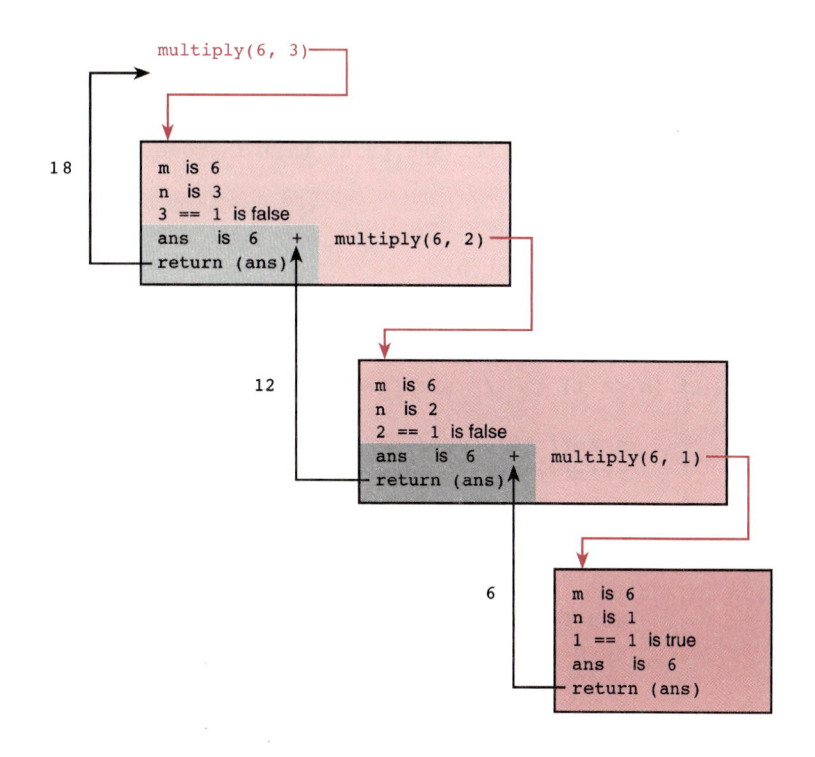

```
multiply(6, 3)

18     m is 6
       n is 3
       3 == 1 is false
       ans is 6 +      multiply(6, 2)
       return (ans)

          12     m is 6
                 n is 2
                 2 == 1 is false
                 ans is 6 +      multiply(6, 1)
                 return (ans)

                    6     m is 6
                          n is 1
                          1 == 1 is true
                          ans is 6
                          return (ans)
```

框架在執行遞迴呼叫之前是淺灰色的部分，執行之後所傳回來的部分是深灰色的。活動框架顏色愈深，則呼叫深度愈大。

　　每次呼叫傳回來的值，皆顯示在黑色箭頭旁邊。每次呼叫所傳回的箭頭都指向運算子 + 的下方，這是因為每次傳回後，都會執行加法動作。

　　圖 10.5 顯示三個函式 multiply 的呼叫。對這三次呼叫來說，參數 m 的值皆為 6；參數 n 的值分別為 3、2，最後為 1。因為在第三次呼叫 n 為 1，m(6)的值會設定至 ans 並作為第三次以及最後一次呼叫的傳回結果。回到第二個活動框架後，m 的值加上這個結果，然後總和(12)作為第二次呼叫的傳回值。回到第一個活動框架後，m 的值加上此結果，然後總和(18)會當作原先呼叫函式 multiply 的值。

追蹤 void 遞迴函式

　　手寫追蹤 void 函式應該比追蹤有回傳值的函式還要容易。這兩種型態的函式都使用活動框架追蹤每次函式呼叫的過程。

圖 10.6　函式 reverse_input_words

```
1.  /*
2.   * Take n words as input and print them in reverse order on separate lines.
3.   * Pre: n > 0
4.   */
5.  void
6.  reverse_input_words(int n)
7.  {
8.        char word[WORDSIZ];  /* local variable for storing one word          */
9.
10.       if (n <= 1) {   /* simple case: just one word to get and print       */
11.
12.           scanf("%s", word);
13.           printf("%s\n", word);
14.
15.       } else {   /* get this word; get and print the rest of the words in
16.                     reverse order; then print this word                    */
17.
18.           scanf("%s", word);
19.           reverse_input_words(n - 1);
20.           printf("%s\n", word);
21.       }
22.  }
```

範例 10.3　圖 10.6 的函式 reverse_input_words 是一個遞迴模組。它輸入 n 個單字，然後以相反順序印出來。如果執行函式呼叫敘述

reverse_input_words(5)

則從鍵盤輸入的五個字，會以相反順序列印出來。如果所輸入的字為：

the
course
of
human
events

則程式輸出為：

events
human
of
course
the

終止條件：當此條件為真時，遞迴演算法就可處理簡單案例。

如同大部分的遞迴模組，函式 reverse_input_words 的主體含有一個 if 敘述評估**終止條件**(terminating condition)，n <= 1。當終止條件為真，代表函式處

圖 10.7 輸入單字 "bits" "and" "bytes" 時，追蹤 reverse_input_words(3) 的過程

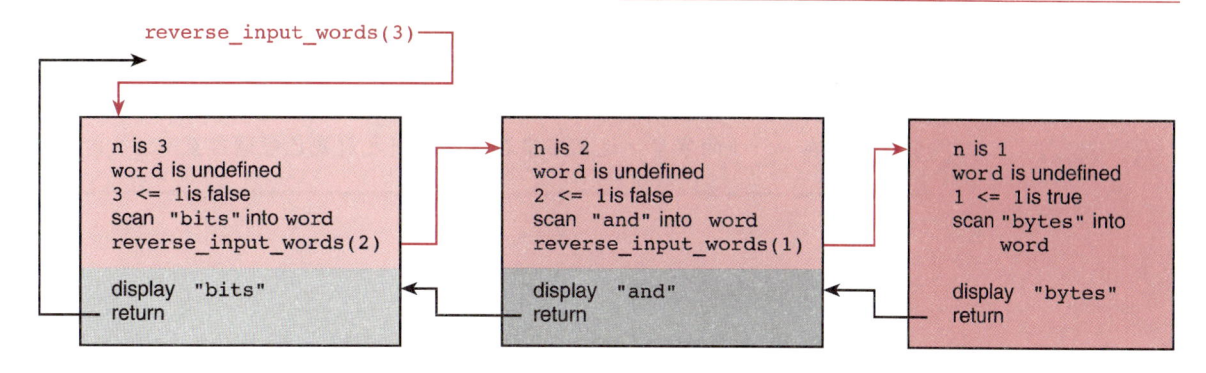

```
reverse_input_words(3)

┌─────────────────────────┐      ┌─────────────────────────┐      ┌─────────────────────────┐
│ n is 3                  │      │ n is 2                  │      │ n is 1                  │
│ word is undefined       │      │ word is undefined       │      │ word is undefined       │
│ 3 <= 1 is false         │ ───► │ 2 <= 1 is false         │ ───► │ 1 <= 1 is true          │
│ scan "bits" into word   │      │ scan "and" into word    │      │ scan "bytes" into       │
│ reverse_input_words(2)  │      │ reverse_input_words(1)  │      │   word                  │
├─────────────────────────┤      ├─────────────────────────┤      ├─────────────────────────┤
│ display "bits"          │ ◄─── │ display "and"           │ ◄─── │ display "bytes"         │
│ return                  │      │ return                  │      │ return                  │
└─────────────────────────┘      └─────────────────────────┘      └─────────────────────────┘
```

理問題的某一個簡單案例——反向列印只含一個單字的串列。反向對含有一個字的串列來說，並沒有任何作用，因此碰到 n 小於或等於 1 時的簡單案例，只需使用 scanf 讀取單字並列印之。

如果終止條件為偽(n > 1)，則執行遞迴步驟(在 else 之後)。這組敘述將目前輸入的字存至記憶體內，並以反向列印餘下的 n-1 個字，最後再列印存至記憶體內的字。

圖 10.7 顯示下列函式呼叫的追蹤過程：

reverse_input_words(3)

假設以下列單字："bits" "and" "bytes" 作為輸入資料。此追蹤顯示函式 reverse_input_words 三個獨立的活動框架。每個活動框架開始時會列出 n 以及 word 的初始值。呼叫函式時，n 的值會傳遞至函式內；區域變數 word 值在初始時是沒有定義的。

每個框架內執行的敘述顯示在宣告的後面。活動框架內的遞迴函式呼叫會產生另一個新的活動框架，如箭頭所示。void 函式結束的發生是在函式主體碰到結束程式的大括弧，並以 return 表示，然後一個黑箭頭指向原呼叫架構中函式傳回後的敘述。追蹤圖 10.7 的箭頭，其結果產生如圖 10.8 所列出的一序列事件。為

圖 10.8

追蹤 reverse_input_words(3) 時的事件序列

```
呼叫 reverse_input_words，n = 3。
    讀入第一個字 ("bits") 並存入 word。
    呼叫 reverse_input_words，n = 2。
        讀入第二個字 ("and") 並存入 word。
        呼叫 reverse_input_words，n = 1。
            讀入第三個字 ("bytes") 並存入 word。
            顯示第三個字 ("bytes")。
            回到第三次呼叫的地方。
        顯示第二個字 ("and")。
        回到第二次呼叫的地方。
    顯示第一個字 ("bits")。
    回到原始呼叫的地方。
```

了讓讀者了解此串列的意義，同一個活動框架內的所有敘述，會對齊同一行。如圖 10.8 所示，此圖呼叫函式 reverse_input_words 三次，而每一次參數值都不同。函式回傳的順序和函式呼叫的順序相反——也就是說，最後呼叫會最先傳回，然後才是第二個傳回，依此類推。在執行完某一特定函式並傳回後，才會顯示存在 word 的字串，這個字串在函式呼叫之前就已經儲存至 word 內。

參數和區域變數堆疊

你可能感到很好奇，C 如何在每個地方記錄 n 和 word 的值？C 使用**堆疊**(stack)資料結構，如 8.5 節使用陣列完成的資料結構(圖 8.14)。在此資料結構中，增加資料項目(推進運算)以及移除(跳出運算)都是在串列內同一地方執行，所以最後儲存的項目都會最優先處理。

> **堆疊**：一種資料結構，特性是最後加入的資料項會最先處理。

執行 reverse_input_words 呼叫時，系統將與呼叫相關的參數值堆到參數堆疊頂端。然後再推入一個未定義小格至堆疊頂端，用來儲存區域變數 word 的值。每一次從 reverse_input_words 傳回，會移除堆疊頂端的值。

以下的範例，讓我們看看第一次呼叫 reverse_input_words 之後，所顯示的兩個堆疊，每個堆疊都有一個小格。

第一次呼叫 reverse_input_words 後

n	word
3	?

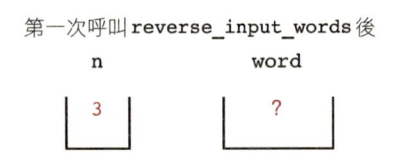

"bits" 這個字在呼叫第二次 reverse_input_words 之前儲存至 word。

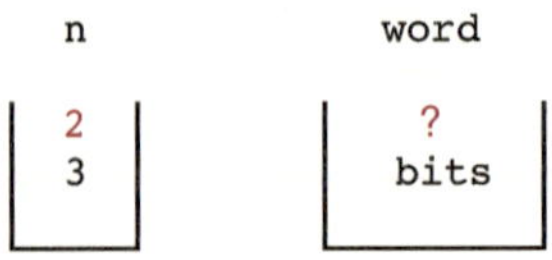

n	word
3	bits

呼叫第二次 reverse_input_words 之後，數字 2 被推進 n 的堆疊，且 word 堆疊頂端又變成了未定義。如下圖所示。

第二次呼叫 reverse_input_words 後

n	word
2	?
3	bits

呼叫第三次 reverse_input_words 之前讀入 "and" 並儲存至 word。

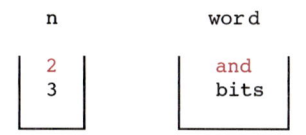

```
    n           word
  ┌───┐       ┌──────┐
  │ 2 │       │ and  │
  │ 3 │       │ bits │
  └───┘       └──────┘
```

同樣地，在第三次呼叫之後，word 又變成未定義。

第三次呼叫 reverse_input_words 後

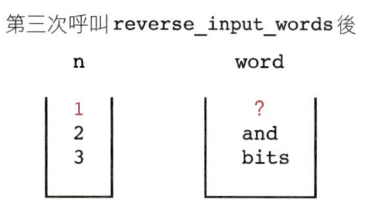

```
    n           word
  ┌───┐       ┌──────┐
  │ 1 │       │  ?   │
  │ 2 │       │ and  │
  │ 3 │       │ bits │
  └───┘       └──────┘
```

執行函式時，讀入 "bytes" 這個字並儲存至 word 內，然後馬上列印出來，這是因為 n 已經為 1(一個簡單案例)。

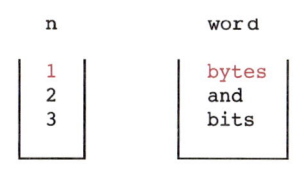

```
    n           word
  ┌───┐       ┌───────┐
  │ 1 │       │ bytes │
  │ 2 │       │ and   │
  │ 3 │       │ bits  │
  └───┘       └───────┘
```

此函式傳回並從兩個堆疊中跳出，如下圖所示。

第一次傳回後

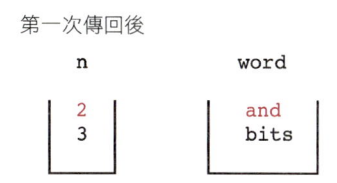

```
    n           word
  ┌───┐       ┌──────┐
  │ 2 │       │ and  │
  │ 3 │       │ bits │
  └───┘       └──────┘
```

因為控制權已傳回至 printf 呼叫，此時會列印堆疊頂端的 word ("and") 值。然後又發生另一個傳回，再從堆疊彈跳出。

第二次傳回復

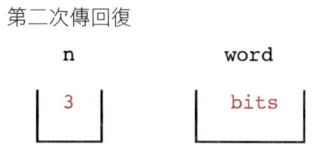

```
    n           word
  ┌───┐       ┌──────┐
  │ 3 │       │ bits │
  └───┘       └──────┘
```

之後控制權又回到一個 printf 敘述，此時列印堆疊頂端的 word

("bits")值。第三次也是最後的傳回結束原來的函式呼叫。此時記憶體內不再有任何對 n 和 word 的配置空間。

堆疊實際上是一種可以自己製作和處理的陣列資料結構。但無論如何，C 已經自動處理所有與函式呼叫相關的堆疊運作。所以在撰寫遞迴函式時，毋須擔心堆疊的問題。

C 參數堆疊的製作

為了便於圖解說明，本書使用不同的堆疊分裝每一種討論的參數；但實際上編譯程式只有一個**系統堆疊**(system stack)。每次函式呼叫發生，所有參數和區域變數以及呼叫敘述的記憶體位址都會推進堆疊內。呼叫敘述的記憶體位址是為了告訴電腦函式執行完成後的傳回點。請注意雖然函式參數可複製多份至堆疊內，但程式碼的主體只有一份存在記憶體內。

> **系統堆疊**：當函式被呼叫時，配置給其參數和區域變數的記憶體區域；當函式回傳時所歸還的記憶體區域。

何時以及如何追蹤遞迴函式

用手追蹤遞迴函式，對了解遞迴函式的運作非常有助益，但對發展演算法則沒有太大幫助。發展演算法的過程中，要追蹤某一特定案例最好的方法，就是信賴每次函式呼叫都會根據函式目的傳回正確結果，然後再用手寫追蹤的方式，檢查這個值是否能在所有考慮的案例中產生正確結果。

但無論如何，如果撰寫的遞迴函式有誤，追蹤執行過程是驗證錯誤的重要方法。函式本身只要在程式進入點以及結束點加入一些除錯訊息，就能夠讓函式自我追蹤。圖 10.9 顯示函式 multiply 的自我追蹤版本，以及呼叫 multiply(8, 3) 所產生的結果。

練習 10.2

自我檢驗

1. 假設使用圖 10.5 multiply(6, 3) 執行過程中的每個活動框架，試追蹤 m、n 和 ans 的堆疊內容。
2. 請畫出 count('d', "dad") 執行過程中的活動框架，假設 count 的定義同圖 10.4。

圖 10.9 使用 print 敘述產生遞迴函式 multiply 的追蹤過程，以及 multiply(8, 3) 所產生的輸出

```
/*
 *   ***  Includes calls to printf to trace execution ***
 *   Performs integer multiplication using + operator.
 *   Pre:   m and n are defined and n > 0
 *   Post:  returns m * n
 */
int
multiply(int m, int n)
{
      int ans;

  printf("Entering multiply with m = %d, n = %d\n", m, n);

      if (n == 1)
            ans = m;      /* simple case */
      else
            ans = m + multiply(m, n - 1); /* recursive step */
  printf("multiply(%d, %d) returning %d\n", m, n, ans);

      return (ans);
}

Entering multiply with m = 8, n = 3
Entering multiply with m = 8, n = 2
Entering multiply with m = 8, n = 1
multiply(8, 1) returning 8
multiply(8, 2) returning 16
multiply(8, 3) returning 24
```

程式撰寫

1. 試重寫圖 10.4 的函式 count，增加 printf 呼叫，使 count 能夠自我追蹤。然後顯示 count('1', "lull") 的產生結果。

10.3　遞迴的數學函式

　　許多數學函式可以遞迴方式定義。其中一個範例就是找出數字 n 的階乘($n!$)，此函式已在第五章使用迴圈方式定義。

- $0!$ 為 1
- $n!$ 為 $n \times (n-1)!$，當 $n > 0$

所以 $4!$ 為 $4 \times 3!$，也就是 $4 \times 3 \times 2 \times 1$，或 24。在 C 中，用遞迴函式撰寫則相當直接。

圖 10.10　遞迴的階乘函式

```c
/*
 * Compute n! using a recursive definition
 * Pre:  n >= 0
 */
int
factorial(int n)
{
      int ans;

      if (n == 0)
            ans = 1;
      else
            ans = n * factorial(n - 1);

      return (ans);
}
```

範例 10.4　圖 10.10 函式 `factorial` 計算引數 n 的階乘。其遞迴步驟

```
ans = n * factorial(n - 1);
```

完成上述第二行階乘的定義。因此目前呼叫(引數 n)的結果是計算 n 乘以呼叫 `factorial(n-1)` 的結果。

追蹤

```
fact = factorial(3);
```

結果顯示於圖 10.11。原始呼叫 `factorial(3)` 的回傳值為 6，此值並設定給 fact。請注意，函式 factorial 的值增加太快，可能會導致整數溢位的錯誤(例如，8! 為 40,320)。

撰寫遞迴函式 factorial 很容易由原定義轉換而來，但在第五章也以簡單的迴圈方式撰寫這個函式。第五章發展出的迴圈函式列於圖 10.12。

請注意，迴圈版本包含一個迴圈作為主要的控制結構，而遞迴版本則包含一個 if 敘述。在迴圈版本中，變數 product 儲存每次重複後的結果，每次重複會使結果更接近正確值。試比較 product 的使用目的，以及遞迴版本區域變數 ans 之目的。變數 ans 含有每個子問題的值，也就是呼叫函式目前的結果。

圖 10.11

追蹤 fact = factorial(3);

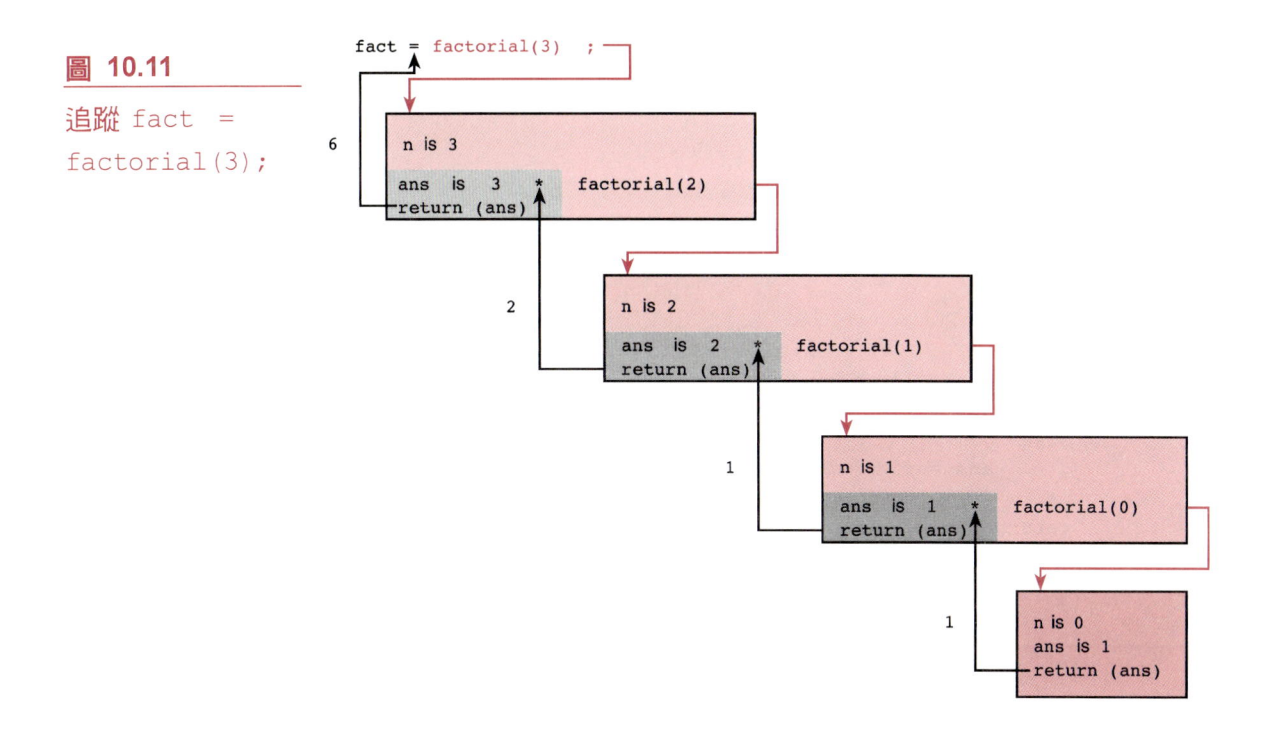

```
fact = factorial(3) ;

    ┌─────────────────────────┐
  6 │ n is 3                  │
    │ ans is 3 *  factorial(2)│
    │ return (ans)            │
    └─────────────────────────┘
         ┌─────────────────────────┐
       2 │ n is 2                  │
         │ ans is 2 *  factorial(1)│
         │ return (ans)            │
         └─────────────────────────┘
              ┌─────────────────────────┐
            1 │ n is 1                  │
              │ ans is 1 *  factorial(0)│
              │ return (ans)            │
              └─────────────────────────┘
                   ┌──────────────┐
                 1 │ n is 0       │
                   │ ans is 1     │
                   │ return (ans) │
                   └──────────────┘
```

圖 10.12 迴圈函式 factorial

```
1.  /*
2.   * Computes n!
3.   * Pre: n is greater than or equal to zero
4.   */
5.  int
6.  factorial(int n)
7.  {
8.      int i,           /* local variables */
9.          product = 1;
10.
11.     /* Compute the product n x (n-1) x (n-2) x ... x 2 x 1 */
12.     for  (i = n;  i > 1;  --i) {
13.         product = product * i;
14.     }
15.
16.     /* Return function result */
17.     return (product);
18. }
```

圖 10.13 遞迴函式 `fibonacci`

```c
/*
 *  Computes the nth Fibonacci number
 *  Pre: n > 0
 */
int
fibonacci(int n)
{
    int ans;

    if (n == 1  ||  n == 2)
        ans = 1;
    else
        ans = fibonacci(n - 2)  +  fibonacci(n - 1);

    return (ans);
}
```

範例 10.5 Fibonacci 數為一序列數字，具有多種不同的使用方法。原先的用途是想要模式化兔子的繁殖情形。本書在此不仔細介紹，Fibonacci 序列為 1, 1, 2, 3, 5, 8, 13, 21, 34, …, 的確以很快速度增長。序列第 15 個數目為 610(也就是繁殖了許多兔子)。此 Fibonacci 序列可定義為：

- Fibonacci$_1$ 為 1
- Fibonacci$_2$ 為 1
- Fibonacci$_n$ 為 Fibonacci$_{n-2}$ 加上 Fibonacci$_{n-1}$，當 $n > 2$

請自行驗證上面所列出的序列數字是正確的。

圖 10.13 列出一個計算第 n 個 Fibonacci 數的遞迴函式。雖然它看起來很容易，但這一版的 `fibonacci` 並不是非常有效率，這是因為每個遞迴步驟同時產生兩個呼叫函式 `fibonacci`，而兩個呼叫之間重複許多相同的計算。本節結尾的程式撰寫第 2 題會描述另一個有效率(雖然比較複雜)的遞迴演算法計算 Fibonacci 數。

範例 10.6 在 6.5 節程式撰寫練習中，使用迴圈演算法找出兩個整數的最大公因數(gcd)。Euclid 找出 gcd 的演算法可用遞迴方式定義。所謂兩個整數的最大公因數就是可以整除兩者的最大整數。

- 如果 n 可整除 m，則 gcd(m, n) 為 n
- 否則 gcd(m, n) 為 gcd(n, m 除以 n 的餘數)

圖 10.14　使用遞迴函式 gcd 的程式

```c
/*
 *  Displays the greatest common divisor of two integers
 */

#include <stdio.h>

/*
 *  Finds the greatest common divisor of m and n
 *  Pre:  m and n are both > 0
 */
int
gcd(int m, int n)
{
      int ans;

      if (m % n == 0)
            ans = n;
      else
            ans = gcd(n, m % n);

      return (ans);
}
int
main(void)
{
      int n1, n2;

      printf("Enter two positive integers separated by a space> ");
      scanf("%d%d", &n1, &n2);
      printf("Their greatest common divisor is %d\n", gcd(n1, n2));

      return (0);
}

Enter two positive integers separated by a space> 24 84
Their greatest common divisor is 12
```

此演算法描述如果 n 可整除 m，則 gcd(m, n) 為 n。如果 n 除 m 的餘數不為零，則答案為找出 n 與 m 除以 n 餘數的 gcd。這個定義中有一個很好的特性就是不考慮 m 或 n 哪一個比較大。如果 m 大於 n，計算過程很快會到達結果；如果不是，遞迴步驟則有交換 m 和 n 的功用。產生交換的時機是在 m 小於 n 時，m 除以 n 的餘數還是 m。遞迴函式 gcd 的宣告以及使用方法如圖 10.14 所示。

練習 10.3

自我檢驗

1. 試完成下列遞迴函式，計算一個底數(base)的次方。假設 power 為一非負整數。

```
int
power_raiser(int base, int power)
{
    int ans;

    if(power == _____)
        ans = _____;
    else
        ans = _____ * _____;
    return(ans);
}
```

2. 下列程式輸出為何？當以一個整數呼叫函式 strange 時，計算結果為何？

```
#include <stdio.h>

int strange(int n);
int
main(void)
{
    printf("%d\n", strange(8));
}
int
strange(int n)
{
    int ans;

    if(n == 1)
        ans = 0;
    else
        ans = 1 + strange(n / 2);

    return(ans);
}
```

3. 如果函式 fibonacci 終止條件為(n==1)，試解釋會發生什麼狀況。

程式撰寫

1. 試寫遞迴函式 find_sum 計算連續整數 1 到 n 的總和(也就是 find_sum(n)=(1+2+⋯+(n-1)+n)。

2. 試寫遞迴函式 fast_fib，計算一對 Fibonacci 數，F(n+1) 和 F(n)。函式 fast_fib 只能使用一個遞迴呼叫。

   演算法
   如果 n 為 1
   　　傳回去的一對為 1 和 1。
   否則
   　　使用 fast_fib 計算 F(n) 和 F(n-1)。
   　　傳回去的一對為 [F(n) + F(n-1)] 和 F(n)。

10.4 含有陣列以及字串參數的遞迴函式

本節會檢視兩個問題，同時撰寫遞迴函式來解決。這兩個問題都牽涉到處理某一類型的陣列。

案例研究　找出字串內大寫的字母

問　題

從字串中找出所有大寫的字母並組成一字串。

分　析

如同前面計算字串內某特定字母出現次數的問題一樣，以遞迴解決這個問題，是檢查字串第一個字元，然後結合遞迴呼叫處理剩餘字串所產生的結果。例如，問題中的字串為 "Franklin Delano Roosevelt"，而在 "ranklin Delano Roosevelt" 中找出大寫字母，會得到字串 "DR"。結合這個字串與大寫字 'F' 組成最後結果是輕而易舉之事。當然，所有找尋的字串中，最簡單的字串就是空字串，因此只要檢查這個簡單案例就能得到終止條件。

資料需求

問題輸入

```
char *str   /* a string from which to extract capital letters */
```

問題輸出

```
char *caps  /* the capital letters from str */
```

設 計

演算法

1. 如果 str 為空字串
   2. 儲存空字串至 caps(不含字母的字串當然沒有大寫字母)。

   否則
   3. 如果 str 的起始字母為大寫字母
      4. 儲存此字母和 str 其他部分的大寫字母至 caps。

      否則
      5. 從 str 其他部分找出大寫字母儲存至 caps。

圖 10.15 的函式 find_caps 完成了此遞迴演算法。

圖 10.15　從字串中萃取大寫字母的遞迴函式

```
1.  /*
2.   * Forms a string containing all the capital letters found in the input
3.   * parameter str.
4.   * Pre:  caps has sufficient space to store all caps in str plus the null
5.   */
6.  char *
7.  find_caps(char        *caps,  /* output - string of all caps found in str   */
8.            const char *str)    /* input  - string from which to extract caps */
9.  {
10.       char restcaps[STRSIZ]; /* caps from reststr  */
11.
12.       if (str[0] == '\0')
13.             caps[0] = '\0';  /* no letters in str => no caps in str          */
14.       else
15.             if (isupper(str[0]))
16.                   sprintf(caps, "%c%s", str[0], find_caps(restcaps, &str[1]));
17.             else
18.                   find_caps(caps, &str[1]);
19.
20.       return (caps);
21. }
```

測 試

假設有 #define 指示子以及宣告

```
#define STRSIZ 50
...
char caps[STRSIZ];
```

且敘述

```
printf("Capital letters in JoJo are %s\n",
       find_caps(caps, "JoJo"));
```

會呼叫五次 find_caps，如圖 10.16 所示。每一次函式呼叫所傳回字串顯示於 return 敘述箭頭的左邊。

圖 10.16 追蹤呼叫遞迴函式 find_caps

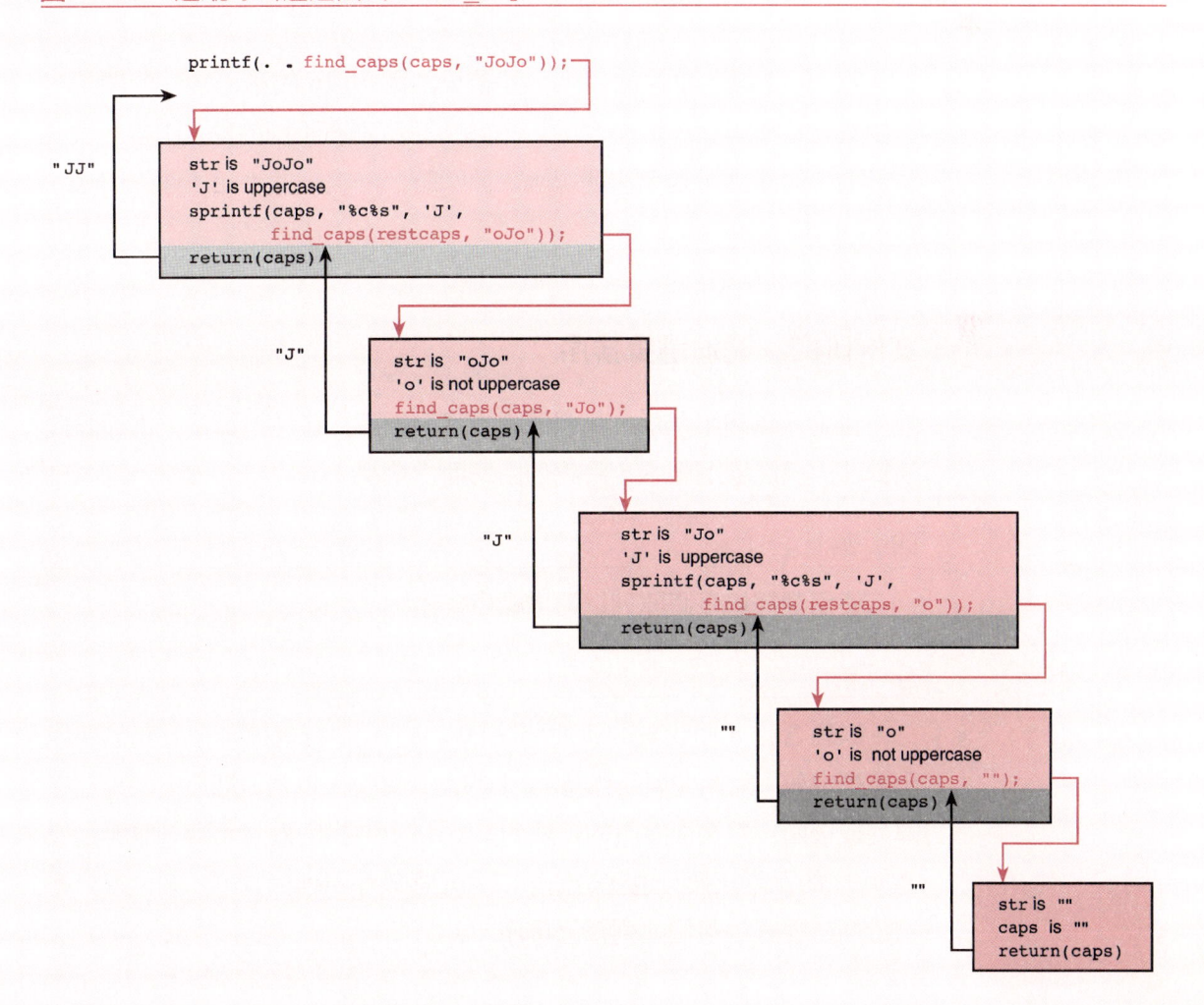

```
printf(. . find_caps(caps, "JoJo"));
```

"JJ"
```
str is "JoJo"
'J' is uppercase
sprintf(caps, "%c%s", 'J',
        find_caps(restcaps, "oJo"));
return(caps)
```

"J"
```
str is "oJo"
'o' is not uppercase
find_caps(caps, "Jo");
return(caps)
```

"J"
```
str is "Jo"
'J' is uppercase
sprintf(caps, "%c%s", 'J',
        find_caps(restcaps, "o"));
return(caps)
```

""
```
str is "o"
'o' is not uppercase
find_caps(caps, "");
return(caps)
```

""
```
str is ""
caps is ""
return(caps)
```

圖 10.17 從 `printf` 敘述呼叫 `find_caps` 的連續事件追蹤

```
用輸入引數 "JoJo" 呼叫 find_caps 決定要列印之值。
    因為 'J' 是大寫字母，
    準備用 sprintf 以 'J' 和
    輸入引數為 "oJo" 呼叫 find_caps 之結果建構字串。
        因為 'o' 不是大寫字母，
        以輸入引數 "Jo" 呼叫 find_caps
            因為 'J' 是大寫字母，
            準備用 sprintf 以 'J' 和
            輸入引數為 'o' 呼叫 find_caps 之結果建構字串。
                因為 'o' 不是大寫字母，
                以輸入引數 "" 呼叫 find_caps。
                    第五次呼叫回傳 " "。
                第四次呼叫回傳 " "。
            組合 'J' 和 " "，完成 sprintf 的執行。
            第三次呼叫回傳 "J"。
        第二次呼叫回傳 "J"。
    組合 'J' 和 "J"，完成 sprintf 的執行。
    原始呼叫回傳 "JJ"。
完成 printf 的呼叫，印出 Capital letters in JoJo are JJ。
```

圖 10.17 顯示事件的序列，其結果由圖 10.16 的第一次呼叫開始。這個敘述共呼叫五次函式 `find_caps`，每次都有不同的輸入引數。大寫字母字串的建立，是每次遞迴函式傳回時，一次一個字元所建立起來。

案例研究　遞迴選擇排序

在第八章和第九章，我們已經看過迴圈選擇排序演算法。本節將此演算法的發展遞迴版本，將陣列由底而上填滿。

問　題

使用選擇排序將陣列以遞增順序排序。

分　析

欲對含有 n 個元素的陣列(足標 $0 \ldots n-1$)執行選擇排序，我們要找出陣列中最大元素並與足標為 $n-1$ 的元素交換，也就是把最大元素放在陣列最後面。然後從餘下的子陣列 $0 \ldots n-2$ 中找出最大元素，並與足標為 $n-2$ 的元素交換，也就是把第二大元素放在陣列倒數第二個位置。繼續這個步驟直到整個陣列都已排序。

圖 10.18

追蹤選擇排序

n = 未排序之子陣列的大小

未排序之子陣列

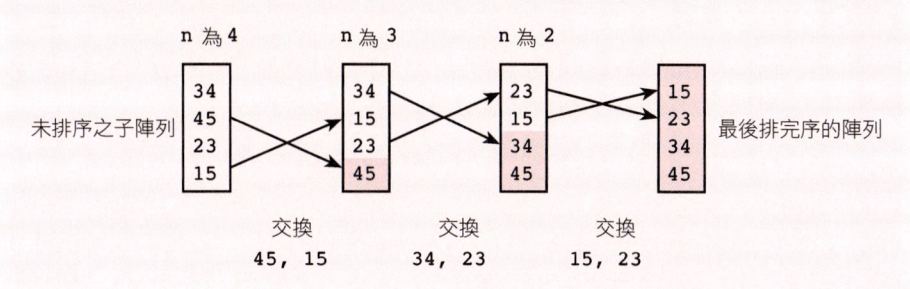

n 為 4：34, 45, 23, 15
交換 45, 15

n 為 3：34, 15, 23, 45
交換 34, 23

n 為 2：23, 15, 34, 45
交換 15, 23

最後排完序的陣列：15, 23, 34, 45

圖 10.18 追蹤此版本的選擇排序演算法之運算過程。圖左邊為原始陣列，每個後續的圖顯示最大元素移至子陣列最後位置時的陣列。深色的子陣列表示每次交換後所得到排好序的陣列。請記得最多只需 $n-1$ 次交換來排序 n 個元素的陣列。

設　計

選擇排序可以視為先移動一個元素，然後再排序剩餘子陣列。用遞迴解決這個問題是一個很好的想法。

選擇排序的遞迴演算法

1. 假若 n 為 1
   2. 此陣列排序完畢。
   否則
   3. 將陣列最大值放至最後陣列元素內。
   4. 除了陣列最後元素以外，繼續搜尋子陣列
      (array[0] ... array[n-2])。

實　作

圖 10.19 顯示遞迴演算法的實作，它使用函式 `place_largest` 執行步驟 3 以及遞迴函式 `select_sort` 完成所有程序。這個遞迴函式應該會比原迴圈的版本更容易了解。這是因為只含一個 `if` 敘述而不是一個迴圈。此遞迴函式的特性是執行速度比較慢，這是因為需要花費額外時間做遞迴函式呼叫。

請注意此 `select_sort` 函式的邏輯和原來演算法或一般的遞迴演算法並不完全一樣。如果再回頭看原來的演算法，你會看到若是簡單案

圖 10.19 遞迴選擇排序

```c
/*
 * Finds the largest value in list array[0]..array[n-1] and exchanges it
 * with the value at array[n-1]
 * Pre:  n > 0 and first n elements of array are defined
 * Post: array[n-1] contains largest value
 */
void
place_largest(int array[],    /* input/output - array in which to place largest */
              int n)          /* input - number of array elements to
                                         consider                                */
{
      int temp,      /* temporary variable for exchange         */
          j,         /* array subscript and loop control        */
          max_index; /* index of largest so far                 */

      /*  Save subscript of largest array value in max_index    */
      max_index = n - 1;    /* assume last value is largest     */
      for  (j = n - 2;  j >= 0;  --j)
          if (array[j] > array[max_index])
              max_index = j;

      /*  Unless largest value is already in last element, exchange
          largest and last elements                             */
      if (max_index != n - 1) {
            temp = array[n - 1];
            array[n - 1] = array[max_index];
            array[max_index] = temp;
      }
}

/*
 * Sorts n elements of an array of integers
 * Pre:  n > 0 and first n elements of array are defined
 * Post: array elements are in ascending order
 */
void
select_sort(int array[],  /* input/output - array to sort             */
            int n)        /* input - number of array elements to sort */
{

      if (n > 1) {
            place_largest(array, n);
            select_sort(array, n - 1);
      }
}
```

例(無元素陣列)，則不需要任何動作。本書並非明確地測試簡單案例，且真值時不做任何事情，而是選擇忽略簡單案例的測試。如此所有指令只會在條件為真的分支內執行。注意，如果 n == 1 時，則選取排序函式不做任何事，而直接傳回值。這種作法是正確的，因為一個元素的陣列永遠排好序了。

練習 10.4

自我檢驗
1. 使用活動框架，以手寫追蹤的方式執行 find_caps 函式並使用字串 "DoD"。
2. 試追蹤遞迴以及迴圈兩種 select_sort 函式，陣列中含有連續元素 2，12，15，1。

程式撰寫
1. 試修改 find_caps 函式，使能夠產生新的函式 find_digits。

10.5　使用遞迴解決問題

C 並沒有內建表示集合的資料結構，我們可以利用字串製作集合，並以此來發展一組集合運算。

案例研究　集合運算

問　題

發展一組函式能夠對字元集合執行 ∈ (屬於某集合的元素)、⊆ (包含於) 和 ∪ (聯集) 運算。同時發展出一些函式檢查某特定集合是有效的(也就是集合內不含重複字元)、檢查是否為空集合，以及使用標準集合表示法來列印集合。

分　析

字元字串提供一種相當自然的字元集合表示法。就像一般集合，字串可為任意長度且可以是空的。若儲存集合的字元陣列大小宣告為全部的字元個數加 1(為了空字元)，則集合運算就絕不會產生使陣列滿溢的字串。

設　計

將此問題很自然地分割為多個子問題，每個都對應到單一函式。這些函式都屬於基本的集合功能，各自的演算法皆很簡單。首先我們對這些最簡單的函式發展出虛擬碼，然後在較複雜解法的函式內使用這些函式。使用這個案例研究的目的之一就是要解釋遞迴的用法。在這裡先暫時忽略迴圈的方法。

`is_empty(set)`**演算法**
1. 起始字元是否為 `'\0'`？

`is_element(ele, set)`**演算法**
1. 假若 `is_empty(set)`　　　　　　　　　　　　/* 簡單案例 1 */
　　2. 答案為偽。
　否則，若 `set` 的起始字元符合 `ele`　　　　　　/* 簡單案例 2 */
　　3. 答案為真。
　否則
　　4. 答案視 `ele` 是否在 `set` 其他部分內而定。　/* 遞迴步驟　*/

`is_set(set)`**演算法**
1. 假若 `is_empty(set)`　　　　　　　　　　　　/* 簡單案例 1 */
　　2. 答案為真。
　否則，若 `is_element(`集合起始字元，
　　　　　　　　　`set` 其他部分)　　　　　　　/* 簡單案例 2 */
　　3. 答案為偽。
　否則
　　4. 答案視 `set` 其他部分是否有效而定。　　　/* 遞迴步驟　*/

`is_subset(sub, set)`**演算法**
1. 假若 `is_empty(sub)`　　　　　　　　　　　　/* 簡單案例 1 */
　　2. 答案為真。
　否則，若 `sub` 的起始字元不屬於 `set`　　　　　/* 簡單案例 2 */
　　3. 答案為偽。
　否則

4. 答案視 sub 其他部分是否為 set 子集合而定。 /* 遞迴步驟 */

set1 和 set2 聯集演算法

1. 假若 is_empty(set1) /* 簡單案例 */
    2. 答案為 set2。

    否則，若 set1 起始字元同時也是 set2 的一個元素/* 遞迴步驟 */
    3. 結果 set1 其他部分與 set2 的聯集。 /* 案例 1 */

    否則 /* 案例 2 */
    4. 結果包含 set1 起始字元和 set1 其他部分與
        set2 的聯集。

print_set(set) 演算法

1. 輸出一個 {。
2. 如果 set 不為空集合，列印元素並以逗點分隔。
3. 輸出一個 }。

print_with_commas(set) 演算法

1. 假若 set 只有一個元素
    2. 將之列印。

    否則
    3. 列印起始元素以及一個逗點。
    4. 對 set 其他部分使用 print_with_commas。

實 作

在設計每個遞迴函式中，都有用到集合的「集合其他部分」，也就是，除了第一個字元以外的集合所有部分。所有這類函式裡，視「集合其他部分」為傳遞的輸入引數，也就是被呼叫的函式只能看不能改。這個子字串包含原始字串從子字串之起始位置開始到空字元為止的所有字元，我們可以使用 &set[1] 參考集合其他部分。圖 10.20 列出所有集合運算的程式，以及一個主程式說明所有函式的使用方法。

你可能注意到完成兩個集合聯集的函式名稱為 set_union。此處不使用 union 這個名稱，因為在 C 裡面 union 是一個保留字。另外在撰寫 set_union 時，呼叫 sprintf 以及 set_union，不能使用變數 result 作為輸出引數，因為如果 sprintf 的輸出和輸入引數都是相同變數的話，sprintf 無法保證產生正確的結果。

圖 10.20 使用字元字串表示集合的遞迴集合運算

```c
/*
 * Functions to perform basic operations on sets of characters
 * represented as strings. Note: "Rest of set" is represented  as
 * &set[1], which is indeed the address of the rest of the set excluding
 * the first element.  This efficient representation, which does not
 * recopy the rest of the set, is an acceptable substring reference in
 * these functions only because the "rest of the set" is always passed
 * strictly as an input argument.
 */

#include <stdio.h>
#include <string.h>
#include <ctype.h>

#define SETSIZ   65   /* 52 uppercase and lowercase letters, 10 digits,
                         {, }, and '\0'                                */
#define TRUE     1
#define FALSE    0

int is_empty(const char *set);
int is_element(char ele, const char *set);
int is_set(const char *set);
int is_subset(const char *sub, const char *set);
char *set_union(char *result, const char *set1, const char *set2);
void print_with_commas(const char *str);
void print_set(const char *set);
char *get_set(char *set);
/*
 *  Tries out set operation functions.
 */
int
main(void)
{
       char ele, set_one[SETSIZ], set_two[SETSIZ], set_three[SETSIZ];

       printf("A set is entered as a string of up to %d letters\n",
              SETSIZ - 3);
       printf("and digits enclosed in {} ");
       printf("(no duplicate characters)\n");
       printf("For example, {a, b, c} is entered as {abc}\n");

       printf("Enter a set to test validation function> ");
       get_set(set_one);
       putchar('\n');
       print_set(set_one);
       if (is_set(set_one))
              printf(" is a valid set\n");
       else
              printf(" is invalid\n");

       printf("Enter a single character, a space, and a set> ");
```

(續)

圖 10.20 使用字元字串表示集合的遞迴集合運算 (續)

```
52.              while(isspace(ele = getchar())); /* gets first character after
53.                                                   whitespace                 */
54.              get_set(set_one);
55.              printf("\n%c ", ele);
56.              if (is_element(ele, set_one))
57.                   printf("is an element of ");
58.              else
59.                   printf("is not an element of ");
60.              print_set(set_one);
61.
62.              printf("\nEnter two sets to test set_union> ");
63.              get_set(set_one);
64.              get_set(set_two);
65.              printf("\nThe union of ");
66.              print_set(set_one);
67.              printf(" and ");
68.              print_set(set_two);
69.              printf(" is ");
70.              print_set(set_union(set_three, set_one, set_two));
71.              putchar('\n');
72.
73.              return (0);
74.       }
75.
76.       /*
77.        * Determines if set is empty.  If so, returns 1;  if not, returns 0.
78.        */
79.       int
80.       is_empty(const char *set)
81.       {
82.              return (set[0] == '\0');
83.       }
84.
85.       /*
86.        * Determines if ele is an element of set.
87.        */
88.       int
89.       is_element(char       ele,      /* input - element to look for in set      */
90.                  const char *set)     /* input - set in which to look for ele    */
91.       {
92.              int ans;
93.
94.              if (is_empty(set))
95.                   ans = FALSE;
96.              else if (set[0] == ele)
97.                   ans = TRUE;
98.              else
99.                   ans = is_element(ele, &set[1]);
100.
101.             return (ans);
102.      }
```

(續)

圖 10.20 使用字元字串表示集合的遞迴集合運算 (續)

```
103.
104.  /*
105.   * Determines if string value of set represents a valid set (no duplicate
106.   * elements)
107.   */
108.  int
109.  is_set (const char *set)
110.  {
111.       int ans;
112.
113.       if (is_empty(set))
114.            ans = TRUE;
115.       else if (is_element(set[0], &set[1]))
116.            ans = FALSE;
117.       else
118.            ans = is_set(&set[1]);
119.       return (ans);
120.  }
121.
122.  /*
123.   * Determines if value of sub is a subset of value of set.
124.   */
125.  int
126.  is_subset(const char *sub, const char *set)
127.  {
128.       int ans;
129.
130.       if (is_empty(sub))
131.            ans = TRUE;
132.       else if (!is_element(sub[0], set))
133.            ans = FALSE;
134.       else
135.            ans = is_subset(&sub[1], set);
136.
137.       return (ans);
138.  }
139.
140.  /*
141.   *  Finds the union of set1 and set2.
142.   *  Pre:  size of result array is at least SETSIZ;
143.   *        set1 and set2 are valid sets of characters and digits
144.   */
145.  char *
146.  set_union(char      *result,  /* output - space in which to store
147.                                              string result                */
148.            const char *set1,   /* input  - sets whose                     */
149.            const char *set2)   /*          union is being formed          */
150.  {
151.       char temp[SETSIZ];       /* local variable to hold result of call
152.                                   to set_union embedded in sprintf call   */
153.
```

(續)

圖 10.20 使用字元字串表示集合的遞迴集合運算 (續)

```c
154.            if (is_empty(set1))
155.                    strcpy(result, set2);
156.            else if (is_element(set1[0], set2))
157.                    set_union(result, &set1[1], set2);
158.            else
159.                    sprintf(result, "%c%s", set1[0],
160.                            set_union(temp, &set1[1], set2));
161.
162.            return (result);
163.    }
164.
165.    /*
166.     * Displays a string so that each pair of characters is separated by a
167.     * comma and a space.
168.     */
169.    void
170.    print_with_commas(const char *str)
171.    {
172.            if (strlen(str) == 1) {
173.                    putchar(str[0]);
174.            } else {
175.                    printf("%c, ", str[0]);
176.                    print_with_commas(&str[1]);
177.            }
178.    }
179.
180.    /*
181.     * Displays a string in standard set notation.
182.     * e.g.  print_set("abc") outputs {a, b, c}
183.     */
184.    void
185.    print_set(const char *set)
186.    {
187.            putchar('{');
188.            if (!is_empty(set))
189.                    print_with_commas(set);
190.            putchar('}');
191.    }
192.
193.    /*
194.     * Gets a set input as a string with brackets (e.g., {abc})
195.     * and strips off the brackets.
196.     */
197.    char *
198.    get_set(char *set)      /* output - set string without brackets {}         */
199.    {
200.            char inset[SETSIZ];
201.
202.            scanf("%s", inset);
203.            strncpy(set, &inset[1], strlen(inset) - 2);
204.            set[strlen(inset) - 2] = '\0';
205.            return (set);
206.    }
```

測　試

在這一組集合函式中，又增加一個函式用來簡化測試驅動函式。函式 `get_set` 讀取一個代表集合的字串，並將驅動程式要求使用者鍵入的括號 { } 去掉。這些括號的用意是讓使用者很容易輸入一個空集合。

要測試這組函式，請選擇能夠測試邊界情況的資料。例如，用有效集合測試 `is_set` 時，必須包括空集合，另外測試不正確集合時，重複字元必須出現在集合字串內的不同位置。測試 `is_element` 時，分別測試一個元素在字元字串的最前端、中間、最後面以及不在字串內。另外再測試空集合為第二引數。對於 `is_subset`，用 sub 且(或) set 為空字串測試之，並測試 sub 有不同字母順序時的情況，以及測試這兩個集合相等的情況。在測試 `set_union` 時，測試相等集合、完全不相等的集合、部分元素相等但元素順序不同的集合。此外分別測試第一引數、第二引數及兩者為空集合的情況。

練習 10.5

自我檢驗

1. 假設在函式 `is_element` 和 `is_subset` 中增加類似圖 10.9 的 `printf` 呼叫，則函式呼叫 `is_subset("bc","cebf")` 時，函式產生的追蹤結果為何？

程式撰寫

1. 定義遞迴函式 `intersection`，計算 set1∩set2。然後再定義同一函式的迴圈版本。
2. 試定一個非常簡短的函式 `set_equal`，呼叫程式撰寫第 1 題的 `intersection` 函式。

10.6　使用遞迴之古典案例研究：河內之塔

河內之塔的問題牽涉到移動特定數目且不同大小的碟子，從一個塔(或樁)到另一個塔。傳說中，當解決 64 個碟子的問題時，就是世界末日的到來。

問 題

從 A 樁移動 n 個碟子至 C 樁，必要時可使用 B 樁。請應用下列條件：

1. 一次只能移動一個碟子，且這個碟子必須在某個樁的頂端。
2. 大的碟子絕不能夠放在小的碟子上面。

分 析

圖 10.21 顯示的問題含有五個碟子(號碼由 1 到 5)以及三個樁(標示為字母 A、B 和 C)。我們的目標是將五個碟子由 A 樁移到 C 樁。此問題最簡單案例為移動一個碟子(例如，將碟子 2 由 A 樁移至 C 樁)。比原先問題還要簡單的問題，是移動四個碟子或是三個碟子，依此類推。因此可將原來五個碟子的問題切割為多個較簡單的問題，且每個問題都處理更少的碟子。讓我們將原來的問題分割為下列三個問題：

1. 從 A 樁移動四個碟子至 B 樁。
2. 從 A 樁移動碟子 5 至 C 樁。
3. 從 B 樁移動四個碟子至 C 樁。

在步驟 1 中，除了最大的碟子外，其他所有碟子移到 B 樁，B 樁是原先所沒提到的輔助樁。在步驟 2 中，移動最大碟子至 C，也就是目標樁。然後在步驟 3 中，將遺留在 B 樁的碟子移至目標樁，這些碟子會放到最大碟子的上面。假設我們已經能夠執行步驟 1 和步驟 2(簡單案例)；圖 10.22 顯示完成這些步驟後，三個樁的狀態。從這個觀點來看，如果能完成步驟 3 的動作，則代表一定能夠解決五個碟子的問題。

很不幸地，我們仍不知如何解決步驟 1 或步驟 3。但這個步驟只牽涉到移動四個碟子而不是五個，所以會比原來的問題容易解決。我們可用相同分解的方法，將這些步驟再分解為更簡單的問題。步驟 3 的問題

圖 10.21

河內之塔

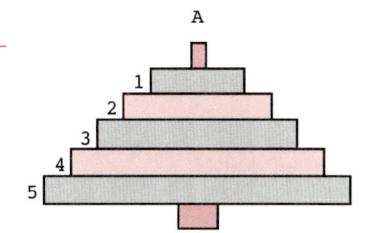

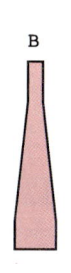

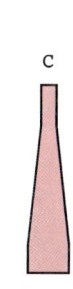

圖 10.22

經過步驟 1 和 2 的河內之塔

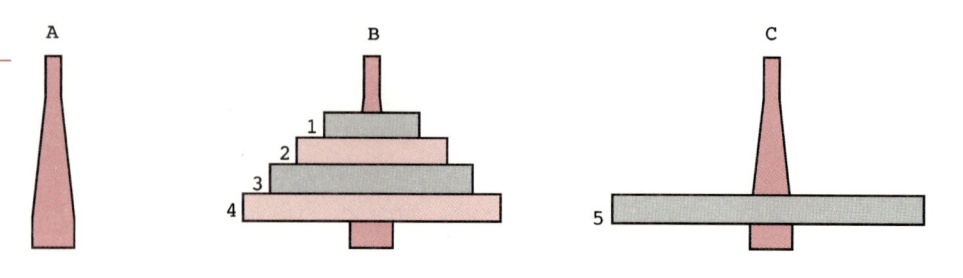

是從 B 樁移動四個碟子至 C 樁，可分解為下列兩個三個碟子問題，以及一個單一碟子的問題：

3.1　從 B 樁移動三個碟子至 A 樁。
3.2　從 B 樁移動碟子 4 至 C 樁。
3.3　從 A 樁移動三個碟子至 C 樁。

圖 10.23 顯示完成步驟 3.1 和 3.2 後，三個樁的狀態。現在已經有兩個最大碟子在 C 樁。只要完成步驟 3.3 的動作，則一定能夠解決五個碟子的問題。

將每個 n 個碟子問題切割為兩個處理 $n-1$ 個碟子問題以及第三個只有一個碟子的問題，最後原來的問題會被分解為許多單一碟子的問題。這些簡單案例是唯一知道可以解決的。

河內之塔問題的解決方案包含列印每一移動步驟。我們需要用遞迴函式來列印任意數目的碟子從一樁移動到另一樁，並以第三樁為輔助樁的移動指令。

資料需求

問題輸入

```
int n            /* the number of disks to be moved */
char from_peg    /* the from peg                    */
char to_peg      /* the to peg                      */
char aux_peg     /* the auxiliary peg               */
```

圖 10.23

經過步驟 1、2、3.1 和 3.2 的河內之塔

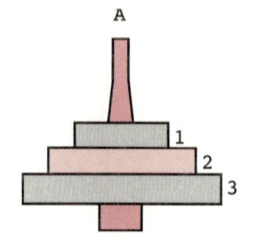

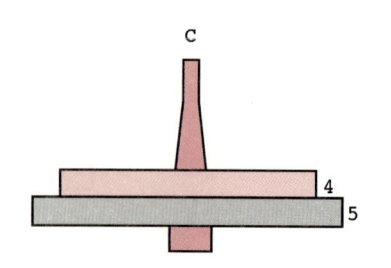

問題輸出

移動個別盤子的步驟序列。

設 計

演算法

1. 如果 *n* 為 1
    2. 從 *from* 樁移動碟子 1 至 *to* 樁。
   否則
    3. 從 *from* 樁移動 *n*−1 個碟子至輔助樁並使用 *to* 樁。
    4. 從 *from* 樁移動碟子 *n* 至 *to* 樁。
    5. 從輔助樁移動 *n*−1 個碟子至 *to* 樁並使用 *from* 樁。

如果 *n* 為 1，則是一個簡單案例，並且可以馬上解決。如果 *n* 大於 1，則遞迴步驟(在否則之後的步驟)將原問題分成三個較小的子問題，其中之一又是另一個簡單案例。每個簡單案例顯示一個移動指令。驗證當 *n*=5 時，遞迴步驟會產生圖 10.22 所列的三個問題，*from* 樁是 A，*to* 樁是 C。

此演算法的實作如圖 10.24 的函式 tower。函式 tower 有四個輸入參數。函式呼叫敘述

```
tower('A', 'C', 'B', 5);
```

解決稍早提出的問題：將五個碟子從 A 樁移至 C 樁，用 B 為輔助樁(參考圖 10.21)。

在圖 10.24 中，當終止條件為真時，呼叫 printf 顯示關於移動碟子 1 的指令。每個遞迴步驟由兩個 tower 的遞迴呼叫，以及中間夾一個 printf 呼叫組成。第一個遞迴呼叫解決移動 *n*−1 個碟子至輔助樁的問題。printf 呼叫顯示移動剩餘的碟子至 *to* 樁的訊息。第二個遞迴呼叫解決移動 *n*−1 個碟子從輔助樁至 *to* 樁的問題。

測 試

函式呼叫敘述

```
tower('A', 'C', 'B', 3);
```

圖 10.24 遞迴函式 `tower`

```c
/*
 *  Displays instructions for moving n disks from from_peg to to_peg using
 *  aux_peg as an auxiliary.  Disks are numbered 1 to n (smallest to
 *  largest). Instructions call for moving one disk at a time and never
 *  require placing a larger disk on top of a smaller one.
 */
void
tower(char from_peg,     /* input - characters naming      */
      char to_peg,       /*          the problem's         */
      char aux_peg,      /*          three pegs            */
      int n)             /* input - number of disks to move */
{
        if (n == 1) {
            printf("Move disk 1 from peg %c to peg %c\n", from_peg, to_peg);
        } else {
            tower(from_peg, aux_peg, to_peg, n - 1);
            printf("Move disk %d from peg %c to peg %c\n", n, from_peg, to_peg);
            tower(aux_peg, to_peg, from_peg, n - 1);
        }
}
```

可解決較簡單的三個碟子的問題：從 A 樁移動三個碟子至 C 樁。圖 10.25 追蹤其執行結果，而圖 10.26 顯示產生結果。請自行驗證這些步驟的確能解決三個碟子的問題。

迴圈與遞迴函式的比較

圖 10.26 的 `tower` 函式可以解決任何數目碟子的河內之塔問題。三個碟子的問題會用到 7 次 `tower` 函式呼叫，並且移動 7 次碟子就可解決問題。五個碟子的問題會用到 31 次 `tower` 函式呼叫，並且移動 31 次碟子就可解決問題。一般來說，要解決 n 個碟子的問題，需要移動的數目為 $2n-1$ 次。因為每次函式呼叫時，都需要在記憶體內配置空間以及初值化資料區域，而且電腦所花費的時間會根據問題的大小成等比級數遞增。因此執行此問題時的 n 值若大於 10，請特別小心。

因處理較多碟子而導致時間急遽增加，基本上是這類函式所產生的問題，而不是遞迴本身的問題。不過在一般情形下，當解決相同的問題時，遞迴的確會比迴圈花費較多的時間與空間，這是因為有額外的程式呼叫。

雖然遞迴在解決本節這類簡單的問題上並非必要，不過它在公式化河內之塔的演算法時非常有用。對某些問題，遞迴所表達的方式會比迴

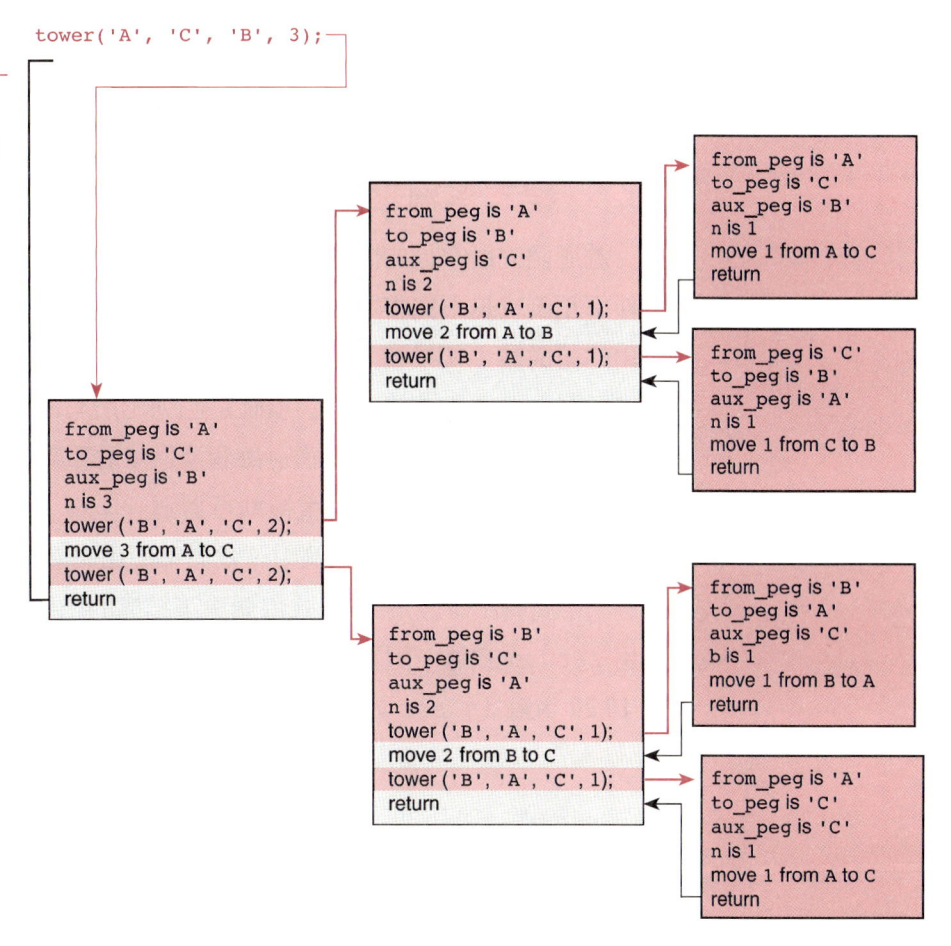

圖 10.25

tower('A', 'C', 'B', 3); 的追蹤結果

```
tower('A', 'C', 'B', 3);
```

```
from_peg is 'A'
to_peg is 'C'
aux_peg is 'B'
n is 3
tower ('B', 'A', 'C', 2);
move 3 from A to C
tower ('B', 'A', 'C', 2);
return
```

```
from_peg is 'A'
to_peg is 'B'
aux_peg is 'C'
n is 2
tower ('B', 'A', 'C', 1);
move 2 from A to B
tower ('B', 'A', 'C', 1);
return
```

```
from_peg is 'A'
to_peg is 'C'
aux_peg is 'B'
n is 1
move 1 from A to C
return
```

```
from_peg is 'C'
to_peg is 'B'
aux_peg is 'A'
n is 1
move 1 from C to B
return
```

```
from_peg is 'B'
to_peg is 'C'
aux_peg is 'A'
n is 2
tower ('B', 'A', 'C', 1);
move 2 from B to C
tower ('B', 'A', 'C', 1);
return
```

```
from_peg is 'B'
to_peg is 'A'
aux_peg is 'C'
b is 1
move 1 from B to A
return
```

```
from_peg is 'A'
to_peg is 'C'
aux_peg is 'C'
n is 1
move 1 from A to C
return
```

圖 10.26

tower('A', 'C', 'B', 3); 產生的輸出結果

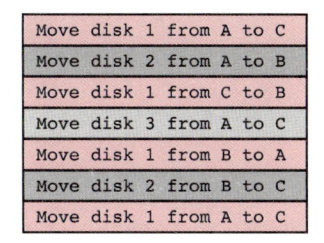

```
Move disk 1 from A to C
Move disk 2 from A to B
Move disk 1 from C to B
Move disk 3 from A to C
Move disk 1 from B to A
Move disk 2 from B to C
Move disk 1 from A to C
```

圈方式更容易閱讀、更容易了解。研究人員在發展某些複雜問題的解法時，清楚表達思緒應該比執行遞迴程式所需額外時間與記憶體的花費還要重要。

練習 10.6

自我檢驗

1. 解決六個碟子的問題需要移動多少次？

2. 試寫一主函式讀取資料值 n(碟子的數目)並呼叫函式 tower 將 n 個碟子從 A 移到 B。

10.7 程式撰寫常見的錯誤

　　遞迴函式最常見的問題是函式可能會不正常結束。例如，假如終止條件不正確或是不完整，此函式可能無窮盡地呼叫自己，直到用完所有可用的記憶體。如果發生堆疊滿溢或存取違法的執行期錯誤訊息時，通常表示遞迴函式無法終止。必須確定已列出所有簡單案例，而且每個案例都提供終止條件。同時要確定每個遞迴步驟重新定義問題時，其引數必須更接近簡單案例，如此重複執行遞迴呼叫後，都會進入簡單案例。

　　具回傳值的遞迴函式範例中，我們都使用一個區域變數(或在字串函式例子中為輸出參數)儲存函式每個決策結構的結果。然後在函式結尾處使用 return 敘述。因為 C 允許在程式碼任何地方放置 return 敘述，圖 10.20 重寫 is_set 如下。

```c
int
is_set (const char *set)
{
    if (is_empty(set))
        return(TRUE);
    else if (is_element(set[0], &set[1]))
        return(FALSE);
    else
        return(is_set(&set[1]));
}
```

　　你應該注意到非 void 函式每條路徑都會走到一個 return 敘述。尤其最後一個 return 敘述傳回遞迴呼叫 is_set 的值，和其他兩個 return 敘述一樣重要。不論如何，如果採用多個 return 風格，很容易就不小心忽略掉一些必要的 return 敘述。

　　複製大型陣列或其他資料結構很快就會用完所有可用的記憶體。因此只有非常重要的資料需要保護時，才會在遞迴函式內使用這類複製。如果一次複製就足夠，那麼只需要產生一個非遞迴函式來做必要的複製即可，然後將副本以及其他引數傳遞至遞迴函式，最後傳回計算結果。

　　做錯誤檢查時，先使用非遞迴函式處理一些基本問題，然後才呼叫遞迴函式是好的方法。如果錯誤型態可以在第一次呼叫時就偵測出來，則表示在遞迴函式內檢查錯誤是非常沒有效率的。在此種情況下，於遞迴呼叫中重複檢查只會浪費 CPU 時間。

　　有時候在遞迴函式執行時，想觀察產生的輸出非常困難。如果每個遞迴呼叫產生兩個或多個輸出行，而且又有多個遞迴呼叫時，輸出結果必定會使螢幕捲動非常快速，因而無法閱讀輸出結果。大部分的系統，按下控制字元序列(例如，Control S)能夠暫時停止螢幕輸出。如果沒有辦法，則可藉由列印提示訊息，然後呼叫 getchar 暫時停止輸出。程式在輸入一個字元後又繼續執行。

本章回顧

1. 遞迴函式可呼叫自己，或是啟動一序列函式呼叫中，又呼叫自己。
2. 設計遞迴的方法需要找出可直接解決的簡單案例，然後重新定義較複雜的問題，使其更接近簡單案例。
3. 遞迴函式的作法是，每次函式呼叫時，在堆疊上會配置函式的參數和區域變數的空間。

快速檢驗練習

1. 試解釋在遞迴中堆疊的使用。
2. 遞迴和迴圈，哪一個比較有效率？
3. 在遞迴函式中最常看到的控制敘述是哪一個？
4. 如何改進下列階乘函式的效率？

```
int
fact(int n)
{
    int ans;
    if (n < 0  ||  n > 10){
        printf("\nInvalid argument to fact:  %d\n", n);
        ans = n;
    } else if(n == 0){
        ans = 1;
    } else {
        ans = n * fact(n - 1);
    }
    return(ans);
}
```

5. 何時程式設計師在觀念上會用遞迴解決問題，但實際上還是用迴圈撰寫程式？
6. 注意下列遞迴函式有什麼問題？請找出兩種改正這個問題的可能方法。

```
int
silly(int n)
{
    if (n <= 0)
        return(1);
    else if (n % 2 == 0)
        return(n);
    else
        silly (n - 3);
}
```

7. 什麼最容易導致堆疊滿溢錯誤的產生？
8. 你對下列的遞迴演算法格式有何看法？

   若條件為真

   　　執行遞迴步驟。

快速檢驗練習解答

1. 堆疊是用來儲存遞迴函式每次執行時的參數和區域變數值，以及遞迴函式每次執行的傳回點。
2. 迴圈通常比遞迴有效率。
3. `if` 敘述
4. 將它寫成兩個函式，如此錯誤檢查只發生一次。

```
int
factorial(int n)
{
    int ans;

    if (n == 0)
        ans = 1;
    else
        ans = n * factorial(n - 1);
    return (ans);
}
```

```
int
fact(int n)
{
    int ans;

    if (n < 0  ||  n > 10){
        printf("\nInvalid argument to fact:  %d\n", n);
        ans = n;
    } else {
        ans = factorial(n);
    }
    return(ans);
}
```

5. 當問題的解法在觀念上使用遞迴方式比較容易，但用遞迴來製作可能非常缺乏效率的時候。

6. 函式其中一個路徑沒有 return 敘述。請在最後 else 放置一個 return 敘述：

```
return (silly(n - 3));
```

或指定每個結果至一區域變數，並將此變數放在程式結尾處的 return 敘述中。

7. 太多遞迴呼叫。

8. 達到簡單案例時沒有做任何事情。

問題回顧

1. 為什麼遞迴在觀念上可以更容易找出解決方案？
2. 討論遞迴函式的效率。
3. 區分簡單案例與終止條件。
4. 試寫遞迴 C 的函式能夠累加陣列 n 個元素值的總和。
5. 試寫遞迴 C 的函式能夠計算字串中的母音數目。你可呼叫 10.5 節中的函式 is_element。
6. 序列 2, 6, 18, 54, 162 ... 是幾何數列，因為每個項目除以前一個數都有相同的結果：3。此數目 3 是此數列中的公比。試寫出能夠幫助函式 main 實現目的之遞迴輔助函式 check_geometric。

```c
/*
 * Determines if an input list forms a geometric
 * sequence, a sequence in which each term is the
 * product of the previous term and the common
 * ratio.  Displays the message "List forms a geometric
 * sequence" if this is the case.  Otherwise, stops
 * input and prints the messages "Input halted at
 * <incorrect term value>.  List does not form a
 * geometric sequence"
 */
int
main(void)
{
      double term1, term2,
             ratio;  /* common ratio of a geometric sequence
                        whose first two terms are term1 and
                        term2   */
      printf("Data:  \n");
      scanf("%lf", &term1);
      printf("%.2f  ", term1);
      scanf("%lf", &term2);
      printf("%.2f  ", term2);

      ratio = term2 / term1;
      check_geometric(ratio, term2); /* gets and checks rest of
            input list, considering ratios equal if they differ
            by less than .001   */

      return(0);
}
```

7. 試寫遞迴函式能夠傳回一字串最後非空白字元的位置。假設你所使用的字串是一個原字串的副本，此字串可隨意使用。

程式撰寫專案

1. 試發展一程式計算照片中屬於某一物件的像素(pixel)數目。資料包含在一個二維的網格內，每一個可能是空的(值 0)或填滿的(值 1)。連結的填滿小格組成一小斑點(一個物件)。圖 10.27 顯示含有三個小斑點的網格。試撰寫程式包含函式 blob_check，輸入參數為此網格以

圖 10.27

含有三個小斑點的網格

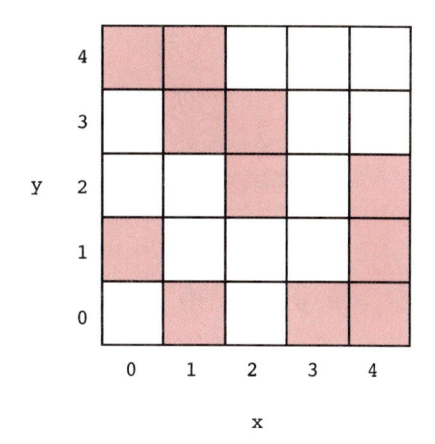

及小格的 *x-y* 座標，回傳值即為此小格所屬斑點內的小格數目。

函式 `blob_check` 必須檢查輸入引數所指定的小格是否有填滿。兩種簡單案例：小格(x, y)不在網格內，或者小格(x, y)是空的。對此兩種案例，函式 `blob_check` 的回傳值為 0。如果此小格在網格內而且是填滿的，則回傳值為 1 加上周圍屬於斑點的數目。為避免重複計算每個填滿的小格，只要被計算過的小格，都會設定為空。

2. 所謂 palindrome 是指包含一個單字或是一個去掉空白、逗點的片語，從前面拼或從後面拼都一樣。試寫遞迴函式，如果字串引數為 palindrome，則傳回 1。請注意，palindrome 的例子包括 level、deed、sees 和 Madam I'm Adam(madamim-adam)，第一個字母和最後一個字母相同，第二個字母和倒數第二個相同，依此類推。

3. 試寫遞迴函式能夠傳回下列遞迴定義的值：

$$f(x) = 0 \quad \text{if} \quad x <= 0$$
$$f(x) = f(x-1) + 2 \quad \text{otherwise}$$

4. 試寫遞迴函式可列出某一字母集合內所有含一個元素、兩個元素與三個元素的子集合。例如：

```
one_ele_subs      two_ele_subs      three_ele_subs
("ACEG")          ("ACEG")          ("ACEG")
 {A}               {A, C}            {A, C, E}
 {C}               {A, E}            {A, C, G}
 {E}               {A, G}            {A, E, G}
 {G}               {C, E}            {C, E, G}
                   {C, G}
                   {E, G}
```

5. 試寫一函式表示迷宮的 8 乘 8 字元陣列。每個位置可以包含一個 X 或一個空白。從 (0, 1) 的位置開始，列出迷宮中走到位置 (7, 7) 的所有可能路徑。只能水平或垂直移動。如果沒有路徑存在，試寫一訊息表示沒有路徑存在。

   只可移動到空白的位置。如果碰到一個 X，表示路徑阻塞，必須另開新路。請使用遞迴方式。

6. 在第八章結束的程式撰寫專案 12，描述一個迴圈演算法，在排過序的串列內搜尋目標值。在此再次介紹此問題。

   下列二元搜尋演算法可以用在元素已排好順序的搜尋。演算法類似下面於電話簿中找尋名字的方法。

   a. 將書從中間打開，並在此頁找出中間的名字。
   b. 如果中間的名字並不是要找尋的，請決定此名字是在要找名字之前還是之後。
   c. 翻至名字可能所在部分的中間並重複這些步驟，直到找到所要的名字。

二元搜尋演算法

   1. 設 bottom 為陣列起始元素的足標。
   2. 設 top 為陣列最後元素的足標。
   3. 設 found 為偽。
   4. 當 bottom 不大於 top 且目標未被發現時，重複下列步驟。
   5. 設 middle 為 bottom 與 top 中間元素的足標。
   6. 假如在 middle 的元素即為目標

      7. 設定 found 為真且 index 為 middle。

      或是在 middle 的元素大於目標

      8. 設 top 為 middle−1。

      否則

      9. 設 bottom 為 middle+1。

   試發展遞迴二元搜尋演算法，依據演算法撰寫程式，並用整數陣列測試函式 `binary_srch`。

7. 寫一遞迴函式顯示由 x、0 和 1 組成之字串表示的所有二進位(基數 2) 數字。x 表示可能為 0 或 1 的數字。例如字串 1x0x 表示數字

1000、1001、1100、1101。字串 xx1 表示 001、011、101、111。**提示**：寫一輔助函式 replace_first_x，根據輸入引數建構兩個字串。第一個將 x 用 0 取代，另一個用 1 取代。集合函式 is_element 也許有用處。

8. 第八章的選擇排序法將最小值置於陣列起始元素，第二小的元素置於下一個元素，依此類推。使用遞迴完成此排序法。

9. 在第七章中，我們用二分法在含有奇數根的區間內逼近函式的根。寫一遞迴函式 find_root，由圖 7.10 的 bisect 呼叫之，處理非錯誤的情況──也就是明確地含有奇數根之區間的所有情況。此問題可用遞迴方法解決，是因為有兩個清楚定義的簡單案例：(a)當區間中點的函式值為 0 時；以及(b)當區間長度小於 epsilon 時。此外，在其他所有情況下，此問題皆可自然地重新定義為本身較簡易的問題──在較短的區間內搜尋。執行圖 7.10 的修訂版程式來測試你的函式。只要將 bisect 的 while 迴圈取代成 find_root，並回傳其值作為 bisect 之值。

CHAPTER 11

結構與聯合型態

11.1 使用者自定結構型態

11.2 以結構型態資料作為輸出入參數

11.3 以結構為函式結果

11.4 以結構型態解決問題

　　案例研究：以自定型態處理複數

11.5 平行陣列與陣列結構

　　案例研究：通用的測量單位轉換

11.6 聯合型態

11.7 程式撰寫常見的錯誤

　　本章回顧

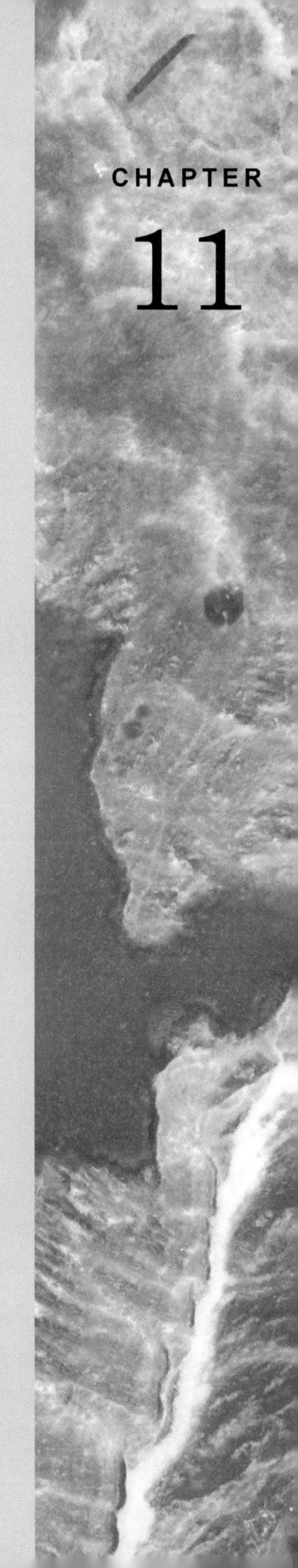

在前一章中,我們已經看過如何在 C 裡表示數字、字元、文句、其他字串,以及這些物件的陣列。但實際上我們生存的世界並不僅止於文句和數字串列!日復一日,電腦在我們的生活中日益重要,因此電腦語言不僅能夠表示數字與名稱,同時也須表示原生動物、人類和行星。本章將會研讀如何擴大 C 語言的型態表示法,以自定的資料型態表示特定物件的結構資料。不同於陣列,結構擁有許多不同型態的資料成員。例如,定義行星結構的變數可能記載行星的名稱、半徑、衛星數目、太陽年、自轉時間等資訊。以上每種資料存在結構的不同成員中,使用時則以成員名稱引用之。

11.1 使用者自定結構型態

資料庫是將一群資訊存於電腦記憶體或磁碟檔案。資料庫又細分成許多**紀錄**(records),每筆紀錄則包含與特定資料物件相關的資訊,而這些紀錄的結構則由物件的資料結構決定。

> **紀錄**:關於一個資料物件的一組資訊。

結構型態定義

首先必須定義物件的成員格式,然後才可產生或儲存結構的資料物件。儘管 C 提供數個方法定義結構,但是我們只介紹一種方法——為每種結構物件定義一個新的資料結構。

範例 11.1　我們設計一個資料庫記載太陽系中的行星。每個行星需以下列資料表示:

名稱:木星
半徑: 142,800 公里
衛星: 16
軌道運行時間: 11.9 年
旋轉時間: 9.925 小時

> **結構型態**:針對由多個成員組成之紀錄的資料型態。

我們可定義**結構型態**(structure type) `planet_t`,然後就可宣告此型態的變數,記錄行星資料。這個結構須包含五個成員,每個成員儲存一個資料項目。定義結構時必須說明每個成員的名稱與儲存的資訊型態。名稱的命名法與識別字的命名法相同:名稱應盡可能表示資訊所代表的意義。成員的儲存內容會決定適當的資料型態。例如,行星名稱即應儲存在字元陣列的成員中。

結構型態 planet_t 擁有五個成員。一個為字元陣列,一為 int,其餘三者為 double 型態。

```
#define STRSIZ 10

typedef struct {
    char    name[STRSIZ];
    double  diameter;       /* equatorial diameter in km */
    int     moons;          /* number of moons           */
    double  orbit_time,     /* years to orbit sun once   */
            rotation_time;  /* hours to complete one
                               revolution on axis        */
} planet_t;
```

　　這種型態定義是一種樣板,描述行星結構的格式及各成員的名稱與型態。某一結構中之成員名稱可與另一結構的成員名稱相同,或是與變數名稱相同。我們會見到 C 如何依據前後文不同的關係,正確地參考不同的結構成員。

　　typedef 敘述本身不會配置記憶體,直到變數宣告時才需配置空間儲存結構的資料物件。以下宣告 current_planet 和 previous_planet 兩個變數,而宣告並初值化變數 blank_planet。

```
{
    planet_t current_planet,
             previous_planet,
             blank_planet = {"", 0, 0, 0, 0};
    . . .
```

結構變數 current_planet、previous_planet 和 blank_planet 皆擁有型態 planet_t 的定義所描述的格式。因此配置給每個變數的記憶體均可儲存五種不同值。例如下圖是描述初值化後的變數 blank_planet。

結構型態 planet_t 的變數 blank_planet

.name	\0 ? ? ? ? ? ? ? ? ?
.diameter	0.0
.moons	0
.orbit_time	0.0
.rotation_time	0.0

階層式結構：含有結構成員的結構。

使用者自定的型態如 `planet_t` 可用來宣告簡單的陣列變數，以及宣告為其他結構型態的成員。一個包含結構成員(陣列或 struct)的結構稱為**階層式結構**(hierarchical structure)。以下結構型態的定義包含了 `planet_t` 陣列成員。

```
typedef struct {
    double  diameter;
    planet_t planets[9];
    char    galaxy[STRSIZ];
} solar_sys_t;
```

> **結構型態定義**
>
> 語法：`typedef struct {`
> $type_1$ id_list_1;
> $type_2$ id_list_2;
>   .
>   .
>   .
> $type_n$ id_list_n;
>   `} struct_type;`
>
> 範例：`typedef struct { /* complex number structure */`
>   `double  real_pt,`
>   `imag_pt;`
>   `} complex_t;`
>
> 說明：識別字 *struct_type* 是結構型態的名稱，每個 id_list_i 是一個或多個成員名稱的串列，以逗號分隔各名稱；id_list_i 中的每個成員的資料型態則表示為 $type_i$。
>
> 注意：$type_i$ 可為標準資料型態，或先前已定義的資料型態。

處理結構資料物件中之單一成員

直接成員選擇運算子：在結構型態變數和成員名稱之間放置句點，用來參考此成員。

參考結構某一成員的方法稱為**直接成員選擇運算子**(direct component selection operator)，表示法為一句點。完整寫法是在結構變數之後加上句點，接著是結構成員的名稱。

圖 11.1

對變數 current_planet 的成員設定值

```
strcpy(current_planet.name, "Jupiter");
current_planet.diameter = 142800;
current_planet.moons = 16;
current_planet.orbit_time = 11.9;
current_planet.rotation_time = 9.925;
```

結構型態 planet_t 的變數 current_planet

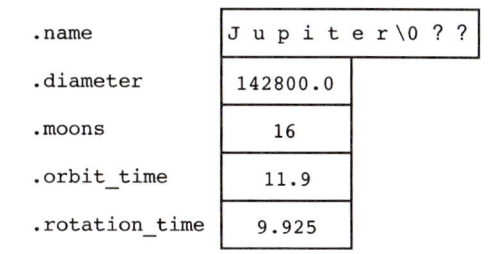

.name	J u p i t e r \0 ? ?
.diameter	142800.0
.moons	16
.orbit_time	11.9
.rotation_time	9.925

範例 11.2　圖 11.1 為範例 11.1 的變數 current_planet 其成員的處理範例。

一旦資料存成一筆紀錄，資料使用方式就如同記憶體上的其他資料。例如敘述

```
printf("%s's equatorial diameter is %.1f km.\n",
       current_planet.name, current_planet.diameter);
```

結果顯示為：

```
Jupiter's equatorial diameter is 142800.0 km.
```

回顧運算子的優先權

　　在我們的運算子知識中加入了直接成員選擇運算子，因此會看一下此運算子在全部運算子中的位置。表 11.1 不僅說明當兩個運算子出現於同一運算式時，它們的運算優先次序；同時也表現出當同一優先權的運算子連續出現時，何者應先運算，即運算子的結合性。

　　一般而言，當運算式含有同群運算子連續兩個以上時，

operand$_1$　op　operand$_2$　op　operand$_3$

如果 *op* 為左結合律，則運算式可視為：

(*operand$_1$　op　operand$_2$*)*op　operand$_3$*

反之，如果 *op* 為右結合律，則運算式變為：

operand$_1$　op (*operand$_2$　op　operand$_3$*)

表 11.1 目前運算子之運算優先順序與結合性

優先順序	符　號	運算子名稱	結合性
最高	a[j] f(...)	足標，函式呼叫，直接成員選擇	左
	++ --	後置遞增遞減	左
	++ -- ! - + & *	前置遞增遞減，邏輯 not，一元否定和加，位址運算元，間接存取	右
	(型態名稱)	型態轉換	右
	* / %	乘法運算子(乘、除、餘數)	左
	+ -	二元加法運算子(加和減)	左
	< > <= >=	關係運算子	左
	== !=	等於／不等於運算子	左
	&&	邏輯 and	左
	||	邏輯 or	左
最低	= += -= *= /= %=	設定運算子	右

處理完整結構

結構變數名稱如果沒有跟隨成員選擇運算子，則表示參考這個完整結構。因此複製一份結構值，僅需將一個結構設定給另一結構，敘述如下：

```
previous_planet = current_planet;
```

下一節談到以結構作為函式的輸出入參數，或函式回傳值時，還會見到如上處理完整結構的其他實例。

程式風格：型態命名原則

當我們撰寫定義新型態的程式時，容易將型態名稱與變數名稱混淆。為了避免混淆，本書採取的使用者自訂型態名稱，以小寫字母構成，並於尾部加上 _t。

練習 11.1

自我檢驗

1. 定義名稱為 long_lat_t 的型態，可以儲存經度與緯度值。結構成員名稱為 degrees (整數型態)、minutes (整數型態)和 direction (值為 'N'、'S'、'E' 或 'W')。

2. 以下是一個描述大地位置的型態，以及一個此階層式結構型態的變數 (STRSIZ 為 20)。

```
typedef struct {
      char       place[STRSIZ];
      long_lat_t longitude,
                 latitude;
} location_t;

location_t resort;
```

resort 變數內存的值如下所示，請完成以下表格並檢查是否完全了解成員選擇。

變數 resort 是根據 location_t 的結構

.place	H a w a i i \0 ? ? ...		
.longitude	158	0	W
.latitude	21	30	N

參考值	參考值的資料型態	值
resort.latitude	long_lat_t	21 30 'N'
resort.place	_____	_____
resort.longitude.direction	_____	_____
_____	int	30
resort.place[3]	_____	_____

3. 教科書目錄記載了作者名稱、書名、出版者與出版年份。請宣告名為 catalog_entry_t 的結構型態與變數 book，並撰寫相關敘述將本書資料存入 book 中。

11.2 以結構型態資料作為輸出入參數

當結構變數以輸入引數傳入函式時，結構成員內的所有值均須複製至函式之對應的形式參數。當結構變數用於輸出引數時，必須使用位址運算子，用法如同輸出引數為標準型態 char、int 和 double。

範例 11.3　前述範例 11.1 和範例 11.2 常需輸出一個行星資料。圖 11.2 顯示函式作法。欲顯示結構 `current_planet` 之值，我們使用以下的呼叫敘述：

`print_planet(current_planet);`

`print_planet` 輸出函式協助我們以較高階的觀念看待行星物件，不致淪為看見一堆結構成員。

另外介紹一個函式可幫助我們將行星視為資料物件，用於比較兩個行星物件是否相等。儘管 C 可以用設定運算子複製結構，但同樣方式不能應用於等於和不等於的運算子。圖 11.3 展示 `planet_equal` 函式，比較兩個輸入行星引數，函式回傳值為 1 代表兩者相符，反之回傳值為 0。

圖 11.2　有結構輸入參數的函式

```c
/*
 * Displays with labels all components of a planet_t structure
 */
void
print_planet(planet_t pl) /* input - one planet structure */
{
    printf("%s\n", pl.name);
    printf("   Equatorial diameter: %.0f km\n", pl.diameter);
    printf("   Number of moons: %d\n", pl.moons);
    printf("   Time to complete one orbit of the sun: %.2f years\n",
           pl.orbit_time);
    printf("   Time to complete one rotation on axis: %.4f hours\n",
           pl.rotation_time);
}
```

圖 11.3　比較兩個結構值是否相等的函式

```c
#include <string.h>

/*
 * Determines whether or not the components of planet_1 and planet_2 match
 */
int
planet_equal(planet_t planet_1,  /* input - planets to    */
             planet_t planet_2)  /*         compare       */
{
    return (strcmp(planet_1.name, planet_2.name) == 0   &&
            planet_1.diameter == planet_2.diameter      &&
            planet_1.moons == planet_2.moons            &&
            planet_1.orbit_time == planet_2.orbit_time  &&
            planet_1.rotation_time == planet_2.rotation_time);
}
```

圖 11.4 有結構輸出引數的函式

```
/*
 * Fills a type planet_t structure with input data. Integer returned as
 * function result is success/failure/EOF indicator.
 *      1 => successful input of one planet
 *      0 => error encountered
 *      EOF => insufficient data before end of file
 * In case of error or EOF, value of type planet_t output argument is
 * undefined.
 */
int
scan_planet(planet_t *plnp) /* output - address of planet_t structure
                                        to fill                       */
{
        int result;

        result = scanf("%s%lf%d%lf%lf",  (*plnp).name,
                                        &(*plnp).diameter,
                                        &(*plnp).moons,
                                        &(*plnp).orbit_time,
                                        &(*plnp).rotation_time);
        if (result == 5)
                result = 1;
        else if (result != EOF)
                result = 0;

        return (result);
}
```

行星輸入函式可以協助我們以 planet_t 方式處理 current_planet 資料，圖 11.4 函式 scan_planet 和 scanf 一樣，因為它有一輸出引數。而且，如果成功地填入輸出引數則回傳 1，如果碰到檔案終了則回傳負值 EOF，如果有錯誤則回傳 0。

由範例可知，以 * 和 • 運算子處理結構輸出引數時，我們必須考慮運算子的優先權。為了利用 scanf 將值儲存在位址為 plnp 的結構成員，程式必須(依序)執行以下步驟：

1. 沿著指標 plnp 指向結構。
2. 選擇結構成員。
3. 除非成員是陣列(例如圖 11.4 之 name 成員)，否則要將成員位址傳給 scanf。

回頭檢視表 11.1 之運算子優先權，我們可發現

`&*plnp.diameter`

會先做第二步驟再執行第一步驟。因此函式必須以左右括弧改變運算子運算順序。圖 11.5 顯示函式 main 與函式 scan_planet 在執行下述敘述時：

`status = scan_planet(&current_planet);`

函式內的資料儲存情形。以上例子是假設 scan_planet 呼叫 scanf 時，能夠正常執行並取得輸出引數的結構成員。

我們從函式 scan_planet 分析 &(*plnp).diameter，如表 11.2 所示。C 提供一個單一運算子，它結合間接和成員選擇運算子的功能。這種**間接成員選擇運算子**(indirect component selection operator)的表示法

間接成員選擇運算子：
在指標變數和成員名稱之間放置字元序列 ->，沿著指標至結構並選擇此成員。

圖 11.5

執行 `status = scan_planet(&current_planet);` 時 main 與 scan_planet 的資料區域

```
         main 函式的                    scan_planet 函式
          資料區                           的資料區

       current_planet                       plnp
                                         ┌──────┐
                                         │   ●──┼──┐
                                         └──────┘  │
    .name    ┌─────────────┐◄─────────────────────┘
             │ E a r t h \0│               result
             └─────────────┘             ┌──────┐
    .diameter┌─────────────┐             │  5   │
             │    12713.5  │             └──────┘
             └─────────────┘
    .moons   ┌─────────────┐
             │         1   │
             └─────────────┘
    .orbit_time┌───────────┐
             │       1.0   │
             └─────────────┘
    .rotation_time┌────────┐
             │      24.0   │
             └─────────────┘

          status
        ┌─────────┐
        │    ?    │
        └─────────┘
```

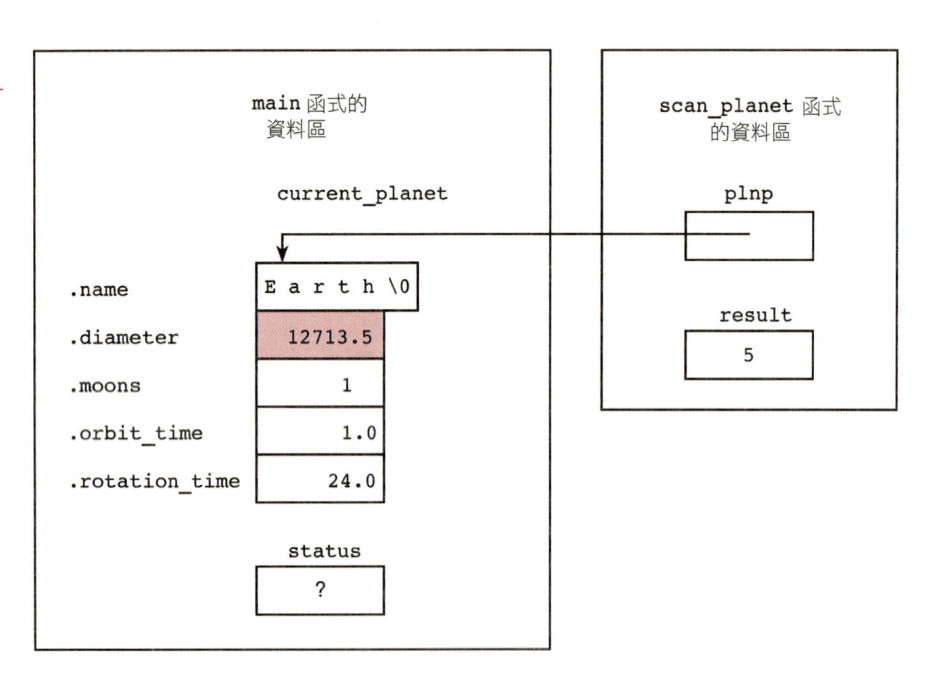

表 11.2 一步步分析 `&(*plnp).diameter` 參考

參考	型態	值
`plnp`	`planet_t *`	main 中 current_planet 的結構位址
`*plnp`	`planet_t`	main 中的 current_planet 結構
`(*plnp).diameter`	`double`	12713.5
`&(*plnp).diameter`	`double *`	main 中 current_planet 結構之 diameter 成員的位址

為 ->(減號加上一個大於符號)。所以以下兩種表示法是相等的。

```
(*structp).component      structp->component
```

如果重寫 scan_planet，圖 11.4 的函式以 -> 表示，則 result 的設定變為：

```
result = scanf("%s%lf%d%lf%lf", plnp->name,
                                &plnp->diameter,
                                &plnp->moons,
                                &plnp->orbit_time,
                                &plnp->rotation_time);
```

　　下一節我們會見到如何撰寫一個函式，以輸入資料填入 planet_t 結構，並以結構作為函式回傳值。這個輸入結構的方法可以避免使用間接參考，但是無法像 scan_planet 一樣，將狀態指示子作為函式值回傳。

練習 11.2

自我檢驗

1. 撰寫 print_long_lat、long_lat_equal 和 scan_long_lat 函式，以執行型態 long_lat_t 的輸出、相等比較和輸入功能(參考 11.1 節自我檢驗第 1 題)。
2. 假設有一函式 verify_location，處理型態 location_t 的結構輸入／輸出引數(參考 11.1 節自我檢驗第 2 題)，下頁圖顯示執行呼叫

   ```
   code = verify_location(&resort);
   ```

   時，函式 main 與 verify_location 內之資料內容。請依據下頁圖完成下頁表(如果需要參考)。

11.3　以結構為函式結果

　　研讀至今，我們已經發現在許多方面，使用者自訂結構的用法與一般 C 簡單型態一致，唯一差異是處理結構的等於比較。回憶第八章與第九章，我們在處理陣列時，與一般 C 簡單型態就有極大的差異。例如，整個陣列值無法當成函式的回傳值。實際作法是呼叫模組需要提供陣列輸出引數，將結果值儲存至陣列，並將這個陣列位址傳回。

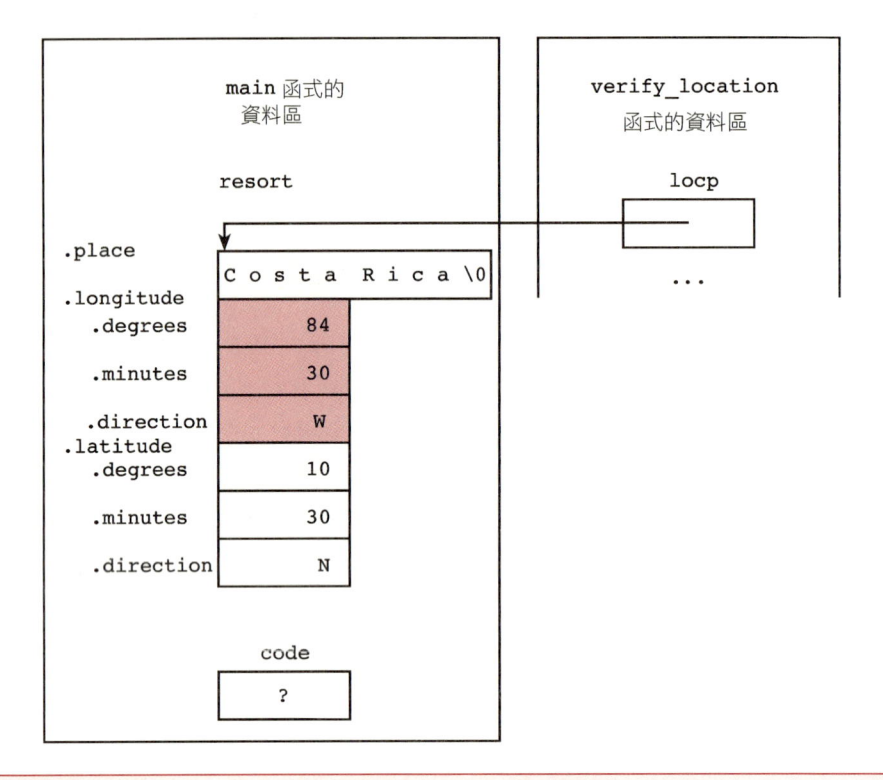

```
main 函式的                    verify_location
資料區                         函式的資料區

resort                         locp
                               ┌────┐
.place                         │    │──┐
       ┌─────────────────┐ ◄───┴────┘  │
       │ C o s t a   R i c a \0 │
.longitude                     ...
  .degrees  │   84   │
  .minutes  │   30   │
  .direction│   W    │
.latitude
  .degrees  │   10   │
  .minutes  │   30   │
  .direction│   N    │

       code
       ┌────┐
       │ ?  │
       └────┘
```

在 verify_location 中的參考	參考的型態	參考之值
locp	location_t *	main 中 resort 結構的位址
_____	_____	main 中 resort 結構
_____	_____	"Costa Rica"
_____	_____	main 中 resort 結構之灰色成員的位址
_____	_____	84

　　由於陣列與結構型態均屬資料結構,所以我們會希望 C 能以同一方式處理之。事實上,學過 C 後,可發現結構的處理方式較類似一般的簡單資料型態,但與陣列的處理卻不盡相同。

　　函式計算一個結構,可設計成如同函式計算一個簡單型態。一個區域結構變數可動態配置位置,填入所需的資料,作為函式回傳值。以結構作為函式回傳值,函式傳回值是結構所有成員的值,而非結構的位址。

圖 11.6　以結構型態作為回傳值的函式 get_planet

```
1.  /*
2.   * Gets and returns a planet_t structure
3.   */
4.  planet_t
5.  get_planet(void)
6.  {
7.        planet_t planet;
8.
9.        scanf("%s%lf%d%lf%lf",  planet.name,
10.                               &planet.diameter,
11.                               &planet.moons,
12.                               &planet.orbit_time,
13.                               &planet.rotation_time);
14.       return (planet);
15. }
```

範例 11.4　圖 11.6 函式從輸入裝置獲得 planet_t 結構的所有成員值，然後傳回這個結構。函式 get_planet 與 getchar 函式一樣，不需輸入引數。因此如果讀入的資料正確，敘述

```
current_planet = get_planet();
```

與敘述

```
scan_planet(&current_planet);
```

結果一致。但是並非所有的輸入資料均屬正確，因為 scan_planet 能夠傳回錯誤訊息，所以 scan_planet 還是比較通用。

範例 11.5　在實驗室執行一項較危險實驗時，通常我們會先以電腦程式模擬實驗結果。模擬程式一般必須記錄實驗處理的時間。通常，每經過一段時間就必須更新時間。假設一個 24 小時的計時器，time_t 結構的定義如下：

```
typedef struct {
      int hour, minute, second;
} time_t;
```

圖 11.7 描述 new_time 函式依據原始時間，與自上次更新後經過的秒數，計算新的時間，並傳回更新過的時間。例如，如果 time_now 是 21:58:32，而經過的秒數 secs 為 97，則函式

```
new_time(time_now, secs)
```

圖 11.7　計算新時間的函式

```c
/*
 * Computes a new time represented as a time_t structure
 * and based on time of day and elapsed seconds.
 */
time_t
new_time(time_t time_of_day,   /* input - time to be
                                           updated              */
         int     elapsed_secs) /* input - seconds since last update */
{
      int new_hr, new_min, new_sec;

      new_sec = time_of_day.second + elapsed_secs;
      time_of_day.second = new_sec % 60;
      new_min = time_of_day.minute + new_sec / 60;
      time_of_day.minute = new_min % 60;
      new_hr = time_of_day.hour + new_min / 60;
      time_of_day.hour = new_hr % 24;

      return (time_of_day);
}
```

的輸出結果為 22:00:09。因為 new_time 的變數 time_of_day 是嚴格的輸入引數，所以 time_now 的值不會受 new_time 的呼叫所影響。如果需更新 time_now 值，可以採用設定敘述：

time_now = new_time(time_now, secs);

圖 11.8 追蹤了以上提到的設定敘述，其中包含作為函式輸入引數，與函式回傳值的 time_t 結構。

練習 11.3

自我檢驗

1. 呼叫 new_time(time_now, secs)時，函式中將新的 second、minute 和 hour 成員設定給形式參數 time_of_day，為什麼這些指令不會影響實際引數 time_now 的成員？
2. 修改函式 get_planet，使函式不僅可傳回 planet_t 型態的結果，並可指出函式呼叫時究竟是成功或失敗。

圖 11.8

以結構值當作函式的輸入引數與回傳值

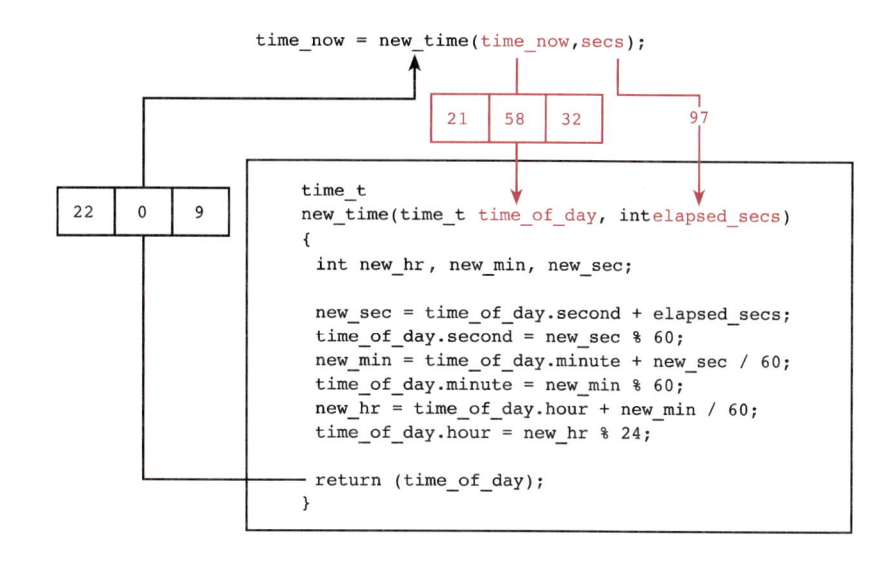

```
                         time_now = new_time(time_now,secs);

                             21   58   32              97

           22  0  9      time_t
                         new_time(time_t time_of_day, int elapsed_secs)
                         {
                           int new_hr, new_min, new_sec;

                           new_sec = time_of_day.second + elapsed_secs;
                           time_of_day.second = new_sec % 60;
                           new_min = time_of_day.minute + new_sec / 60;
                           time_of_day.minute = new_min % 60;
                           new_hr = time_of_day.hour + new_min / 60;
                           time_of_day.hour = new_hr % 24;

                           return (time_of_day);
                         }
```

程式撰寫

1. 定義一個結構型態來表示分數。寫一程式讀入一個分數，並顯示分數與捨去分數最小部分後的值。程式使用的部分片段如下：

```
frac = get_fraction();
print_fraction(frac);
printf(" = ");
print_fraction(reduce_fraction(frac));
```

11.4 以結構型態解決問題

當我們以 C 標準資料型態解決問題時，常常很自然以 C 提供的基本運算處理資料。但是當處理的問題牽涉到複雜的資料時，才發現自行定義的資料型態是解決問題的第一步。為了能夠依據我們定義的資料型態解決問題，另外還需提供處理這些型態的運算方法。

結合使用者自定型態與相關的運算方法使此型態可真正地視為一致的概念，這種觀念稱為**抽象資料型態**(abstract data type, ADT)。圖 11.9 為一結合 `planet_t` 資料型態與所屬運算方式的示意圖。

抽象資料型態：結合一組基本運算的資料型態。

如果我們能為自定的結構型態定義足夠的基本運算方法，則我們在處理相關問題時可以從更高階的角度看待問題，換句話說，我們不必再自限於處理這些細微的結構成員。

在下一個案例研究中，我們發展一群基本操作來處理複數。

圖 11.9

planet_t 資料型態與基本運算

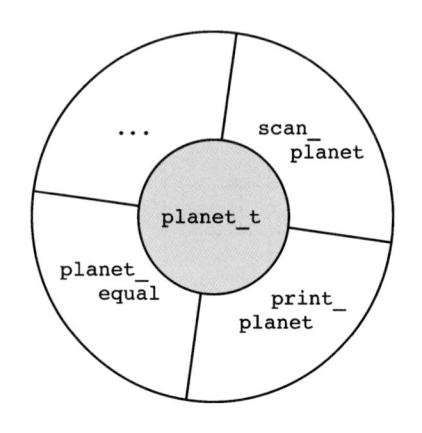

案例研究　以自定型態處理複數

問　題

　　工程專案上常需以複數模式處理電子電路，因此我們需要發展使用者自定的結構型態與一組運算方法，使得複數的計算和 C 內定的數字型態的運算方式一樣簡單。

分　析

　　複數包含實數部分與虛數部分。例如複數 $a + bi$ 的實數部分為 a，虛數部分為 b，其中符號 i 代表 $\sqrt{-1}$。我們需要定義複數的輸出入函式、複數的基本運算功能(加、減、乘和除法)，以及計算複數絕對值。

設　計

　　解決本問題主要分為兩部分：自定型態的結構定義，與描述處理資料所需的函式名稱、參數和目的。然後每個函式的目的又可單獨變成一個子問題，解決每個子問題的方法就是發展這些方法。一旦完成這組函式，我們關注的焦點就是每個函式在做什麼，而非每個函式是*如何完成*的。同樣地，當我們使用 C 的內建乘法運算子時，我們僅關心 * 的功能，而不在乎乘法是*如何完成*的。

complex_t 型態之規格與相關運算

結構：複數是一對由 double 值組成的 complex_t 型態物件。

運算子：

```
/*
 * Complex number input function returns standard scanning
 * error code
 */
int
scan_complex(complex_t *c) /* output — address of complex
                                      variable to fill     */
/*
 * Complex output function displays value as a + bi or a — bi.
 * Displays only a if imaginary part is 0.
 * Displays only bi if real part is 0.
 */
void
print_complex(complex_t c) /* input — complex number to
                                      display             */
/*
 * Returns sum of complex values c1 and c2
 */
complex_t
add_complex(complex_t c1, complex_t c2)           /* input */
/*
 * Returns difference c1 — c2
 */
complex_t
subtract_complex(complex_t c1, complex_t c2)      /* input */
/*
 * Returns product of complex values c1 and c2
 */
complex_t
multiply_complex(complex_t c1, complex_t c2)      /* input */
/*
```

(續)

```
 * Returns quotient of complex values(c1 / c2)
 */
complex_t
divide_complex(complex_t c1, complex_t c2)          /* input */
/*
 * Returns absolute value of complex number c
 */
complex_t
abs_complex(complex_t c)                            /* input */
```

一旦複數規格設計完成,我們的電路模式專案就可假設這些運算方法已經可供使用了。接著當我們製作完成,這些程式碼可以加入程式中或是引入程式中(這個部分留待第十三章再談)。

圖 11.10 顯示了部分規格功能的實際作法和一個驅動函式。函式 multiply_complex 和 divide_complex 將留作練習。注意,complex_t 型態的定義在前處理指示子之後,目的是整個程式均可使用 complex_t 結構。函式 abs_complex 以下列公式計算複數的絕對值:

$$|a+bi|=\sqrt{(a+bi)(a-bi)}=\sqrt{a^2+b^2}$$

這個結果通常是虛數部分為 0,所以 print_complex 函式將輸出實數結果。

圖 11.10 複數型態與運算子的部分實作

```
1.  /*
2.   *  Operators to process complex numbers
3.   */
4.  #include <stdio.h>
5.  #include <math.h>
6.
7.  /*  User-defined complex number type */
8.  typedef struct {
9.        double real, imag;
10. } complex_t;
11.
```

(續)

圖 11.10 複數型態與運算子的部分實作 (續)

```c
12.     int scan_complex(complex_t *c);
13.     void print_complex(complex_t c);
14.     complex_t add_complex(complex_t c1, complex_t c2);
15.     complex_t subtract_complex(complex_t c1, complex_t c2);
16.     complex_t multiply_complex(complex_t c1, complex_t c2);
17.     complex_t divide_complex(complex_t c1, complex_t c2);
18.     complex_t abs_complex(complex_t c);
19.
20.     /*  Driver                                                              */
21.     int
22.     main(void)
23.     {
24.             complex_t com1, com2;
25.
26.             /*  Gets two complex numbers                                     */
27.             printf("Enter the real and imaginary parts of a complex number\n");
28.             printf("separated by a space> ");
29.             scan_complex(&com1);
30.             printf("Enter a second complex number> ");
31.             scan_complex(&com2);
32.
33.             /*  Forms and displays the sum                                   */
34.             printf("\n");
35.             print_complex(com1);
36.             printf("  +  ");
37.             print_complex(com2);
38.             printf("  =  ");
39.             print_complex(add_complex(com1, com2));
40.
41.             /*  Forms and displays the difference                            */
42.             printf("\n\n");
43.             print_complex(com1);
44.             printf("  -  ");
45.             print_complex(com2);
46.             printf("  =  ");
47.             print_complex(subtract_complex(com1, com2));
48.
49.             /*  Forms and displays the absolute value of the first number    */
50.             printf("\n\n|");
51.             print_complex(com1);
52.             printf("|  =  ");
53.             print_complex(abs_complex(com1));
54.             printf("\n");
55.
56.             return (0);
57.     }
58.
59.     /*
60.      * Complex number input function returns standard scanning error code
61.      *   1 => valid scan, 0 => error, negative EOF value => end of file
```

(續)

圖 11.10　複數型態與運算子的部分實作 (續)

```
62.     */
63.     int
64.     scan_complex(complex_t *c) /* output - address of complex variable to
65.                                               fill                       */
66.     {
67.         int status;
68.
69.         status = scanf("%lf%lf", &c->real, &c->imag);
70.         if (status == 2)
71.             status = 1;
72.         else if (status != EOF)
73.             status = 0;
74.
75.         return (status);
76.     }
77.
78.     /*
79.      *  Complex output function displays value as (a + bi) or (a - bi),
80.      *  dropping a or b if they round to 0 unless both round to 0
81.      */
82.     void
83.     print_complex(complex_t c) /* input - complex number to display   */
84.     {
85.         double a, b;
86.         char   sign;
87.
88.         a = c.real;
89.         b = c.imag;
90.
91.         printf("(");
92.
93.         if (fabs(a) < .005 &&  fabs(b) < .005) {
94.             printf("%.2f", 0.0);
95.         } else if (fabs(b) < .005) {
96.             printf("%.2f", a);
97.         } else if (fabs(a) < .005) {
98.             printf("%.2fi", b);
99.         } else {
100.            if (b < 0)
101.                sign = '-';
102.            else
103.                sign = '+';
104.            printf("%.2f %c %.2fi", a, sign, fabs(b));
105.        }
106.
107.        printf(")");
108.    }
109.
110.    /*
111.     *  Returns sum of complex values c1 and c2
112.     */
```

(續)

圖 11.10 複數型態與運算子的部分實作 (續)

```
113.   complex_t
114.   add_complex(complex_t c1, complex_t c2) /* input - values to add   */
115.   {
116.          complex_t csum;
117.
118.          csum.real = c1.real + c2.real;
119.          csum.imag = c1.imag + c2.imag;
120.          return (csum);
121.   }
122.
123.
124.   /*
125.    *  Returns difference c1 - c2
126.    */
127.   complex_t
128.   subtract_complex(complex_t c1, complex_t c2) /* input parameters    */
129.   {
130.          complex_t cdiff;
131.          cdiff.real = c1.real - c2.real;
132.          cdiff.imag = c1.imag - c2.imag;
133.
134.          return (cdiff);
135.   }
136.
137.   /*  ** Stub **
138.    *  Returns product of complex values c1 and c2
139.    */
140.   complex_t
141.   multiply_complex(complex_t c1, complex_t c2) /* input parameters    */
142.   {
143.          printf("Function multiply_complex returning first argument\n");
144.          return (c1);
145.   }
146.
147.   /*  ** Stub **
148.    *  Returns quotient of complex values (c1 / c2)
149.    */
150.   complex_t
151.   divide_complex(complex_t c1, complex_t c2) /* input parameters    */
152.   {
153.          printf("Function divide_complex returning first argument\n");
154.          return (c1);
155.   }
156.
157.   /*
158.    *  Returns absolute value of complex number c
159.    */
160.   complex_t
161.   abs_complex(complex_t c) /* input parameter                          */
162.   {
163.          complex_t cabs;
164.
```

(續)

圖 11.10　複數型態與運算子的部分實作 (續)

```
165.        cabs.real = sqrt(c.real * c.real + c.imag * c.imag);
166.        cabs.imag = 0;
167.
168.        return (cabs);
169.    }

Enter the real and imaginary parts of a complex number
separated by a space> 3.5 5.2
Enter a second complex number> 2.5 1.2

(3.50 + 5.20i)  +  (2.50 + 1.20i)  =  (6.00 + 6.40i)

(3.50 + 5.20i)  -  (2.50 + 1.20i)  =  (1.00 + 4.00i)

|(3.50 + 5.20i)|  =  (6.27)
```

練習 11.4

自我檢驗

1. 如果輸入 6.5 5.0 3.0 -4.0，則下列程式片段的輸出結果為何？

    ```c
    complex_t a, b, c;

    scan_complex(&a);
    scan_complex(&b);

    print_complex(a);
    printf(" + ");
    print_complex(b);
    printf(" = ");
    print_complex(add_complex(a, b));

    c = subtract_complex(a, abs_complex(b));
    printf("\n\nSecond result = ");
    print_complex(c);
    printf("\n");
    ```

程式撰寫

1. 撰寫 multiply_complex 與 divide_complex 函式，其中複數乘法與除法的公式為：

$$(a+bi) \times (c+di) = (ac-bd) + (ad+bc)i$$
$$\frac{(a+bi)}{(c+di)} = \frac{ac+bd}{c^2+d^2} + \frac{bc-ad}{c^2+d'^2}i$$

11.5 平行陣列與陣列結構

一組資料經常包含不同資料型態的項目，或是相同資料型態但代表不同意義的項目。例如，一組記載學生的資料可能包含學號(整數型態)及 gpa 資料(double 型態)。對於多邊形則以一串 (x, y) 座標表示多邊形各角的座標。

平行陣列

在 8.1 節，我們已學會如何以平行陣列表示資料：

```
int    id[50];        /* id numbers and                  */
double gpa[50];       /* gpa's of up to 50 students      */
double x[NUM_PTS],    /*(x,y)coordinates of              */
       y[NUM_PTS];    /* up to NUM_PTS points            */
```

陣列 id 和 gpa 稱為平行陣列，因為相同足標(如 *i*)的陣列元素均屬同一學生(第 *i* 個學生)。同理，陣列 x 與陣列 y 的第 *i* 個元素代表同一點座標。以下是表示同一組資料的較佳方法。

宣告結構陣列

學生資料或多邊形座標較自然且方便的組織方式是將屬於一個學生或一點的資訊集合在自訂的結構型態中。陣列元素為結構型態的陣列宣告如下：

```
#define MAX_STU 50
#define NUM_PTS 10

typedef struct {
    int id;
    double gpa;
} student_t;

typedef struct {
    double x, y;
} point_t;
```

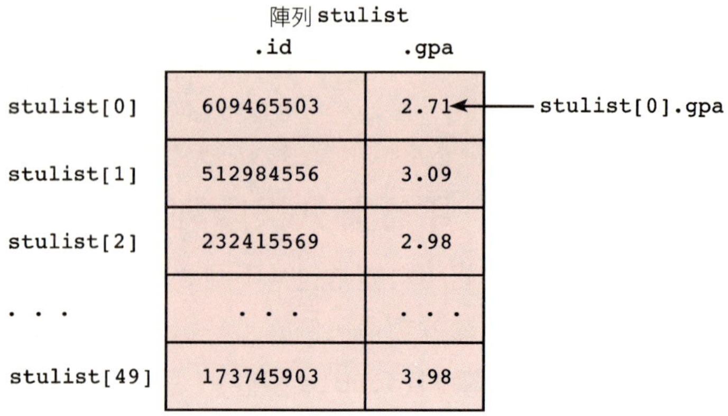

圖 11.11

一個結構陣列

	陣列 stulist .id	.gpa
stulist[0]	609465503	2.71 ← stulist[0].gpa
stulist[1]	512984556	3.09
stulist[2]	232415569	2.98
...	...	...
stulist[49]	173745903	3.98

```
. . .
{
    student_t stulist[MAX_STU];
    point_t   polygon[NUM_PTS];
```

圖 11.11 為 stulist 陣列之範例。第一位學生資料存於結構 stulist[0]，其資料分別存於 stulist[0].id 和 stulist[0].gpa。如圖所示，stulist[0].gpa 值為 2.71。

如果函式 scan_student 負責讀入 student_t 結構，則以下的 for 敘述可將資料填入整個 stulist 陣列資料：

```
for (i = 0;  i < MAX_STU;  ++i)
   scan_student(&stulist[i]);
```

以下 for 敘述可顯示所有的 id 數值：

```
for (i = 0;  i < MAX_STU;  ++i)
   printf("%d\n", stulist[i].id);
```

在下一個案例研究中，以一個陣列描述測量單位的資訊。透過陣列資訊，可將測量值由一種單位轉換成另一種單位。

案例研究　通用的測量單位轉換

如今電腦軟體可透過拼字檢查，以查表方式將呎轉換成公尺，將公升轉換成夸特等。

問　題

我們希望寫程式能將某一單位的測量值(例如 4.5 夸特)轉換成另一單位(例如公升)。例如，要求轉換：

`450 km miles`

會產生如下輸出：

```
Attempting conversion of 450.0000 km to miles . . .
450.0000km  =  279.6247 miles
```

如果轉換的兩種單位分屬不同類別，則程式產生錯誤訊息(譬如液體容量轉換成距離)。程式一開始必須從輸入檔讀入資料，建立單位轉換資料庫，然後才以交談方式由使用者輸入轉換問題。使用者輸入時應可以用名稱(譬如公斤)或縮寫(如 kg)指明單位。

分　析

程式的基本資料物件為測量單位。因此我們需要定義一個結構型態，儲存某一單位的相關特質。然後將這些結構的資料庫存在陣列中，並視需要查閱轉換因數。要轉換測量值，使用者需要鍵入一個數值和一個字串的測量值(例如 5 kg 或 6.5 inches)。另一方面使用者需鍵入欲轉換單位的全名或縮寫。

一個單位的屬性包含了它的全名和縮寫、它的種類(質量、距離等)，以及根據所選種類的標準單位而制定的單位寫法。如果我們可以根據輸入檔案的內容來決定現行的單位名稱、種類名稱以及標準單位，那麼程式對於任何種類的測量及根據我們字元集所設的任何語言的單位測量都將是可行的。

資料需求

結構資料型態

unit_t

```
components:
    name     /* character string such as "milligrams"           */
    abbrev   /* shorter character string such as "mg"           */
    class    /* character string "liquid_volume",
                "distance", or "mass"                           */
    standard /* number of standard units that are
                equivalent to this unit                         */
```

問題常數

```
NAME_LEN   30    /* storage allocated for a unit name          */
ABBREV_LEN 15    /* storage allocated for a unit
                    abbreviation                                */
CLASS_LEN  20    /* storage allocated for a
                    measurement class                           */
MAX_UNITS  20    /* maximum number of different units
                    handled                                     */
```

問題輸入

```
unit_t units[MAX_UNITS]    /* array representing unit conversion
                              factors database                  */
double quantity            /* value to convert                  */
char old_units[NAME_LEN]   /* name or abbreviation of units to
                              be converted                      */
char new_units[NAME_LEN]   /* name or abbreviation of units to
                              convert to                        */
```

問題輸出
轉換的訊息。

設 計

演算法

1. 讀入測量單位資料庫。
2. 取得新、舊單位名稱與測量值。
3. 重複迴圈直到讀入錯誤格式
   4. 從資料庫搜尋舊單位名稱。
   5. 從資料庫搜尋新單位名稱。

6. 如果不允許轉換
    7. 發出適當的錯誤訊息。
   否則
    8. 計算並顯示結果。
9. 取得新、舊單位名稱與測量值。

步驟 1 之再細分：

1.1　開啟資料庫檔案。
1.2　初值化足標變數 i。
1.3　從資料庫檔案讀入單位結構。
1.4　重複迴圈，直到 EOF，資料格式錯誤，或超過 units 串列
　　　1.4.1　將單位存入 units 陣列。
　　　1.4.2　更新 i。
　　　1.4.3　從檔案讀入下一筆單位結構。
1.5　關閉資料庫檔案。

對於步驟 1(load_units)、步驟 1.3 和步驟 1.4.3(fscan_unit)，我們以獨立函式處理；至於搜尋函式則處理步驟 4 與步驟 5；轉換函式為步驟 8。search 函式是根據圖 8.15 所示的線性搜尋演算法。

實　作

通用轉換程式如圖 11.12 所示。程式中有兩種輸入來源。單位資料庫來自檔案 units.txt，該檔案只需建立一次，但程式執行時即可使用。另一方面，程式以交談方式輸入單位轉換問題。

測　試

液體容量、距離和重量大小皆可測試程式轉換能力。另外，測試案例不要忘了測試檢查錯誤的能力。圖 11.13 顯示一個小的資料檔與程式執行的結果，資料庫檔案假設公里、公升和公斤為類別標準單位。注意程式只需要資料庫一致地使用某一標準單位，並未強制規定使用哪些單位。

圖 11.12 以結構陣列處理通用單位轉換的程式

```
1.  /*
2.   * Converts measurements given in one unit to any other unit of the same
3.   * category that is listed in the database file, units.txt.
4.   * Handles both names and abbreviations of units.
5.   */
6.  #include <stdio.h>
7.  #include <string.h>
8.
9.  #define NAME_LEN    30     /* storage allocated for a unit name            */
10. #define ABBREV_LEN  15     /* storage allocated for a unit abbreviation    */
11. #define CLASS_LEN   20     /* storage allocated for a measurement class    */
12. #define NOT_FOUND   -1     /* value indicating unit not found              */
13. #define MAX_UNITS   20     /* maximum number of different units handled    */
14.
15. typedef struct {           /* unit of measurement type                     */
16.     char    name[NAME_LEN];     /* character string such as "milligrams"   */
17.     char    abbrev[ABBREV_LEN]; /* shorter character string such as "mg"   */
18.     char    class[CLASS_LEN];   /* character string such as "pressure",    */
19.                                 /*   "distance", "mass"                    */
20.     double  standard;           /* number of standard units equivalent     */
21.                                 /*   to this unit                          */
22. } unit_t;
23.
24. int    fscan_unit(FILE *filep, unit_t *unitp);
25. void   load_units(int unit_max, unit_t units[], int *unit_sizep);
26. int    search(const unit_t units[], const char *target, int n);
27. double convert(double quantity, double old_stand, double new_stand);
28.
29. int
30. main(void)
31. {
32.     unit_t units[MAX_UNITS];    /* units classes and conversion factors*/
33.     int    num_units;           /* number of elements of units in use  */
34.     char   old_units[NAME_LEN], /* units to convert (name or abbrev)   */
35.            new_units[NAME_LEN]; /* units to convert to (name or abbrev)*/
36.     int    status;              /* input status                        */
37.     double quantity;            /* value to convert                    */
38.
39.     int    old_index,           /* index of units element where        */
40.                                 /*    old_units found                  */
41.            new_index;           /* index where new_units found         */
42.
43.     /* Load units of measurement database                              */
44.     load_units(MAX_UNITS, units, &num_units);
45.
46.     /* Convert quantities to desired units until data format error
47.        (including error code returned when q is entered to quit)       */
48.     printf("Enter a conversion problem or q to quit.\n");
49.     printf("To convert 25 kilometers to miles, you would enter\n");
50.     printf("> 25 kilometers miles\n");
51.     printf("   or, alternatively,\n");
```

(續)

圖 11.12 以結構陣列處理通用單位轉換的程式 (續)

```
52.         printf("> 25 km mi\n> ");
53.
54.         for  (status = scanf("%lf%s%s", &quantity, old_units, new_units);
55.                status == 3;
56.                status = scanf("%lf%s%s", &quantity, old_units, new_units)) {
57.              printf("Attempting conversion of %.4f %s to %s . . .\n",
58.                     quantity, old_units, new_units);
59.              old_index = search(units, old_units, num_units);
60.              new_index = search(units, new_units, num_units);
61.              if (old_index == NOT_FOUND)
62.                   printf("Unit %s not in database\n", old_units);
63.              else if (new_index == NOT_FOUND)
64.                   printf("Unit %s not in database\n", new_units);
65.              else if (strcmp(units[old_index].class,
66.                              units[new_index].class) != 0)
67.                   printf("Cannot convert %s (%s) to %s (%s)\n",
68.                          old_units, units[old_index].class,
69.                          new_units, units[new_index].class);
70.              else
71.                   printf("%.4f%s  =  %.4f %s\n", quantity, old_units,
72.                          convert(quantity, units[old_index].standard,
73.                                  units[new_index].standard),
74.                          new_units);
75.              printf("\nEnter a conversion problem or q to quit.\n> ");
76.         }
77.
78.         return (0);
79.    }
80.
81.    /*
82.     *  Gets data from a file to fill output argument
83.     *  Returns standard error code:  1 => successful input,  0 => error,
84.     *                                negative EOF value => end of file
85.     */
86.    int
87.    fscan_unit(FILE   *filep,  /*  input - input file pointer         */
88.               unit_t *unitp)  /*  output - unit_t structure to fill */
89.    {
90.         int status;
91.
92.         status = fscanf(filep, "%s%s%s%lf", unitp->name,
93.                                             unitp->abbrev,
94.                                             unitp->class,
95.                                             &unitp->standard);
96.
97.         if (status == 4)
98.              status = 1;
99.         else if (status != EOF)
100.             status = 0;
101.
102.        return (status);
```

(續)

圖 11.12 以結構陣列處理通用單位轉換的程式（續）

```c
103.   }
104.
105.   /*
106.    * Opens database file units.txt and gets data to place in units until end
107.    * of file is encountered.  Stops input prematurely if there are more than
108.    * unit_max data values in the file or if invalid data is encountered.
109.    */
110.   void
111.   load_units(int        unit_max,    /* input  - declared size of units    */
112.              unit_t     units[],     /* output - array of data             */
113.              int        *unit_sizep) /* output - number of data values
114.                                                 stored in units           */
115.   {
116.       FILE   *inp;
117.       unit_t data;
118.       int    i, status;
119.
120.       /* Gets database of units from file                                  */
121.       inp = fopen("units.txt", "r");
123.       i = 0;
124.
125.       for (status = fscan_unit(inp, &data);
126.            status == 1  &&  i < unit_max;
127.            status = fscan_unit(inp, &data)) {
128.           units[i++] = data;
129.       }
130.       fclose(inp);
131.
132.       /* Issue error message on premature exit                             */
133.       if (status == 0) {
134.           printf("\n*** Error in data format ***\n");
135.           printf("*** Using first %d data values ***\n", i);
136.       } else if (status != EOF) {
137.           printf("\n*** Error: too much data in file ***\n");
138.           printf("*** Using first %d data values ***\n", i);
139.       }
140.
141.       /* Send back size of used portion of array                           */
142.       *unit_sizep = i;
143.   }
144.
145.   /*
146.    * Searches for target key in name and abbrev components of first n
147.    *    elements of array units
148.    * Returns index of structure containing target or NOT_FOUND
149.    */
150.   int
151.   search(const unit_t units[],  /* array of unit_t structures to search    */
152.          const char   *target,  /* key searched for in name and abbrev
153.                                    components                              */
154.          int          n)        /* number of array elements to search      */
```

（續）

圖 11.12 以結構陣列處理通用單位轉換的程式 (續)

```
155.  {
156.        int i,
157.            found = 0,     /* whether or not target has been found    */
158.            where;         /* index where target found or NOT_FOUND   */
159.
160.        /* Compare name and abbrev components of each element to target */
161.        i = 0;
162.        while (!found && i < n) {
163.            if (strcmp(units[i].name,   target) == 0 ||
164.                strcmp(units[i].abbrev, target) == 0)
165.                found = 1;
166.            else
167.                ++i;
168.        }
169.        /* Return index of element containing target or NOT_FOUND    */
170.        if (found)
171.            where = i;
172.        else
173.            where = NOT_FOUND;
174.        return (where);
175.  }
176.
177.  /*
178.   * Converts one measurement to another given the representation of both
179.   * in a standard unit.  For example, to convert 24 feet to yards given a
180.   * standard unit of inches:  quantity = 24, old_stand = 12 (there are 12
181.   * inches in a foot), new_stand = 36 (there are 36 inches in a yard),
182.   * result is 24 * 12 / 36 which equals 8
183.   */
184.  double
185.  convert(double quantity,      /* value to convert                         */
186.          double old_stand,     /* number of standard units in one of       */
187.                                /*    quantity's original units             */
188.          double new_stand)     /* number of standard units in 1 new unit   */
189.  {
190.        return (quantity * old_stand / new_stand);
191.  }
```

圖 11.13 單位轉換程式的資料檔與執行範例

Data file `units.txt`:
```
miles           mi          distance        1609.3
kilometers      km          distance        1000
yards           yd          distance        0.9144
meters          m           distance        1
quarts          qt          liquid_volume   0.94635
liters          l           liquid_volume   1
gallons         gal         liquid_volume   3.7854
milliliters     ml          liquid_volume   0.001
kilograms       kg          mass            1
grams           g           mass            0.001
slugs           slugs       mass            0.14594
pounds          lb          mass            0.43592
```

Sample run:
```
Enter a conversion problem or q to quit.
To convert 25 kilometers to miles, you would enter
> 25 kilometers miles
    or, alternatively,
> 25 km mi
> 450 km miles
Attempting conversion of 450.0000 km to miles . . .
450.0000km  =   279.6247 miles

Enter a conversion problem or q to quit.
> 2.5 qt l
Attempting conversion of 2.5000 qt to l . . .
2.5000qt  =   2.3659 l

Enter a conversion problem or q to quit.
> 100 meters gallons
Attempting conversion of 100.0000 meters to gallons . . .
Cannot convert meters (distance) to gallons (liquid_volume)

Enter a conversion problem or q to quit.
> 1234 mg g
Attempting conversion of 1234.0000 mg to g . . .
Unit mg not in database

Enter a conversion problem or q to quit.
> q
```

練習 11.5

自我檢驗

1. 在通用轉換程式的函式 main 中，有如下敘述：

   ```
   load_units(MAX_UNITS, units, &num_units);
   ```

   而 load_units 中，有函式呼叫

   ```
   fscan_unit(inp, &data);
   ```

   變數 units、num_units 和 data 在這些敘述中皆作為輸出引數。為何 num_units 和 data 需加上 &，而 units 不需要呢？

2. 寫一程式片段對所有 stulist(參考圖 11.11)中的 gpa 值加 0.2。如果 gpa 值加 0.2 會超過 4.0，則其值設為 4.0。

11.6 聯合型態

到目前為止，變數只要宣告為某種結構型態，它們的成員皆相同。然而，有時結構成員需視其他結構成員之值而變。例如，寫一程式處理不同的幾何圖形，則儲存的資料得視處理的圖形而定。譬如為了計算圓面積和周長必須知道半徑；計算正方形面積與周長必須知道邊長；計算矩形面積與周長則需知道矩形的長、寬。

對於這種情形，C 語言提供一種稱為**聯合**(union)的資料結構。可以各種方式解釋其資料物件。

> **聯合**：資料結構中，結構成員共用同一記憶體，換句話說，一塊記憶體允許數種資料表示方法。

範例 11.6

以下定義之聯合結構是用來描述人的身體部位，如果某人不是禿頭，則記錄頭髮顏色，但是如果某人禿頭，則記錄是否戴假髮。

```
typedef union {
    int  wears_wig;
    char color[20];
} hair_t;
```

上述聯合型態的語法與結構型態的定義很接近。如前面所述，typedef 敘述並不配置記憶體。稍後的宣告

```
hair_t hair_data;
```

建立一個依型態定義、樣板所建立的 hair_data 變數。但變數 hair_data 不包含 wears_wig 和 color 成員。實際上它只有 wears_wig 成員(使用方法為 hair_data.wears_wig)或 color 成員(使用方法為 hair_data.color)。一旦程式為 hair_data 配置記憶體，記憶體配置大小視聯合成員中占記憶體最大者而定。

在大部分狀況下，可以數種方式解釋一塊記憶體是很有用的，但是必須要能決定在大部分狀況下，哪一個是目前的有效解釋。因此常見聯合屬於一個較大結構的一部分，而這個較大的結構一般含有一個成員，其值表示可用何種方式解釋聯合。以下是一個包含 hair_t 聯合成員的例子：

```
typedef struct {
    int   bald;
    hair_t h;
} hair_info_t;
```

程式碼使用 hair_info_t 結構時，成員 h 的值(union 型態)得視 bald 成員而定；此成員表示主角是否為禿頭。對於禿頭的人，則成員 h 可表示成 wears_wig；反之，成員 h 則代表 color。圖 11.14 顯示以函式展現 hair_info_t 資料。

在圖 11.15 中，參數 hair 的成員 h 可能代表兩種情況，一則是 hair.bald 為真，另一則是 hair.bald 為偽。至於何時選用適當的聯合成員，則完全是程式設計師的責任，C 不會檢驗成員的使用是否正確。

圖 11.14 展現結構之聯合型態成員的函式

```
1.  void
2.  print_hair_info(hair_info_t hair) /* input - structure to display     */
3.  {
4.      if (hair.bald) {
5.          printf("Subject is bald");
6.          if (hair.h.wears_wig)
7.              printf(", but wears a wig.\n");
8.          else
9.              printf(" and does not wear a wig.\n");
10.     } else {
11.         printf("Subject's hair color is %s.\n", hair.h.color);
12.     }
13. }
```

圖 11.15　參數 hair 的兩種表示法

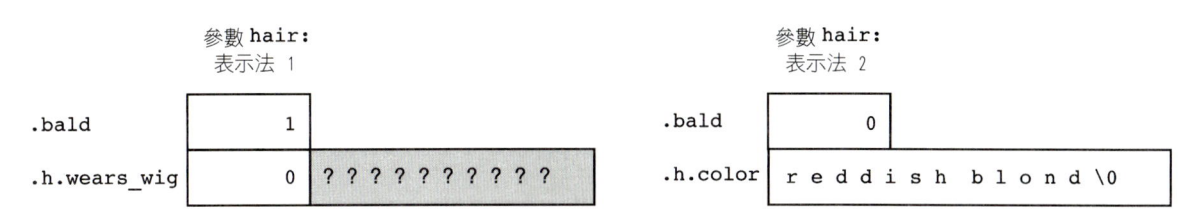

```
參數 hair:                              參數 hair:
表示法 1                                 表示法 2

.bald          │    1    │              .bald          │    0    │
.h.wears_wig   │    0    │??????????│   .h.color        │r e d d i s h   b l o n d \0│
```

範例 11.7　圖 11.16 是計算幾何圖形面積與周長的部分解。程式最初依據幾何圖形特性，定義所需的結構型態，包括儲存面積與周長的成員，以及計算面積周長所需之維度的成員。然後定義一個聯合型態，其中一個成員儲存圖形型態。最後定義一個結構，以一個成員表如何正確地解釋聯合，另一成員則是聯合型態。注意所有處理 figure_t 資料的函式，皆以 switch 敘述根據 shape 之值決定 fig 成員。函式 compute_area、switch 敘述的內定處理方式是印出錯誤訊息。如果符合函式的先決條件，則該訊息永遠不會出現。

圖 11.16　計算幾何圖形周長與面積之程式

```c
1.  /*
2.   *  Computes the area and perimeter of a variety of geometric figures.
3.   */
4.
5.  #include <stdio.h>
6.  #define PI 3.14159
7.
8.  /*  Types defining the components needed to represent each shape.         */
9.  typedef struct {
10.       double area,
11.              circumference,
12.              radius;
13. } circle_t;
14.
15. typedef struct {
16.       double area,
17.              perimeter,
18.              width,
19.              height;
20. } rectangle_t;
21.
22. typedef struct {
23.       double area,
```

(續)

圖 11.16 計算幾何圖形周長與面積之程式 (續)

```c
                perimeter,
                side;
} square_t;

/* Type of a structure that can be interpreted a different way for
      each shape                                                    */
typedef union {
        circle_t    circle;
        rectangle_t rectangle;
        square_t    square;
} figure_data_t;

/* Type containing a structure with multiple interpretations along with
 * a component whose value indicates the current valid interpretation  */
typedef struct {
        char           shape;
        figure_data_t  fig;
} figure_t;

figure_t get_figure_dimensions(void);
figure_t compute_area(figure_t object);
figure_t compute_perim(figure_t object);
void print_figure(figure_t object);

int
main(void)
{
        figure_t onefig;

        printf("Area and Perimeter Computation Program\n");

        for  (onefig = get_figure_dimensions();
              onefig.shape != 'Q';
              onefig = get_figure_dimensions()) {
            onefig = compute_area(onefig);
            onefig = compute_perim(onefig);
            print_figure(onefig);
        }

        return (0);
}

/*
 * Prompts for and stores the dimension data necessary to compute a
 * figure's area and perimeter.  Figure returned contains a 'Q' in the
 * shape component when signaling end of data.
 */
figure_t
get_figure_dimensions(void)
{
        figure_t object;
```

(續)

圖 11.16 計算幾何圖形周長與面積之程式 (續)

```c
        printf("Enter a letter to indicate the object shape or Q to quit.\n");
        printf("C (circle),  R (rectangle),  or S (square)> ");
        object.shape = getchar();

        switch (object.shape) {
        case 'C':
        case 'c':
            printf("Enter radius> ");
            scanf("%lf", &object.fig.circle.radius);
            break;

        case 'R':
        case 'r':
            printf("Enter height> ");
            scanf("%lf", &object.fig.rectangle.height);
            printf("Enter width> ");
            scanf("%lf", &object.fig.rectangle.width);
            break;

        case 'S':
        case 's':
            printf("Enter length of a side> ");
            scanf("%lf", &object.fig.square.side);
            break;

        default:  /*  Error is treated as a QUIT  */
            object.shape = 'Q';
        }

        return (object);
}

/*
 *  Computes the area of a figure given relevant dimensions.  Returns
 *  figure with area component filled.
 *  Pre:  value of shape component is one of these letters: CcRrSs
 *        necessary dimension components have values
 */
figure_t
compute_area(figure_t object)
{
        switch (object.shape) {
        case 'C':
        case 'c':
            object.fig.circle.area = PI * object.fig.circle.radius *
                                     object.fig.circle.radius;
            break;

        case 'R':
        case 'r':
            object.fig.rectangle.area = object.fig.rectangle.height *
```

(續)

圖 11.16 計算幾何圖形周長與面積之程式 (續)

```
126.                                    object.fig.rectangle.width;
127.           break;
128.
129.      case 'S':
130.      case 's':
131.           object.fig.square.area = object.fig.square.side *
132.                                    object.fig.square.side;
133.           break;
134.
135.      default:
136.           printf("Error in shape code detected in compute_area\n");
137.      }
138.
139.      return (object);
140. }
141.
142. /*  Code for compute_perim and print_figure goes here  */
```

練習 11.6

自我檢驗

1. 對於 hair_info_t 結構型態，計算究竟需要多少位元組？假設整數型態占兩個位元組，char 型態占一個位元組。此外，當 wears_wig 有效時，實際上用掉多少空間？

程式撰寫

1. 撰寫圖 11.16 之函式 compute_perim 與 print_figure。

11.7 程式撰寫常見的錯誤

使用結構型態，最常犯的錯誤就是不當使用成員。當以直接選擇運算子 (.) 選擇結構成員時，它的值必須與其型態相同。譬如選用的成員為陣列型態，以它傳入函式作為輸出引數時，使用時不需加上位址運算子。

如果以結構作為函式輸出參數，程式可以選用間接成員選擇運算子 (->)，以避免混用間接 (*) 和直接成員選擇 (.) 運算子所造成運算子優先權的問題。

在 C 中，可將結構型態用於設定敘述、函式引數和函式回傳值。但不可用於相等比較，或當作 printf 和 scanf 的引數。以上這些用法必須指向一個結構成員，或者自行撰寫結構相等的比較函式或 I/O 函式。

使用聯合型態時，常常會參考到某一成員，但記載的卻不是現在正確的意義。解決方式是將聯合置於另一結構之內，由一個成員記載現在聯合成員代表的意義，然後以 if 或 switch 敘述控制聯合目前參考的成員。

本章回顧

1. C 允許使用者自定型態，型態內可包括多個名稱成員。
2. 使用結構成員方式是在結構變數名稱與成員名稱之間加上直接成員選擇運算子(.)。
3. 以結構指標方式參考結構成員，則是在結構變數名稱與成員名稱之間加上間接成員選擇運算子(->)。
4. 使用者自定結構型態，與 C 內定型態的使用時機大致相同：可用於函式引數、函式回傳值及設定運算子複製結構；結構型態並可用於變數宣告、結構成員與陣列。
5. 結構之間不能以 == 或 != 運算子相互比較。
6. 結構型態在抽象資料上扮演重要角色：建立一個抽象資料型態(ADT)，並實作此型態所需之運算子的函式。
7. 在聯合型態變數中，其結構成員在記憶體上是重疊的。

新增的 C 結構

結　　構	效　　果
定義結構型態	
```typedef struct {` ` char name[20];` ` int quantity;` ` double price;` `} part_t;```	part_t 結構型態定義成能夠儲存一個字串和兩個數值成員(一個為 int 型態，另一個為 doube 型態)。
宣告結構變數或結構陣列	
```part_t nuts, bolts, parts_list[40];` `part_t mouse = {"serial mouse", 30,` ` 145.00};```	nuts、bolts 和 mouse 為型態 part_t 的結構變數；parts_list 則為含有 40 個元素的結構陣列。而 mouse 變數的三個成員於宣告時已初值化。
參考成員	
```cost = nuts.quantity * nuts.price;` `printf("Part: %s\n",` ` parts_list[i].name);```	變數 nuts(part_t 型態)的兩個成員相乘。 顯示 parts_list 第 i 個元素的 name 成員。

(續)

新增的 C 結構(續)

結　構	效　果
複製結構 `bolts = nuts;`	將 nuts 結構內的成員複製至 bolts 內。

定義聯合型態
`typedef union {`
`    char   str[4];`
`    int    intger;`
`    double real;`
`} multi_t;`
	定義 multi_t 型態的變數，其內容表示三種意義：四個字元的字串、整數或一個 double 數值。

定義一個包含聯合成員的結構型態
`typedef struct {`
`    char    interp;`
`    multi_t val;`
`} choose_t;`
	結構型態 choose_t 的定義為依據 interp 成員的值，決定聯合成員 val 的值(interp 可能是'S' 代表字串；'I' 代表整數；'D' 代表 double)。

快速檢驗練習

1. 結構與陣列最大的差異為何？一門課程的分類適合以哪種型態描述？這門課的選修學生名字適合以哪種型態儲存？
2. 如何取用結構型態變數的成員？

   練習 3～8 參考下列的型態 student_t 和變數 stu1、stu2。

   ```
   typedef struct {
       char fst_name[20],
            last_name[20];
       int  score;
       char grade;
   } student_t;
   ...
   student_t stu1, stu2;
   ```

3. 判定以下的敘述是正確或是錯誤，如果有錯，試說明錯誤的原因。
   a. `student_t stulist[30];`
   b. `printf("%s", stu1);`
   c. `printf("%d %c", stu1.score, stu1.grade);`
   d. `stu2 = stu1;`
   e. `if(stu2.score == stu1.score)`
   　　`printf("Equal");`

     f. `if(stu2 == stu1)`
            `printf("Equal structures");`

     g. `scan_student(&stu1);`

     h. `stu2.last_name = "Martin";`

4. 以一個敘述顯示 stu1 的初值(以 . 的方式)。

5. 變數 stu2 有多少個成員？

6. 對於 student_t 型態的變數，撰寫 scan_student 和 print_student 函式。

7. 宣告一個有 40 個元素的 student_t 陣列，然後寫一段程式顯示陣列所有學生的姓名(名，姓)，每行只顯示一個學生名字。

8. 判定以下式子所參考的型態：

     a. `stu1`

     b. `stu2.score`

     c. `stu2.fst_name[3]`

     d. `stu1.grade`

9. 何時需要在結構變數中使用聯合型態成員？

快速檢驗練習解答

1. 結構可以擁有不同型態的成員，但陣列每一個元素均屬同一型態。結構可用於儲存課程種類等相關資料，而字串陣列可儲存一串學生名字。

2. 結構成員使用法是在結構變數之後加上 . 運算子，然後接著成員名稱。

3. **a.** 正確

    b. 不正確：`printf` 不接受結構引數。

    c. 正確

    d. 正確

    e. 正確

    f. 不正確：結構型態不適用等號運算子。

    g. 正確(假設參數型態為 `student_t *`)

    h. 不正確：除了於宣告處，否則不能使用 = 運算子複製字串(應使用 `strcpy`)

4. ```
printf("%c.%c.", stu1.fst_name[0],
        stu1.last_name[0]);
```

5. 4 個

6. ```c
int
scan_student(student_t *stup)/* output - student structure to
                                         fill */
{
    int   status,
    char temp[4]; /* temporary storage for grade */
    status = scanf("%s%s%d%s", stu->fst_name,
                               stu->last_name,
                               &stu->score,
                               temp);
    if(status == 4){
        status = 1;
        (*stu).grade = temp[0];
    } else if(status != EOF){
         status = 0;
    }
    return(status);
}
void
print_student(student_t stu)/* input - student structure to
                                        display */
{
    printf("Student: %s, %s\n", stu.last_name,
            stu.fst_name);
    printf("  Score: %d  Grade: %c\n", stu.score,
            stu.grade);
}
```

7. ```
student_t students[40];

for (i = 0; i < 40; ++i)
   printf("%s, %s\n", students[i].last_name,
          students[i].fst_name);
```

8. a. student_t
   b. int
```

c. char

   d. char

9. 結構成員的值會因另一成員的值不同而變時，結構變數即可包含一個聯合成員。

問題回顧

1. 定義結構型態 subscriber_t，其中成員包含 name、street_address 以及 monthly_bill。

2. 以 C 寫一個程式：讀入資料填入以下定義的 competition 變數，然後以適當標示印出結構內容。

```
#define STR_LENGTH 20

typedef struct {
    char event[STR_LENGTH],
         entrant[STR_LENGTH],
         country[STR_LENGTH];
    int  place;
} olympic_t;
. . .
olympic_t competition;
```

3. 呼叫函式 scan_olympic 時，如何將 competition 變成函式輸出引數？

4. 找出並訂正下列程式的錯誤之處：

```
typedef struct
    char  name[15],
          start_date[15],
    double hrs_worked,
summer_help_t;

/* prototype for function scan_sum_hlp goes here */

int
main(void)
{
    struct operator;
```

```
            scan_sum_hlp(operator);
            printf("Name: %s\nStarting date: %s\nHours worked:
                   %.2f\n", operator);

            return(0);
      }
```

5. 定義一個資料結構用以儲存以下的學生資料：gpa、major、address (包含街、市、州、郵遞區號)和課程表(包含至多六筆課程資訊，每筆課程包含大綱、時間和日數等成員)。定義所需要的資料型態。

程式撰寫專案

1. 定義結構型態 auto_t 以表示汽車。結構成員包含汽車製造商和款式(字串型態)、里程表、製造日期和購買日期(以另一自定型態 data_t 表示之)以及油箱。(以自定型態 tank_t 表示，成員包含油箱容量和現有油量；二者均以加侖為單位。)撰寫 I/O 函式：scan_date、scan_tank、scan_auto、print_date、print_tank 和 print_auto；另以一個驅動函式連續讀入汽車結構資料，並將讀入資料顯示之，直到碰到輸入檔案的 EOF 為止。以下為一組測試資料：

```
Mercury Sable   99842   1 18 2001  5 30 1991  16    12.5
Mazda   Navajo  123961  2 20 1993  6 15 1993  19.3  16.7
```

2. 定義結構型態 element_t 用以表示週期表中的元素。結構應包含原子序(整數型態)；元素名稱、化學符號和分類(字串型態)；原子重量；和一個含七個元素的整數陣列，每個元素分別表示在各電子層中的電子數量。以下為鈉元素的 element_t 結構之成員值：

```
11  Sodium  Na  alkali_metal  22.9898  2 8 1 0 0 0 0
```

定義並測試 I/O 函式 scan_element 和 print_element。

3. 一個數值可用科學記號表示包含假數(小數)和指數(整數)。定義 sci_not_t 型態，包含以上兩個成員。定義函式 scan_sci 從輸入字串(以科學記號表示的正數)，將數值拆成小數與指數部分，存入 sci_not_t 結構。輸入值的假數部分(m)應滿足 0.1 <= m < 1.0 的條件。此外應提供兩個 sci_not_t 的加、減、乘和除功能(執行結果的假數也應滿足以上條件)，還要定義 print_sci 函式。然後產生驅動程式測試你的函式。你的輸出格式應為：

```
Values input:    0.25000e3   0.20000e1
Sum:             0.25200e3
Difference:      0.24800e3
Product:         0.50000e3
Quotient:        0.12500e3
```

4. 微生物學家針對一份在固體媒介中成長結果不太好的細菌樣本，可利用一種稱為「最可能數目法」(the most probable number, MPN)的統計技術估算其中的細菌數量。第一組五個裝有養分媒介的試管各放入 10 ml 的樣本，第二組五個試管各放入 1 ml 的樣本，而第三組五個試管中則放入 0.1 ml 的樣本。之後若觀察到試管中的細菌呈現成長狀態便記錄為加 1，並把三組的數目結合，例如 5-2-1 即表示五個裝入 10 ml 樣本的試管皆顯示細菌成長，1 ml 測試組中有兩個試管呈現成長，而在 0.1 ml 測試組中只有一個試管是成長的。微生物學家會利用此種三個一組的正數組合作為索引，從下列表格中決定每 100 毫升樣本中最可能的細菌數目為 70，而且產生此種三個一組的 95% 樣本每 100 毫升會包含 30 到 210 的細菌數量。[1]

最可能數目法的細菌培養表格

正數組合	MPN 指數/100ml	95% 信賴區間 下限	95% 信賴區間 上限
4-2-0	22	9	56
4-2-1	26	12	65
4-3-0	27	12	67
4-3-1	33	15	77
4-4-0	34	16	80
5-0-0	23	9	86
5-0-1	30	10	110
5-0-2	40	20	140
5-1-0	30	10	120
5-1-1	50	20	150
5-1-2	60	30	180
5-2-0	50	20	170
5-2-1	70	30	210
5-2-2	90	40	250
5-3-0	80	30	250
5-3-1	110	40	300
5-3-2	140	60	360

---

[1] *Microbiology, An Introduction*, 7th ed. edited by Gerard J. Tortora, Berdell R. Funke, and Christine L. Case (San Francisco, California: Benjamin Cummings, 2001), p.177.

請定義一種結構型態來表示 MPN 表格中的一行資料。該結構將包含一個代表三個一組正數組合的字串、三個整數分別用來儲存對應的最可能數目，以及 95% 信賴區間的下限及上限值。寫一程式實作下列用來產生正數組合三個一組的演算法。

a. 將 MPN 表格從檔案載入一個稱為 mpn_table 的結構陣列。

b. 向使用者重複取得正數組合三個一組，在 mpn_table 表格中的正數組合部分搜尋，然後產生類似下列的訊息：

```
For 5-2-1, MPN = 70; 95% of samples contain between 30 and
210 bacteria/ml。
```

c. 定義並呼叫下列函式。

　load_Mpn_Table：傳入參數為輸入檔的名稱、mpn_table 陣列及其最大長度。此函式會開啟檔案、填入 mpn_table 陣列，並關閉檔案。然後以函式值傳回實際的陣列長度。如果檔案包含太多資料，函式應儲存能夠容納的資料，顯示錯誤訊息表示有些資料被遺漏，並以陣列的實際大小當作其最大長度傳回。

　search：傳入參數為 mpn_table 陣列、其實際大小以及一個表示三個一組之正數組合的字串。傳回符合目標正數組合的結構下標，若無符合者則傳回 −1。

5. 網際網路上的每個電腦位址是由四個部分組成，每部分以 • 分隔，格式如下：

xx.yy.zz.mm

其中 xx、yy、zz 和 mm 均為正整數。一般而言，電腦族皆另用一個代號表示這個位址。你正設計一個程式，可以用來處理一連串的網際網路位址，以分辨同一位置內的電腦。定義 address_t 結構，以四個整數成員表示網路位址，第五個成員則以 10 個字元表示位址代號。你的程式最多可讀入 100 個位址和代號，最後以全 0 的哨符位址和哨符代號結束輸入。

資料範例

```
111.22.3.44     platte
555.66.7.88     wabash
111.22.5.66     green
0.0.0.0         none
```

本程式必須顯示訊息標示同屬一個區域的每對電腦──所謂同屬一個區域的位址，是指位址前兩個成員相同。在訊息中用電腦的代號表示該部電腦。

訊息範例

```
Machines platte and green are on the same local network.
```

在訊息之後，並顯示位址和代號的完整清單。除此之外，程式還包含函式 `scan_address`、`print_address` 和 `local_address`。函式 `local_address` 輸入兩個位址結構參數，函式值為 1(真)代表同處一個區域，反之則傳回 0(偽)。

6. 設計一資料型態來表示一個字列。這個資料型態包含了一個字串元件，來表示一個語言的字串(例如英文、日文、西班牙文)。一個整數元件用來表示有多少字在此字列中，使用一個串列 MAX_WORDS 為 20 個字元的串列來儲存這些字。定義以下的功能來處理字列：

   a. `load_word_list`：以輸入檔案名字為參數而且填入字列結構中需要的資料。

   b. `add_word`：以單字為輸入資料，可能會修改字列結構。如果字列已經滿了，顯示以下訊息 "`List full, word not added`"。如果單字已經在字列中，字列結構將不被更改；否則將單字加入字列中，並且修改字列的長度。這些字不需要排序。

   c. `contains`：以單字與字元列為輸入參數。如果單字與字元列中的文字相同，此函數回傳 true，否則為 false。

   d. `equal_lists`：以兩個字元列為參數，如果兩個字元列回傳為 true，表示相同的語言，有相同元件數目相同，而且在一個字列中的元件都可以再另一個字列中找到。(提示：可以反覆呼叫 `contains` 函式。)

   e. `display_word_list`：以四欄的格式顯示字列中所有的文字寫一個程式，從檔案中讀出填入字列結構。提示使用者輸入一種語言中的 12 個單字到另一個字列結構。要求使用者輸入一些字，使用 `contains` 在第一個字列中搜尋，印出訊息表示哪一個字被找到。使用 `equal_lists` 來比較兩個字列，列印出適當的訊息。最後使用 `display_word_list` 輸出每一個字列。

7. 設計並實作模擬典型變壓器的結構型態。你有一個單一的鐵心線,電線 1 捲繞鐵心線 N_1 圈,電線 2 捲繞鐵心線 N_2 圈。若電線 1 接觸交流電源,則電線 1 的電壓(輸入電壓 V_1)與電線 2 的電壓(輸出電壓 V_2) 之比為:

$$\frac{V_1}{V_2} = \frac{N_1}{N_2}$$

而輸入電流 I_1 和輸出電流 I_2 的關係是:

$$\frac{I_1}{I_2} = \frac{N_1}{N_2}$$

型態 `transformer_t` 的變數應儲存 N_1、N_2、V_1 和 I_1。另外也要定義函式 `v_out` 和 `i_out` 以計算變壓器的輸出電壓和輸出電流。此外,定義函式可設定變壓器的各成員之值,使其可產生所要的輸出電壓或電流。例如,函式 `set_n1_for_v2` 應將想要的輸出電壓作為輸入參數,以及一個變壓器作為輸入/輸出參數,而且要改變代表 N_1 之成員的值以產生所要的輸出電壓。也要定義 `set_v1_for_v2`、`set_n2_for_v2` 以及 `set_n2_for_i2`。包括函式 `scan_transformer` 和 `print_transformer` 執行 I/O。

8. 一間雜貨店可利用以下程式計算售出貨品的資訊。此程式必須定義一個貨品結構,其成員足以表示不同的貨品資訊,請提供貨物輸入與顯示函式,撰寫驅動函式測試程式。

每件貨品資料應包含貨品名稱(小於 20 個字元的字串,中間不包含空白),貨品單價(單位為美分,整數型態),以一個字元表示貨品種類('M'=肉類、'P'=農產品、'D'=奶製品、'C'=罐頭、'N'=非食物類),以下為視產品種類而定的額外資訊:

貨物種類	額外資訊
肉類	以字元表示肉的種類('R'=紅肉、'P'=家禽肉、'F'=魚肉) 包裝日期 有效日期
農產品	字元'F'=水果、'V'=蔬菜 採收日期
奶製品	有效日期
罐頭	有效日期(只有年、月) 走道編號(整數) 走道方向(字元'A'或'B')
非食品類	以字元表示種類('C'=清潔用品、'P'=藥用類、'O'=其他) 走道編號(整數) 走道方向(字元'A'或'B')

例如玉米罐頭資料可表示為：

`corn  89C  11  2000  12B`

意思是玉米罐頭售價 89 美分，有效日期為 2000 年 11 月，貨物位於走道 12B 處。

9. 產生一結構型態來表示電池。battery_t 變數的成員要包含電壓、電池可儲存的電力以及電池目前儲存的電力(焦耳)。定義函式作電池的輸入和輸出，以產生函式 power_device：(a)以電子設備的電流(安培)和此設備需電池的供電時間(秒)作為輸入參數。(b)以電池作為輸入／輸出參數。此函式首先計算電池的貯存電力是否可供應設備在指定時間所需的電力。若可以，則此函式用目前的電力減去消耗的電力，更新電池的貯存電力，然後傳回真值(1)；否則傳回偽值(0)，且不改變電池的貯存電力。同時定義函式 max_time 以電池和電子設備的電流為輸入參數，並回傳在電池完全放電前可供應設備的秒數，此函式不會改變電池的成員值。寫一函式 recharge 將電池代表目前電力的成員設為其最大的電力。在你的設計中，利用下列的方程式：

$$p = vi \quad p = 功率，單位為瓦特(W)$$
$$v = 電壓，單位為伏特(V)$$
$$w = pt \quad i = 電流，單位為安培(A)$$
$$w = 電力，單位為焦耳(J)$$
$$t = 時間，單位為秒(s)$$

在此模擬中，忽略從電池至設備之間的能量損失。

　　產生主函式，宣告並初值化變為 12-V 的汽車電池，最大的電力儲存量為 5×10^6 J。利用此電池供應 4-A 的電燈 15 分鐘，然後計算電池的剩餘電力可供應 8-A 的設備多久；在充電後，重新計算可供應 8-A 設備多久。

10. 於 11.1、11.2 節的自我檢驗練習中，我們以 location_t 表示幾何位置，請撰寫函式 print_location、location_equal 和 scan_location 以處理 location_t 資料，並撰寫驅動程式以測試上述函式。

CHAPTER 12

文字檔與二進位檔案

12.1 輸入／輸出檔案：回顧與進一步研究

12.2 二進位檔案

12.3 搜尋資料庫

　　案例研究：資料庫查詢

12.4 程式撰寫常見的錯誤

　　本章回顧

本章將會更深入了解標準輸出、輸入函式及以程式控制文字檔案的用法。另外還會介紹二進位檔案,並比較文字檔與二進位檔的優缺點。

12.1 輸入／輸出檔案:回顧與進一步研究

C 能夠處理兩類檔案:文字檔與二進位檔。本節會研究文字檔,然後於後段章節說明二進位檔。用文字編輯軟體或文字處理軟體產生的檔案都是文字檔。**文字檔**(text file)是有名字的一群字元,存在次要儲存體(譬如硬體)。文字檔並無固定大小,所以文字檔終結處電腦會放入一個稱為 <eof> (*end-of-file*) 的特殊字元。當你使用文字編輯軟體產生文字檔時,按下 <return> 或 <enter> 鍵,程式自動將換行字元(在 C 中以 '\n' 表示)加入檔案。

文字檔:有名字的一群字元,存於次要儲存體。

以下是一文字檔,包括兩行字母、空白字元、標點符號.和!。

```
This is a text file!<newline>
It has two lines.<newline><eof>
```

兩行文字終點皆附加一個換行字元,檔案最後並加入 eof 字元。以上寫法是為了我們閱讀方便,藉 <newline> 將資料分成兩行,事實上,以上資料在硬體裡是儲存在連續的位置上:

```
This is a text file!<newline>It has two lines.<newline><eof>
```

也就是說,第二行的第一個字元(I)緊接於第一行最後一個字元 <newline> 之後。因為所有文字類的輸出入資料均為一連串的字元碼,所以我們以**輸入串流**(input stream)或**輸出串流**(output stream)稱資料來源或目的。名詞可適用於檔案、終端機鍵盤、螢幕和其他種類的資料輸入來源與資料輸出目的地。

輸入(出)串流:代表輸入(出)資料的連續字元碼。

以鍵盤和螢幕作為文字串流

對於交談式的程式設計,C 提供與終端機鍵盤和螢幕相連的系統名稱。**stdin** 代表來自鍵盤的輸入串流,而 **stdout** 代表標準輸出串流,**stderr** 代表錯誤輸出串流;後兩者的內定輸出裝置均為螢幕。以上三種輸出入串流均可視為文字檔,因為每個輸出入串流的成員均為字元。

stdin:用於鍵盤輸入串流的系統檔案指標。

stdout, stderr:用於螢幕輸出的系統檔案指標。

一般使用鍵盤時，一次鍵入一行資料，按下 <return> 或 <enter> 表示一行資料結束。按下這些鍵的效果是將換行字元插入系統串流 stdin 中。在交談式程式設計中，一般皆用哨符值表示已經讀到資料尾端，而非將 eof 字元置於 stdin 內。但是仍然可以採用將 eof 置於 stdin 的方式。由於沒有單一鍵值可以表示 eof 字元，所以大部分系統用一個控制鍵加上一個字母表示之(例如 UNIX 系統即以 <control-d> 表示之)。

在交談式程式中，將字元輸出到串流 stdout 或 stderr，結果會顯示在螢幕上。我們已經學會如何用函式 printf 將字元輸出至螢幕，以及在 printf 格式中加入 '\n'，達成換行的目的並將游標移至下一行的起始位置。

換行與 EOF

儘管換行字元與 eof 字元之目的類似，但 C 在處理上卻完全不同。事實上，<newline> 標示一行文字的結束，而 <eof> 則標示檔案的結束。<newline> 的處理方式與一般字元相同，如可以用 scanf 和 %c 取得字元，或與 '\n' 字元執行比較，當然也可以利用 printf 輸出。

但是如果輸入特殊的 eof 字元則會造成失敗，輸入函式回傳結果是一個負整數的 EOF 識別碼。因為此特殊回傳值可告知呼叫函式輸入檔案已無資料，所以若程式忽略此警示值並繼續從有問題的串流中取得輸入，則 C 的執行期支援系統不會發出錯誤訊息。以下為一範例，迴圈中不斷輸入資料直到讀到 EOF：

```
for (status = scanf("%d", &num);
     status != EOF;
     status = scanf("%d", &num))
     process (num);
```

跳逸控制字元

字元 '\n' 是 C 定義的數個跳逸控制字元之一。表 12.1 顯示一些常用的跳逸控制字元。因為所有的跳逸控制字元均以倒斜線 (\) 開頭，所以要在 C 程式中表示真正的倒斜線字元，必須用 '\\'。'\r' 字元不同於 '\n'，因為它將游標移至目前輸出行的開始處，而不是下一行的開始處。程式可用 '\r' 產生在同一個行位置中含有一個以上字元的檔案。

表 12.1　常見跳逸控制字元的意義

跳逸控制字元	意　義
'\n'	換行
'\t'	跳格
'\f'	換頁
'\r'	歸位(回到目前輸出行的起始處)
'\b'	後退一格

例如，呼叫 printf 在新頁的開始處顯示標題，此標題縮排至第三個跳格後停止，且有底線。

```
printf("\f\t\t\tFinal Report\r\t\t\t_____\n");
```

用 printf 格式化輸出

在稍早的章節中，我們已經研讀過 printf 的格式字串中對於整數、字元、浮點和字串值的格式符號。表 12.2 複習這些格式符號，並加入可輸出八進位(基數 8)或十六進位(基數 16)整數的格式符號，以及分別用大小寫的科學記號表示浮點數的格式符號 e。此表示法有一個指數且小數點左邊只有一位非 0 的數字。在表 12.2 的範例中，8.197000e+01 表示 8.197000×10^1。表格的最後一項表示要顯示單一的百分比符號時，在格式字串中必須放置兩個百分比符號(%%)。

表 12.2　printf 格式字串中的格式符號

格式符號	用於輸出	範　例	輸　出
%c	單一字元	printf("%c%c%c\n", 　'a', '\n', 'b');	a b
%s	字串	printf("%s%s\n", 　"Hi, how ", 　"are you?");	Hi, how are you?
%d	整數(基數 10)	printf("%d\n", 43);	43
%o	整數(基數 8)	printf("%o\n", 43);	53
%x	整數(基數 16)	printf("%x\n", 43);	2b
%f	浮點數	printf("%f\n", 81.97);	81.970000
%e	以科學記號表示的浮點數	printf("%e\n", 81.97);	8.197000e+01
%E	以科學記號表示的浮點數	printf("%E\n", 81.97);	8.197000E+01
%%	單一的 % 符號	printf("%d%%\n", 10);	10%

這些格式符號可以與數字的欄寬結合，描述欲顯示之值所占的最小寬度。若欄寬為正數，則顯示值在欄位中向右對齊；也就是說，在顯示值之前會補上空白。若欄寬為負數，則此顯示值在欄位中向左對齊；也就是說，在顯示值之後補上空白。若欄寬太小，則 printf 採用最小可容納此值的欄寬。在顯示浮點值時，你可以指定總欄寬和小數位數。為了符合指定的精確度，欲顯示值會視需要四捨五入或在尾端補 0。你應注意小數點會占用一位，而且精確度位數不一定要與總欄寬一起使用。表 12.3 提供在格式字串中使用欄寬的範例。在「輸出結果」欄中，以 ▌代表空白。

檔案指標變數

在第二章中，我們以非標準文字檔用於輸入與輸出時，必須先宣告檔案指標變數，且給它一個值，然後才能存取檔案。系統在檔案可存取前必須先準備輸入或輸出的檔案。這些準備動作就是 stdio 函式庫函式 fopen 的功能。以下敘述宣告兩個檔案指標變數 infilep 和 outfilep，並為兩變數初值化：

表 12.3 在格式字串中指定欄寬、對齊方式和精準度

範　例	粗體之格式字串片段的意義	輸出結果
printf("%5d%4d\n", 100, 2);	以欄寬 5，向右對齊顯示整數。	▌▌100▌▌▌2
printf ("%2d with label\n", 5210);	以欄寬 2 顯示整數。 註：欄寬太小。	5210▌with▌label
printf("%-16s%d\n", "Jeri R. Hanly", 28);	以欄寬 16，向左對齊顯示字串。	Jeri▌R.▌Hanly▌▌▌28
printf("%15f\n", 981.48);	以欄寬 15，向右對齊顯示浮點數。	▌▌▌▌▌▌981.480000
printf("%10.3f\n", 981.48);	以欄寬 10，3 位小數位，向右對齊顯示浮點數。	▌▌▌981.480
printf("%7.1f\n", 981.48);	以欄寬 7，1 位小數位，向右對齊顯示浮點數。	▌▌981.5
printf("%12.3e\n", 981.48);	以欄寬 12，3 位小數位，向右對齊的科學記號，且指數前為小寫 e 來顯示浮點數。	▌▌▌9.815e+02
printf("%.5E\n", 0.098148);	以 5 位小數位，向右對齊的科學記號，且指數前為大寫 E 來顯示浮點數。	9.81480E−02

```
FILE *infilep;
FILE *outfilep;
infilep = fopen("b:data.txt", "r");
outfilep = fopen("b:results.txt", "w");
```

注意 infilep 和 outfilep 的資料型態為 FILE*。由於 C 語言會分辨字母的大小寫，所以必須注意寫成大寫的 FILE。上述兩個變數的宣告也可以寫成一行，但注意兩個變數 infilep 與 outfilep 之前必須加上星號 (*)，變數之間以逗號分隔，意思是「指向」：

```
FILE *infilep, *outfilep;
```

我們用 stdio 函式庫函式 fopen 開啟或新建一個文字檔。其中呼叫 fopen 時使用參數 "r" 代表開啟的文字檔只用來讀取資料。如果使用 "w" 代表程式將會對檔案寫入資料，換句話說，這個檔案將是輸出的目的地。fopen 第一個引數為一字串，代表要開啟或新建檔案的名稱。至於檔案名稱格式則隨作業系統不同而異。fopen 傳回的則是稍後可供使用的檔案指標。這個指標指向含有存取檔案所需資訊的 FILE 資料結構，注意指標必須存在 FILE* 型態的變數中。在上例中，變數 infilep 用於存取名為 "b:data.txt" 的輸入檔，而變數 outfilep 則用於存取新建的輸出檔 "b:results.txt"。stdin、stdout 和 stderr 三個識別字亦為型態 FILE* 的變數，它們的初始值則在 C 程式開始時設定。

如果 fopen 不能完成要求的操作，則 stido 函式庫傳回 NULL 值。例如呼叫 fopen：

```
infilep = fopen("b:data.txt", "r");
```

由於 "b:data.txt" 檔案不存在，所以呼叫失敗並傳回 NULL，而程式則輸出適當的錯誤訊息：

```
if(infilep == NULL)
    printf("Cannot open b:data.txt for input\n");
```

null 指標：值為 NULL 的指標。

一個值為 NULL 的指標稱為 **null 指標**(null pointer)，但請勿和空字元(null character)搞混了，空字元值為 "\0"。

使用 fopen 函式時，如果採用 "w" 模式開啟已存在的檔案時，會清除檔案的全部內容。但若電腦作業系統能夠自動控制檔案版本，則在開啟輸出檔時會產生一個新版檔案且不破壞舊檔。

使用檔案指標引數的函式

表 12.4 是 `printf` 和 `scanf` 與其類似函式的比較，後者函式的輸入是 `infilep` 可存取的檔案，而輸出是 `outfilep` 可存取的檔案。在表格中假設 `infilep` 和 `outfilep` 已經於之前初值化了。

第一行顯示輸入的整數並存於 `num`。由 `scanf` 取得的值是來自標準輸入串流(一般為鍵盤)；而 `fscanf` 取得的值則來自檔案 `"b:data.txt"`，而檔案的存取是藉由檔案指標 `infilep`。函式 `fscanf` 與 `scanf` 一樣，回傳成功存至輸出引數的個數。此外當 `fscanf` 碰上檔案終點時也會傳回負值的 EOF。

同樣地，除了函式是透過檔案指標引數存取輸入來源或輸出目的地外，`fprintf`、`getc` 和 `putc` 的特性與標準 I/O 函式 `printf`、`getchar` 和 `putchar` 完全一致。如果仔細觀察，`fscanf`、`fprintf` 和 `getc` 函式使用的檔案指標置於第一個引數，而 `putc` 則將它於置於第二個引數。

關　　檔

程式一旦不需要檔案時，則應呼叫函式 `fclose` 用檔案指標關閉檔案。以下敘述關閉 `infilep` 存取的檔案：

`fclose(infilep);`

函式 `fclose` 將儲存檔案資訊的結構清除後並執行其他的「清除」工作。

程式如有需要，可先新建一個輸出檔，然後再讀取該檔。首先以 `"w"` 模式開啟檔案，以 `fprintf` 函式儲存資料。然後以 `fclose` 關閉檔案，再以 `"r"` 模式重新開啟檔案，然後以 `fscanf` 函式讀取資料。

表 12.4　比較使用標準檔案與使用者自定檔案指標之 I/O 函式

行	存取 stdin 和 stdout 的函式	存取任意文字檔的函式
1	`scanf("%d", &num);`	`fscanf(infilep, "%d", &num);`

2	`printf`
	　　`("Number = %d\n",`
	　　`num);`
		`fprintf(outfilep,`
		　　`"Number = %d\n", num);`

3	`ch = getchar();`	`ch = getc(infilep);`
4	`putchar(ch);`	`putc(ch, outfilep);`

範例 12.1　為了安全起見，避免原始資料遺失，檔案最好做一份副本。雖然目前作業系統都有指令可以備份檔案，但我們可用 C 語言寫一個自己的備份程式。圖 12.1 的程式以交談式的方式由使用者鍵入原始檔與備份檔名稱，然後將原始文字檔複製至備份檔案。

圖 12.1 程式首先以 `printf` 在螢幕上提示輸入檔案名稱，接著 `scanf` 讀入由鍵盤輸入的檔名。

第一個 `for` 迴圈中的重複條件是：

`(inp = fopen(in_name, "r"))== NULL`

`fopen` 嘗試開啟存於 `in_name` 的檔案名稱，開啟目的在於讀入資料。如果開啟成功，則回傳的檔案指標設定給 `inp`；若失敗，則此設定會等於 `NULL`。在此情況下，要求使用者重新輸入檔案名稱。

程式的下一個區段用一個類似的 `for` 迴圈取得輸出檔名，並開啟檔案，將檔案指標設定給 `outp`。

接下來的 `for` 迴圈處理不是標準的 I/O 串流，而是由檔案指標 `inp` 和 `outp` 存取的輸入和輸出檔案。反覆呼叫函式 `getc` 和 `putc`，從輸入檔案一次讀入一個字元並寫至輸出檔案，直到全部資料複製完成。備份完成後則呼叫 `fclose`，在輸出檔案寫入 <eof> 後關閉兩檔。

圖 12.2 顯示檔案備份程式使用輸出輸入串流的情形。

練習 12.1

自我檢驗

1. 假設本題需要以下宣告：

   ```
   double x;
   int    n;
   char   ch, str[40];
   ```

   執行以下輸入操作後，上述變數的內容為何？假設由 `indatap` 存取的檔案由下面的資料組成，且下面的操作都在檔案開啟之後執行。

   `123 3.145 xyz<newline>35 z<newline>`

   a. `fscanf(indatap, "%d%lf%s%c", &n, &x, str, &ch);`
   b. `fscanf(indatap, "%d%lf", &n, &x);`
      `fscanf(indatap, "%s%c", str, &ch);`

圖 12.1 製作文字檔之備份檔案的程式

```c
/*
 * Makes a backup file.  Repeatedly prompts for the name of a file to
 * back up until a name is provided that corresponds to an available
 * file.  Then it prompts for the name of the backup file and creates
 * the file copy.
 */

#include <stdio.h>
#define    STRSIZ 80

int
main(void)
{
        char   in_name[STRSIZ],    /* strings giving names                 */
               out_name[STRSIZ];   /*    of input and backup files         */
        FILE *inp,                 /* file pointers for input and          */
             *outp;                /*    backup files                      */
        char ch;                   /* one character of input file          */

        /*  Get the name of the file to back up and open the file for input    */
        printf("Enter name of file you want to back up> ");
        for (scanf("%s", in_name);
             (inp = fopen(in_name, "r")) == NULL;
             scanf("%s", in_name)) {
           printf("Cannot open %s for input\n", in_name);
           printf("Re-enter file name> ");
        }

        /*  Get name to use for backup file and open file for output           */
        printf("Enter name for backup copy> ");
        for (scanf("%s", out_name);
             (outp = fopen(out_name, "w")) == NULL;
             scanf("%s", out_name)) {
           printf("Cannot open %s for output\n", out_name);
           printf("Re-enter file name> ");
        }

        /*  Make backup copy one character at a time                           */
        for (ch = getc(inp);  ch != EOF;  ch = getc(inp))
           putc(ch, outp);

        /*  Close files and notify user of backup completion                   */
        fclose(inp);
        fclose(outp);
        printf("Copied %s to %s.\n", in_name, out_name);

        return(0);
}
```

圖 12.2
檔案備份程式之輸入與輸出串流

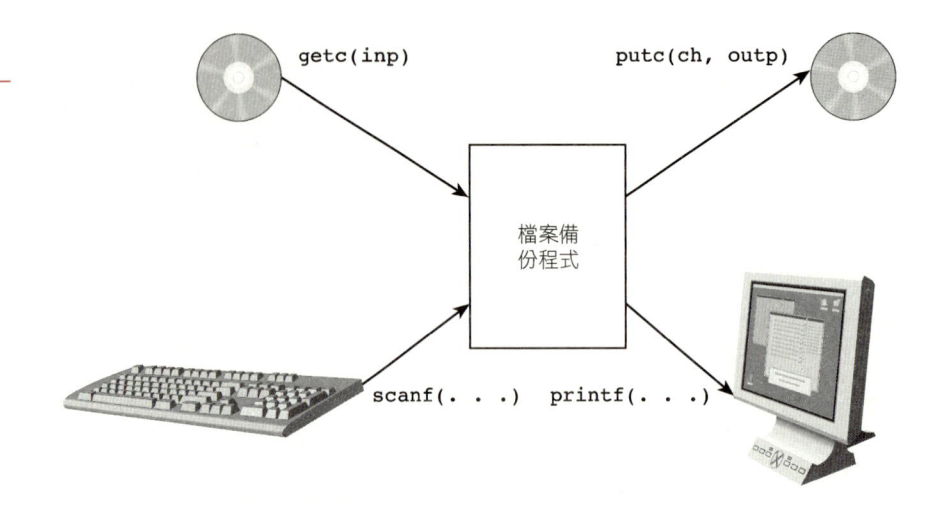

c. `fscanf(indatap, "%lf%d%c%s", &x, &n, &ch, str);`
d. `fscanf(indatap, "%s%s%s%d%c%c", str, str, str, &n, &ch, &ch);`

2. 列出我們研讀過的函式庫函式中需要檔案指標者。
3. 在第十一章，我們以 `scan_complex` 函式讀入複數。在以下程式的空白處填入適當資料產生 `fscan_complex`，即可從檔案讀取複數。此函式從檔案指標引數讀入資料並將結果存於輸出引數 `complex_t`。

```
/*
 * Complex number _____ input function returns standard
 * scanning error code
 * 1 => valid scan, 0 => error, negative EOF value =>
 * end of file
 */
int
fscan_complex(_____
          complex_t *c)/* output -address of complex
                                  variable to fill */
{
    int status;
    status = __scanf(_____,
                "%lf%lf", &c->real, &c->imag;

    if(status == 2)
        status = 1;
```

```
            else if(status != EOF)
                status = 0;

            return(status);
        }
```

程式撰寫

1. 重寫圖 12.1 的檔案備份程式，使其利用檔案指標參數，執行實際的複製動作。

12.2 二進位檔案

當我們以文字檔儲存資料，則輸入資料時程式需花上許多力氣將字元串流從輸入檔案轉換成二進位的整數、double 型態的假數與指數以及字元字串等。同理，將這些資料存回文字檔時又得花費相同力氣將內部表示格式轉換成文字串流。在 C 程式中，我們通常呼叫如 scanf 和 printf 這類函式執行轉換。

許多程式產生的輸出檔是另一程式的輸入檔。倘若檔案內資料無需人工閱讀，我們又何必花費力氣一次又一次將資料從內部格式轉成字元串流，再做反向轉換？避免以上問題的最佳方式就是二進位檔案。

一個**二進位檔案**(binary file)是程式直接將資料的電腦內部表示方式儲存至檔案。例如圖 12.3 新建一個名為 "nums.bin" 的二進位檔，內容記錄 2 至 500 的偶數。

二進位檔案：含有二進位數字的檔案，這些二進位數字是檔案內容的電腦內部表示方式。

由圖 12.3 可知，二進位檔的宣告方式與文字檔完全一致。同樣使用 fopen 與 fclose 函式。只不過 fopen 的第二個引數是用於輸出檔的 "wb"(輸出二進位檔案)或用於輸入檔的 "rb"(輸入二進位檔案)。但是，將值複製至檔案有一個不同的 stdio 函式庫函式 fwrite，它需要 4 個參數。第一個參數為欲複製至檔案的資料位於記憶體上的第一個位址，如圖 12.3 所示，程式將變數 i 的內容複製至檔案，所以 fwrite 的第一個引數為 i 的位址(&i)。

函式 fwrite 的第二個參數說明共有多少個位元組要寫入檔案。在第一章，我們已指出記憶體是由一些稱為位元組的小單位組成，一個位元組正可表示一個字元。C 語言以 **sizeof** 運算子計算任意資料型態目前所占的位元組數目。例如以下敘述會印出整數所占的位元組數目：

sizeof：計算儲存某一資料型態之位元組數的運算子。

> **圖 12.3　新建一個整數的二進位檔案**
>
> ```
> 1.  FILE *binaryp;
> 2.  int   i;
> 3.
> 4.  binaryp = fopen("nums.bin", "wb");
> 5.
> 6.  for (i = 2;   i <= 500;   i += 2)
> 7.      fwrite(&i, sizeof (int), 1, binaryp);
> 8.
> 9.  fclose(binaryp);
> ```

```
printf("An integer requires %d bytes ", sizeof(int));
printf("in this implementation.\n");
```

sizeof 運算子適用於使用者自定或內定的型態。

　　第三個參數 fwrite 表示要寫入多少個值到檔案中。以圖 12.3 為例，引數值為 1，所以代表只要寫入一個整數。如果要一次呼叫 fwrite 寫入一個陣列的資料，則此參數即為陣列的大小。函式 fwrite 的最後一個參數為較早以 "wb" 模式用函式 fopen 開啟的檔案指標。例如，若 score 為 10 個整數的陣列，則敘述

```
fwrite(score, sizeof(int), 10, binaryp);
```

將整個陣列寫入輸出檔案。

　　將變數 i 值以 fwrite 方式寫入二進位檔，較寫入文字檔快，例如，如果 i 值為 244，則 for 迴圈敘述

```
fwrite(&i, sizeof(int), 1, binaryp);
```

將記憶體上的 i 值之內部二進位表示式，藉由 binaryp 寫入輸出檔。如果電腦以兩個位元組儲存 int 值，則記憶體中較高位元組值為零，較低位元組值為二進位值 11110100 (244 = 128 + 64 + 32 + 16 + 4)。fwrite 將兩個位元組一次寫入檔案中。

　　假設 textp 指向一個文字輸出檔案，敘述

```
fprintf(textp, "%d ", i);
```

將 i 值轉換成四個字元(四個位元組數)。電腦首先將二進位 i 值轉成字元字串 "244"，然後將二進位的字元 2、4、4 和空白值寫入檔案。由此可知，寫入文字檔需花較多時間。此外，寫一個 int 值需要四個位元

組,所以也比較占空間。

　　使用二進位檔案還有另一項優點。一旦將 double 值寫入文字檔,電腦必須先將值轉成字元字串,此時它的精確度就會視格式字串中的格式符號而定了。因此這個轉換過程可能會喪失若干精確度。

　　使用二進位法也有缺點。一個二進位檔很少能在另一種電腦中讀出。因為二進位檔只有特殊程式可讀取,所以不能像文字檔藉由列印或文字處理工具檢視。因此我們無法檢驗讀入的資料是否正確,直到程式輸出所需的二進位資料為止。

　　stdio 函式庫有一個與 fwrite 匹配的函式 fread。fread 亦需要四個引數:

1. 欲填入資料之記憶體的第一個位址。
2. 一個值的大小。
3. 從檔案複製至記憶體的最多元素數目。
4. 指向以 "rb" 模式,函式 fopen 開啟之二進位檔案的檔案指標。

函式 fread 的回傳值為一整數,代表成功地從檔案讀入多少個元素。如果回傳值小於函式的第三個引數 fread,則表示可能已經讀到 EOF。

　　有一點非常重要,檔案型態不可混合使用。以 fwrite 建立的二進位檔案必須以 fread 讀取,以 fprintf 建立的文字檔必須以 fscanf 讀取。

　　表 12.5 比較不同型態的資料以文字檔與二進位檔作輸出入時的差異。表中各欄敘述均參考下列的常數巨集、型態定義和變數宣告。

```
#define STRSIZ   10
#define MAX      40
typedef struct {
    char name[STRSIZ];
    double  diameter;       /* equatorial diameter in km   */
    int  moons;             /* number of moons             */
    double  orbit_time,     /* years to orbit sun once     */
            rotation_time;  /* hours to complete one
                               revolution on axis          */
}planet_t;
. . .
```

```
double  nums[MAX], data;
planet_t a_planet;
int i, n, status;
FILE *plan_bin_inp, *plan_bin_outp, *plan_txt_inp, *plan_txt_outp;
FILE *doub_bin_inp, *doub_bin_outp, *doub_txt_inp, *doub_txt_outp;
```

　　表 12.5 的範例 1 中，我們用 fopen 開啟輸入檔，再將 fopen 回傳值存至 FILE* 型態的變數。注意以 fopen 開啟二進位檔案與開啟文字檔時，只有函式第二個引數的模式不同。事實上這點差異是有選擇性的，還要注意檔案指標的型態不變。範例 2 開啟輸出檔案的情況類似。換言之，依靠 C 編譯程式與執行期支援系統來偵測誤用檔案指標很有限。因此程式設計師必須小心行事，確認使用正確的 I/O 函式。

　　表 12.5 的範例 3 與 4，主要是比較使用者自定結構型態的輸出入時，二進位檔案與文字檔案的差異。至於範例 5 與 6，是一個 double 型態陣列的輸出入。於文字檔案，必須藉 for 迴圈一次讀入或寫出一個陣列元素；但使用二進位檔案時，則只需呼叫一次 fread 或 fwrite，函式即可將陣列從檔案讀出或複製至檔案中。注意用於讀／寫陣列 nums 的函式呼叫，其第二個引數 fread 或 fwrite 代表每個陣列元素的大小，第三個引數代表陣列元素的數目。範例 7 展示填入 n 個元素至 nums 陣列的方式。範例 8 展示所有檔案，無論文字檔或是二進位檔、輸入或輸出，檔案關閉的方式均相同。

練習 12.2

自我檢驗

1. 假設環境如下，完成其後的敘述，使這些敘述是有效的：

```
#define NAME_LEN 50
#define SIZE     30

typedef struct {
    char   name[NAME_LEN];
    int    age;
    double income;
} person_t;
...
int  num_err[SIZE];
```

表 12.5 使用文字檔與二進位檔之資料 I/O

範例	文字檔的 I/O	二進位檔的 I/O	功　能

1	`plan_txt_inp =`
	　`fopen("planets.txt", "r");`
	
	`doub_txt_inp =`
	　`fopen("nums.txt", "r");`
		`plan_bin_inp =`
		　`fopen("planets.bin", "rb");`
		
		`doub_bin_inp =`
		　`fopen("nums.bin", "rb");`
			分別開啟 planets 及 numbers 的輸入檔，諸存檔案的指標以作為輸入函式呼叫之用。

2	`plan_txt_outp =`
	　`fopen("pl_out.txt", "w");`
	
	`doub_txt_outp =`
	　`fopen("nm_out.txt", "w");`
		`plan_bin_outp =`
		　`fopen("pl_out.bin", "wb");`
		
		`doub_bin_outp =`
		　`fopen("nm_out.bin", "wb");`
			分別開啟 planets 及 numbers 的輸出檔，諸存檔案的指標以作為輸出函式呼叫之用。

3	`fscanf(plan_txt_inp,`
	　`"%s%d%lf%lf",`
	　`a_planet.name,`
	　`&a_planet.diameter,`
	　`&a_planet.moons,`
	　`&a_planet.orbit_time,`
	　`&a_planet.rotation_time);`
		`fread(&a_planet,`
		　`sizeof(planet_t),`
		　`1, plan_bin_inp);`
			從資料檔案複製一個 planet_t 的結構到記憶體。

4	`fprintf(plan_txt_outp,`
	　`"%s %e %d %e %e",`
	　`a_planet.name,`
	　`a_planet.diameter,`
	　`a_planet.moons,`
	　`a_planet.orbit_time,`
	　`a_planet.rotation_time);`
		`fwrite(&a_planet,`
		　`sizeof(planet_t),`
		　`1, plan_bin_outp);`
			將一個 planet_t 的結構寫到輸出檔案。

(續)

表 12.5 使用文字檔與二進位檔之資料 I/O（續）

範例	文字檔的 I/O	二進位檔的 I/O	功能

5	`for (i = 0; i < MAX; ++i)`
	`    fscanf(doub_txt_inp,`
	`        "%lf", &nums[i]);`
		`fread(nums, sizeof(double),`
		`    MAX, doub_bin_inp);`
			從輸入檔中填入 double 型態的 nums 陣列。

6	`for (i = 0; i < MAX; ++i)`
	`    fprintf(doub_txt_outp,`
	`        "%e\n", nums[i]);`
		`fwrite(nums, sizeof(double),`
		`    MAX, doub_bin_outp);`
			將 nums 陣列內容寫到輸出檔案。

7	`n = 0;`
	`for (status =`
	`        fscanf(doub_txt_inp,`
	`            "%lf", &data);`
	`     status != EOF &&`
	`     n < MAX;`
	`     status =`
	`        fscanf(doub_txt_inp,`
	`            "%lf", &data))`
	`    nums[n++] = data;`
		`n = fread(nums,`
		`        sizeof(double),`
		`        MAX, doub_bin_inp);`
			將資料填入 nums，直到遇到 EOF 為止，並設 n 為儲存的個數。

8	`fclose(plan_txt_inp);`
	`fclose(plan_txt_outp);`
	`fclose(doub_txt_inp);`
	`fclose(doub_txt_outp);`
		`fclose(plan_bin_inp);`
		`fclose(plan_bin_outp);`
		`fclose(doub_bin_inp);`
		`fclose(doub_bin_outp);`
			關閉所有輸入與輸出檔案。

```
person_t exec;
FILE  *nums_inp, *psn_inp, *psn_outp, *nums_outp;
      /* binary files */
FILE  *nums_txt_inp, *psn_txt_inp, *psn_txt_outp;
      /* text files  */

nums_inp = fopen("nums.bin", "rb");
nums_txt_inp = fopen("nums.txt", "r");
psn_inp = fopen("persons.bin", "rb");
psn_txt_inp = fopen("persons.txt", "r");
psn_outp = fopen("persout.bin", "wb");
psn_txt_outp = fopen("persout.txt", "w");
nums_outp = fopen("numsout.bin", "wb");
```

a. `fread(_____, sizeof(person_t), 1, _____);`

b. `fscanf(psn_txt_____, "%s",_____);`

c. `fwrite(&exec,_____,1, psn_____);`

d. `fwrite(num_err, _____, _____,`
     `nums_outp);`

e. `fread(&num_err[3], _____, _____,`
     `nums_inp);`

f. `fprintf(psn_txt_outp, "%s %d %f\n", _____,`
     `_____, _____);`

程式撰寫

1. 撰寫函式 `fread_units`，類似通用測量單位轉換程式中的 `load_units` 函式(見圖 11.12)。假設單位轉換資料已存在二進位檔中。函式應要求使用者輸入二進位檔案名稱、開啟檔案、取得至多 `unit_max` 個型態為 `unit_t` 的值，並將值存於 `units` 陣列。函式應將使用到的陣列大小傳回給呼叫函式。

12.3 搜尋資料庫

在紀錄檔案中，利用電腦化配對資料是常見的用途。例如，許多房地產公司擁有大量的資產資訊；經紀人可以藉由該檔案為客戶找尋適當

資料庫：大量資訊的電子檔，利用主要標題或關鍵字可做快速的搜尋。

的房地產資訊。同理，郵購公司也會針對潛在客戶購買大量的相關資訊。這類大量資訊的檔案為**資料庫**(database)。本節之目的是以一個程式，從資料庫中挑選出與需求相符的紀錄。

案例研究　資料庫查詢

問　題

Periphs Plus 為支援郵購公司的電腦諮詢公司，該公司擁有各類電腦檔案目錄，故能依據資料庫回答各類問題，例如：

- 有哪些價格低於 $100 元的印表機？
- 何種貨物碼為 5241？
- 目前有哪些資料夾可用？

如果我們知道有方法可回答這些問題，則這些問題就有解。

分　析

一個資料庫搜尋程式包含兩部分：設定搜尋參數和搜尋滿足參數的記錄。在本例中，我們假設所有的結構成員均可搜尋。程式使用者必須鍵入有興趣欄位值的上限與下限。我們來看看如何依問題設定搜尋參數，問題是：有哪些數據機價格低於 200 元？

假設 Periphs Plus 出售的貨品價格均低於 1000 元，我們可依下述的選單式對話盒設定搜尋參數。

選擇一個字母，設定搜尋參數，或鍵入 q 接受顯示的參數。

	貨物搜尋參數	目前的值
[a]	貨物編號下限	1111
[b]	貨物編號上限	9999
[c]	分類下限	aaaa
[d]	分類上限	zzzz
[e]	技術性描述下限	aaaa
[f]	技術性描述上限	zzzz
[g]	價格下限	$ 0.00

```
[h]    價格上限               $1000.00

選項> c
新的分類下限> 數據機

選擇一個字母，設定搜尋參數，或鍵入 q 接受顯示的參數。
       貨物搜尋參數           目前的值
[a]    貨物編號下限           1111
[b]    貨物編號上限           9999
[c]    分類下限               數據機
[d]    分類上限               zzzz
[e]    技術性描述下限         aaaa
[f]    技術性描述上限         zzzz
[g]    價格下限               $   0.00
[h]    價格上限               $1000.00

選項> d
新的分類上限> 數據機

選擇一個字母，設定搜尋參數，或鍵入 q 接受顯示的參數。
       貨物搜尋參數           目前的值
[a]    貨物編號下限           1111
[b]    貨物編號上限           9999
[c]    分類下限               數據機
[d]    分類上限               數據機
[e]    技術性描述下限         aaaa
[f]    技術性描述上限         zzzz
[g]    價格下限               $   0.00
[h]    價格上限               $1000.00

選項> h
新的分類上限> 199.99
選擇一個字母，設定搜尋參數，或鍵入 q 接受顯示的參數。
```

	貨物搜尋參數	目前的值
[a]	貨物編號下限	1111
[b]	貨物編號上限	9999
[c]	分類下限	數據機
[d]	分類上限	數據機
[e]	技術性描述下限	aaaa
[f]	技術性描述上限	zzzz
[g]	價格下限	$ 0.00
[h]	價格上限	$ 199.99

選項> q

資料需求

問題輸入值

```
search_params_t params;     /* 搜尋參數的上下限 */

char inv_filename[STR_SIZ]   /* 目錄檔案名稱      */
```

問題輸出值
滿足搜尋條件的貨品。

設　計

初步的演算法

1. 開啟目錄檔案。
2. 取得搜尋參數。
3. 顯示所有滿足搜尋參數條件的貨物。

圖 12.4 為描述解決資料庫搜尋問題的結構圖。接下來我們進一步發展函式 get_params 和 display_match。

實　作

　　圖 12.5 為資料庫搜尋問題的完整程式碼架構，其中包含 main 函式與其他相關的函式架構。

圖 12.4

資料庫查詢程式之結構圖

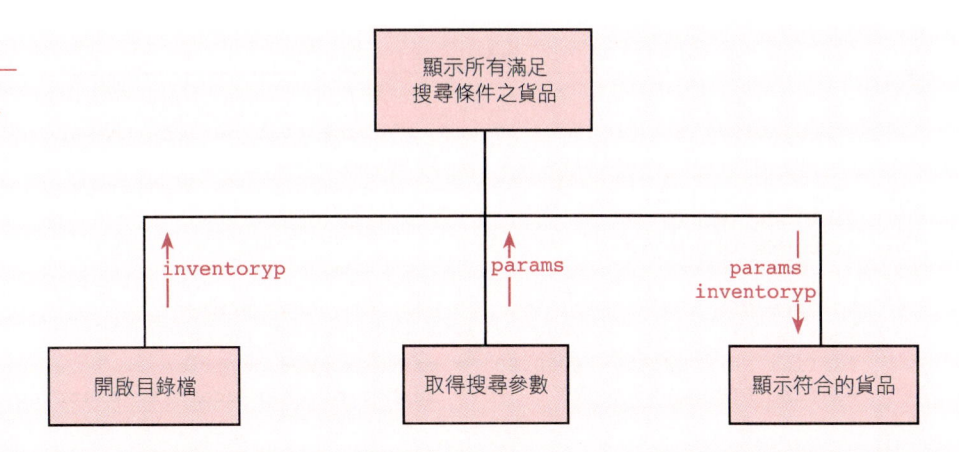

```
                    顯示所有滿足
                    搜尋條件之貨品
                    ┌──────┼──────┐
              inventoryp  params   params
                                  inventoryp
              開啟目錄檔  取得搜尋參數  顯示符合的貨品
```

設計子程式函式

函式 `get_params` 首先為搜尋參數設定初值，初值為最大的可搜尋範圍。然後由使用者改變參數縮小搜尋範圍。`get_params` 的演算法與區域變數如下，圖 12.6 為函式的結構圖。

get_params 區域變數

```
search_params_t params;   /* 參數結構，結構成員必須定義  */
char choice;              /* 選單的選項                */
```

get_params 的演算法

1. 以最大可能的搜尋值為 `params` 設定初值。
2. 顯示選單並將選擇結果存入 `choice`。
3. 重複直到 `choice` 值為 `'q'`
    4. 選擇適當提示並取得新的參數值。
    5. 顯示選單並將選擇結果存入 `choice`。
6. 傳回搜尋參數。

函式 `display_match` 必須將檔案紀錄中每筆資料的貨物編號與貨物編號的上限與下限做比較。如果紀錄符合搜尋條件則輸出結果，但如果沒有找到符合條件者也會印出訊息。`display_match` 函式的區域變數、演算法和結構圖如下所示(見圖 12.7)。

圖 12.5 資料庫查詢的程式架構與 main 函式

```c
 1.  /*
 2.   * Displays all products in the database that satisfy the search
 3.   * parameters specified by the program user.
 4.   */
 5.  #include <stdio.h>
 6.  #include <string.h>
 7.
 8.  #define MIN_STOCK    1111     /* minimum stock number              */
 9.  #define MAX_STOCK    9999     /* maximum stock number              */
10.  #define MAX_PRICE    1000.00  /* maximum product price             */
11.  #define STR_SIZ      80       /* number of characters in a string  */
12.
13.  typedef struct {              /* product structure type            */
14.      int    stock_num;         /* stock number                      */
15.      char   category[STR_SIZ];
16.      char   tech_descript[STR_SIZ];
17.      double price;
18.  } product_t;
19.
20.  typedef struct {              /* search parameter bounds type      */
21.      int    low_stock, high_stock;
22.      char   low_category[STR_SIZ], high_category[STR_SIZ];
23.      char   low_tech_descript[STR_SIZ], high_tech_descript[STR_SIZ];
24.      double low_price, high_price;
25.  } search_params_t;
26.
27.  search_params_t get_params(void);
28.  void display_match(FILE *databasep, search_params_t params);
29.
30.  /* Insert prototypes of functions needed by get_params and display_match */
31.
32.  int
33.  main(void)
34.  {
35.      char             inv_filename[STR_SIZ]; /* name of inventory file   */
36.      FILE             *inventoryp;           /* inventory file pointer   */
37.      search_params_t  params;                /* search parameter bounds  */
38.
39.      /*  Get name of inventory file and open it                          */
40.      printf("Enter name of inventory file> ");
41.      scanf("%s", inv_filename);
42.      inventoryp = fopen(inv_filename, "rb");
43.
44.      /*  Get the search parameters                                       */
45.      params = get_params();
46.
47.      /*  Display all products that satisfy the search parameters         */
48.      display_match(inventoryp, params);
49.
50.      return(0);
51.  }
52.
```

(續)

圖 12.5 資料庫查詢的程式架構與 main 函式 (續)

```
53.  /*
54.   *  Prompts the user to enter the search parameters
55.   */
56.  search_params_t
57.  get_params(void)
58.  {
59.     /* body of get_params to be inserted */
60.  }
61.  /*
62.   *  Displays records of all products in the inventory that satisfy search
63.   *  parameters.
64.   *  Pre:  databasep accesses a binary file of product_t records that has
65.   *        been opened as an input file, and params is defined
66.   */
67.  void
68.  display_match(FILE            *databasep, /* input - file pointer to binary
69.                                                        database file
70.                                             */
71.                search_params_t params)     /* input - search parameter bounds
72.                                             */
73.  {
74.     /* body of display_match to be inserted */
75.  }
76.
77.  /*  Insert functions needed by get_params and display_match
78.   */
```

圖 12.6

`get_params` 結構圖

get_params

取得搜尋參數

↑ params │ params ↑ choice │ choice ↑ params

對參數做初值化 │ 用選單取得要改變的參數 │ 取得參數的新值

menu_choose

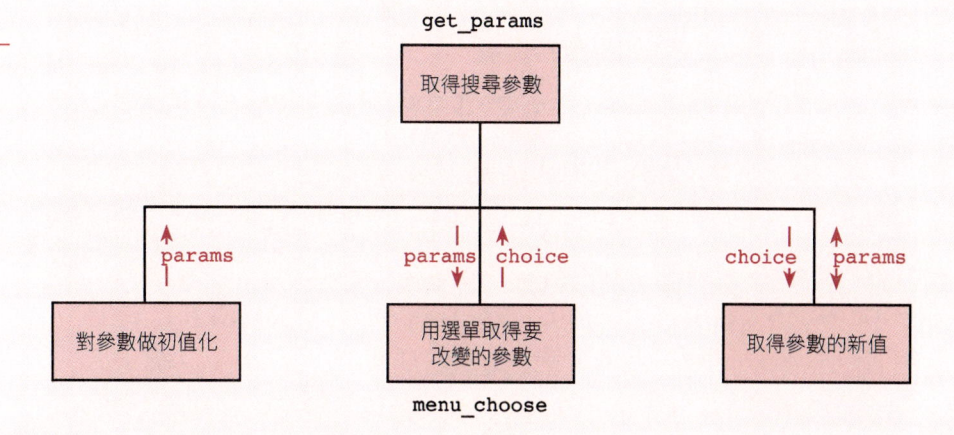

圖 12.7
display_match
結構圖

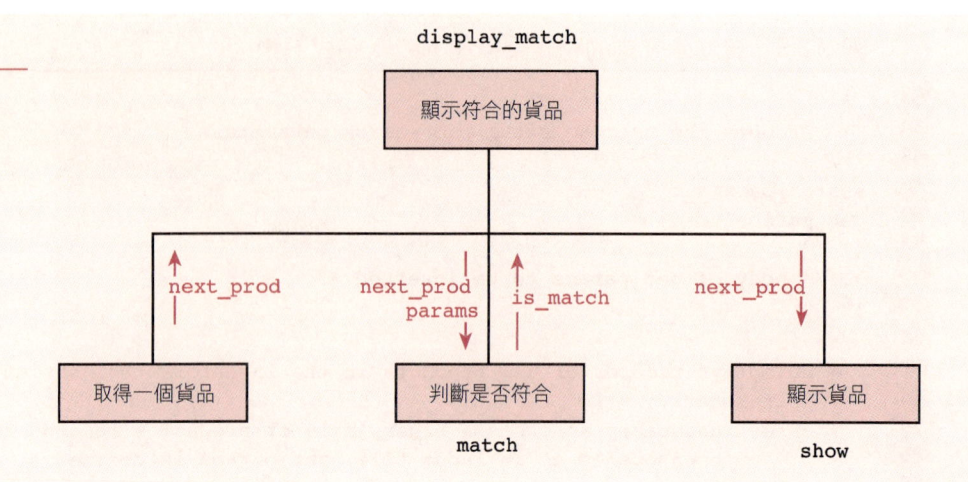

```
                        display_match
                       ┌──────────────┐
                       │ 顯示符合的貨品 │
                       └──────────────┘
         ┌──────────────┬──────────┬──────────────┐
     next_prod      next_prod   is_match      next_prod
                     params
     ┌─────────┐   ┌──────────┐            ┌─────────┐
     │取得一個貨品│   │判斷是否符合│            │ 顯示貨品 │
     └─────────┘   └──────────┘            └─────────┘
                      match                    show
```

display_match 區域變數

```
product_t next_prod  /* 目前貨物的資訊         */
int no_matches       /* 旗標記錄是否有找到相符者 */
```

display_match 的演算法

1. 將 no_matches 初值設為真(1)。
2. 向前找到第一筆紀錄，它的貨物編號落在範圍之內。
3. 當貨物編號仍落在範圍內
    4. 如果符合搜尋條件
        5. 顯示貨物並將 no_matches 設為偽(0)。
    6. 取得下一筆紀錄。
7. 如果無符合者
    8. 顯示 no products available 訊息。

實作子程式函式

圖 12.8 為函式 display_match、menu_choose 和 match 的程式碼，其中還有一個 stub 函式 show。

圖 12.8 `display_match`、`menu_choose` 與 `match` 函式

```c
/*
 * Displays a lettered menu with the current values of search parameters.
 * Returns the letter the user enters.  A letter in the range a..h selects
 * a parameter to change; q quits, accepting search parameters shown.
 * Post:  first non whitespace character entered is returned
 */
char
menu_choose(search_params_t params) /* input - current search parameter
                                                    bounds                */
{
     char choice;

     printf("Select by letter a search parameter to set or enter ");
     printf("q to\naccept parameters shown.\n\n");
     printf("     Search parameter                      ");
     printf("Current value\n\n");
     printf("[a]  Low bound for stock number            %4d\n",
            params.low_stock);
     printf("[b]  High bound for stock number           %4d\n",
            params.high_stock);
     printf("[c]  Low bound for category                %s\n",
            params.low_category);
     printf("[d]  High bound for category               %s\n",
            params.high_category);
     printf("[e]  Low bound for technical description   %s\n",
            params.low_tech_descript);
     printf("[f]  High bound for technical description  %s\n",
            params.high_tech_descript);
     printf("[g]  Low bound for price                   $%7.2f\n",
            params.low_price);
     printf("[h]  High bound for price                  $%7.2f\n\n",
            params.high_price);

     printf("Selection> ");
     scanf(" %c", &choice);

     return (choice);
}

/*
 * Determines whether record prod satisfies all search parameters
 */
int
match(product_t         prod,    /*  input - record to check      */
      search_params_t params)    /*  input - parameters to satisfy */
{
     return (strcmp(params.low_category, prod.category) <= 0         &&
             strcmp(prod.category, params.high_category) <= 0         &&
             strcmp(params.low_tech_descript, prod.tech_descript) <= 0 &&
             strcmp(prod.tech_descript, params.high_tech_descript) <= 0 &&
             params.low_price <= prod.price                           &&
```

(續)

圖 12.8 `display_match`、`menu_choose` 與 `match` 函式（續）

```
53.                     prod.price <= params.high_price);
54.     }
55.     /*
56.      *   *** STUB ***
57.      *   Displays each field of prod.  Leaves a blank line after the product
58.      *   display.
59.      */
60.     void
61.     show(product_t prod)
62.     {
63.             printf("Function show entered with product number %d\n",
64.                    prod.stock_num);
65.     }
66.
67.     /*
68.      * Displays records of all products in the inventory that satisfy search
69.      * parameters.
70.      * Pre:  databasep accesses a binary file of product_t records that has
71.      *       been opened as an input file, and params is defined
72.      */
73.     void
74.     display_match(FILE            *databasep,  /* file pointer to binary
75.                                                    database file             */
76.                   search_params_t params)      /* input - search parameter bounds */
77.     {
78.             product_t next_prod;     /* current product from database         */
79.             int       no_matches = 1; /* flag indicating if no matches have
80.                                          been found                            */
81.             int       status;         /* input file status                    */
82.
83.             /* Advances to first record with a stock number greater than or
84.                equal to lower bound.                                           */
85.             for (status = fread(&next_prod, sizeof (product_t), 1, databasep);
86.                  status == 1 && params.low_stock > next_prod.stock_num;
87.                  status = fread(&next_prod, sizeof (product_t), 1, databasep)) {}
88.
89.             /* Displays a list of the products that satisfy the search
90.                parameters                                                      */
91.             printf("\nProducts satisfying the search parameters:\n");
92.             while (next_prod.stock_num <= params.high_stock  &&
93.                    status == 1) {
94.                 if (match(next_prod, params)) {
95.                     no_matches = 0;
96.                     show(next_prod);
97.                 }
98.                 status = fread(&next_prod, sizeof (product_t), 1, databasep);
99.             }
100.
101.            /* Displays a message if no products found                         */
102.            if (no_matches)
103.                printf("Sorry, no products available\n");
104.    }
```

練習 12.3

自我檢驗

1. 哪些搜尋參數值可用來描述本節最初提出的三個問題？
2. 在資料庫搜尋程式中，哪一個函式是用來決定紀錄與搜尋參數是否匹配？哪一個函式是用來顯示符合之紀錄？
3. 為何函式 match 不需檢查產品的 stock_num 欄位？

程式撰寫

1. 撰寫資料庫搜尋問題中所描述的函式 get_params 和 show。因為 get_params 呼叫函式 menu_choose，所以程式在製作 get_params 演算法的步驟 4 時必須能夠判定使用者於 menu_choose 處是否輸入正確值。
2. 撰寫一個回傳型態為 void 的函式 make_product_file，功能為將一個記載貨物資訊的文字檔轉換為結構是 product_t 的二進位檔案。函式的參數是輸入時的文字檔的檔案指標和輸出時的二進位檔的檔案指標。

12.4 程式撰寫常見的錯誤

每種語言的檔案處理都有許多陷阱；C 語言也不例外。對於每個要處理的檔案都應記得宣告檔案指標變數(FILE* 型態)。由於 C 並未對文字檔與二進位檔的檔案指標作嚴格區分，所以容易將檔案指標用在錯的函式庫函式中。在處理兩種檔案型態的程式中，最好在選擇檔案指標名稱時，加上檔案類別資訊。例如，文字檔的檔案指標名稱可附加 "_txt_"；二進位檔的檔案指標可加上 "_bin_"。

對於 I/O 函式庫函式也需小心，fscanf、fprintf、getc 和 putc 函式只用於文字檔；fread 和 fwrite 用於二進位檔。本章附有一個完整的表格，當你使用相關函式時能夠正確安排各項參數。例如，fprintf、fscanf 和 getc 將檔案指標置於第一個參數，而 putc、fread 和 fwrite 將它置於最後一個參數。

如果程式允許使用者輸入欲開啟的檔案名稱，則程式應保留兩個變數用以描述檔案：一個儲存檔案名稱(字串型態)，另一個儲存檔案指標。注意，只有 fopen 函式需要以檔案名稱呼叫。呼叫 fopen 時，如果第

二個引數值為 "w" 或 "wb"，則與開啟檔案名稱相同的現有檔案將被清除。

請不要忘記，二進位檔案內的資料無法利用編輯程式或文字處理工具開啟、觀看或編修。相反地，處理二進位的資料必須依程式根據二進位檔案的格式讀入變數，或從變數寫入。

本章回顧

1. 文字檔是連續的字元串流，由換行字元分隔成數行。
2. 處理文字檔需要來回將字元串流由磁碟機讀入記憶體，或將主記憶體上的字元寫入磁碟機。
3. 從文字檔輸入的字元字串，若要當成數字處理時，必須轉換成不同的格式，如 `int` 或 `double`，以儲存在記憶體中。輸出數值至文字檔時也需將內部的格式轉換成字串。
4. 二進位檔是以電腦內部的資料格式儲存資訊：在記憶體和儲存體之間傳遞的數值轉換不會損失正確性和浪費時間。
5. 二進位檔案無法以文字處理工具產生，如果將資料顯示至螢幕或列印到印表機，也是產生一堆無意義的符號。

新增的 C 結構

範例	效果
宣告	
`char name_txt_in[50],` `     name_bin_out[50];`	宣告兩個字串變數，一個儲存輸入檔名稱(文字檔格式)，另一個儲存輸出名稱(二進位檔格
`FILE *text_inp, *text_outp,` `     *bin_inp, *bin_outp;`	宣告四個檔案指標變數。
呼叫 stdio 函式庫	

`text_inp = fopen(name_txt_in, "r");`
`text_outp = fopen("result.txt", "w");`
`bin_inp = fopen("data.bin", "rb");`
`bin_outp = fopen(name_bin_out, "wb");`
	開啟 "data.bin" 和存於 `name_txt_in` 的檔案名稱，作為輸入檔；開啟 "result.txt" 和存於 `name_bin_out` 的檔案名稱，作為輸出檔。四個檔案指標分別為 `text_inp`、`text_outp`、`bin_inp` 和 `bin_outp`。

`fscanf(text_inp, "%s%d%lf", animal,` `        &age, &weight);`	從由檔案指標 `text_inp` 存取的文字檔複製字串 int 和 double 值，並存入變數 `animal`、`age` 和 `weight`。
`fprintf(text_outp, "(%.2f, %.2f)",` `        x, y);`	將經由括弧包裹的 x、y 值(四捨五入至小數點二位)寫至 `text_outp` 存取的文字輸出檔。
`nextch = getc(text_inp);`	藉由檔案指標 `text_inp` 讀入文字檔中的下一位字元，並存入 `nextch` 變數中。如果檔案內已無字元則傳回 EOF。
`putc(ch, text_outp);`	藉由檔案指標 `text_outp`，將 ch 寫入文字

(續)

新增的 C 結構 (續)

範　例	效　果
`fread(&var, sizeof(double), 1, bin_inp);`	藉由檔案指標 `bin_inp`，從二進位檔將下一個值讀入型態為 `double` 的變數 `var`。
`fwrite(&insect, sizeof(insect_t), 1, bin_outp);`	藉由檔案指標 `bin_outp`，將 `insect_t` 型態的變數 `insect` 寫入二進位檔。
`fclose(text_outp);`	寫入 <eof> 字元後，關閉由檔案指標 `text_outp` 存取的文字檔案。
`fclose(bin_inp);`	關閉藉 `bin_inp` 指標存取的二進位檔案。

快速檢驗練習

1. ＿＿＿＿＿＿檔案是由字元串流組成；＿＿＿＿＿＿檔案內的資料則與主記憶體上的資料表示法一致。

2. 以下函式庫函式，哪些適用於文字檔？哪些適用於二進位檔？

   ```
   fread    putc
   fscanf   fwrite
   getc     fprintf
   ```

3. C 語言中哪一檔案指標名稱代表鍵盤？哪一代表螢幕？

4. 文字處理工具可新建或觀看＿＿＿＿＿＿檔，但無法應用於＿＿＿＿＿＿檔。

5. 描述 `fprintf_blob` 函式原型，參數是將結構 `blob_t` 寫入文字檔中。此函式不開啟輸出檔，假設檔案已經開啟。

6. 描述 `fwrite_blob` 函式原型，將結構 `blob_t` 寫入二進位輸出檔。此函式不開啟輸出檔，假設檔案已經開啟。

7. ＿＿＿＿＿＿字元將一個＿＿＿＿＿＿檔分成數行；＿＿＿＿＿＿字元則出現於檔案終了處。

8. 一個檔案於同一程式中可否既是輸入檔，又是輸出檔？

9. 評論以下敘述是否正確：因為電腦知道每個成員只占一個字元，所以將文字檔中的字元讀入記憶體較具效率。因為二進位檔中每個成員占不定位元組數，所以讀入時較不具效率。

10. 參考以下的程式片段，從兩個 "next" 中選出正確敘述，並說明為何正確。如果無法判定，請說明應加入何種資訊才足以判別。

    ```
    FILE *inp;
    int  n;
    ```

```
        inp = fopen("data.in", "r");
```

"next" option 1
```
        fread(&n, sizeof(int), 1, inp);
```

"next" option 2
```
        fscanf(inp, "%d", &n);
```

快速檢驗練習解答

1. 文字，二進位
2. `fread`：二進位；`fscanf`：文字；`getc`：文字；`putc`：文字；`fwrite`：二進位；`fprintf`：文字
3. 鍵盤：`stdin`；螢幕：`stdout`，`stderr`
4. 文字，二進位
5. `void fprintf_blob(FILE *filep, blob_t blob);`
6. `void fwrite_blob(FILE *filep, blob_t blob);`
7. 換行(或 `'\n'`)，文字，eof
8. 是的，檔案可先以一種模式開啟，關閉，然後再以另一模式開啟。
9. 敘述是錯誤的。因為使用二進位檔案無需轉換，所以較具效率。
10. 上述程式片段可適用於兩者。如果能知道 `data.in` 為文字檔或二進位檔，才能決定應選擇何者。如果作者以 `"rb"` 模式開啟檔案，代表開啟一個二進位檔案，故選擇 2。

問題回顧

1. 檔案儲存於何處？
2. 試修改圖 12.1，使資料得以同時輸出至螢幕與備份檔案？
3. 檔案 empstat.txt 內容為雇員紀錄。每個雇員資料包含姓名(NAME，至多 20 個字元)、社會安全碼(SOC.SEC.NUM，至多 11 碼)、每週收入(GROSS，double)、稅額扣抵(TAXES，double)和每週淨收入(NET，double)。每筆資料以單一文字行存於 empstat.txt 檔案。寫一程式產生 report.txt 文字檔，其中第一行為

   NAME   SOC.SEC.NUM   GROSS   TAXES   NET

   接下來空兩行，然後依照每行標題下輸出資料。程式也需產生一個名為 empstat.bin 的二進位檔案版本。

4. 二進位檔案的特質為何？
5. 寫一個程式以問題 3 的 empstat.bin 為輸入檔，然後輸出一個二進位檔 ssngross.bin，其中只包含雇員的社會安全碼與每週總收入。
6. 何謂檔案指標？
7. 「稀疏矩陣」表示矩陣中多數元素值為零。寫一個 void 函式 store_sparse，將一個 50×50 的 int 稀疏矩陣存入二進位檔案：函式使用之參數為檔案指標與矩陣。函式只存非零元素，每個非零元素以一筆紀錄儲存，包含三個欄位：列足標，行足標，值。
8. 如果函式 store_sparse 是以文字檔方式記錄稀疏矩陣(見問題 7)，請說明設計上的差異。

程式撰寫專案

1. 你正在發展一個用於天氣及氣候研究氣象測量資料的資料庫。定義一個結構型態 measured_data_t，其中包含的組成有 site_id_num (一個四位數的整數)、wind_speed、day_of_month 以及 temperature。各個地點每日在當地時間中午時測量數據。請寫一程式從存放 measured_data_t 紀錄的檔案輸入資料，並判斷出檔案中所有測量日中具有最大氣溫差(此處定義為極端值間之最大差異)，以及最高平均風速的地點。你可以假設檔案中最多有十個地點。請以下面這個分別在三個地點並於七月的一週內收集的資料進行測試：

ID	日期	風速(knots)	溫度(°C)
2001	10	11	30
2001	11	5	22
2001	12	18	25
2001	13	16	26
2001	14	14	26
2001	15	2	25
2001	16	14	22
3345	10	8	29
3345	11	5	23
3345	12	12	23
3345	13	14	24
3345	14	10	24
3345	15	9	22
3345	16	9	20
3819	10	17	27
3819	11	20	21
3819	12	22	21
3819	13	18	22
3819	14	15	22
3819	15	9	19
3819	16	12	18

2. 寫一個回傳值為 void 的函式，函式將兩個記載化學原子數目的文字檔，整合成一個經過原子序排序的二進位檔案。函式共有三個檔案指標參數。每個文字檔中的每一行記錄了化學元素的原子序(整數)、元素名稱、化學符號和原子重量。以下為兩行資料範例：

```
11  Sodium   Na  22.99
20  Calcium  Ca  40.08
```

函式可假設每個檔案裡的資料均無重複，同理，函式輸出的二進位檔亦應滿足此要求。提示：一旦讀完一個輸入檔，不要忘了將另一個輸入檔案中的剩餘資料複製至輸出檔。

3. 發展一個搜尋資料庫的程式，程式目的是從一個記載飛機資料的二進位檔中搜尋飛機特性，此檔案資料依飛機速度排序，從快到慢。每筆資料包含名稱(至多 25 個字元)、最大飛行速度(單位 km/h)、機翼長度(單位 m)、字元 M(軍事用途) 或 C(民航用途)和飛機描述(至多 80 個字元)。程式應設計成以選單方式由使用者設定搜尋方式，除了飛機描述外，其餘欄位均可用於搜尋條件。以下為資料庫的前三筆資料：

```
SR-71 Blackbird                    (名稱)
3500                               (最大飛行速度)
16.95  32.74  M                    (機翼長度，軍用／民航)
high-speed strategic reconnaissance

EF-111A Raven
2280
19.21  23.16  M
electronic warfare

Concorde
2140
25.61  62.2  C
supersonic airliner
```

4. 稀疏矩陣是二維陣列，其中有許多元素是零。稀疏矩陣的簡潔文字檔表示法只需記錄第一列是矩陣的維度，第二列是不為零的元素個數。接著各列有三個數字(列足標、行足標、非 0 的元素值)。寫一程式將存有傳統矩陣表示法的文字檔轉成壓縮的稀疏矩陣的文字檔。此程式應開啟含有傳統表示法(第一列是矩陣的維度，之後是矩陣內容，每次一列資料)的檔案，呼叫函式 scan_matrix 輸入矩陣，開啟輸出檔，然後呼叫函式 write_sparse 儲存壓縮的表示方式。再寫第二個程式執行反向功能──輸入稀疏矩陣的檔案，並產生儲存傳統表示法的檔案。第二個程式有函式 scan_sparse 和 write_matrix。

5. 寫一程式從文字檔中讀取單字，並將這些單字寫至輸出檔，一列一個單字及此單字的字母個數。在印出單字前，單字前後的所有標點符號均需移除。處理完整個文字檔後，在螢幕上顯示檔案中的單字數目。假設單字是一群非空白的字元，各個單字之間以一個以上之空白字元隔開。

6. 寫一程式幫助使用者從貸款期間分別為 20、25 及 30 年的幾種利率條件做決定。提示使用者輸入貸款金額以及最小及最大利率(以整數百分比計算)。然後寫入一個包含下列表格格式的文字檔案。

	貸款金額：$50,000.00		
利率	貸款期間(年)	每月付款金額	總付款金額
10.00	20	_____	_____
10.00	25	_____	_____
10.00	30	_____	_____
10.25	20	_____	_____
	⋮		

所產生的輸出檔案應包含某特定貸款金額從最小利率到最大利率以 0.25% 遞增時，各利率條件下的付款資訊。貸款期間應為 20、25 及 30 年。程式必須輸出每月付款金額及總付款金額，並四捨五入到二位小數。你可以忽略由於每月付款金額經過四捨五入所導致最後付款金額的些微差異。計算每月付款金額的公式列於第三章的程式撰寫專案 1 中。

7. 設計一個小型航空訂位系統。飛航資料庫應包含以下結構成員：
   a. 航機班次(包含航空公司編號)
   b. 起飛城市
   c. 目的地

d. 起飛日期與時間

e. 到達日期與時間

f. 頭等艙剩餘的座位數目

g. 頭等艙已售出的座位數目

h. 普通艙剩餘的座位數目

i. 普通艙已售出的座位數目

程式中應包含新建、刪除和更新飛航資料的函式。此外應設計 make_reservation 和 cancel_reservation 函式。

8. 若將食譜存在電腦檔案中，即可作快速查詢。

   a. 撰寫一個可從終端機上，將食譜輸入為文字檔的程式。儲存的資料格式如下：

   ⑴食譜種類(點心、肉類、…)。

   ⑵子種類(在點心中、使用蛋糕、派或餅乾)。

   ⑶名稱(如德國巧克力)。

   ⑷以下食譜共占多少行。

   ⑸ 食譜本身內容

   第⑶項應自成一行。

   b. 寫一個函式，參數為記載食譜的檔案和儲存搜尋條件的結構。函式輸出結果為所有滿足搜尋條件的食譜。

撰寫較大的程式

CHAPTER 13

13.1 以抽象化管理問題複雜度

13.2 個人的函式庫:標題檔

13.3 個人的函式庫:實作檔案

13.4 儲存類別

13.5 修改函式引入函式庫

13.6 條件編譯

13.7 函式 main 的引數

13.8 定義具參數的巨集

13.9 程式撰寫常見的錯誤

本章回顧

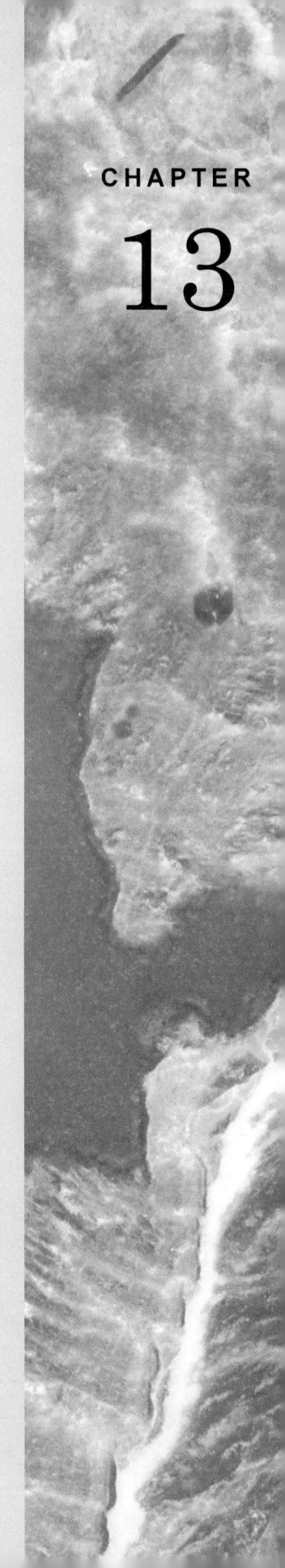

本章目的在於審視發展大型軟體的困難度。我們發現需要做什麼與如何完成這兩者之間有極大的差異，知道這點減少了許多系統開發及維護的複雜度。本章將介紹 C 如何用來做到這一點。

我們將會談到如何定義複雜的巨集，協助程式更易於閱讀與維護。此外，本章還談及變數與函式的範圍類別以及儲存類別，這些功能在設計大型軟體時非常重要。另外我們還會發展可重複使用的函式庫。此處也會牽涉到前處理程式可辨識的指示子。

13.1 以抽象化管理問題複雜度

本書至今大多著墨於針對個別問題所發展的小程式。本章將著眼於發展和維護大型軟體，我們將介紹以模組化方式管理專案，所以每個模組可於不同時間交給不同設計師撰寫。此外我們還會介紹如何撰寫可重複使用的軟體模組。

程序抽象化

當一組程式設計師開始發展一個大型軟體系統時，首先必須以一種合理的方式將整個大問題切割成若干容易解決的小問題。抽象化是一種有效的技巧，可協助解題者處理這些複雜問題。字典裡對於抽象化的定義如下：從實際物件中抽離出屬於它可繼承的特質。舉例來說，程式使用儲存在記憶體的變數(例如 velocity)。對程式設計師而言，使用變數實際上不需要知道在記憶體上是如何安排變數的。

本書在程式發展過程中已應用了兩種型態的抽象化方法。第一種稱為**程序抽象化**(procedural abstraction)，即發展函式時抽離出函式的功能為何，而不細究函式是如何達到這些功能的。換句話說，首先我們必須描述需要什麼函式，然後將函式用於解決問題的設計中，最後再考慮如何製作函式。

程序抽象化：從函式抽離出「函式究竟有什麼功能」，而不計較函式「究竟怎麼做出來的」。

舉例來說，在第十二章處理資料庫查詢的問題中，程式初步的演算法直接引出含有三個函式的程式片段，分別代表解決問題的主要步驟。以下大綱說明程式初步演算法與程式概要。

初步演算法	程式概要
1. 開啟目錄檔案	`fopen(…)`
2. 取得搜尋參數	`get_params(…)`
3. 顯示所有滿足搜尋條件的內容	`display_match(…)`

在此程序抽象化的範例中，我們看到函式必須完成什麼功能(如開啟檔案)，相當於我們研讀函式庫函式的功能一樣。重複利用這些現有的函式，我們可以**不需**了解函式究竟是**如何**完成這些功能的。所以，若有功能強大之函式庫的函式可用，就可以大大降低大型程式的複雜度。正如我們已經看到的，這類函式庫的使用是 C 語言的基本特性。

上例的另外兩個函式就是程序抽象化的第一層結果，我們可將它們交予其他程式發展小組。一旦雙方談好函式的功能和參數介面，我們就毋須深究函式內部是怎麼設計的。

資料抽象化

> 資料抽象化：將資料物件的邏輯觀點(儲存什麼)和實際觀點(資訊如何儲存)分開。

資料抽象化(data abstraction)為另一項強大功能，可將一個大問題分割成數個可掌控的小問題。當我們將資料抽象化應用於複雜問題時，首先描述涵蓋的資料物件及在這些資料物件上執行的運算，而不考慮記憶體應如何安排這些資料物件。換句話說，程式描述資料物件儲存何種資訊，但不描述資料物件的結構。這是資料物件的**邏輯觀點**，而非**實際觀點**，即記憶體內部的實際表示方式。一旦能以邏輯觀點看待物件，程式裡就可以使用這些資料物件與其運算子。但是在程式執行前，終究還是要完成資料物件及其運算方法的製作。

資料抽象化最簡單例子就是常用的 `double` 資料型態，`double` 可視為實數的抽象化。電腦硬體限制了實數可表示的範圍，並且也不一定能表示範圍內的所有實數。不同電腦系統以不同方式表示 `double`，但是只要是屬於 `double` 型態，程式就可以使用 +、−、*、/、=、==、< 等運算子，毋需考慮電腦內部如何表示 `double`。另一個例子是在第十一章為虛數定義的資料型態與運算子。

資料隱藏

程序抽象化與資料抽象化的優點是設計者可將實作問題細分成許多部分。換句話說，設計師最後才需要決定資料物件的內部表示法與其運算子的製作流程。由上層設計看來，設計師只需要了解如何使用資料物件與其運算子，較底層的程式設計師負責完成這些細節。依此方法，設計師可將一個大問題以階層方式分解成小問題，進而控制並降低整個問題的複雜度。

當實作較高層模組時並不知道底層資料物件的實作細節，所以使用資料物件時須透過其運算子。此限制實際上是一個優點：如果資料物件設計者稍後改進了演算法或資料表示法，則對上層模組而言，使用介面仍是運算子，所以上層模組毋須更動。這種保護下層模組的實作細節，使上層模組無法直接存取的作法稱為**資料隱藏**(information hiding)。

資料隱藏：保護下層模組的發展細節避免上層模組直接存取。

程式碼的再利用

增進軟體生產力的良方就是撰寫可再利用的程式碼，即可適用於多種應用、使用時不需修改或編譯的程式碼。在 C 語言中，重複使用程式碼的方法是將資料物件與其運算子**封裝**(encapsulate)成獨立的函式庫，然後用前端處理指示子 #include 將所需的功能引入程式中。

封裝：將資料物件與其運算子包裝成一個單元。

封裝觀念與我們的生活習習相關，對軟體生產也非常有益。例如阿司匹靈就是我們熟知的封裝物件。對於阿司匹靈，我們了解它的功能(消除疼痛和退燒)，所以有這些狀況時，透過標準介面(吞嚥)就可以使用它。唯有藥品製造商關心阿司匹靈為何擁有如此功效。透過程序抽象化與資料抽象化，我們可以將一些非常複雜的問題解決方法，包裝成容易使用的包裹。

練習 13.1

自我檢驗

1. 描述下列封裝物件如何讓使用者重視它們的功能*為何*，而不關心它們是*如何*達成這些功能：

   微波爐　電視機　計算器

13.2 個人的函式庫：標題檔

我們已見到 C 標準函式庫簡化了程式的發展。但是標準函式庫不足以滿足每種程式的需求，譬如我們經常寫了一個函式，程式在這裡可以用，在另一處也非常適合。如果將這份函式複製到其他程式中，這種程式碼的再利用方式似乎較標準程式庫麻煩。事實上我們也可以使用 #include 的方式，引入自行發展的函式庫。由於 C 允許程式碼分開編譯，然後再連結成執行檔。所以我們可將個人的函式庫視為目的檔，程式中引用到個人的函式庫時，毋需先編譯之。我們可以比較第一章所描繪的示意圖及本章的圖 13.1，就比較容易了解「其他目的檔」的意義。本書至目前為止，連結至我們程式碼的「其他目的檔」都是標準的 C 函式庫。當我們試著建立個人函式庫時，這些檔案也能提供給連結至我們程式碼的「其他目的檔」，作為準備我們程式碼執行之用的一部分。

標題檔

> **標題檔**：一種文字檔，內容包含程式編譯時所需的函式庫資訊，和指示使用者使用函式庫的資訊。

要建立一個個人的函式庫，首先必須建立**標題檔**(header file)，標題檔為一文字檔，包含程式編譯時所需的所有函式庫資訊。例如系統標題檔 stdio.h、math.h 和 string.h 就包含許多資料型態。我們建議一個標題檔還應包括如何使用函式庫的資訊。一般來說，標題檔內容應有：

1. 一段說明函式庫目的的註解。
2. 以 #define 指示子定義常數巨集。
3. 型態定義。
4. 一段描述函式庫每個函式功能的註解，函式的宣告格式為

extern 函式原型

在函式宣告中使用關鍵字 extern 是通知編譯程式將這個函式定義留給連結工具處理。圖 13.2 為第十一章描述行星資料型態與運算子的標題檔，圖 13.3 是需要此函式庫的原始碼。此處我們假設標題檔 planet.h 在前處理程式處理 #include 指示子時，一眼就能找到 planet.h 所在的位置。這個情況事實上依系統而異，不過大部分系統都會從目前原始檔的目錄開始搜尋標題檔。

目前所有的範例，使用 #include 時皆以角括弧(< >)引入：

#include <stdio.h>

代表標題檔置於系統目錄中，而以雙引號包住標題檔，例如：

#include "planet.h"

表示這個函式庫屬於程式設計師。

圖 13.1 程式的執行

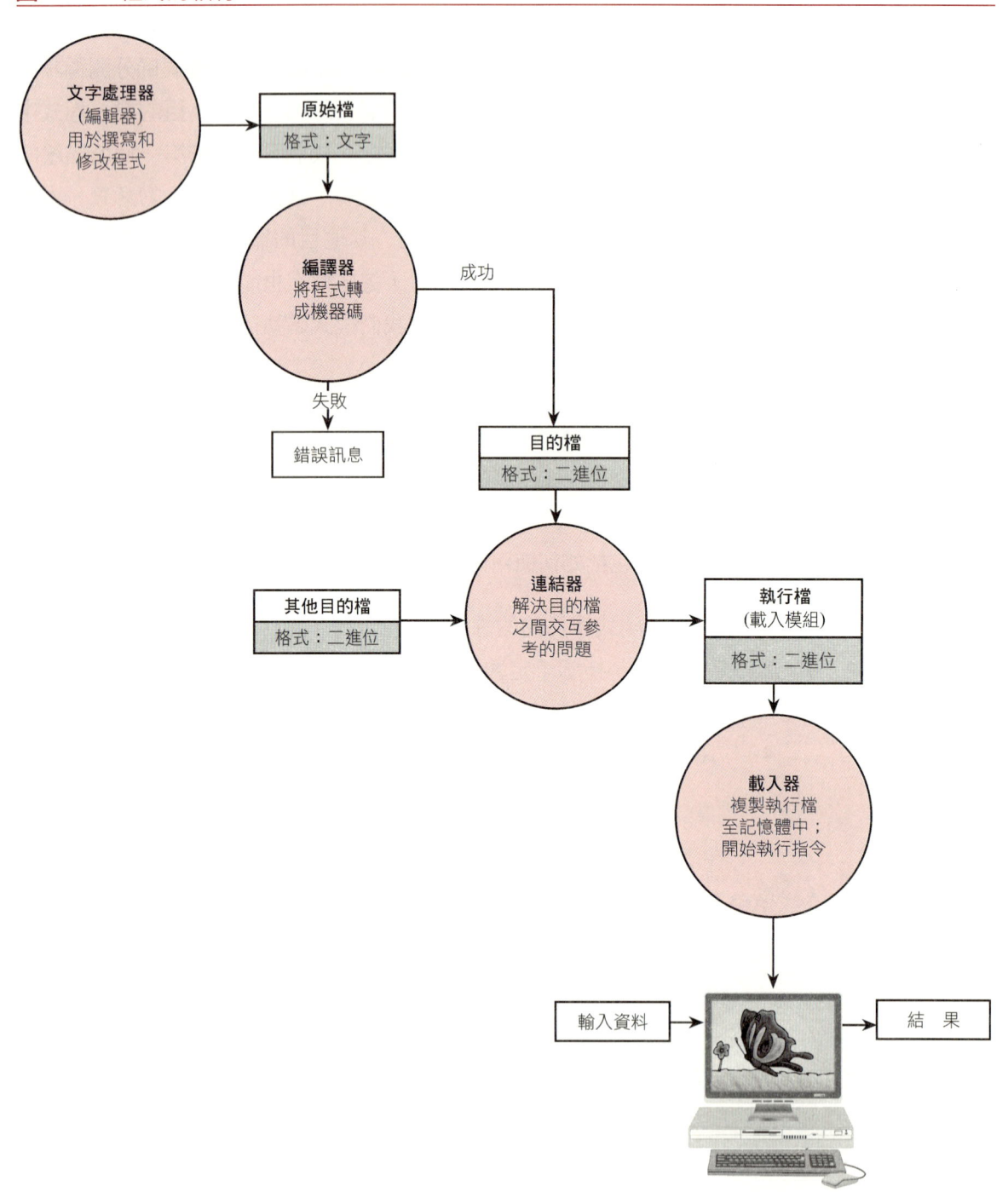

圖 **13.2** 有資料型態和相關函式之個人函式庫的標題檔 `planet.h`

```
/*  planet.h
 *
 *  abstract data type planet
 *
 *  Type planet_t has these components:
 *       name, diameter, moons, orbit_time, rotation_time
 *
 *  Operators:
 *       print_planet, planet_equal, scan_planet
 */

#define PLANET_STRSIZ   10

typedef struct { /* planet structure */
      char name[PLANET_STRSIZ];
      double diameter;       /* equatorial diameter in km                */
      int    moons;          /* number of moons                          */
      double orbit_time,     /* years to orbit sun once                  */
             rotation_time;  /* hours to complete one revolution on
                                          axis                           */
} planet_t;

/*
 * Displays with labels all components of a planet_t structure
 */
extern void
print_planet(planet_t pl);  /* input - one planet structure              */

/*
 * Determines whether or not the components of planet_1 and planet_2
 * match
 */
extern int
planet_equal(planet_t planet_1,  /* input - planets to                   */
             planet_t planet_2); /*         compare                      */

/*
 * Fills a type planet_t structure with input data. Integer returned as
 * function result is success/failure/EOF indicator.
 *      1 => successful input of planet
 *      0 => error encountered
 *      EOF => insufficient data before end of file
 * In case of error or EOF, value of type planet_t output argument is
 * undefined.
 */
extern int
scan_planet(planet_t *plnp); /* output - address of planet_t structure to fill */
```

圖 13.3 使用個人函式庫函式的程式片段

```
1.  /*
2.   *  Beginning of source file in which a personal library and system I/O library
3.   *  are used.
4.   */
5.
6.  #include <stdio.h>       /* system's standard I/O functions                   */
7.
8.  #include "planet.h"      /* personal library with planet_t data type and
9.                              operators                                          */
10. . . .
```

程式編譯時，C 前處理程式將每個 #include 敘述代換成標題檔內容。

在第三章和第六章，當我們第一次定義函式時，就談到函式最前端用以說明函式原型與函式參數註解的重要性。透過函式原型及其描述，我們能了解函式的功能、回傳值型態(若有回傳值)以及引數的型態。注意這就是放在標題檔的資訊。

我們已談過問題的處理方式：將一個大問題分割成幾個可掌控的小問題，這些小問題的解法組成完整的解決方案。而解決小問題的各部分間的分界稱為**介面**。標題檔事實上就是定義函式庫與使用此函式庫之任意程式兩者之間的介面。

設計標題檔應注意的地方

你會注意到我們的標題檔範例中，常數巨集名稱使用很長的名字 PLANET_STRSIZ，此名以函式庫的名稱開頭。這種命名原則就是希望標題檔內的常數盡可能不會與其他標題檔衝突。

在 13.3 節我們會開始製作一個個人的函式庫。注意標題檔(函式庫介面)和實作檔是個人函式庫的兩個基本原始檔。

練習 13.2

自我檢驗

1. C 前處理程式如何辨別一個 #include 引入的標題檔是系統函式庫或是個人的函式庫？
2. 函式的_____和相關的_____是使用函式時必須知道的資訊。

3. 標題檔(介面)描述函式庫的函式做＿＿＿＿，而非＿＿＿＿完成。

程式撰寫

1. 參考第三章表 3.1 之數學函式庫。定義一個名為 `myops.h` 標題檔，其中包含 `fabs`、`sqrt` 和 `pow` 的完整介面描述。再加入第五章描述的函式 `factorial`。`myops.h` 檔案中需要加入任何資訊，說明 `factorial` 函式是以遞迴或是迴圈法製作的嗎？

13.3 個人的函式庫：實作檔案

在 13.2 節我們已知道如何建立一個描述函式庫使用介面的標題檔。我們建立了一個行星函式庫，並說明可利用 `#include` 指示子引入該標題檔。本節我們則專注如何產生函式庫的**實作檔案**(implementation file)。一個標題檔僅描述函式庫的函式功能，而實作檔案則說明函式如何達成這些功能。

> **實作檔案**：含有函式庫函式的 C 原始碼，以及編譯函式時所需之其他資訊的檔案。

一個實作檔案是 C 原始檔包含函式庫函式的原始碼及編譯函式時所需的其他資訊。實作檔案的內容基本上與一般程式的內容類似，這些內容包含：

1. 一段註解，說明函式庫的目的。
2. 以 `#include` 指示子引入本函式庫的標題檔，以及其他使用到的函式庫。
3. 以 `#define` 指示子定義只用於函式庫內的常數。
4. 定義只用於函式庫內的型態。
5. 定義函式時應包含註解。

在製作函式庫時，為什麼還需引入本身的標題檔？這種作法是為了讓函式庫的維護與修改更方便。另一種作法是只放入標題檔中的常數巨集和型態定義。但是，若需要更改這些定義，則要更動兩個檔案。反之，用 `#include` 引入標題檔，則只需更動標題檔，然後重新編譯實作檔案即可。圖 13.4 為與標題檔 `planet.h` 相關的實作檔案。

使用個人的函式庫

要使用一個個人的函式庫，必須完成以下步驟：

圖 13.4 實作檔案 `planet.c` 檔，包含函式庫的行星資料型態與運算子

```c
1.  /*
2.   *
3.   *      planet.c
4.   */
5.
6.  #include <stdio.h>
7.  #include <string.h>
8.  #include "planet.h"
9.
10. /*
11.  *  Displays with labels all components of a planet_t structure
12.  */
13. void
14. print_planet(planet_t pl)  /* input - one planet structure */
15. {
16.         printf("%s\n", pl.name);
17.         printf("   Equatorial diameter: %.0f km\n", pl.diameter);
18.         printf("   Number of moons: %d\n", pl.moons);
19.         printf("   Time to complete one orbit of the sun: %.2f years\n",
20.                pl.orbit_time);
21.         printf("   Time to complete one rotation on axis: %.4f hours\n",
22.                pl.rotation_time);
23. }
24.
25. /*
26.  *  Determines whether or not the components of planet_1 and planet_2 match
27.  */
28. int
29. planet_equal(planet_t planet_1,   /* input - planets to            */
30.              planet_t planet_2)   /*         compare               */
31. {
32.         return (strcmp(planet_1.name, planet_2.name) == 0      &&
33.                 planet_1.diameter == planet_2.diameter         &&
34.                 planet_1.moons == planet_2.moons               &&
35.                 planet_1.orbit_time == planet_2.orbit_time     &&
36.                 planet_1.rotation_time == planet_2.rotation_time);
37. }
38.
39. /*
40.  *  Fills a type planet_t structure with input data.  Integer returned as
41.  *  function result is success/failure/EOF indicator.
42.  *      1 => successful input of planet
43.  *      0 => error encountered
44.  *      EOF => insufficient data before end of file
45.  *  In case of error or EOF, value of type planet_t output argument is
46.  *  undefined.
47.  */
48. int
49. scan_planet(planet_t *plnp) /* output - address of planet_t structure to
50.                                         fill                            */
51. {
```

(續)

圖 13.4 實作檔案 `planet.c` 檔，包含函式庫的行星資料型態與運算子 (續)

```
52.       int result;
53.
54.       result = scanf("%s%lf%d%lf%lf",  plnp->name,
55.                                        &plnp->diameter,
56.                                        &plnp->moons,
57.                                        &plnp->orbit_time,
58.                                        &plnp->rotation_time);
59.       if (result == 5)
60.            result = 1;
61.       else if (result != EOF)
62.            result = 0;
63.
64.       return (result);
65.  }
```

新　建

C1 建立一個標題檔，包含函式庫與呼叫程式之間的介面資訊。

C2 建立一個實作檔，包含函式庫函式的原始碼，及其他使用函式庫時不需知道的實作細節。

C3 編譯實作檔。當標題檔或實作檔有修改時，本步驟必須反覆執行。

使　用

U1 使用者程式須以 `#include` 指示子引入函式庫標題檔。

U2 使用者程式經編譯後，連結工具則會處理使用者程式目的碼與經 C3 產生的目的碼。

練習 13.3

自我檢驗

1. 為什麼我們將 `PLANET_STRSIZ` 常數宣告於標題檔 `"planet.h"` 中，而不將它隱藏於實作檔？

2. 如果程式出現以下的 `#include` 指示子，對於 red 和 blue 函式庫，可作何假設？

   ```
   #include <red.h>
   #include "blue.h"
   ```

程式撰寫

1. 建立一個函式庫 complex，定義 11.4 節的複數數學運算子。

13.4 儲存類別

C 擁有五種儲存類別，至今我們只見到三種。第一種是函式的形式參數與區域變數，它們於函式被呼叫時**自動**從堆疊中配置，當函式結束自動歸還給堆疊。這種儲存類別稱為 **auto**。於第六章，我們探討過名稱的範疇——意即名稱可見的程式區域——從名稱宣告之處開始，終於宣告所在的函式結束處。

auto：函式參數和區域變數的預設儲存類別，當函式呼叫時，自動從堆疊中配置記憶體，函式回傳後則自動歸還所配置的記憶體。

函式名稱本身為 **extern** 儲存類別，意思是說，連結工具可以使用這些名稱。如果函式原型置於函式定義之前，則程式中的其他函式可呼叫之。編譯器必須正確知道下列的函式資訊：函式回傳型態、引數數目、引數的資料型態。因此，敘述

extern：連結器知道名稱的儲存類別。

extern 函式原型

可提供以上資訊。此敘述**不會產生** extern 儲存類別的函式，它只是通知編譯器存在一個這樣的函式，且連結器知道它在何處。圖 13.5 顯示 auto 和 extern 兩種儲存類別。以灰色字體表示的名稱為 auto 類別；以黑色粗體表示的名稱為 extern 類別。

圖 13.5 的灰色區域代表程式的**最上階層**，所有宣告在最上階層的名稱，其預設儲存類別均為 extern。

全域變數

目前為止，我們見到函式名稱宣告於程式的最上階層。事實上，變數也可以宣告在最上階層。這些變數名稱從宣告處至原始碼結束處均為其有效範圍，除了函式內有同名之形式參數和同名之區域變數以外。參考宣告於最上層的變數，如果屬同一原始檔，則在變數宣告之後即可使用；如果不屬同一原始檔，則必須在第一次使用前以關鍵字 extern 宣告此變數。由於程式中的**所有**函式均可使用這些變數，所以稱為**全域變數**(global variable)。圖 13.6 中，檔案 eg1.c 的頂層宣告了一個 extern 儲存類別的 int 變數 global_var_x，並於 eg2.c 檔案中以 extern 敘述宣告此檔可存取此全域變數。只有定義宣告，即在 eg1.c 中，會配置 global_var_x 的空間。由關鍵字 extern 起始之宣告，不會配置記憶體，而僅將此訊息傳給編譯器。

全域變數：程式中許多函式均可存取之變數。

雖然有些應用程式經常無法避免使用全域變數，但無限制使用全域變數容易造成程式在維護與可讀性上的困擾。雖然全域變數違反了資料

圖 13.5 先前見過之 auto 與 extern 儲存類別

```
void
fun_one(int arg_one, int arg_two)
{
      int one_local;
      . . .
}

int
fun_two (int a2_one, int a2_two)
{
      int local_var;
      . . .
}

int
main (void)
{
      int num;
      . . .
}
```

圖 13.6

宣告一個全域變數

```
/* eg1.c */

int global_var_x;

void
afun(int n)
  . . .
```

```
/* eg2.c */

extern int global_var_x;

int
bfun(int p)
  . . .
```

必須是需要才獲知(need-to-know)的原則，但是如果將全域的意義用於常數巨集，則可減低程式在可讀性上的困難。在本文中，我們全域都使用現有的常數，這對於我們在闡述程式的意思上是一項幫助，而非阻礙。圖 13.7 使用兩個常數名稱，表示常數資料結構。因為要初值化這些記憶體區段，且不改變這些內容，所以整個程式都可存取並無傷害。在全域變數和 extern 的宣告中用 const 修飾子，後者有更多的函式可存取此全域變數。此修飾子告知編譯器，因此程式可以看見這些變數，但是不能更改。

圖 13.7

使用 extern 儲存類別的變數

```
/* fileone.c */

typedef struct {
        double real,
                imag;
} complex_t;

/* Defining declarations of
   global structured constant
   complex_zero and of global
   constant array of month
   names */
const complex_t complex_zero
        = {0, 0};
const char *months[12] =
        {"January", "February",
         "March", "April", "May",
         "June", "July", "August",
         "September", "October",
         "November", "December"};

int
f1_fun1(int n)
{ . . . }

double
f1_fun2(double x)
{ . . . }

char
f1_fun3(char c1, char c2)
{    double months; . . . }
```

```
/* filetwo.c */

/* #define's and typedefs
   including complex_t */

void
f2_fun1(int x)
{ . . . }

/* Compiler-notifying
   declarations -- no
   storage allocated */
extern const complex_t
        complex_zero;
extern const char
        *months[12];

void
f2_fun2(void)
{ . . . }

int
f2_fun3(int n)
{ . . . }
```

圖 13.7 還顯示了第三種儲存類別──typedef。將 typedef 放在此儲存類別中只是符號的慣例。在第七章和第十一章已說明 typedef 敘述並不會配置記憶體空間！

表 13.1 說明哪些函式允許使用全域變數 complex_zero 和 months 及其原因。同時說明宣告區域變數會影響全域變數。

static 和 register 儲存類別

C 另有 static 和 register 兩種儲存類別。於區域變數宣告處加上關鍵字 **static** 會改變記憶體的配置方式。比較以下程式片段之 once 和 many 變數：

static：程式執行前，只配置一次變數空間的儲存類別。

```
int
fun_frag(int n)
{
        static int once = 0;
            int many = 0;
```

表 13.1　圖 13.7 的函式與全域變數及原因

函　　數	可取用 extern 類別的變數	原　因
f1_fun1 與 f1_fun2	complex_zero 與 months	complex_zero 和 months 均定義於同一原始碼的最上階層。兩個函式沒有宣告與它們同名之區域變數或參數。
f1_fun3	只有 complex_zero	變數宣告於同一原始碼的最上階層，函式也無宣告同名之區域變數與參數。
f2_fun1	無	函式定義之前並未告知編譯器已存在 complex_zero 和 months。
f2_fun2 與 f2_fun3	complex_zero 與 months	函式定義之前，於同一檔案中，因 extern 已通知編譯器存在 complex_zero 和 months 全域變數，而函式也未宣告同名之區域變數與參數。

```
        ...
}
```

many 變數為 auto 儲存類別，每次 fun_frag 被呼叫時，會在堆疊上配置 many 的空間，並將初值設為 0；fun_frag 回傳後，many 也歸還給堆疊。相反地，本程式執行前，static 變數 once 只配置並初值化一次。程式執行後 once 即存在，直到程式結束。如果 fun_frag 改變 once 之值，則呼叫 fun_frag 之間其值仍然存在。

使用 static 區域變數，保留兩個呼叫函式之間的值似乎不甚明智。因為如果函式結果與這些資料有關，則函式之間關係將不只是函式引數而已，如此一來程式可讀性將會降低。

在 main 函式裡宣告 static 變數不會降低程式的可讀性，因為 main 函式回傳後程式就結束了。另一方面，若系統配置很小的執行期堆疊，則在 main 中以 static 宣告一個大陣列變數，就不會用光堆疊的空間。

> **register**：自動變數的儲存類別，程式設計師希望儲存在暫存器

最後一種儲存類別 **register** 與 auto 儲存類別很相似，它僅可用於區域變數與參數。事實上，C 語言在處理 register 與 auto 變數上並無不同。使用 register 儲存類別僅是告訴編譯器這些變數使用頻率較高。所以盡可能將它們放在 CPU 中特別快速的記憶體──暫存器上，因此 register 變數適用於大型陣列的足標。以下為宣告 static 和 register 變數的例子：

```
static double matrix[50][40];
register int   row, col;
```

練習 13.4

自我檢驗

重讀圖 11.12 轉換測量單位的程式。

1. 確認程式中下列名稱之儲存類別：

   unit_max (load_units 的第一個參數)
   found (在函式 search 中)
   convert
   quantity (在函式 main 中)

2. search 函式中，哪一個變數適合宣告為 register 儲存類別？

13.5 修改函式引入函式庫

依據特殊環境發展函式因而建立的個人函式庫，經常會視需要而修改。一般而言，函式庫函式愈通用愈好，所以函式內部使用的常數最好都能換成輸入參數，因此定義函式參數必須很小心。

在前面的例子中，函式處理錯誤情形的方式是傳回錯誤碼，或顯示一段錯誤訊息再傳回一個數值，並允許程式繼續執行。許多情形，錯誤發生後不應繼續執行。例如，處理一個很大的二維陣列相當耗時，如果發生錯誤而繼續執行，往往只是浪費時間而已。同樣地，若以一個負值呼叫函式 factorial，勢必得不到正確答案。於是我們希望能夠在發生錯誤後，印出訊息然後結束程式。

C 的函式 exit(定義於標準函式庫 stdlib)可以在上述情況下結束程式。以引數 1 呼叫 exit，表示程式是因為某種錯誤而結束。以引數 0 呼叫 exit，表示程式無錯誤正常結束，就像函式 main 回傳 0 表示函式成功地結束一樣。呼叫 exit 也可以搭配已定義的常數 EXIT_SUCCESS 或 EXIT_FAILURE 當作函式的回傳值。這些常數在 return 敘述中也是可被選擇使用的，可將標準函式庫 stdlib 包含進來。圖 13.8 顯示函式庫 factorial 函式，當輸入值為負值則立即結束。

以下為函式 exit 的語法。

圖 13.8　當負值則提前結束的 factorial 函式

```
/*
 * Computes n!
 * n is greater than or equal to zero -- premature exit on negative data
 */
int
factorial(int n)
{
        int i,           /* local variables */
            product;

        if (n < 0) {
             printf("\n***Function factorial reports ");
             printf("ERROR:  %d! is undefined***\n", n);
             exit(1);
        } else {
            /* Compute the product n x (n-1) x (n-2) x ... x 2 x 1 */
            product = 1;
            for  (i = n;  i > 1;  --i) {
                product = product * i;
            }
            /* Return function result */
            return (product);
        }
}
```

---

exit 函式

語法：exit(*return_value*);

範例：
```
/*
 * 從輸入列讀入下一個正值。
 * 如果檔案已經讀畢，則傳回 EOF。
 * 如果碰到錯誤輸入值，
 * 則顯示訊息並結束程式。
 */
int
get_positive(void)
{
    int n, status;
    char ch;
```

(續)

```c
        for(status = scanf("%d", &n);
            status == 1  &&  n <= 0;
            status = scanf("%d", &n)){}
        if(status == 0){
            scanf("%c", &ch);
            printf("\n***Function get_positive");
            printf("reports ERROR in data at");
            printf(">>%c<<***\n", ch);
            exit(1);
        } else if (status == EOF){
            return(status);
        } else {
            return(n);
        }
    }
```

說明:程式任一處均可呼叫 exit 結束程式。exit 函式的參數 *return_value* 用以表示程式發生錯誤時的型態。*return_value* 為 0 表示正常結束。一般而言,

`exit(0);`

多用於 main,其他函式應避免使用,因為在子程式的函式中「正常」結束程式,會降低函式 main 的可讀性。而

`exit(1);`

則在程式錯誤發生後已經無法回復,或程式無需繼續時使用。

練習 13.5

自我檢驗

1. 為何在函式庫的實作檔案中要用 #include 引入自己的標題檔呢?

13.6 條件編譯

　　C 前處理程式可依據使用者所下的指令,編譯所選擇的程式部分。這項功能在許多地方非常有用。例如,寫一個函式希望在除錯時才呼叫 printf,因此編譯時可視需要引入這些敘述。標題檔的引入是另一個需

圖 13.9 追蹤 printf 呼叫的條件編譯

```
1.  /*
2.   * Computes an integer quotient (m/n) using subtraction
3.   */
4.  int
5.  quotient(int m, int n)
6.  {
7.       int ans;
8.  #if defined (TRACE)
9.       printf("Entering quotient with m = %d, n = %d\n", m, n);
10. #endif
11.
12.      if (n > m)
13.          ans = 0;
14.      else
15.          ans = 1 + quotient(m - n, n);
16.
17. #if defined (TRACE)
18.      printf("Leaving quotient(%d, %d) with result = %d\n", m, n, ans);
19. #endif
20.
21.      return (ans);
22. }
```

要有條件編譯的情況。例如，有兩個函式庫 sp_one 和 sp_two，同時使用 sp 函式庫的資料型態和運算子，因此 sp_one.h 和 sp_two.h 皆有敘述 #include "sp.h"。但是如果程式同時使用 sp_one 和 sp_two 的函式功能，則引入它們的標頭檔就會導致引入 sp.h 兩次，編譯時就會產生 sp.h 中的資料型態重複宣告的錯誤訊息。第三種需要使用條件編譯的情況是用於各種電腦上的系統設計。條件編譯允許只編譯適於目前電腦的某些程式。

圖 13.9 中，遞迴函式以 printf 追蹤函式的執行結果。程式編譯時則視

defined(TRACE)

之值，如果前處理程式已定義 defined 運算子的運算元，則 defined(TRACE)結果等於 1。這類定義的方法是加入 #define 指示子，或於編譯選項中加入模擬 #define 的選項。如果沒有定義，則 defined 運算子結果為 0。

建立了如圖 13.9 的函式後，只要程式碼在函式定義前引入

圖 13.10 追蹤 printf 呼叫的條件編譯

```
1.  /*
2.   *  Computes an integer quotient (m/n) using subtraction
3.   */
4.  int
5.  quotient(int m, int n)
6.  {
7.      int ans;
8.
9.  #if defined (TRACE_VERBOSE)
10.     printf("Entering quotient with m = %d, n = %d\n", m, n);
11. #elif defined (TRACE_BRIEF)
12.     printf(" => quotient(%d, %d)\n", m, n);
13. #endif
14.
15.     if (n > m)
16.         ans = 0;
17.     else
18.         ans = 1 + quotient(m - n, n);
19.
20. #if defined (TRACE_VERBOSE)
21.     printf("Leaving quotient(%d, %d) with result = %d\n", m, n, ans);
22. #elif defined (TRACE_BRIEF)
23.     printf("quotient(%d, %d) => %d\n", m, n, ans);
24. #endif
25.
26.     return (ans);
27. }
```

#define TRACE

指示子，則編譯程式「打開」printf 追蹤 printf 函式。定義 TRACE 時不必特別為它設定數值。注意，和所有前端處理指示子一樣，條件編譯指示子的 # 都必須是每行的一個非空白字元。defined 運算子只能用在 #if 和 #elif 指示子。#elif 意思是 "else if"，用於多重選擇，如圖 13.10 所示。

圖 13.11 結合了 #if 指示子和引入檔的用法，透過 #if 控制，每個標題檔建立時均無重複定義等問題。整個標題檔的內容都包在 #if 之中，無論 #if 指示子測試與標題檔相關的名稱是否已被 #define 定義。當標題檔第一次引入時，其全部內容會傳給編譯器。反之，重複部分則不傳到編譯器。

C 語言的 #if 和 #elif 指示子，再配合 #else 可組成有完整選擇性的條件編譯，而 #undef 指示子則可取消特定名稱的前處理程式的定義。

圖 13.11 避免自己重複引入的標題檔

```
/*  Header file planet.h
 *
 *  abstract data type planet
 *
 *  Type planet_t has these components:
 *      name, diameter, moons, orbit_time, rotation_time
 *
 *  Operators:
 *      print_planet, planet_equal, scan_planet
 */

#if !defined (PLANET_H_INCL)
#define PLANET_H_INCL

#define PLANET_STRSIZ  10

typedef struct { /* planet structure */
      char name[PLANET_STRSIZ];
      double diameter;       /* equatorial diameter in km                */
      int    moons;          /* number of moons                          */
      double orbit_time ,    /* years to orbit sun once                  */
             rotation_time;  /* hours to complete one revolution on axis */
} planet_t;

/*
 *  Displays with labels all components of a planet_t structure
 */
extern void
print_planet(planet_t pl);  /* input - one planet structure              */

/*
 *  Determines whether or not the components of planet_1 and planet_2
 *  match
 */
extern int
planet_equal(planet_t planet_1,   /* input - planets to                  */
             planet_t planet_2);  /*         compare                     */

/*
 *  Fills a type planet_t structure with input data.  Integer returned as
 *  function result is success/failure/EOF indicator.
 *      1 => successful input of planet
 *      0 => error encountered
 *      EOF => insufficient data before end of file
 *
 *  In case of error or EOF, value of type planet_t output argument is
 *  undefined.
 */
extern int
```

(續)

圖 13.11　避免自己重複引入的標題檔 (續)

```
51.  scan_planet(planet_t *plnp); /* output - address of planet_t structure to
52.                                                        fill                 */
53.
54.  #endif
```

練習 13.6

自我檢驗

1. 利用條件編譯，選擇性呼叫 printf。假設在 UNIX 作業系統上，C 前處理程式顯示訊息定義 UNIX 名稱；在 VMS 作業系統上，則定義 VMS 名稱。

   在 UNIX 上顯示訊息

   ```
   Enter <ctrl-d> to quit.
   ```

   在 VMS 上顯示訊息

   ```
   Enter <ctrl-z> to quit.
   ```

2. 參考圖 13.11 的標題檔，說明(a)當前處理程式第一次遇上 #include "planet.h" 時；(b)當前處理程式第二次遇上 #include "planet.h" 時；其結果分別為何？

13.7　函式 main 的引數

至目前為止，我們使用 main 時均採用 void 參數列。實際上，main 函式可以使用兩個形式參數；一個整數和一個指向字串的陣列。

```
int
main(int   argc,   /* input - argument count(including
                              program name)                         */
        char *argv[])/* input - argument vector                    */
```

此法使得程式可依據不同的作業系統而有不同的執行方式。當你執行程式時，大部分的作業系統會提供你一些方法指定選項值。例如，在 ULTRIX 作業系統上，程式 prog 執行時可以加上 opt1、opt2 和 opt3 三個選項：

```
prog opt1 opt2 opt3
```

命令行引數：啟動程式時指定的選項資訊。

C 中主函式利用形式引數 `argc` 和 `argv` 取得**命令行引數**(command line arguments)。如果剛才所提到的程式 `prog` 是某 C 程式的機器碼，此 C 程式的主函式標準有 `argc` 及 `argv` 參數，則函式 `main` 從命令行

```
prog opt1 opt2 opt3
```

得到的形式引數為：

```
argc  4  argv[0]  "prog"
            [1]  "opt1"
            [2]  "opt2"
            [3]  "opt3"
            [4]  ""   (空字串)
```

圖 13.12 修改第十二章的備份文字檔程式。此處不叫使用者複製檔案名稱，而是當檔案為 backup 時，新版會叫使用者將這些資訊輸入在命令行。例如，若程式為 backup，而程式執行如下：

```
backup old.txt new.txt
```

則 main 的形式參數之值為：

```
argc  3  argv[0]  "backup"
            [1]  "old.txt"
            [2]  "new.txt"
            [3]  ""
```

若程式無法開啟使用者輸入的檔名，則顯示錯誤訊息並結束程式，否則程式執行複製功能。

練習 13.7

自我檢驗

1. 如何修改圖 13.12 的程式，當使用者於命令行鍵入少於兩個檔名的情形時，能夠顯示適當的錯誤訊息？

程式撰寫

1. 寫一個能接受命令行引數的程式。引數是一個含有整數之文字檔的名稱，程式計算檔案中的整數和。如果程式遇到不正常的資料，則顯示錯誤資訊(包含檔案名稱與不正常的字元)並結束程式。

圖 13.12 以 `main` 函式引數執行檔案備份

```c
/*
 * Makes a backup of the file whose name is the first command line argument.
 * The second command line argument is the name of the new file.
 */
#include <stdio.h>
#include <stdlib.h>

int
main(int    argc,      /* input - argument count (including program name) */
     char *argv[])     /* input - argument vector                         */
{
        FILE *inp,     /* file pointers for input    */
             *outp;    /*   and backup files         */
        char  ch;      /* one character of input file */

        /* Verify argument count                                          */
        if (argc >= 3) {

            /* Open input and backup files if possible                    */
            inp = fopen(argv[1], "r");
            if (inp == NULL) {
                    printf("\nCannot open file %s for input\n", argv[1]);
                    exit(1);
            }

            outp = fopen(argv[2], "w");
            if (outp == NULL) {
                    printf("\nCannot open file %s for output\n", argv[2]);
                    exit(1);
            }

            /* Make backup copy one character at a time                   */
            for (ch = getc(inp); ch != EOF; ch = getc(inp))
               putc(ch, outp);

            /*  Close files and notify user of backup completion          */
            fclose(inp);
            fclose(outp);
            printf("\nCopied %s to %s\n", argv[1], argv[2]);

        } else
            printf("Invalid argument list:  Include two file names\n");
        return(0);
}
```

13.8 定義具參數的巨集

第二章起,我們不斷使用指示子 #define 定義符號常數。C 前處理程式實際是將原始碼內部使用的名稱置換為它們的值。本節我們將學習如何定義有形參數的**巨集**(macro),這種巨集的定義格式為:

#define *macro_name* (*parameter list*) *macro body*

> 巨集:對常用的敘述或運算賦予一個名稱。

和函式一樣,巨集可以對常用的敘述或運算賦予一個名稱。由於處理巨集時是透過文字代換,所以執行巨集呼叫時不會在堆疊上執行空間配置或歸還等多餘的動作。但是每呼叫一次巨集,程式內就存在一次巨集碼,所以編譯器產生的目的碼一般比採用函式的相同程式占用更多的記憶體。

圖 13.13 以一個名為 LABEL_PRINT_INT 的巨集,顯示一個整數變數之值或一個有標示(字串)的運算式。注意,定義 LABEL_PRINT_INT 時,巨集名稱與參數列的左括弧之間並無空格。這點十分重要,如果兩者中間有一空格,則前處理程式會將巨集代換為:

(label, num) printf("%s = %d",(label),(num))

巨集呼叫的處理方式,例如:

LABEL_PRINT_INT("rabbit", r)

會依參數代換為:

圖 13.13 使用具形式參數之巨集的程式

```
1.  /*   Shows the definition and use of a macro                         */
2.
3.  #include <stdio.h>
4.
5.  #define LABEL_PRINT_INT(label, num) printf("%s = %d", (label), (num))
6.
7.  int
8.  main(void)
9.  {
10.      int r = 5, t = 12;
11.
12.      LABEL_PRINT_INT("rabbit", r);
13.      printf("     ");
14.      LABEL_PRINT_INT("tiger", t + 2);
15.      printf("\n");
16.
17.      return(0);
18.  }
19.  rabbit = 5     tiger = 14
```

圖 13.14　圖 13.13 的程式中第二次呼叫巨集之巨集展延

```
LABEL_PRINT_INT("tiger", t + 2)
                   ↓       ↓
LABEL_PRINT_INT(label, num)
```
　　　　　參數對應　→

```
                    "tiger"   t + 2
                       ↓        ↓
       printf("%s = %d", (label), (num))
```
　　　　　　　參數取代　→

```
       printf("%s = %d", ("tiger"), (t + 2))
```
　　　　　　　　　　　　　　　　　巨集展延結果

```
printf("%s = %d",("rabbit"),(r))
```

巨集展延：以巨集主體取代巨集呼叫的過程。

這個步驟稱為**巨集展延**(macro expansion)。C 前處理程式執行代換時，會將巨集參數名稱與實際引數配對。然後，複製巨集主體時，每次出現的形式參數名稱都會用實際引數代換之。修改過的巨集主體會取代程式中的巨集呼叫。圖 13.14 說明最後一次呼叫巨集後的展延結果。注意，在巨集展延的過程只包含巨集名稱及其引數列，巨集呼叫行末的分號是不受影響的。因為在巨集主體的 `printf` 呼叫後若有分號，則展延 `printf` 之後擁有**兩個**分號。

巨集主體中括弧的使用

你可能注意到 `LABEL_PRINT_INT` 的主體中，每次形式參數出現時都包含括弧。在巨集主體中適當使用括弧可以保證巨集正確地求值。圖 13.15 的程式片段是以巨集計算 n^2。我們可以看到兩種巨集的定義方式及兩種計算結果。

我們進一步分析版本 1 與版本 2 巨集延展後的差異。觀察圖 13.16 可以發現版本 1 的結果不正確，這是運算子優先順序造成的結果。

要避免發生如圖 13.15 與 13.16 的錯誤，巨集主體之內應善用括弧，特別是巨集主體在計算數值時應格外注意。例如，以下是二次方程式的求根巨集：

```
#define ROOT1(a,b,c) ((-(b)+sqrt((b)*(b)-4*(a)*(c)))/(2*(a)))
```

圖 13.15　巨集呼叫顯示巨集主體內括弧的重要性

版本 1

```
#define SQUARE(n)   n * n
```

```
    ...
    double x = 0.5, y = 2.0;
    int    n = 4, m = 12;

    printf("(%.2f + %.2f)squared = %.2f\n\n",
           x, y, SQUARE(x + y));

    printf("%d squared divided by\n", m);
    printf("%d squared is %d\n", n,
           SQUARE(m) / SQUARE(n));
```

```
(0.5 + 2.0)squared = 3.5

12 squared divided by
4 squared is 144
```

版本 2

```
#define SQUARE(n)   ((n) * (n))
```

```
(0.5 + 2.0)squared = 6.25

12 squared divided by
4 squared is 9
```

圖 13.16　圖 13.15 巨集呼叫之巨集展延

版本 1

```
SQUARE(x + y)
    變成
x + y * x + y
```
問題：乘法較加法先執行

```
SQUARE(m) / SQUARE(n)
    變成
m * m / n * n
```
問題：乘法與除法運算次序相同，
　　　所以執行順序由左而右

版本 2

```
SQUARE(x + y)
    變成
((x + y) * (x + y))
```

```
SQUARE(m) / SQUARE(n)
    變成
((m) * (m)) / ((n) * (n))
```

黑括弧對敘述的正確演算是必須的，而藍色的括弧則是用來與巨集定義的括弧一致。

在巨集呼叫中應避免傳入具有副作用之運算子的運算式引數，因這些算式可能會求值好幾次。例如，敘述

```
r = ROOT1(++n1, n2, n3);   /* 錯誤：巨集引數中使用 ++ */
```

會展開成

```
r =((-(n2)+sqrt((n2)*(n2)-4*(++n1)*(n3)))/(2*(++n1)));
```

導致句子違反了使用原則，具有已經因為副作用所影響的運算子(邊際效應)，應避免使用。

我們希望使用巨集時應依照前述原則，在巨集主體中適當使用括弧。因為定義一個巨集應考慮到程式所有使用可能。

定義巨集時，建議巨集名稱均以大寫字母表示。請牢記呼叫巨集時，應避免使用有副作用的運算子。

一個擁有多行的巨集

除非程式特別表示，否則前處理程式假設巨集定義只占一行。定義一個多行的巨集，除了最後一行外，每行最終應加上一個 \ 字元。例如，以下巨集以 for 敘述從 st 計算到 end，但不包括 end：

```
#define INDEXED_FOR(ct, st, end) \
    for ((ct)=(st); (ct)<(end); ++(ct))
```

以下的程式片段用 INDEXED_FOR 印出陣列 x 的前 X_MAX 個元素的值：

```
INDEXED_FOR(i, 0, X_MAX)
    printf("x[%2d] = %6.2f\n", i, x[i]);
```

展開巨集後，敘述成為

```
for ((i)=(0);(i)<(X_MAX); ++(i))
    printf("x[%2d] = %6.2f\n", i, x[i]);
```

練習 13.8

自我檢驗

1. 已知巨集定義如下，寫出每個敘述的巨集展延。如果巨集展延時發覺巨集定義有誤，則指出錯誤並更正之。

   ```
   #define DOUBLE(x) (x)+(x)
   #define DISCRIMINANT(a,b,c) ((b)*(b)- 4 *(a)*(c))
   #define PRINT_PRODUCT(x, y)\
       printf("%.2f X %.2f = %.2f\n",(x),(y),(x)*(y));
   ```

   a. `y = DOUBLE(a - b)*c;`
   b. `y = y - DOUBLE(p);`

c. `if (DISCRIMINANT(a1, b1, c1)== 0)`
   `    r1 = -b1 /(2 * a1);`
d. `PRINT_PRODUCT(a + b, a - b);`

程式撰寫

1. 定義一個名為 F_OF_X 的巨集，功能是計算傳入引數 x 的多項式值。假設已經引入數學函式庫：

$$x^5 - 3x^3 + 4$$

2. 定義一個巨集，將傳入引數的值顯示成前面有 $ 記號以及兩位小數位。

13.9　程式撰寫常見的錯誤

設計大型系統最常見的問題，是小組裡的程式設計師在系統細部設計時缺乏共識。如果小組成員遵循前章描述的軟體發展程序，則一個大問題可切成許多小問題，再對應到個別函式，此時就能仔細設計每個函式的功能及它的資料型態。實作系統時，所有設計師對於函式的基本介面資訊必須達成協議。

設計個人的函式庫時，經常忘記除了可以完成目前的專案外，其中許多函式還可以再利用，因此在函式庫加入太多不需要的限制往往會降低函式的再利用機會。

雖然巨集提供一種快速而且簡潔的運算式表示法，但也可能造成較多的錯誤。例如，在有參數的巨集定義中，於巨集名稱後面很容易疏忽鍵入空白字元，造成前處理程式處理錯誤。除非程式設計師在巨集主體內小心使用括弧，否則運算子的優先順序常會造成錯誤。以一致的巨集命名原則可以避免無謂的除錯時間，因為如此可以清楚了解錯誤是來自函式或是巨集。

從計算機的歷史看來，不正常地使用全域變數容易造成系統不可靠。唯有透過清楚的介面，利用函式參數列才能保證函式庫的再利用。

本章回顧

1. C 語言建構的個人函式庫，提供一種抽象資料型態的封裝方法。
2. 將函式庫分成一個標題檔和一個實作檔，使其中一個可以表示函式庫的功能，另一個說明函式庫的作法。
3. 定義巨集，以一個巨集名稱代表常用的敘述或運算。

4. 函式 exit 可隨時將程式結束。
5. 條件編譯提供針對不同情況產生不同程式碼，此外還可避免重複引入相同的標題檔。
6. main 函式搭配 argc 和 argv 參數的設計可使用命令行輸入引數。
7. 函式庫函式必須具有清楚的介面、有意義的函式名稱，並盡量避免使用已定義的全域常數。

新增的 C 結構

範　例	效　果
標題檔(有 #if... #endif 指示子)	
| ```c
/* somelib.h */
#if !defined(SOMELIB_H_INCL)
#define SOMELIB_H_INCL

#define SOMELIB_MAX 20
typedef struct {
  int   comp;
  char  s[SOMELIB_MAX];
} some_t;

/* Purpose of function make_some
 */
extern some_t
make_some(int  n,
          const char str[]);

/* other extern prototypes */

#endif
``` | 程式使用 somelib.h 的函式時，必須含有#include "somelib.h" 敘述。somelib.h 內部以條件編譯(#if... #endif)避免重複引入。 |
| **實作檔** | |
| ```c
/* somelib.c */
#include "somelib.h"
#include <string.h>

/* Purpose of function make_some
 */
some_t
make_some(int  n,
          const char str[])
{
    some_t result;

    result.comp = n;
    strcpy(result.s, str);

    return(result);
}
/* other function definitions */
``` | somelib.c 為 somelib.h 之實作檔。由它編譯產生的目的檔會與所有引入 somelib.h 的檔案連結。 |

(續)

新增的 C 結構(續)

範　例	效　果
巨集定義與呼叫	
| ```c
#define AVG(x,y)(((x)+(y))/ 2.0)
. . .
ans = AVG(2*a, b);
``` | 每呼叫 AVG 巨集一次，前處理程式就會為巨集展延一次，因此敘述變為<br>`ans=(((2*a)+(b))/ 2.0);` |
| **exit 函式** | |
| ```c
/*  Compute decimal equivalent of a
 *  common fraction
 */
double
dec_equiv(int num, int denom)
{
   if(denom == 0){
     printf("Zero-divide: %d/%d\n",
            num, denom);
     exit(1);
   } else {
     return((double)num /
            (double)denom);
   }
}
``` | 如果呼叫函式時使用不正確的引數，則會終止程式的執行。 |
| **main 函式與引數** | |
| ```c
int
main(int argc, char *argv[])
{
   if (argc == 3)
     process(argv[1], argv[2]);
   else
     printf
       ("Wrong number of options\n");
   return(0);
}
``` | main 函式希望從命令行取得兩個引數，然後將它們傳至 process 函式。 |

快速檢驗練習

1. 系統設計師依據＿＿＿＿＿原則，將複雜問題切成較小問題，專注於決定函式有何功能，稍後再考慮應如何達成這些功能。
2. 使用函式庫內的函式，必須知道函式的＿＿＿＿、＿＿＿＿和＿＿＿＿。
3. 函式可用在許多應用程式中，這可視為一種程式碼的＿＿＿＿。
4. 在 C 語言中，＿＿＿＿檔，包含函式庫所含之功能，＿＿＿＿檔則是程式庫實際作法。
5. 宣告中的關鍵字 extern 告知＿＿＿＿所宣告的名稱＿＿＿＿也會知道。
6. 製作 `libl.c` 檔案時，引入 `#include "libl.h"` 有何優點？
```

7. ABSDF 巨集的巨集定義如下：

   ```
   #define ABSDF(x, y) (fabs((x) - (y)))
   ```

   顯示下列敘述在巨集展延後的結果：

   ```
   if(ABSDF(a + b, c)> ABSDF(b + c, a))
       lgdiff = ABSDF(a + b, c);
   ```

8. auto 儲存類別的變數何時配置空間？配置於何處？何時歸還？
9. static 儲存類別變數何時配置空間？何時歸還？
10. 下列哪個程式片段，接下來立刻是函式 mangle 的程式碼？

    ```
    double                          extern double
    mangle(double x, double y)      mangle(double x, double y);
    ```

11. 為了形成函式庫所產生的一般化函式，常數名稱通常會用＿＿＿＿置換。
12. mylib.h 需要加入哪些指示子，才會無論處理多少次 #include "mylib.h" 指示子，編譯程式也只會編譯一次？

快速檢驗練習解答

1. 程序抽象化
2. 名稱，目的，參數列
3. 再利用
4. 標題，實作
5. 編譯器，連結器
6. 因為必要的巨集和資料型態只定義於標題檔，所以修改巨集或資料型態時只需改變一個檔案。
7. ```
   if((fabs((a + b)((c)))>(fabs((b + c)((a))))
       lgdiff =(fabs((a + b)((c)));
   ```
8. 進入函式時，變數配置在堆疊中，函式結束則歸還變數。
9. 程式執行之前，變數就已經配置好了，程式結束則歸還變數。
10. 左邊的程式片段
11. 函式參數
12. ```
    #if !defined(MYLIB_H_INCL)
    #define MYLIB_H_INCL
    ```

```
      . . . rest of mylib.h . . .
#endif
```

問題回顧

1. 定義程序抽象化和資料抽象化。
2. C 強調的資料物件和其運算子的封裝，有何特點？
3. 比較一個典型的函式庫標題檔和實作檔，在內容上有何差異？哪一種檔案定義函式庫與程式之間的介面？
4. C 編譯器如何得知標題檔應在系統目錄或是程式目錄中搜尋？
5. 比較巨集呼叫的執行：

   `MAC(a, b)`

   和類似的函式呼叫：

   `mac(a, b)`

   以下兩種呼叫方式哪一種一定正確？為什麼？

   `mac(++a, b)` 或 `MAC(++a, b)`

6. 何時應撰寫巨集的定義主體？何處應使用括號？
7. C 語言有哪五種儲存類別？在下面的環境中，每個宣告的變數其預設的儲存類別為何？

   宣告於最上層
   宣告於函式參數
   宣告成函式的區域變數

8. `register` 儲存類別的目的為何？
9. 討論以下敘述：如果程式有五個函式需要處理一個陣列資料，所以應該在程式最上層宣告此陣列，如此每個函式就不需要宣告陣列參數了。
10. 呼叫 `exit` 函式時，為什麼較常使用引數值 1，而非引數值 0？
11. 說明 `defined` 運算子的功能。
12. 什麼情況下 C 程式的 `main` 函式會使用非 `void` 的參數列，為什麼這個參數列的第一個參數值會大於等於 1？

程式撰寫專案

1. 產生一個定義 `high_precision_t` 結構型態的函式庫，此結構表示有 20 位小數之準確度的數字。含有 20 個元素的整數陣列、一個整數表示小數點的位置，以及一個整數或字元表示正負號。例如，-8.127 可存成

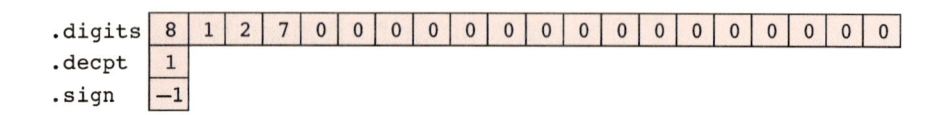

.digits	8	1	2	7	0	0	0	0	0	0	0	0	0	0	0	0	0	0	0	0

   .decpt 1
   .sign   −1

   以及 0.0094328 為

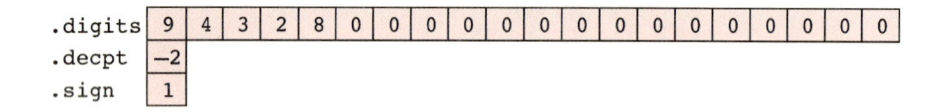

.digits	9	4	3	2	8	0	0	0	0	0	0	0	0	0	0	0	0	0	0	0

   .decpt −2
   .sign   1

   你的函式庫亦應定義函式 `add_high`、`substract_high` 和 `multiply_high` 對高準確度結構執行簡單的數學計算，以及函式 `scan_high` 和 `print_high` 執行 I/O。

2. 定義一個能夠撰寫論文的函式庫，其中必須定義一個結構記錄文獻資料的來源和資料的摘要。因此包括一個列舉型態成員，用以表示來源的種類(書籍、百科全書、報紙、期刊等)。文獻資料會因來源型態不同而採用不同的儲存形式，所以用一個多欄位的聯合成員(multifield union)記錄這項資料。其中包括 200 個字元的成員記錄摘要，一個 `int` 成員記錄資料的使用序號。函式庫提供的函式則允許使用者輸入新的來源、修改舊的資料、以主題或作者搜尋資料和為資料加上使用序號。此外還有函式以檔案方式儲存或讀取資料、顯示未使用過的資料、用過的資料以序號排序和所有資料以主題排序。

3. 許多工程系統對於人員、機器和物料需要複雜的排程功能。安排一個系統，我們必須了解三件事：系統可用的資源、資源可提供哪些服務和資源的限制。許多複雜演算法可將提供服務的成本和時間降到最小。這裡我們想建立一個小函式庫，其中函式可以解決有條件的排程問題。

   假設你是 Brown Bag 航空公司的系統維護總部，手邊共有三位工作人員，他們的條件如下：

人員編號	層　級	人員時薪
0	1	$200.
1	2	$300.
2	3	$400.

編號 2 的工作人員能夠執行各層級的維護工作，所以工資高於其餘兩者。編號 1 的工作人員能執行層級 1 和 2 的工作，編號 0 者只能執行層級 1 的工作。你必須安排以下的維護工作：

飛航編號	維護層級	所需工時
7899	1	8
3119	1	6
7668	1	4
2324	2	4
1123	2	8
7555	2	4
6789	3	2
7888	3	10

撰寫以下函式，並建立排程函式庫：

a. 函式以適當結構輸入並儲存工作人員資料。

b. 函式以適當結構輸入並儲存所需的維護資料。

c. 函式檢查所需的維護層級及人員能力，計算出可以執行該項工作的最低工資人員。

d. 函式檢查所需的維護層級、人員能力和目前的排程狀況，計算目前有多少位人員勝任該項工作。如果結果大於 1，則傳回最低工資者。

e. 函式計算如果按照維護計畫執行，每個工作人員累積的工作時數。

寫一個呼叫這些函式的主程式，以及其他你覺得需要用於排程的函式，以完成列出的維護工作表。本題假設三個工作人員可同時工作，人員唯有工作才能支薪，每項維修必須由一人完成。開發一種演算法能夠以最短時間完成所有工作，以及另一個以最低工資完成工作的演算法，兩者完成交付的維護工作所需的時間差為何？

4. 撰寫一個個人的函式庫，功能是協助解決每月分期付款的問題。在函式中引入如下的公式：

$$m = \frac{ip}{1-(i+1)^{-12y}}$$

其中 m 為每月攤還的金額，i 為月利率(小數值，非百分比)，p 為貸款金額，y 為借貸年數。若已知 p、i、y 值，則函式庫函式應可計算每月應攤還若干元(無條件進位至元，即 ceil(m))；若已知 i、m 和 y，則計算最多可貸款多少金額；若已知 p、y 和 m，則計算最大的年利率為何。

　　此外，定義函式能列印貸款攤還表，表格格式包含攤還期別、每月攤還金額、已付利息、已還本金和剩餘的貸款金額等欄位。最後一期攤還金額必須單獨計算。

5. 寫一個程式，從命令行接受一個文字檔名稱，然後新建一文字檔，檔案的標題為

```
***************** file name ********************
```

然後將輸入檔的內容複製至這個新建檔，每行文字前加入行號。如果輸入命令行之檔名有 . 號，則只取 . 號之前的檔名，並加上 .lis 副檔名；否則直接將檔名加上 .lis 副檔名。

動態資料結構

CHAPTER 14

14.1 指　標

14.2 動態配置記憶體

14.3 鏈結串列

14.4 鏈結串列的運算子

14.5 以鏈結串列表示堆疊

14.6 以鏈結串列表示佇列

14.7 有序串列

　　 案例研究：維護一個整數的有序串列

14.8 二元樹

14.9 程式撰寫常見的錯誤

　　 本章回顧

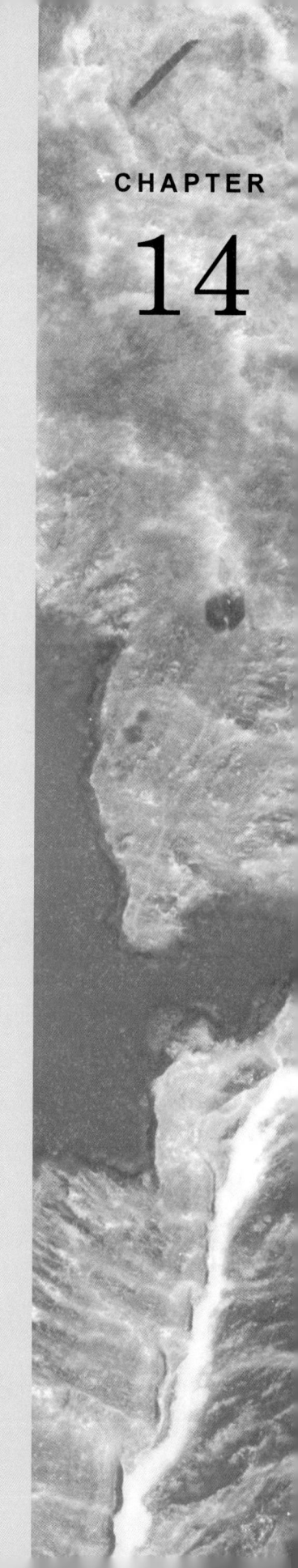

動態資料結構：一種結構，可隨程式執行過程變大或變小。

節點：是一種動態配置的資料結構，可鏈結在一起形成組合的結構。

本章將討論**動態資料結構**(dynamic data structure)，結構可隨程式執行變大或變小。C 允許程式到最後使用才依所需大小建立這些結構，因此程式在空間配置上較第八章需事先宣告一個固定大小的陣列變數更具彈性。在第八章中，我們將學習如何在宣告為變數的陣列裡，儲存一連串的資料。即使我們可以將許多不同長度的資料串列一部分一部分地寫入陣列裡，在程式被編譯前，仍然必須決定最大的串列大小。

本章將會學習如何利用動態記憶體配置函式，讓程式在執行時才配置所需的大小。C 另有函式可以個別為串列的每個成員配置空間，所以程式本身不會實際設定串列的大小，而是由程式隨時依需要呼叫這些函式來要求記憶體。

程式動態配置的記憶體，除了可儲存前幾章描述的簡單和結構化資料型態，還可以隨程式執行時的需要，結合每次獨立配置的資料結構區域(稱為**節點**(node))形成組合的結構。這類組合的動態資料結構彈性很大，例如可以容易地從兩個節點中插入一個新節點，或刪除某一節點。

本章將學習如何建立與維護一個稱為鏈結串列的組合式資料結構，並進一步以此結構設計不定長度的堆疊與佇列。

14.1 指　標

因為動態資料結構的產生和處理需要使用複雜的指標，所以我們會先複習前面討論過的指標特性和用法。在第六章我們看到指標變數不含資料值，而是另一個含資料值之記憶格的位址。圖 14.1 說明指標變數 nump 和整數變數 num 之間的差異。變數 num 的直接值是整數 3，變數 nump 的直接值是儲存 3 的記憶格位址。若沿著儲存在 nump 的指標，我

圖 14.1
指標變數和非指標變數的比較

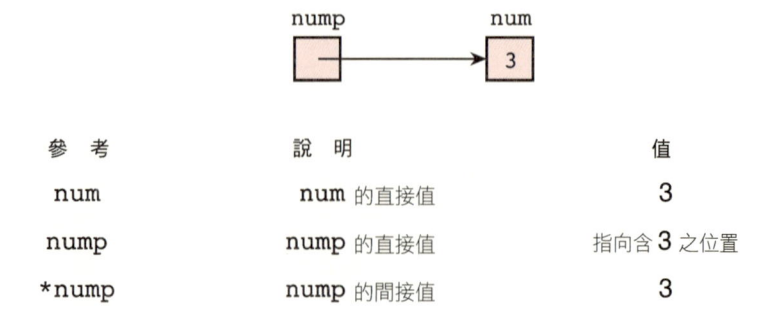

參　考	說　明	值
num	num 的直接值	3
nump	nump 的直接值	指向含 3 之位置
*nump	nump 的間接值	3

圖 14.2 以指標作為輸出參數的函式

```
1.  #include <stdio.h>
2.
3.  void long_division(int dividend, int divisor, int *quotientp,
4.                     int *remainderp);
5.
6.  int
7.  main(void)
8.  {
9.      int quot, rem;
10.
11.     long_division(40, 3, &quot, &rem);
12.     printf("40 divided by 3 yields quotient %d ", quot);
13.     printf("and remainder %d\n", rem);
14.     return (0);
15. }
16.
17. /*
18.  *  Performs long division of two integers, storing quotient
19.  *  in variable pointed to by quotientp and remainder in
20.  *  variable pointed to by remainderp
21.  */
22. void long_division(int dividend, int divisor, int *quotientp,
23.                    int *remainderp)
24. {
25.     *quotientp = dividend / divisor;
26.     *remainderp = dividend % divisor;
27. }
```

們就可存取 3，這表示 3 是 nump 的間接值。參考 nump 表示 nump 的直接值。當我們用間接或「沿著指標」運算子就是參考 *nump，即存取 nump 的間接值。

用於函式參數的指標

在第六章中，我們將指標作為函式的輸出參數。將變數的位址傳給函式，函式就可以將結果存到變數中。C 定義位址運算子 & 可存取所有簡單變數或陣列元素的位址。圖 14.2 為一長除法函式，具有兩個輸入參數(dividend 和 divisor)以及兩個輸出參數(quotientp 和 remainderp)。變數 quotientp 和 remainderp 都是整數變數的指標，所以呼叫 long_division 者必須傳遞兩個整數變數的位址，就如函式 main 中所標示的敘述：

`long_division(40, 3, &quot, &rem);`

表示陣列和字串的指標

在第八章和第九章中,我們研讀 C 如何使用指標表示陣列和字串變數。考慮下列的變數宣告:

```
double  nums_list[30];
char    surname[25];
```

當我們要傳遞這些陣列給函式時,要用無足標的陣列名稱。C 將陣列名稱解釋為陣列起始元素的位址,所以整個陣列都是以指標的方式傳給函式。因此若我們傳遞字串 surname 給函式,其對應的形式參數應宣告為

```
char n[]
```

或

```
char *n
```

結構指標

第十一章說明 C 中結構型態的處理和內建型態的處理完全相同。其中,我們用結構指標表示結構的輸出參數,而且結構陣列可用指向陣列第一個元素的指標表示。

指標用法的摘要

表 14.1 摘要我們在前面章節使用指標的方法。除了上述用法,此表也列出當程式控制檔案時,需用 FILE 結構的指標表示每個檔案。

練習 14.1

自我檢驗

1. 下面不完整的程式使用數個指標變數。指出哪些名稱是指標,且哪些是檔案指標、輸出參數或陣列。

表 14.1 研讀過的指標用法

用 法	實 作
函式輸出參數	1. 函式的形式參數宣告為指標型態。 2. 呼叫者的實際引數是變數的位址。
陣列(字串)	1. 陣列變數的宣告顯示出陣列大小。 2. 無足標的陣列名稱是一個指標:表示陣列起始元素的位址。
檔案存取	1. 宣告為 FILE* 型態的變數是一個指標,指向取用檔案所需資訊的結構。 2. 檔案 I/O 函式如 fscanf、fprintf、fread 和 fwrite 的引數皆為型態 FILE* 的檔案指標。

a. `num_list` d. `fracp` g. `denomp`
b. `den_list` e. `inp`   h. `slash`
c. `i`   f. `nump`   i. `status`

```c
#include <stdio.h>
#define SIZE 15
int fscan_frac(FILE *inp, int *nump, int *denomp);

int
main(void)
{
   int num_list[SIZE], den_list[SIZE], i;
   FILE *fracp;

   fracp = fopen("fracfile.txt", "r");

   for (i = 0;  i < SIZE;  ++i)
      fscan_frac(fracp, &num_list[i], &den_list[i]);
   . . .
}
int
fscan_frac(FILE *inp, int *nump, int *denomp)
{
   char slash;
   int status;

   status = fscanf(inp, "%d %c%d", nump, &slash, denomp);
   if (status == 3  &&  slash == '/')
      status = 1;
   else if(status != EOF)
      status = 0;

   return(status);
}
```

14.2　動態配置記憶體

　　本節將介紹指標在 C 中所代表的第三種意義──取用一塊由程式要求配置的記憶體區塊。首先程式宣告如下：

圖 14.3
有三個指標型態之區域變數的函式資料區

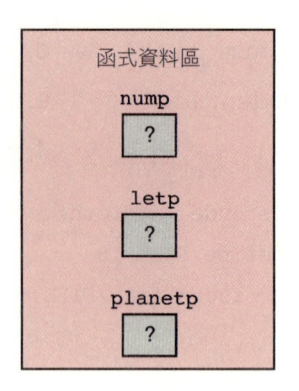

```
int       *nump;
char      *letp;
planet_t  *planetp;
```

意義是配置型態為「指向 int」、「指向 char」和「指向 planet_t」的變數，其中 planet_t 為使用者自定的結構型態(詳見第十一章)。如果 nump、letp 和 planetp 為函式的區域變數，則程式進入函式區段時會配置這些變數，見圖 14.3。

為了動態配置一個 int、char 和 planet_t 變數，程式呼叫 C 的記憶體配置函式 malloc(宣告於 stdlib 函式庫)。malloc 函式需要一個引數，即需配置的記憶體空間數量，如果使用 sizeof 運算子，程式可以正確計算出所需的記憶體數量。因為

```
malloc(sizeof (int))
```

可配置出恰好儲存 int 型態的空間，並傳回此空間的指標(位址)。

當然在 C 裡使用指標時，都是「指向某些特殊型態的指標」，而不只是「指標」而已。所以 malloc 函式回傳值型態(void*)通常會轉換成所需的型態，譬如

```
nump = (int *)malloc(sizeof(int));
letp = (char *)malloc(sizeof(char));
planetp = (planet_t *)malloc(sizeof (planet_t));
```

堆積：一塊可透過 malloc 函式動態配置的記憶體。

堆疊：一塊記憶體可配置給函式的資料區，並由函式歸還。

圖 14.4 為上述三個設定敘述的結果。注意，新配置的記憶體區塊稱為**堆積**(heap)。這塊區域與**堆疊**(stack)是不同的，堆疊是配置函式資料的區域，或由函式資料歸還。

程式可利用間接運算子(*)將值存入新配置的記憶體。我們在指標後

圖 14.4

動態配置 int、char 和五個成員的 planet_t 結構變數

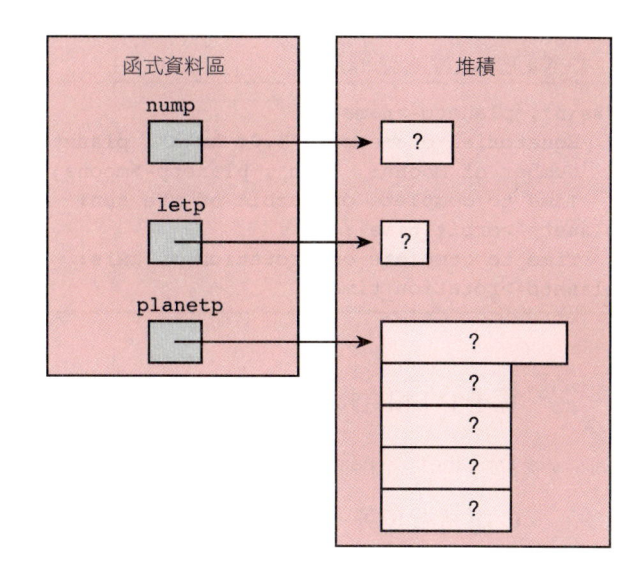

所使用的相同運算子代表了函式的輸出參數。敘述

```
*nump = 307;
*letp = 'Q';
*planetp = blank_planet;
```

產生的記憶體內容如圖 14.5 所示，假設 blank_planet 宣告為：

```
planet_t blank_planet = {"", 0, 0, 0, 0};
```

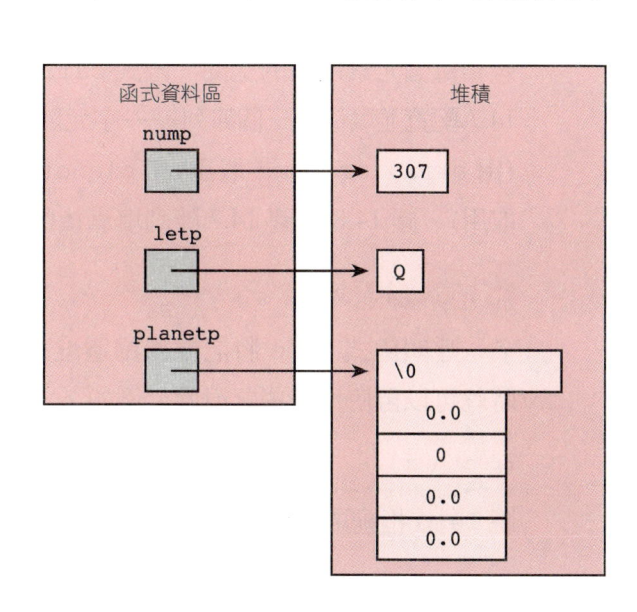

存取動態配置的結構成員

在第十一章中，我們見到可透過指標存取的結構成員，可用間接運

圖 14.5

為動態配置的變數設定值

圖 14.6 參考動態配置的結構成員

```
1.  printf("%s\n", planetp->name);
2.  printf("   Equatorial diameter:   %.0f km\n", planetp->diameter);
3.  printf("   Number of moons:   %d\n", planetp->moons);
4.  printf("   Time to complete one orbit of the sun:   %.2f years\n",
5.         planetp->orbit_time);
6.  printf("   Time to complete one rotation on axis:   %.4f hours\n",
7.         planetp->rotation_time);
```

算子(*)和直接成員選擇運算子(.)的結合取用之，例如

(*planetp).name

C 語言有另外一個運算子，稱為間接成員選擇運算子，功能等於上述兩個運算子的結合，它的符號表示為 ->(減號後面接著大於符號)。因此以下兩個敘述是相同的。

(*structp).component   structp->component

兩者均可取用到動態配置的結構成員。接下來我們會較常使用簡潔的 ->。

圖 14.6 敘述輸出動態配置的 planet_t 成員(假設 planet_t 如 11.1 節中的定義)。

以 calloc 動態配置陣列

程式可以利用函式 malloc 配置一大塊記憶體為內建或使用者自定的型態。如果要配置內建或使用者自定型態的陣列時，可以呼叫 stdlib 函式庫內的 calloc 函式。函式 calloc 需要兩個引數：陣列元素的個數和每個元素所需的空間。函式 calloc 會將陣列元素初值化為零。圖 14.7 配置並填值於三個陣列——字元陣列(由 string1 取用)、int 陣列(由 array_of_nums 取用)和 planet_t 陣列(由 array_of_planets 取用)。圖 14.8 為圖 14.7 陣列填滿後的結果。

將元素歸還堆積

呼叫函式 free 將記憶體歸還堆積，稍後呼叫 calloc 與 malloc 時就可以再使用這些記憶體。例如，

free(letp);

將 letp 指向的位置歸還堆積——也就是歸還儲存 'Q' 的記憶體(見圖

圖 14.7 以 calloc 配置陣列

```
1.  #include <stdlib.h>   /* gives access to calloc */
2.  int scan_planet(planet_t *plnp);
3.
4.  int
5.  main(void)
6.  {
7.        char    *string1;
8.        int     *array_of_nums;
9.        planet_t *array_of_planets;
10.       int     str_siz, num_nums, num_planets, i;
11.       printf("Enter string length and string> ");
12.       scanf("%d", &str_siz);
13.       string1 = (char *)calloc(str_siz, sizeof (char));
14.       scanf("%s", string1);
15.
16.       printf("\nHow many numbers?> ");
17.       scanf("%d", &num_nums);
18.       array_of_nums = (int *)calloc(num_nums, sizeof (int));
19.       array_of_nums[0] = 5;
20.       for (i = 1;  i < num_nums;   ++i)
21.           array_of_nums[i] = array_of_nums[i - 1] * i;
22.
23.       printf("\nEnter number of planets and planet data> ");
24.       scanf("%d", &num_planets);
25.       array_of_planets = (planet_t *)calloc(num_planets,
26.                                             sizeof (planet_t));
27.       for (i = 0;  i < num_planets;   ++i)
28.           scan_planet(&array_of_planets[i]);
29.       . . .
30. }

Enter string length and string> 9 enormous

How many numbers?> 4

Enter number of planets and planet data> 2
Earth     12713.5 1   1.0 24.0
Jupiter   142800.0 4  11.9  9.925
```

14.5)；

```
free(planetp);
```

則將 planetp 指向的結構整個歸還堆積。

經常不只有一個指標指向同一塊記憶體。例如，下列敘述結果如圖 14.9 所示：

```
double *xp, *xcopyp;
```

圖 14.8
圖 14.7 之程式執行後的堆疊與堆積

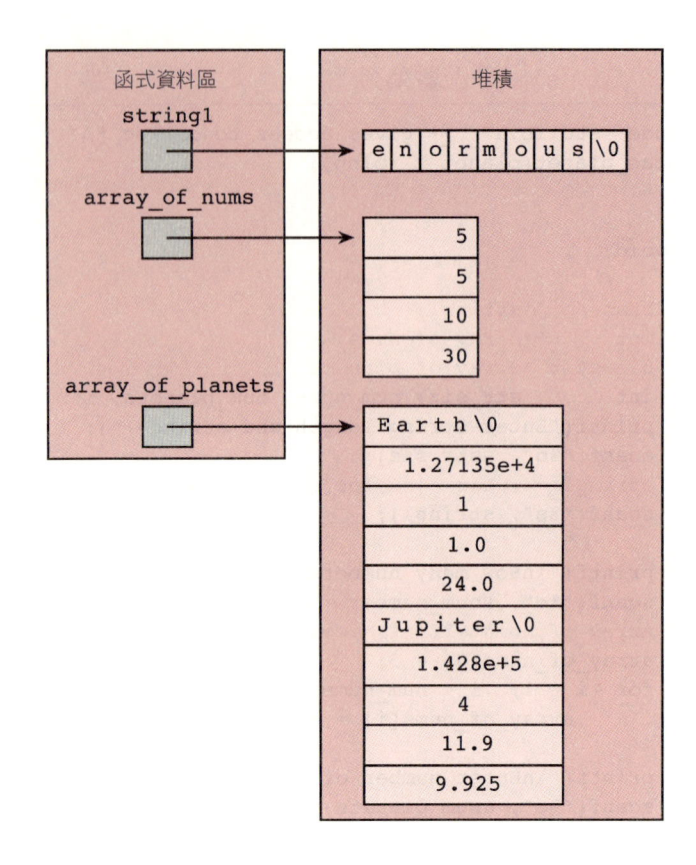

```
函式資料區                堆積
string1          ┌─┬─┬─┬─┬─┬─┬─┬──┐
  ┌─┐            │e│n│o│r│m│o│u│s\0│
  │ │──────────→ └─┴─┴─┴─┴─┴─┴─┴──┘
  └─┘            
array_of_nums    ┌──────┐
  ┌─┐            │  5   │
  │ │──────────→ ├──────┤
  └─┘            │  5   │
                 ├──────┤
                 │  10  │
                 ├──────┤
                 │  30  │
                 └──────┘
array_of_planets ┌──────────┐
  ┌─┐            │ Earth\0  │
  │ │──────────→ ├──────────┤
  └─┘            │1.27135e+4│
                 ├──────────┤
                 │    1     │
                 ├──────────┤
                 │   1.0    │
                 ├──────────┤
                 │   24.0   │
                 ├──────────┤
                 │Jupiter\0 │
                 ├──────────┤
                 │ 1.428e+5 │
                 ├──────────┤
                 │    4     │
                 ├──────────┤
                 │   11.9   │
                 ├──────────┤
                 │  9.925   │
                 └──────────┘
```

圖 14.9
多個指標指向堆積的同一位址

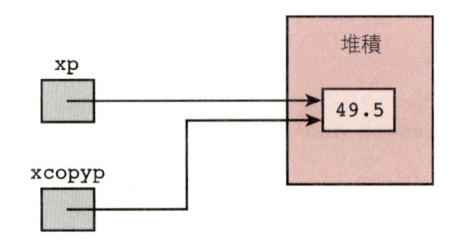

```
         xp            堆積
        ┌─┐          ┌──────┐
        │ │─────────→│ 49.5 │
        └─┘       ┌─→└──────┘
       xcopyp    │
        ┌─┐      │
        │ │──────┘
        └─┘
```

```
xp = (double *)malloc(sizeof (double));
*xp = 49.5;
xcopyp = xp;
free(xp);
...
```

呼叫 free 之後，原儲存 49.5 的記憶體可能配置給其他結構。不應再用指標 xcopyp 取用這塊記憶體，否則會產生錯誤。所以歸還記憶體之前請先確定不會再用到它。

練習 14.2

自我檢驗

參考圖 14.5，為以下問題撰寫敘述：

1. 印出 `letp` 可存取的字元。
2. 讀入一個新值，並將值存入原儲存 307 的位置。
3. 將 `"Uranus"` 存入結構的 `name` 成員。
4. 將動態配置有 12 個整數的陣列位址儲存到 `nump`，並將元素的初值均設為零。
5. 將動態配置有 30 個字元的字串變數位址儲存到 `letp`。

14.3 鏈結串列

鏈結串列：一串節點，除了最後一個節點外，每個節點均含有下一個節點的位址。

　　鏈結串列(linked list)是一連串相連的節點。鏈結串列好比小孩的「珠鏈」，每個珠子的一端有個洞，另一端是一個塞子(見圖 14.10)，因此我們可以很容易將珠子連成一串，或是修改它。例如可以移除藍色珠子，將其兩端的珠子拆開，再互相連結即可；或是在鏈子的兩端加入新珠子；或是在兩個珠子之間(珠子 A 與 B)加入一個新珠子，先將新珠子的前端與 A 珠子的尾端相連，新珠子的尾端與 B 珠子的前端相連。以下是一個擁有三個節點的鏈結串列，除了最後一個節點，其餘節點的 `linkp` 成員均指向它的下一個節點。

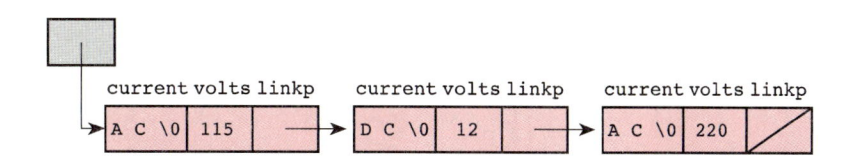

current	volts	linkp		current	volts	linkp		current	volts	linkp
A C \0	115	→		D C \0	12	→		A C \0	220	/

圖 14.10 小孩串成的珠鏈

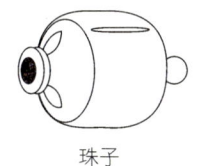

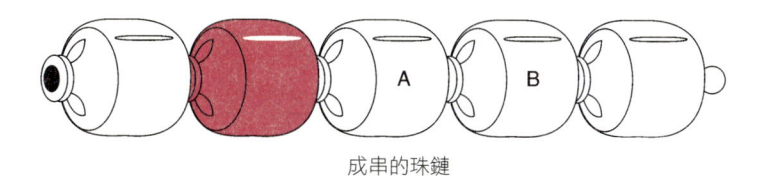

珠子　　　　　　　　　　成串的珠鏈

結構與指標成員

要動態建立鏈結串列,必須使用指標成員。因為我們無法事先知道串列中會有多少個元素,所以我們可以在需要時動態建立節點,然後以指標成員指向下一個節點。前面談到鏈結串列之節點的適當型態是

```c
typedef struct node_s {
    char        current[3];
    int         volts;
    struct node_s *linkp;
} node_t ;
```

C 語言定義結構時,可以選擇是否在 struct 保留字之後加上如 node_s 的結構標籤,則 struct node_s 是型態 node_t 的別名。宣告中有一 struct node_s* 型態的成員 linkp 指向另一個相同型態的節點。此處不使用 node_t* 而採用 struct node_s*,原因是編譯器目前仍不認識 node_t。

以下敘述為節點配置記憶體並為節點設定初值:

```c
node_t *n1_p, *n2_p, *n3_p;
n1_p = (node_t *)malloc(sizeof (node_t));
strcpy(n1_p->current, "AC");
n1_p->volts = 115;
n2_p = (node_t *)malloc(sizeof (node_t));
strcpy(n2_p->current, "DC");
n2_p->volts = 12;
```

如果將 n2_p 的指標值複製至 n3_p:

```c
n3_p = n2_p;
```

則兩個指標指向同一塊記憶體(圖 14.11)。

圖 14.11
多個指標指向同一結構

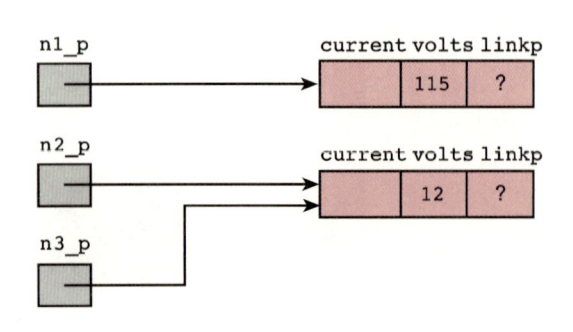

兩個指標可以用等於運算子 == 和 != 作比較。以下三個指標運算結果均為真：

```
n1_p != n2_p    n1_p != n3_p    n2_p == n3_p
```

連接節點

使用動態配置節點的目的就是可以動態增加節點數目，達成方式就是將個別節點連接起來。如果觀察前一節所配置的節點，我們可發現 linkp 成員並未定義。因為 linkp 為 node_t* 型態，所以可用來儲存另一個節點的位址。指標設定敘述

```
n1_p->linkp = n2_p;
```

將 n2_p 的位址存到由 n1_p 存取之節點的成員。圖 14.12 顯示將白色與藍色的節點連接起來。

現在我們有三種方式可以取得圖 14.11 的第二個節點的 volts 成員值(12)：

```
n2_p->volts
```

和

```
n3_p->volts
```

以及一個剛剛設定的指標 linkp：

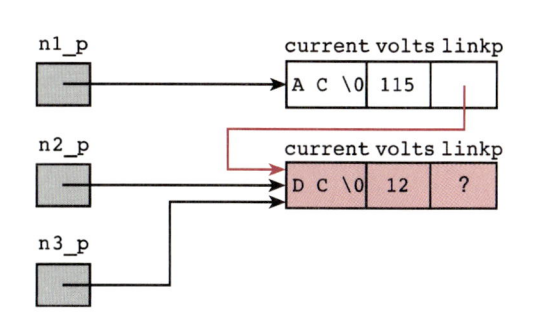

```
n1_p->linkp->volts
```

在表 14.2 中，我們分析第三種參考方式。

同理，可透過三種路徑取得目前仍未定義的 linkp 成員，所以我們再配置第三個節點，為它設定初值，並將 linkp 指向第三個節點。

圖 14.12

連結兩個節點

表 14.2　分析 `n1_p->linkp->volts`

參考階段	意義
`n1_p->linkp`	沿著 `n1_p` 指向的結構並取得 `linkp` 成員。
`linkp->volts`	沿著 `linkp` 成員指向的結構並取得 `volts` 成員。

```
n2_p->linkp = (node_t *)malloc(sizeof(node_t));
strcpy(n2_p->linkp->current, "AC");
n2_p->linkp->volts = 220;
```

現在我們有三個節點的鏈結串列，如圖 14.13 所示。

完成上述步驟後，最後一個節點的 `linkp` 成員仍未定義。事實上我們不可能無限制地配置節點。在某一點，串列就必須結束，所以需要一個特殊值表示串列終點，也就是該節點之後是空的。在 C 語言中，**空串列**(empty list)是以指標 NULL 表示，在圖上則是在指標變數或成員處畫上對角線。敘述

空串列：沒有節點的串列，在 C 中是以 NULL 表示，其值為 0。

```
n2_p->linkp->linkp = NULL;
```

執行結果如圖 14.14 所示，其中鏈結串列共有三個節點。指標變數 `n1_p` 指向第一個串列元素，稱為**串列起點**(list head)。因此，知道 `n1_p` 上的位址者均可取得串列的任一元素。

串列起點：鏈結串列的第一個元素。

圖 14.13
三個節點的鏈結串列與最後未定義之指標

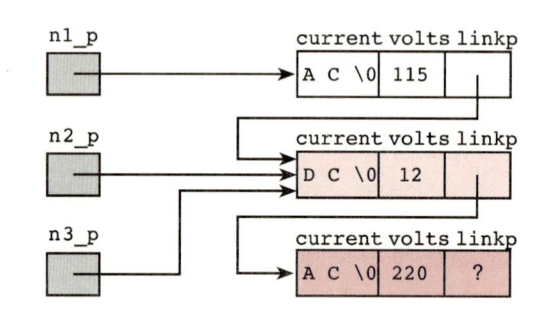

圖 14.14
由 `n1_p` 存取的三個元素之鏈結串列

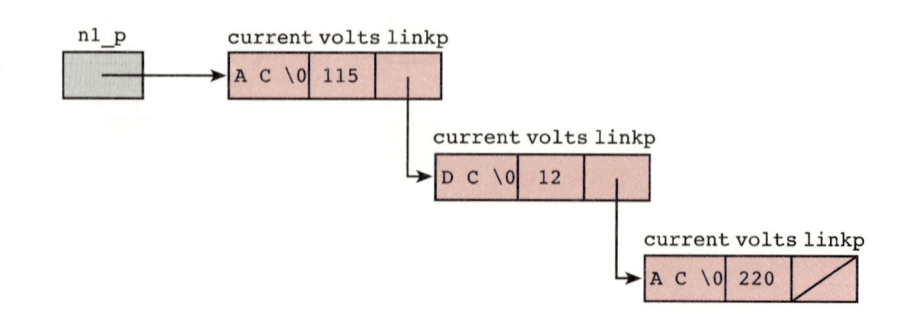

圖 **14.15**

加入新節點後之鏈結串列

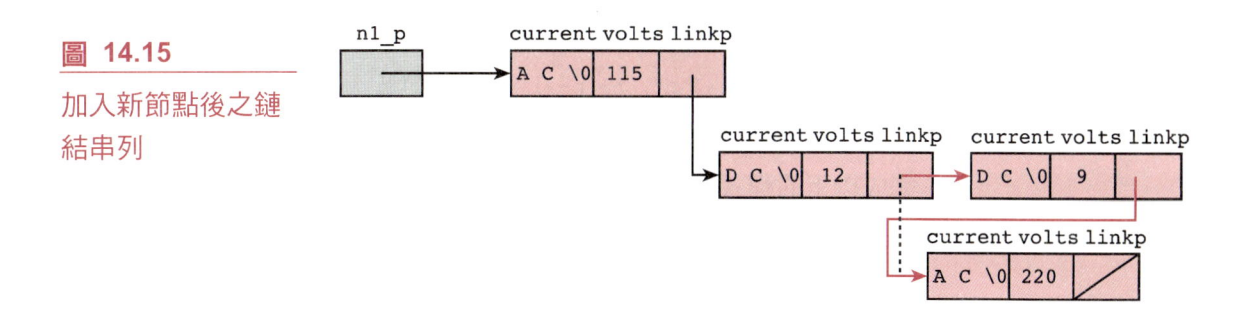

圖 **14.16**　刪除節點後之鏈結串列

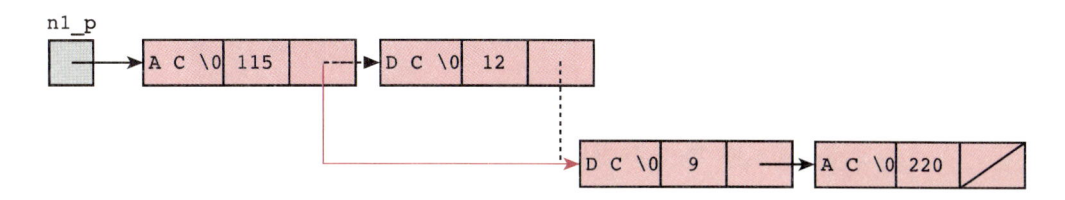

鏈結串列的優點

　　因為修改容易，所以鏈結串列是一種重要的資料結構。例如在節點 DC 12 與 AC 220 之間插入含有 DC 9 的新節點，只需要將 DC 12 指向新節點，並將新節點指向 AC 220 即可。換句話說，修改鏈結串列的工作與串列元素的數目無關。圖 14.15 為插入新節點後的串列圖示。

　　同理，刪除串列元素也十分容易。只需改變一個指標，即指向目前刪除之元素的指標。例如，圖 14.16 要將內含 DC 12 的節點移除，只需將 AC 115 的指標指向 DC 12 指向的節點。刪除的節點完全脫離串列，並可歸還給堆積(若我們有另一個指標可存取此節點)。新的鏈結串列變成 AC 115、DC 9 和 AC 220。

練習 14.3

自我檢驗

1. 以下為本節最後建立的鏈結串列。下列的程式片段會顯示什麼？

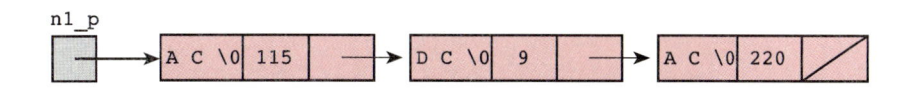

```
n2_p = n1_p->linkp->linkp;
printf(" %s   %s   %s\n", n2_p->current,
```

```
            n1_p->linkp->current, n1_p->current);
    printf("%3d%4d%4d\n", n1_p->linkp->volts,
            n1_p->volts, n2_p->volts);
```

2. 完成以下的程式片段,使其可建立包含音階之鏈結串列。假設程式輸入為:

```
do  re  mi  fa  sol  la  ti  do

typedef struct scale_node_s {
    char                note[4];
    struct scale_node_s *linkp;
} scale_node_t;
...
scale_node_t *scalep, *prevp, *newp;
int i;

scalep = (scale_node_t *)malloc(sizeof (scale_node_t));
scanf("%s", scalep->note);
prevp = scalep;
for (i = 0; i < 7; ++i){

    newp = _____;

    scanf("%s", _____note);

    prevp->linkp = _____;
    prevp = newp;
}
    _____ = NULL;
```

14.4　鏈結串列的運算子

　　本節介紹一些常用的串列處理操作,並介紹如何利用指標變數完成之。我們假設使用的鏈結串列節點為 `list_node_t` 結構,指標變數 `pi_fracp` 指向串列起點。以下為 `list_node_t` 結構:

```
typedef struct list_node_s {
    int                digit;
    struct list_node_s *restp;
} list_node_t;
```

```
. . .
{
    list_node_t *pi_fracp;
```

走訪串列

走訪串列：從串列起點開始，循序處理串列每一個元素。

許多串列運算，我們需要循序處理串列的每一個元素，這個步驟稱為**走訪串列**(traversing a list)。走訪一個串列，首先從串列起點開始，再沿著串列指標循序處理。

對任何資料結構都必須包含的操作是顯示其內容。如果想要顯示串列內容，我們必須走訪整個串列，然後只顯示節點的資訊成員，不包括指標成員。圖 14.17 之 print_list 函式，從串列起點開始，顯示每個節點的 digit 成員，函式輸入參數為 list_node_t* 型態的串列起點。如果 pi_fracp 指向串列

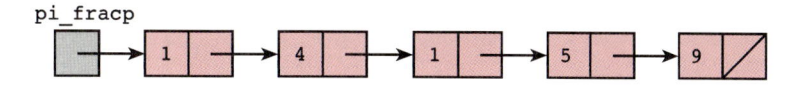

呼叫函式

```
print_list(pi_fracp);
```

顯示結果為

14159

由於我們以鏈結串列的方式儲存 π 值的小數部分，所以可以比 int 或 double 用更多的位數表示它。

圖 14.17 函式 print_list

```
1.  /*
2.   * Displays the list pointed to by headp
3.   */
4.  void
5.  print_list(list_node_t *headp)
6.  {
7.      if (headp == NULL) {    /* simple case - an empty list       */
8.          printf("\n");
9.      } else {                /* recursive step - handles first element */
10.         printf("%d", headp->digit);  /*    leaves rest to       */
11.         print_list(headp->restp);    /*       recursion         */
12.     }
13. }
```

第十章談到，解決不定長度的串列問題適合採用遞迴方式，因此以下也以遞迴方式寫一個 print_list。函式的演算法是：「當不為空串列時，處理第一個串列元素，然後處理剩餘的串列(再次呼叫函式)。」

圖 14.18 比較 print_list 的遞迴與迴圈版本。我們稱 print_list 的遞迴方式為**尾段遞迴**(tail recursion)，因為遞迴呼叫是函式的最後一個步驟。尾段遞迴很容易轉換成迴圈方式。所以針對串列處理所發展的語言，其編譯器可自動地做這類轉換。

尾段遞迴：在函式的最後一個步驟執行遞迴呼叫。

我們仔細研究採用 for 迴圈的版本。它遊走串列每個元素，就如處理陣列元素的計數 for 迴圈一般容易。

為了從鏈結串列的第一個元素開始追蹤，我們將迴圈控制指標變數 cur_nodep 初值化為 headp。當 cur_nodep 之值不為 NULL 時(串列結束)，程式會一直在迴圈之內運算。每處理一次迴圈，控制變數指向下一個節點。圖 14.19 顯示 cur_nodep 更新前與更新後的情形。

圖 14.18 比較遞迴式與迴圈式的串列列印

```
                    /* Displays the list pointed to by headp */
                    void
                    print_list(list_node_t *headp)
{                                          { list_node_t *cur_nodep;
 if (headp == NULL) {/* simple case */
    printf("\n");                             for  (cur_nodep = headp; /* start at
 } else {          /* recursive step */                                   beginning  */
    printf("%d", headp->digit);                    cur_nodep != NULL; /* not at
    print_list(headp->restp);                                          end yet   */
 }                                                 cur_nodep = cur_nodep->restp)
}                                                printf("%d", cur_nodep->digit);
                                             printf("\n");
                                           }
```

圖 14.19
更新串列走訪的迴圈控制變數

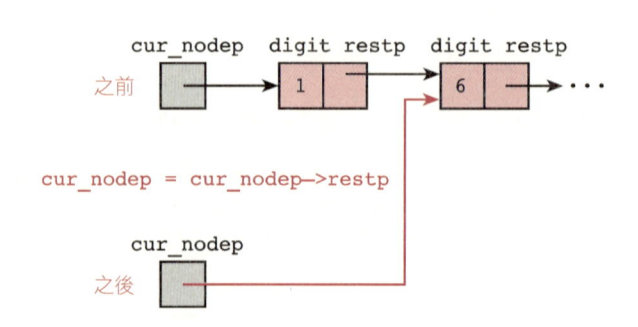

圖 14.20　遞迴函式 `get_list`

```c
#include <stdlib.h>   /*  gives access to malloc */
#define SENT -1
/*
 *  Forms a linked list of an input list of integers
 *  terminated by SENT
 */
list_node_t *
get_list(void)
{
    int data;
    list_node_t *ansp;

    scanf("%d", &data);
    if (data == SENT) {
        ansp = NULL;
    } else {
        ansp = (list_node_t *)malloc(sizeof (list_node_t));
        ansp->digit = data;
        ansp->restp = get_list();
    }

    return (ansp);
}
```

取得輸入串列

圖 14.20 的函式 `get_list` 循序從輸入的整數建立一個鏈結串列。輸入哨符值 −1 代表資料結束。函式採取遞迴演算法時，將哨符值視為空資料串列並回傳 NULL，在設定給 ansp 時自動轉成型態 `list_node_t*`。如果輸入值不為哨符值，將此值視為所建立之串列的第一個值，配置一個節點，並將輸入值存入 `digit` 成員。函式的關鍵是剩餘的 `restp` 成員應指向其餘輸入建立的鏈結串列。只要是良好的遞迴演算法，程式在適當的時機會自然呼叫正確函式。它呼叫 `get_list`(即它自己)找出指標值存在 `restp`。

圖 14.21 說明另一種 `get_list` 版本。

自串列中搜尋目標

另一個常用的運算是在串列中搜尋目標。串列搜尋與陣列搜尋很相似，我們循序檢查串列的每一個元素，直到找到目標值或是碰到串列終點。如果遇到串列終點，代表指到的下一個指標為 NULL。

圖 14.21 迴圈函式 get_list

```c
/*
 * Forms a linked list of an input list of integers terminated by SENT
 */
list_node_t *
get_list(void)
{
      int data;
      list_node_t *ansp,
                  *to_fillp, /* pointer to last node in list whose
                                restp component is unfilled          */
                  *newp;     /* pointer to newly allocated node      */

      /* Builds first node, if there is one */
      scanf("%d", &data);
      if (data == SENT) {
            ansp = NULL;
      } else {
            ansp = (list_node_t *)malloc(sizeof (list_node_t));
            ansp->digit = data;
            to_fillp = ansp;

            /* Continues building list by creating a node on each
               iteration and storing its pointer in the restp component of the
               node accessed through to_fillp */
            for  (scanf("%d", &data);
                  data != SENT;
                  scanf("%d", &data)) {
                newp = (list_node_t *)malloc(sizeof (list_node_t));
                newp->digit = data;
                to_fillp->restp = newp;
                to_fillp = newp;
            }

            /* Stores NULL in final node's restp component */
            to_fillp->restp = NULL;
      }
      return (ansp);
}
```

　　　　　圖 14.22 中的函式 search 傳回串列中第一個含有目標值的節點指標，如果搜尋不到則傳回 NULL。

小心 NULL 指標

　　　　　仔細觀察 search 函式中的 for 迴圈，其中迴圈重複條件的測試順序非常重要。倘若將迴圈重複條件的測試順序顛倒，且 cur_nodep 為 NULL，則

圖 14.22 函式 search

```
 1.  /*
 2.   * Searches a list for a specified target value.  Returns a pointer to
 3.   * the first node containing target if found.  Otherwise returns NULL.
 4.   */
 5.  list_node_t *
 6.  search(list_node_t *headp,  /* input - pointer to head of list */
 7.         int         target)  /* input - value to search for     */
 8.  {
 9.      list_node_t *cur_nodep;  /* pointer to node currently being checked */
10.
11.      for  (cur_nodep = headp;
12.            cur_nodep != NULL  &&  cur_nodep->digit != target;
13.            cur_nodep = cur_nodep->restp) {}
14.
15.      return (cur_nodep);
16.  }
```

```
cur_nodep->digit != target  &&  cur_nodep != NULL
```

發生程式企圖沿著一個 NULL 指標，因而產生執行期錯誤。因為 C 對於邏輯算式採取求值捷徑，所以原來的算式可以保證無誤，若 cur_nodep 為 NULL 就不會再跟著它。

練習 14.4

自我檢驗

1. 以一個擁有三個元素(值為 4、1、5)的串列追蹤函式 search 的執行。請顯示 cur_nodep 在執行 for 迴圈每次更新指標後的值。搜尋的目標值為 5、2 和 4。

程式撰寫

1. 撰寫函式計算含有 list_node_t 節點之串列的長度。
2. 撰寫遞迴版本的 search 函式。

14.5　以鏈結串列表示堆疊

> **堆疊**：一串資料結構，新增元素和移除元素都在堆疊的同一端，即堆疊的頂端。

在第八章中，我們以陣列結構製作**堆疊**(stack)。在第十章中，我們見到堆疊用於追蹤遞迴函式呼叫時之區域變數與參數。事實上，在電腦系統軟體中有許多地方皆使用堆疊，例如作業系統和編譯器。

後進先出結構：一種資料結構，其最後存入的元素會最先取出。

我們已經知道，在堆疊中插入一個元素(推進)或刪除一個元素(跳出)均在串列的同一端，即堆疊的頂端。由於取出的元素是停留在堆疊中最短時間者，所以堆疊又稱為**後進先出**(last-in, first-out, LIFO)串列。

範例 14.1　以鏈結串列結構製作堆疊，插入或刪除元素均在串列的起頭執行。圖 14.23 左邊是以串列表示兩個堆疊。堆疊元素即是一個串列節點，此節點的一般結構是一個資訊欄位及指向下一個節點的指標欄位。

堆疊 s 可用有單一指標成員 topp 的結構表示，topp 指向堆疊頂端。圖 14.24 的 typedef 定義這一個堆疊型態。

圖 14.25 顯示函式 push 和 pop 的實作，以及一個驅動程式。程式首先建構圖 14.23 的堆疊，然後重複跳出與印出堆疊元素，直到堆疊為空。

函式 push 配置一個新的堆疊節點，並將目前堆疊的指標存新節點的 restp 成員，並設定堆疊頂端指向新節點。

圖 14.23 以鏈結串列表示堆疊

三個字元之堆疊

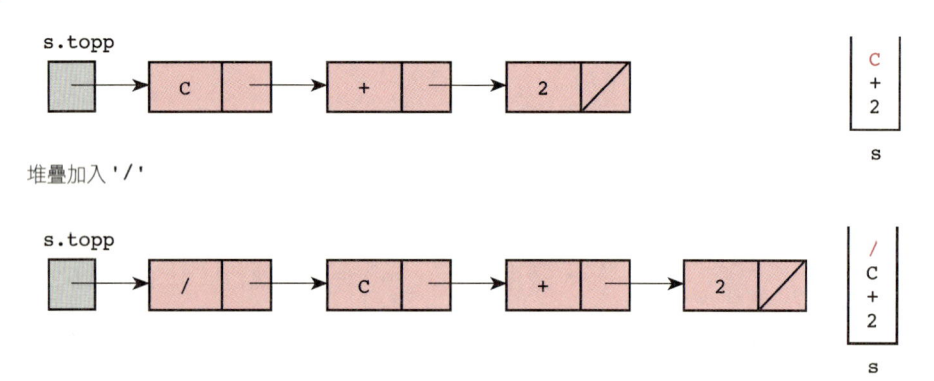

堆疊加入 '/'

圖 14.24 以鏈結串列製作堆疊之結構型態

```
1.  typedef char stack_element_t;
2.
3.  typedef struct stack_node_s {
4.       stack_element_t    element;
5.       struct stack_node_s *restp;
6.  } stack_node_t;
7.
8.  typedef struct {
9.       stack_node_t *topp;
10. } stack_t;
```

圖 14.25　以 push 與 pop 函式處理堆疊

```
1.  /*
2.   * Creates and manipulates a stack of characters
3.   */
4.
5.  #include <stdio.h>
6.  #include <stdlib.h>
7.
8.  /* Include typedefs from Fig. 14.24 */
9.  void push(stack_t *sp, stack_element_t c);
10. stack_element_t pop(stack_t *sp);
11. int
12. main(void)
13. {
14.      stack_t s = {NULL};   /* stack of characters - initially empty */
15.
16.      /* Builds first stack of Fig. 14.23          */
17.      push(&s, '2');
18.      push(&s, '+');
19.      push(&s, 'C');
20.
21.      /* Completes second stack of Fig. 14.23      */
22.      push(&s, '/');
23.
24.      /* Empties stack element by element          */
25.      printf("\nEmptying stack: \n");
26.      while (s.topp != NULL) {
27.           printf("%c\n", pop(&s));
28.      }
29.
30.      return (0);
31. }
32.
33. /*
34.  * The value in c is placed on top of the stack accessed through sp
35.  * Pre:  the stack is defined
36.  */
37. void
38. push(stack_t       *sp, /* input/output - stack         */
39.      stack_element_t c)  /* input        - element to add */
40. {
41.      stack_node_t *newp;  /* pointer to new stack node   */
42.
43.      /* Creates and defines new node              */
44.      newp = (stack_node_t *)malloc(sizeof (stack_node_t));
45.      newp->element = c;
46.      newp->restp = sp->topp;
47.      /* Sets stack pointer to point to new node   */
48.      sp->topp = newp;
49. }
50.
```

(續)

圖 14.25 以 push 與 pop 函式處理堆疊 (續)

```
51.  /*
52.   *  Removes and frees top node of stack, returning character value
53.   *  stored there.
54.   *  Pre:    the stack is not empty
55.   */
56.  stack_element_t
57.  pop(stack_t *sp)  /* input/output - stack */
58.  {
59.          stack_node_t     *to_freep;   /* pointer to node removed  */
60.          stack_element_t  ans;         /* value at top of stack    */
61.
62.          to_freep = sp->topp;              /* saves pointer to node being deleted */
63.          ans = to_freep->element;          /* retrieves value to return           */
64.          sp->topp = to_freep->restp;       /* deletes top node                    */
65.          free(to_freep);                   /* deallocates space                   */
66.
67.          return (ans);
68.  }
69.
70.  Emptying stack:
71.  /
72.  C
73.  +
74.  2
```

練習 14.5

自我檢驗

1. 依據下列程式片段，描繪程式執行時的堆疊狀況。假設程式以鏈結串列製作堆疊，堆疊定義如圖 14.23。

   ```
   { stack_t stk = {NULL};

     push(&stk, 'a');
     push(&stk, 'b');
     pop(&stk);
     push(&stk, 'c');
   ```

14.6 以鏈結串列表示佇列

佇列：一串資料結構。從一端加入元素，而從另一端移除元素。

佇列 (queue) 是一種資料抽象化，例如，描述櫃檯前等待結帳的顧客，電腦中心等待列印的工作。在佇列中，元素是從佇列的尾端加入，而從佇列的前端取出。換句話說，在佇列中待最久的元素會最先被取出，

先進先出結構：一種資料結構，第一個放入的元素會第一個取出。

所以佇列稱為**先進先出**(first-in, first-out, FIFO)的串列。

我們可以利用鏈結串列製作佇列，當新增或移除元素時，會隨之長大或縮小。維護佇列時，必須同時記錄鏈結串列的第一個節點(即佇列的前端)和最後一個節點(即佇列的尾端)。此外，如果能夠知道佇列大小，就不必遊走整個串列節點了。圖 14.26 以 typedef 定義具以上特性的佇列。

圖 14.27 利用佇列模式，描述一群在售票處前等待服務的旅客。維護佇列的兩個主要功能是增加與刪除元素。另外，顯示佇列也很重要。圖 14.28 函式依使用者的輸入，新建與維護一個旅客佇列。函式在迴圈 do-while 內取得使用者輸入，並以 switch 敘述處理選項。

圖 14.29 包含函式 add_to_q 和 remove_from_q。因為佇列是從尾端加入元素，所以 add_to_q 函式主要是管理 rearp 指標。唯有當空佇列時才會影響到指標 frontp。另一方面，佇列是從前端取出元素，所以 remove_from_q 函式主要是管理 frontp 指標，唯有移出最後一

圖 14.26 以鏈結串列製作佇列的結構型態

```
1.  /*  Insert typedef for queue_element_t */
2.
3.  typedef struct queue_node_s {
4.      queue_element_t     element;
5.      struct queue_node_s *restp;
6.  } queue_node_t;
7.
8.  typedef struct {
9.      queue_node_t *frontp,
10.                  *rearp;
11.     int          size;
12. } queue_t;
```

圖 14.27

在購票處前的旅客佇列

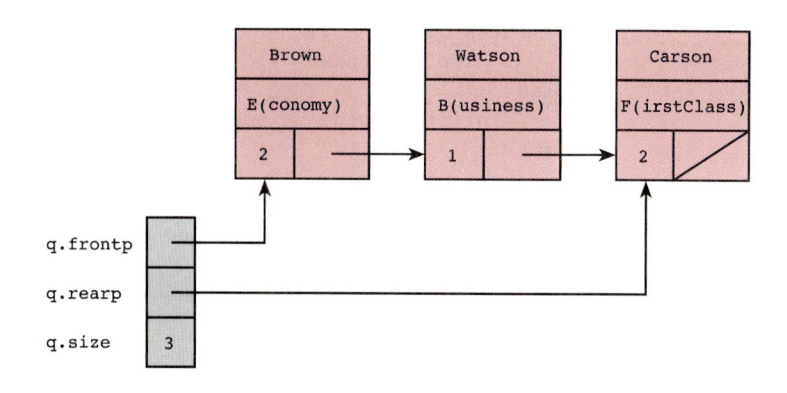

圖 14.28 佇列的建立及維護

```
/*
 *  Creates and manipulates a queue of passengers.
 */

int scan_passenger(queue_element_t *passp);
void print_passenger(queue_element_t pass);
void add_to_q(queue_t *qp, queue_element_t ele);
queue_element_t remove_from_q(queue_t *qp);
void display_q(queue_t q);

int
main(void)
{
        queue_t pass_q = {NULL, NULL, 0}; /* passenger queue - initialized to
                                             empty state */
        queue_element_t next_pass, fst_pass;
        char choice;   /* user's request */

        /*  Processes requests  */
        do {
            printf("Enter A(dd), R(emove), D(isplay), or Q(uit)> ");
            scanf(" %c", &choice);
            switch (toupper(choice)) {
            case 'A':
                printf("Enter passenger data> ");
                scan_passenger(&next_pass);
                add_to_q(&pass_q, next_pass);
                break;

            case 'R':
                if (pass_q.size > 0) {
                        fst_pass = remove_from_q(&pass_q);
                        printf("Passenger removed from queue: \n");
                        print_passenger(fst_pass);
                } else {
                        printf("Queue empty - noone to delete\n");
                }
                break;

            case 'D':
                if (pass_q.size > 0)
                        display_q(pass_q);
                else
                        printf("Queue is empty\n");
                break;

            case 'Q':
                printf("Leaving passenger queue program with %d \n",
                       pass_q.size);
                printf("passengers in the queue\n");
```

(續)

圖 14.28 佇列的建立及維護 (續)

```
51.                break;
52.
53.         default:
54.                printf("Invalid choice -- try again\n");
55.         }
56.     } while (toupper(choice) != 'Q');
57.
58.     return (0);
59. }
```

個元素時才會影響到指標 rearp。因為佇列元素是動態配置，所以元素不用時必須自行歸還記憶體。函式 remove_from_q 首先將 frontp 備份至 to_freep，然後再將新值存至 frontp，並用 to_freep 釋放已移除之節點的空間。

圖 14.30 顯示在已包含旅客 Brown 和 Watson 的佇列中，加入 Carson 「之後」的結果。

圖 14.31 為從佇列移除旅客 Brown 的結果。

練習 14.6

自我檢驗

1. 對於圖 14.31 中佇列 q 的最後狀態，下面的程式片段會產生何種結果？請繪出結果。

   ```
   {
   queue_element_t one_pass = {"Johnson", 'E', 5};
   . . .
   q.rearp->restp =
         (queue_node_t *)malloc(sizeof (queue_node_t));
   q.rearp = q.rearp->restp;
   q.rearp->element = one_pass;
   q.rearp->restp = NULL;
   ++(q.size);
   ```

2. 當執行

   ```
   one = remove_from_q(&pass_q);
   ```

   結果為何？如果 pass_q 為

```
                              pass_q.frontp  ┌──┐      ┌─────────┐
                                             │ ─┼──┐   │  Jones  │
                              pass_q.rearp   ├──┤  │   │E(conomy)│
                                             │ ─┼──┼──▶├────┬────┤
                                             ├──┤  │   │  2 │ ╲  │
                              pass_q.size    │ 1│      └────┴────┘
                                             └──┘
```

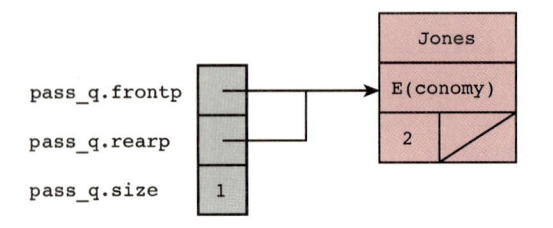

請描繪結果。

圖 14.29 函式 add_to_q 與 remove_from_q

```c
/*
 *  Adds ele at the end of queue accessed through qp
 *  Pre:  queue is not empty
 */
void
add_to_q(queue_t          *qp,  /* input/output - queue   */
         queue_element_t  ele)  /* input - element to add */
{
    if (qp->size == 0) {                    /* adds to empty queue              */
        qp->rearp = (queue_node_t *)malloc(sizeof (queue_node_t));
        qp->frontp = qp->rearp;
    } else {                                /* adds to nonempty queue           */
        qp->rearp->restp =
            (queue_node_t *)malloc(sizeof (queue_node_t));
        qp->rearp = qp->rearp->restp;
    }
    qp->rearp->element = ele;               /* defines newly added node         */
    qp->rearp->restp = NULL;
    ++(qp->size);
}

/*
 *  Removes and frees first node of queue, returning value stored there.
 *  Pre:  queue is not empty
 */
queue_element_t
remove_from_q(queue_t *qp) /* input/output - queue */
{
    queue_node_t     *to_freep;    /* pointer to node removed                   */
    queue_element_t  ans;          /* initial queue value which is to
                                      be returned                               */
    to_freep = qp->frontp;                  /* saves pointer to node being deleted */
    ans = to_freep->element;                /* retrieves value to return        */
    qp->frontp = to_freep->restp;           /* deletes first node               */
    free(to_freep);                         /* deallocates space                */
    --(qp->size);

    if (qp->size == 0)                      /* queue's ONLY node was deleted    */
        qp->rearp = NULL;

    return (ans);
}
```

圖 14.30

在佇列中加入一位旅客

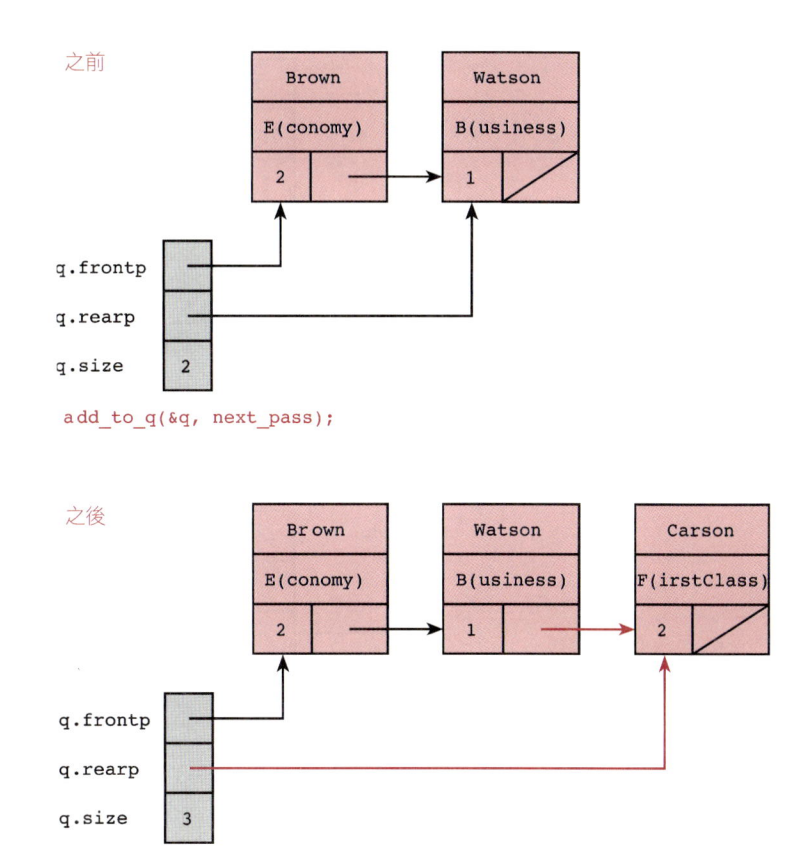

之前

```
         Brown      Watson
         E(conomy)  B(usiness)
         2     →    1
         ↑         ↑
q.frontp  ●────────┘
q.rearp   ●────────┘
q.size    2
```

`add_to_q(&q, next_pass);`

之後

```
         Brown      Watson       Carson
         E(conomy)  B(usiness)   F(irstClass)
         2     →    1       →    2
         ↑                        ↑
q.frontp  ●                       │
q.rearp   ●───────────────────────┘
q.size    3
```

14.7 有序串列

有序串列：一種資料結構，每個元素的位置是由鍵值成員決定，因此可形成一個遞增或遞減的序列。

在佇列與堆疊中，何時插入節點決定了它在串列中的位置。而**有序串列**(ordered list)的節點資料中，另外包含一個**鍵值**成員，例如 ID。所謂有序串列是串列中節點的位置由鍵值決定，所以串列的鍵值形成一個遞增或遞減序列。

有序串列的維護是一個問題，鏈結串列對此問題尤其有用，因為在串列中很容易就能加入或刪除一個節點而不會破壞整個串列。例如，我們希望以有序串列建立一個整數、實數或航機旅客的串列。我們可以修改圖 14.28 的選單程式，以有序串列方式維護旅客資料。利用旅客名稱作為鍵值，形成以字母為順序的串列。使用有序串列的優點是可以刪除串列的任一個旅客，而不是像佇列一樣只能從前端移出資料。此外，依照鍵值也可以依序輸出旅客名稱。本章最末的程式撰寫專案 1 會要求你將圖 14.28 的選擇程式改成有序串列的乘客資料。接下來我們要解決一個較簡單的問題。

圖 14.31

從佇列中刪除一位旅客

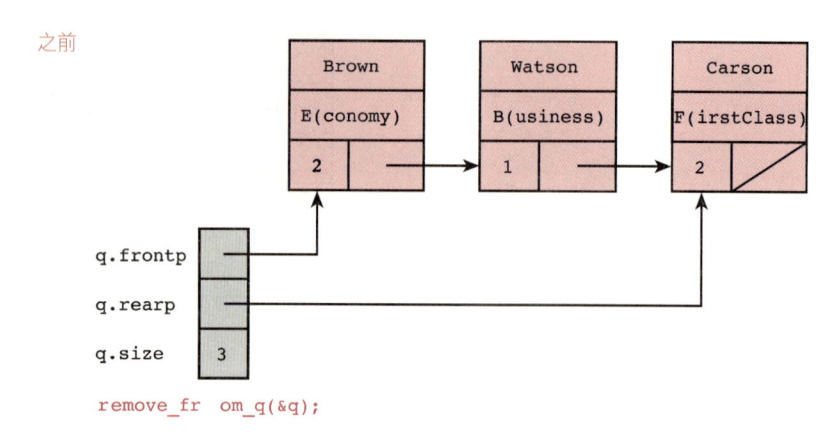

之前

```
        Brown          Watson         Carson
        E(conomy)      B(usiness)     F(irstClass)
        2         →    1         →    2
                ↑                           ↑
q.frontp  ┃━━━━━━━━━━━━━━━━━━━━━━━━━━━━━┛
q.rearp   ┃━━━━━━━━━━━━━━━━━━━━━━━━━━━━━┛
q.size    3

remove_fr  om_q(&q);
```

呼叫函式時

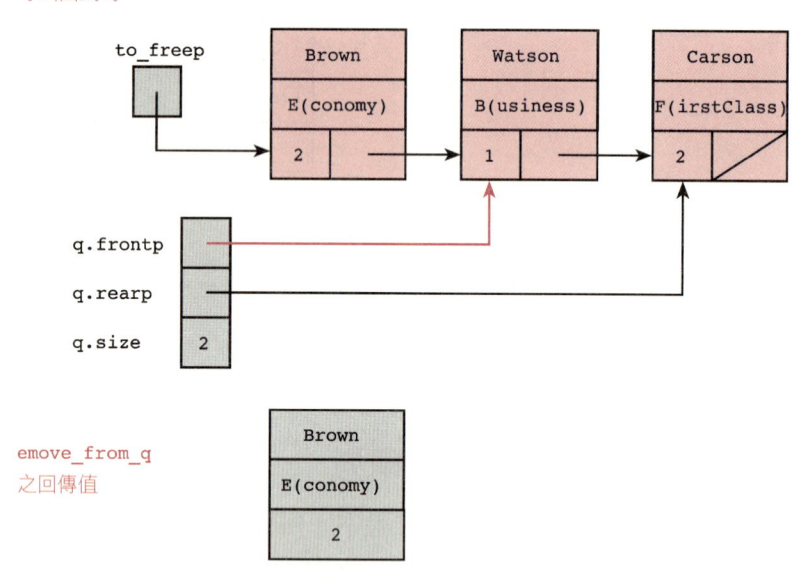

```
to_freep   ┃
                   ↓
        Brown          Watson         Carson
        E(conomy)      B(usiness)     F(irstClass)
        2         →    1              2
                                ↑            ↑
q.frontp  ┃━━━━━━━━━━━━━━━━┛
q.rearp   ┃━━━━━━━━━━━━━━━━━━━━━━━━━━━━━┛
q.size    2
```

emove_from_q 之回傳值

```
Brown
E(conomy)
2
```

案例研究　維護一個整數的有序串列

問　題

為了顯示有序串列常見的運算，我們會寫一個程式，透過不斷加入整數值而建立一個有序串列，並輸出串列的大小與值。接下來程式依輸入值刪除元素，並重新顯示串列結果。

分　析

要表示一個有序串列，必須有一個記錄串列大小的成員，如此不用遊走所有節點即可知道它的大小。接下來描繪幾種有序串列，然後說明所需之資料結構。

如下為一個非空的有序串列：

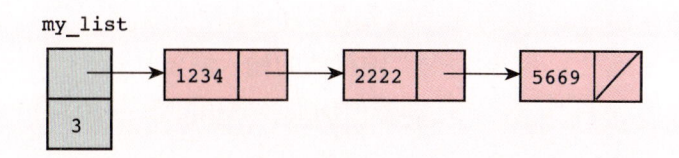

```
        my_list
          ┌─┬─┐    ┌────┬─┐    ┌────┬─┐    ┌────┬╱┐
          │ │•┼──→ │1234│•┼──→ │2222│•┼──→ │5669│╱│
          ├─┤      └────┴─┘    └────┴─┘    └────┴─┘
          │3│
          └─┘
```

一個空的有序串列為

```
    my_list
    ┌─┬╱┐
    │╱│ │
    ├─┤
    │0│
    └─┘
```

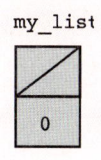

資料需求

結構型態
ordered_list_t
　　成員：
　　　　headp　　　　　　　/* 指向鏈結串列的第一個節點　*/
　　　　size　　　　　　　 /* 目前串列的節點數　　　　　 */

list_node_t
　　成員：
　　　　key　　　　　　　　/* 整數，用以決定節點的順序　*/
　　　　restp　　　　　　　/* 指向其餘的鏈結串列　　　　*/

問題常數
SENT -999　　　　　　　　 /* 哨符值　　　　　　　　　　*/

問題輸入
int next_key　　　　　　　/* 每筆紀錄的鍵值　　　　　　*/

問題輸出
ordered_list_t my_list　　/* 序列鏈　　　　　　　　　　*/

設 計

演算法

1. 新建一個空的有序串列。
2. 對每個非哨符值的輸入鍵值
   3. 將鍵值加入有序串列中。
4. 顯示有序串列與其大小。
5. 對每個非哨符值的輸入鍵值
   6. 刪除與鍵值相同的節點。
   7. 如果刪除成功
      8. 顯示有序串列與其大小。
   否則
      9. 顯示錯誤訊息。

實 作

圖 14.32 為型態定義與主程式。演算法步驟 1 宣告一個有序串列變數並初值化。步驟 2 和 5 係以哨符值控制 for 迴圈。步驟 6 至 7 可以結合，因為可設計 delete 函式的傳回值代表刪除節點是否成功。

圖 14.32　以加入和刪除建立一個有序串列

```
1.  /*
2.   *  Program that builds an ordered list through insertions and then modifies
3.   *  it through deletions.
4.   */
5.
6.  typedef struct list_node_s {
7.       int                key;
8.       struct list_node_s *restp;
9.  } list_node_t;
10.
11. typedef struct {
12.      list_node_t *headp;
13.      int         size;
14. } ordered_list_t;
15.
16. list_node_t *insert_in_order(list_node_t *old_listp, int new_key);
17. void insert(ordered_list_t *listp, int key);
18. int delete(ordered_list_t *listp, int target);
19. void print_list(ordered_list_t list);
```

(續)

圖 14.32 以加入和刪除建立一個有序串列 (續)

```
20.
21.    #define SENT -999
22.
23.    int
24.    main(void)
25.    {
26.         int            next_key;
27.         ordered_list_t my_list = {NULL, 0};
28.
29.         /* Creates list through in-order insertions */
30.         printf("Enter integer keys--end list with %d\n", SENT);
31.         for  (scanf("%d", &next_key);
32.               next_key != SENT;
33.               scanf("%d", &next_key)) {
34.             insert(&my_list, next_key);
35.         }
36.
37.         /* Displays complete list */
38.         printf("\nOrdered list before deletions:\n");
39.         print_list(my_list);
40.
41.         /* Deletes nodes as requested */
42.         printf("\nEnter a value to delete or %d to quit> ", SENT);
43.         for  (scanf("%d", &next_key);
44.               next_key != SENT;
45.               scanf("%d", &next_key)) {
46.             if (delete(&my_list, next_key)) {
47.                   printf("%d deleted.  New list:\n", next_key);
48.                   print_list(my_list);
49.             } else {
50.                   printf("No deletion.  %d not found\n", next_key);
51.             }
52.         }
53.
54.         return (0);
55.    }
```

```
Enter integer keys--end list with -999
5  8  4  6  -999
Ordered list before deletions:
   size = 4
   list = 4
          5
          6
          8

Enter a value to delete or -999 to quit> 6
6 deleted.  New list:
   size = 3
   list = 4
```

(續)

圖 14.32 以加入和刪除建立一個有序串列 (續)

```
          5
          8
Enter a value to delete or -999 to quit> 4
4 deleted.  New list:
   size = 2
   list = 5
          8

Enter a value to delete or -999 to quit> -999
```

函式 insert、delete 和 print_list

函式 insert 與函式 add_to_queue 類似，因為有序串列結構的大小和指標成員均須修改。但是 insert 函式必須先找到鍵值在串列中的正確位置，然後才加入其中，這是不同於佇列函式的地方。我們可採用遞迴方式找尋插入的正確位置，故另設計函式 insert_in_order 協助處理節點的加入工作。故 insert 函式僅需更新串列大小，並用 insert_in_order 的回傳值更新串列的起頭指標。

insert_in_order 演算法

1. 如果是空串列　　　　　　　　　　　　　　　　　　／* 簡單案例 1 */
    2. 新的串列只包含一個新節點，內容為一個新鍵值與一個空的 restp 成員。
   否則，如果鍵值可加在串列的第一個節點之前　　／* 簡單案例 2 */
    3. 新的串列有一個新節點，內容包含一個新鍵值和指向舊串列的 restp。
   否則　　　　　　　　　　　　　　　　　　　　　　　／* 遞迴步驟 */
    4. 新串列自舊串列的第一個值開始，而成員 restp 指向新節點正確插入其餘舊串列後的串列。

圖 14.33 說明這三種情況，圖 14.34 則為實作結果。

圖 14.33
遞迴函式 insert_in_order 的數種案例

簡單案例 1
old_listp　new_key　　　new_listp
　／　　　　4　　　　　　→　4 ／

簡單案例 2
old_listp　new_key　　　new_listp
　│　　　　4　　　　　　→　4 ─┐
　└──────→ 5 ─→ 8 ／　　　　　　│
　　　　　　　　　　　　　　　　（連到 5）

遞迴步驟
old_listp　new_key
　│　　　　6

　└──→ 5 ◯ ─→ 8 ／

new_listp 是 old_listp 中畫圈圈的部分改變後的串列

　→ 6 ─┐
　　　　└→ 8 ／

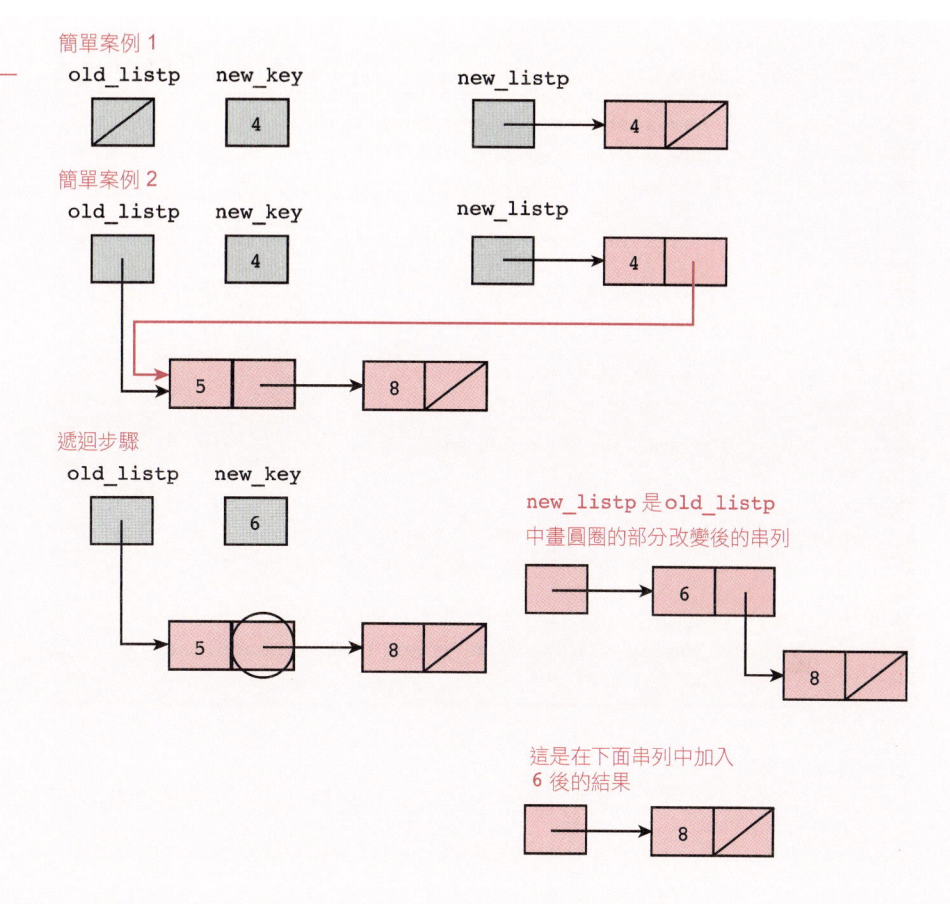

這是在下面串列中加入 6 後的結果
　→ 8 ／

圖 14.34 insert 函式與 insert_in_order 遞迴函式

```
1.  /*
2.   *  Inserts a new node containing new_key in order in old_list, returning as
3.   *  the function value a pointer to the first node of the new list
4.   */
5.  list_node_t *
6.  insert_in_order(list_node_t *old_listp,  /* input/output */
7.                  int          new_key)    /* input        */
8.  {
9.      list_node_t *new_listp;
10.
11.     if (old_listp == NULL) {
12.         new_listp = (list_node_t *)malloc(sizeof (list_node_t));
13.         new_listp->key = new_key;
14.         new_listp->restp = NULL;
15.     } else if (old_listp->key >= new_key) {
16.         new_listp = (list_node_t *)malloc(sizeof (list_node_t));
```

(續)

圖 **14.34** insert 函式與 insert_in_order 遞迴函式 (續)

```
17.            new_listp->key = new_key;
18.            new_listp->restp = old_listp;
19.        } else {
20.            new_listp = old_listp;
21.            new_listp->restp = insert_in_order(old_listp->restp, new_key);
22.        }
23.
24.        return (new_listp);
25. }
26.
27. /*
28.  * Inserts a node in an ordered list.
29.  */
30. void
31. insert(ordered_list_t *listp, /* input/output - ordered list */
32.        int            key)    /* input */
33. {
34.        ++(listp->size);
35.        listp->headp = insert_in_order(listp->headp, key);
36. }
```

對於函式 delete，我們必須走訪串列找到欲刪除節點。一般最好能再使用已經開發且測試過的程式碼，我們就從圖 14.22 的 search 函式開始，將 search 函式的 for 迴圈演算法用於有序串列上，假設要刪除內容為 6 的節點。

```
for (cur_nodep = headp;
     cur_nodep != NULL && cur_nodep->digit != target;
     cur_nodep = cur_nodep->restp){}
```

在迴圈結束時，記憶體的狀況如下：

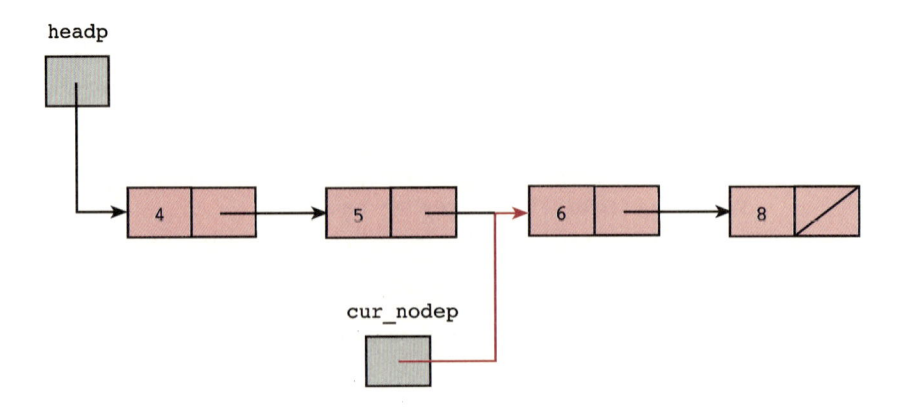

此結果有好消息與壞消息。好消息是我們已找到要刪除的節點，壞消息是我們不能在節點刪除後取得 restp 應該修正的節點！因此，我們要找的應該不是要刪除的那個節點，而是它的前一個節點，立即的建議為刪除此串列的第一個節點，這是一個特別的案例，將我們導到後續的初始演算法。

delete 的初步演算法

1. 如果 target 位於串列的第一個節點
    2. 將 headp 複製至 to_freep。
    3. headp 指向剩餘的串列。
    4. 歸還 to_freep 的記憶體區塊。
    5. 減少串列的元素數目。
    6. is_deleted 設為 1。

    否則

    7. 將 cur_nodep 初值化為 frontp，當 cur_nodep 指向的節點並非是串列的最後一個節點，且該節點的下一個節點值不為 target 時，繼續走訪串列。
    8. 如果找到 target
        9. 將要刪除的節點位址複製至 to_freep。
        10. 將要刪除之節點的 restp 指標值設給 cur_nodep 的 restp 成員。
        11. 歸還 to_freep 的記憶體區塊。
        12. 減少串列的元素數目。
        13. is_deleted 設為 1。

    否則

        14. is_deleted 設為 0。
15. 傳回 is_deleted。

如果將演算法用於一些串列上，可以發現它是一個通用的「刪除鏈結串列元素」的演算法，似乎沒有用上有序串列的好處。因為串列是有序的，我們實際上不需搜尋到串列尾端就能知道目標是否存在。只要我們發現鍵值已大於目標就應知道目標不存在，所以只需將步驟 7 的最後改成「該節點的下個節點值不為目標，或鍵值大於目標」。除此之外必須

圖 14.35　迴圈函式 delete

```c
/*
 *  Deletes first node containing the target key from an ordered list.
 *  Returns 1 if target found and deleted, 0 otherwise.
 */
int
delete(ordered_list_t *listp,      /* input/output - ordered list    */
       int             target)     /* input - key of node to delete */
{
    list_node_t *to_freep,         /* pointer to node to delete                     */
                *cur_nodep;        /* pointer used to traverse list until it
                                      points to node preceding node to delete      */
    int         is_deleted;

    /*  If list is empty, deletion is impossible                     */
    if (listp->size == 0) {
        is_deleted = 0;

    /*  If target is in first node, delete it                        */
    } else if (listp->headp->key == target) {
        to_freep = listp->headp;
        listp->headp = to_freep->restp;
        free(to_freep);
        --(listp->size);
        is_deleted = 1;

    /*  Otherwise, look for node before target node; delete target   */
    } else {
        for  (cur_nodep = listp->headp;
              cur_nodep->restp != NULL && cur_nodep->restp->key < target;
              cur_nodep = cur_nodep->restp) {}
        if (cur_nodep->restp != NULL && cur_nodep->restp->key == target) {
            to_freep = cur_nodep->restp;
            cur_nodep->restp = to_freep->restp;
            free(to_freep);
            --(listp->size);
            is_deleted = 1;
        } else {
            is_deleted = 0;
        }
    }

    return (is_deleted);
}
```

加上測試以處理空串列執行刪除的情形。圖 14.35 為這個演算法的實作。

至今我們都是處理一些簡單狀況，原本簡單的小搜尋迴圈已變成一個很複雜的演算法。將延伸的部分寫成遞迴的 delete_ordered_node 輔助函式，將可簡化此過程。前述的 insert_in_order 函式非常直

圖 14.36　使用遞迴輔助函式的 delete

```
/*
 *  Deletes first node containing the target key from an ordered list.
 *  Returns 1 if target found and deleted, 0 otherwise.
 */
int
delete(ordered_list_t *listp,  /* input/output - ordered list   */
       int             target) /* input - key of node to delete */
{
        int is_deleted;

        listp->headp = delete_ordered_node(listp->headp, target,
                                           &is_deleted);
        if (is_deleted)
                --(listp->size);

        return (is_deleted);
}
```

接，但是沒有處理加入失敗的問題。delete_ordered_node 將仿造 insert_in_order 傳回修改過之串列的第一個節點的指標。亦需要輸出參數，此參數為一旗標，表示是否有刪除。圖 14.36 為使用 delete_ordered_node 後的簡化函式 delete。

我們可用迴圈刪除的演算法為指南，找出 delete_ordered_node 函式處理的案例。

delete_ordered_node 演算法

1. 如果 listp 為 NULL   /* 簡單案例 1 */
    2. 輸出參數 is_deleted 設為 0。
    3. ansp 設為 NULL。
  否則，如果第一個節點即是目標   /* 簡單案例 2 */
    4. 輸出參數 is_deleted 設為 1。
    5. 將 listp 複製至 to_freep。
    6. 將 ansp 設為第一個節點的 restp 指標。
    7. 歸還 to_freep 的記憶體區塊。
  否則，如果第一個節點的鍵值大於目標鍵值   /* 簡單案例 3 */
    8. 將 is_deleted 設為 0。
    9. 將 listp 複製至 ansp。
  否則   /* 遞迴步驟 */

10. 將 `listp` 複製至 `ansp`。
11. 以遞迴呼叫從剩餘串列刪除目標，並將結果存至第一個節點的 `restp` 指標。
12. 傳回 `ansp`。

圖 14.37 為此演算法的實作程式碼，並將 `print_list` 函式留作習題。

圖 14.37 遞迴輔助函式 `delete_ordered_node`

```
/*
 * If possible, deletes node containing target key from list whose first
 * node is pointed to by listp, returning pointer to modified list and
 * freeing deleted node.  Sets output parameter flag to indicate whether or
 * not deletion occurred.
 */
list_node_t *
delete_ordered_node(list_node_t *listp,       /* input/output - list to modify */
                    int          target,      /* input - key of node to delete */
                    int         *is_deletedp) /* output - flag indicating
                                                 whether or not target node
                                                 found and deleted            */
{
    list_node_t *to_freep, *ansp;

    /* if list is empty - can't find target node     - simple case 1       */
    if (listp == NULL) {
        *is_deletedp = 0;
        ansp = NULL;

    /* if first node is the target, delete it        - simple case 2       */
    } else if (listp->key == target) {
        *is_deletedp = 1;
        to_freep = listp;
        ansp = listp->restp;
        free(to_freep);

    /* if past the target value, give up             - simple case 3       */
    } else if (listp->key > target) {
        *is_deletedp = 0;
        ansp = listp;

    /* in case target node is farther down the list, - recursive step
       have recursive call modify rest of list and then return list        */
    } else {
        ansp = listp;
        ansp->restp = delete_ordered_node(listp->restp, target,
                                          is_deletedp);
    }

    return (ansp);
}
```

練習 14.7

自我檢驗

1. 比較從函式 delete 呼叫 delete_ordered_node

   ```
   listp->headp =
       delete_ordered_node(listp->headp, target, &is_deleted);
   ```

   和遞迴方式的呼叫

   ```
   ansp->restp =
       delete_ordered_node(listp->restp, target, is_deletedp);
   ```

   為何第三個引數在前者需要使用位址運算子，而後者不需要？

2. 修改輔助函式 insert_in_order，使得函式不會加入兩個重複的鍵值。用一個輸出參數告知加入是否成功。

程式撰寫

1. 撰寫圖 14.32 程式中的函式 print_list。
2. 寫一個函式 retrieve_node，目的是傳回一個含有指定鍵值的節點指標。此函式應該只有一個輸入參數 ordered_list_t。如果找不到此節點，retrieve_node 應傳回 NULL 指標。

14.8　二元樹

　　我們可以擴展鏈結資料結構的觀念，如果一個節點不只包含一個指標欄位。**二元樹**(或樹)結構就是一個節點擁有兩個指標欄位。因為可能有一個指標或兩個指標為 NULL，所以一個二元樹節點可能有 0、1 或 2 個後繼節點。

　　圖 14.38 顯示兩棵二元樹。樹(a)每個節點儲存三個字元的字串。樹的底層節點沒有後繼節點者，稱之為**葉節點**(leaf node)；其餘節點均有兩個後繼節點。樹(b)每個節點儲存一個整數，而含有 40 與 45 的節點只有一個後繼節點，餘者或有兩個，或無後繼節點。二元樹的遞迴定義為：一個二元樹或是空的(沒有節點)，或是包含一個節點，稱為**根**(root)，兩個分離的樹稱為**左子樹**(left subtree)與**右子樹**(right subtree)。

　　在二元樹的定義中，所謂分離子樹，表示一個節點不能同時屬於某個根節點的左子樹和右子樹。如圖 14.38 所示，包含 FOX 與包含 35 的

葉節點：二元樹節點中無後繼節點者。

根節點：二元樹的第一個節點。

左子樹：根節點以左指標指向的子樹。

右子樹：根節點以右指標指向的子樹。

圖 14.38　二元樹

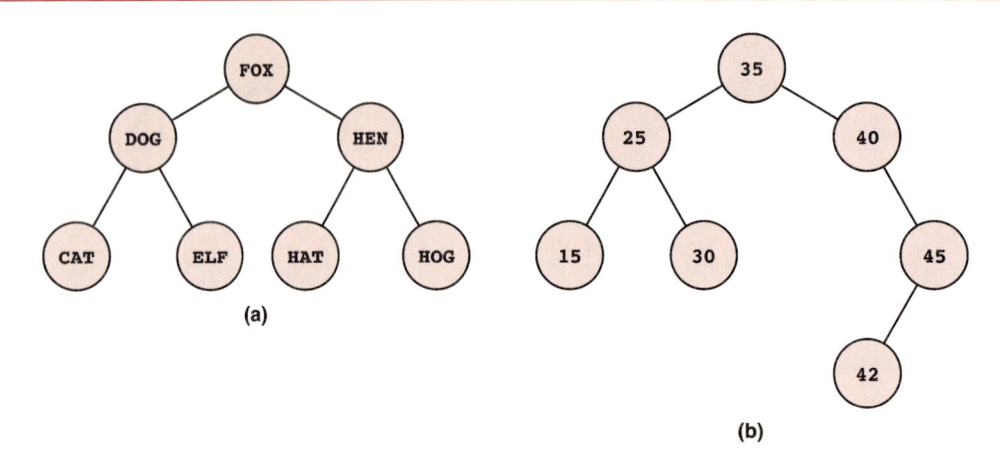

(a)

```
          FOX
         /   \
       DOG    HEN
      /  \   /  \
    CAT  ELF HAT HOG
```

(b)

```
          35
         /  \
        25   40
       / \    \
      15 30   45
              /
             42
```

節點為每棵樹的根節點。包含 DOG 的節點是 FOX 根節點左子樹的根節點，包含 CAT 的節點是 DOG 根節點左子樹的根節點。CAT 節點也是葉節點(因為它的子樹是空樹)。

二元樹與家庭樹很相似，甚至成員關係的描述術語皆相同。圖 14.38 中，HEN 節點是 HAT 節點和 HOG 節點的**父母**，而 HAT 節點與 HOG 節點互為**兄弟**，因為兩者均屬同一父母的**孩子**。根節點為其他節點的**祖先**，而其他節點為根節點的**後代**。

為了簡單表示樹狀結構，在圖 14.38 沒有顯示指標欄位。但要了解每個節點包含兩個指標，所以圖 14.38(b)中的 45 與 42 節點其儲存方式如下：

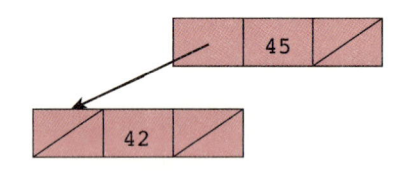

```
            | 45 | / |
           ↙
   | / | 42 | / |
```

二元搜尋樹

本節剩餘部分的重點在於二元搜尋樹，這是儲存資料的樹狀結構，在搜尋上十分有效率。二元樹上每個節點都存在一個唯一的鍵值。

二元搜尋樹可能是空樹，或是具下述性質的樹：根節點的值比其左子樹的每個節點值大，但比其右子樹的每個節點值小。而且其左子樹與右子樹也是二元搜尋樹。

圖 14.38 為一個二元搜尋樹的例子，每個節點有單一的鍵值資料欄。以樹(a)為例，每個節點所儲存的字串在字母排序上，均較其左子樹的所有字串大，而比其右子樹的所有字串小。對樹(b)而言，每個節點儲存的數比其左子樹的所有數大，而比其右子樹的所有數小。注意，這種關係不僅存在於根節點，對所有節點也均適用，例如 40 節點一定較它的右子樹(45, 42)小。

搜尋二元搜尋樹

接下來，我們來說明如何在二元搜尋樹中找尋一個項目。要搜尋一個特殊項目，例如 e1，我們取 e1 的鍵值與根節點的鍵值比較。如果 e1 鍵值較小，則可知 e1 位於左子樹，因此繼續搜尋左子樹；反之則搜尋右子樹。接下來我們撰寫遞迴演算法的虛擬程式碼；前兩種狀況是簡單案例。

搜尋二元搜尋樹演算法

1. 如果是一個空樹
    2. 目標鍵值不存在。
   否則，如果目標鍵值位於根節點
    3. 則在根節點找到目標鍵值。
   否則，如果目標鍵值小於根節點鍵值
    4. 搜尋左子樹。
   否則
    5. 搜尋右子樹。

圖 14.39 追蹤在一個含整數鍵值的二元搜尋樹中搜尋 42 的過程。標示 Root 的指標表示每個步驟要與 42 比較鍵值的根。從最上層節點 35 開始搜尋含 42 的節點。

建構二元搜尋樹

從一個二元搜尋樹取出單一項目之前，首先必須建立這個搜尋樹。整個過程是讀入一組沒有特殊安排順序的資料，然後逐項加入二元搜尋樹。二元搜尋樹從根節點開始建立，所以第一個資料置於根節點。接下來的每個資料必須先找到它的父節點，再將新節點連到父節點上，存入新資料。

圖 14.39　搜尋二元樹中的 42

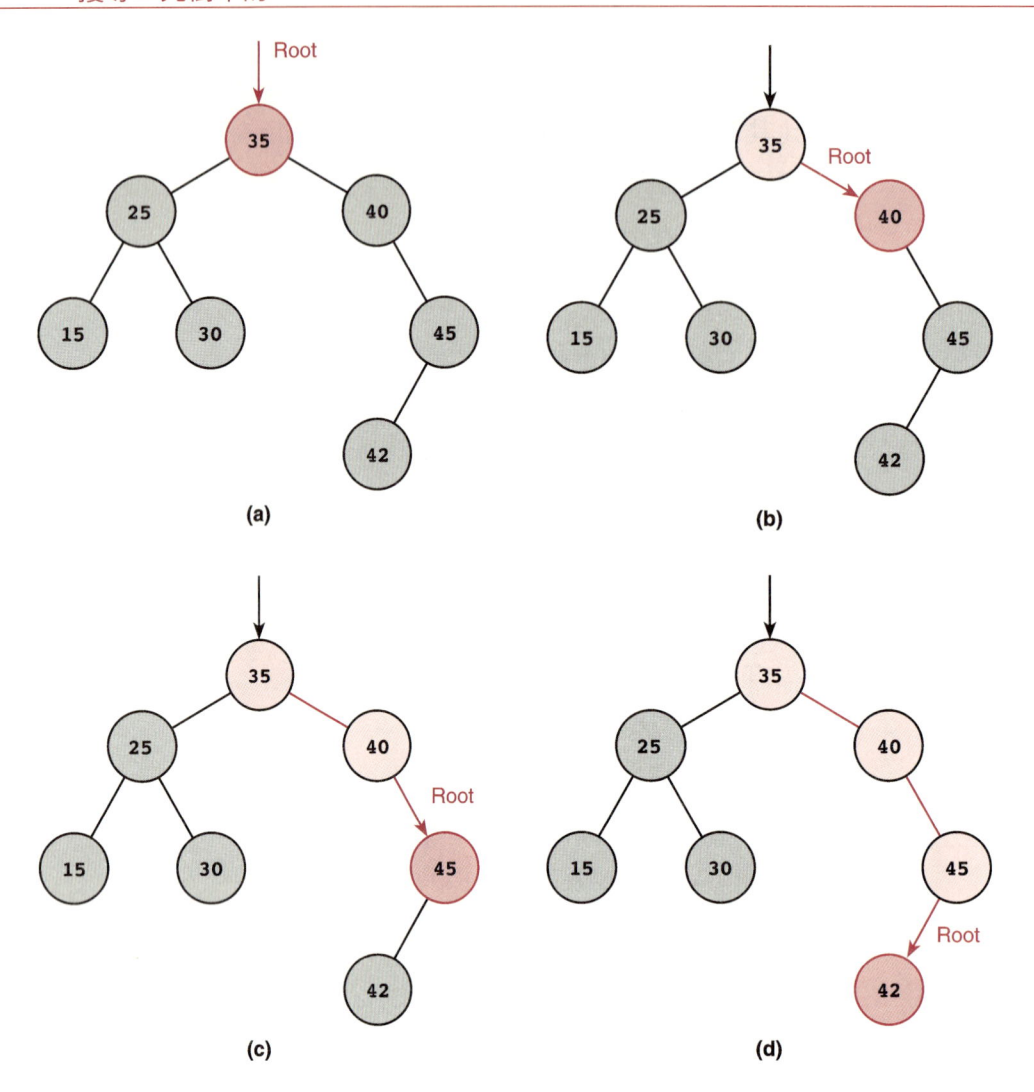

(a) (b) (c) (d)

　　當加入一個項目時，必須搜尋現存的樹結構，如果此項目的鍵值已存在樹中，則不能重複加入。如果找不著，則應找到父節點位置。如果此項目的鍵值小於父節點的鍵值，則新節點連到父節點的左子樹，並將項目填入新節點中；如果項目鍵值大於父節點的鍵值，則新節點連到父節點的右子樹，並將項目填入新節點中。下列遞迴演算法可以維護二元搜尋樹的特性；前兩步驟為簡單案例。

二元搜尋樹加入項目的演算法

1. 如果為一棵空樹

2. 將新項目加入樹的根節點。

否則，如果根節點的鍵值與新項目的鍵值相等

　　3. 放棄加入——鍵值重複。

否則，如果新項目的鍵值小於根節點的鍵值

　　4. 將新節點加入根節點的左子樹。

否則

　　5. 將新節點加入根節點的右子樹。

圖 14.40 依鍵值 40, 20, 10, 50, 65, 45, 30 建立樹狀結構。

　　最後加入的鍵值為 30，它置於節點 20 的右子樹。我們來追蹤整個過程。目標鍵值 30 小於 40，所以將 30 加入 40 的左子樹；現在 20 是樹的根節點了。目標鍵值 30 大於 20，所以將 30 加入 20 的右子樹，為一空子樹。因為 20 沒有右子樹，所以配置一個新節點，並將 30 存入節點中，此新節點就是根節點 20 的右子樹。

　　一旦改變加入鍵值的順序，就會產生不同的樹狀結構。例如，加入鍵值的順序改成遞增順序(10, 20, 30, …)，則每個新節點都會變成前一個鍵值的右子樹，而所有的左指標均為 NULL。結果與鏈結串列相似。

　　圖 14.41 為二元搜尋樹加入項目的程式碼。主函式反覆讀入整數，並呼叫 tree_insert 將它們加入二元搜尋樹。程式中定義一個巨集動

圖 14.40 建立一棵二元搜尋樹

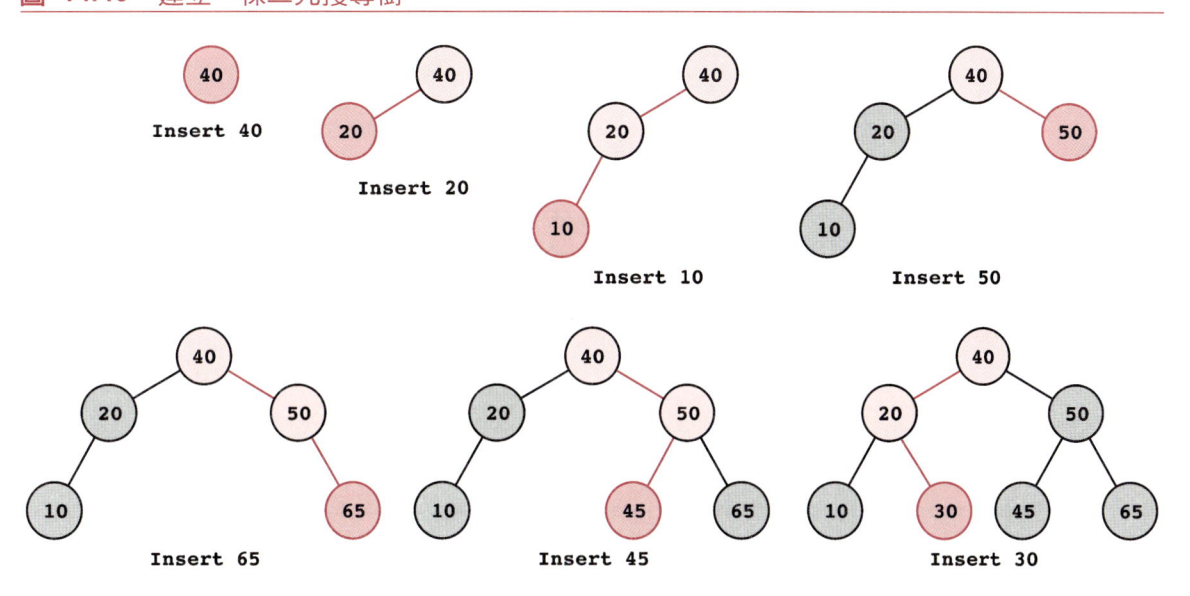

圖 14.41　新建一個二元搜尋樹

```c
/*
 * Create and display a binary search tree of integer keys.
 */

#include <stdio.h>
#include <stdlib.h>

#define TYPED_ALLOC(type) (type *)malloc(sizeof (type))

typedef struct tree_node_s {
      int                 key;
      struct tree_node_s *leftp, *rightp;
} tree_node_t;

tree_node_t *tree_insert(tree_node_t *rootp, int new_key);
void tree_inorder(tree_node_t *rootp);

int
main(void)
{
      tree_node_t *bs_treep;   /* binary search tree            */
      int          data_key;   /* input - keys for tree         */
      int          status;     /* status of input operation     */

      bs_treep = NULL;   /* Initially, tree is empty */

      /* As long as valid data remains, scan and insert keys,
         displaying tree after each insertion. */
      for  (status = scanf("%d", &data_key);
            status == 1;
            status = scanf("%d", &data_key)) {
         bs_treep = tree_insert(bs_treep, data_key);
         printf("Tree after insertion of %d:\n", data_key);
         tree_inorder(bs_treep);
      }

      if (status == 0) {
            printf("Invalid data >>%c\n", getchar());
      } else {
            printf("Final binary search tree:\n");
            tree_inorder(bs_treep);
      }

      return (0);
}

/*
 * Insert a new key in a binary search tree.  If key is a duplicate,
 * there is no insertion.
 * Pre:  rootp points to the root node of a binary search tree
```

(續)

圖 14.41 新建一個二元搜尋樹（續）

```
51.  *  Post: Tree returned includes new key and retains binary
52.  *        search tree properties.
53.  */
54. tree_node_t *
55. tree_insert(tree_node_t *rootp,    /* input/output - root node of
56.                                       binary search tree    */
57.             int          new_key) /* input - key to insert */
58. {
59.      if (rootp == NULL) {                   /* Simple Case 1 - Empty tree  */
60.           rootp = TYPED_ALLOC(tree_node_t);
61.           rootp->key = new_key;
62.           rootp->leftp = NULL;
63.           rootp->rightp = NULL;
64.      } else if (new_key == rootp->key) {    /* Simple Case 2 */
65.           /* duplicate key - no insertion                            */
66.      } else if (new_key < rootp->key) {     /* Insert in      */
67.           rootp->leftp = tree_insert         /* left subtree  */
68.                          (rootp->leftp, new_key);
69.      } else {                               /* Insert in right subtree */
70.           rootp->rightp = tree_insert(rootp->rightp,
71.                                       new_key);
72.      }
73.
74.      return (rootp);
75. }
```

態配置節點。配置新節點時，我們都會將節點型態轉為 node_t*。巨集為

`#define TYPED_ALLOC(type) (type *)malloc(sizeof (type))`

使用時只要寫成：

`nodep = TYPED_ALLOC(node_t);`

函式 main 每次加入項目後就呼叫函式 tree_inorder。加入項目後，就會顯示結果的有序串列。以下我們會研讀這個顯示函式。

顯示二元搜尋樹

要顯示二元搜尋樹的內容使其依據鍵值順序依次輸出，可利用以下的遞迴演算法。

顯示二元搜尋樹演算法

1. 如果不是空樹
   2. 顯示左子樹。
   3. 顯示根節點項目。
   4. 顯示右子樹。

對每個節點而言，位於左子樹的節點較根節點先顯示，而右子樹的節點則在根節點後顯示。因為根節點的鍵值介於左子樹與右子樹的鍵值之間，所以顯示結果會依照鍵值次序。由於節點資料依順序輸出，所以這種演算法稱為**中序走訪**(inorder traversal)。

中序走訪：在二元搜尋樹以主鍵值的順序來依序顯示項目。

表 14.3 追蹤顯示演算法對於圖 14.40 的最後一棵樹所產生的呼叫序列。表中的最後步驟「顯示節點 40 的右子樹」其完整的呼叫序列將留作本節練習，所以至目前輸出值為 10, 20, 30, 40。

練習 14.8

自我檢驗

1. 以下樹狀結構何者為二元搜尋樹？以中序走訪法顯示每棵樹的鍵值數列。如果這些樹為二元搜尋樹，節點 50 的左子樹會儲存何值？

表 14.3 追蹤顯示樹資料的演算法

```
顯示節點 40 的左子樹
   顯示節點 20 的左子樹
      顯示節點 10 的左子樹
         樹是空的──傳回至顯示左子樹的節點 10
      顯示節點鍵值 10
      顯示節點 10 的右子樹
         樹是空的──傳回至顯示右子樹的節點 10
      傳回至顯示左子樹的節點 20
   顯示節點鍵值 20
   顯示節點 20 的右子樹
      顯示節點 30 的左子樹
         樹是空的──傳回至顯示左子樹的節點 30
      顯示節點鍵值 30
      顯示節點 30 的右子樹
         樹是空的──傳回至顯示右子樹的節點 30
      傳回至顯示右子樹的節點 20
   傳回至顯示左子樹的節點 40
顯示節點鍵值 40
顯示節點 40 的右子樹
```

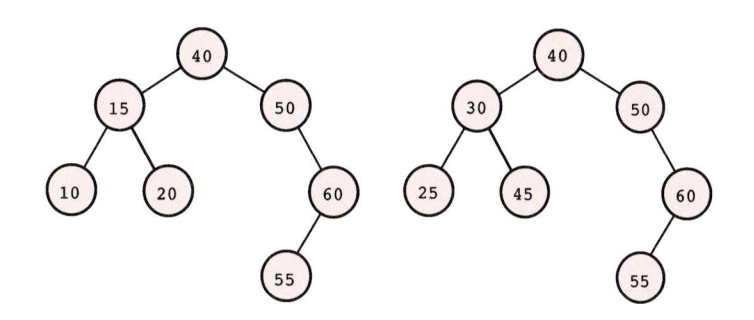

```
        40                      40
      /    \                  /    \
    15      50              30      50
   /  \       \            /  \       \
  10   20      60         25  45       60
                \                      /
                55                    55
```

2. 完成表 14.3 的追蹤。

3. 依據以下鍵值序列，建立二元搜尋樹。對於(a)與(b)產生的二元搜尋樹，你有何看法？以下四棵樹何者的搜尋最有效率？對於(d)產生的二元搜尋樹，你有何看法？如果以相同鍵值搜尋鏈結串列，試比較它與二元搜尋樹的差異？

    a. 25, 45, 15, 10, 60, 55, 12
    b. 25, 15, 10, 45, 12, 60, 55
    c. 25, 12, 10, 15, 55, 60, 45
    d. 10, 12, 15, 25, 45, 55, 60

4. 以中序走訪第 3 題的每棵樹，其結果為何？

程式撰寫

1. 撰寫函式 `tree_inorder` 供圖 14.41 呼叫。

14.9 程式撰寫常見的錯誤

請記住以間接選擇運算子 -> 取用結構成員時，此結構是以指標存取，所以

`var->component`

只有在 var 為結構指標時，以上敘述才正確。

以指標走訪鏈結資料結構時，常常會發生執行期錯誤。最常見的錯誤是嘗試存取 NULL 指標。在迴圈中走訪鏈結串列時，若在反覆條件中沒有明確檢查 NULL 指標就容易產生錯誤。若存取未定義之變數中的指標通常會造成執行期錯誤。

焦點 C

個人電腦上的視訊會議

過去一段很長的時間裡，視訊會議一直都是未來電影中一項非常吸引人的特色，然而今日這已是電腦產業中成長最快速的領域了。C 語言在使得視訊會議成為一項人們負擔得起且受歡迎的技術中，扮演了非常重要的角色。

1992 年，Staffan Ericsson 博士領悟到，事實上在一台高階的個人電腦，如 Intel Pentium 或 Motorola PowerPC 平台上執行視訊會議所需的所有視訊、音訊及通訊等處理是可行的。此項體認使得他創立了 Vivo Software 公司，其生產的標準化軟體讓個人電腦能夠成為視覺通訊的工具。

當 Ericsson、Dr. Bernd Girod 及 Oliver Jones 等開始著手解決一些實作議題之後，才將視訊會議從純概念性引導至實際設計階段。在購買一台 486 膝上型電腦以及一套 Watcom 32 位元 C 編譯器之後，Ericsson 和 Girod 在一個月內撰寫了視訊壓縮和解壓縮軟體的原型。利用在訊號處理方面的經驗，他們採用 C 語言作為一種高階組合語言，讓編譯器產生順序性極佳的機器指令，使其能夠很有效率地進行運算。在兩個月內，設計團隊已經包含 Mary Deshon、Ted Mina、Joseph Kluck、John Bruder、Gerry Hall、David Markun、Ericsson 及 Jones。

這個團隊預期會在幾個領域遭遇到困難。首先，他們知道視訊會議協定需要嚴格的即時效能，然而當時的一般個人電腦很難達到此種效能要求。其次，他們知道視訊壓縮會消耗掉系統能夠提供的運算資源；他們必須把這個部分設計得非常有效率。第三，他們知道這套要求極高的軟體必須能在 Windows 系統上使用。

為了處理對於嚴格的即時處理需求，該團隊希望為 Windows 系統設計一個虛擬設備驅動程式 (virtual device driver)。此虛擬設備驅動程式必須包含視訊會議系統中處理通訊部分的軟體。透過 Markun 的協助，設計團隊決定利用 C 語言實作驅動程式。由於以 C 實作，設計團隊便能夠很容易地測試並除錯共 25,000 行的程式碼。

在整個發展過程中，C 語言充分展現其作為一般用途程式語言的長處。它讓設計團隊能夠充分掌握程式細節，將國際化標準協定確實實作出來，同時仍有足夠的能力與抽象性能夠很快地發展大型應用程式碼。它同時也給程式設計師對於機器碼的產生具有足夠的控制，以利於發展需要高度運算的演算法。最後，它也允許產生可攜性程式碼。發展團隊不僅達成原始計畫的目標，同時也在 Vivo320 這項產品的基本通訊及視訊元件能夠運作之後，再增加了許多方便的使用者介面功能 (以 Visual C++ 撰寫程式)。

今日，視訊會議已成為我們的日常生活中愈來愈重要的一部分。它使得 3G 視訊行動電話漫遊和線上教室成為事實，並且給予新聞記者從世界上任何遙遠角落即時轉播事件的能力。由於 Vivo320 設計團隊的成功以及近來使得視訊會議更讓人負擔得起的科技發展，視訊會議已經不再侷限於科幻小說和奇幻世界了。

堆積管理的問題也常會造成執行期錯誤。如果程式產生一個不會停止的迴圈，且迴圈內使用動態資料結構，則一旦用光堆積的所有記憶體就會產生 heap overflow 或 stack overflow 的執行期錯誤訊息。

確定程式在歸還串列節點後不會再使用它，此外也需小心不要在歸還記憶體之前就遺失所有指向節點的指標。

由於顯示指標變數的內容不甚有意義，所以對於使用的程式很難除錯。要追蹤這類程式的執行應顯示指標所指向的成員值，而不要直接輸出指標內容。

當你寫一個驅動程式測試和除錯串列運算子時，可以參考 14.3 節所述的技巧。利用呼叫 malloc 和暫存的指標變數配置個別的節點，然後再用設定敘述定義節點的資料與指標成員。

本章回顧

1. stdlib 函式庫中的函式 malloc 可以配置單一元素、節點或動態資料結構。
2. stdlib 函式庫中的函式 calloc 可以動態配置陣列。
3. stdlib 函式庫中的函式 free 可以將記憶體歸還給堆積。
4. 鏈結串列由節點組成，每個節點包含一個或多個資料成員，並以一個指標成員指向下一個串列節點。鏈結串列可製作堆疊、佇列和有序串列。
5. 堆疊是一種 LIFO(後進先出)結構，所有插入(推進操作)和刪除(跳出操作)均在堆疊頂端執行。堆疊廣泛用於電腦科學，例如儲存遞迴模組中的參數列、轉換數學運算式等。
6. 佇列是一種 FIFO(先進先出)結構，插入在佇列一端，兩刪除(移出)則在另一端。佇列常用於儲存需要等待共用資源(如印表機)的串列。
7. 二元樹為一種鏈結資料結構，其中每個節點有兩個指標欄位，一個指向它的左子樹，另一指向右子樹。所有節點均屬於祖先節點的左子樹或右子樹，但不可能同時在祖先的左、右子樹中。
8. 二元搜尋樹為二元樹的一種，而每個節點的鍵值均大於它的左子樹鍵值，小於它的右子樹鍵值。

新增的 C 結構

結　構	效　果

指標宣告
`typedef struct node_s {`
`    int         info;`
`    struct node_s *restp;`
`} node_t;`
	型態名稱 `node_t` 與 `struct node_s` 型態同義，結構中包含一個整數成員和一個指向同型態結構的指標。

`node_t *nodep;` `int *nums;`	`nodep` 為指向 `node_t` 型態的指標變數。 `nums` 為 `int` 型態的指標變數。

動態記憶體配置
`nodep = (node_t *)`
`    malloc(sizeof(node_t));`
`nodep->info = 5;`
`nodep->restp = NULL;`
	從堆積上配置一塊 `node_t` 型態的結構，並將它的位址存於 `nodep`。
	新結構內部的儲存值如下：
	nodep → info restp
	　　　　5　　／

`nums = (int *)` `    calloc(10, sizeof(int));`	從堆積中配置含 10 個元素的陣列，而陣列起始位址儲存於 `nums`。每個陣列元素的初值都設為零。

記憶體歸還
`free(nodep);`
`free(nums);`
	歸還指標 `nodep` 和 `nums` 存取的記憶體區塊。

指標設定 `nodep = nodep->restp;`	指標 `nodep` 指向下一個動態資料結構的節點。

快速檢驗練習

1. ＿＿＿＿函式可為單一資料物件配置儲存空間，並透過＿＿＿＿參考。＿＿＿＿函式可為物件陣列配置儲存空間。＿＿＿＿函式將儲存空間歸還至＿＿＿＿。
2. 自鏈結串列刪除一個元素，元素會自動歸還至堆積。對或錯？
3. 所有指向已歸還之節點的指標會自動重設為 NULL，所以它們無法參考歸還至堆積的節點。對或錯？
4. 如果將 A、B、C 插入堆疊或佇列中，則從堆疊中移出的順序為何？佇列又為何？
5. 資料型態與宣告如下：

    ```
    typedef struct node_s {
        int         num;
        struct node_s *restp;
    } node_t;
    . . .
    ```

```
node_t *headp, *cur_nodep;
```

鏈結串列的起始指標存在 headp，撰寫一個 for 迴圈標頭，使 cur_nodep 可以連續地指向鏈結串列的每個節點，直到 cur_nodep 碰上串列終點。

6. 執行練習 5 的過程稱為_____串列。

7. 如果鏈結串列包含三個節點，它們的值分別為 "him"、"her" 與 "its"，hp 指標指向串列標頭，以下敘述將會造成何種效果？假設 pro_node_t 型態包含一個 pronoun 成員和鏈結成員 nextp，且 np 和 mp 為指標變數。

```
np = hp->nextp;
strcpy(np->pronoun, "she");
```

8. 根據下列敘述回答練習 7：

```
mp = hp->nextp;
np = mp->nextp;
mp->nextp = np->nextp;
free(np);
```

9. 根據下列敘述回答練習 7：

```
np = hp;
hp = (pro_node_t *)malloc(sizeof (pro_node_t));
strcpy(hp->pronoun, "his");
hp->nextp = np;
```

10. 寫一個 for 迴圈，將下列動態配置的陣列其偶數索引的元素值換成 1。

```
nums_arr = (int *)calloc(20, sizeof (int));
```

11. 如果一個二元搜尋樹其中序走訪的結果為 1, 2, 3, 4, 5, 6，已知根節點為 3，而 5 位於右子樹的根節點，則可否得知每個數值插入樹狀結構的順序？

12. 在二元搜尋樹中，左小孩、右小孩和其父母的鍵值大小關係為何？右小孩與父母的鍵值大小關係為何？其中一位父母與左子樹所有子孫的鍵值大小關係為何？

快速檢驗練習解答

1. mallco，指標，calloc，free，堆積
2. 錯，必須呼叫 free。
3. 錯
4. 堆疊：C, B, A，佇列：A, B, C。
5. ```
   for(cur_nodep = headp;
       cur_nodep != NULL;
       cur_nodep = cur_nodep->restp)
   ```
6. 走訪
7. 將 "her" 代換為 "she"
8. 刪除串列第三個元素。
9. 內容為 "his" 的新節點加入串列的最前端。
10. ```
    for (i = 0;  i < 20;  i += 2)
        nums_arr[i] = 1;
    ```
11. 3 第一個加入，5 在 4 與 6 之前加入。
12. 左小孩 < 父母 < 右小孩；左子樹的所有子孫 < 父母

問題回顧

1. 區別動態資料結構與非動態資料結構。
2. 描述一個簡單的鏈結串列，說明如何利用指標在節點間建立鏈結？並指明如需參考鏈結串列，是否需要其他變數？
3. 補足下列不見的型態定義與變數宣告，並說明下列各敘述會產生什麼結果？

```
wp = (word_node_t *)malloc(sizeof (word_node_t));
strcpy(wp->word, "ABC");
wp->next = (word_node_t *)malloc(sizeof (word_node_t));
qp = wp->next;
strcpy(qp->word, "abc");
qp->next = NULL;
```

以下為問題 4 至 9 的型態定義和變數宣告。

```
typedef struct name_node_s {
    char               name[11];
    struct name_node_s *restp;
} name_node_t;
```

```
typedef struct {
    name_node_t  *headp;
    int          size;
} name_list_t;
...
{
    name_list_t  list;
    name_node_t  *np, *qp;
```

4. 寫一段程式碼，將 Washington、Roosevelt 和 Kennedy 名字放入 list 串列中，程式可依需要定義 list.size。

5. 寫一段程式碼，將 Eisenhower 加入 Roosevelt 和 Kennedy 之間。

6. 寫一個 delete_last 函式，將 list 結構的最後一個元素刪除。

7. 寫一個 place_first 函式，函式的第一個引數為指向 list 結構的指標，將第二個引數置於 list 結構的第一個節點。

8. 寫一個 copy_list 函式，函式將會傳回一個新建的鏈結串列，而它的內容與函式引數傳入的鏈結串列內容完全相同。

9. 撰寫一個你可以呼叫的函式，可用來刪除鏈結串列 list 結構中名稱成員為 "Smith" 的所有節點。函式的兩個參數為鏈結串列及要刪除的名稱。

10. 一般電腦會將使用者在程式用到之前的已輸入字元儲存起來。在這種情形下，應該以堆疊或佇列儲存呢？

11. 討論簡單鏈結串列與二元樹之間的差異。例如，比較每個節點的指標數目、搜尋方式與插入演算法。

12. 如何判定二元樹的節點是否為葉節點？

程式撰寫專案

1. 重新撰寫圖 14.28 的旅客串列程式，使其利用有序串列(依照旅客姓名的字母順序)。選擇 'D' 選項時應提示欲刪除的人名。除了撰寫處理有序串列的函式外，還需撰寫圖 14.28 提到的函式 scan_passenger 和 print_passenger。

2. 重新撰寫上題的旅客串列，但這裡採用二元搜尋樹的方式。要刪除一位旅客只需將他的座位清為零，並將節點留在樹中。列印時忽略這種節點。

3. 建立 stack.h 標題檔內含資料型態 stack_t，與實作檔 "stack.c" 內含處理單一字元堆疊的運算子。利用函式 push 與 pop，另外並設計 retrieve 函式，其標題檔如下：

```
/*
 * The value at the top of the stack is returned as the
 * function value. The stack is not changed.
 * Pre:  s is not empty
 */
int
retrieve(stack_t s)/* input */
```

4. 後序運算式是運算子緊跟在運算元之後的運算式。表 14.4 即是幾個後序運算式的例子。

　　每個運算式下的群組註記可以協助你分辨每個運算子的運算元。表中亦有每個後序運算式其對應的中序運算式，這是最常見的運算式。

　　後序形式的優點是不需要在運算式中用括弧包住子算式，或是考慮運算子的優先順序。在表中的群組註記只是為了方便，其實是非必要的。可以使用具有後序運算式表示格式的簡易計算器。

　　請利用專案 3 發展的堆疊函式庫，撰寫程式模擬計算機的運算，讀入一個整數的後序運算式，然後輸出結果。程式必須將整數運算元放入堆疊。當遇上運算子時，則從堆疊取出最上面的兩個運算子作計算，並將結果放回堆疊。運算結束後結果應仍在堆疊中。

5. 撰寫程式產生雙鏈結串列，並完整測試之。這種串列的每個節點含有兩個指標，一個指標指向目前節點的下一個節點，另一個指向前一個節點。

表 14.4　後序運算式的範例

範例	中序運算式	結果
5 6 *	5 * 6	30
5 6 1 + *	5 *(6 + 1)	35
5 6 * 9 -	(5 * 6)- 9	21
4 5 6 * 3 / +	4 + ((5 * 6)/ 3)	14

```
         ┌──┬──┐   ┌──┬──┐   ┌──┬──┐
  ──→    │╲ │35├──→│  │71├──→│53│╲ │
         └──┴──┘←──┴──┴──┘←──┴──┴──┘
```

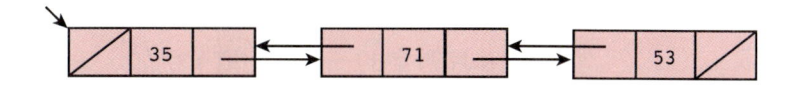

發展函式，在串列開始處、結束處以及指定鍵值之節點的前面插入一個節點。同時撰寫函式刪除指定鍵值的節點，以及顯示此串列從任意點至串列結束，和從任意點回頭至開始處。

6. 撰寫一個程式模擬貨棧中貨物的進出。貨棧同一時期某一類物品有可能會有多次輸入或輸出。每一次輸出可獲得該物品 50% 的利潤。但是每次輸入的價格均不一致，而且貨棧設計成先進先出的出貨系統，所以最先進貨的物品最先輸出。如果將它設計成佇列方式，每組紀錄包含：

   S 或 O： 貨物輸入或輸出
   #： 輸入或輸出的數量
   Cost： 每筆貨物的成本(僅對輸入情況)
   Vendor： 記錄輸入或輸出之廠商的名稱(至多 20 個字元)

   撰寫儲存進貨與處理訂單所需的函式。輸出貨物的結果應包含數量與每筆訂單的價格。

   　　提示：每筆貨物的價格是輸入成本的 150%。一筆訂單的貨物可能來自不同價格的數次輸入。

7. 在大學中，每個學生可能選修不同課程，所以註冊組決定以鏈結串列儲存學生的修課紀錄，並用陣列來儲存全部的學生。以下為部分的資料結構：

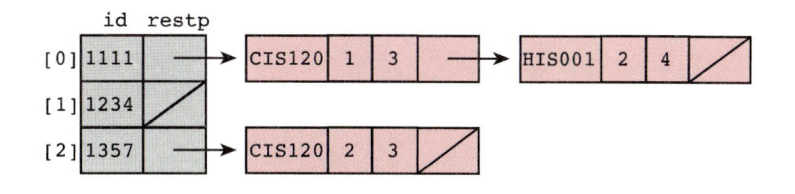

```
        id  restp
   [0]│1111│ ├──→│CIS120│1│3├──→│HIS001│2│4│╲│
   [1]│1234│╲│
   [2]│1357│ ├──→│CIS120│2│3│╲│
```

紀錄中第一位學生(陣列元素 0，id 是 1111)第一科選擇了 CIS120 課程 3 學分，第二科選擇了 HIS001 課程 4 學分；第二位學生(陣列元素 1，id 是 1234)尚未登錄。請定義產生此結構所需的資料結構，並提供函式建立學生 ID 的陣列、加入學生最初的選修課程紀錄、增加選修課程和取消課程。程式以選單方式執行上述函式。

8. 基數排序法利用 11 個佇列陣列模擬舊式的卡片排序機。演算法是每一回排序數字的一個位元值。例如，一串三位元的數字，第一回合處理每個數字最不重要的位元(個位數位元)，每個數字依此位元值，加入足標與此位元相同佇列的尾端。處理所有的數字後，從 queue[0] 開始，將佇列的值依次加入第 11 個佇列陣列，然後以第 11 個佇列的數字順序重複處理下一個位元(十位數位元)，最後處理百位元。第三回合結束，第 11 個佇列所含的值就是由小到大排序。撰寫一個程式模擬此基數排序法。

9. 所謂 *dequeue* 就是有兩個方向的佇列，它的目的是加入或刪除元素時可從任一端進行。請建立一個個人的函式庫(標題檔與實作檔)包含資料型態，以及新建與維護一個 dequeue 所需的函式，包含加入、刪除元素、顯示 dequeue、顯示個別節點與以反方向顯示 dequeue。

10. 寫一個函式，以遞迴函式從二元搜尋樹刪除已知鍵值的節點，並回傳修改過的樹，且測試之。

CHAPTER 15

使用程序與多緒處理多工程序

15.1 多 工

15.2 程 序

15.3 程序內部的通訊與管道

15.4 多 緒

15.5 多緒的實例說明

案例研究:生產者/消費者模式

15.6 程式撰寫常見的錯誤

本章回顧

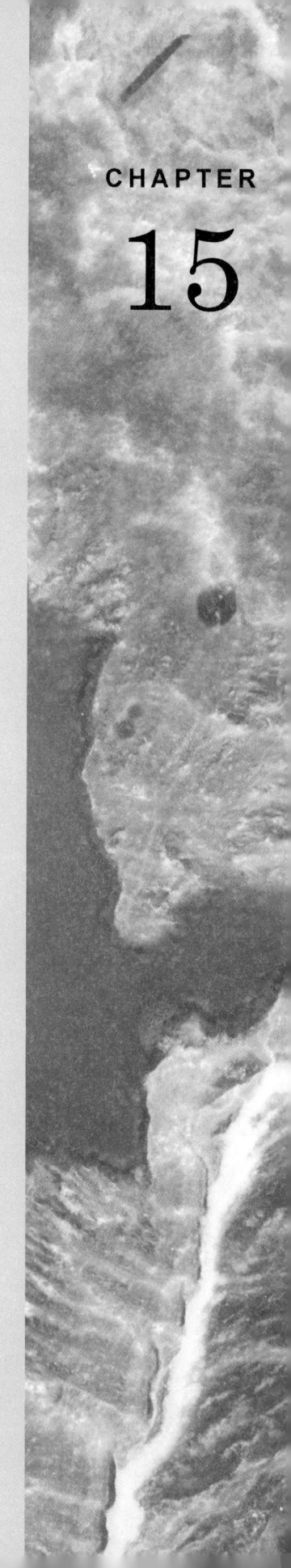

到目前為止，每一個書中的程式範例都使用單一個程序使用系統資源，例如記憶體、堆疊、檔案等來執行程式。如果執行的工作中是有先後順序的關係，並且是可以預測的，例如輸入一個值，加以計算並顯示在螢幕上，則使用單一程式執行即可。然而，如果一個程式中的工作彼此不相干，或者工作的次序是不可預測的，程式的設計必須可以讓這些工作可以獨立地執行。舉例來說，圖形視窗介面中，使用多個視窗輸入時必須讓每個視窗可以獨立輸入。不然，使用多於一個的視窗就失去意義了。

目前最新的作業系統允許程式寫作可以切割成多個獨立操作的工作，來實現**多工**(multitasking)的觀念。在本章中我們專注在使用兩種程式的寫作方法──程序與多緒來達到多工的目的。

多工：將程式切割成許多工作，而且可以獨立運行。

15.1 多 工

線性程式設計與平行程式設計

線性程式設計：寫下成程式指令的順序，每一個指令的執行必須等待前一個指令的結束。

平行程式設計：同時執行多個程式。

線性程式設計(linear programming) 包含了程式指令的順序，每一個指令的執行必須等待上一個指令的結束。雖然這已經是一個長時間被使用而陳舊的程式寫作方法，但是線性程式寫作方法在描述真實同步的世界上確有其限制。使用這種方法將會有很大的限制，一次只能完成一個工作，在開始一個工作之前必須完成前一個工作。例如，當你在讀信件的時候，電話也響了。在你接電話之前必須先把信讀完。假設你正在讀信且電話正在響，你的鄰居同時來按門鈴打招呼。你無法去開門，因為電話還沒結束，而且電話也無法結束因為信件還沒讀完。我們可以了解到日常的工作總是很快地同步發生在一個線性的世界(見圖 15.1(a))。在同步的世界中，我們使用多工的觀念同時完成所有的工作。

我們的世界中本來就是平行處理的。本能允許你同時可以看、聽、聞、品嚐與觸摸。這是因為這些不同的感官輸入，是由大腦中的不同部分來處理。我們可以想像這是一個多大的限制，如果你一次只能處理一個感官的輸入。在我們所生活的同步世界，我們可以開門並同時接聽電話與讀信。你可以同時完成三個工作，因為大腦展示了完全平行的能力：

圖 15.1

程式執行的三種模式

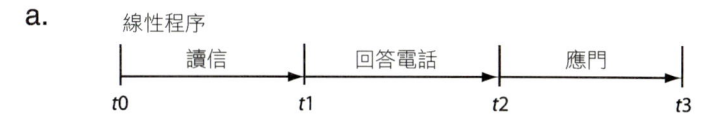

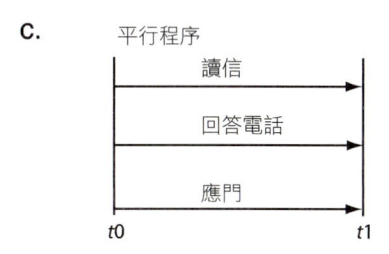

a. 線性程序
　　讀信 → 回答電話 → 應門
　　t0　　　　t1　　　　t2　　　　t3

b. 虛擬平行程序
　　讀信 → 回答電話 → 應門 → 回答電話 → 應門 → 讀信
　　t0　　t1　　t2　　t3　　t4　　t5　　t6

c. 平行程序
　　讀信
　　回答電話
　　應門
　　t0　　　　　　　　　　t1

允許你的手去開門，同時耳朵聽電話且眼睛在讀信。這種平行可以參考圖 15.1(c)。

你可以使用時間分享大腦，創造一個平行的假象，一次只專注在一個工作上。舉例來說，你可以一開始先讀信，然後電話響起，便停止讀信，接起電話。門鈴響起，可以先暫停電話的交談，開門請鄰居先坐下。接著你結束電話，接待你的鄰居，鄰居離開之後你再把信讀完(見圖 15.1(b))。你可以藉由安排優先順序完成這三個工作，而不需要一個一個按順序完成。歡迎你來到多工的世界！

時間分享的多工

多工一開始發展是為了提供多個使用者同時分享一個大型中央電腦系統中單獨的中央處理器(CPU)。將部分的 CPU 時間分配給每一個電腦系統中的使用者，技術上一般稱為**時間分享**(time-sharing)。理論上來說，如果沒有太多的使用者而且 CPU 也夠快的話，每一個單獨的使用者不會察覺到其他使用者的存在。但是現實上，時間分享很少運行得很順暢。

時間分享：程式的平行運算由分配 CPU 的時間給每一個系統使用者所達成。

現在時間分享的大型主機運算環境大部分都被分散式運算系統所取代，分散式運算系統由網路連結多台 PC，使用者不必分享 CPU。導致現在的多工包含了允許一個使用者在一個 CPU 上執行多個程式，也允許使用者去控制 CPU。

可中斷的多工

在早期 PC 多工的實作，共享 CPU 的責任由程式本身所負責，每一個程式必須自願放棄 CPU 的控制權，讓其他的程式可以有機會使用 CPU。但是不幸的是，如同學校的遊戲場，每一個程式並不想「公平」地分享，可以看到一個程式「霸占」整個 CPU，讓使用者無法取得 CPU 的控制權。

因此 PC 包含了硬體中斷，可以中斷正在使用 CPU 的程式，讓其他程式可以執行。例如作業系統，保證 CPU 可以平均被其他程式所使用。這就是**可中斷的多工**(preemptive multitasking)，因為正在執行的程式可以被硬體系統在任何時間所中斷，這可以讓 CPU 的使用是可被預期的，獨立於程式的執行與優先權的調整。從一個程式設計者的觀點，程式執行於一個可被中斷的多工作業系統上，代表的是不中斷使用 CPU，但是實際上在固定的時間會被中斷。可中斷的多工對程式唯一的影響是不知道確實的結束時間。

> **可中斷的多工**：硬體系統可以暫停正在執行的程式，讓其他的程式可以使用 CPU。

在可中斷的多工發展之前，CPU 一次只能執行一個程式，這表示程式的執行必須等待前一個程式結束。例如，使用一個 word 程序程式，然後在 word 結束之後執行一個 spreadsheet 程式，但是你不可以同時執行這兩個程式。可中斷的多工允許 CPU 可以同時執行一個以上的程式，即使 CPU 實際上在任何一瞬間只能執行一個單獨的程式指令。我們稱此為**虛擬的平行**(pseudo-parallelism)，因為即使程式同時多工地被執行，其實是在分享 CPU 的時間。圖 15.2 顯示了三個工作執行於可中斷的多工模式下。

> **虛擬的平行**：雖然事實上分享 CPU，程式看起來像是同時執行。

時間分割與平行

作業系統管理藉由分配**時間分割**(time slices)來管理每一個程式的 CPU 的分享，而且安排這些時間片段。在任何瞬間，只有一個程式的指令碼在 CPU 執行，其他的程式在等待自己的時間片段以執行程式碼。不同的作業系統對每一個程式使用不同的時間安排策略演算法來決定 CPU 執行的先後次序。這些演算法是根據某些參數，例如程式碼的複雜度、這個程式的對其他正在執行程式的重要性、這個程式被使用的次數等。

> **時間分割**：在平行程式處理的環境下，將 CPU 的時間分配給每個程式。

當到了時間分割末段的程式執行狀態，這些狀態資訊會被儲存起來(所以到了下一次的時間分割，程式可以被繼續執行)。我們稱為**本**

圖 15.2

可中斷的多工

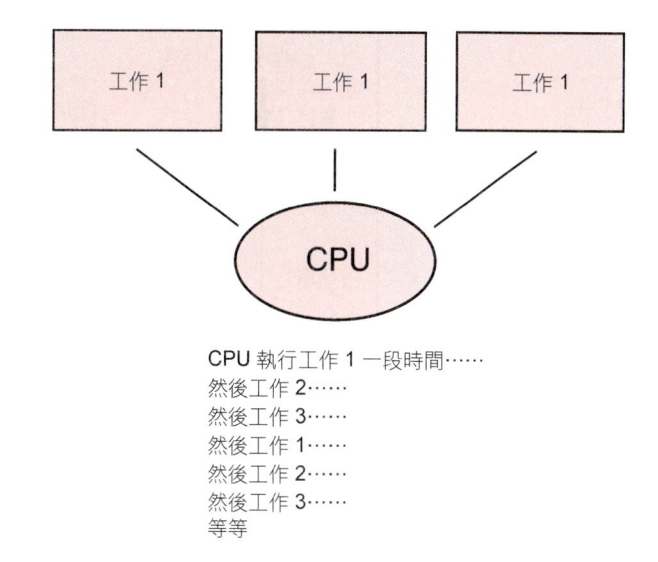

工作 1　工作 1　工作 1

CPU

CPU 執行工作 1 一段時間……
然後工作 2……
然後工作 3……
然後工作 1……
然後工作 2……
然後工作 3……
等等

本文切換：程序切換的程序中，儲存目前的狀態資訊，此會導致程序暫停，並將目前已經是停止的其他程序恢復執行。

文切換 (contex switch)。因為 CPU 的執行速度很快，本文切換快速地發生，讓 CPU 看起來像同時執行所有的程式，產生了平行處理的假象。

範例 15.1

假設每一個時間分割為 50 ms：

時間	0	50	100	150	200	250	300	350	400	450	500	550	600	650	700	750
程序	P1	P2	P3	P1	P2	P3	P1	P2	P3	P1	P2	P3	P1	P2	P3

在時間 0，程序 P1 開始執行。在時間 50，發生本文切換，程序 P1 的狀態資訊被儲存，接著程序 P2 開始執行。在時間 100，發生本文切換，程序 2 的狀態資訊被儲存，然後程序 P3 開始執行。在時間 150，發生本文切換，程序 P3 的狀態資訊被儲存，程序 P1 的狀態資訊被取回然後開始繼續計算。在時間 200，發生本文切換，程序 P1 的狀態資訊被儲存，程序 P2 的狀態資訊被取回，然後開始計算。本文切換快速地連續發生。在此例中，在時間 50 ms 之內產生錯覺，程序 P1、P2、P3 在相同時間一起執行。圖 15.3 中顯示兩個本文切換，程序 P1 切換到程序 P2 然後再切回來程序 P1。

同步的程式設計

同步的程式設計：程式指令的集合，可以同時獨立地執行。

同步的程式設計 (concurrent programming) 包含了程式指令的集合，可以同時獨立地執行。實際上，在一個 CPU 上只有一個程式指令被執行，但是在程式寫作上為一個邏輯上可以被同時執行的指令集合。在安

圖 15.3

本文切換從 P1 到 P2 到 P1

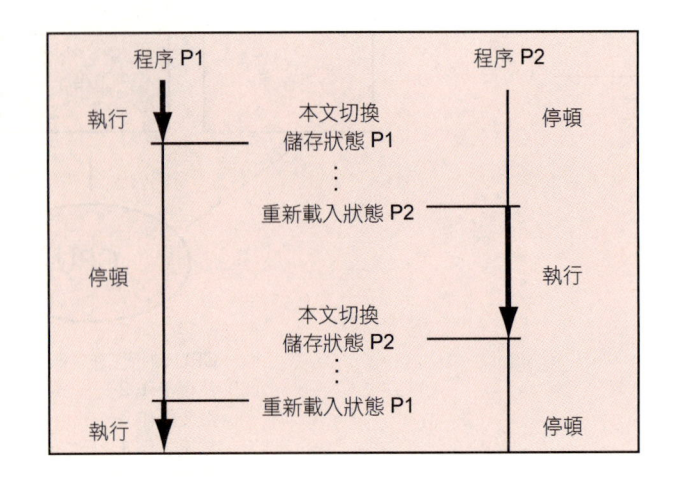

排的期間，作業系統從一個程式指令的集合切換到另一個集合，藉此產生錯覺，感覺上每一個程式指令的集合可以同時獨立地執行。

舉例來說，中斷一個網頁的檔案下載，可以寫成線性的程式指令或者兩個邏輯上互相獨立的程式指令集合。線性程式需要一個迴圈下載檔案的片段，詢問使用者是否要中斷檔案下載，並且等待使用者的回應。這個程序會不斷重複直到檔案完成下載或者真的中斷下載。這不是一個友善的程式設計，使用者必須不斷地回答同樣的問題才能完成下載，或者一旦下載可以很友善地等到檔案傳完才讓使用者改變主意。

這個問題可以使用兩個程式集合來解決，一個程式指令集下載檔案，另一個程式集監督使用者的輸入。每一個程式指令集合在邏輯上是獨立的，並且可以同時執行。作業系統依據所安排的時間區間在 CPU 切換指令集，允許一個指令集開始下載檔案，而另一個指令集開始監督使用者的輸入，兩者可以同時發生。如果使用者決定要停止下載，使用者不需要知道作業系統必須在監督程式處理使用者要求之前，先暫停傳輸程式。本章中剩下的部分將會討論使用不同的方法去設計這兩個程式指令集，並且可以同時執行。

練習 15.1

自我檢驗

1. 可中斷多工的好處為何？
2. 線性程式設計與平行程式設計的不同點為何？
3. 時間分享與時間分割的不同點為何？

15.2 程　序

一個程式為許多指令集儲存在一個檔案中，可以被讀入記憶體並且被執行。每一個可被執行程式都是一個獨一無二的程式範例，而且都有一個獨一無二的 ID，稱作**程序 ID**(process ID)。程序 ID 由作業系統所指令。程序 ID 使用在程序之間資訊的存取與溝通。

> **程序 ID**：由作業系統指定給程序的獨一無二的號碼。

對每一個程序所有相關的資訊，例如程式計數器、記憶體的位址、CPU 暫存器的內容等，這些資訊儲存在資料結構或由作業系統來建構。當本文切換發生，程序的狀態資訊被暫停並由作業系統儲存，之前停止的程序則開始執行。你可以預期到，每次狀態資訊的更新與切換將導致增加處理上的負擔。稍後我們會介紹設計同步程式模式中使用多緒(threads)來取代程序，並且可以消除本文切換的副作用。

產生一個程序

一個新的程序，可以稱為**子程序**(child)，由目前的程序所產生，稱為**父程序**(parent)，由 fork 所產生。

> **子程序**：由目前所執行的程序(父程序)所產生的新程序。
>
> **父程序**：目前執行的程序且已產生一個或多個子程序。

```
Parent Process
...
printf("Before fork()\n");
pid = fork();
printf("After fork()\n");
...
```

傳回給 pid 的值(資料型態 pid_t)為新程序(子程序)的 ID。資料型態 pid_t 為 int 型態，被用來表示一個程序的 ID。所產生的子程序為父程序的一個複製版本。

因為子程序為父程序的複製，其程式計數器有相同的值，所以下一個指令函式會在兩個程序之中被執行，就是接在 fork 之後的 printf：

Parent Process	Child Process (Copy of Parent Process)
...	...
printf("Before fork()\n");	printf("Before fork()\n");
pid = fork();	pid = fork();
printf("After fork()\n");	printf("After fork()\n");
...	...

記住，printf 的指令函式在此特別的程序中並沒有執行，要等到作業系統將控制權給此程序。

一個父程序可以有多個子程序，而且子程序也可以有自己的子程序。所以可以想像得到，程序之間的關係可以相當複雜，類似於家族之間的關係；每一個個別的程序可以同時是一個子程序，被別的程序所產生；也可以是父程序，產生自己的子程序。

因為 fork 可以產生新的程序，如果成功，會同時傳回值給父程序與子程序。傳回值給程序 ID (父程序存在變數 pid 中)，新產生的子程序的值為 0 (子程序存在變數 pid 中)。如果呼叫 fork 沒有成功的話，只傳回給父程序 -1，子程序不會被產生。我們將會說明如何使用回傳值去控制接下來的父程序與子程序的執行。

子程序的產生為父程序的複製，但是有自己的位址空間；也就是說，不同的記憶體區域可以儲存所有的資料與資訊，可以讓程序去執行。這樣的結果將產生改變子程序的變數，並且不會影響父程序中所對應的變數。也就是說，每一個程序都有自己的位址空間。因此，如同之前所提到的，在執行 fork 之後，父程序中的變數 pid 將會儲存子程序的 ID 值。子程序中的 pid 將為 0。既然這些程序為獨一無二的，對每一個程序而言，下一個指令的執行是相同的。在範例 15.2 中，我們測試程序 ID，然後讓父程序與子程序有不同的行為。

範例 15.2

在下一段中，fork 產生一個新的程序而且傳回子程序 ID 給父程序，而且傳 0 給子程序。pid 的值可以使用在條件指令中，讓每一個程序中不同區塊的程式碼可以執行。在下一段程式碼之後會有說明。

```c
#include <unistd.h>
...
pid_t pid;
...
pid = fork();
...
if (pid < 0)
{
    /* Code executed in the parent process only if unsuccessful */
    printf("Error Creating New Process\n");
```

```c
    ...
}
else if (pid == 0)
{
    /* Code executed in the child process only if successful */
    printf("Child ID %d\n", getpid());
    ...
}
else
{
    /* Code executed in the parent process only if successful */
    printf("Parent ID %d child ID %d\n", getpid(), pid);
    ...
}
...
```

如果新的程序無法被產生,pid 的值將為 -1,表示有錯誤發生而且會顯示錯誤訊息。如果 pid 的值為 0,所執行的程序即為子程序。子程序可以使用指令 getpid 顯示自己的程序 ID。如果 pid 大於 0,所執行的程序即為父程序。父程序可以使用 getpid 來得知自己的程序 ID,與得到新產生的子程序 ID (儲存在 pid)。

表 15.1 整理了本節中所需要的程序指令。要特別注意,如果要執行 fork 與 getpid,必須包含標頭 unistd.h。如果要使用 wait 指令(稍後描述),必須包含標頭 wait.h。execl 函式將在 15.3 節中說明。

表 15.1 一些 unistd.h 與 wait.h 程序指令

功能	目的:範例	參數	結果型態
fork	如果成功產生子程序,會傳回新程序的 ID(給父程序)與 0(給新的程序)。如果不成功,傳回 −1 給父程序。 pid = fork();	無	pid_t
getpid	傳回呼叫程序的程序 id。 pid = getpid();	無	pid_t
wait	傳回下一個子程序的 id 然後離開,離開的狀態會使用 status_ptr 寫入記憶體位置。 pid = wait(&status_ptr);	int* status_ptr	pid_t
execl	取代程序中的指令,可以在執行檔中執行,由 path 與 file 參數指定程式位址。參數 path 為完整路徑,參數 file 為執行檔名稱;可能有更多的參數,但最後一個永遠是 NULL。 execl("prog.exe", "prog.exe", NULL);	const char *path const char *file ... NULL	int

等一個程序

每一個程序可以單獨地結束於父程序或者子程序。這樣的結果，讓子程序可以結束於父程序之前或之後，但是一般較偏好所有的子程序結束於父程序之前。當一個子程序在父程序之前結束，父程序可以取出子程序離開前的狀態，可以知道子程序是否成功地離開。父程序可以使用 wait 取得子程序離開前的狀態，wait 函式定義於 wait.h。

範例 15.3

在下一段中，wait 函式呼叫導致父程序暫停，直到子程序結束。如果子程序成功地結束，wait 函式會立刻傳回。wait 函式呼叫要在父程序的程式碼段落中。

```
#include <wait.h>
...
pid_t pid;
int status;
...
/* Pause until a child process exits */
pid = wait(&status);
if (pid >0)
    printf("pid %d status %d\n", pid, WEXITSTATUS(status));
...
```

wait 指令回傳結束的子程序 ID(此程序的結果)或是 0(如果沒有子程序存在)。回傳值儲存於 pid。wait 指令也儲存程序結束的狀態，包含了結束碼，此指令的參數 status(型態 int)。巨集程式 WEXITSTATUS(status) 可以用來解開變數 status 結束碼。如果呼叫的程式中並沒有子程序存在，結束碼會顯示錯誤。在這個段落中，printf 函式執行並接受 wait 函式傳回的結果。如果結束的子程序 ID 為 7608 且結束碼為 5。printf 執行之後的結果為：

       pid 7608 status 5.

殭屍程序(不存在的程序)：一個子程序已經結束，但是父程序並未收到結束的狀態。

一個子程序已經結束但是父程序並未取得結束的狀態，我們稱為**殭屍程序**(zombie process)或者**不存在的程序**(defunct process)。一個程序變成不存在的程序，因為作業系統必須維護程序的資訊，即使這個程序不再存在。不存在的程序結束的狀態將被維持，直到父程序取得結束狀態或者父程序自己結束。

從程序執行其他程式

儘管創造了一個新的程序與其父程序一樣，但是大部分我們希望新的程序執行不同的工作。要達到這樣的目的，我們首先使用 fork 函式產生一個新的程序取代原來的指令，並且與新的程序連結來完成所需要的操作。舉例來說，我們可以使用這種方法讓我們的程式能操作系統階層的功能，例如將一個目錄表列出來。

我們實際執行一個系統階層的指令。如果我們在系統階層命令列 % 的狀態下鍵入 ls 這樣的命令

% ls

會產生一個子程序，而且 ls 命令會取代子程序從父程序處所得到的命令。

一個程序的命令使用 execl 函式，可以被不同的命令取代。如果呼叫 execl 成功，已經存在的程序指令被新的程序指令取代。原來的程序指令將不再存在。

程序將如何得到新的指令？新的正常程序從 .exe 執行檔讀取新的指令。可以使用 excel 函式傳送命令列參數到程序指令中，就如同此檔案由命令列執行。

範例 15.4 在下面的程式段落中，父程序呼叫 fork 產生一個新的子程序。接下來，如果父程序還在執行，pid 大於零，所以 printf 函式可以執行。如果子程序還在執行 (pid 為零)，執行 execl 函式，執行檔 newprog.exe 取代程序指令。因此原來的指令將不再存在，printf 函式在子程序之中將不會被執行，並且以可執行檔 newprog.exe 取代子程序中的指令執行。

```
#include <unistd.h>
...
pid_t pid;
...
pid = fork();
if (pid == 0)
    execl("newprog.exe", "newprog.exe", NULL);
    printf("Parent process after if statement\n");
...
```

範例 15.5

在接下來的例子中，execl 函式並不在 if 的指令中，所以在目前的程序中執行。

```
#include <unistd.h>
...
execl("newprog.exe", "newprog.exe", "Arg1", "Arg2", "ArgN", NULL);
printf("Error Reading/Executing The File newprog.exe\n");
...
```

目前的程序中的指令將被執行檔 newprog.exe 所取代，並且假設為目前的工作目錄，並且引數為 Arg1、Arg2 與 ArgN 傳送給新的指令，如同在命令列中的使用方式

```
% newprog.exe Arg1 Arg2 ArgN
```

因為在命令列中的引數數目是可變的，最後引數必須是 NULL，表示引數的結束。必須注意的是，只有 execl 呼叫失敗後，才會執行 printf 函式。否則，printf 將會被 newprog.exe 取代。

練習 15.2

自我檢驗

1. 如何產生程序？
2. 如何等程序結束？
3. 如何在程序中呼叫一個可執行的程式？
4. 解釋下一段程式碼的結果。

    ```
    #include <unistd.h>
    ...
    pid_t pid;
    ...
    pid = fork();
    printf("Process pid %d\n", pid);
    ...
    ```

程式撰寫

1. 修改範例 15.2 程式碼，印出是父程序或子程序正在執行。

15.3 程序內部的通訊與管道

管　道

程序內部通訊：在兩個有相同祖先且使用同一個 CPU 的程序之間交換資訊。

管道：內部程序通訊的形式，包含了兩個檔案描述器，一個負責寫出另一個負責讀入。

半雙工管道：只能在單方向上送出資訊的管道。

全雙工管道：可以同時在兩個方向送出資訊的管道。

如果產生的程序之間無法連結，其效益是有限的。**程序內部通訊**(interprocess communications)允許程序之間可以交換訊息，這些程序必須在同一個 CPU 上執行且有相同的祖先。最早形式的程式內部通訊稱為**管道**(pipe)，包含了兩個檔案描述器，一個負責讀，另一個負責寫。有兩種形式的管道：**半雙工**(half-duplex)與**全雙工**(full-duplex)。一個半雙工的管道只能單方向地送出資訊，然而全雙工則是雙向的。

管道由 pipe 函式所產生，而且會回傳兩個檔案描述器，且儲存在整數陣列中，這兩個檔案描述器分別負責讀與寫。檔案描述器使用在兩個程序之間互相傳遞資訊。因為並非所有的作業系統都支援全雙工的管道，程序在讀取管道之前需要先關閉寫入的檔案描述器；要寫入之前需要先關閉讀取的檔案描述器。管道的檔案描述器由 close 函式所結束。管道使用 write 函式把資訊寫出檔案描述器，使用 read 函式由讀取檔案描述器得到資訊(表 15.2)。

如果程序必須在兩個方向傳遞資訊，全雙工的管道可以由兩個半雙工的管道模擬而成。其中一個管道寫出的時候，另一個管道同時讀取資料。所有的範例說明了半雙工管道(圖 15.4)。

表 15.2 在 unistd.h 中的程序內部通訊函式

函式	目的：範例	參數	傳回型態
pipe	如果成功，產生一個新的管道且回傳值為 0。讀與寫的檔案描述器被寫入陣列參數中。如果不成功，傳回 -1。 `pipe (filedes);`	int filedes [2]	int
dup2	如果成功，複製檔案描述器 oldfiledes 到檔案描述器 newfiledes 而且回傳 newfiledes。如果不成功，傳回 -1。 `dup2 (oldfiledes, newfiledes);`	int oldfiledes int newfiledes	int
sleep	如果成功，暫停程式的執行，並且等到秒數為 0。如果不成功，傳回原來的秒數。 `sleep (seconds);`	unsigned int seconds	unsigned int
close	關閉指定的檔案。傳回 0 表示成功，-1 表示不成功。 `close (oldfiledes);`	int oldfiledes	int
read	從檔案 oldfiledes 讀取數個位元組的資料到陣列 buffer 中。如果成功，傳回讀取的位元組數目。如果不成功，傳回 -1。 `read (oldfiledes, buffer, numbytes)`	int oldfiledes void* buffer size_t numbytes	size_t
write	從陣列 buffer 寫到檔案 newfiledes 中。如果成功，傳回寫入的位元組數目。如果不成功，傳回 -1。 `write (newfiledes, buffer, numbytes)`	int newfiledes void* buffer size_t numbytes	size_t

圖 15.4
使用半雙工管道進行程序內部通訊

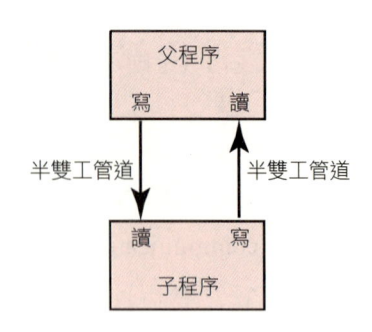

使用管道

管道使用於父程序與子程序之間的溝通或兄弟程序(具有相同父程序)。範例 15.6 說明了如何使用這些函式(在表 15.2 描述)去開啟管道，在半雙工的通訊中設定寫出與讀取的檔案描述器。

範例 15.6 以下的程式段說明了檔案描述器的陣列 `filedes`。使用 `pipe` 產生管道，並且使用兩個不同的整數填入陣列變數中。這兩個變數分別表示讀與寫的檔案描述器。如果呼叫 `pipe` 函式失敗，則執行 `printf`。

```c
#include <unistd.h>
...
int filedes[2];
char buffer[30];
...
if (pipe(filedes) < 0)
{
    printf ("Error Creating The Pipe\n");
    ...
}
...
```

因為我們只用半雙工的管道，每一個程序必須關閉不同的檔案描述器。程序在寫的時候就會關閉讀取的檔案描述器(`filedes[0]`)，然後把字串 "Buffer contents" 寫到檔案描述器(`filedes[1]`)。如果任一個動作失敗，將會出現錯誤的訊息。

```c
...
if (close (filedes[0]) < 0)
    printf ("Error Closing The Read File Descriptor\n");
```

```
strcpy(buffer, "Buffer Contents");
if (write (filedes[1], buffer, strlen(buffer)) < 0)
    printf ("Error Writing To The Write File Descriptor\n");
...
```

在這個程序中將由管道讀取，首先關閉寫入的檔案描述器(`filedes[1]`)，然後從讀取的檔案描述器讀取(`filedes[0]`)。

```
...
if (close (filedes[1]) < 0)
    printf ("Error Closing The Write File Descriptor\n");
if (read (filedes[0], buffer, sizeof(buffer)) < 0)
    printf("Error Reading From The Read File Descriptor\n");
...
```

表 15.2 整理了使用管道所需要的函式。函式 read、write、close 非常類似於表 12.5 中的 fread、fwrite、fclose。不同之處只有使用檔案描述器取代指標。在 read 函式中，第三個參數為檔案描述器最大的讀取位元數，這個非常重要，可以防止 read 函式不會溢流。在 write 函式中，第三個參數為寫入檔案描述器的位元數目。如果仍有位元數需要讀取，read 函式會讀取而且立即傳回。然而，如果沒有需要讀取的位元，read 函式會暫停直到有位元需要讀取。

程序內部通訊使用標準輸入

我們已經看過呼叫 execl 函式，既存的程序記憶體區域與指令(程序映像)將會被 execl 函式所指定的新執行檔的映像所取代。如果管道由原來的程序映像所取代，並且在父程序與子程序之間傳遞資訊。那麼在新的程序映像中，此管道將不再存在，因為原來的記憶體區塊已經被新的程序所取代。父程序與子程序之間的通訊可以執行在不同的程序映像中，在執行 execl 函式之前，先產生管道，然後複製(使用函式 dup2)與指定管道到標準輸出或輸入。複製與指定管道到標準輸入或輸出可以讓父程序寫到管道，而且讓子程序從標準輸入讀取。使用相同的方式，子程序可以寫到標準輸出，父程序可以從管道讀取。因為管道已經不存在了，這樣可以允許父程序使用管道，而子程序使用標準輸入或標準輸出與父程序通訊。

範例 15.7 接下來我們將會說明如何複製與指定管道輸入與輸出的檔案描述器給標準輸入與標準輸出。

```
#include <unistd.h>
...
int filedes[2];
...
```

使用管道讀取標準輸入，我們首先必須複製與指定讀取檔案的描述器給標準輸入的檔案描述器(STDIN_FILENO 的值)：

```
...
if (dup2 (filedes[0], STDIN_FILENO)!= STDIN_FILENO)
     printf ("Error Duplicating The Read File Descriptor\n");
if (close (filedes[0])< 0)
     printf ("Error Closing The Read File Descriptor\n");
...
```

因為STDIN_FILENO 也已經被指定了相同的檔案描述器在 filedes[0]，我們將 filedes[0]關閉，避免衝突發生。

要使用管道寫入標準輸出，首先必須複製與指定寫入的檔案描述器給標準輸出檔案描述器(STDOUT_FILENO)：

```
...
if (dup2 (filedes[1], STDOUT_FILENO)!= STDOUT_FILENO)
     printf ("Error Duplicating The Write File Descriptor\n");
if (close (filedes[1])< 0)
     printf ("Error Closing The Write File Descriptor\n");
...
```

因為STDOUT_FILENO 已經被指定給相同的檔案描述器 filedes[1]，我們關閉 filedes[1]，避免衝突發生。

在父程序與子程序之間通訊的說明

接下來我們提供一個完整的程式，程式中產生管道、新的程序，並且使用檔案 child.exe 取代新程序的映像，送出訊息並由子程序讀取。圖 15.5 的程式碼產生了程序(parent.c)且送出訊息。圖 15.6 的程式碼產生新的子程序(child.c)且讀取訊息。

圖 **15.5** 程式之中開啟其他程式(`parent.c`)

```c
1.  /* Create a new process, replace the new process image with a */
2.  /* different process image from an executable file, and,      */
3.  /* communicate using a pipe                                   */
4.
5.  #include <stdio.h>
6.  #include <string.h>
7.  #include <unistd.h>
8.  #include <wait.h>
9.
10. /* Define the message to be sent using the pipe */
11. #define MESSAGE "Parent Message To Forked Process"
12.
13. int
14. main(void)
15. {
16.     int filedes[2]; /* Array of file descriptors for the pipe */
17.
18.     pid_t fpid;  /* Forked process id */
19.     int   status; /* Forked process status */
20.
21.     /* Create the interprocess communications pipe */
22.     if (pipe (filedes) < 0)
23.         printf ("Error Creating The Interprocess Communications Pipe\n");
24.
25.     /* Create a new process */
26.     fpid = fork();
27.
28.     /* Both the parent and new processes continue running here */
29.     if (fpid < 0)
30.     {
31.         /* The new process was not created */
32.         printf ("Error Creating The New Process\n");
33.
34.         /* Close the read and write file descriptors of the pipe */
35.         if (close (filedes[0]) != 0)
36.             printf ("Error Closing File Descriptor 0\n");
37.         if (close (filedes[1]) != 0)
38.             printf ("Error Closing File Descriptor 1\n");
39.     }
40.     else if (fpid == 0)
41.     {
42.         /* This is the new process */
43.         printf ("Forked Process ID %d\n", getpid());
44.
45.         /* Close the write file descriptor of the pipe */
46.         if (close (filedes[1]) != 0)
47.             printf ("Error Closing File Descriptor 0\n");
48.
49.         /* Duplicate & assign read file descriptor to standard input */
50.         if (dup2 (filedes[0], STDIN_FILENO) != STDIN_FILENO)
51.             printf ("Error Duplicating File Descriptor 0\n");
```

(續)

圖 15.5　程式之中開啟其他程式(parent.c) (續)

```
          /* Close read file descriptor of the pipe after duplication */
          if (close (filedes[0]) != 0)
              printf ("Error Closing File Descriptor 0\n");

          /* Replace this process image with the process */
          /* image from the executable file child.exe */
          if (execl("child.exe", "child.exe", NULL) < 0)
              printf ("Error Replacing This Process Image\n");
      }
      else
      {
          /* This is the parent process */
          printf ("Parent Process ID %d\n", getpid());

          /* Close the read file descriptor of the pipe */
          if (close (filedes[0]) != 0)
              printf ("Error Closing Pipe\n");

          /* Wait for the forked process to begin executing */
          sleep(1);

          printf ("Parent Process Writing '%s'\n",  MESSAGE);

          /* Write the message to the write file descriptor and flush */
          /* the write file descriptor by writing a newline character */
          if (write (filedes[1], MESSAGE, sizeof (MESSAGE)) < 0)
              printf ("Error Writing To File Descriptor 1\n");
          if (write (filedes[1], "\n", 1 ) < 0)
              printf ("Error Writing To File Descriptor 1\n");

          printf ("Parent Process Waiting For Forked Process\n");

          /* Wait for the forked process to complete & display status */
          if (wait (&status) == fpid)
              printf ("Forked Process Status %d\n", WEXITSTATUS(status));
          else
              printf ("Error Waiting For The Forked Process\n");

          printf ("Parent Process Resuming\n");
      }

      printf ("Parent Process Stopping\n");

      return (0);
}
```

在圖 15.5 中，呼叫 pipe 函式產生管道。接著我們產生了一個程序(稱為 fork)。下一步我們適當地關閉父程序與子程序的檔案描述器。如

圖 15.6 從圖 15.5 的程式(child.c)中啟動程式

```
1.  /* Read a newline delimited string from the standard */
2.  /* input and print the string to the standard output */
3.  #include <stdio.h>
4.  #include <string.h>
5.  #include <unistd.h>
6.
7.  int
8.  main (void)
9.  {
10.     char text[64]; /* Message buffer */
11.
12.     /* Display the child process ID */
13.     printf (" Child Process ID %d\n", getpid());
14.
15.     /* Read a newline delimited string from the standard input */
16.     if (fgets (text, sizeof (text) - 1, stdin) == NULL)
17.         printf ("Error Reading Standard Input\n");
18.
19.     /* Display the message read from standard input */
20.     printf (" Child Process Reading '%s'\n", text);
21.     printf (" Child Process Stopping\n");
22.
23.     /* Return 1 to parent to indicate successful completion */
24.     return (1);
25. }
```

果我們在子程序中，複製檔案描述器給標準輸入，然後呼叫 execl 函式使用 child.exe 取代其他的程式碼。如果我們在父程序，則等待新的程序開始(呼叫 sleep(1)，稍後會解釋)。然後寫入訊息給子程序，等待子程序結束(稱為 wait)。

子程序的新程式碼從標準輸入讀取訊息使用函式 fgets (見圖 9.8)，顯示訊息，然後離開。

sleep 函式被用來暫停程序的執行。我們先暫停父程序來保證在父程序寫入訊息之前，子程序已經開始執行了。

練習 15.3

自我檢驗
1. 使用管道說明程序之間的關係。
2. 如何產生管道？
3. 如何連接管道到標準輸入與輸出？

15.4 多 緒

直到目前為止，我們的討論的多工包含了產生許多共同工作程序的集合，如同同時完成超過一件的工作。最主要的負擔包含了程序之間的切換與程序之間的通訊。多緒被創造就是基於這樣的理由，讓多個程序可以分享相同的記憶體區塊交換資料，如此可以提高效率。程序中的**多緒**(threads)，可以被視為共同合作的次程序，使用相同的程序映像、記憶體內容與相關的資源。多緒的本文切換比起程序的本文切換要來得有效率，因為記憶體內容與其他的資源並不需要切換。

一個程序包含一個或多個可執行的多緒，每一個多緒之間有一個號碼，稱為多緒 ID，此號碼僅存在於此程序之中。每一個多緒包含了必要的資訊來代表多緒執行內容與機器指令都在同一個多緒中。

程序中只能有一個多緒稱為**多緒控制**(thread of control)，可以在指定的時間執行。當一個程序開始它的 CPU 時間分割，作業系統會基於優先因素選擇多緒控制，例如優先權高於其他程序的多緒、程式碼的複雜程度、最近一次被執行到的多緒等。作業系統同意一個程序可以有許多的多緒，但是如同其他程式設計的結構，多緒要使用適當而不濫用。特別要記得的是，多緒的本文切換使用系統的資源，所以一個好的程式設計者，要能夠使用數目最少的多緒來達到工作的目的。圖 15.7 中顯示了一個具有三個多緒的程序所需要的記憶體資源。如圖所示，每一個多緒需要自己的控制區塊、使用者堆疊空間與系統核心堆疊空間。

> **多緒**：一個程序包含了許多互相合作的次程序，執行於相同的程序映像中與記憶體內容，並且互相分享程序中相關資源。
>
> **多緒控制**：目前執行的多緒。

圖 15.7 一個程序擁有三個多緒所需要的記憶體資源

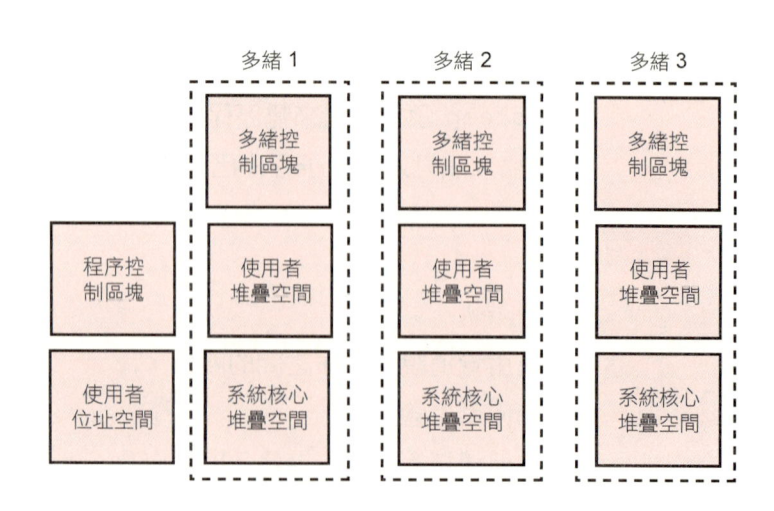

產生多緒

使用 pthread_create 函式產生一個多緒。當 pthread_create 函式回傳時，在呼叫 ptherad_create 之後，目前的多緒控制仍繼續執行下一個程式指令。當新的多緒取得多緒控制之後，開始執行新的程式指令，新的程式指令由 ptherad_create 的參數 start_routine 所指定。一旦新的多緒產生，將會持續執行，直到所有的 start_routine 程式指令被執行。一個 return 的敘述會被執行或者程序會讓多緒結束。因此，要保持多緒不斷執行，直到程序結束多緒，多緒需要在一個迴圈之中執行，直到迴圈的控制值為否，而中斷迴圈。

因為多緒為獨立個別執行，所以不會知道多緒實際上的結束時間。這是因為這些都是非同步事件：這些事件的發生並沒有遵循特別的次序。pthread_join 函式藉由等這些多緒事件真正的結束，可以用來同步這些多緒的事件。以此方式，多緒等待其他的多緒結束來整合多緒之間的活動。

表 15.3 整理了多緒函式 pthread_create 與 ptherad_join。要使用這些函式，標頭 ptherad.h 必須被包含在程式碼之中，而且必須連結 pthread 的程式庫：

`gcc file.c -lpthread`

接下來的程式碼說明了產生一個多緒之後控制的流程。在 main 函式之中，主要的多緒藉由 pthread_create 函式產生。

主要的多緒

```
int
main(void)
```

表 15.3 pthread.h 中多緒的函式

函　式	目的：範例	參　數	結果型態
ptherad_create	如果成功，產生一個新的多緒且傳回 0 給程序。如果不成功，傳回一個大於 0 的值給程序。 pthread_create (&thread, NULL, start_routine, NULL);	const pthread_t* thread pthread_attr_t* attr void*start_routine (void*) void* arg	int
pthread_join	如果成功，等待一個特定的多緒結束且傳回 0 給程序。如果不成功，傳回一個大於 0 的值給程序。 pthread_join (thread, &value_ptr);	pthread_t thread void** value_prt	int

```c
{
    pthread_t tid;
    ...
    pthread_create(&tid, NULL, tsub, NULL);
    printf ("Main thread after pthread_create()\n");
    ...
    return(0);
}
```

tsub 函式功能的位址會被傳到 pthread_create 函式中,當作 start_routine 參數。這表示 tsub 函式將會開始執行,當新的多緒取得多緒控制之後。

```c
void* tsub (void* arg)
{
    printf ("New thread first executable statement\n");
    ...
    return (NULL);
}
```

當呼叫 pthread_create 傳回時,新的多緒已經被產生。在 main 函式之中,主要的多緒開始執行 printf 這個函式命令。

主要的多緒

```c
int
main(void)
{
    pthread_t tid;
    ...
    pthread_create(&tid, NULL, tsub, NULL);
    printf ("Main thread after pthread_create()\n");
    ...
    return (0);
}
```

當一個新的多緒變成多緒控制的時候,tsub 函式開始執行 printf 函式命令。

新的多緒

```
void* tsub (void* arg)
{
    printf ("New thread first executable statement\n");
    ...
    return (NULL);
}
```

多緒的同步

當一個程序有超過一個多緒在執行，有可能是其中一個多緒要去修改的變數值，同時另一個多緒也要去存取相同的變數。事實上，兩個多緒不可以同時執行，因為在一個時間點上，只有一個可以取得多緒控制。一個多緒可能開始修正變數值，然後多緒的本文切換發生了，而新的多緒控制要去存取相同的變數。如果事件順序的產生不如預期，第二個多緒可能得到變數原來的值而取代了本來要更新的正確數值。不幸的是，如果正確的更新數值還不存在的話，第一個多緒將在取得多緒控制時一次完成變數的更新。

舉例來說，假設正確的多緒控制想要去把變數值加1，需要三個步驟。步驟一，從變數的記憶體位址讀入CPU暫存器。步驟二，將記憶體暫存器的值增加1。步驟三，將CPU暫存器的值寫回變數的記憶體位址。如果一個多緒的本文切換發生在步驟一或者步驟二已經完成之後，但是在步驟三之前，其他多緒去存取變數將會得到原來的值，因為第一個多緒還未完成更新。這就是廣為人知的**資料不一致**(data inconsistency)，將會導致無法預期的結果與程式錯誤。

資料不一致：資料錯誤的發生因為一個多緒存取共享的資源，而同時間其他的多緒正在更改此資源。

表15.4顯示了事件的順序導致資料不一致的問題。在此例中，假設有一個分享的資源變數包含了數個多緒。每一個多緒一開始執行，就會將此分享的資源變數加1。每一個多緒要結束的時候，將此資源變數減1。以此方法，隨時得知每一個主動多緒的數目。

在時間T0，多緒一將此共享變數寫入暫存器。在時間T1，多緒一將此變數增加1。在時間T2，多緒的本文切換發生，而且狀態與多緒一有關聯的儲存，包含了暫存器的值，接著此狀態連結到多緒二(包含了多緒二之前暫存器的值)被存回。在時間T3，多緒二將此變數值寫入暫存

表 15.4　執行的順序導致資料不一致問題

時間	執行	多緒	變數	暫存器	說明
T0	寫入變數到暫存器	1	1	1	新的暫存器值
T1	增加暫存器的值	1	1	2	新的暫存器值
T2	多緒本文切換	1	1	2	儲存多緒一的狀態
		2	1	??	存回多緒二的狀態
T3	寫入變數到暫存器	2	1	1	新的暫存器值
T4	減少暫存器的值	2	1	0	新的暫存器值
T5	將暫存器寫入變數	2	0	0	新的暫存器值
T6	多緒本文切換	2	0	0	儲存多緒二的狀態
		1	0	2	存回多緒一的狀態
T7	將暫存器寫入變數	1	2	2	新的暫存器值

器。在時間 T4，多緒二將暫存器的值減 1。在時間 T5，多緒二將從暫存器的值寫入共享變數中。在時間 T6，一個多緒本文切換發生，連結回多緒一的狀態(包含了之前暫存器的值)被存回。在時間 T7，多緒一將值從暫存器寫入到共享變數中。

多緒一將共享變數值加 1。多緒二將共享變數值減 1。共享變數值在此兩個步驟結束之後，應該要為 1。因為 1＋1＝2 而且 2－1＝1。不幸的是，多緒的本文切換發生在多緒一增加共享變數之前，所以此共享變數現在為 2，而非 1。

在多個多緒的應用程式中，所有的多緒都要存取一致的變數值是非常重要的。如果所有的多緒都只有讀取變數值，就不會是問題。但是不幸的是，在邏輯上所有的多緒程式都同時讀取與寫入這些共享的記憶體位置。這個問題會發生是因為一個多緒嘗試要去更改變數值，同時間另一個多緒要去讀取變數值。並非所有處理器的架構皆可以將讀與寫分開，所以會導致資料不一致發生，當要移植程式的時候考慮此問題是非常重要的，資料不一致的問題可能會發生，所以使用多個多緒的應用程式，要將多緒的同步設計問題銘記於心。

互斥鎖定

多緒的同步完成使用鎖定與解放的機制來限制對分享資源的存取，在同一個時間，只有一個多緒可以使用共享的資源。最常使用的機制為

互斥鎖定：多緒的同步，藉由使用鎖定與解放的機制來限制對分享資源的存取來達成，在任一個時間內只有一個多緒可以存取共享的資源。

互斥：一種互斥鎖定的形式，使用一個變數僅可以被一個多緒鎖定或釋放，多緒必須在存取共享資源前，先去鎖住此互斥變數，並在存取之後釋放此互斥變數。

多緒的**互斥鎖定**(mutual exclusion locking)或**互斥**(mutex)。一個互斥在使用共用資源之前必須先鎖定，使用之後必須釋放。在同一個時間內只有一個多緒可以鎖定此互斥。因此，任何多緒嘗試去鎖定一個已經被其他多緒鎖定的互斥，將會被阻擋，直到其他的多緒釋放此互斥。以此方式多緒之間可以同步，在存取共享資源時會被互斥阻擋，直到此互斥被釋放。

當一個互斥被釋放之後，之前被阻擋且正在等待此互斥的多緒將會第一個被執行，並且鎖定此互斥。一旦此互斥再一次被鎖定，任何其他等待此互斥的多緒，將會被再次阻擋，直到成為在此阻擋名單中的第一個，此多緒才被執行。這個步驟會不斷地重複，直到所有的多緒都能鎖定互斥。

當互斥機制運作順利，所有的多緒想要存取共享的資源都必須遵守此相同的規則。如果多緒嘗試去存取共同的資源，沒有先鎖定互斥，那麼其他的多緒去鎖定就會變得沒有意義，因為資料不一致的問題將會再發生。

表 15.5 顯示互斥鎖定能用在避免表 15.4 中資料不一致的情形。在時間 T0，多緒一鎖定互斥。在時間 T1，多緒一將共享資源變數的值寫入暫存器。在時間 T2，多緒一將暫存器的值增加 1。在時間 T3，發生多緒本文切換，與多緒一有關的狀態將被儲存，多緒二的狀態被復原。在時間 T4，多緒二想要去鎖定互斥但是被阻擋，因為多緒一已經鎖定互斥。在時間 T5，發生多緒本文切換，多緒二的狀態被儲存，多緒一的狀態被復原。在時間 T6，多緒一將暫存器的值寫入共享資源變數。在時間 T7，多緒一解除互斥。在時間 T8，發生了多緒本文切換，將多緒一的狀態儲存，多緒二的狀態復原。在時間 T9，多緒二鎖定此互斥，因為多緒一已經沒有鎖定此互斥。在時間 T10，多緒二將分享資源變數的值寫入暫存器。在時間 T11，多緒二將暫存器的值減 1。在時間 T12，多緒二將暫存器的值寫入共享資源變數。在時間 T13，多緒二解除鎖定此互斥。

多緒一將此共享資源變數的值加 1，多緒二將此共享資源變數的值減 1。共享資源變數的值在完成這兩個步驟之後，應該要為 1。互斥鎖定阻擋了多緒二的存取，直到多緒一完全更新了此共享資源變數。

表 15.6 總結了 ptherad 函式庫中互斥的操作。`pthread_mutex_init` 函式呼叫功能為在將互斥鎖定與釋放之前要先起始互斥變數。

表 15.5　互斥鎖定避免資料不一致

時　間	操　作	多　緒	變　數	暫存器	說　明
T0	鎖定互斥	1	1	??	互斥被鎖定
T1	寫入變數到暫存器	1	1	1	暫存器的新值
T2	暫存器中的值加 1	1	1	2	暫存器的新值
T3	多緒本文切換	1	1	2	儲存多緒一的狀態
		2	1	??	復原多緒二的狀態
T4	鎖定互斥	2	1	??	多緒二被阻擋
T5	多緒本文切換	2	1	??	儲存多緒二的狀態
		1	1	2	復原多緒一的狀態
T6	暫存器的值寫入變數	1	2	2	新的變數值
T7	解除互斥鎖定	1	2	2	解除互斥鎖定
T8	多緒本文切換	1	2	2	儲存多緒一的狀態
		2	2	??	復原多緒二的狀態
T9	鎖定互斥	2	2	??	互斥鎖定
T10	變數值寫入暫存器	2	2	2	新的暫存器值
T11	暫存器值減 1	2	2	1	新的暫存器值
T12	將暫存器值寫入變數	2	1	1	新的變數值
T13	解除互斥鎖定	2	1	1	互斥解除鎖定

ptherad_mutes_lock 函式呼叫鎖定了此互斥，其他的多緒就無法鎖定此互斥，直到互斥被釋放。ptherad_mutex_unlock 函式呼叫釋放此互斥，所以其他被阻擋且在等待的多緒可以嘗試去鎖定此互斥。

表 15.6　互斥的操作中使用多緒的函式

函　式	目的：範例	參　數	結果型態
pthread)mutex_init	如果成功,會起始一個新的互斥而且傳回 0 給程序。如果不成功,傳回一個大於 0 的值給程序。 pthread_mutex_init (&mutex, NULL);	pthread_mutex_t* mutex const pthread_mutex_t*attr	int
pthread_mutex_lock	如果成功,設定互斥鎖定狀態而且傳回 0 給程序。如果不成功,傳回一個大於 0 的值給程序。 pthread_mutex_lock (&mutex);	pthread_mutex_t* mutex	int
pthread_mutex_unlock	如果成功,解除互斥鎖定狀態而且傳回 0 給程序。如果不成功,傳回一個大於 0 的值給程序。 pthread_mutex_unlock (&mutex);	pthread_mutex_t* mutex	int

這些鎖定、存取、釋放同步的順序會一直重複，當共享的資源需要被使用的時候。下面的程式片段說明了使用互斥鎖定與釋放的機制。

```
#include <pthread.h>
...
pthread_mutex_t lock;
...
int
main(void)
{
    ...
    if (pthread_mutex_init (&lock, NULL) != 0)
        printf ("Error Initializing Mutex Lock\n");
    ...
    if (pthread_mutex_lock (&lock) != 0)
        printf ("Error Locking Mutex\n");
    /* Shared resources can be updated while the mutex is locked */
    ...
    if (pthread_mutex_unlock (&lock) != 0)
        printf ("Error Unlocking Mutex\n");
    ...
    return (0);
}
```

死　結

死結：一種多緒被阻擋的情形(無法執行)，因為嘗試去鎖定此互斥，但是此互斥已經被其他多緒鎖定，且不會釋放此互斥。

同步的鎖定，例如互斥，如果使用不當，可能導致多緒產生**死結**(deadlocks)。當一個多緒存取互斥被阻擋，而且互斥被另一個多緒給鎖定且永不釋放，就變成一個死結。因此，此多緒一直被阻擋直到此程序結束。不幸的是，死結的多緒會導致連鎖效應，導致更多的多緒產生死結。任何多緒嘗試去鎖定互斥已經是死結的多緒鎖定的互斥，因此死結將會延伸到此多緒。多緒可能因為自己或是其他多緒而變成死結，將在以下的例子中說明。

一個多緒可能會因為自己產生死結，如果自己已經鎖定了一個互斥而且想要再鎖定相同的互斥一次。因為這個多緒在第一個地方已經鎖定了此互斥，所以現在會被阻擋，不幸的是，因為此多緒一開始已鎖定此互斥，所以被阻擋。互斥鎖定將永不被釋放，所以此多緒被自己造成死結。

如果每一個多緒都想要去鎖定已經被別的多緒鎖定的互斥，這些多緒可能因為其他的多緒而產生死結。舉例來說，假設多緒 A 鎖定互斥 A 且多緒 B 鎖定互斥 B。如果多緒 A 嘗試去鎖定互斥 B 將會被阻擋，因為互斥 B 已經被多緒 B 給鎖定了。如果多緒 B 嘗試去鎖定互斥 A 將會被阻擋，因為互斥 A 已經被多緒 A 給鎖定了。在這個時候，多緒 A 被阻擋，等到多緒 B 釋放互斥 B；多緒 B 會被阻擋，等到多緒 A 釋放互斥 A。多緒 A 與多緒 B 互相造成死結的狀態，因為每一個多緒都在等待被另一個多緒鎖定的互斥。

這些多緒死結的型態是可以避免的，使用警告而且控制鎖定互斥的順序。要避免一個多緒被自己造成死結，必須自己先檢查此互斥是否已經被鎖定，以避免相同的互斥被嘗試的第二次鎖定。

要避免多緒被其他的多緒影響而產生死結，必須強制多緒得到互斥的順序。舉例來說，如果多緒需要互斥 A 與互斥 B，可以讓互斥 A 優先。當兩個多緒同時需要此兩個資源，第一個多緒將會鎖定互斥 A，第二個多緒要取存取互斥 A 時將會被鎖定，也允許第一個多緒繼續去鎖定互斥 B。在第一個多緒結束之後，釋放互斥 A 與互斥 B，第二個多緒將不會被阻擋，而且可以同時去鎖定互斥 A 與互斥 B，避免因為第一個多緒而產生死結。

另一個可行的方式為使用 `pthread_mutex_trylock` 函式，此函式會嘗試去鎖定但是不會被阻擋。如果此互斥沒有被鎖定，這個函式會成功地鎖定互斥。如果此互斥已經被其他多緒鎖定，此函式將會失敗，不會鎖定互斥或者阻擋此多緒繼續執行。如果此函式失敗，此多緒會釋放已經被鎖定的互斥而且嘗試再一次去鎖定此互斥，使用此方法來避免死結。

完整的程式如圖 15.8 所示。圖中說明了互斥的起始，產生一個多緒，然後更新共享資源變數。main 多緒與新的多緒執行 `thread` 函式，兩者都使用互斥 `lock` 來同步彼此對共享資源資料的存取。`thread` 函式結束時會回傳 `NULL`；命令會在迴圈中重複五次。main 函式在結束自己之前，會等待多緒結束。

練習 15.4

自我檢驗

1. 如何產生一個多緒？
2. 如何起始一個互斥？
3. 如何鎖定與釋放互斥？
4. 什麼是多緒的死結？

圖 15.8 範例程式產生一個多緒且更新共享資源(`thread.c`)

```c
1.  /* Create a thread and update a shared */
2.  /* resource from two different threads */
3.
4.  #include <pthread.h>
5.  #include <stdio.h>
6.  #include <unistd.h>
7.
8.  void* thread (void* argument); /* Thread function prototype */
9.
10. int             data; /* Global share data */
11. pthread_mutex_t lock; /* Thread mutex lock */
12.
13. int
14. main(void)
15. {
16.     pthread_t tid; /* Thread ids */
17.     int loop;   /* Loop count */
18.
19.     /* Display the primary thread id */
20.     printf ("Primary Thread Started ID %u\n", pthread_self());
21.
22.     /* Initialize the global share data */
23.     data = 0;
24.
25.     /* Initialize the mutex lock */
26.     if (pthread_mutex_init (&lock, NULL) != 0)
27.         printf ("Error Initializing The Mutex Lock\n");
28.
29.     /* Create a new thread */
30.     if (pthread_create (&tid, NULL, thread, NULL) != 0)
31.         printf ("Error Creating The Thread\n");
32.
33.     /* Wait for the created thread to begin executing */
34.     sleep (1);
35.
36.     for (loop = 0; loop < 5; loop++)
37.     {
38.         /* Lock the mutex, update the data, unlock the mutex */
39.         if (pthread_mutex_lock (&lock) != 0)
40.             printf ("Error Locking Mutex\n");
41.         data++;
42.
43.         /* Display the loop counter and updated data value */
44.         printf ("Primary Thread Writing Loop %d Data %d\n", loop, data);
45.
46.         if (pthread_mutex_unlock (&lock) != 0)
47.             printf ("Error Unlocking Mutex\n");
48.
49.         sleep (1);
50.     }
51.
```

(續)

圖 15.8　範例程式產生一個多緒且更新共享資源(thread.c)(續)

```
52.         /* Wait for the created thread to complete */
53.         if (pthread_join (tid, NULL) != 0)
54.             printf ("Failed Join\n");
55.
56.         printf ("Primary Thread Stopped\n");
57.
58.         return (0);
59.     }
60.
61.     void* thread (void* argument)
62.     {
63.         int loop; /* Loop counter */
64.
65.         printf ("Created Thread Started ID %u\n", pthread_self());
66.
67.         /* Wait for the primary thread to write first */
68.         sleep (1);
69.
70.         for (loop = 0; loop < 5; loop++)
71.         {
72.             /* Lock the mutex, update the data, unlock the mutex */
73.             if (pthread_mutex_lock (&lock) != 0)
74.                 printf ("Error Locking Mutex\n");
75.             data++;
76.
77.             /* Display the loop counter and updated data value */
78.             printf ("Created Thread Writing Loop %d Data %d\n", loop, data);
79.
80.             if (pthread_mutex_unlock (&lock) != 0)
81.                 printf ("Error Unlocking Mutex\n");
82.
83.             sleep (1);
84.         }
85.
86.         printf ("Created Thread Stopped\n");
87.
88.         return (NULL);
89.     }
```

15.5　多緒的實例說明

生產者多緒：多緒生產的資源由其他的多緒所消費。

消費者多緒：多緒接收到其他多緒所生產的資源。

　　這個案例研究使用多緒在同一時間完成超過一樣的工作，使用的程式指令集在邏輯上是個別獨立的。此例子使用了**生產者／消費者多緒**(producer/consumer thread)模式，一個多緒生產資源，其他多緒消費資源。消費的速率是可變的，可能會小於、等於或大於資源的生產。因此，消費的多緒在繼續消費之前，可能要等待生產者多緒增加資源的生產。

案例研究　生產者／消費者模式

問 題

　　加油站需要一個程式去模擬汽油從生產者處傳送過來，並且同時分配給消費者的問題。此加油站配備了儲存槽，以每秒鐘 50 加侖的速度存入，並且可以儲存 1000 加侖的汽油。有十個油槍(pump)，每一個出油的速度是每秒 5 加侖。任何油槍的組合都可以在同一時間出油，出油的量也可以彼此不同。當儲油槽到達其最低的量時，油槍就不會繼續出油，儲油槽開始補充汽油。在儲油槽儲滿之後，剛剛正在出油的油槍，就可以繼續出油。這個模式顯示了開始、結束與即時的儲存與消耗。要不要顯示即時行為，控制在一個常數 VERBOSE 上，當數值為 1 時表示顯示即時活動，當為 0 時表示不要顯示即時活動。

分 析

　　使用者必須要輸入油槍的號碼與出油的量，在同一時間生產者也正在將油存入儲油槽，油槍也正在消耗油。這表示你需要一個多緒去處理使用者輸入油槍的號碼與汽油的數量；一個多緒去處理當油槽已經到達最低量時儲油槽的汽油補充；一個多緒去處理正在出油的油槍。使用者輸入的多緒在 main 函式中執行，但是生產者與消費者的多緒就需要有自己的函式。

資料需求

此問題中使用的常數

```
CAPACITY    1000 /* Storage tank refill capacity */
QUANTITY      50 /* Storage tank refill quantity */
FILL_RATE     50 /* Storage tank fill rate       */
FLOW_RATE      5 /* Station pumps flow rate      */
PUMPS         10 /* Number of pumps available    */
VERBOSE        0 /* Verbose reporting(0)or(1)    */
```

問題輸入

```
number    /*  Pump number   */
amount    /*  Pump amuont   */
```

問題輸出

```
Storage Tank Activity
Station Pump Activity
```

設　計

main 多緒中的演算法

1. 起始一個 terminate、inventory、pump[]的量與 number。
2. 起始一個互斥 lock。
3. 啟動 producer 的多緒。
4. while 迴圈直到油槍的 number 不是 −1
   - 4.1　得到油槍的 number。
   - 4.2　如果油槍的 number 不是 −1 而且 pump[number]是 0
     - 4.2.1　得到油槍的 amount 並且儲存在 pump[number]中。
     - 4.2.2　啟動 consumer 的多緒。
5. 等到運作中的 consumer 多緒結束。
6. 設定 terminate 旗標。
7. 等到 producer 多緒結束。

生產者多緒的演算法

1. while 迴圈直到 terminate 旗標為 0
   - 1.1　lock 互斥。
   - 1.2　如果 inventory 小於 QUANTITY 的數量
     - 1.2.1　顯示 consumer 終止並且開始增加 inventory。
     - 1.2.2　加油到儲存槽直到 CAPACITY 的量。
     - 1.2.3　顯示 consumer 重新開始並且中止增加 inventory。
   - 1.3　解除鎖定互斥。
2. 回到多緒開始的地方。

消費者多緒的演算法

1. while 迴圈直到 amount 的數值大於 0
   - 1.1　鎖定互斥。
   - 1.2　以 FLOW_RATE 減少 amount 的數量。
   - 1.3　以 FLOW_RATE 減少 inventory 的數量。

1.4 解除鎖定互斥。
2. 顯示油槍的數量並且輸出。
3. 回到多緒開始的地方。

實 作

程式碼如圖 15.9 所示。特別注意的是，consumer 函式用來讓所有的油槍提出需求，因為每一個消費者的多緒執行使用自己函式複製的部分。因為我們把油槍的 number 當作引數傳給 consumer 函式，這允許每一個多緒可以使用不同的油槍 number 與 amount。存取這些共享資源 terminate、inventory、pump[] 與 lock 都是同步地使用互斥 lock 來限制一次只有一個多緒可以使用。

測 試

這個程式必須以很多不同的方式測試，詳敘如下：

1. 輸入一個不正常的油槍數目，例如 0 或 100。
2. 數入一個正常的油槍數目與不正常的量，例如 0 或 –100。
3. 輸入一個正常的油槍數目與量。
4. 很快地連續輸入數個合法的油槍數目與量。
5. 對已經在使用的油槍，輸入油槍的數量。
6. 在沒有油槍使用的狀況下，輸入油槍的數目為 –1 離開此程式。
7. 在有油槍使用的狀況下，輸入油槍的數目為 –1 離開此程式。
8. 輸入夠大數目的油槍與量，去啟動儲油槽的補油動作。
9. 在儲油槽補充汽油的時候，輸入 –1 離開此程式。

圖 15.9　模擬汽油的補充與銷售 (caseused.c)

```
1.  #include <pthread.h>
2.  #include <stdio.h>
3.  #include <wait.h>
4.
5.  int get_number(); /* Pump number function prototype */
6.  int get_amount(); /* Pump amount function prototype */
7.
8.  void startup (int* number, pthread_t* ptid); /* Startup function prototype */
9.  void cleanup (       pthread_t ptid); /* Cleanup function prototype */
10.
11. /* Producer and consumer thread function prototypes */
```

(續)

圖 15.9　模擬汽油的補充與銷售(caseused.c)(續)

```c
12.  void* producer (void* argument);
13.  void* consumer (void* argument);
14.
15.  #define CAPACITY 1000 /* Storage tank refill capacity */
16.  #define QUANTITY   50 /* Storage tank refill quantity */
17.
18.  #define FILL_RATE 50 /* Storage tank fill rate */
19.  #define FLOW_RATE  5 /* Station pump flow rate */
20.
21.  #define PUMPS 10 /* Number of pumps available */
22.
23.  #define VERBOSE 0 /* Verbose display on (1) or off (0) */
24.
25.  int terminate; /* Storage fill terminate */
26.  int inventory; /* Storage tank inventory */
27.  int pump[PUMPS]; /* Pump quantity requests */
28.
29.  pthread_mutex_t lock; /* Mutual exclusion id */
30.
31.  int
32.  main(void)
33.  {
34.      int number; /* Pump number */
35.
36.      pthread_t ptid; /* Producer thread id */
37.      pthread_t ctid; /* Consumer thread id */
38.
39.      /* Startup the application */
40.      startup (&number, &ptid);
41.
42.      /* Loop until the user sets the pump number to -1 */
43.      while (number != -1)
44.      {
45.          /* Get the pump number */
46.          number = get_number();
47.
48.          if (number != -1)
49.          {
50.              /* Assign the amount to the pump */
51.              if (pthread_mutex_lock (&lock) != 0)
52.                  printf ("Error Locking Mutex\n");
53.
54.              pump[number-1] = get_amount();
55.
56.              if (pthread_mutex_unlock (&lock) != 0)
57.                  printf ("Error Unlocking Mutex\n");
58.
59.              /* Create a new consumer thread passing in pump number */
60.              if (pthread_create (&ctid, NULL, consumer, &number) != 0)
61.                  printf ("Error Creating The Consumer Thread\n");
```

(續)

圖 15.9 模擬汽油的補充與銷售(caseused.c)(續)

```c
62.                }
63.           }
64.
65.           /* Cleanup the application */
66.           cleanup (ptid);
67.
68.           return (0);
69.     }
70.
71.     void startup (int* number, pthread_t* ptid)
72.     {
73.           int count; /* Loop counter */
74.
75.           /* Initialize the storage fill terminate to FALSE */
76.           terminate = 0;
77.
78.           /* Initialize the storage tank inventory to the CAPACITY */
79.           inventory = CAPACITY;
80.
81.           /* Initialize the pump amounts to 0 */
82.           for (count = 0; count < PUMPS; count++)
83.                pump[count] = 0;
84.
85.           /* Initialize the pump number */
86.           *number = 0;
87.
88.           /* Initialize the mutex lock and create the producer thread */
89.           if (pthread_mutex_init (&lock, NULL) != 0)
90.           {
91.                printf ("Error Initializing The Mutex Lock\n");
92.                *number = -1;
93.           }
94.           else if (pthread_create (ptid, NULL, producer, NULL) != 0)
95.           {
96.                printf ("Error Creating The Producer Thread\n");
97.                *number = -1;
98.           }
99.     }
100.
101.    void cleanup (pthread_t ptid)
102.    {
103.    {
104.          int checks; /* Pump checks */
105.          int number; /* Pump number */
106.          int active; /* Pump active */
107.
108.          /* Initialize the pump checks counter */
109.          checks = 0;
110.
111.          do
```

(續)

圖 15.9 模擬汽油的補充與銷售(caseused.c)(續)

```c
112.        {
113.            /* Initialize the pump number and active flag */
114.            number = 0;
115.            active = 0;
116.
117.            /* Look for pumps that are active */
118.            while (number < PUMPS && !active)
119.            {
120.                if (pthread_mutex_lock (&lock) != 0)
121.                    printf ("Error Locking Mutex\n");
122.
123.                if (pump[number] > 0)
124.                    active = 1;
125.                else
126.                    number++;
127.
128.                if (pthread_mutex_unlock (&lock) != 0)
129.                    printf ("Error Unlocking Mutex\n");
130.            }
131.
132.            if (active)
133.            {
134.                /* Increment the checks counter */
135.                checks++;
136.
137.                /* Display the active pumps message on the first check */
138.                if (checks == 1)
139.                    printf ("Wait For Active Pump(s) To Finish\n");
140.
141.                /* Sleep for one second before checking again */
142.                sleep (1);
143.            }
144.        }
145.        while (active);
146.
147.        /* Set the terminate flag to cancel the producer thread */
148.        if (pthread_mutex_lock (&lock) != 0)
149.            printf ("Error Locking Mutex\n");
150.
151.        terminate = 1;
152.
153.        if (pthread_mutex_unlock (&lock) != 0)
154.            printf ("Error Unlocking Mutex\n");
155.
156.        /* Wait for the producer thread to complete */
157.        if (pthread_join (ptid, NULL) != 0)
158.            printf ("Error Joining The Producer Thread\n");
159.    }
160.
161.    int get_number()
```

(續)

圖 15.9 模擬汽油的補充與銷售(caseused.c)(續)

```c
162.  {
163.      int number; /* Pump number */
164.
165.      do
166.      {
167.          /* Get the pump number */
168.          printf ("Enter A Pump Number From 1 To %d or -1 To Quit\n",
169.              PUMPS);
170.          scanf (" %d", &number);
171.
172.          /* Skip processing if the pump number is -1 */
173.          if (number != -1)
174.
175.              /* Validate the pump number */
176.              if (number < 1 || number > PUMPS)
177.              {
178.                  printf ("The Pump Number Must Be From 1 To %d\n",
179.                      PUMPS);
180.                  number = 0;
181.              }
182.              else
183.              {
184.                  /* Check to see if the pump is available */
185.                  if (pthread_mutex_lock (&lock) != 0)
186.                      printf ("Error Locking Mutex\n");
187.
188.                  if (pump[number-1] > 0)
189.                  {
190.                      printf ("Pump Number %d Is Already In Use\n",
191.                          number);
192.                      number = 0;
193.                  }
194.
195.                  if (pthread_mutex_unlock (&lock) != 0)
196.                      printf ("Error Unlocking Mutex\n");
197.              }
198.      }
199.      while (number == 0);
200.
201.      return (number);
202.  }
203.
204.  int get_amount()
205.  {
206.      int amount; /* Pump amount */
207.
208.      do
209.      {
210.          /* Get the amount of gasoline to pump */
211.          printf ("Enter The Amount Of Gasoline To Pump\n");
```

(續)

圖 15.9 模擬汽油的補充與銷售(caseused.c)(續)

```
212.            scanf (" %d", &amount);
213.
214.            /* Validate the amount of gasoline */
215.            if (amount <= 0)
216.            {
217.                printf (
218.                    "The Amount Of Gasoline Must Be Greater Than 0\n");
219.                amount = 0;
220.            }
221.        }
222.        while (amount == 0);
223.
224.        return (amount);
225. }
226.
227. void* producer (void* argument)
228. {
229.     int cancel; /* Cancel deliveries */
230.     int number; /* Pump number count */
231.     int remain; /* Pump remain count */
232.
233.     /* Loop until the terminate flag is set to TRUE */
234.     do
235.     {
236.         if (pthread_mutex_lock (&lock) != 0)
237.             printf ("Error Locking Mutex\n");
238.
239.         /* Refill storage tank if inventory falls below QUANTITY */
240.         if (inventory < QUANTITY)
241.         {
242.             printf ("Taking Pump(s) Off Line\n");
243.
244.             /* Consumer threads are blocked when mutex is locked */
245.             for (number = 1; number <= PUMPS; number++)
246.                 if (pump[number-1] > 0)
247.                     printf ("Pump Number %d Off Line\n", number);
248.
249.             printf ("Storage Tank Refill Started Inventory %d\n",
250.                 inventory);
251.
252.             /* Refill storage tank at FILL_RATE gallons per second */
253.             while (inventory < CAPACITY)
254.             {
255.                 /* Do not refill storage tank beyond its CAPACITY */
256.                 if (inventory + FILL_RATE <= CAPACITY)
257.                     inventory += FILL_RATE;
258.                 else
259.                     inventory = CAPACITY;
260.
261.                 if (VERBOSE)
```

(續)

圖 15.9 模擬汽油的補充與銷售(caseused.c)(續)

```c
262.                        printf ("Storage Tank Inventory %d\n", inventory);
263.
264.                    sleep (1);
265.                }
266.
267.                printf ("Storage Tank Refill Finished Inventory %d\n",
268.                        inventory);
269.                printf ("Putting Pump(s) Back On Line\n");
270.
271.                /* Unblock consumer threads when mutex is unlocked */
272.                for (number = 1; number <= PUMPS; number++)
273.                {
274.                    remain = pump[number-1];
275.
276.                    if (remain > 0)
277.                        printf ("Pump Number %d On Line %d Remain\n",
278.                                number, remain);
279.                }
280.            }
281.
282.            /* Assign the terminate flag to the local cancel flag */
283.            /* used in the while condition outside the mutex lock */
284.            cancel = terminate;
285.
286.            if (pthread_mutex_unlock (&lock) != 0)
287.                printf ("Error Unlocking Mutex\n");
288.
289.            /* Sleep for one second before checking again */
290.            sleep (1);
291.        }
292.        while (!cancel);
293.
294.        printf ("Storage Tank Deliveries Canceled\n");
295.
296.        return (NULL);
297.    }
298.
299.    void* consumer (void* argument)
300.    {
301.        int number; /* Pump number */
302.        int output; /* Pump output */
303.        int amount; /* Pump amount */
304.
305.        /* Cast argument as an int* and assign the contents to number */
306.        number = *(int*) argument;
307.
308.        /* Initialize the output */
309.        output = 0;
310.
311.        printf ("Pump Number %d Started\n", number);
```

(續)

圖 15.9　模擬汽油的補充與銷售(caseused.c)(續)

```
312.
313.        do
314.        {
315.            if (pthread_mutex_lock (&lock) != 0)
316.                printf ("Error Locking Mutex\n");
317.
318.            /* Do not dispense more gasoline than requested */
319.            if (pump[number-1] < FLOW_RATE)
320.                amount = pump[number-1];
321.            else
322.                amount = FLOW_RATE;
323.
324.            /* Do not dispense more gasoline than available */
325.            if (amount > inventory)
326.                amount = inventory;
327.
328.            /* Reduce the storage tank inventory and */
329.            /* pump amount by the gallons per second amount */
330.            inventory   -= amount;
331.            pump[number-1] -= amount;
332.
333.            /* Increment the output by the amount */
334.            output += amount;
335.
336.            /* Store the remaining pump amount in the local variable */
337.            /* amount for use in the while condition after the mutex */
338.            /* has been unlocked                                     */
339.            amount = pump[number-1];
340.
341.            if (VERBOSE)
342.                printf ("Pump Number %d Output %d\n", number, output);
343.            if (pthread_mutex_unlock (&lock) != 0)
344.                printf ("Error Unlocking Mutex\n");
345.
346.            sleep (1);
347.        }
348.        while (amount > 0);
349.
350.        printf ("Pump Number %d Finished Output %d\n", number, output);
351.
352.        return (NULL);
353.    }
```

執行程式後產生結果的範例：

```
Enter A Pump Number From 1 To 10 or -1 To Quit
1
Enter The Amount of Gasoline To Pump
```

```
100
Enter A Pump Number From 1 To 10 or -1 To Quit
Pump Number 1 Started
2
Enter The Amount of Gasoline To Pump
200
Enter A Pump Number From 1 to 10 or -1 To Quit
Pump Number 2 Started
3
Enter The Amount of Gasoline to Pump
300
Enter A Pump Number From 1 to 10 or -1 To Quit
Pump Number 3 Started
4
Enter The Amount of Gasoline to Pump
400
Enter A Pump Number From 1 to 10 or -1 To Quit
Pump Number 4 Started
5
Enter The Amount of Gasoline to Pump
500
Enter A Pump Number From 1 to 10 or -1 To Quit
Pump Number 5 Started
1
Pump Number 1 Is Already In Use
Enter A Pump Number From 1 to 10 or -1 To Quit
100
The Pump Number Must Be From 1 to 10
Enter A Pump Number From 1 to 10 or -1 To Quit
-1
Wait For Active Pump(s)To Finish
Pump Number 1 Finished Output 100
Pump Number 2 Finished Output 200
Taking Pump(s)Off Line
Pump Number 3 Off Line
Pump Number 4 Off Line
Pump Number 5 Off Line
Storage Tank Refill Started Inventory 45
Storage Tank Refill Finished Inventory 1000
```

```
Putting Pump(s)Back On Line
Pump Number 3 On Line 75 Remain
Pump Number 4 On Line 180 Remain
Pump Number 5 On Line 290 Remain
Pump Number 3 Finished Output 300
Pump Number 4 Finished Output 400
Pump Number 5 Finished Output 500
Storage Tank Deliveries Canceled
```

練習 15.5

自我檢驗

1. 對 `cleanup` 函式之前與之後的條件，寫入程式註解。
2. 對 `startup` 函式之前與之後的條件，寫入程式註解。
3. 對 `consumer` 函式之前與之後的條件，寫入程式註解。
4. 對 `producer` 函式之前與之後的條件，寫入程式註解。

15.6 程式撰寫常見的錯誤

在多緒的程式中，一般的錯誤包含了不正常地使用互斥鎖定的機制，包含在更新共享資源之前忘了鎖定互斥，忘了在更新共享資源之後釋放互斥，在一個多緒之中重複地鎖定互斥。如果忘了鎖定共享互斥，然後去存取共享資源變數，可能會因為同時有其他的多緒在存取，導致一些無法預期的成果。程式錯誤可能因此接連產生，產生的錯誤訊息可能為

```
Access violation at address 0x0E1F6A22
```

在一些情形下，不會在執行的時候有錯誤產生，程式會看起來好像正確，但是產生的結果卻是錯誤的，這是因為資料不一致的關係。這種型態的錯誤不會同步發生而且是不可預期的，所以無法將這次發生的錯誤再重複一次來進行追蹤檢查。在某些狀況下，在程式執行的時候增加一些除錯的命令列，提出一些警告，可能可以神奇地解決問題，好像問題不再發生，但是其實並不正確；這將導致程式除錯與追蹤更加困難。

忘記去解除互斥與在同一個多緒中要去重複鎖定互斥一樣，可能會導致死結，導致程式停止回應。這種型態的錯誤比較容易預測，並且可以重複再產生。所以可以在程式中加入除錯的指令，來找出在程式中哪

一個部分導致多緒產生死結。

使用最簡單的方法來避免這些型態的錯誤，是檢視這些程式碼確定每一個分享資源的區域，是否有許多的多緒會存取，並且鎖定多緒、解除多緒的函式呼叫。更進一步地，確定任何多緒鎖定的互斥函式呼叫之後有呼叫解除互斥函式，如此這個互斥才不會一直被鎖定。多緒程式必須要小心設計，才能確保產生的結果正確。

本章回顧

1. 多工是讓單一使用者可以在同一時間，在同一個 CPU 上同時執行多個程式，而且可以讓使用者控制此 CPU。
2. 可中斷的多工是使用硬體中斷讓在執行中的程式可以暫停，去執行其他的程式。
3. 同時的程式執行，包含了程式命令寫入的集合，可以在同一時間獨立其他程式執行。
4. 每一個單獨的程式執行成為程序，並會在作業系統中得到一個獨一無二的 ID，稱為程序 ID。
5. 一個新的程序，稱為子程序。這是由目前的程序(父程序)使用 fork 函式所產生。子程序為父程序的複製。父程序使用 wait 函式等待子程序。
6. 已經被產生的程序映像可以藉由使用 execl 函式，呼叫一個可執行檔的程序映像所取代。原來的程序映像將不再存在。
7. 使用 pipe 函式來產生管道，允許多個程序在同一個 CPU 上執行。這些程序具有相同的祖先，可以彼此交換訊息。可以使用 dup2 函式來複製管道，這將讓第一個程序映像可以使用管道與其他程序映像彼此交換資料，而且可以使用標準輸入、輸出與其他的程序映像交換資料。
8. 在一個程序中的多緒彼此分享程序相關的資源，讓多緒的本文切換比程序的本文切換更有效率。
9. 新的多緒由 pthread_create 函式所產生，在開始的函式中為第一個可執行的指令，可以讓這個新的多緒取得多緒控制。一個多緒可以等到其他的多緒使用 pthread_join 函式，這會阻擋這個正在呼叫的多緒，直到指定的多緒離開。

10. 互斥鎖定是對共享資源同步存取的控制,藉由讓一次只有一個多緒可以鎖定互斥,限制使用共享資源。在使用互斥之前,需要 pthread_mutex_init 函式所啟動。使用 ptherad_mutex_lock 函式鎖定互斥,這會阻擋其他多緒對共享資源的存取,直到此互斥可以再次被鎖定。使用 pthread_mutex_unlock 解除鎖定多緒。
11. 多緒會發生死結的現象,當一個多緒鎖定互斥被阻擋,且不斷他嘗試去鎖定這個已經被自己或其他多緒鎖定,而且永不被釋放的互斥。

C 語言結構的回顧

在第七章中,我們討論過函式的參數,允許你包含函式的名稱在另一個函式的參數列表中。這個結構被用在多緒的應用中,呼叫 pthread_create 函式。

```
int pthread_create (    pthread_t*        thread           ,
                  const pthread_attr_t*   attr             ,
                        void*             start_routine (void*),
                        void*             arg              );
```

在 pthread_create 函式中的第三個參數為 void* start_routine(void)*。這表示 pthread_create 需要此函式的位址傳回為 void 的指標來當作第三個參數。在多緒程式的範例中,函式 thread 當作一個參數是合法的,這是因為 thread 函式傳回一個 void 指標,如同以下函式原型的說明:

void* thread (void* argument);

任何函式名稱的原型必須符合函式參數的定義 void* start_routine(void*)能夠傳入 pthread_create 函式中當作第三個參數。在練習程式的範例中,有兩個函式(分別為 producer 與 consumer)使用這些必要的原型:

void* producer (void* argument);
void* consumer (void* argument);

這兩個函式傳回一個 void 指標而且有一個單獨的 void 指標參數。這樣將允許我們在 producer 在程式一開始呼叫 pthread_create,在 consumer 程式中油槍一開始就可以使用。在第一個例子中,當多緒開始執行,函式 producer 被呼叫;在第二個例子中,當多緒開始函式

consumer 即被呼叫。這個相同的 pthread_create 函式可以在兩個不同的函式中被使用，因為函式的指標已經被產生。

但是什麼是 void 指標呢？就像是一個 int 指標或者 double 指標，void 指標包含了位址的值，但是值的資料型態是未知的。一個 int 指標變數包含了整數值的位址，一個 double 指標變數包含了兩倍整數的位址；一個 void 指標變數包含了未知的資料型態值。但是如果我們不知道值的型態，要如何使用呢？void 指標是一般共用型態的指標，可以是任何 C 語言的資料型態，可以用任何指標的值去解釋。在案例研究程式中，多緒是由 pthread_create 的函式產生在 consumer 函式和整數變數 number 的位址：

```
pthread_create(&ctid, NULL, consumer, &number);
```

在 pthread_create 最後的引數是 void 指標，而且我們將傳送 int 位址的值。這之所以可行是因為 void 指標是通用的：它可以是任何 C 語言的資料型態。在 consumer 的函式中，有一個單獨的 void 指標引數，包含了 number 變數的位址需要被傳入。我們現在知道傳入的是整數的位址，所有我們可以強制將 void 指標引數轉型為 int 指標來解釋這個值：

```
number = *(int*)argument;
```

使用函式指標與 void 指標讓我們可以寫通用的函式，而且一般通用的引數可以使用在許多不同的情況中。想像 pthread_create 該如何運作，如果不使用這種 C 語言的結構？如果沒有函式指標，在每一個多緒都開始執行之後，只能被單一函式所呼叫。如果沒有 void 指標，你需要根據每一個需要的資料型態，提供多種版本的 pthread_create。但是什麼是使用者定義的資料型態呢，例如使用者所定義的資料結構，這是 C 語言程式的創作者所無法事先得知的。了解這些指令真正的意義，將會幫助你了解 C 結構，並了解運作的方式。

快速檢驗練習

1. 什麼是多工？
2. 什麼是虛擬平行運作？
3. 什麼是同步程式設計？
4. 什麼是產生程序所需要用到的函式？

5. 什麼是等待程序結束所需要用到的函式？
6. 什麼是從程序中起始一個可執行程式所需要用到的函式？
7. 什麼是不同之處？比較半雙工與全雙工管道。
8. 什麼是產生管道所需要的函式？
9. 什麼是將管道連接到標準輸入與輸出所需要用到的函式？
10. 什麼是產生多緒所需要用到的函式？
11. 什麼是起始互斥的函式？
12. 什麼是鎖定互斥的函式？
13. 什麼是解除互斥鎖定的函式？
14. 多緒會自己產生死結嗎？

快速檢驗練習解答

1. 多工是一種讓單一使用者，在同一個 CPU 上同時執行許多程式，使用者可以因此控制 CPU 的運作。
2. 不同程式可以在相同時間在一個 CPU 上同步執行，但是實際上是分享 CPU 的時間片段。
3. 設計程式指令集，在邏輯上程式是在相同時間執行。
4. `fork`
5. `wait`
6. `execl`
7. 半雙工管道一次只能在一個方向上傳送資料；全雙工管道在兩個方向都可以傳送資料。
8. `pipe`
9. `dup2`
10. `pthread_create`
11. `pthread_mutex_init`
12. `pthread_mutex_lock`
13. `pthread_mutex_unlock`
14. 是的，在同一個多緒中第二次去鎖定相同的互斥。

問題回顧

1. 描述可中斷的多工。
2. 解釋為什麼真正的平行運算，不能在一個 CPU 上被實現？

3. 解釋線性程式方法在平行問題上的限制？
4. 解釋當一個新的程序產生，會發生什麼事？
5. 解釋為什麼父程序需要等待子程序結束？
6. 解釋當一個可執行檔被一個程序所起始的時候會發生什麼事？
7. 解釋為什麼當程序具有相同的祖先時，管道被限制在同一個 CPU 上？
8. 解釋管道如何被產生與如何從管道讀入與寫出？
9. 解釋如何連接管道到標準輸入與輸出？並解釋為什麼需要如此？
10. 解釋當一個多緒產生時，會發生什麼事？
11. 解釋為什麼互斥鎖定如此重要？
12. 解釋當一個多緒要去鎖定互斥時，會發生什麼事？
13. 說明多緒產生死結的兩種方式。

程式撰寫專案

1. 寫一個程式產生子程序。在子程序中，先睡 5 秒鐘，然後顯示此訊息 "Child Finished"。在父程序中，等到子程序結束，然後顯示 "Parent Finished"。呼叫 sleep 使用參數值為 5，讓子程序睡 5 秒鐘。

2. 寫一個程式，產生一個管道，然後產生子程序。在父程序中寫一段字串 "Hello World" 給管道，然後等待子程序結束。在子程序中，從管道中讀取此字串，然後顯示此訊息。

3. 寫一個程式並且睡 5 秒鐘，然後顯示 "Child Finished"。寫一個不同的程式，啟動第一個程式，等待子程序結束，然後顯示此訊息 "Parent Finished"。

4. 寫一個程式從標準輸入讀到一個新行的結束之後，顯示此訊息。寫另一個程式產生管道，並且指定管道的讀入檔案描述器給標準輸入，啟動第一個程式，寫入 "Hello World" 給管道，然後等待此子程序結束。

5. 寫一個程式產生新的多緒。在此新的多緒中顯示此訊息 "New Thread Started" 然後睡 5 秒鐘，然後顯示此訊息 "New Thread Finished"。在主多緒中，等待此新的多緒結束，然後顯示此訊息 "Main Thread Finished"。

6. 寫一個程式，使用全域的整數變數、起始互斥鎖定並產生一個新的多緒。在這個新的多緒中，鎖定此互斥，增加全域整數變數的值，顯示此訊息 "New Thread Data =" 與更新之後的全域整數變數值，然後解除此互斥鎖定。在 main 多緒中，鎖定此互斥，增加此全域整數變數值，顯示此 "Main Thread Data =" 與更新之後的全域整數變數值，解除此互斥，然後等待新的子程序結束。

7. 寫一個程式，使用全域整數旗標與互斥鎖定。此程式起始一個互斥鎖定與產生一個多緒。在此新的多緒，使用迴圈直到全域整數旗標為 0，在新的多緒中每秒增加區域變數計數器，然後顯示此訊息 "Count =" 與更新之後的區域計數器值。在 main 多緒中，等待使用者輸入關鍵字，然後鎖定互斥，設定全域整數旗標為 0，解除此互斥，然後等待此新的多緒結束。提示：你需要鎖定互斥，儲存全域整數旗標在區域整數變數，然後解除迴圈中的互斥鎖定，去測試迴圈中的終止條件，因為你無法在迴圈之外去鎖定互斥。

8. 寫一個程式產生一個新的多緒，然後傳入一個整數值到 "New Thread Argument =" 與整數引數值。在 main 多緒中，等待此新的多緒結束。

關於 C++

CHAPTER 16

16.1　C++ 控制結構、輸入／輸出和函式

16.2　C++ 和物件導向程式設計

　　　本章回顧

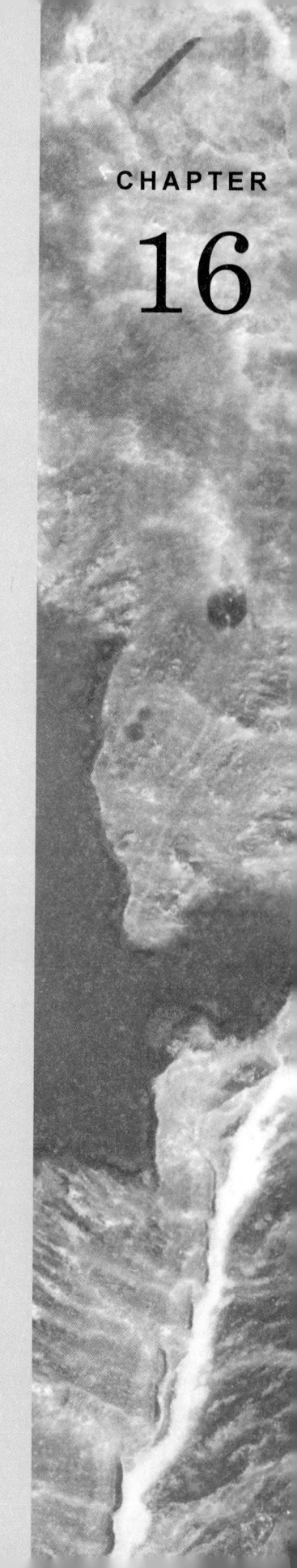

C 是傳統的程序式程式設計語言，將資料視為靜態的一群值，程式可處理轉換之。在 1980 年代早期，AT&T Bell 實驗室的 Bjarne Stroustrup 發展出 C++，這是新的程式設計語言，在 C 的特性中新增**物件導向程式設計**(object-oriented programming, OOP)，這方法是以軟體模擬物件的世界──物件是半自治的動作者，負有特定的責任。物件的定義是將它是什麼(其資料成員)和它做什麼(其責任)封裝在一起。物件導向程式設計的流行其部分原因是 OOP 的觀點可以更精確地模擬真實世界。而且物件的類別經常可再使用於其他專案中，縮短發展的時間。

> **物件導向程式設計**：產生程式的方法論，此程式由稱為物件的半自治動作者組成。

物件會組織成含有相同成員和行為的類別。而類別會安排成父類別一子類別的階層式架構，在子類別中的物件會繼承其父類別的資料和行為。

除了類別和繼承外，物件導向程式設計的特點是同名異式──對於單一名稱有不同的操作，可是有相同的概念。同名異式在自然語言(如英文)中是很常見的。例如，當你「吃」一塊牛排時，你會很自然地拿起刀叉，並花數分鐘咀嚼和吞嚥。但是當你「吃」一杯香草冰淇淋時，你會用一支湯匙，而且不用咀嚼。所以什麼是「吃」的操作定義？很顯然地會視你吃什麼而定。同樣地，物件導向語言使軟體發展者產生一個名稱的操作或函式，但是處理行為會視其應用的資料而定。

16.1 C++ 控制結構、輸入／輸出和函式

C++ 包含 C 的所有標準控制結構：if、if-else 和 switch 等選擇敘述和 while、for 和 do-while 等迴圈敘述。但是，C++ 的標準輸入／輸出是使用運算子而非函式，如 printf 和 scanf、fprintf 和 fscanf。C++ 程式通常宣告並初值化名稱常數，而不是用前端處理指示子 #define 作文字取代(例如，const double PI = 3.1415926;)。這種宣告的方式在 C 中亦可使用。圖 16.1 同時顯示解決下列問題的 C 以及 C++ 版本程式：在一個研究室中，釔-90(yttrium-90)外漏至工作人員的咖啡間裡。此種放射性物質的半衰期約為 3 天，亦即，目前的輻射等級只有三天前的一半。這個程式會顯示一個圖表，其中列出每三天的輻射等級以及是否安全的訊息。法定的安全等級是每天 0.466 millirem(千

圖 16.1 比較 (a) C 與 (b) C++ 控制結構

(a)

```c
/*
 * Calculates and displays a table showing the safety level of a
 * coffee room
 */

#include <stdio.h>

#define SAFE_RAD 0.466    /* safe level of radiation     */
#define SAFETY_FACT 10.0  /* safety factor               */

int rad_table(double init_radiation, double min_radiation);

int
main(void)
{
    int    day;              /* day user can enter room               */
    double init_radiation,   /* radiation level right after leak      */
           min_radiation;    /* safe level divided by safety factor   */

    /* Compute stopping level of radiation */
    min_radiation = SAFE_RAD / SAFETY_FACT;

    /* Prompts user to enter initial radiation level */
    printf("Enter the radiation level (in millirems)> ");
    scanf("%lf", &init_radiation);

    /* Displays table */
    day = rad_table(init_radiation, min_radiation);

    /* Display day the user can enter the room. */
    printf("\nYou can enter the room on day %d.\n", day);

    return (0);
}
```

(b)

```cpp
//
// Calculates and displays a table showing the safety level of a
// coffee room
//

#include <iostream>   // library with I/O operators
#include <iomanip>    // library with output format manipulators
using namespace std;

const double SAFE_RAD = 0.466;    // safe level of radiation
const double SAFETY_FACT = 10.0;  // safety factor

int rad_table(double init_radiation, double min_radiation);

int
main()
{
    int    day;              // day user can enter room
    double init_radiation,   // radiation level right after leak
           min_radiation;    // safe level divided by safety factor

    // Compute stopping level of radiation
    min_radiation = SAFE_RAD / SAFETY_FACT;

    // Prompts user to enter initial radiation level
    cout << "Enter the radiation level (in millirems)> ";
    cin >> init_radiation;

    // Displays table
    day = rad_table(init_radiation, min_radiation);

    // Display day the user can enter the room.
    cout << "\nYou can enter the room on day " << day << ".\n";

    return (0);
}
```

(續)

圖 16.1 比較 (a) C 與 (b) C++ 控制結構（續）

(a)

```c
/*
 * Displays a table showing the radiation level and safety status
 * every 3 days until the room is deemed safe to enter. Returns the
 * day number for the first safe day.
 *    Pre:  min_radiation and init_radiation are defined.
 *    Post: radiation_lev <= min_radiation
 */
int
rad_table(double init_radiation, double min_radiation)
{
      int    day;              /* days elapsed since substance leak   */
      double radiation_lev;    /* current radiation level             */

      day = 0;
      printf("\n  Day     Radiation    Status\n             (millirems)\n");
      for (radiation_lev = init_radiation;
           radiation_lev > min_radiation;
           radiation_lev /= 2.0) {
            if (radiation_lev > SAFE_RAD)
                  printf(" %3d%3c%9.4f    Unsafe\n", day, ' ',
                         radiation_lev);
            else
                  printf(" %3d%3c%9.4f    Safe\n", day, ' ', radiation_lev);
            day += 3;
      }
      return (day);
}
```

(b)

```cpp
// Displays a table showing the radiation level and safety status every
// 3 days until the room is deemed safe to enter. Returns the day
// number for the first safe day.
//    Pre:  min_radiation and init_radiation are defined.
//    Post: radiation_lev <= min_radiation
int
rad_table(double init_radiation, double min_radiation)
{
      int    day;              // days elapsed since substance leak
      double radiation_lev;    // current radiation level

      day = 0;
      cout << "\n  Day    Radiation    Status\n            (millirems)\n";
      for (radiation_lev = init_radiation;
           radiation_lev > min_radiation;
           radiation_lev /= 2.0) {
            if (radiation_lev > SAFE_RAD)
                  cout << " " << setw(3) << day << setw(3) << ' ' <<
                       fixed << showpoint << setprecision(4)
                       << setw(9) << radiation_lev << "    Unsafe\n";
            else
                  cout << " " << setw(3) << day << setw(3) << ' ' <<
                       fixed << showpoint << setprecision(4)
                       << setw(9) << radiation_lev << "    Safe\n";
            day += 3;
      }
      return (day);
}
```

分之一 rem)，但是此程式採取 10 倍的安全係數，也就是一直到輻射等級降到法定安全等級的十分之一以前都不建議進入該房間。注意這兩個程式實際上是相同的，仔細比較不同的敘述。C++ 程式的註解格式不同，但是也可使用 C 格式的註解。雙斜線 (//) 表示該行的其餘部分為註解。

使用 namespace std

```
using namespace std;
```

這一行字是接在 #include 列之後。此行字指出我們將使用在特定區域 `namespace std`(standard 的縮寫)命名的物件。因為 C++ 標準程式庫是以標準的名稱集來定義的，此行字必須出現在所有的 C++ 程式裡。`using` 敘述以分號做結束。注意，在 `namespace` 中的程式庫檔名不需要 .h 延伸。

C++ 標準輸入／輸出

C++ 的特性之一是不僅可定義函式，而且可定義運算子。iostream 函式庫利用此特性定義 >> 為輸入運算子，以及 << 為輸出運算子。在圖 16.1 的 C++ 範例程式中，主函式有兩個敘述使用輸出運算子：

```
cout << "Enter the radiation level(in millirems)> ";
cout << "\nYou can enter the room on day "<< day << ".\n" ;
```

名稱 cout 為輸出串流，iostream 函式庫將它與程式的標準輸出裝置結合，通常是螢幕。**輸出串流**(output stream)是將輸出以連續的字元流送出的目的地。<< 運算子將字元插入輸出串流，所以稱為**插入運算子**(insertion operator)。上述的第一個輸出敘述插入 42 個字元至 cout 串流：

```
Enter the radiation level(in millirems)> 
```

它亦將游標留在輸出行之末，讓使用者在同一行輸入資料。使用者輸入的所有字元會自動放入 cout 輸出串流。當使用者鍵入 <Enter> 或 <Return> 時，會在輸出串流中加入換行字元，將游標移至下一行的開始處。第二個輸出敘述用了三次輸出插入運算子以顯示三個值：(1)字串；(2) int 變數 day 之值；和(3)句點和換行字元以結束句子和輸出行。

圖 16.1 的 C++ 範例程式中，主函式亦用了 C++ 的輸入運算子

```
cin >> init_radiation;
```

輸出串流：連續字元串流的輸出目的地。

插入運算子：將字元插入輸出串流的運算子。

正如 C++ 視輸出為連續字元串流一樣，它亦將鍵盤輸入的字元序列視為串流。因此，cin 是 iostream 函式庫與標準輸入裝置結合的名稱，一般是鍵盤。運算子 >> 稱為**萃取運算子**(extraction operator)，因為它從輸入串流萃取一個或多個字元作為儲存的資料值。因為範例中 >> 的右運算元是 double 型態的變數，萃取運算子會讀取第一群非空白字元，並丟棄所有的空白和換行字元，嘗試將此群字元解釋為實數，以儲存在 init_radiation 中。

萃取運算子：從輸入串流取值，並儲存至變數的運算子。

參考參數

注意 init_radiation 前面沒有如 C 程式中 scanf 呼叫的位址運算子 &。C++ 提供程式設計師兩種參數，可用於定義函式或運算子。第一種是**值參數**(value parameter)——就像 C 中可用的參數，當函式呼叫執行時，會將對應的實際引數值存至參數中。第二種是**參考參數**(reference parameter)，呼叫函式時，將對應的實際參數的位址存至參數中。因為運算子 >> 的右運算元是一個參考參數，所以 C++ 編譯器在機器碼中會自動傳遞 init_radiation 的位址：

值參數：儲存對應實際引數之值的參數，所以函式／運算子有自己的一份引數值。

參考參數：儲存對應實際引數之位址的參數，所以函式／運算子可參考引數的原始值。

```
cin >> init_radiation;
```

因為有參考參數，所以 C++ 程式很少使用位址運算子。圖 16.2 說明參考參數的宣告和使用，逐步比較 C(參考圖 6.1)和 C++ 版本的函式 separate。

範例 16.1　在 C++ 的版本中(圖 16.2(b))，函式 separate 有一個輸入值參數(num)和三個輸出參考參數(sign、whole 和 frac)。C++ 使用

```
int& whole
double& frac
```

來表示 frac 和 whole 是參考參數。當呼叫函式 separate 時，對應的實際引數的位址會傳給 frac 和 whole，敘述

```
frac = magnitude - whole;
```

使用對應於 whole 之實際引數所儲存的值計算其小數部分，並將結果存在對應於 frac 的實際引數中。注意，我們不需要使用間接運算子 *。在一函式中，具有下列宣告

圖 16.2 以 C 和 C++ 實作輸出參數

(a)

```
/*
 * Separates a number into three parts:   a sign (+, -,
 * blank), a whole number magnitude, and a fractional part.
 */
void
separate(double num,        /* input - value to be split        */
         char   *signp,     /* output - sign of num             */
         int    *wholep,    /* output - whole number magnitude
                                        of num                  */
         double *fracp)     /* output - fractional part of num  */
{
      double magnitude;     /* magnitude of num                 */

      /* Determines sign of num */
      if (num < 0)
            *signp = '-';
      else if (num == 0)
            *signp = ' ';
      else
            *signp = '+';

      /* Finds magnitude of num (its absolute value) and
         separates it into whole and fractional parts           */
      magnitude = fabs(num);
      *wholep = floor(magnitude);
      *fracp = magnitude - *wholep;
}
```

(b)

```
//
// Separates a number into three parts:   a sign (+, -,
// blank), a whole number magnitude, and a fractional part.
//
void
separate(double num,        // input - value to be split
         char&   sign,      // output - sign of num
         int&    whole,     // output - whole number magnitude
                                       of num
         double& frac)      // output - fractional part of num
{
      double magnitude;     // magnitude of num

      // Determines sign of num
      if (num < 0)
            sign = '-';
      else if (num == 0)
            sign = ' ';
      else
            sign = '+';

      // Finds magnitude of num (its absolute value) and
      // separates it into whole and fractional parts
      magnitude = fabs(num);
      whole = floor(magnitude);
      frac = magnitude - whole;
}
```

```
double n = -5.165;
char s;
int w;
double f;
```

函式呼叫

```
separate(n, s, w, f);
```

會回傳預期值給實際引數 s('-')、w(5)和 f(0.165)。

輸出格式化

要在標準輸出串流上控制顯示值的間格和精確度，程式設計師需在 cout 串流中於輸出值之前放入適當的輸出運作子。圖 16.1 的函式 rad_table 說明 C 和 C++ 的輸出格式化用法。表 16.1 列出呼叫 C 函式 printf 作格式化輸出，並比較 C++ 使用定義於 iomanip 函式庫的輸出運作子的運算式。

練習 16.1

自我檢驗

1. 預測下列 C++ 程式片段的輸出，每個空格用 ▯ 表示。假設 x(型態 double)是 12.334 和 i(型態 int)是 100。注意運作子 setw 只對它之後的一個輸出有效。但是 setprecision、fixed 和 showpoint 一直有效，直到有其他呼叫改變之。

```
cout << setprecision(2)<<
    fixed << showpoint;
```

表 16.1 C 和 C++ 的輸出格式化

C	C++	意 義
`printf("%3d", day);`	`cout << setw(3)<< day;`	顯示整數變數 day 之值，在寬 3 的欄位中向右對齊。

`printf("%9.4f", radiation_lev);`	`cout << fixed`
	`<< showpoint`
	`<< setprecision(4)`
	`<< setw(9)`
	`<< radiation_lev;`
		顯示浮點變數 radiation_lev 之值，具有小數點(showpoint)以及小數點後有固定的小數位數(fixed)；並指定小數位數為 4 位(setprecision(4))；此值在寬 9 的欄位中向右對齊(setw(9))。

```
cout << "x is " << setw(5)<< x << "  i is " <<
    setw(4) << i;
cout << "\ni is " << i << "  x is " <<
    setprecision(1) << x << "\n";
```

2. 若變數 a、b 和 c 分別是 504、302.558 和 –12.31，寫一段 C++ 程式使其輸出如下。不要用空白字串。用 setw 調整欄寬以產生結果中的空白。為清楚起見，以 ▨ 表示一個空格。

   ▨▨▨504▨▨▨▨▨▨302.56▨▨▨▨▨–12.3

3. 寫一段等於下述 #define 前處理指示子常數的初值化宣告。

   ```
   #define KMS_PER_MILE 1.609
   #define DAYS_IN_WEEK 7
   ```

程式撰寫

1. 用 C++ 重寫圖 5.9 的監控汽油儲存槽程式。用 iostream 和 iomanip 函式庫取代 stdio，並將所有的 #define 常數巨集代換成 const 變數的初值化宣告。
2. 用 C++ 重寫圖 6.6 的程式，並對三個數排序。在 order 函式中要使用兩個參考變數。

16.2 C++ 和物件導向程式設計

在第十一章中我們讀過抽象資料型態的概念——一個資料結構和一組相關的操作。該章的複數案例研究定義一個抽象資料型態，我們將在圖 16.3 說明之。

將此模型和內建型態 int 的類似模型(圖 16.4)作一比較。雖然複數 ADT 的實作中，其運算和內建型態 int 的運算相當，但是不能將 ADT 的運算確實和 int 的運算結合，理由是：

1. C 不能定義運算子，所以必須定義加、減等函式。
2. 在特定範疇中，C 只允許一個名字有一個意義，所以不能將複數的輸入函式命名為 scanf 或將絕對值函式命名為 abs。

相反地，C++ 是物件導向程式設計的語言，對此主要有三方面的支援：

圖 16.3

抽象資料型態的「甜甜圈」模型

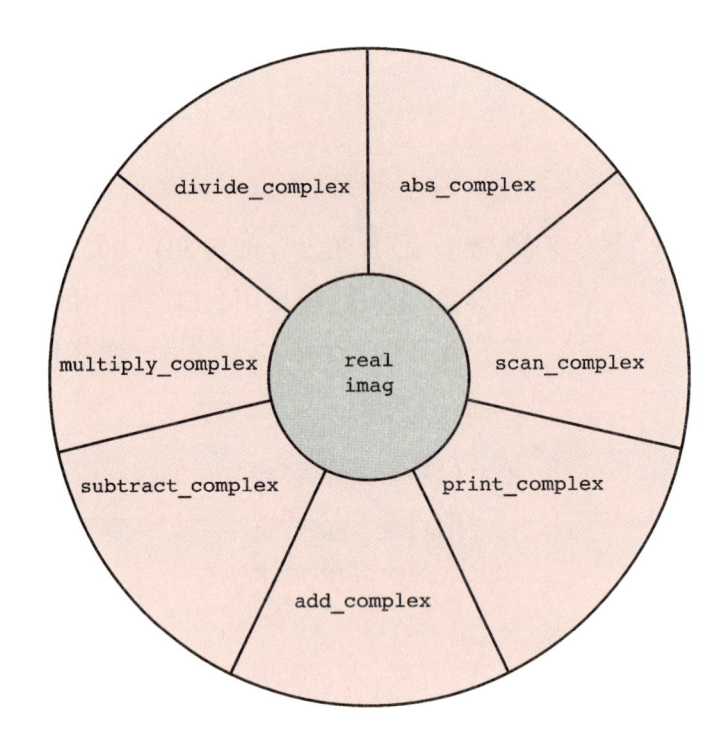

（圖：中心為 real imag，外圈依序為 divide_complex、abs_complex、scan_complex、print_complex、add_complex、subtract_complex、multiply_complex）

1. **類別定義**：類別定義的功能可將資料結構和抽象資料型態的運算集結在一起，而且可定義資料型態間的自動轉換。
2. **運算子多載**：C++ 可定義運算子對於不同的資料型態時應如何求值，所以複數類別可引入數學運算和輸入／輸出運算子的定義。
3. **函式多載**：在 C++ 中，一個函式可有多個定義，只要每個有唯一的**特徵**(signature)──也就是每個有唯一的參數型態串列。因此複數的絕對值函式可和整數的絕對值函式同名。

特徵：函式或運算子名稱與其參數(運算元)型態的組合。

物件支援的特性 2 和 3 使 C++ 具有製作同名異式的機制。因為 C++ 具有物件導向的特性，所以我們設計複數就如系統設計整數一樣，如圖 16.5 所示。C++ 類別定義的功能可封裝型態 Complex 的定義，隱藏複數的實部和虛部的實作。使用端程式只要使用圖 16.5「甜甜圈」ADT 模式中的外圈操作即可處理這些資料。這些操作都是此物件的公用部分，因此資料成員 real 和 imag 都是物件的私有部分。

標題檔 complex.h

圖 16.6 是 C++ 類別 Complex 的標題檔。在此檔案中，我們在類別

圖 16.4
標準型態 int 的「甜甜圈」模型

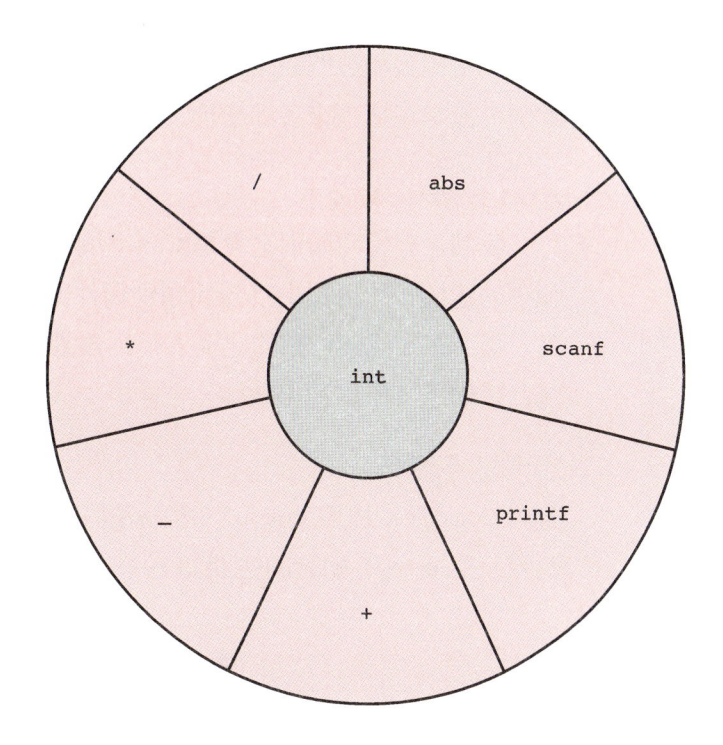

圖 16.5　標準型態 int 和抽象資料型態 Complex 的模型比較

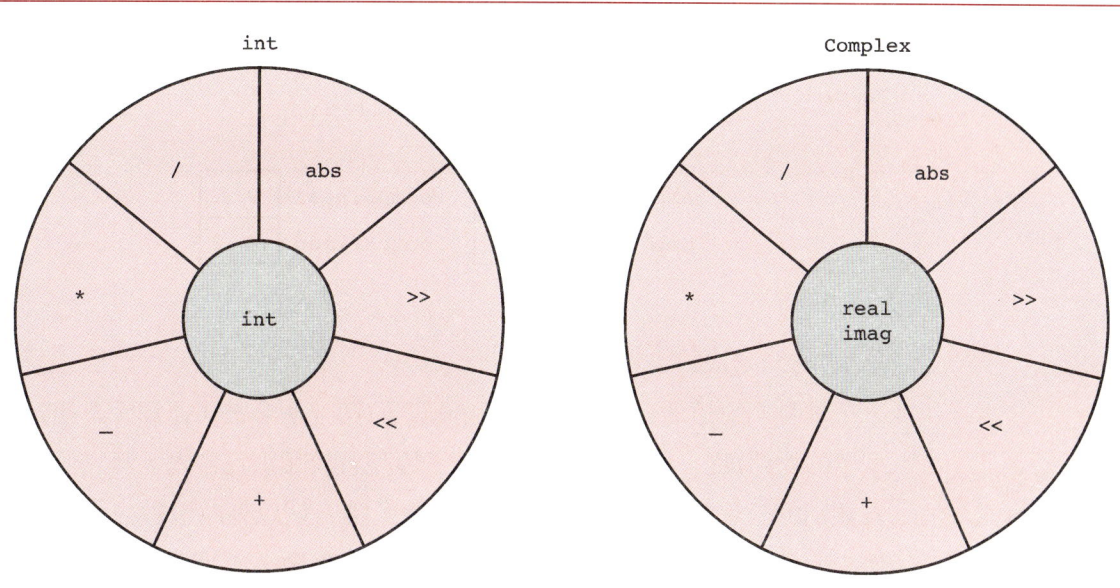

宣告中用標籤和專門用語描述定義的觀念。雖然本章不能完整說明 C++ 類別，但是在接下來各節會簡要說明這些名詞。

類別名稱和建構子

我們已經說明類別定義是 C++ 型態擴展的功能。命名類別並定義此類別的建構子即可提供宣告此類別物件的能力，就如宣告內建型態的變數一樣。第一個無引數的建構子稱為**預設建構子**(default constructor)。因為此建構子，所以利用敘述

> **預設建構子**：不需引數的建構子。

```
Complex comp1;
```

宣告 Complex 物件 comp1。因為預設建構子會初值化物件的兩個成員為零，為 comp1 配置的空間如下：

| comp1.real | 0.0 |
| comp1.imag | 0.0 |

第二個和第三個建構子有引數，由此可將 Complex 物件初值化為非零值。例如，下面的敘述用這兩個建構子並初值化。

```
Complex comp2(5.1);
Complex comp3(9.1, -7.2);
```

| omp2.real | 5.1 | comp3.real | 9.1 |
| omp2.imag | 0.0 | comp3.imag | -7.2 |

成員函式和運算子

當我們的類別設計包含函式和運算子(第一個參數／運算元是此類別型態的物件)時，我們將函式／運算子原型置於類別宣告內，將它們定義為類別的公用成員。原型的參數包括除了第一個以外的引數／運算元。例如，函式 abs 只有一個運算元，所以沒有參數。成員函式的第一個參數或成員運算子的第一個運算元都是函式／運算子「所屬」的物件，而且函式／運算子的程式碼可直接存取物件的其他所有成員，包括私有資料成員。運算子的原型格式和函式的原型很類似。在加法成員運算子的原型中，第一個 Complex 表示運算子的計算值為複數(型態 Complex 的

圖 16.6　類別 Complex 的標題檔

```cpp
//
// header file complex.h
//
#ifndef COMPLEX_H
#define COMPLEX_H
#include <iostream>
using namespace std;
```

類別名稱

```cpp
class Complex {
```

存取指示子　　　　建構子

```cpp
public:
    Complex() { real = 0; imag = 0; }  // default constructor

    Complex(double r1) { real = r1; imag = 0; }   // constructor that
                                // converts reals to complex numbers
    Complex(double r1, double im) { real = r1; imag = im; } // constructor
                    // with 2 parameters corresponding to 2 data members
```

成員函式的原型

```cpp
    Complex abs() const;
```

成員運算子的原型

```cpp
    Complex operator+ (Complex operand2) const;
    Complex operator- (Complex operand2) const;
    Complex operator* (Complex operand2) const;
    Complex operator/ (Complex operand2) const;
```

資料成員

```cpp
private:
    double real;    // real and imaginary parts
    double imag;    //    of a complex number
```

夥伴運算子的原型

```cpp
    friend istream& operator>> (istream& is, Complex& innum);
    friend ostream& operator<< (ostream& os, Complex outnum);
};

#endif
```

物件)。定義運算子的模組名稱是關鍵字 operator 以及特定的運算子符號。名稱之後是參數串列。和成員函式一樣,成員運算子可直接存取第一個運算元的成員。Complex 參數 operand2 對應到運算子 + 的右運算元。若函式或運算子不改變物件的資料成員，其原型和標頭以關鍵字 const 作結束。

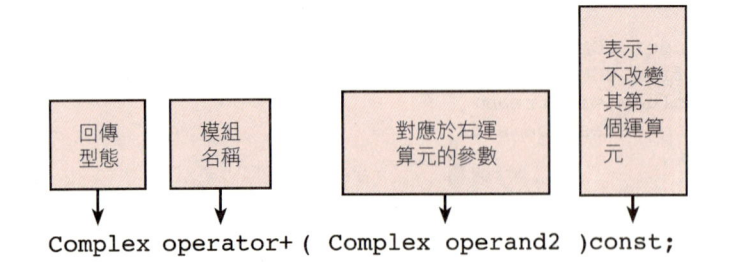

```
Complex operator+( Complex operand2 )const;
```

回傳型態　模組名稱　對應於右運算元的參數　表示+不改變其第一個運算元

檔案 complex.cpp 的實作

abs 和運算子 +、-、* 和 / 的實作如圖 16.7 所示。因為 C++ 的函式名稱和運算子可以**多載**(overloading)──也就是一個名稱可有多個意義──因此在實作檔案中，我們必須指明所定義的操作是哪一個版本。所以在函式／運算子的標頭，於名稱前有類別名稱 Complex 及範疇運算子::。例如，標頭

多載：在單一個程式範圍中對不同的函式與運算子有相同的名稱。

```
Complex Complex::abs()const
Complex Complex::operator+(Complex operand2)const
```

其意義說明列於表 16.2。

成員函式 abs 和成員運算子 + 的主體採用類別 Complex 的第三個建構子來宣告，並初值化 Complex 型態的區域變數以儲存運算結果。區域變數的值會以函式／運算子結果回傳。函式 abs 使用資料成員名稱 real 和 imag 來存取目前複數的成員。運算子 + 使用資料成員名稱 real 和 imag 來參考其左運算元的成員，用 operand2.real 和 operand2.imag 存取其右運算元的成員。

要呼叫公用成員函式，需用物件名稱、類別成員存取運算子(.)和函式名稱。如圖 16.8 的驅動程式中，呼叫 abs：

```
com1.abs()
```

這呼叫執行類別 Complex 函式 abs 的程式碼，程式中 abs 參考 real 是指 com1.real，而參考 imag 是指 com1.imag。若是從另一個成員函式或運算子呼叫 abs，則不需要物件名稱：呼叫 abs()會回傳目前物件的絕對值。

當運算子的左運算元是一個物件時，C++ 編譯器自動產生呼叫成員

圖 16.7 類別 `Complex` 的實作檔

```cpp
//
//  implementation file complex.cpp
//

#include "complex"
#include <iostream>
#include <iomanip>
#include <cmath>
using namespace std;

//
// absolute value of a complex number
//
Complex Complex::abs() const
{
    Complex cabs( sqrt(real * real + imag * imag), 0);
    return cabs;
}

//
// sum of current complex number and operand2
//
Complex Complex::operator+ ( Complex operand2 ) const
{
    Complex csum( real + operand2.real, imag + operand2.imag );
    return csum;
}

//
// product of current complex number and operand2
//
Complex Complex::operator* ( Complex operand2 ) const
{
    Complex cproduct( real * operand2.real - imag * operand2.imag,
                     real * operand2.imag + imag * operand2.real );
    return cproduct;
}

//
// difference of current complex number and operand2
//
Complex Complex::operator- ( Complex operand2 ) const
{
    Complex cdiff( real - operand2.real, imag - operand2.imag );
    return cdiff;
}

//
// quotient of current complex number divided by operand2
//
Complex Complex::operator/ ( Complex operand2 ) const
```

(續)

圖 16.7　類別 Complex 的實作檔 (續)

```
52.  {
53.      double divisor = operand2.real * operand2.real +
54.                       operand2.imag * operand2.imag;
55.      Complex cquot( (real * operand2.real + imag * operand2.imag) / divisor,
56.                     (imag * operand2.real - real * operand2.imag) /
57.                     divisor);
58.      return cquot;
59.  }
60.
61.  //
62.  // Extract from input source the two components of a complex number
63.  //
64.  istream& operator>> (istream& is, Complex& c)
65.  {
66.      is >> c.real >> c.imag;
67.      return is;
68.  }
69.
70.  //
71.  // Insert in the output stream a representation of a complex number:
72.  //     either the form (a + bi) or (a - bi), dropping a or b if one of them
73.  //     rounds to zero
74.  //
75.
76.  ostream& operator<< (ostream& os, Complex c)
77.  {
78.      double a = c.real;
79.      double b = c.imag;
80.      char sign;
81.
82.      os << fixed << showpoint << setprecision(2);
83.      os << '(';
84.      if (fabs(a) < .005  && fabs(b) < .005) {
85.          os << 0.0;
86.      } else if (fabs(b) < .005) {
87.          os << a;
88.      } else if (fabs(a) < .005) {
89.          os << b;
90.      } else {
91.          if (b < 0)
92.              sign = '-';
93.          else
94.              sign = '+';
95.          os << a << ' ' << sign << ' ' << fabs(b) << 'i';
96.      }
97.
98.      os << ')';
99.      return os;
100. }
```

表 16.2　多載之函式和運算子的標頭說明

第一個標頭	意　義
`Complex`	函式結果是 `Complex` 型態的物件。
`Complex::abs`	此標頭標示函式 `abs` 的定義開始處，這是類別 `Complex` 的成員。
`()`	參數串列是空的，因為函式只對其所屬的物件作運算。
`const`	這個函式絕不會改變其所屬物件的值。

第二個標頭	意　義
`Complex`	此運算值是 `Complex` 型態的物件。
`Complex::operator+`	此標頭標示運算子 + 的定義開始處，這是類別 `Complex` 的成員。
`(Complex operand2)`	參數串列有一個參數：+ 是二元運算子，左運算元是運算子所屬的物件，右運算元則與 `Complex` 參數 `operand2` 結合。
`const`	這個函式絕不會改變其所屬物件的值。

圖 16.8　測試 `Complex` 類別的驅動程式

```
1.  //
2.  // Driver for Complex — equivalent to driver of Fig. 11.10
3.  //
4.
5.  #include "complex.h"
6.
7.
8.  int
9.  main()
10. {
11.    Complex com1, com2;
12.
13.    // Gets two complex numbers
14.    cout << "Enter the real and imaginary parts of a complex number\n";
15.    cout << "separated by a space> ";
16.    cin >> com1;
17.    cout << "Enter a second complex number> ";
18.    cin >> com2;
19.
20.    // Forms and displays the sum
21.    cout << "\n" << com1 << "  +  " << com2 << "  =  " << (com1 + com2);
22.
23.    // Forms and displays the difference
24.    cout << "\n\n" << com1 << "  -  " << com2 << "  =  " << (com1 - com2);
25.
26.    // Forms and displays the absolute value of the first number
27.    cout << "\n\n|" << com1 << "| = " << com1.abs() << "\n";
28.
29.    return (0);
30. }
```

運算子。例如，在驅動程式中對下面的算式求值時，

(com1 + com2)

因為 com1 是類別 Complex 的物件，所以呼叫 Complex 的成員運算子 +，在運算子中參考 real 和 imag 是指 com1.real 和 com1.imag，而參考 oper-and2.real 和 operand2.imag 是指 com2.real 和 com2.imag。

資料成員

物件的屬性或元件都製作成類別資料成員。每個資料成員的宣告就如它是一個獨立的變數。若成員函式或運算子需要參考目前物件的資料成員，則它只需要使用成員名稱。但是其他的合法參考需用物件名稱、類別成員選擇運算子(.)和成員名稱：

operand2.real

所有的成員函式和建構子都可存取私有成員，在程式單元中用名稱存取這些成員。其他的程式單元需設定為類別的**夥伴**(friend)才可存取私有成員。在圖 16.6 的運算子 >> 和 << 為說明此點的範例。為了讓類別的夥伴參考私有成員，它必須使用物件名稱、類別成員選擇運算子和成員名稱。運算子和函式皆可宣告為類別的夥伴。

> **夥伴**：非成員運算子或函式，但可存取類別的私有成員。

輸入／輸出運算子多載

要幫助我們思考複數為獨立的單元，而不只是片段的組合，在圖 16.6 Complex 類別的宣告多載運算子 >> 和 <<，所以它們可用來輸入／輸出複數。這些運算子不能定義成類別 Complex 的成員，因為它們的第一個運算元必須是輸入或輸出串流，而非複數。但是它們需要存取其 Complex 運算元的私有成員。正如上一節所述，所以將運算子 >> 和 << 指定成類別 Complex 的夥伴。原版本的 >> 運算子其回傳值是輸入串流，為運算子的左運算元；而原版本的 << 運算子其回傳值是輸出串流，為運算子的左運算元。回傳串流作為 I/O 運算子的值，使得算式可由一連串的 << 或 >> 操作組成，如圖 16.9 所示。每次操作的回傳串流是下一個操作的左運算元。

圖 16.8 的 main 函式利用多載的輸入和輸出運算子。輸入 com1 的敘述

圖 16.9 多個 << 操作的逐步求值

```
cout << "\n" << com1 << " + " << com2 << " = " << (com1 + com2);
―――――――
   cout
   ―――――――――――
          cout
          ――――――――――――――
                  cout
                  ――――――――――――――――
                          cout
                          ―――――――――――――――――
                                  cout
                                  ―――――――――――――――――――――
                                              cout
```

```
cin >> com1;
```

利用類別 Complex 夥伴運算子 >> 的定義。系統知道要呼叫我們定義的運算子，而不是標準的定義，因為其右運算元是 Complex 物件。在執行 Complex 類別定義的夥伴運算子 >> 的第一行敘述時，

```
is >> c.real >> c.imag;
```

因運算子 >> 的右運算元為 double 型態，所以系統會重複使用二元運算子 >> 的標準定義。

練習 16.2

自我檢驗

1. 在下列空白中填入答案，使其成為正確完整的敘述。
    a. 成員函式要參考其他成員時，_____(需用／不需用)物件名稱和類別成員選擇運算子。
    b. _____提供宣告物件的能力，使其像宣告內建型態的變數一樣，同時宣告並初值化物件。
    c. 不修改任何物件元件的成員函式是一個常數函式，此函式會有原型且其標頭以_____作結束。
    d. 在類別宣告之外定義成員函式時，函式標頭的名稱前會有_____和_____運算子。
    e. 當下列算式在求值時

    output stream << *right operand*

編譯器根據_____決定是否使用 << 的標準定義或使用者自定類別的多載定義。

2. 下面是 Ratio 類別錯誤的實作，此類別意圖表示一般的分數為整數的分子和分母。標出錯誤處並訂正之。找出兩個整數之最大公因數的演算法是正確的。注意 reduce 是修改類別元件之成員函式的例子：因此其原型和標頭不會以 const 作結束。為了簡化起見，我們已將類別的宣告和實作以及驅動程式放在一個檔案中。

```cpp
#include <iostream>
#include <cstdlib>
using namespace std;

class Ratio {

public:
    Ratio(){}       // Default constructor
    void reduce();  // reduces fraction

private:
    int num;     // numerator
    int denom;   // denominator

friend ostream& operator<< (ostream&, Ratio);
};

//
// Constructor that initializes components
//
Ratio :: Ratio (int numerator, int denominator)
{
    num = numerator;
    denom = denominator;
}

//
// Reduces fraction represented by a Ratio object by
// dividing num and denom by greatest common divisor
//
void reduce() const
```

```cpp
{
    int n, m, r;
    n = abs(num);
    m = abs(denom);
    r = n % m;
    while (r != 0) {
        n = m;
        m = r;
        r = n % m;
    }
    num /= m;
    denom /= m;
}

//
// Extract from input source the two components of a Ratio
//
istream operator>> (istream& is, Ratio& oneRatio)
{
    is >> num >> denom;
    return is;
}

//
// Display a Ratio object as a common fraction
//
ostream& operator<< (ostream& os, Ratio)
{
    os << oneRatio.num ;
    if (oneRatio.denom != 1)
        cout << " / " << oneRatio.denom;
}

//
// Driver to declare and manipulate a Ratio object
//
int main()
{
    Ratio  aRatio;
    cout << "Enter numerator and denominator of a "
```

```
            << "common fraction" << endl << ">>> ";
    cin  >> aRatio;
    cout << endl  << "Fraction entered = " << aRatio
         << endl;
    reduce();
    cout << "Reduced fraction = " << aRatio << endl;
    return 0;
}
```

程式撰寫

1. 撰寫類別 Can 的宣告，用來表示圓柱形的鋁罐。此類別的物件應知道自己的淨重、單位克及其大小——底面半徑和高——單位公分。此類別應包含成員函式 capacity，輸入裝罐產品 1 克的體積(cm^3)，就可算出「此罐子可裝多少整數克的產品」。不要忘了寫建構子，一個有參數可初值化元件，而一個沒有參數。撰寫此類別的完整實作是本章末程式撰寫專案 3 的主題。

本章回顧

1. 物件是半自治的動作者，將屬性(資料)和行為(函式和運算子)封裝起來。
2. C++ 用定義於 iostream 函式庫的輸入萃取(>>)和輸出插入(<<)運算子作標準輸入和輸出。
3. C++ iostream 函式庫將輸出串流 cout 和螢幕結合，輸入串流 cin 和鍵盤結合。
4. C++ 允許單一運算子和函式的名稱可有多個定義，前提是每個定義的參數／運算元型態串列是唯一的。
5. C++ 與 C 相同之控制結構為——if、if-else、switch、while、for 和 do-while。
6. C++ 類別是物件的型態，這些物件有相同的屬性和行為。
7. C++ 物件的屬性都以類別的資料成員表現之，其存取性通常是私有的——即只有類別成員和夥伴可以存取。
8. C++ 物件的行為和服務都以類別成員運算子和函式表現之。
9. 所有的類別都提供建構的功能，可宣告和初值化物件。
10. C++ 多載運算子時，若其第一個運算元是此類別的物件，則可實作成類別成員。

C++ 結構

結　構	效　果
名稱常數的定義	
`const double SAFE_RAD = 0.466;`	在目前的範疇內，宣告名稱 `SAFE_RAD` 的值為 0.466。
呼叫輸入萃取運算子	
`cin >> number >> complex_num;`	複製鍵盤輸入的資料至變數 `number` 和 `complex_num`。若目的變數是標準型態，則系統使用原版定義的 `>>`，若目的變數是程式最近定義之類別的物件，則使用程式定義的 `>>`。
呼叫輸出插入運算子	
`cout << "First complex number is"` `    << complex_num << "\n";`	顯示一行字串 "First complex number is"，之後是 `complex_num` 之值，這將採用程式針對複數物件定義的運算子 `<<`。
在輸出串流中加入格式運作子	
`cout << setprecision(2)<<` `    fixed << showpoint ;`	將浮點數插入 `cout` 串流，會顯示小數點和 2 位小數。
`cout << setw(10)<< number;`	在寬 10 的欄位中，以向右對齊顯示 `number` 之值。
類別宣告	

`class Ratio {`
`public:`
`  Ratio(){ num = 0;  denom = 1;}`
`  void reduce();`
`  Ratio operator+(Ratio`
`     operand2)const;`
`private:`
`  int num;  // numerator`
`  int denom; // denominator`
`};`
	宣告類別 `Ratio`，此類別物件表示一般的分數。

物件宣告	
`Ratio oneRatio;`	宣告 `oneRatio` 是一個物件，類別 `Ratio` 的一個實體。
成員函式標頭	
`void Ratio::reduce()`	`reduce` 實作的第一行，此函式是類別 `Ratio` 的成員。
成員運算子標頭	
`Ratio Ratio::operator+` `     (Ratio operand2)const`	`+` 運算子的實作開始處，相加兩個 `Ratio` 物件。這運算子不改變它所屬的物件。

快速檢驗練習

1. _____程式設計產生的軟體是將世界模擬為一群物件——具指定功能的半自治動作者。

2. C++ 支援同名異式是利用函式名稱和運算子的_____，前提是每個版本的特徵是唯一的。

3. C++ 利用 _____ 運算子 >>，而非函式 scanf 和 fscanf，以及 _____ 運算子 <<，而非函式 printf 和 fprintf。

4. 敘述

   ```
   const double PI = 3.14159265359;
   ```

   宣告並初值化 PI 為名稱 _____。

5. 在 C++ 中，符號 _____ 表示該行的其餘部分為註解。

6.～10. 圖 16.10 的類別宣告中，各部分的名稱為何？

圖 16.10
類別 Ratio 的宣告

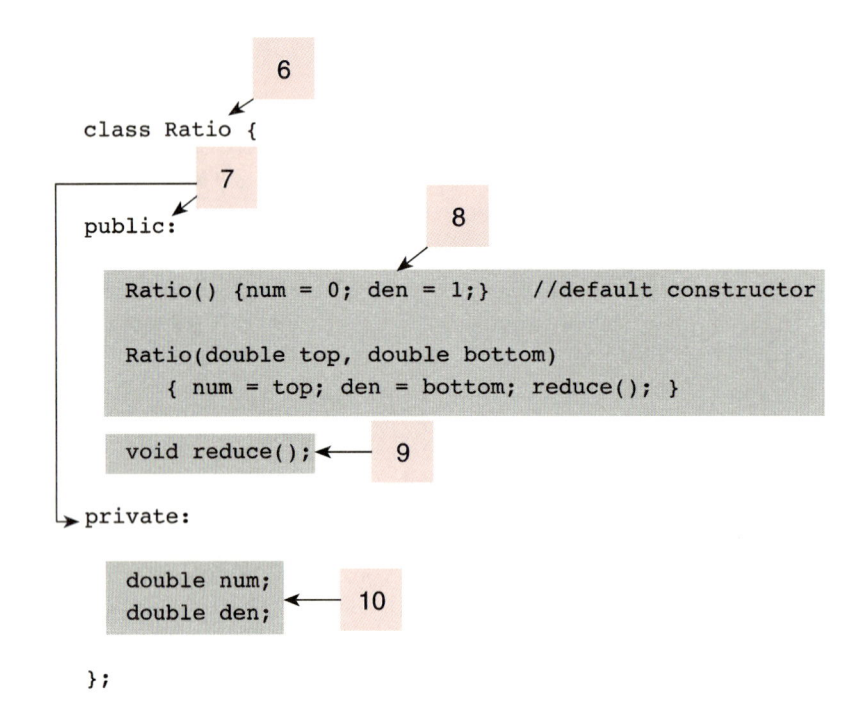

```
class Ratio {          ← 6
  public:               ← 7
    Ratio() {num = 0; den = 1;}    //default constructor  ← 8

    Ratio(double top, double bottom)
       { num = top; den = bottom; reduce(); }

    void reduce();      ← 9

  private:
    double num;
    double den;         ← 10
};
```

快速檢驗練習解答

1. 物件導向
2. 多載
3. 輸入萃取，輸出插入
4. 常數
5. //
6. 類別名稱
7. 存取指示子

8. 建構子
9. 成員函式的原型
10. 資料成員

問題回顧

1. 何謂物件？C++ 中的什麼功能可定義某一型態的物件？
2. 假設類別名稱 Tree 包含公用成員函式，其原型是

   ```
   void grow(int);
   ```

   若 tree_1 是類別 Tree 的物件，你如何用 tree_1 呼叫 grow？你如何從另一個成員函式呼叫 grow？
3. 說明如何控制 C++ 顯示數字的格式。
4. 將函式或運算子宣告為物件類別的夥伴，其目的為何？
5. C++ 的函式和運算子可有哪兩類的參數？這兩類參數的差別為何？
6. 類別成員函式為一「常數」函式的意義為何？
7. 在下面的敘述中：

   ```
   cout << "The answer is " << one_complex << "\n";
   ```

   系統如何決定要使用哪一個 << 定義？
8. 若你已經定義稱為 Tree 的類別，而且有如下的宣告

   ```
   Tree seedling;
   ```

   seedling 的資料成員會初值化成已知值嗎？說明之。

程式撰寫專案

1. 用 C++ 重寫圖 4.7 的水費程式。引入 iostream 和 iomanip 函式庫，而不要用 stdio，並將所有的常數巨集都代換成 const 變數的初值化宣告。
2. 第十一章的程式設計專案 9 要求你用結構型態表示電池。在此專案中，你需解決相同的問題，設計模擬電池的類別。電池物件應知道自己的電壓、可儲存的電力以及目前儲存的電力(單位焦耳)。包括下列的成員函式：

   powerDevice——給定電子設備的電流(安培)，和此設備需電池供電的時間(秒)，此函式檢查電池的電力是否可供應此設備。若可以，函式將目前的電力減去消耗的電力並回傳值 1；否則回傳 0 且

不改變目前的電力。

`maxTime`——給定電子設備的電流，函式回傳在電池耗盡電力前可供應此設備電力的秒數。此函式不改變目前的電力。

`reCharge`——此函式將電池表示目前電力的成員設成其最大的電力。

在設計中使用下面的方程式：

$p = vi$ $p =$ 功率，單位為瓦特(W)

                 $v =$ 電壓，單位為伏特(V)

$w = pt$ $i =$ 電流，單位為安培(A)

                 $w =$ 電力，單位為焦耳(J)

                 $t =$ 時間，單位為秒(s)

在此模擬中，忽略電池和設備之間的能量損失。

    建立一主函式產生物件模擬 12-V 汽車電池，其最大的儲存電力是 5×10^6 J，以此測試你的類別。用此電池供應 4-A 的電燈 15 分鐘，然後計算此電池的剩餘電力可供應 8-A 的設備多久？在重新充電後，則可供應 8-A 的設備多久？

3. 實作類別 Can，其宣告是 16.2 節的程式撰寫練習。寫一主函式提示使用者輸入 Can 物件，然後重複輸入可裝罐的不同產品的 1 克體積。顯示每種產品可裝罐的整數克。

附錄 A
更多指標相關資訊

第十四章中,在介紹指標於動態記憶體配置方面的用途之前,先探討並回顧指標作為輸出及輸入／輸出參數,以及在陣列與字串方面的用法。在此附錄中,我們將介紹兩個先前並未探討過的指標相關主題、指標運算以及指向指標的指標。

指標運算

如果一個指標指向一個陣列,則在 C 中,這個指標可以執行加法或減法。如果 p 為指向一個陣列元素的指標,

p + 1

此算式之值是依據陣列元素的大小而定。若 p 是陣列第 n 個元素的位址,則 p+1 是第 n+1 個元素的位址。

以例子說明指標運算結果。圖 A.1 中使用兩個陣列:p1 為一行星陣列,nm 為一整數陣列。圖 A.2 呈現兩個指標 p 和 np 加 1 之後的結果。當我們的範例以整數印出四個指標變數的內容時,圖 A.3 為可能產生的結果,本圖還包含同一指標型態相減的結果。

指向指標的指標

由於 C 使用的指標是由程式設計者控制作為輸出及輸入／輸出參數,以及用來存取如鏈結串列節點等動態配置記憶體,所以有時候用來存取動態配置記憶體的指標變數,必須當作傳給函式的輸出或輸入／輸出參數。傳遞指標變數位址會產生一個指向指標的指標,此種概念必須非常小心地撰寫程式。

在第十四章中,我們利用鏈結串列實作了堆疊資料結構。不過,我們藉由將指向堆疊頂端的指標內嵌在一個 stack_t 結構型態中,而把實作細節向用戶端程式隱藏起來,如圖 A.4 所示。

圖 A.1　指標運算範例

```
typedef struct {
      char    name[STRSIZ];
      double  diameter;      /* equatorial diameter in km                      */
      int     moons;         /* number of moons                                */
      double  orbit_time,    /* years to orbit sun once                        */
              rotation_time; /* hours to complete one revolution on axis       */
} planet_t;

. . .

planet_t pl[2] = {{"Earth", 12713.5, 1, 1.0, 24.0},
                  {"Jupiter", 142800.0, 4, 11.9, 9.925}};
int nm[5] = {4, 8, 10, 16, 22};
planet_t *p;
int *np;

p = pl + 1;
np = nm + 1;
printf("sizeof (planet_t) = %d        sizeof (int) = %d\n",
       sizeof (planet_t), sizeof (int));
printf("pl = %d                nm = %d\n", pl, nm);
printf(" p = %d (pl + %d)      ", p, (int)p - (int)pl);
printf("np = %d (nm + %d)\n", np, (int)np - (int)nm);
printf(" p - pl = %d\n", p - pl);
```

圖 A.2　指標運算完成後的記憶體圖

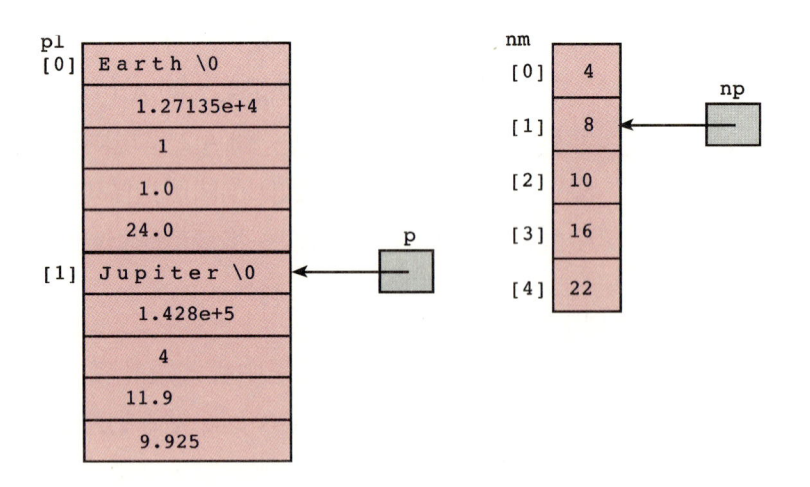

pl			nm	
[0]	Earth \0		[0]	4
	1.27135e+4		[1]	8 ← np
	1		[2]	10
	1.0		[3]	16
	24.0		[4]	22
[1]	Jupiter \0 ← p			
	1.428e+5			
	4			
	11.9			
	9.925			

圖 A.3　指標運算範例輸出

```
sizeof (planet_t) = 48     sizeof (int) = 4
pl = 2145835092            nm = 2145835316
 p = 2145835140 (pl + 48)  np = 2145835320 (nm + 4)
 p - pl = 1
```

圖 A.4　以鏈結串列實作堆疊的結構型態

```
typedef char stack_element_t;

typedef struct stack_node_s {
    stack_element_t     element;
    struct stack_node_s *restp;
} stack_node_t;

typedef struct {
    stack_node_t *topp;
} stack_t;
```

在圖 A.5 中，我們顯示一種使用鏈結串列而未內嵌在 stack_t 結構型態中的 push 和 pop 實作方式。由於 push 和 pop 將堆疊當作一個輸入／輸出參數，因此這些參數被表示為指向指標型態為 stack_node_t ** 的指標。圖 A.6 描繪在 main 函式中第四次呼叫 push 的過程中，剛好在 push 函式程式碼中最後一個指定敘述之前的記憶體狀態。

圖 A.5　採用鏈結串列作為堆疊時的 push 和 pop 函式

```c
/*
 * Creates and manipulates a stack of characters implemented as
 * a linked list of nodes
 */

#include <stdio.h>
#include <stdlib.h>

/* stack data structure and operations */
typedef char stack_element_t;

typedef struct stack_node_s {
    stack_element_t     element;
    struct stack_node_s *restp;
} stack_node_t;

void push(stack_node_t **top_stackpp, stack_element_t c);
stack_element_t pop(stack_node_t **top_stackpp);

int
main(void)
{
    stack_node_t *stackp = NULL;
```

(續)

圖 A.5 採用鏈結串列作為堆疊時的 push 和 pop 函式 (續)

```c
        /*  Builds stack of four characters */
        push(&stackp, '2');
        push(&stackp, '*');
        push(&stackp, 'C');
                              /* Figure D.6 shows memory  */
        push(&stackp, '/');   /* during this call */


        /*  Empties stack element by element */
        printf("\nEmptying stack: \n");
        while (stackp != NULL) {
                printf("%c\n", pop(&stackp));
                }

        return (0);
}
/*
 *  The value in c is placed on top of the stack implemented as
 *  a linked list of nodes accessed through top_stackpp
 */
void
push(stack_node_t  **top_stackpp, /* input/output - stack          */
     stack_element_t c)           /* input        - element to add */
{
        stack_node_t *newp;  /* pointer to new stack node */

        /* Creates and defines new node */
        newp = (stack_node_t *)malloc(sizeof (stack_node_t));
        newp->element = c;
        newp->restp = *top_stackpp;

        /* Sets stack top pointer to point to new node */
        *top_stackpp = newp;
}

/*
 *  Removes and frees top node of stack, returning character value
 *  stored there.
 *  Pre:  the stack is not empty
 */
stack_element_t
pop(stack_node_t **top_stackpp)  /* input/output - stack          */
{
        stack_node_t    *to_freep; /* pointer to node removed    */
        stack_element_t ans;       /* value at top of stack      */
                                   /* saves pointer to node      */
        to_freep = *top_stackpp;   /*     being deleted          */
        ans = to_freep->element;   /* retrieves value to return  */
        *top_stackpp = to_freep->restp; /* deletes top node      */
        free(to_freep);            /* deallocates space          */

        return (ans);
}
```

圖 A.6

使用指向指標的指標時記憶體狀態

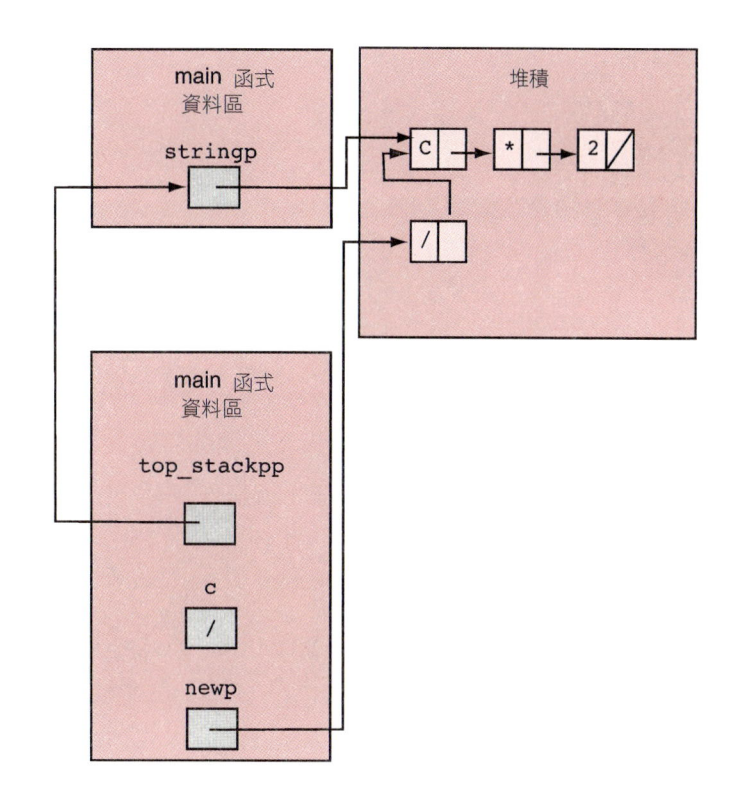

附錄 B
ANSI C 標準函式庫[†]

依名稱排序的函式庫功能

語　　法	標題檔	目　　的
`void abort(void);`	stdlib.h	不正常結束程式。
`int abs(int x);`	stdlib.h	傳回整數的絕對值。
`double acos(double x);`	math.h	傳回輸入值的 arccosine 值(引數值必須介於 -1 至 1 之間)。
`char *asctime` `   (const struct tm *tblock);`	time.h	將時間轉換成 *tblock 結構(一個存了 26 個字元的字串)。
`double asin(double x);`	math.h	傳回輸入值的 arc sine 值(引數值必須介於 -1 至 1 之間)。
`void assert(int test);`	assert.h	如果 test 結果為零，assert 在 stderr 上印出訊息並中止程式。
`double atan(double x);`	math.h	計算輸入值的 arc tangent 值。
`double atan2(double y,` `   double x);`	math.h	計算 y/x 的 arc tangent 值。
`int atexit(void (*func)(void));`	stdlib.h	註冊一個函式，當程式正常結束時呼叫它。
`double atof(const char *s);`	math.h	將 s 指向之字串轉換成 double。
`int atoi(const char *s);`	stdlib.h	將 s 指向之字串轉換成 int。
`long int atol(const char *s);`	stdlib.h	將 s 指向之字串轉換成 long int。

`void *bsearch(const void *key,`
`   const void *base,`
`   size_t nelem, size_t width,`
`   int (*fcmp)(const void *,`
`            const void *));`
	stdlib.h	以二元搜尋法搜尋一個已排序的 base 陣列：函式依據比較函式 *fcmp，回傳陣列中第一個找到的鍵值元素位址；如果沒有相符者則傳回 0。

`void *calloc(size_t nitems,` `         size_t size);`	stdlib.h	配置一個 nitems×size 大小的記憶體，並將內容清為零，傳回配置區塊的指標。
`double ceil(double x);`	math.h	傳回大於等於 x 的最小整數。
`void clearerr(FILE *stream);`	stdio.h	重設 stream 之錯誤，並將 end-of-file 旗標清為 0。
`clock_t clock(void);`	time.h	傳回自程式執行起消耗的處理器時間。

[†]本表摘自 Borland C++ 函式庫參考手冊，並經 Borland International, Inc. 同意。
[1] size_t 是用來記憶物件大小及重複計數的類型。

依名稱排序的函式庫功能 (續)

語　　法	標題檔	目　　的
double cos(double x);	math.h	計算傳入值的 cosine 值(以弧度為度量)。
double cosh(double x);	math.h	計算傳入值的 hyperbolic cosine 值。
char *ctime 　(const time_t *time);	time.h	將 time 所指的日期和時間(函式 time 的回傳值)轉成表示區域時間的 26 個字元的字串。
double difftime 　(time_t time2, time_t time1);	time.h	計算兩個時間之差(單位為秒)。
div_t div(int numer, 　int denom);	stdlib.h	兩個整數相除，傳回商與餘數，並以結構方式傳回(成員為 quot 與 rem)。
void exit(int status);	stdlib.h	結束程式。程式結束之前，所有開啟檔案將關閉，寫出緩衝器中等待輸出的資料，然後呼叫已註冊的 atexit 函式；狀態 0 表示正常結束，非零值表示有錯誤發生。
double exp(double x);	math.h	計算指數函式 e^x。
double fabs(double x);	math.h	計算浮點數的絕對值。
int fclose(FILE *stream);	stdio.h	關閉檔案。
int feof(FILE *stream);	stdio.h	預先偵測 end-of-file。
int ferror(FILE *stream);	stdio.h	預先偵測檔案發生錯誤。
int fflush(FILE *stream);	stdio.h	清除串流：如果串流有引導至緩衝器，則 fflush 將 stream 輸出到對應的檔案。
int fgetc(FILE *stream);	stdio.h	從串流得到一個字元。
int fgetpos(FILE *stream, 　　　fpos_t *pos);	stdio.h	取得目前的檔案指標，並將它存在 pos 所指的位置。
char *fgets(char *s, int n, 　FILE *stream);	stdio.h	從 stream 複製字元至 s，直到讀入 n-1 個字元，或換行字元為止，並於 s 結束處加上空字元。
double floor(double x);	math.h	傳回不大於 x 的最大整數。
double fmod(double x, 　double y);	math.h	計算 x 除以 y 的餘數。
FILE *fopen 　(const char *filename, 　 const char *mode);	stdio.h	開啟名為 filename 的檔案，並將檔案關聯到一個串流。mode 的意義："r"：讀，"w"：寫出，"a"：附加，"r+"：更新一個已存在的檔案(讀入與寫出)，"w+"：更新一個新檔(讀入與寫出)，"a+"：從檔案尾端開始更新。
int fprintf(FILE *stream, 　const char *format 　[, *argument*, ...]);	stdio.h	依格式輸出至串流。
int fputc(int c, FILE *stream);	stdio.h	輸出一個字元至串流。
int fputs(const char *s, 　FILE *stream);	stdio.h	輸出字串至串流。
size_t fread(void *ptr, 　size_t size, size_t n, 　FILE *stream);	stdio.h	讀入至多 n 組資料，每組資料佔 size 位元組，結果置於 ptr 所指的區塊；函式傳回讀入的資料組數。
void free(void *block);	stdlib.h	歸還先前以 calloc、malloc 或 realloc 配置的記憶體。

依名稱排序的函式庫功能(續)

語　　法	標題檔	目　　的

`FILE *freopen`
`　(const char *filename,`
`　　const char *mode,`
`　　FILE *stream);`
	stdio.h	將一個開啟的串流關聯到一個新檔；常用於重新設定標準串流。

`double frexp(double x,` `　int *exponent);`	math.h	將一個 double 數值拆成假數部分與指數部分。

`int fscanf(FILE *stream,`
`　const char *format`
`　[, address, ...]);`
	stdio.h	從串流讀入資料並格式化資料。

`int fseek(FILE *stream,` `　long int offset, int whence);`	stdio.h	將與 stream 關聯之檔案指標重置於新位置，whence 指定的檔案位置位移 offset。
`int fsetpos(FILE *stream,` `　const fpos_t *pos);`	stdio.h	將檔案指標 stream 置於新位置，此新位置是前一次呼叫 fgetpos 取得的值。
`long int ftell(FILE *stream);`	stdio.h	傳回從檔案起始位置到目前檔案指標位置的位元組數。

`size_t fwrite`
`　(const void *ptr,`
`　　size_t size, size_t n,`
`　　FILE *stream);`
	stdio.h	從 ptr 所指的記憶體區塊寫出 n×size 個位元組至 stream。

`int getc(FILE *stream);`	stdio.h	從 stream 讀入一個字元。
`int getchar(void);`	stdlib.h	從 stdin 讀入一個字元。
`char *getenv(const char *name);`	stdio.h	傳回某一指定變數的值。
`char *gets(char *s);`	time.h	從 stdin 取得字串(一行)，其中會除去換行字元。
`struct tm *gmtime` `　(const time_t *timer);`	ctype.h	將日期和時間轉成格林威治標準時間(GMT)。
`int isalnum(int c);`	ctype.h	如果 c 為字母或阿拉伯數字則傳回非零值。
`int isalpha(int c);`	ctype.h	如果 c 為字母則傳回非零值。
`int iscntrl(int c);`	ctype.h	如果 c 為刪除字元或一般的控制字元則傳回非零值。
`int isdigit(int c);`	ctype.h	如果 c 為阿拉伯數字則傳回非零值。
`int isgraph(int c);`	ctype.h	如果 c 為非空白的可列印字元則傳回非零值。
`int islower(int c);`	ctype.h	如果 c 為小寫字母則傳回非零值。
`int isprint(int c);`	ctype.h	如果 c 為可列印字元則傳回非零值。
`int ispunct(int c);`	ctype.h	如果 c 為標點符號則傳回非零值。
`int isspace(int c);`	ctype.h	如果 c 為空白字元、tab、歸位字元、換行鍵、垂直 tab 或換頁字元則傳回非零值。
`int isupper(int c);`	stdio.h	如果 c 為大寫字母則傳回非零值。
`int isxdigit(int c);`	ctype.h	如果 c 為 16 進位數字(0 至 9 和 A 至 F，或 a 至 f)，則傳回非零值。
`long int labs(long int x);`	math.h	計算 x 的絕對值。
`double ldexp(double x,` `　int exp);`	math.h	計算 $x \times 2^{exp}$。

依名稱排序的函式庫功能 (續)

語　法	標題檔	目　的
`ldiv_t ldiv(long int numer, long int denom);`	stdlib.h	兩個 longint 相除，並以結構的成員 quot 和 rem 成員儲存商與餘數。
`struct lconv *localeconv(void);`	locale.h	設定當地的貨幣格式和其他的數字格式。
`struct tm *localtime (const time_t *timer);`	time.h	接受一個 time 值的位址，並依當地時區和日光節約時間，將校正後的時間 tm 結構的指標傳回。
`double log(double x);`	math.h	計算 x 的自然對數。
`double log10(double x);`	math.h	計算 $\log_{10}(x)$。
`void longjmp(jmp_buf jmpb, int retval);`	setjmp.h	恢復前次呼叫 setjmp 時取得的工作狀態(存於 jmpb 引數)，並傳回 retval。
`void *malloc(size_t size);`	stdlib.h	從記憶體堆積中，配置 size 位元組大小的記憶體，並傳回它的指標。
`int mblen (const char *s, size_t n);`	stdlib.h	傳回 s 指向之多位元組字元的位元組數(n 為字元的最大位元數)。
`size_t mbstowcs(wchar_t *pwcs, const char *s, size_t n);`	stdlib.h	將 s 指向的多位元組字元(至多 n 個)轉換成寬字元，並存於 pwcs 陣列。
`int mbtowc(wchar_t *pwc, const char *s, size_t n);`	stdlib.h	將 s 指向之多位元組字元轉換成一個寬字元。
`void *memchr(const void *s, int c, size_t n);`	string.h	從 s 指向的區塊，搜尋前 n 個位元組中第一次出現字元 c 者。
`int memcmp(const void *s1, const void *s2, size_t n);`	string.h	比較兩個長度為 n 的區塊；如果 s1<s2 則傳回值<0；如果 s1=s2 則傳回 0；否則傳回值 >0。
`void *memcpy(void *dest, const void *src, size_t n);`	string.h	從 src 複製 n 個位元組至 dest(如果 src 與 dest 位置有重疊則未定義)；函式傳回 dest。
`void *memmove(void *dest, const void *src, size_t n);`	string.h	從 src 複製 n 個位元組至 dest(不論 src 與 dest 位置是否重疊)；函式傳回 dest。
`void *memset(void *s, int c, size_t n);`	string.h	將陣列 s 的前 n 個位元組值設為字元 c。
`time_t mktime(struct tm *t);`	time.h	將 t 指向的時間轉換成日曆時間。
`double modf(double x, double *ipart);`	math.h	將 double 值拆成整數與小數部分；兩者與 x 均有同樣的正負符號。
`void perror(const char *s);`	stdio.h	將錯誤訊息輸出至 stderr。
`double pow(double x, double y);`	math.h	計算 xy。
`int printf(const char *format [, argument, ...]);`	stdio.h	將格式化輸出寫至 stdout。
`int putc(int c, FILE *stream);`	stdio.h	輸出一個字元至 stream。
`int putchar(int c);`	stdio.h	輸出一個字元至 stdout。
`int puts(const char *s);`	stdio.h	輸出字串至 stdout；如遇上換行字元則停止輸出。
`void qsort(void *base, size_t nelem, size_t width, int (*fcmp)(const void *, const void *));`	stdio.h	依據比較函式 fcmp，以 quicksort 演算法為陣列 base 排序。

依名稱排序的函式庫功能 (續)

語　　法	標題檔	目　　的
int raise(int sig);	signal.h	送出一個 sig 信號至程式。如果程式已為 sig 安置了信號處理函式，則處理函式開始執行。
int rand(void);	stdlib.h	傳回自 0 至 RAND_MAX (定義在 stdlib.h 的常數)之間的亂數。
void *realloc(void *block, 　　size_t size);	stdlib.h	縮小或擴大先前配置的記憶體至 size 位元組，如有需要會將記憶體的內容複製至新位置。
int remove 　　(const char *filename);	stdio.h	刪除 filename 指定的檔案。
int rename(const char *oldname, 　　const char *newname);	stdio.h	將名為 oldname 檔案換成 newname。
void rewind(FILE *stream);	stdio.h	將檔案指標移至最開始的位置。
int scanf(const char *format 　　[, *address*, ...]);	stdio.h	從 stdin 讀入並格式化資料。
void setbuf(FILE *stream, 　　char *buf);	stdio.h	I/O 動作時採用指定的 buf 緩衝器，而非系統自動配置的緩衝器。
int setjmp(jmp_buf jmpb);	setjmp.h	將工作狀態存入 jmpb 中並傳回 0。
char *setlocale(int category, 　　char *locale);	locale.h	選擇一個場所；如果選擇成功則傳回字串說明這個場所是有效的。
int setvbuf(FILE *stream, 　　char *buf, int type, 　　size_t size);	stdio.h	I/O 動作時採用指定的 buf 緩衝器，而非系統自動配置的緩衝器。type 參數可能是 _IOFBF (完全緩衝)、_IOLBF (行緩衝)或 _IONBF (無緩衝)。
void (*signal(int sig, 　　void (*func)(int sig))) 　　(int);	signal.h	指定信號處理函式。
double sin(double x);	math.h	計算輸入值的 sine 值(度量單位為弧度)。
double sinh(double x);	math.h	計算 hyperbolic sine 值。
int sprintf(char *buffer, 　　const char *format 　　[, *argument*, ...]);	stdio.h	將格式化資料輸出至字串。
double sqrt(double x);	math.h	計算一個非負值的正平方根。
void srand(unsigned int seed);	stdlib.h	為亂數初始種子值。
int sscanf(const char *buffer, 　　const char *format 　　[, *address*, ...]);	stdio.h	從字串讀入並格式化輸入。
char *strcat(char *dest, 　　const char *src);	string.h	將 src 複製到 dest 的尾端，並傳回 dest。
char *strchr(const char *s, 　　int c);	string.h	傳回字串 s 中第一次出現 c 字元的指標。
int strcmp(const char *s1, 　　const char *s2);	string.h	比較兩個字串；如果 s1<s2 則傳回值<0，如果 s1=s2 則傳回 0，否則傳回值>0。
int strcoll(const char *s1, 　　const char *s2);	string.h	依據 setlocale 設定的對照順序，比較二個字串，如果 s1<s2 對傳回值<0，如果 s1=s2 則傳回 0，否則傳回值>0。

依名稱排序的函式庫功能 (續)

語　　法	標題檔	目　　的
`char *strcpy(char *dest,` `    const char *src);`	string.h	將 `src` 複製至 `dest`，複製空字元後就結束，函式傳回 `dest`。
`size_t strcspn(const char *s1,` `    const char *s2);`	string.h	傳回 `s1` 與 `s2` 字串完全不同字元的長度。
`char *strerror(int errnum);`	string.h	傳回一個關聯到 `errnum` 之錯誤訊息的指標。

`size_t strftime(char *s,`
`    size_t maxsize, const char`
`    *fmt, const struct tm *t);`
	time.h	將時間格式化為 `fmt` 規格，函式傳回共有多少字元存入 `s` 中。

`size_t strlen(const char *s);`	string.h	傳回 `s` 字串的長度，不包含空字元。
`char *strncat(char *dest, const` `    char *src, size_t maxlen);`	string.h	將最多 `maxlen` 的 `src` 字元複製到 `dest` 的尾端，並附加空字元。

`int strncmp(const char *s1,`
`    const char *s2,`
`    size_t maxlen);`
	string.h	比較兩字串(最多 `maxlen` 個字元)。比較兩個字串：如果 `s1<s2` 則傳回值<0，如果 `s1=s2` 則傳回 0，否則傳回值>0。

`char *strncpy(char *dest, const` `    char *src, size_t maxlen);`	string.h	將至多 `maxlen` 字元從 `src` 複製至 `dest`，若太長則截斷，否則補空字元。
`char *strpbrk(const char *s1,` `    const char *s2);`	string.h	傳回 `s1` 字串中第一次出現 `s2` 字元的指標(或傳回空字元)。
`char *strrchr(const char *s,` `    int c);`	string.h	傳回 `s` 字串中最後一次出現 `c` 字元的指標(或傳回空字元)。
`size_t strspn(const char *s1,` `    const char *s2);`	string.h	傳回 `s1` 字串起始區段中，完全與 `s2` 相同的長度。
`char *strstr(const char *s1,` `    const char *s2);`	string.h	掃描 `s1` 字串，傳回第一次出現 `s2` 子字串的位址。
`double strtod(const char *s,` `    char **endptr);`	stdlib.h	將 `s` 字串轉換成 `double` 值；如果 `endptr` 不為空字元，則 `*endptr` 指向第一個停止掃描的地方。
`char *strtok(char *s1,` `    const char *s2);`	string.h	從 `s1` 字串搜尋語法單元，這些語法單元由定義於 `s2` 的分隔子作區分。
`long int strtol(const char *s,` `    char **endptr, int radix);`	stdlib.h	將 `s` 字串轉換成 `radix` 表示法之 `long int` 值；如果 `endptr` 不等於空字元，則 `*endptr` 指向 `s` 掃描結束之處。

`unsigned long int strtoul`
`    (const char *s,`
`    char **endptr, int radix);`
	stdlib.h	將 `s` 字串轉換成 `radix` 表示法之 `unsigned longint` 值；如果 `endptr` 不等於空字元，則 `*endptr` 指向 `s` 掃描結束之處。

`size_t strxfrm(char *s1,` `    const char *s2, size_t n);`	string.h	字串轉換，使得新字串以 `strcmp` 比較和舊字串以 `strcoll` 比較有相同的結果。`s1` 最多更改 n 個字元。
`int system` `    (const char *command);`	stdlib.h	執行作業系統指令。
`double tan(double x);`	math.h	計算輸入值的 `tangent` 值(度量單位為弧度)。
`double tanh(double x);`	math.h	計算 `hyperbolic tangent` 值。
`time_t time(time_t *timer);`	time.h	取得現在時間，單位為秒，從 00:00:00 GMT，1970 年 1 月 1 日開始算起並將結果存放於 `timer` 指向的位置。
`FILE *tmpfile(void);`	stdio.h	新建一個暫存的二元檔，並開啟做更新。

依名稱排序的函式庫功能（續）

語　　法	標題檔	目　　的
char *tmpnam(char *s);	stdio.h	新建一個唯一的檔案名稱。
int tolower(int ch);	ctype.h	將整數的 ch 轉換成小寫字母的值；如果 ch 不是大寫字母，則函式不更改其值。
int toupper(int ch);	ctype.h	將整數的 ch 轉換成大寫字母的值；如果 ch 不是小寫字母，則函式不更改其值。
int ungetc(int c, 　FILE *stream);	stdio.h	將字元放回開啟的輸入串流中。
void va_start(va_list ap, 　lastfix);	stdarg.h	製作不定長度引數列的巨集。
type va_arg(va_list ap, type);		
void va_end(va_list ap);		
int vfprintf(FILE *stream, 　const char *format, 　va_list arglist);	stdio.h	將格式化結果輸出至串流；引數列的值將依 format 格式化。
int vprintf(const char *format, 　va_list arglist);	stdio.h	將格式化結果輸出至 stdout；引數列的值將依 format 格式化。
int vsprintf(char *buffer, 　const char *format, 　va_list arglist);	stdio.h	將格式化結果輸出至字串中；引數列的值將依 format 格式化。
size_t wcstombs(char *s, const 　wchar_t *pwcs, size_t n);	stdlib.h	將一個寬字元字串轉換成多位組字元的字串(至多轉換 s 的 n 個位元組)。
int wctomb(char *s, 　wchar_t wchar);	stdlib.h	將寬字元 wchar 轉成多位元組字串，並存於 s。

以標題檔分類的函式庫函式

assert.h
```
void assert(int test);
```

ctype.h
```
int isalnum(int c);
int isalpha(int c);
int iscntrl(int c);
int isdigit(int c);
int isgraph(int c);
int islower(int c);
int isprint(int c);
int ispunct(int c);
int isspace(int c);
int isupper(int c);
int isxdigit(int c);
int tolower(int ch);
int toupper(int ch);
```

locale.h
```
struct lconv *localeconv(void);
char *setlocale(int category, char *locale);
```

以標題檔分類的函式庫函式 (續)

math.h
```
double acos(double x);
double asin(double x);
double atan(double x);
double atan2(double y, double x);
double atof(const char *s);
double ceil(double x);
double cos(double x);
double cosh(double x);
double exp(double x);
double fabs(double x);
double floor(double x);
double fmod(double x, double y);
double frexp(double x, int *exponent);
long int labs(long int x);
double ldexp(double x, int exp);
double log(double x);
double log10(double x);
double modf(double x, double *ipart);
double pow(double x, double y);
double sin(double x);
double sinh(double x);
double sqrt(double x);
double tan(double x);
double tanh(double x);
```

pthread.h
```
int pthread_create(pthread_t*, const pthread_attr_t*,
  void* (void *), void*);
int pthread_join(pthread_t, void**);
int pthread_mutex_init(pthread_mutex_t*,
  const pthread_mutexattr_t*);
int pthread_mutex_lock(pthread_mutex_t*);
int pthread_mutex_unlock(pthread_mutex_t*);
```

setjmp.h
```
void longjmp(jmp_buf jmpb, int retval);
int setjmp(jmp_buf jmpb);
```

signal.h
```
int raise(int sig);
void (*signal(int sig, void (*func)(int sig)))(int);
```

stdarg.h
```
void va_start(va_list ap, lastfix);
type va_arg(va_list ap, type);
void va_end(va_list ap);
```

stdio.h
```
void clearerr(FILE *stream);
int fclose(FILE *stream);
int feof(FILE *stream);
int ferror(FILE *stream);
int fflush(FILE *stream);
int fgetc(FILE *stream);
int fgetpos(FILE *stream, fpos_t *pos);
char *fgets(char *s, int n, FILE *stream);
FILE *fopen(const char *filename, const char *mode);
```

以標題檔分類的函式庫函式 (續)

stdio.h (續)
```
int fprintf(FILE *stream, const char *format[, argument, ...]);
int fputc(int c, FILE *stream);
int fputs(const char *s, FILE *stream);
size_t fread(void *ptr, size_t size, size_t n, FILE *stream);
FILE *freopen(const char *filename, const char *mode, FILE *stream);
int fscanf(FILE *stream, const char *format[, address, ...]);
int fseek(FILE *stream, long int offset, int whence);
int fsetpos(FILE *stream, const fpos_t *pos);
long int ftell(FILE *stream);
size_t fwrite(const void *ptr, size_t size, size_t n, FILE *stream);
int getc(FILE *stream);
int getchar(void);
char *gets(char *s);
void perror(const char *s);
int printf(const char *format[, argument, ...]);
int putc(int c, FILE *stream);
int putchar(int c);
int puts(const char *s);
int remove(const char *filename);
int rename(const char *oldname, const char *newname);
void rewind(FILE *stream);
int scanf(const char *format[, address, ...]);
void setbuf(FILE *stream, char *buf);
int setvbuf(FILE *stream, char *buf, int type, size_t size);
int sprintf(char *buffer, const char *format[, argument, ...]);
int sscanf(const char *buffer, const char *format[, address, ...]);
char *strncpy(char *dest, const char *src, size_t maxlen);
FILE *tmpfile(void);
char *tmpnam(char *s);
int ungetc(int c, FILE *stream);
int vfprintf(FILE *stream, const char *format, va_list arglist);
int vprintf(const char *format, va_list arglist);
int vsprintf(char *buffer, const char *format, va_list arglist);
```

stdlib.h
```
void abort(void);
int abs(int x);
int atexit(void (*func)(void));
int atoi(const char *s);
long int atol(const char *s);
void *bsearch(const void *key, const void *base, size_t nelem,
   size_t width, int (*fcmp)(const void *, const void *));
void *calloc(size_t nitems, size_t size);
div_t div(int numer, int denom);
void exit(int status);
void free(void *block);
char *getenv(const char *name);
ldiv_t ldiv(long int numer, long int denom);
void *malloc(size_t size);
int mblen (const char *s, size_t n);
int mbtowc(wchar_t *pwc, const char *s, size_t n);
size_t mbstowcs(wchar_t *pwcs, const char *s, size_t n);
void qsort(void *base, size_t nelem, size_t width,
   int (*fcmp)(const void *, const void *));
int rand(void);
```

以標題檔分類的函式庫函式 (續)

stdlib.h(續)
```
void *realloc(void *block, size_t size);
void srand(unsigned int seed);
double strtod(const char *s, char **endptr);
long int strtol(const char *s, char **endptr, int radix);
unsigned long int strtoul(const char *s, char **endptr, int radix);
int system(const char *command);
size_t wcstombs(char *s, const wchar_t *pwcs, size_t n);
int wctomb(char *s, wchar_t wchar);
```

string.h
```
void *memchr(const void *s, int c, size_t n);
int memcmp(const void *s1, const void *s2, size_t n);
void *memcpy(void *dest, const void *src, size_t n);
void *memmove(void *dest, const void *src, size_t n);
void *memset(void *s, int c, size_t n);
char *strcat(char *dest, const char *src);
char *strchr(const char *s, int c);
int strcmp(const char *s1, const char *s2);
int strcoll(const char *s1, const char *s2);
char *strcpy(char *dest, const char *src);
size_t strcspn(const char *s1, const char *s2);
char *strerror(int errnum);
size_t strlen(const char *s);
char *strncat(char *dest, const char *src, size_t maxlen);
int strncmp(const char *s1, const char *s2, size_t maxlen);
char *strpbrk(const char *s1, const char *s2);
char *strrchr(const char *s, int c);
size_t strspn(const char *s1, const char *s2);
char *strstr(const char *s1, const char *s2);
char *strtok(char *s1, const char *s2);
size_t strxfrm(char *s1, const char *s2, size_t n);
```

time.h
```
char *ctime(const time_t *time);
char *asctime(const struct tm *tblock);
clock_t clock(void);
double difftime(time_t time2, time_t time1);
struct tm *gmtime(const time_t *timer);
struct tm *localtime(const time_t *timer);
time_t mktime(struct tm *t);
size_t strftime(char *s, size_t maxsize, const char *fmt,
   const struct tm *t);
time_t time(time_t *timer);
```

unistd.h
```
int close(int);
int dup2(int, int);
int execl(const char *path, const char *file, ..., NULL);
pid_t fork(void);
pid_t getpid(void);
int pipe(int[]);
size_t read(int, void*, size_t);
ssize_t write(int, void*, size_t);
```

wait.h
```
pid_t wait(int*);
```

以標題檔分類的巨集常數、變數與型態

結　構	意　義
errno.h	
EDOM	因數學定義域錯誤的錯誤碼
ERANGE	因結果超出範圍的錯誤碼
errno	系統呼叫時產生錯誤，則由此變數值記錄錯誤型態
stddef.h	
NULL	null 指標值
ptrdiff_t	difference 資料型態指標
size_t	型態用以表示記憶體上物件的大小
wchar_t	寬字元資料型態
assert.h	
NDEBUG	如果定義 NDEBUG，assert 變成一個真函式，否則 assert 只是一個巨集
locale.h	
	傳向 setlocale 函式的第一個引數表示哪些地方需要更改：
LC_ALL	所有情況
LC_COLLATE	strcoll 和 strxfrm 函式
LC_CTYPE	字元處理函式
LC_MONETARY	由 localeconv 傳回的貨幣資訊
LC_NUMERIC	由 localeconv 傳回的小數點或非貨幣資訊
LC_TIME	strftime 函式
NULL	當 setlocale 函式第二個引數為 NULL，則函式傳回指定之類別的現在 locale 名稱之字串指標
struct lconv	用以儲存目前 locale 設定之字串的結構
math.h	
HUGE_VAL	math 函式產生溢位之值
setjmp.h	
jmp_buf	用來儲存或取回工作狀態的緩衝器型態
signal.h	
sig_atomic_t	atomic 型態
SIG_DFL	意思是信號會接受到「內定」的處理方式，從而結束程式
SIG_IGN	意思是信號會被忽略，沒有任何反應
SIG_ERR	意思是會傳回錯誤碼
	以下巨集各代表一種標準信號：
SIGABRT	不正常結束
SIGFPE	錯誤之數學運算
SIGILL	不合法的電腦指令
SIGINT	插斷或注意訊號

以標題檔分類的巨集常數、變數與型態 (續)

結　　構	意　　義
signal.h (續)	
SIGSEGV	不正常取用記憶體
SIGTERM	由使用者或另一程式產生的程式結束信號
stdio.h	
	以下巨集展開的值可用於 setvbuf 函式的 type 參數：
_IOFBF	有完全緩衝器之檔案
_IOLBF	有行緩衝器之檔案
_IONBF	無緩衝器之檔案
BUFSIZE	setbuf 使用之內定緩衝器大小
EOF	代表檔案已至終了處
FILE	用以表示檔案控制資訊的型態
FILENAME_MAX	檔案名稱的最大長度
FOPEN_MAX	可同時開啟的最多檔案數目(至少為 8)
fpos_t	檔案位置的型態
L_tmpnam	一個大型陣列，用以記錄臨時檔案的名稱
	呼叫 fseek，以下常數為檔案指標計算相對位置的起點：
SEEK_CUR	從檔案目前的位置
SEEK_END	從檔案終點
SEEK_SET	從檔案起始位置
size_t	代表記憶體物件的大小與重複次數
stderr	標準錯誤輸出裝置
stdin	標準輸入裝置
stdout	標準輸出裝置
TMP_MAX	單一檔案名稱的最多數目
stdlib.h	
	用於呼叫 exit 函式，定義結束狀況的常數：
EXIT_FAILURE	不正常結束
EXIT_SUCCESS	正常結束
MB_CURR_MAX	目前狀況下，表示一個多位組字元的最大位元組數
RAND_MAX	rand 函式傳回的最大值
div_t	整數除法的回傳型態
ldiv_t	長整數除法的回傳型態
time.h	
CLOCKS_PER_SEC	每秒的時間單位(「時間觸動」)
clock_t	表示處理器時間的型態
time_t	表示日曆時間的型態
struct tm	定義的日曆時間結構

實作範圍表

常　　數	最小值
limits.h	
CHAR_BIT	8
CHAR_MAX	UCHAR_MAX 或 SCHAR_MAX
CHAR_MIN	0 或 SCHAR_MIN
INT_MAX	+32767
INT_MIN	-32767
LONG_MAX	+2147483647
LONG_MIN	-2147483647
MB_LEN_MAX	1
SCHAR_MAX	+127
SCHAR_MIN	-127
SHRT_MAX	+32767
SHRT_MIN	-32767
UCHAR_MAX	255
UINT_MAX	65535
ULONG_MAX	4294967295
USHRT_MAX	65535
float.h	
DBL_DIG	10
DBL_MANT_DIG	
DBL_MAX_10_EXP	+37
DBL_MAX_EXP	
DBL_MIN_10_EXP	-37
DBL_MIN_EXP	
FLT_DIG	6
FLT_MANT_DIG	
FLT_MAX_10_EXP	+37
FLT_MAX_EXP	
FLT_MIN_10_EXP	-37
FLT_MIN_EXP	
FLT_RADIX	2
LDBL_DIG	10

實作範圍表 (續)

常　數	最小值
float.h(續)	
LDBL_MANT_DIG	
LDBL_MAX_10_EXP	+37
LDBL_MAX_EXP	
LDBL_MIN_10_EXP	−37
LDBL_MIN_EXP	
DBL_MAX	1E+37
FLT_MAX	1E+37
LDBL_MAX	1E+37

常　數	最大值
float.h	
DBL_EPSILON	1E-9
DBL_MIN	1E-37
FLT_EPSILON	1E-5
FLT_MIN	1E-37
LDBL_EPSILON	1E-9
LDBL_MIN	1E-37

附錄 C
C 運算子

表 C.1 為 C 運算子的優先順序與結合性。表中一組運算子以刪節號 (…) 開頭，代表它們與前一行的運算子有相同的優先順序。表 C.2 列出每個運算子及其名稱、運算元數目和書中解釋它的章節。標有小寫羅馬數字的新運算子描述於表 C.2 之後。

表 C.1 C 運算子的優先順序與結合性

優先順序	運算子	結合性
最高 (最先求值)	a[..] f(..) . ->	左
	後置 ++ 後置 --	左
	前置 ++ 前置 -- sizeof ~ !	右
	… 一元 + 一元 - 一元 & 一元 *	右
	轉型	右
	* / %	左
	二元 + 二元 -	左
	<< >>	左
	< > <= >=	左
	== !=	左
	二元 &	左
	二元 ^	左
	二元 |	左
	&&	左
	||	左
	?:	右
	= += -= *= /= %=	右
最低 (最後求值)	… <<= >>= &= ^= |=	
	,	左

表 C.2　運算子的說明章節

運算子	名 稱	運算元數目	章 節
a[..]	足標	2	8.1
f(..)	函式呼叫	不一定	3.2
.	直接選取	2	11.1
->	間接選取	2	11.2
++	遞增	1	5.4
--	遞減	1	5.4
sizeof	記憶體區塊的大小	1	12.2
~	位元否定	1	APP C
!	邏輯否定	1	4.2
&	位址	1	6.1
*	間接	1	6.1
	或乘法	2	2.5
(型態名稱)	轉型	1	7.1
/	除	2	2.5
%	餘數	2	2.5
+	一元加	1	2.5
	或加法	2	2.5
-	一元減	1	2.5
	或減法	2	2.5
<<	向左移位	2	APP C
>>	向右移位	2	APP C
<	小於	2	4.2
<=	小於或等於	2	4.2
>	大於	2	4.2
>=	大於或等於	2	4.2
==	等於	2	4.2
!=	不等於	2	4.2
&	位元 and	2	APP C
^	位元 xor	2	APP C
|	位元 or	2	APP C
&&	邏輯 and	2	4.2
||	邏輯 or	2	4.2
? :	條件運算子	3	APP C
=	設定	2	2.3
+= -= *=	複合設定		
/= %=	(數學運算)	2	5.3
<<= >>=	(移位)	2	APP C
&= ^= |=	(位元運算)	2	APP C
,	連續求值	2	APP C

位元運算子

第七章中我們看到電腦是以標準的二進位表示一個正整數。例如，一個 int 值是以 16 個位元表示，所以敘述

```
n = 13;
```

在記憶體上是

```
n  0 0 0 0 0 0 0 0 0 0 0 0 1 1 0 1
```

表 C.1 中有十個運算子在處理整數時，實際上是採位元處理方式。這些操作如下。

(i) 位元否定 將 ~ 運算子應用在整數上時，是將整數值的每個位元值換成否定值，換句話說，0 變成 1，1 變為 0，以 n 值為例，~n 變成：

```
 n  0 0 0 0 0 0 0 0 0 0 0 0 1 1 0 1
~n  1 1 1 1 1 1 1 1 1 1 1 1 0 0 1 0
```

(ii) 移位運算子 移位運算子 << (左移) 和 >> (右移) 需要兩個整數運算元。左運算元是要移位的數值。為了避免錯誤，右移位時左邊運算元最好是非負數。而右運算元則是移位的位元數 (非負值)。<< 運算子將位元左移，>> 運算子將位元右移。移出的位元將不見，而空出的位元則填入 0。以下為一些例子：

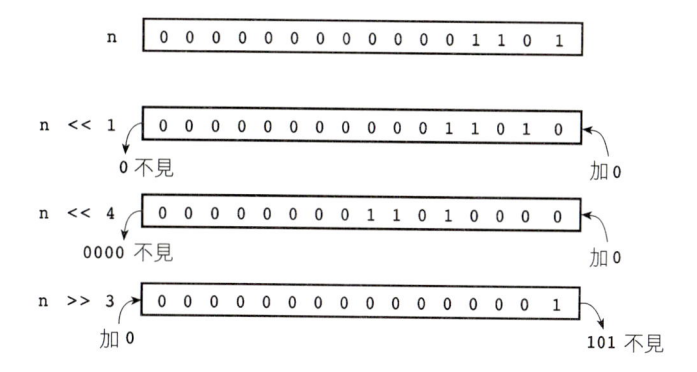

```
n       0 0 0 0 0 0 0 0 0 0 0 0 1 1 0 1
n << 1  0 0 0 0 0 0 0 0 0 0 0 1 1 0 1 0
         0 不見                        加 0
n << 4  0 0 0 0 0 0 0 0 1 1 0 1 0 0 0 0
         0000 不見                     加 0
n >> 3  0 0 0 0 0 0 0 0 0 0 0 0 0 0 0 1
         加 0                          101 不見
```

複合設定運算子 <<= 和 >>= 則是將移位結果存回左運算元。

(iii) 位元 and、xor 和 or　位元運算子 & (and)、^ (xor) 和 | (or)都需要兩個整數運算元，這些運算元都視為位元串列。運算子依兩個運算元對應的每個位元的計算結果位元。例如以 n_i 表示 n 運算元的第 i 個位元，m_i 表示 m 運算元的第 i 個位元，則每個運算子的結果 r 的第 i 位元(r_i)如表 C.3 所示。

表 C.3　運算元 n 和 m，經過 &、^、| 運算之後結果 r 的每個位元

運算子	r_i 之值	說　明
&	n_i & m_i	若兩個運算元之位元均為 1，則 r_i 為 1
^	n_i + m_i == 1	若兩個運算元之位元不相同，則 r_i 為 1
|	n_i | m_i	若至少有一個運算元之位元為 1，則 r_i 為 1

以下為一些例子：

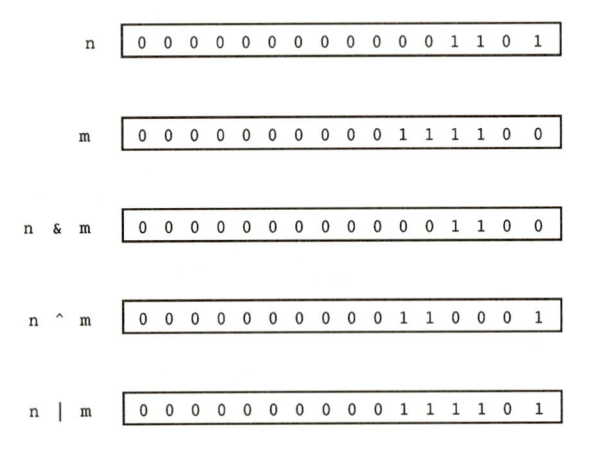

```
n      0 0 0 0 0 0 0 0 0 0 0 0 1 1 0 1

m      0 0 0 0 0 0 0 0 0 0 1 1 1 1 0 0

n & m  0 0 0 0 0 0 0 0 0 0 0 0 1 1 0 0

n ^ m  0 0 0 0 0 0 0 0 0 0 1 1 0 0 0 1

n | m  0 0 0 0 0 0 0 0 0 0 1 1 1 1 0 1
```

複合設定運算子 &=、^= 和 |= 是將結果再存回左運算元。

(iv) 條件運算子　條件運算子 ?: 需要三個運算元：

`c ? r1 : r2`

運算結果是依據第一個運算元之值，可能取第二個或第三個運算元。求值的虛擬碼如下：

若 c

　　則結果為 r1

否則

　　結果為 r2

以下是以巨集定義兩個數值的最小值

```
#define MIN(x,y)   (((x) <= (y)) ? (x) : (y))
```

(v) 連續求值　逗點運算子，是連續計算其兩個運算元，第二個運算元的值為此算式的值，丟棄第一個運算元的值。以下是兩個逗號用法的範例。範例 1 用到逗號算式的結果值，第一個運算元求值後，執行第二個運算元並將結果設定給 x。第二個例子的逗號只是在一個算式中執行兩個設定運算。

範例 C.1

設定敘述的結果：

```
x = (i += 2, a[i]);
```

與以下兩個敘述相同：

```
i += 2;
x = a[i];
```

注意前者的括弧一定不能省略，因為設定運算子的優先順序比逗號運算子高。以下為運算「之前」與「之後」的記憶體狀況：

之　前		之　後	
a[0]	4.2	a[0]	4.2
[1]	12.1	[1]	12.1
[2]	6.8	[2]	6.8
[3]	10.5	[3]	10.5
i	1	i	3
x	?	x	10.5

範例 C.2

在以下的程式片段中，兩個迴圈控制變數均初值化為 0。每經一次迴圈 i 值加 2，而 j 值增加 i 的新值。

```
for (i = 0, j = 0;
     i < I_MAX  &&  j < J_MAX;
     i += 2, j += i)
   printf("i - %d,  j = %d\n", i, j);
```

逗號運算子應小心使用，因為它時常會造成程式碼閱讀上的困難。

附錄 D
字元集

本附錄收錄下列字元集： ASCII(American Standard Code for Information Interchange)、EBCDIC(Extended Binary Coded Decimal Interchange Code)和 CDC[†] Scientific。表中僅列出可列印字元，而每個字元以十進位整數表示其整數代碼，例如在 ASCII 中，'A' 以 65 表示、'z' 以 122 表示、空白字元表示成 □。

ASCII 字元集

左邊位元 \ 右邊位元	0	1	2	3	4	5	6	7	8	9
3			□	!	"	#	$	%	&	'
4	(	)	*	+	,	–	.	/	0	1
5	2	3	4	5	6	7	8	9	:	;
6	<	=	>	?	@	A	B	C	D	E
7	F	G	H	I	J	K	L	M	N	O
8	P	Q	R	S	T	U	V	W	X	Y
9	Z	[	/	]	^	–	`	a	b	c
10	d	e	f	g	h	i	j	k	l	m
11	n	o	p	q	r	s	t	u	v	w
12	x	y	z	{			}				

代碼 00-31 及 127 為不可列印之控制字元。

[†] CDC 為 Control Data Corporation 的商標。

EBCDIC 字元集

左邊位元 \ 右邊位元	0	1	2	3	4	5	6	7	8	9
6					□					
7					¢	.	<	(	+	|
8	&									
9	!	$	*	)	;	┐	–	/		
10							^	,	%	—
11	>	?								
12			:	#	@	'	=	"		a
13	b	c	d	e	f	g	h	i		
14							j	k	l	m	n
15	o	p	q	r						
16			s	t	u	v	w	x	y	z
17								\	{	}
18	[	]								
19				A	B	C	D	E	F	G
20	H	I								J
21	K	L	M	N	O	P	Q	R		
22								S	T	U	V
23	W	X	Y	Z						
24	0	1	2	3	4	5	6	7	8	9

代碼 00-63 及 250-255 為不可列印之控制字元。

CDC 字元集

左邊位元 \ 右邊位元	0	1	2	3	4	5	6	7	8	9
0	:	A	B	C	D	E	F	G	H	I
1	J	K	L	M	N	O	P	Q	R	S
2	T	U	V	W	X	Y	Z	0	1	2
3	3	4	5	6	7	8	9	+	–	*
4	/	(	)	$	=	□	,	.	≡	[
5	]	%	≠	┌	∨	∧	↑	↓	<	>
6	≤	≥	┐	;						

附錄 E
ANSI C 保留字

auto	break	case	char
const	continue	default	do
double	else	enum	extern
float	for	goto	if
int	long	register	return
short	signed	sizeof	static
struct	switch	typedef	union
unsigned	void	volatile	while